中国国家标准汇编

2009年修订-11

中国标准出版社　编

中国标准出版社
北　京

图书在版编目（CIP）数据

中国国家标准汇编：2009年修订．11/中国标准出版社编．—北京：中国标准出版社，2010

ISBN 978-7-5066-6025-9

Ⅰ．①中…　Ⅱ．①中…　Ⅲ．①国家标准-汇编-中国-2009Ⅳ．①T-652.1

中国版本图书馆CIP数据核字（2010）第166658号

中国标准出版社出版发行
北京复兴门外三里河北街16号
邮政编码:100045
网址 www.spc.net.cn
电话:68523946　68517548
中国标准出版社秦皇岛印刷厂印刷
各地新华书店经销

*

开本 880×1230　1/16　印张 40.75　字数 1 203 千字
2010年10月第一版　2010年10月第一次印刷

*

定价 220.00 元

出 版 说 明

1.《中国国家标准汇编》是一部大型综合性国家标准全集。自 1983 年起，按国家标准顺序号以精装本、平装本两种装帧形式陆续分册汇编出版。它在一定程度上反映了我国建国以来标准化事业发展的基本情况和主要成就，是各级标准化管理机构，工矿企事业单位，农林牧副渔系统，科研、设计、教学等部门必不可少的工具书。

2.《中国国家标准汇编》收入我国每年正式发布的全部国家标准，分为"制定"卷和"修订"卷两种编辑版本。

"制定"卷收入上一年度我国发布的、新制定的国家标准，顺延前年度标准编号分成若干分册，封面和书脊上注明"20××年制定"字样及分册号，分册号一直连续。各分册中的标准是按照标准编号顺序连续排列的，如有标准顺序号缺号的，除特殊情况注明外，暂为空号。

"修订"卷收入上一年度我国发布的、修订的国家标准，视篇幅分设若干分册，但与"制定"卷分册号无关联，仅在封面和书脊上注明"20××年修订-1,-2,-3,……"字样。"修订"卷各分册中的标准，仍按标准编号顺序排列(但不连续)；如有遗漏的，均在当年最后一分册中补齐。需提请读者注意的是，个别非顺延前年度标准编号的新制定的国家标准没有收入在"制定"卷中，而是收入在"修订"卷中。

读者配套购买《中国国家标准汇编》"制定"卷和"修订"卷则可收齐上一年度我国制定和修订的全部国家标准。

3. 由于读者需求的变化，自 1996 年起，《中国国家标准汇编》仅出版精装本。

4. 2009 年我国制修订国家标准共 3 158 项。本分册为"2009 年修订-11"，收入新制修订的国家标准 47 项。

中国标准出版社
2010 年 8 月

目　　录

ICS 77.140.80
J 31

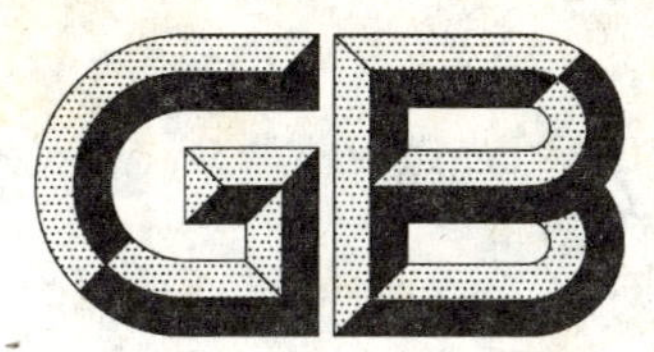

中华人民共和国国家标准

GB/T 7216—2009
代替 GB/T 7216—1987

灰铸铁金相检验

Metallographic test for gray cast iron

(ISO 945-1:2008 Microstructure of cast irons—
Part 1:Graphite classification by visual analysis,MOD)

2009-10-30 发布　　　　2010-04-01 实施

中华人民共和国国家质量监督检验检疫总局
中国国家标准化管理委员会　发布

前　言

本标准修改采用ISO 945-1:2008《铸铁显微组织　第1部分:石墨分类　目测法》。

本标准与ISO 945-1:2008相比,其技术性差异如下:

——修改采用了ISO 945-1:2008中的Ⅰ型石墨部分,并在结构上作了编辑性修改;

——本标准增加了石墨分布形状F型,代替ISO 945-1:2008中附录B的C′型;

——石墨分布形状的说明中增加F型的说明;

——增加了珠光体数量、碳化物数量、磷共晶数量、共晶团数量的评定方法及相应评级图。

本标准代替GB/T 7216—1987《灰铸铁金相》。

本标准与GB/T 7216—1987相比,主要技术内容变化如下:

——标准的名称改为《灰铸铁金相检验》;

——删除了原标准中表2的"名称"一栏,增加了"石墨实际长度"一栏,石墨长度图片更换为ISO 945-1:2008标准Ⅰ型石墨长度图片;

——增加了结果表示;

——增加了试验报告;

——更换了C型石墨的图片;

——删除了"珠光体片间距"检验项目;

——删除了"基体组织特征";

——删除了"碳化物分布形状";

——删除了"磷共晶分布形状";

——将原标准共晶团数量在40×下的图片更换为50×下的图片。

本标准的附录A为资料性附录。

本标准由中国机械工业联合会提出。

本标准由全国铸造标准化技术委员会(SAC/TC 54)归口。

本标准负责起草单位:上海材料研究所、沈阳铸造研究所。

本标准参加起草单位:东南大学、东风汽车有限公司工艺研究所、一汽铸造有限公司铸造研究所。

本标准主要起草人:杨力、孙国雄、张寅、洪晓先、龚应时、王成刚、陆慧。

本标准所代替标准的历次版本发布情况为:

——GB/T 7216—1987。

灰铸铁金相检验

1 范围

本标准规定了在光学显微镜下灰铸铁显微组织的评定方法。

本标准对石墨分布形状、石墨长度、珠光体数量、碳化物数量、磷共晶数量、共晶团数量的评定方法作了规定，并列出了相应评级图。

本标准适用于评定普通和低合金灰铸铁的显微组织。

2 规范性引用文件

下列文件中的条款通过本标准的引用而成为本标准的条款。凡是注日期的引用文件，其随后所有的修改单(不包括勘误的内容)或修订版均不适用于本标准，然而，鼓励根据本标准达成协议的各方研究是否可使用这些文件的最新版本。凡是不注日期的引用文件，其最新版本适用于本标准。

GB/T 9439　灰铸铁件

GB/T 13298　金属显微组织检验方法

3 试样的制备

3.1　金相试样按 GB/T 9439 规定在与铸件同时浇注、同炉热处理的试块或铸件上截取。

3.2　金相试样的制备按 GB/T 13298 规定执行，截取和制备金相试样过程中应防止组织发生变化、石墨剥落及石墨曳尾，试样表面应光洁，不允许有粗大的划痕。

4 检验项目和评级图

4.1 石墨分布形状

4.1.1　抛光态下检验石墨分布形状，首先观察整个受检面，按大多数视场石墨分布形状对照相应的评级图评定，放大倍数为 100 倍。

4.1.2　如在同一试样中有不同形状的石墨，则应观察估计每种形状石墨的百分数，并在报告中依次注明。

4.1.3　石墨分布形状分为六种类型，说明见表 1。

表 1　石墨分布形状

石墨类型	说　　明	图　号
A	片状石墨呈无方向性均匀分布	1
B	片状及细小卷曲的片状石墨聚集成菊花状分布	2
C	初生的粗大直片状石墨	3[a]
D	细小卷曲的片状石墨在枝晶间呈无方向性分布	4
E	片状石墨在枝晶二次分枝间呈方向性分布	5[b]
F	初生的星状(或蜘蛛状)石墨	6[c]

[a] 图中只有粗大直片状石墨是 C 型石墨。

[b] 图中只有在枝晶二次分枝间呈方向性分布的石墨是 E 型石墨。

[c] 图中只有初生的星状(或蜘蛛状)石墨是 F 型石墨。

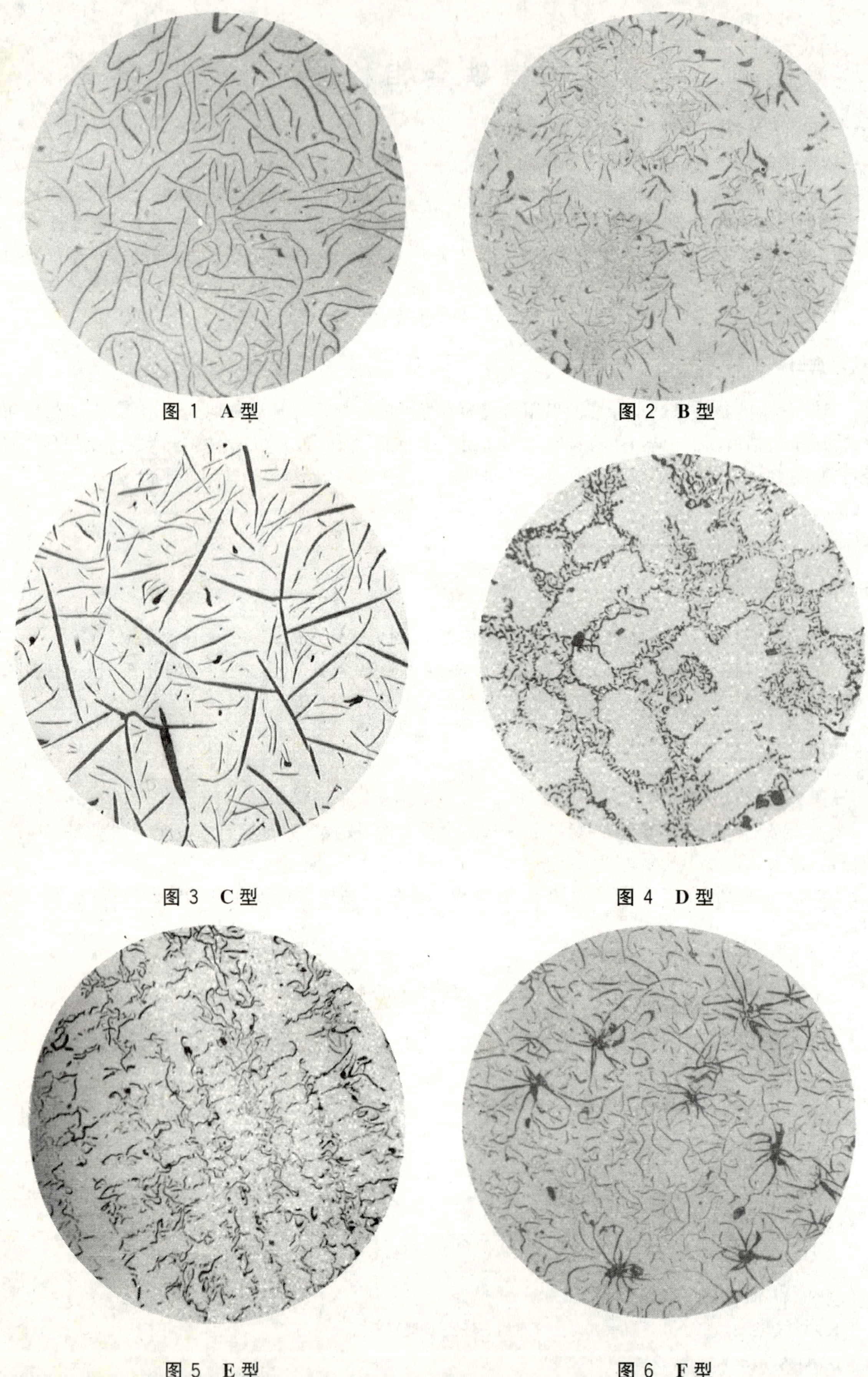

图1 A型

图2 B型

图3 C型

图4 D型

图5 E型

图6 F型

4.2　石墨长度

4.2.1　抛光态下检验石墨长度，首先观察整个受检面，选择有代表性的视场，按其中最长的三条石墨的平均值，分八级评定，被测量的视场不少于三个，放大倍数为100倍。

4.2.2　如果采用图像分析仪，在抛光态下直接进行阈值分割，测量每个视场中最长的三条石墨的平均值。被测量的视场不少于十个。

4.2.3　石墨长度分为八级，规定见表2。

表2　石墨长度的分级

级别	在100×下观察石墨长度/mm	实际石墨长度/mm	图号
1	≥100	≥1	7
2	>50～100	>0.5～1	8
3	>25～50	>0.25～0.5	9
4	>12～25	>0.12～0.25	10
5	>6～12	>0.06～0.12	11
6	>3～6	>0.03～0.06	12
7	>1.5～3	>0.015～0.03	13
8	≤1.5	≤0.015	14

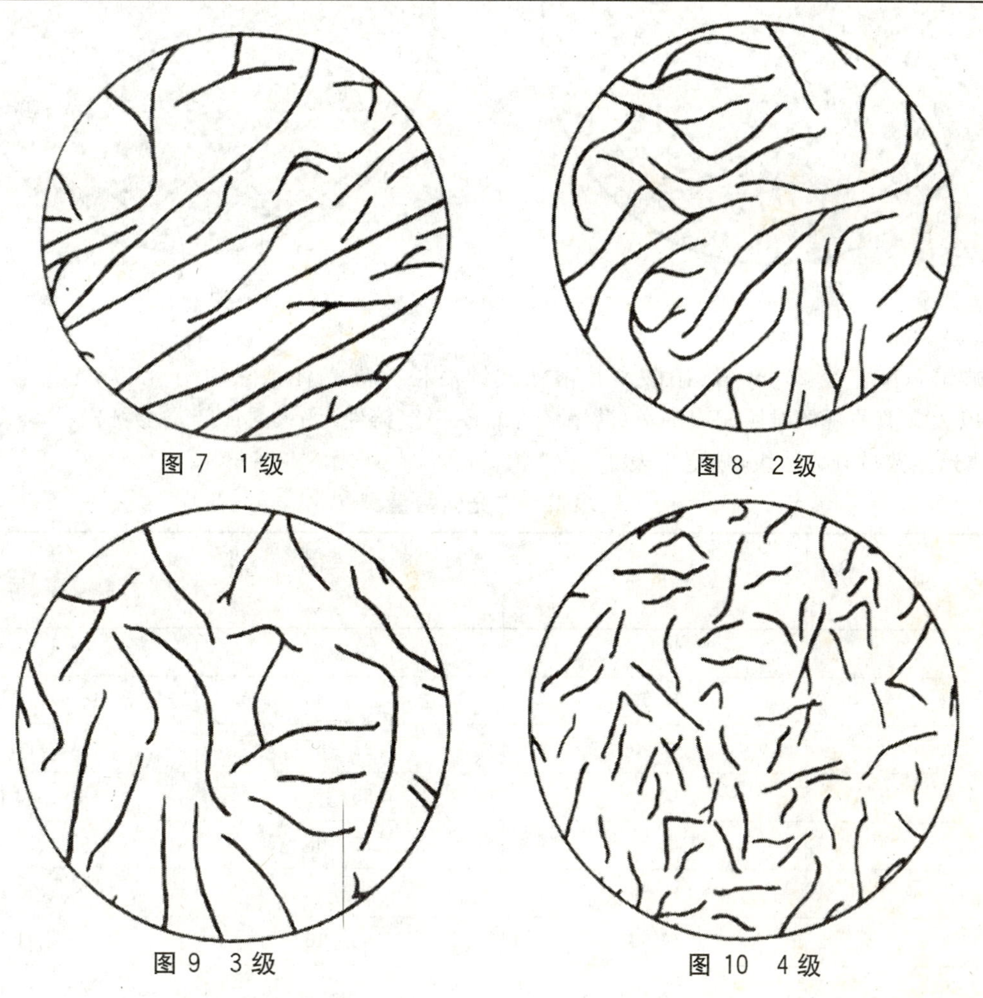

图7　1级

图8　2级

图9　3级

图10　4级

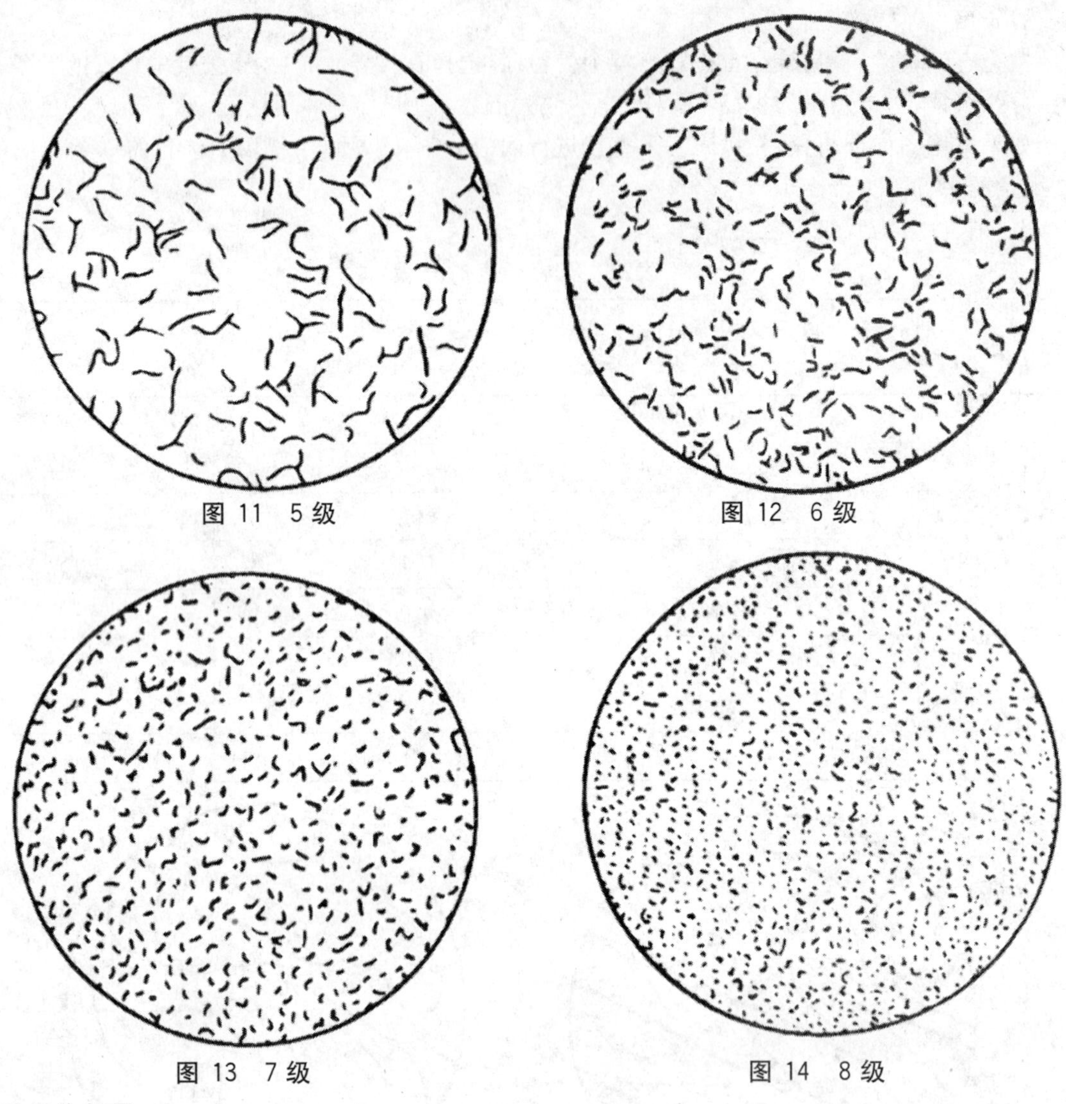

图 11 5级　　图 12 6级

图 13 7级　　图 14 8级

4.3 珠光体数量

4.3.1 抛光态试样经2%～5%硝酸酒精溶液侵蚀后检验珠光体数量百分比(珠光体+铁素体=100%),以大多数的视场对照相应的A(薄壁铸件)、B(厚壁铸件)评级图评定,放大倍数为100倍。

4.3.2 珠光体数量分为八级,规定见表3。

表3 珠光体数量

级别	名称	珠光体数量/%	图号
1	珠98	≥98	15 a)、15 b)
2	珠95	<98～95	16 a)、16 b)
3	珠90	<95～85	17 a)、17 b)
4	珠80	<85～75	18 a)、18 b)
5	珠70	<75～65	19 a)、19 b)
6	珠60	<65～55	20 a)、20 b)
7	珠50	<55～45	21 a)、21 b)
8	珠40	<45	22 a)、22 b)

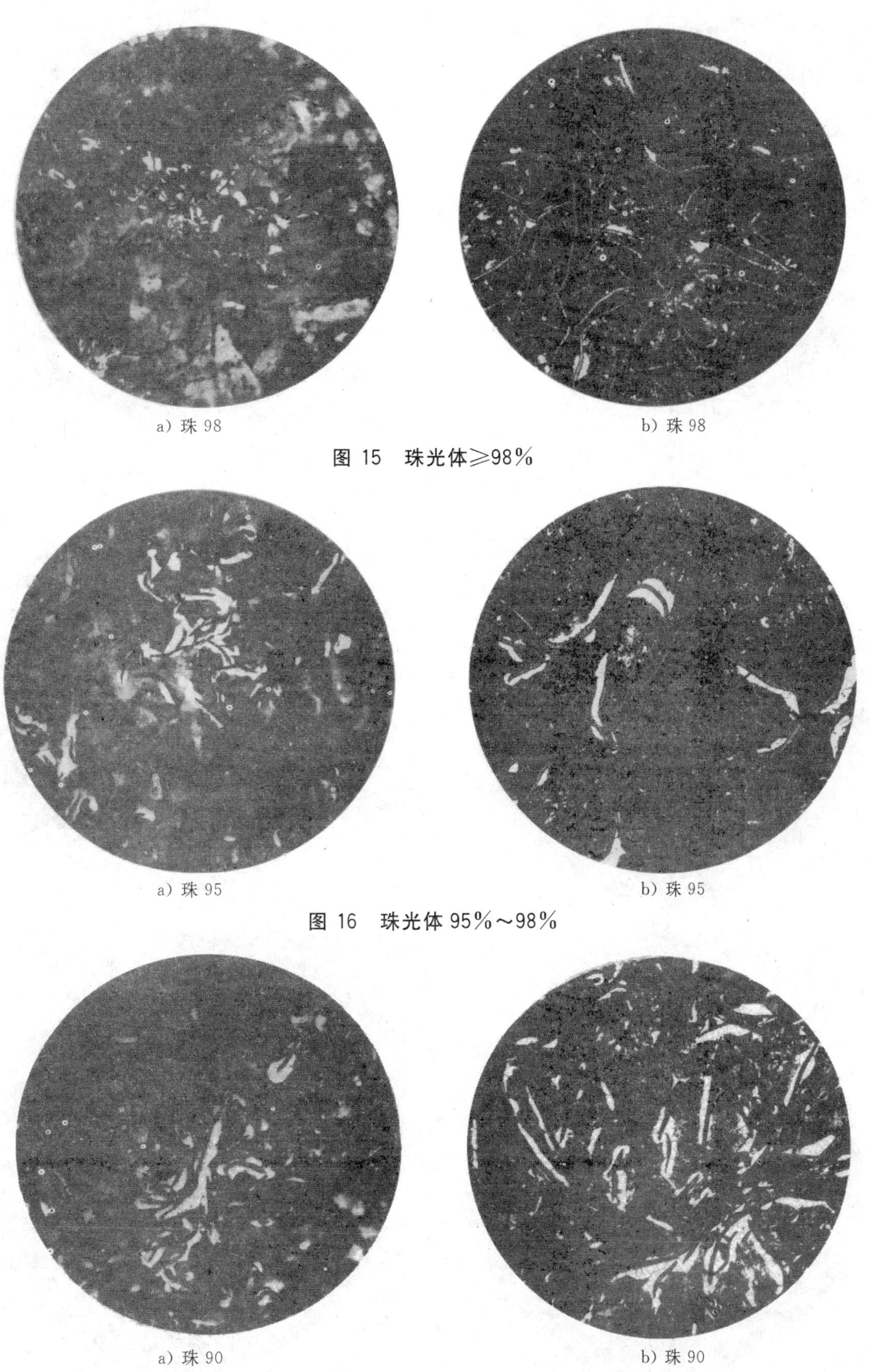

a) 珠 98　　b) 珠 98

图 15　珠光体≥98%

a) 珠 95　　b) 珠 95

图 16　珠光体 95%～98%

a) 珠 90　　b) 珠 90

图 17　珠光体 85%～95%

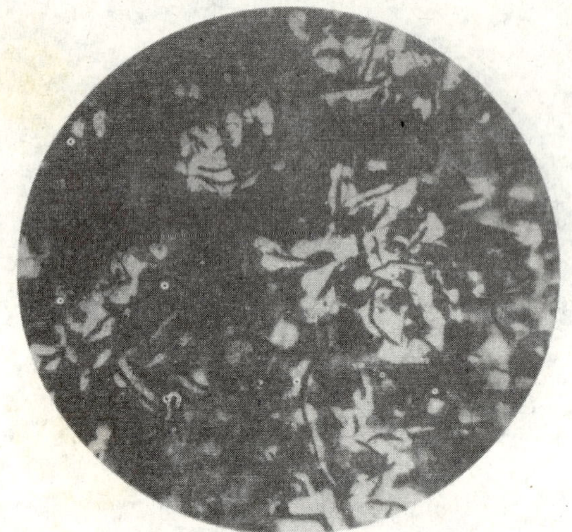
a）珠 80

b）珠 80

图 18　珠光体 75%～85%

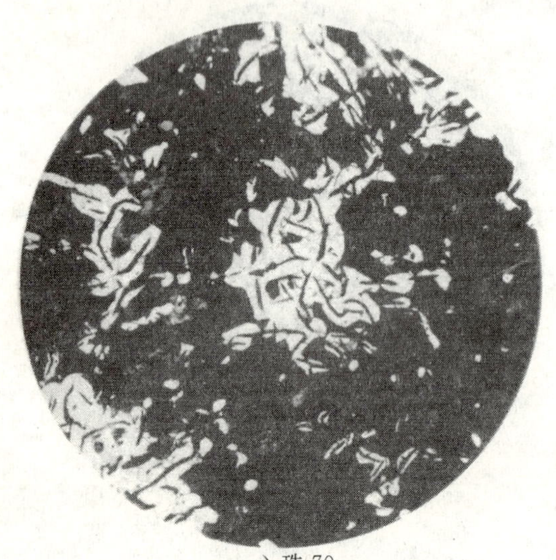
a）珠 70

b）珠 70

图 19　珠光体 65%～75%

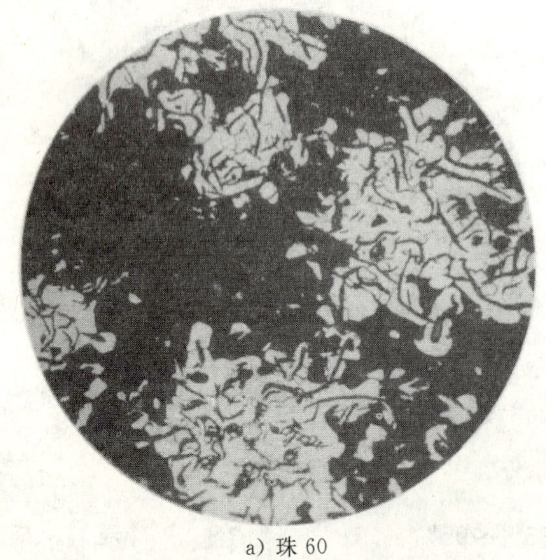
a）珠 60

b）珠 60

图 20　珠光体 55%～65%

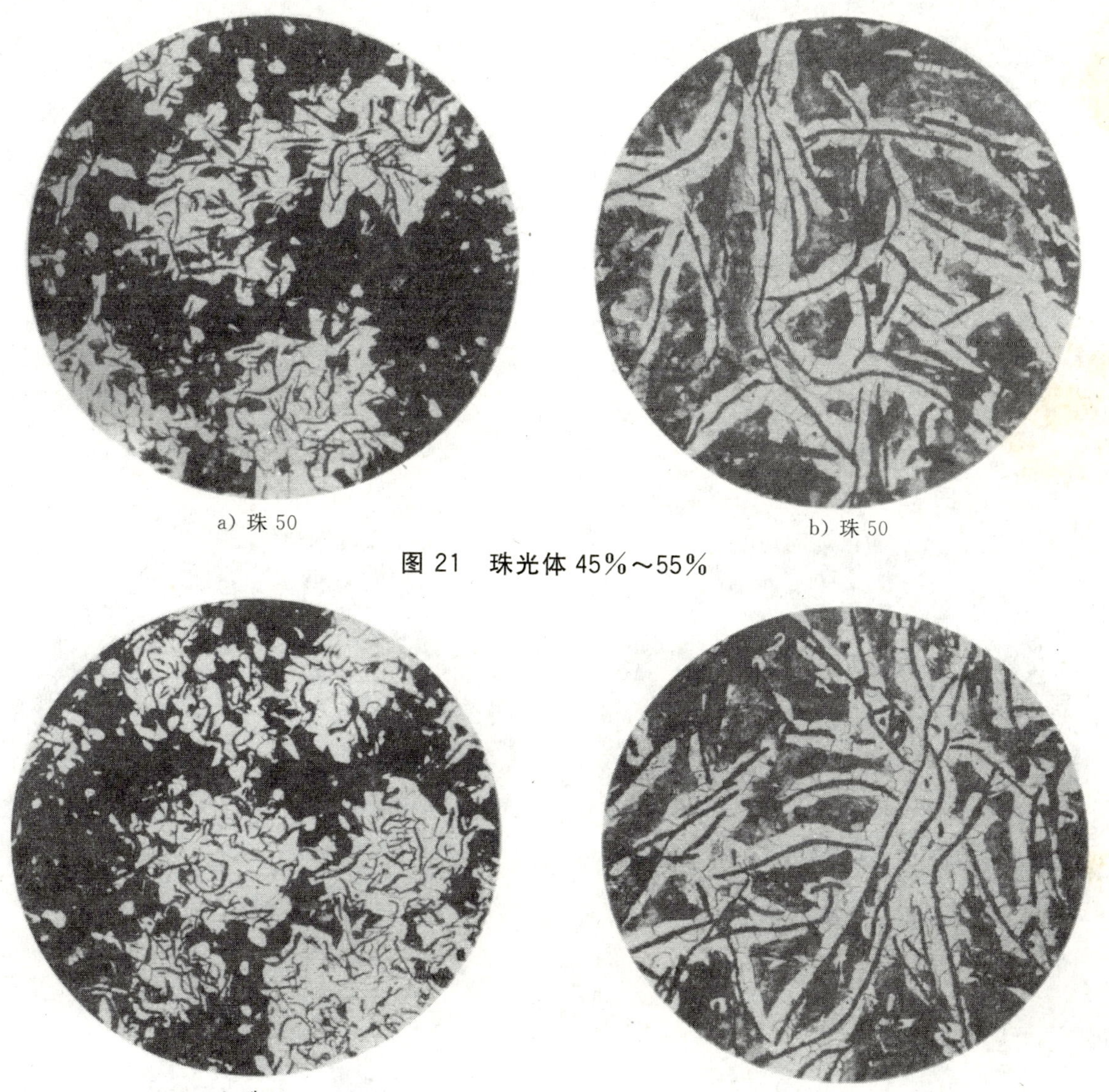

a) 珠 50　　b) 珠 50

图 21　珠光体 45%～55%

a) 珠 40　　b) 珠 40

图 22　珠光体<45%

4.4　碳化物数量

4.4.1　抛光态试样经 2%～5%硝酸酒精溶液侵蚀后检验碳化物数量百分比，按大多数视场对照标准评级图评定，放大倍数为 100 倍。

4.4.2　碳化物数量分为六级，规定见表 4。

表 4　碳化物数量

级别	名称	碳化物数量/%	图号
1	碳 1	≈1	23
2	碳 3	≈3	24
3	碳 5	≈5	25
4	碳 10	≈10	26
5	碳 15	≈15	27
6	碳 20	≈20	28

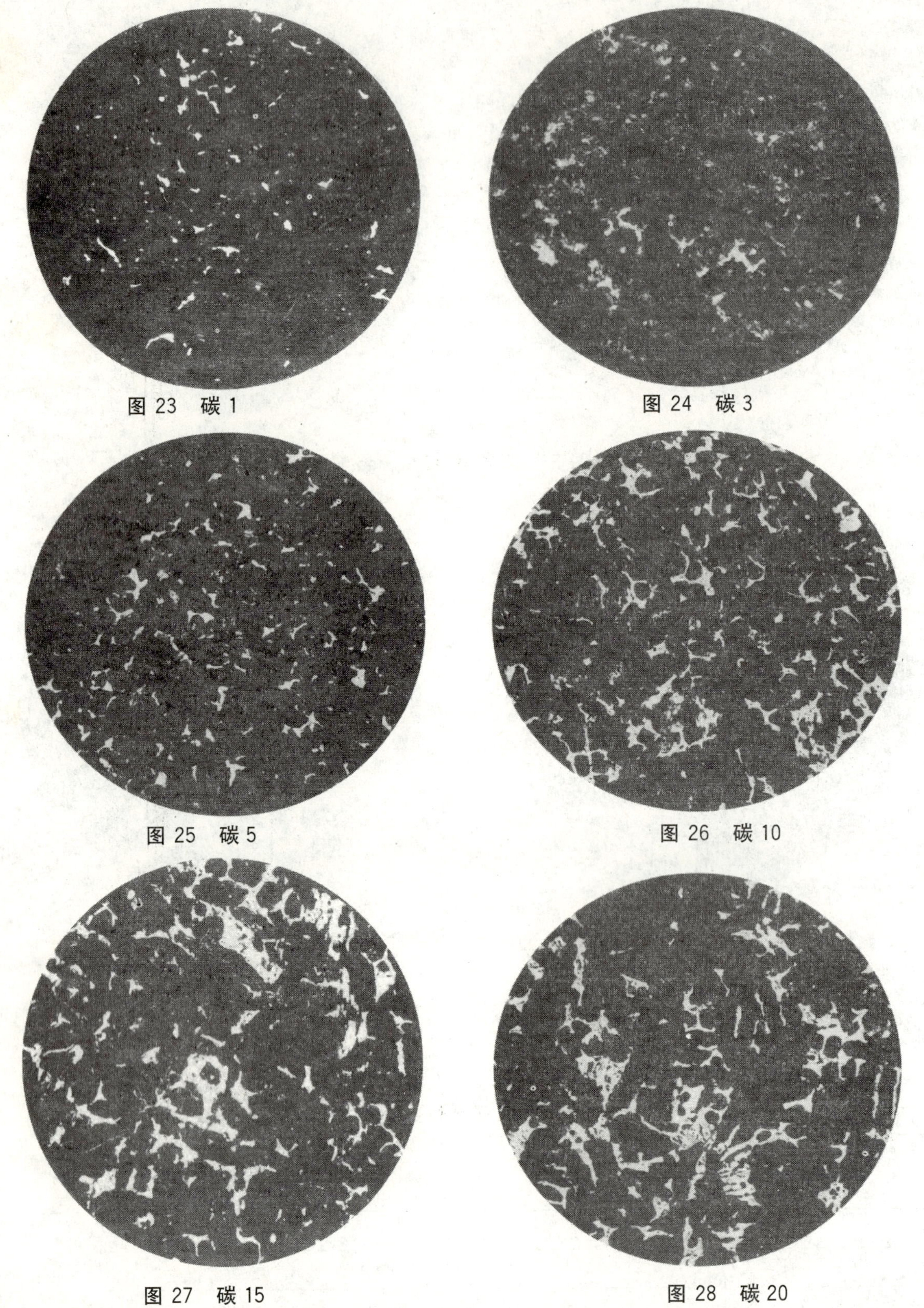

图 23　碳 1

图 24　碳 3

图 25　碳 5

图 26　碳 10

图 27　碳 15

图 28　碳 20

4.5　磷共晶数量

4.5.1　抛光态试样经 2%～5%硝酸酒精溶液侵蚀后检验磷共晶数量的百分比，按大多数视场对照标准评级图评定，放大倍数为 100 倍。

4.5.2　磷共晶数量分六级，规定见表 5；磷共晶类型参见附录 A。

表 5 磷共晶数量

级别	名称	磷共晶数量/%	图号
1	磷 1	≈1	29
2	磷 2	≈2	30
3	磷 4	≈4	31
4	磷 6	≈6	32
5	磷 8	≈8	33
6	磷 10	≈10	34

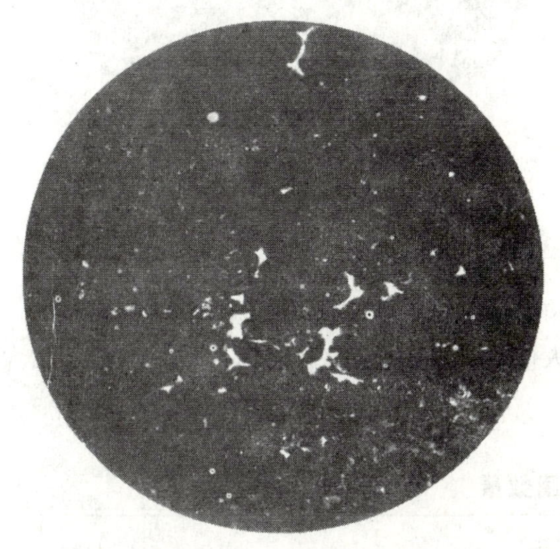

图 29 磷 1

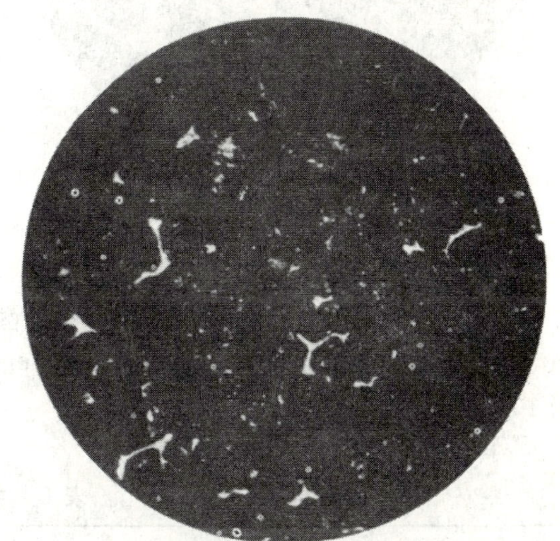

图 30 磷 2

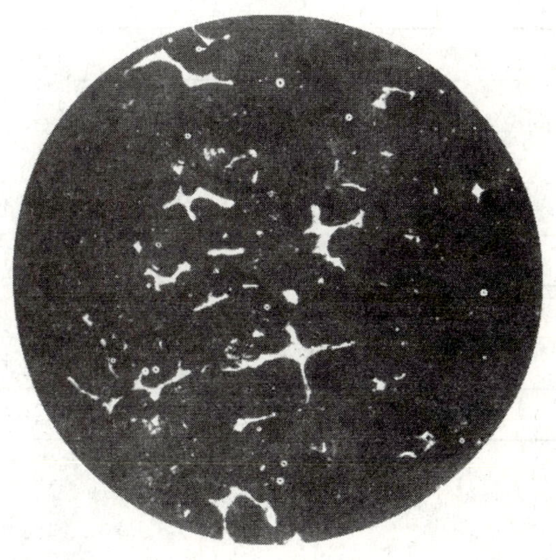

图 31 磷 4

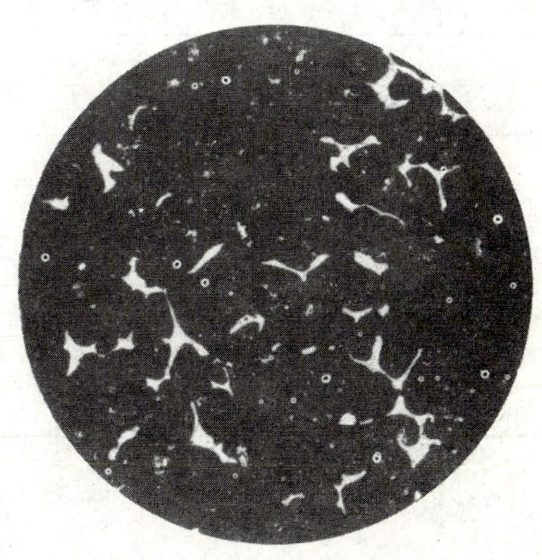

图 32 磷 6

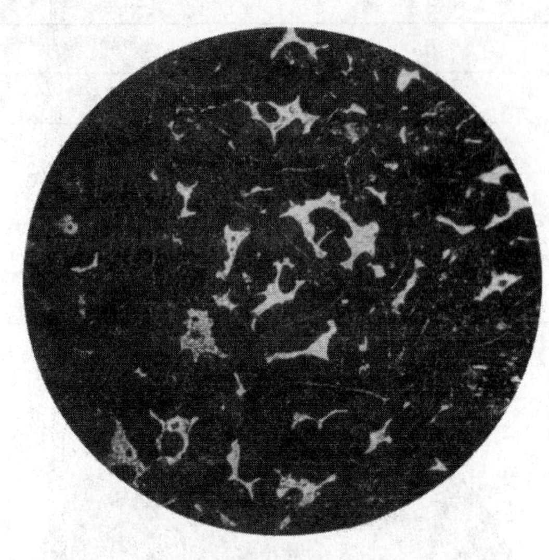

图 33 磷 8

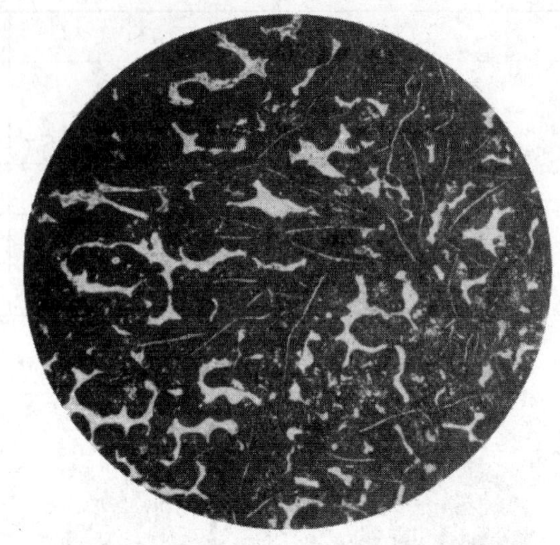

图 34 磷 10

4.6 共晶团数量

4.6.1 抛光态试样用氯化铜 1 g，氯化镁 4 g，盐酸 2 mL，酒精 100 mL 的溶液或硫酸铜 4 g，盐酸 2 mL，水 20 mL 的溶液侵蚀检验共晶团数量，根据选择的放大倍数对照标准评级图按 A、B 两组评定。放大倍数为 10 倍或 50 倍。

4.6.2 共晶团数量分为八级，规定见表 6。

表 6 共晶团数量

级别	共晶团数量/个		单位面积中实际共晶团数量/（个/cm^2）	图号
	直径 ϕ70 mm 图片放大 10 倍	直径 ϕ87.5 mm 图片放大 50 倍		
1	>400	>25	>1 040	35 a)、35 b)
2	≈400	≈25	≈1 040	36 a)、36 b)
3	≈300	≈19	≈780	37 a)、37 b)
4	≈200	≈13	≈520	38 a)、38 b)
5	≈150	≈9	≈390	39 a)、39 b)
6	≈100	≈6	≈260	40 a)、40 b)
7	≈50	≈3	≈130	41 a)、41 b)
8	<50	<3	<130	42 a)、42 b)

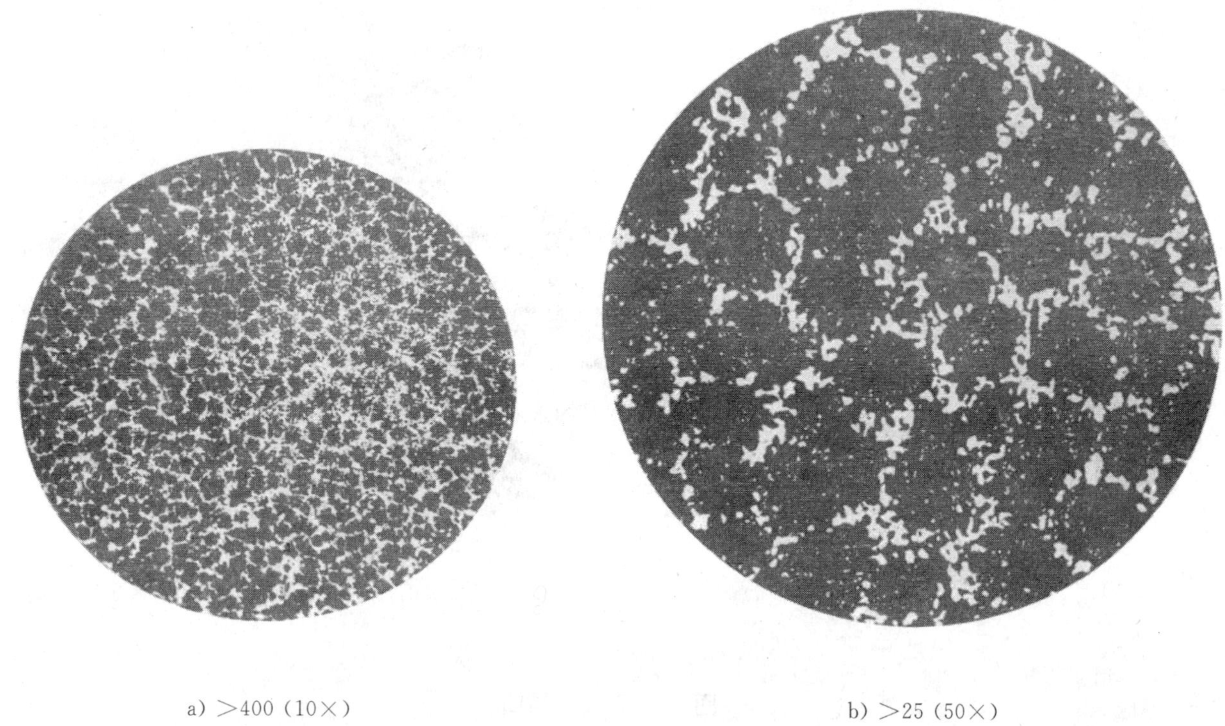

a) ＞400 (10×)　　b) ＞25 (50×)

图 35　1 级共晶团

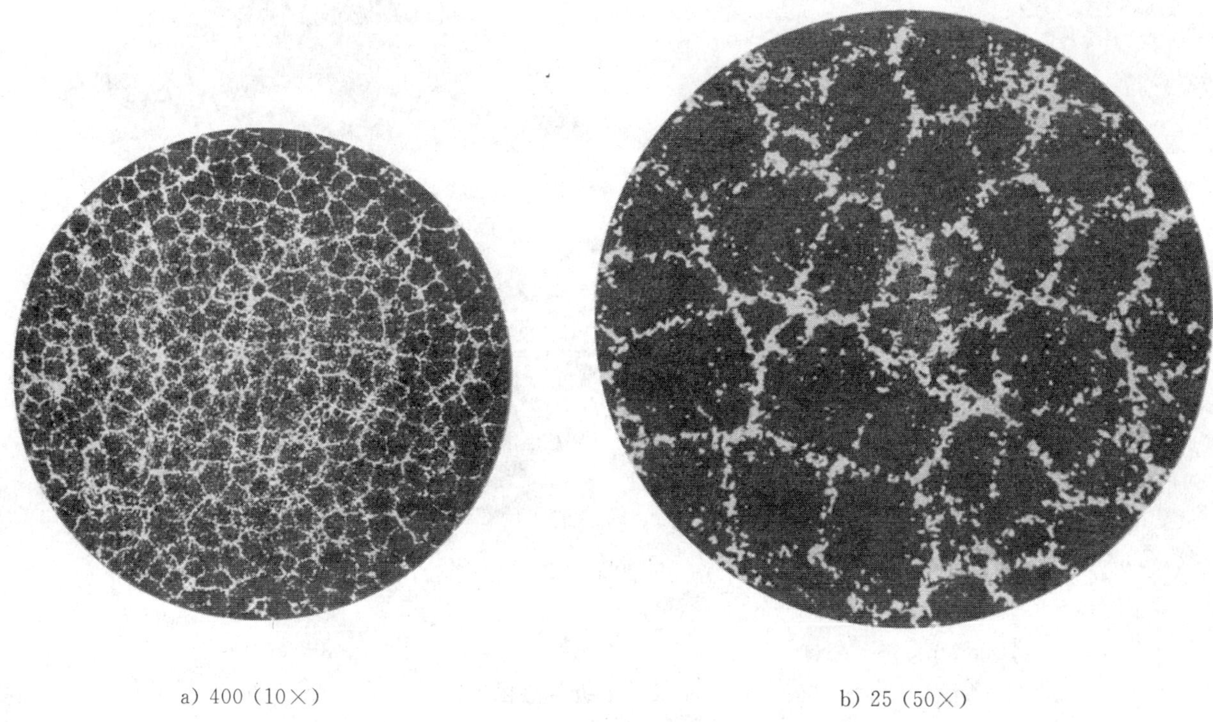

a) 400 (10×)　　b) 25 (50×)

图 36　2 级共晶团

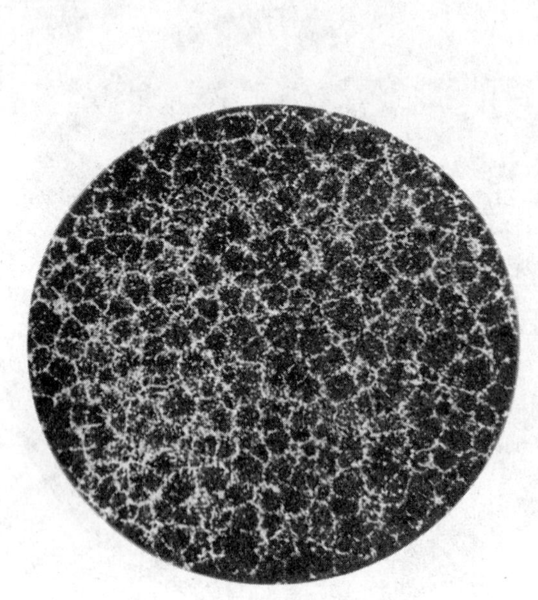

a) 300（10×）

b) 19（50×）

图 37　3 级共晶团

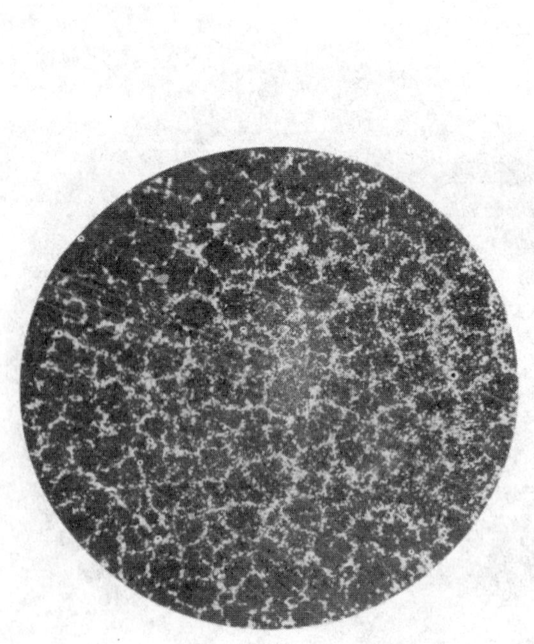

a) 200（10×）

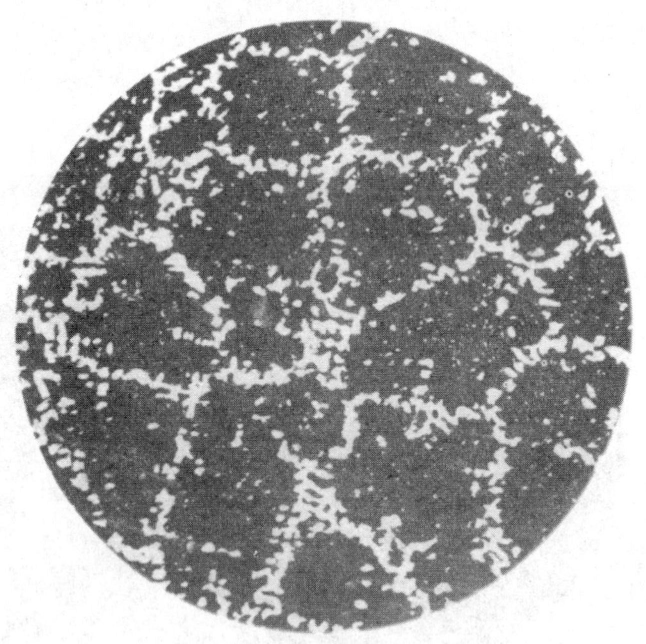

b) 13（50×）

图 38　4 级共晶团

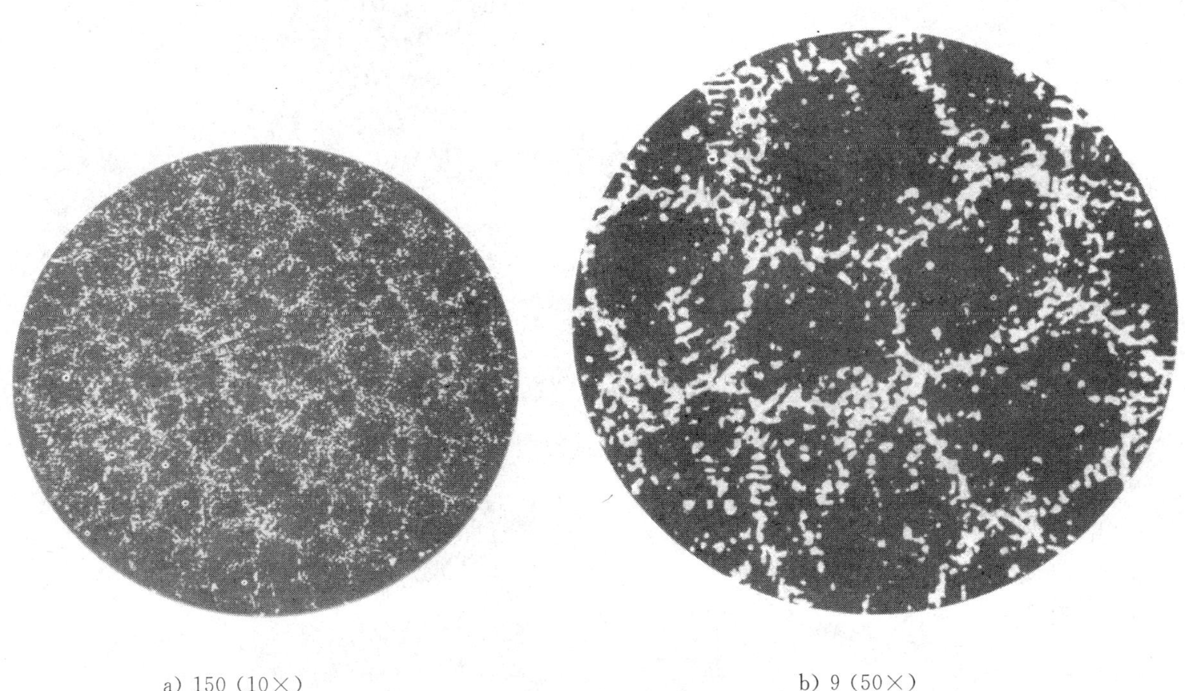

a) 150（10×）　　　　b) 9（50×）

图 39　5 级共晶团

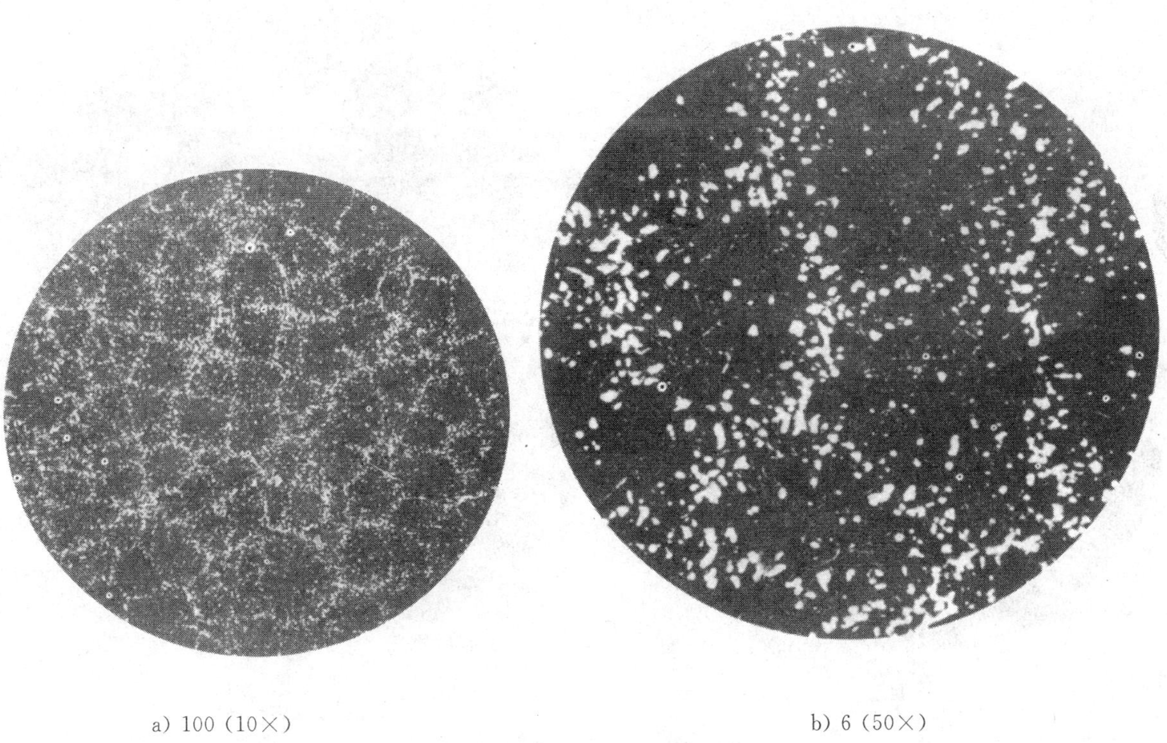

a) 100（10×）　　　　b) 6（50×）

图 40　6 级共晶团

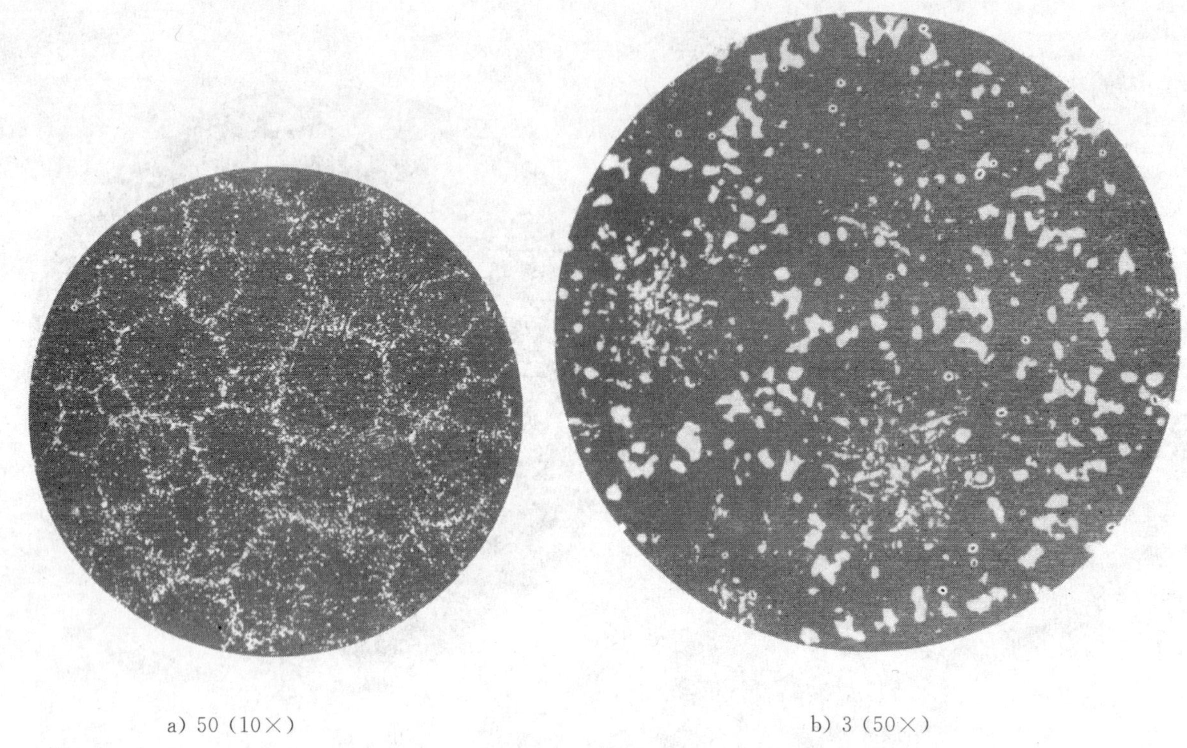

a) 50 (10×)　　b) 3 (50×)

图 41　7 级共晶团

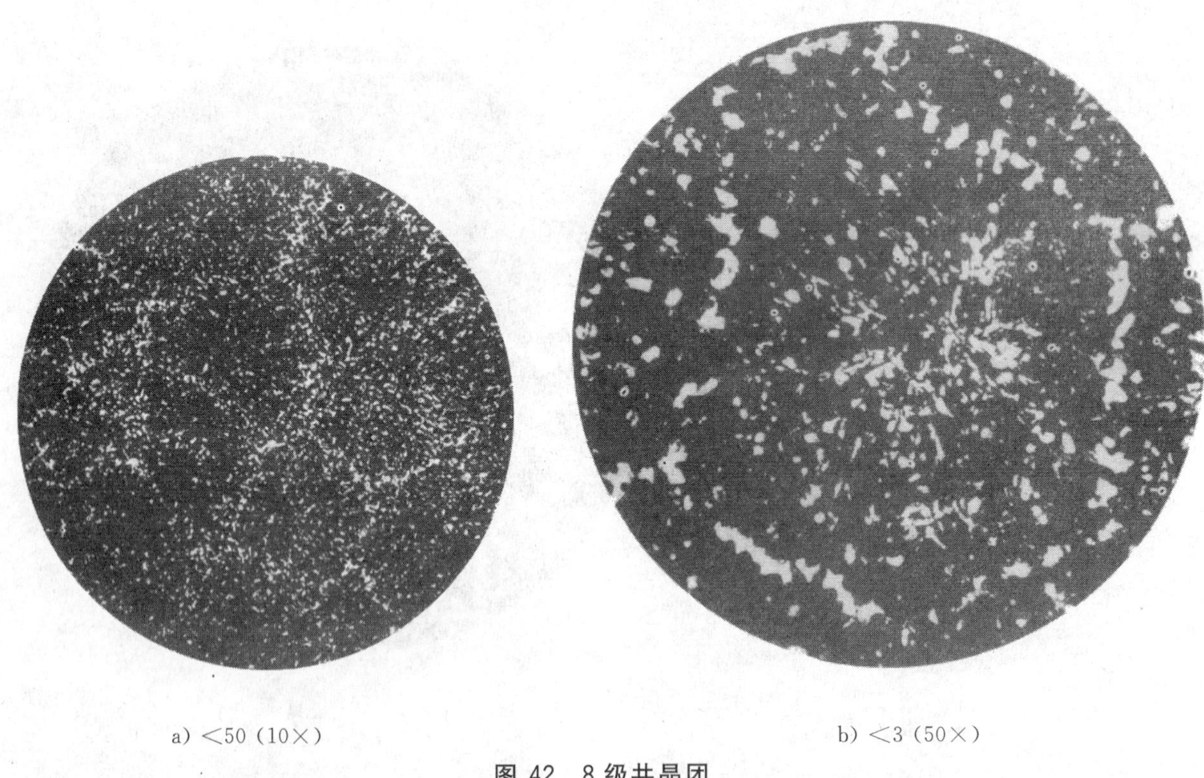

a) <50 (10×)　　b) <3 (50×)

图 42　8 级共晶团

5　结果表示

5.1　石墨形状以石墨类型的字母符号表示，如在同一试样中有不同形状的石墨，则应观察估计每种形状石墨的百分数，并在报告中依次注明。

5.2 石墨长度以级别或长度值表示。

5.3 珠光体数量、碳化物数量以及磷共晶数量用相应的级别名称或百分数来表示；如果碳化物和磷共晶总含量不超过5%时，二者可以合并评定。

5.4 共晶团数量以级别表示。

6 试验报告

试验报告包括以下部分：

a) 标准号；

b) 样品的名称及特征描述；

c) 测定方法；

d) 检验结果；

e) 试验报告编号和检测日期；

f) 试验员。

附 录 A
（资料性附录）
磷共晶类型

A.1 磷共晶按其组成分为四种：二元磷共晶、三元磷共晶、二元磷共晶-碳化物复合物及三元磷共晶-碳化物复合物。

A.2 抛光态试样经2%～5%硝酸酒精溶液侵蚀，在500倍下观察。磷共晶类型的组成及形貌见表A.1及图A.1～图A.4。

表 A.1 磷共晶类型

类型	组织与特征	图号
二元磷共晶	在磷化铁上均匀分布着奥氏体分解产物的颗粒	A.1
三元磷共晶	在磷化铁上分布着奥氏体产物的颗粒及粒状、条状的碳化物	A.2
二元磷共晶-碳化物复合物	二元磷共晶和大块状的碳化物	A.3
三元磷共晶-碳化物复合物	三元磷共晶和大块状的碳化物	A.4

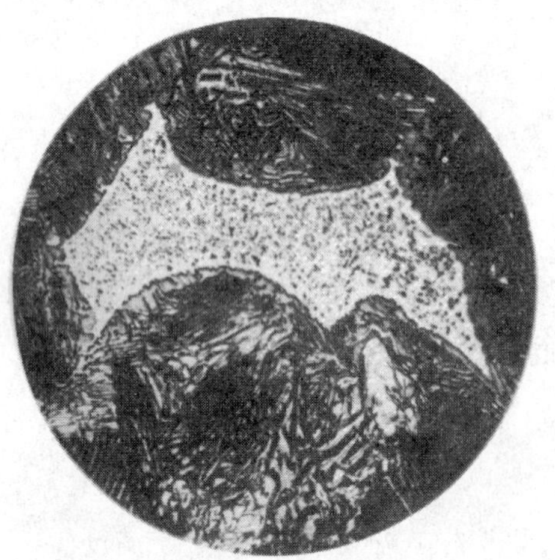

图 A.1 二元磷共晶

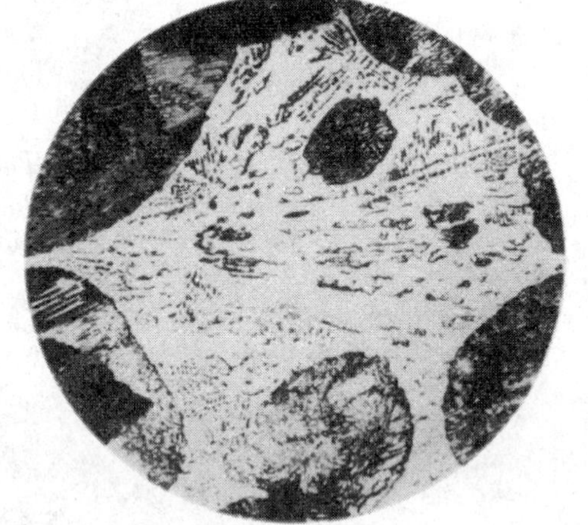

图 A.2 三元磷共晶

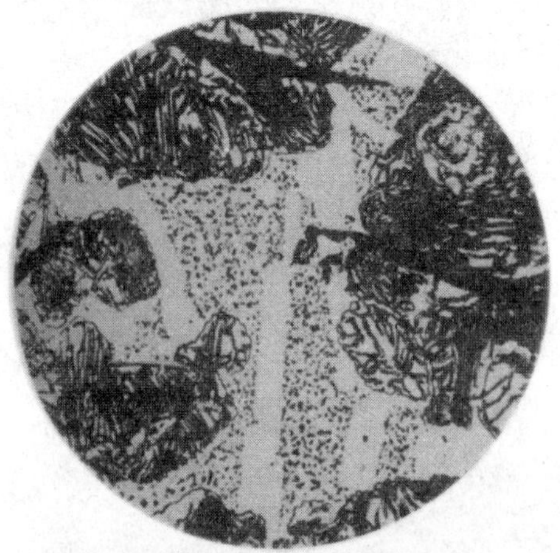

图 A.3 二元磷共晶-碳化物复合物

图 A.4 三元磷共晶-碳化物复合物

ICS 77.040.20;77.140.80
J 31

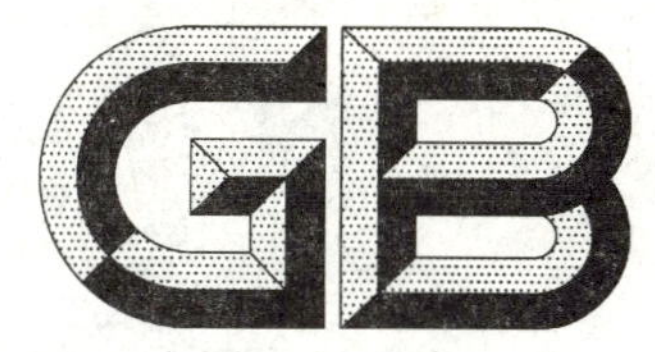

中华人民共和国国家标准

GB/T 7233.1—2009
部分代替 GB/T 7233—1987

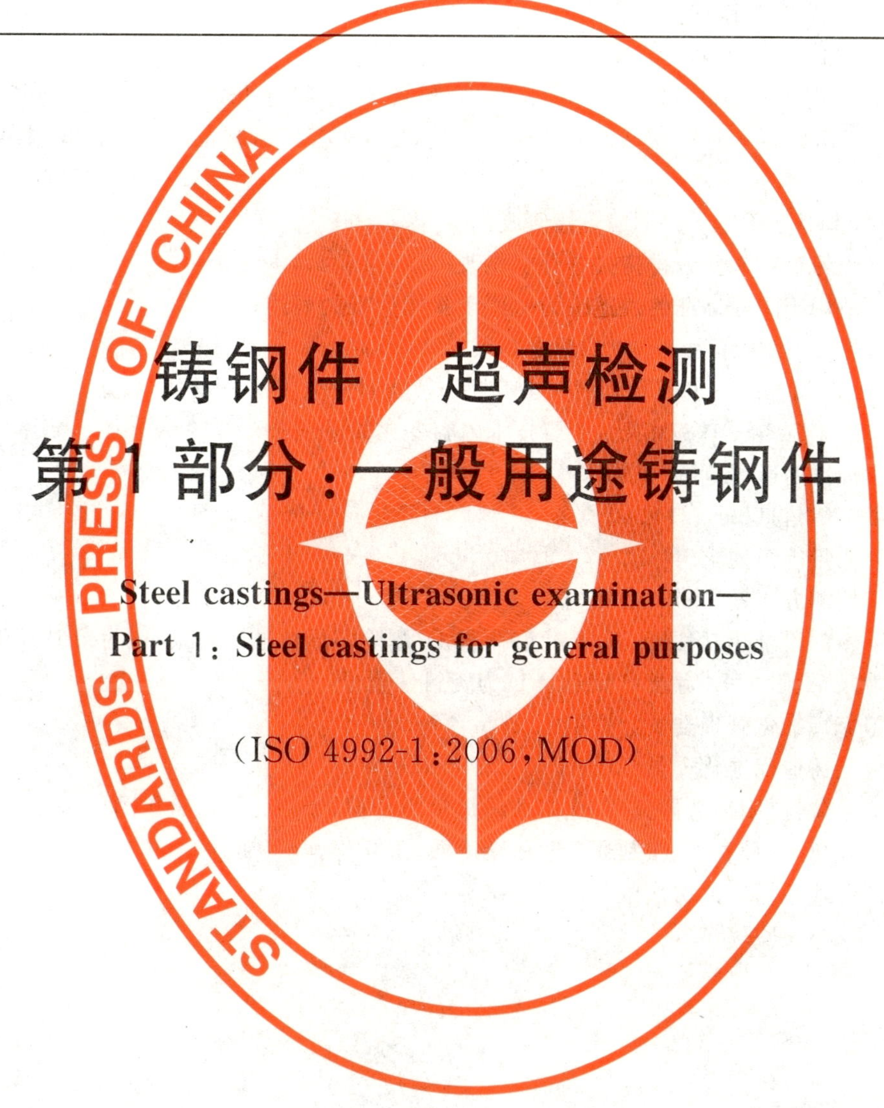

铸钢件 超声检测 第1部分:一般用途铸钢件

Steel castings—Ultrasonic examination—
Part 1: Steel castings for general purposes

(ISO 4992-1:2006,MOD)

2009-10-30 发布 2010-04-01 实施

中华人民共和国国家质量监督检验检疫总局
中国国家标准化管理委员会 发布

前言

GB/T 7233《铸钢件　超声检测》分为两个部分：

——第1部分：一般用途铸钢件；

——第2部分：高承压铸钢件。

本部分为GB/T 7233的第1部分。

本部分修改采用ISO 4992-1:2006，标准结构和技术内容与ISO 4992-1:2006基本相同。与ISO 4992-1:2006相比，规范性引用文件变化较多，仅保留ISO 5577，其他9项根据我国情况作了相应调整。

为便于使用，本部分还作了如下编辑性修改：

——按照汉语习惯对一些编排格式进行了修改；

——将一些适用于国际标准的表述改为适用于我国标准的表述；

——用小数点“.”代替作为小数点的逗号“,”。

本部分代替GB/T 7233—1987《铸钢件超声探伤及质量评级方法》中相应部分。

本部分与GB/T 7233—1987相比，主要技术内容变化如下：

——修改了标准的适用范围(见第1章)；

——增加了订货信息(见4.1)；

——修改了质量等级要求(见4.3)；

——修改了检测方法；

——增加了新的附录A、附录B、附录C和附录D，删除了原标准的附录A、附录B和附录C。

本部分的附录A、附录B、附录C和附录D为资料性附录。

本部分由国家标准化管理委员会提出。

本部分由全国铸造标准化委员会(SAC/TC 54)归口。

本部分起草单位：沈阳铸造研究所、沈阳鼓风机集团公司、沈阳北方重工集团公司。

本部分主要起草人：孙春贵、张钊骞、齐兴、李冷西、王立华、李兴捷。

本部分所部分代替标准的历次版本发布情况为：

——GB/T 7233—1987。

铸钢件　超声检测
第1部分：一般用途铸钢件

1　范围

GB/T 7233的本部分规定了一般用途铸钢件(非奥氏体)超声检测的术语和定义、一般要求和应用脉冲反射技术检测内部缺陷的方法。

本部分适用于一般用途铸钢件(非奥氏体)细化晶粒热处理后且厚度不超过600 mm铸钢件的超声检测。对于厚度大于600 mm的铸钢件，应有协议规定检测方法和记录限值。

本部分不适用于奥氏体钢。

2　规范性引用文件

下列文件中的条款通过GB/T 7233的本部分的引用而成为本部分的条款。凡是注日期的引用文件，其随后所有的修改单(不包括勘误的内容)或修订版均不适用于本部分，然而，鼓励根据本部分达成协议的各方研究是否可使用这些文件的最新版本。凡是不注日期的引用文件，其最新版本适用于本部分。

GB/T 5616　无损检测　应用导则

GB/T 9445　无损检测　人员资格鉴定与认证(GB/T 9445—2008，ISO 9712:2005，IDT)

GB/T 12604.1　无损检测　术语　超声检测(GB/T 12604.1—2005，ISO 5577:2000，Non-destructive testing—Ultrasonic inspection—Vocabulary，IDT)

GB/T 15056　铸造表面粗糙度　评定方法

GB/T 18694　无损检测　超声检验　探头及其声场的表征[GB/T 18694—2002，eqv ISO 10375:1997(E)]

GB/T 19799.1　无损检测　超声检测　1号校准试块(GB/T 19799.1—2005，ISO 2400:1972，Welds in steel—Reference block for the calibration of equipment for ultrasonic examination，IDT)

GB/T 19799.2　无损检测　超声检测　2号校准试块(GB/T 19799.2—2005，ISO 7963:1985，Welds in steel—Calibration block No.2 for ultrasonic examination of welds，IDT)

JB/T 9214　A型脉冲反射式超声探伤系统工作性能　测试方法

JB/T 10061　A型脉冲反射式超声波探伤仪　通用技术条件

3　术语和定义

GB/T 12604.1确立的以及下列术语和定义适用于GB/T 7233的本部分。

3.1

参考缺陷回波尺寸　reference discontinuity echo size

超声检测通常用平底孔直径来表示可接受的最小缺陷尺寸。

3.2

点状缺陷　point discontinuity

缺陷的尺寸小于或者等于声束直径。

注：本部分中的尺寸指长、宽和壁厚方向上的尺寸。

3.3

延伸性缺陷　complex discontinuity

缺陷的尺寸大于声束直径。

注：本部分中的尺寸指长、宽和壁厚方向上的尺寸。

3.4

平面型缺陷　planar discontinuity

能测量二维缺陷尺寸。

3.5

体积型缺陷　volumetric discontinuity

能测量三维缺陷尺寸。

3.6

特殊的外层　special rim zone

有特殊要求的外层区域。

注：特殊要求——比如机械加工、高压和密封的表面。

3.7

补焊　finishing welding

通过焊接以获得与铸钢件同样的质量。

4　一般要求

4.1　订货信息

订货时需方应提供下列信息：

——超声检测的铸钢件区域、数量或百分数；

——铸钢件各部位的质量等级；

——检测工艺要求；

——是否有其他检测要求，见 5.5.1。

4.2　检测范围

应采用最适宜的检测方法，检测铸钢件的全部被检区域（铸钢件的形状适合检测时）。

对于厚度大于 600 mm 的铸钢件，其检测方法、记录限值、验收等级等由供需双方商定。

4.3　允许的最大缺陷尺寸

4.3.1　基本垂直于检测面的平面型缺陷允许限值

图 1 给出平面型缺陷的允许限值。

1 级不允许有能测量尺寸的缺陷（延伸性缺陷）。

壁厚方向上单个缺陷的最大尺寸不能超过壁厚的 10%，缺陷的尺寸不大于 10 mm 的除外，壁厚方向上缺陷累加尺寸不能超过壁厚的 25% 或 20 mm。

两个缺陷之间的最大距离不大于 10 mm，应作为一个垂直或侧向表面的单个缺陷或缺陷区域来评定。

对能测量长度而不能测量壁厚方向上尺寸的缺陷区域，不能测量的尺寸应认定为 3 mm，面积按下述公式计算：

$$A = 3 \times L$$

式中：

A——缺陷面积，单位为平方毫米（mm^2）；

3——定义宽度，单位为毫米（mm）；

L——测量长度，单位为毫米（mm）。

4.3.2 体积型缺陷允许限值

表1给出了体积型缺陷允许的限值。

4.3.3 作为超声检测补充的射线检测所允许的最大缺陷

除非订货时另有协议，当完成射线和超声联合检测后，确定缺陷位于内层时，缺陷允许降低一个级别，例如射线检测3级代替2级。

4.4 人员资格

超声检测人员应依据GB/T 9445的规定取得相应资格证书。

4.5 壁厚分区

壁厚分区见图2，这些区域按铸钢件最终使用尺寸划分。

4.6 质量等级

需方对铸钢件不同区域有不同的质量等级要求，应清楚地在图纸上注明：

——准确的区域及尺寸；

——准备焊接区域和特殊外层厚度。

1级仅适用于准备焊接区和特殊的外层。除非订货时另有约定，否则补焊区和母材按同一等级验收。

5 检测

5.1 总则

GB/T 5616给出超声检测的基本规则。

5.2 材料

材料的超声可探性，可通过比较参考反射体回波高度（通常是第一次底波）和噪声信号来评价。评价应选择铸钢件具有代表性的区域，该区域必须是上下面平行的最终表面和最大厚度。

依据表2的参考回波高度，至少高出噪声信号6 dB。

如果在检测的最大厚度探测到的最小平底孔或相当的横孔直径的回波高度不大于噪声信号6 dB，超声可探性下降。在小于6 dB的信噪比下，探测到的平底孔或横孔直径应在检测报告中说明，并经供需双方同意。

注：为确定适当的平底孔尺寸，可以采用距离增益尺寸法(DGS)或者使用具有相同的金属材料、热处理状态和壁厚的平底孔试块，试块平底孔直径依据表2或相当的横孔直径。

下述公式用于平底孔和横孔的直径转换：

$$D_Q = \frac{4.935 \times D_{FBH}^4}{\lambda^2 \times s}$$

式中：

D_Q——横孔直径，单位为毫米(mm)；

D_{FBH}——平底孔直径，单位为毫米(mm)；

λ——波长，单位为毫米(mm)；

s——声程，单位为毫米(mm)。

这个公式仅适用于$D_Q \geqslant 2\lambda$、$s \geqslant 5$倍近场长度、单晶探头。

5.3 设备和耦合剂

5.3.1 超声仪器

超声仪器应符合JB/T 10061的要求，并具备下列特性：

——范围调整，钢中纵波和横波，至少在10 mm和2 000 mm内可连续选择；

——增益，调整范围在80 dB以上，步进级每档不大于2 dB，精度1 dB；

——时基线性误差不大于1%，垂直线性误差不大于5%；

——至少能适应 1 MHz～5 MHz 频率脉冲反射技术所用的单晶和双晶探头。

5.3.2　**探头和频率**

探头和频率应符合 GB/T 18694 的要求，并满足下列规定：

——额定频率范围在 1 MHz～5 MHz 之间；

——斜探头角度范围在 35°～70°之间。

注：在铸钢件检测中，应依据铸钢件的形状和探测的缺陷类型来选择直探头和斜探头。

检测近表面区，应使用双晶探头。

5.3.3　**校准超声检测设备**

操作人员应按 JB/T 9214 的规定，定期校准超声检测设备。

5.3.4　**耦合剂**

耦合剂应湿润检测表面并确保声波传播，如机油、浆糊、甘油和水等，在校准和检测中应使用同一种耦合剂。

注：声波传播采用表面平行区域的一次或多次底波来校对。

5.4　**铸钢件被检表面的准备**

被检表面应能使探头达到良好的耦合效果，应无影响声波传播和探头移动的锈蚀、氧化皮、焊接飞溅或其他不规则物。

使用单晶探头，为达到良好的耦合效果，被检表面的粗糙度至少应达到 $Ra \leqslant 25\ \mu m$。机加工表面粗糙度应达到 $Ra \leqslant 12.5\ \mu m$。特殊的检测技术，对表面粗糙度的要求更高，例如 $Ra \leqslant 6.3\ \mu m$（见 GB/T 15056）。

5.5　**检测程序**

5.5.1　**总则**

主要依据铸钢件的形状、铸造或补焊后可能产生的缺陷，来选择最佳入射方向和适合的探头。

铸钢件供方应明确所用的检测工艺规范，在特定条件下要编制书面协议。

尽可能从相对的两个方向检测，当只能从一个方向检测时，为了发现近表面缺陷应附加使用近场分辨探头，在壁厚不到 50 mm 时应使用双晶探头。

此外，当供需双方没有其他约定时，应使用双晶直探头和斜探头检测铸钢件下列 50 mm 内的区域：

——重要区域，例如内圆角、变截面、加外冷铁处；

——补焊区；

——准备焊接区；

——涉及铸钢件重要性能的特殊外层。

深度超过 50 mm 的补焊区，应使用其他合适的斜探头补充检测。

斜探头的角度大于 60°，声程不应超过 150 mm。

探头的扫查应有重叠，重叠率应大于探头直径或边长 15%，应有规律的扫查所有被检区域，扫查速度应不超过 150 mm/s。

5.5.2　**范围调整**

在检测仪器的荧屏上进行范围调整，使用直或斜探头，选择下列试块：

——GB/T 19799.1 校准试块 1 或者 GB/T 19799.2 校准试块 2；

——与被检材料有相同声学特性的校准试块；

——用直探头在具有平行表面且厚度可测的铸钢件本体调整。

5.5.3　**灵敏度调整**

5.5.3.1　**总则**

范围调整（见 5.5.2）后进行灵敏度调整，采用下述两种方法之一：

a)　距离幅度校正曲线法（DAC）

距离幅度校正曲线法是用一系列相同反射体(平底孔 FBH 或横孔 SDH)的回波高度得出的,每个反射体有不同的声程。

注:通常采用 2 MHz～2.5 MHz 的频率和 6 mm 直径的平底孔。

b) 距离增益尺寸法(DGS)

距离增益尺寸法是用一系列理论上计算出的声程、仪器增益、垂直于声束轴线的平底孔直径的关系得出的曲线。

5.5.3.2 传输修正

传输修正应按照附录 C 确定。

当使用校准试块时,需要进行传输修正。传输修正不仅要考虑耦合面的粗糙度,也要考虑对应面的粗糙度,因为对应面粗糙度影响底波高度,如果对应面是机加表面或表面粗糙度 $Ra \leqslant 25\ \mu m$,满足传输修正的测定。

5.5.3.3 缺陷的探测

为了探测缺陷,应将增益一直提高到荧屏上可见噪声水平线(扫查灵敏度)。

表 2 给出的平底孔或相当横孔的直径,在检测的最大厚度范围内,回波高度不低于荧屏的 40%。

在检测过程中,如果怀疑因缺陷引起底波衰减超出规定的记录值(见表 3),应降低检测灵敏度,准确测定底波衰减的 dB 值。

斜探头灵敏度调整应使反射体在荧屏上清晰地显示典型的动态回波图形(见图 3)。

推荐斜探头灵敏度调整使用自然的(非人工)平面型缺陷(裂纹尺寸在壁厚方向)或垂直于表面且远大于声束的侧壁来校核。探头底面要尽量与铸钢件表面形状吻合。

5.5.4 不同类型缺陷的评定

在铸钢件检测中发现一种或多种以下缺陷类型,应进行评定:

——不是由铸钢件外形或耦合引起的底波衰减;

——缺陷的回波。

底波衰减量用底波高度下降的 dB 值表示,缺陷回波高度用平底孔或横孔直径表示。

5.5.5 记录

除非另有规定,应记录达到或超出表 3 给出数值的所有底波衰减和缺陷回波高度。

当使用斜探头时,不考虑缺陷回波的幅度,应记录所有具有游动特征或在壁厚方向上能测量尺寸的信号,并按 5.5.7.3 测定。

记录的缺陷位置,应标注在检测报告里,并附简图或照片。

5.5.6 记录缺陷的验证

记录(见 5.5.5)的缺陷,应进一步验证它们的类型、形状、尺寸和位置。这个验证可采用改变超声波检测技术(例如改变入射角)或者另外采用射线照相检测技术。

5.5.7 缺陷的性质和尺寸

5.5.7.1 总则

对于工程应用,只有在一定条件下(如已知缺陷的类型、缺陷简单的几何形状、缺陷对声束处于最佳反射状态),才能用超声波技术比较准确测量缺陷的尺寸。

通过其他声束方向和入射角度可以验证缺陷类型的性质,简单地将缺陷按下列分类:

——不能测量尺寸的缺陷(点状缺陷);

——能测量尺寸的缺陷(延伸性缺陷)。

注 1:附录 A 给出了声束直径的资料,区别缺陷能否测量尺寸。

注 2:附录 B 给出了缺陷类型和测定尺寸的资料,也给出了范围调整(见 5.5.2)和灵敏度调整(见 5.5.3)的资料。

为准确测量缺陷的尺寸,推荐使用声束直径尽可能小的探头。

5.5.7.2 基本平行于检测面的缺陷尺寸的测定

缺陷的边界通过比端点最高信号波幅下降 6 dB 来测定。对于底波衰减,通过比正常底波高度下降

6 dB(2 MHz～2.5 MHz 探头)来测定。

按照图 4 来测定壁厚方向上的缺陷尺寸。

5.5.7.3 基本垂直于检测面(壁厚方向上)的缺陷尺寸的测定

不同质量等级的平面型缺陷尺寸的测定，应按 5.5.7.1 移动探头，回波降低 20 dB(见图 3)。

5.6 检测报告

检测报告应至少包含下述内容：

——采用的标准；

——铸钢件的特性数据；

——检测范围；

——检测设备型号，采用的探头；

——检测方法；

——灵敏度调整的数据；

——缺陷的所有特征(例如底波衰减、壁厚方向的位置和尺寸、长度、面积、平底孔直径)和它们位置的描述(简图或照片)；

——检测责任人和检测日期。

表 1 体积型缺陷允许的限值

<table>
<tr><td rowspan="2">项目</td><td rowspan="2">单位</td><td rowspan="2">层(见图 2)</td><td colspan="13">质量等级</td></tr>
<tr><td>1</td><td colspan="3">2</td><td colspan="3">3</td><td colspan="3">4</td><td colspan="3">5</td></tr>
<tr><td>被检部位的铸钢件厚度</td><td>mm</td><td>—</td><td>—</td><td>≤50</td><td>>50～100</td><td>>100～600</td><td>≤50</td><td>>50～100</td><td>>100～600</td><td>≤50</td><td>>50～100</td><td>>100～600</td><td>≤50</td><td>>50～100</td><td>>100～600</td></tr>
<tr><td colspan="16">不能测量尺寸的反射(点状缺陷)</td></tr>
<tr><td rowspan="2">最大的平底孔当量直径</td><td rowspan="2">mm</td><td>外层</td><td rowspan="2">3</td><td colspan="9" rowspan="2">a</td><td colspan="3" rowspan="2">不作评定</td></tr>
<tr><td>内层</td></tr>
<tr><td rowspan="2">在 100 mm×100 mm 评定框内被记录的缺陷数量</td><td rowspan="2">—</td><td>外层</td><td rowspan="2">3[b]</td><td>3</td><td colspan="2">5</td><td colspan="2">6</td><td>6</td><td colspan="6" rowspan="2">不作评定</td></tr>
<tr><td>内层</td><td colspan="6">不作评定</td></tr>
<tr><td colspan="16">能测量尺寸的反射(延伸性缺陷)</td></tr>
<tr><td rowspan="2">最大的平底孔当量直径</td><td rowspan="2">mm</td><td>外层</td><td rowspan="2">3</td><td colspan="9" rowspan="2">a</td><td colspan="3" rowspan="2">不作评定</td></tr>
<tr><td>内层</td></tr>
<tr><td rowspan="2">在壁厚方向上缺陷的最大尺寸</td><td rowspan="2">—</td><td>外层</td><td rowspan="9">不允许</td><td colspan="9">层厚度的 15%</td><td colspan="3">层厚度的 20%</td></tr>
<tr><td>内层</td><td colspan="9">壁厚的 15%</td><td colspan="3">壁厚的 20%</td></tr>
<tr><td rowspan="2">不能测量宽度的缺陷的最大长度</td><td rowspan="2">mm</td><td>外层</td><td>75</td><td>75</td><td>75</td><td>75</td><td>75</td><td>75</td><td>75</td><td>75</td><td>75</td><td>75</td><td>75</td><td>75</td></tr>
<tr><td>内层</td><td>75</td><td>75</td><td>100</td><td>75</td><td>75</td><td>120</td><td>100</td><td>100</td><td>150</td><td>100</td><td>100</td><td>150</td></tr>
<tr><td rowspan="2">单个最大的面积[c,d]</td><td rowspan="2">mm²</td><td>外层</td><td>600</td><td>1 000</td><td>1 000</td><td>600</td><td>2 000</td><td>2 000</td><td>2 000</td><td>2 000</td><td>2 000</td><td>3 000</td><td>4 000</td><td>4 000</td></tr>
<tr><td>内层</td><td>10 000</td><td>10 000</td><td>15 000</td><td>15 000</td><td>15 000</td><td>20 000</td><td>15 000</td><td>15 000</td><td>20 000</td><td>20 000</td><td>30 000</td><td>40 000</td></tr>
<tr><td rowspan="2">缺陷的总面积[c]</td><td rowspan="2">mm²</td><td>外层</td><td>10 000</td><td>10 000</td><td>10 000</td><td>10 000</td><td>10 000</td><td>10 000</td><td>10 000</td><td>15 000</td><td>15 000</td><td>15 000</td><td>20 000</td><td>20 000</td></tr>
<tr><td>内层</td><td>10 000</td><td>15 000</td><td>15 000</td><td>15 000</td><td>20 000</td><td>20 000</td><td>15 000</td><td>20 000</td><td>20 000</td><td>30 000</td><td>40 000</td><td>40 000</td></tr>
<tr><td>评定区域</td><td>mm²</td><td>—</td><td colspan="3">150 000≈(390 mm×390 mm)</td><td colspan="9">100 000≈(320 mm×320 mm)</td></tr>
</table>

[a] 壁厚≤50 mm,平底孔直径≤8 mm。壁厚>50 mm,在外层平底孔直径>8 mm 时,供需双方协商解决。

[b] 内外层累积。

[c] 间距<25 mm 的显示作为一个缺陷。

[d] 如果内层单个缺陷,壁厚方向上尺寸不超过壁厚的 10%(如中心缩松)。质量等级 2 级～4 级,允许超过规定数值的 50%。质量等级 5 级,没有限制。

表 2　超声可探性要求

单位为毫米

壁厚	依据 5.2 能探测的最小平底孔直径
≤300	3
>300～400	4
>400～600	6

表 3　记录值

壁厚/mm	检测区域	不能测量尺寸的反射（点状缺陷）最小平底孔当量直径[a]/mm	能测量尺寸的反射（延伸性缺陷）最小平底孔当量直径[a]/mm	底波衰减最小/dB
≤300	—	4	3	12
>300～400	—	6	4	
>400～600	—	6	6	
—	1 级区域	3	3	6
—	特殊外层	3	3	—
[a] 平底孔直径转换成横孔直径的公式见 5.2 注。				

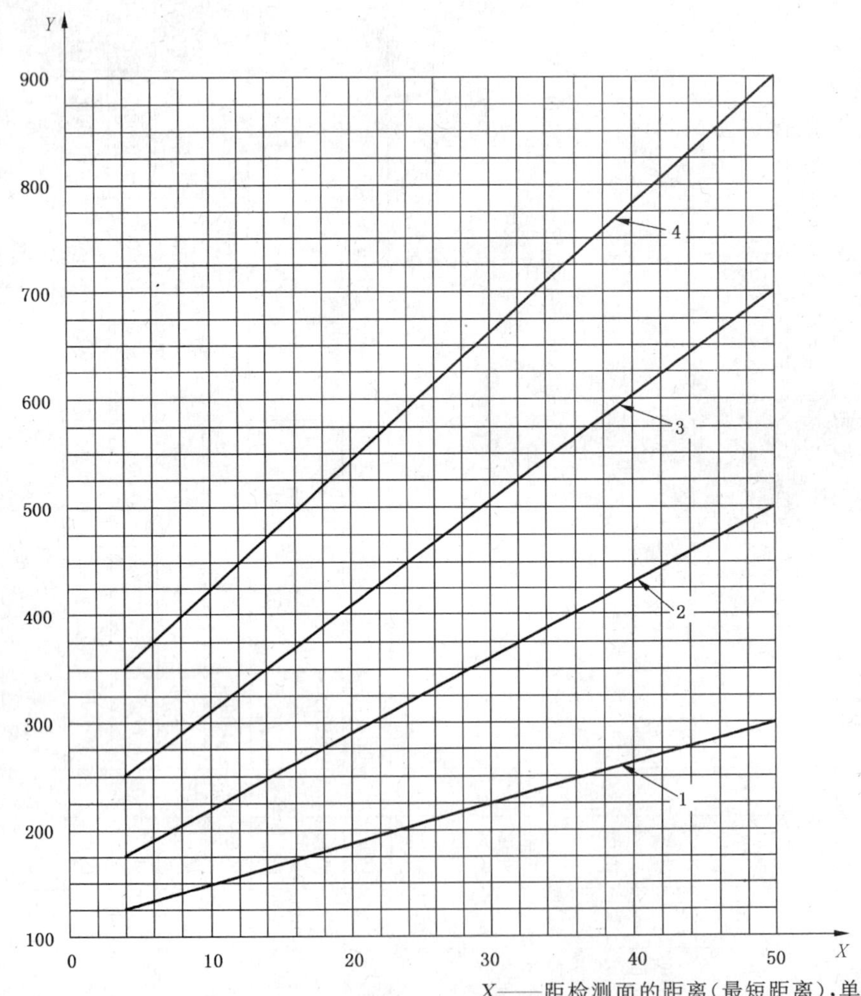

1——2 级；
2——3 级；
3——4 级；
4——5 级。

X——距检测面的距离（最短距离），单位为毫米（mm）；
Y——允许的最大单个缺陷的面积，单位为平方毫米（mm^2）。
1 级不允许有能测量尺寸的缺陷。

图 1　用斜探头检测基本在壁厚方向上单个平面型缺陷的允许限值

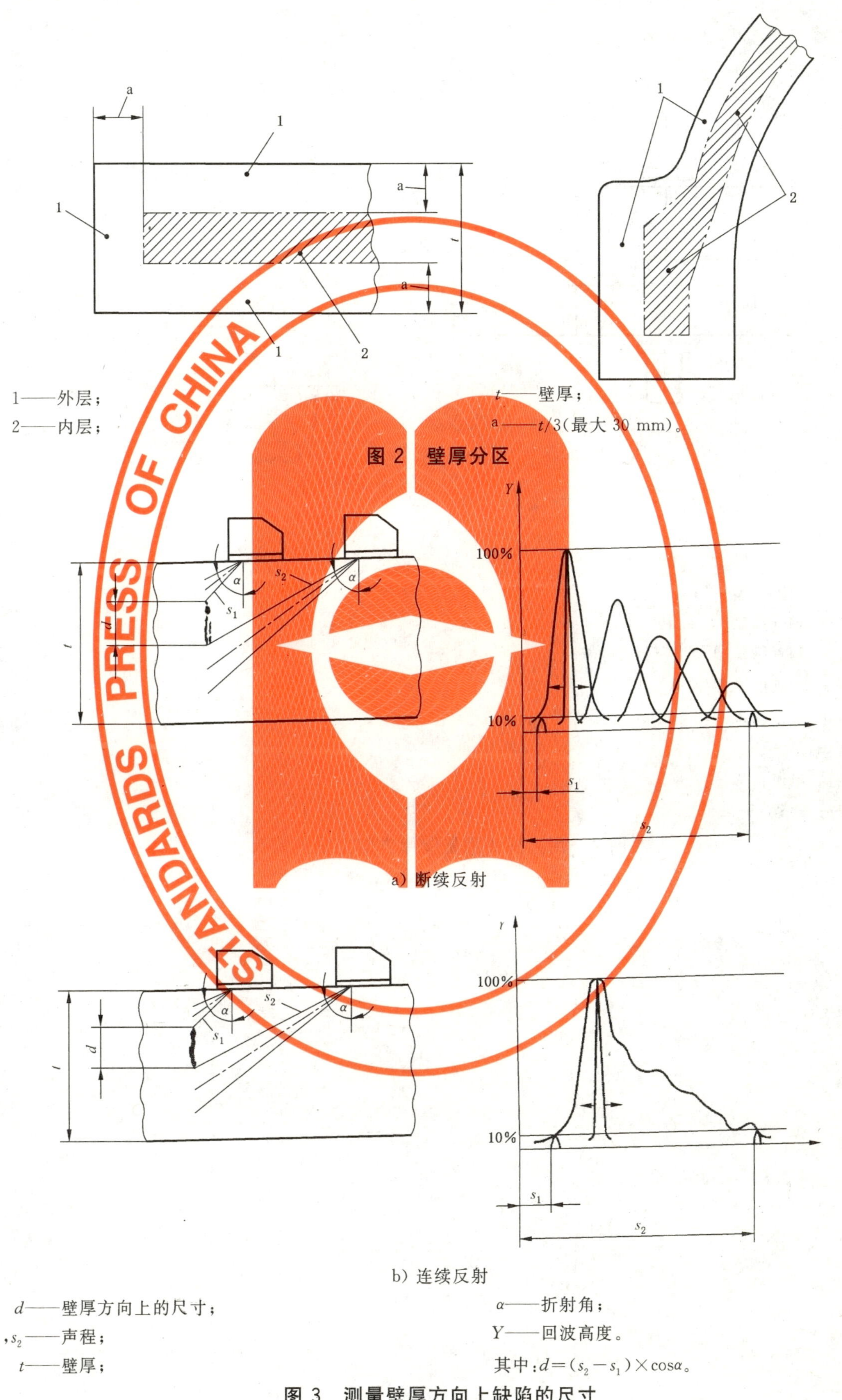

d——壁厚方向上的尺寸；

s_1，s_2——声程；

t——壁厚；

α——折射角；

Y——回波高度。

其中：$d=(s_2-s_1)\times\cos\alpha$。

图 3 测量壁厚方向上缺陷的尺寸

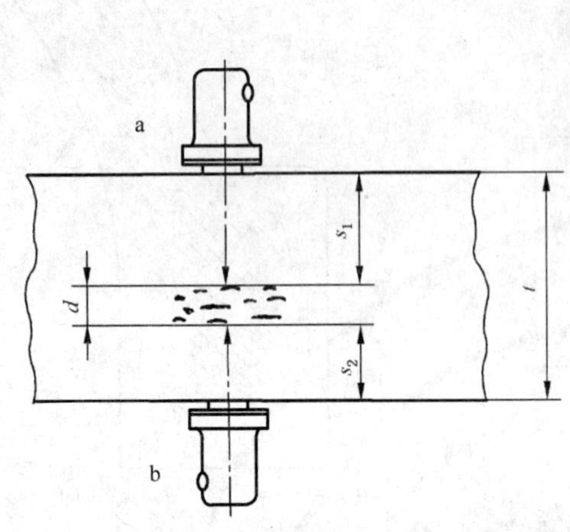

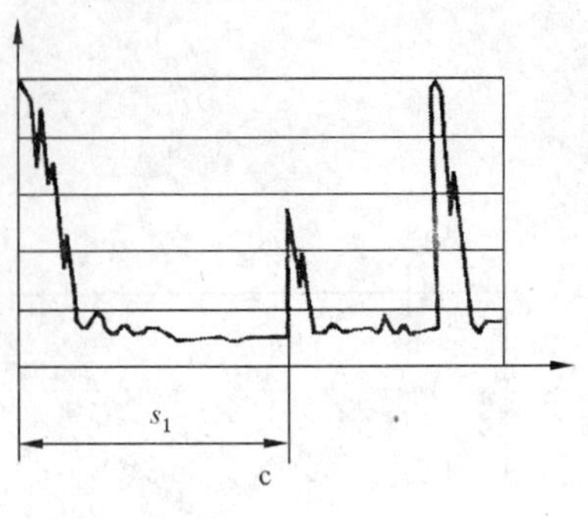

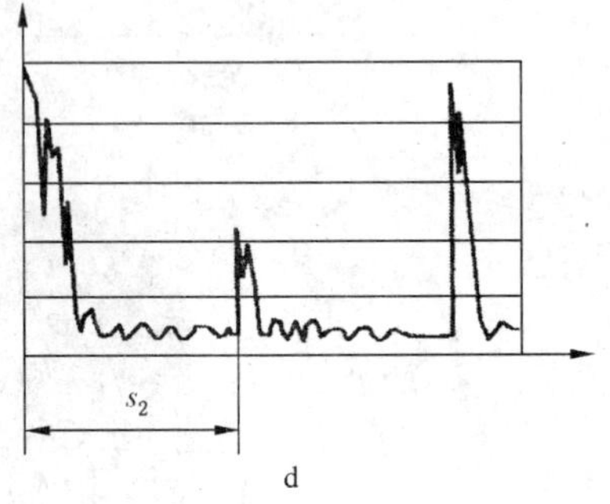

a——扫查位置“A”；

b——扫查位置“B”；

c——扫查位置“A”的 A 扫；

d——扫查位置“B”的 A 扫。

其中：深度延伸 $d=t-(s_1+s_2)$。

式中：

t——壁厚；

s_1，s_2——声程。

图 4　用直探头测量壁厚方向上缺陷的尺寸

附 录 A
（资料性附录）
声 束 直 径

本附录给出了声束直径的资料，区别缺陷能否测量尺寸。

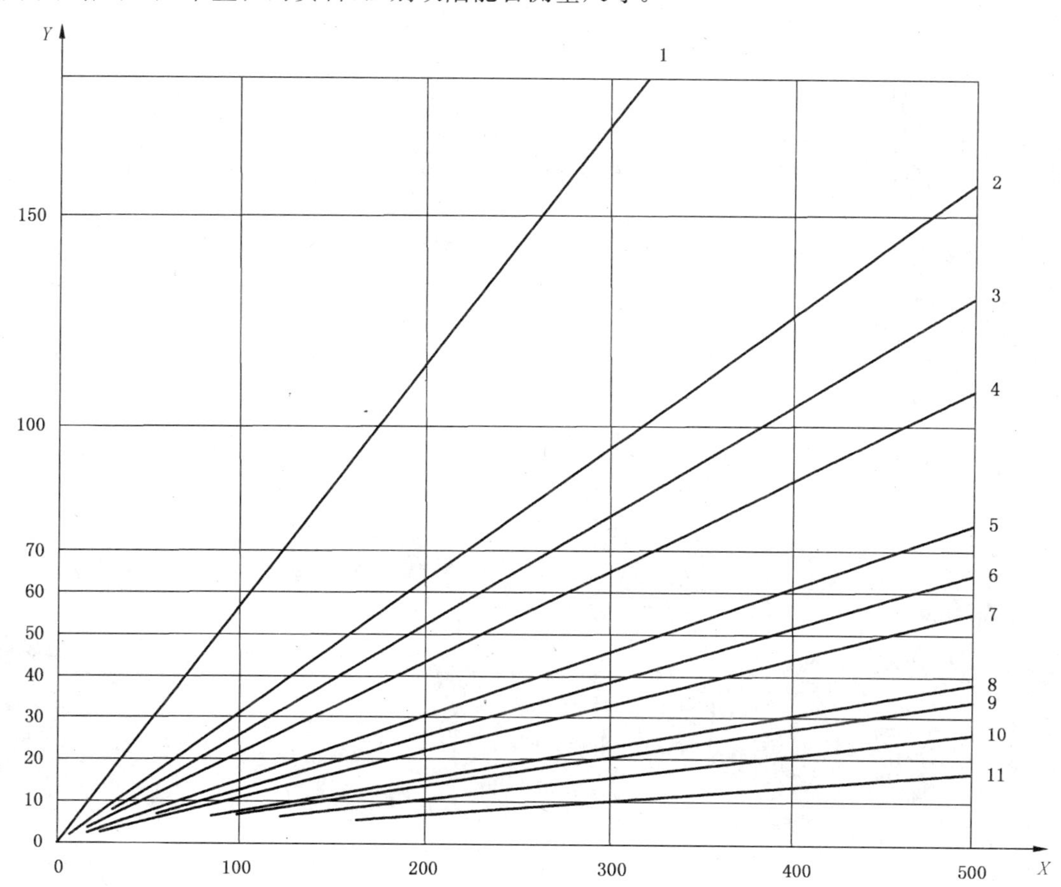

表 A.1 近场长度

探头晶片尺寸/mm	近场长度/mm(近似值)					
	纵波(L)				横波(T)	
	1 MHz～1.25 MHz	2 MHz～2.5 MHz	4 MHz	5 MHz	2 MHz～2.5 MHz	4 MHz
ϕ10	4.2	8.0	15.6	—	—	—
ϕ24	22.7	45	88	115	—	—
8×9	—	—	—	—	14	28
20×22	—	—	—	—	75	150

1——1 MHz～1.25 MHz，L，ϕ10；
2——2 MHz～2.5 MHz，L，ϕ10；
3——1 MHz～1.25 MHz，L，ϕ24；
4——2 MHz～2.5 MHz，T，8×9；
5——4 MHz，L，ϕ10；
6——2 MHz～2.5 MHz，L，ϕ24；
7——4 MHz，T，8×9；
8——2 MHz～2.5 MHz，T，8×9；
9——4 MHz，L，ϕ24；
10——5 MHz，L，ϕ24；
11——4 MHz，T，20×22。
X——声程，单位为毫米(mm)；
Y——声束直径(−6 dB)单位为毫米(mm)。

图 A.1 各种声程和近场长度的探头对应的声束直径

近场长度和声束直径可以通过下述公式计算：

$$N=\frac{D_{\mathrm{C}}^{2}}{2\times\lambda}$$

$$D_{\mathrm{F}}=\frac{\lambda\times s}{D_{\mathrm{C}}}$$

式中：

N——近场长度，单位为毫米(mm)；

D_{C}——晶片直径，单位为毫米(mm)；

λ——波长，单位为毫米(mm)；

s——声程，单位为毫米(mm)；

D_{F}——声束直径，单位为毫米(mm)(沿着声程，垂直于中心声束的声压减小 6 dB)。

附　录　B
（资料性附录）
缺陷的类型

图 B.1～图 B.11 展示了通过回波动态可能区别的不同缺陷类型。

为了区别缺陷类型，可依据下述条件改变检测灵敏度：

——表面到缺陷的距离；

——几何形状；

——被检表面的最终状态。

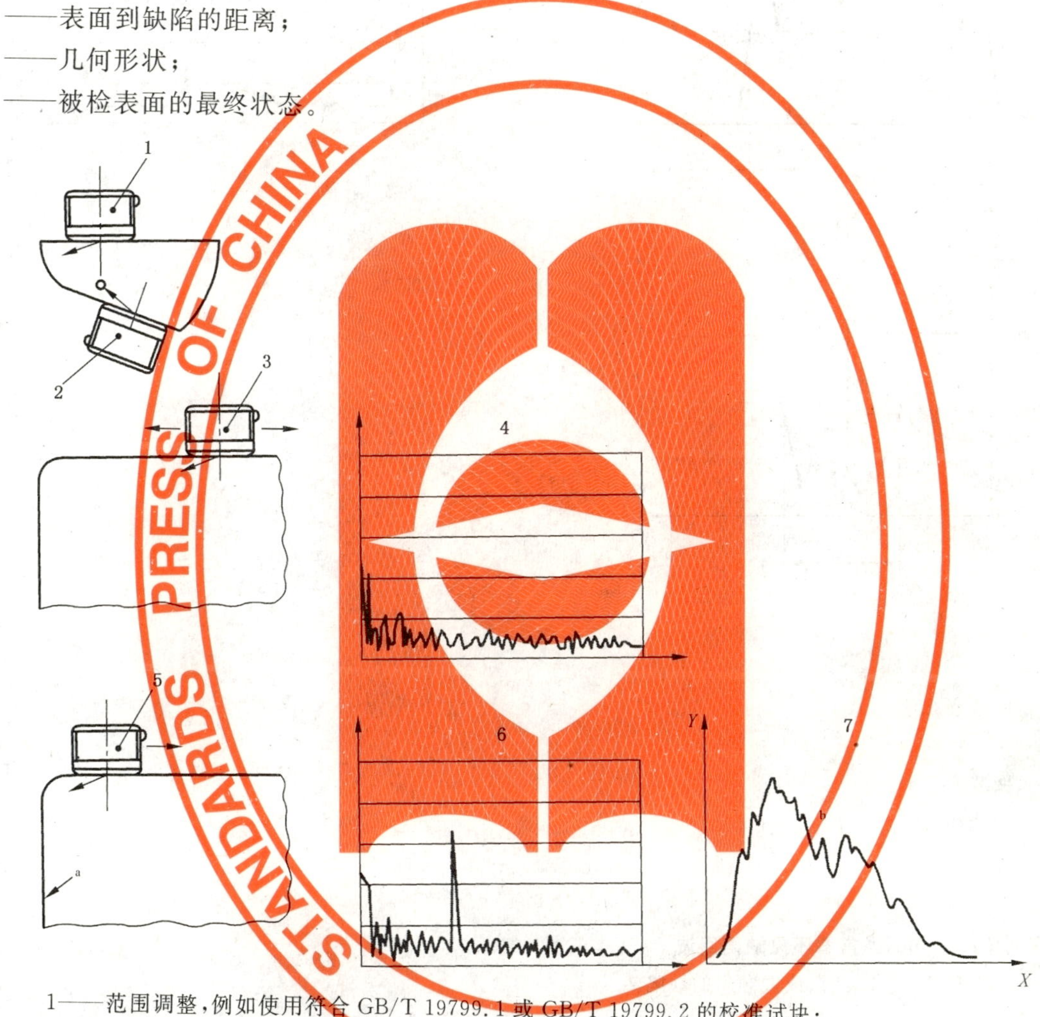

1——范围调整，例如使用符合 GB/T 19799.1 或 GB/T 19799.2 的校准试块；

2——用横孔试块校准检测设备，横孔的回波高度是 100%的屏高；

3——铸钢件被检区域的灵敏度调整，与参考反射体的缺陷无关；

4——噪声平均高度大致在荧屏高度的 5%～10%；

5——通过观察铸态表面在壁厚方向上的动态回波来校验检测灵敏度和所用设备；

6——A 扫；

7——典型的回波动态。

X——探头移动；

Y——回波高度。

a——铸态表面；

b——回波动态。

图 B.1　调整超声仪器范围和灵敏度，使用双晶斜探头(4 MHz～5 MHz，60°)检测基本在壁厚方向外层能测量尺寸的缺陷

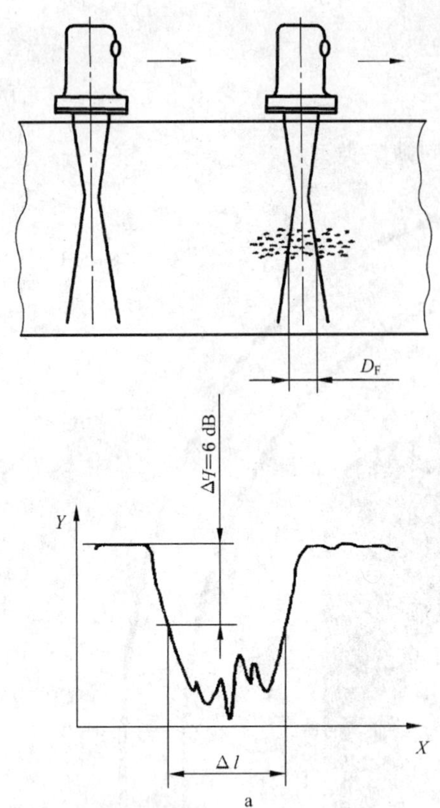

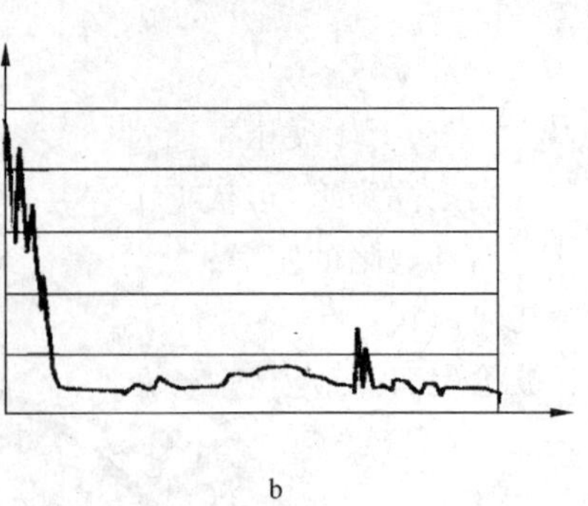

ΔH——底波衰减值。

X——探头移动；

Y——回波高度。

a——回波动态；

b——A 扫。

典型显示：

底波衰减超过 12 dB,通常看不见缺陷回波。

原因：海绵状缩松、气孔、夹杂或大倾斜的缺陷。

$$\Delta l > D_F$$

式中：

D_F——声束直径；

Δl——缺陷尺寸。

图 B.2 测量底波衰减超过 12 dB 范围尺寸的缺陷

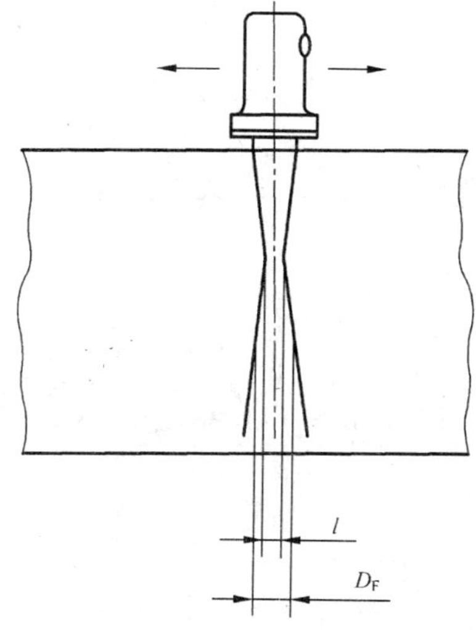

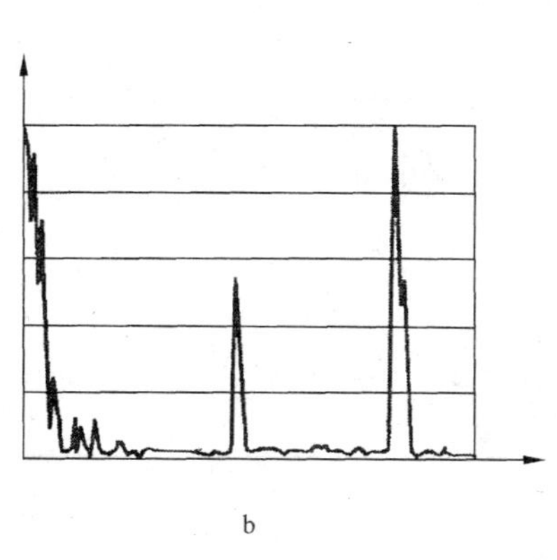

b

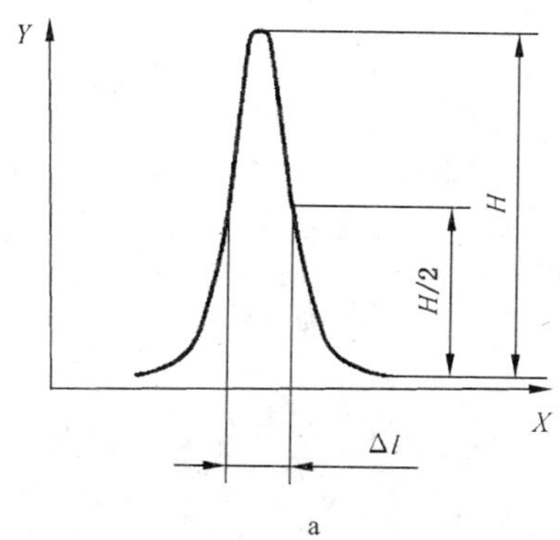

a

l——缺陷的横向扩展；

H——单个缺陷的最大回波高度。

X——探头移动；

Y——回波高度。

a——回波动态；

b——A 扫。

典型显示：

单个缺陷的半波尺寸小于或等于声束直径 D_F。

图 B.3 不能测量尺寸的单个缺陷

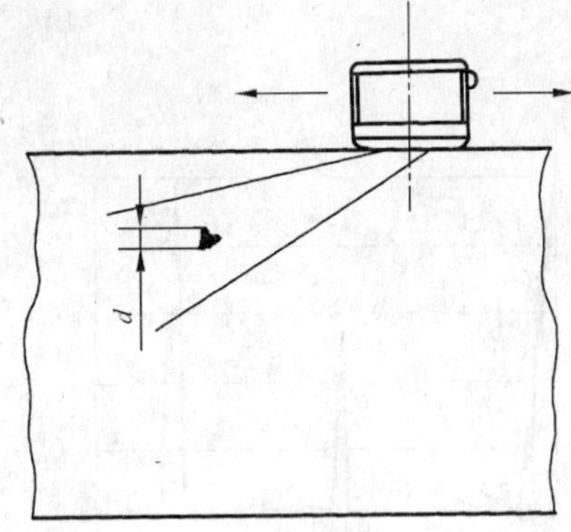

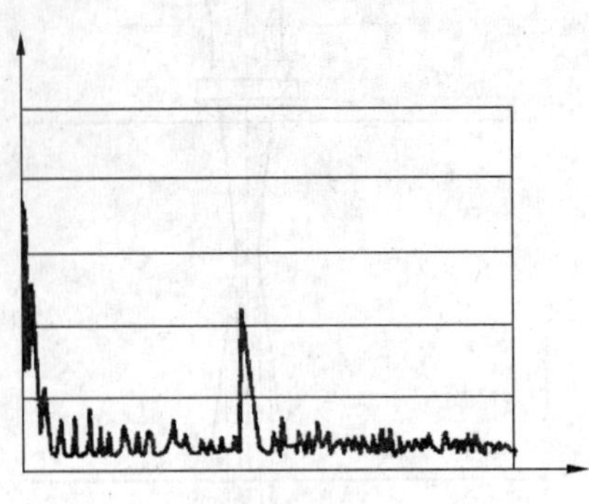

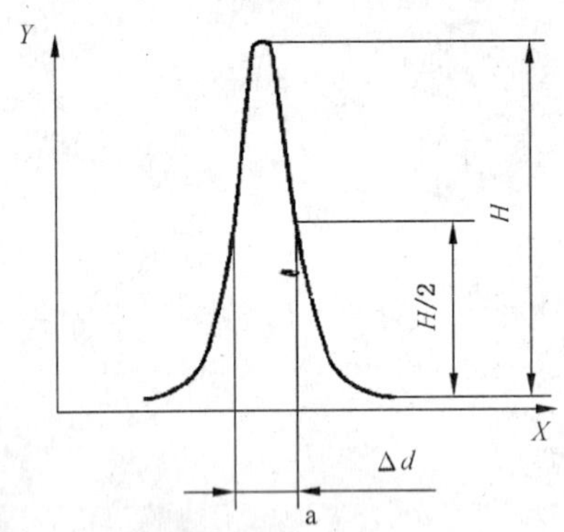

d——壁厚方向上缺陷的尺寸；

H——单个缺陷的最大回波高度。

X——探头移动；

Y——回波高度。

a——回波动态；

b——A扫。

典型显示：

在反射点单个缺陷的半波尺寸 Δd 等于或小于声束直径 D_F。

图 B.4　不能测量尺寸的单个缺陷：能测量平行于检测面的尺寸而不能测量壁厚方向上尺寸

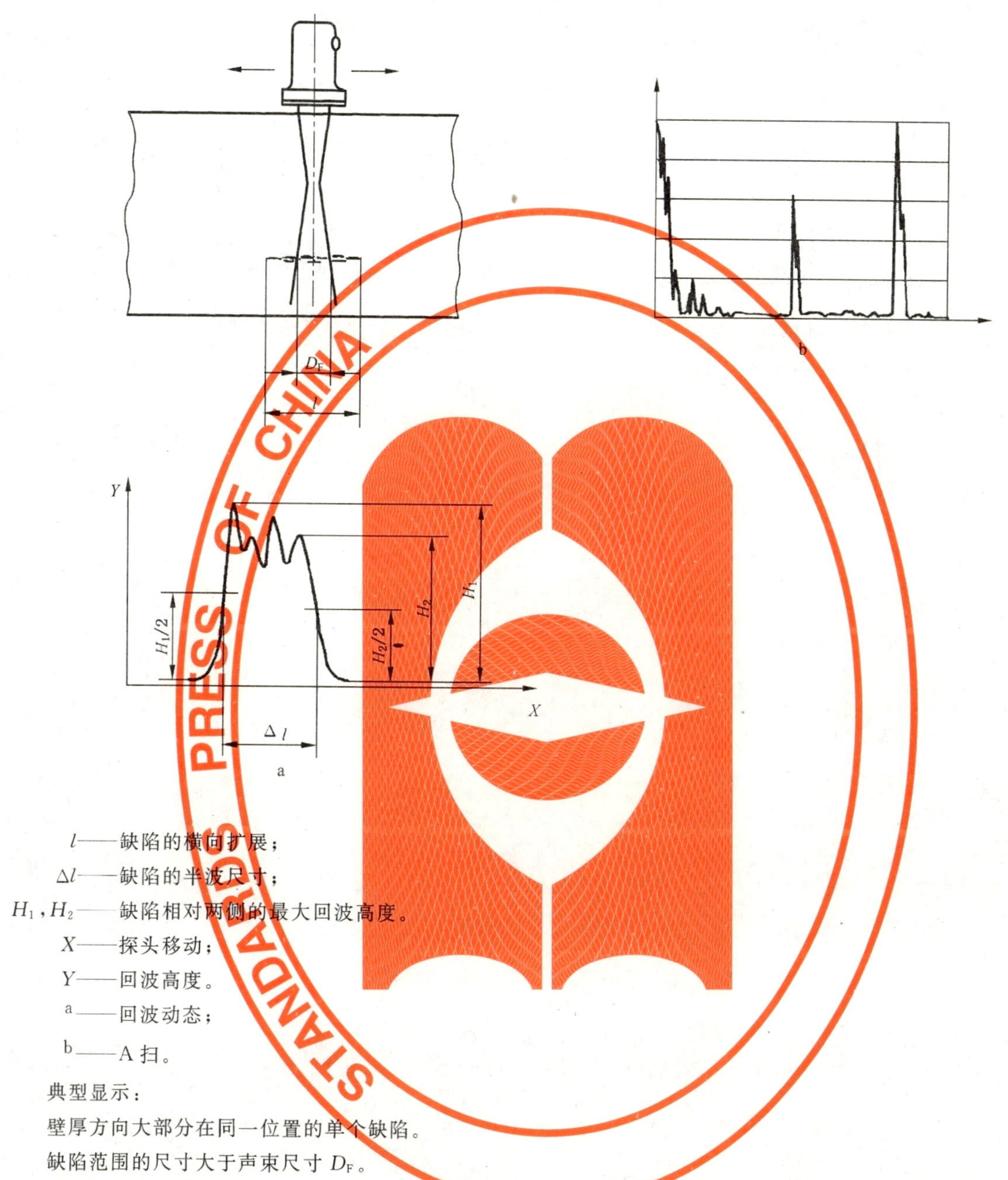

l——缺陷的横向扩展；

Δl——缺陷的半波尺寸；

H_1，H_2——缺陷相对两侧的最大回波高度。

X——探头移动；

Y——回波高度。

a——回波动态；

b——A 扫。

典型显示：

壁厚方向大部分在同一位置的单个缺陷。

缺陷范围的尺寸大于声束尺寸 D_F。

图 B.5 能测量尺寸的单个缺陷：能测量长度不能测量宽度；能测量长度又能测量宽度

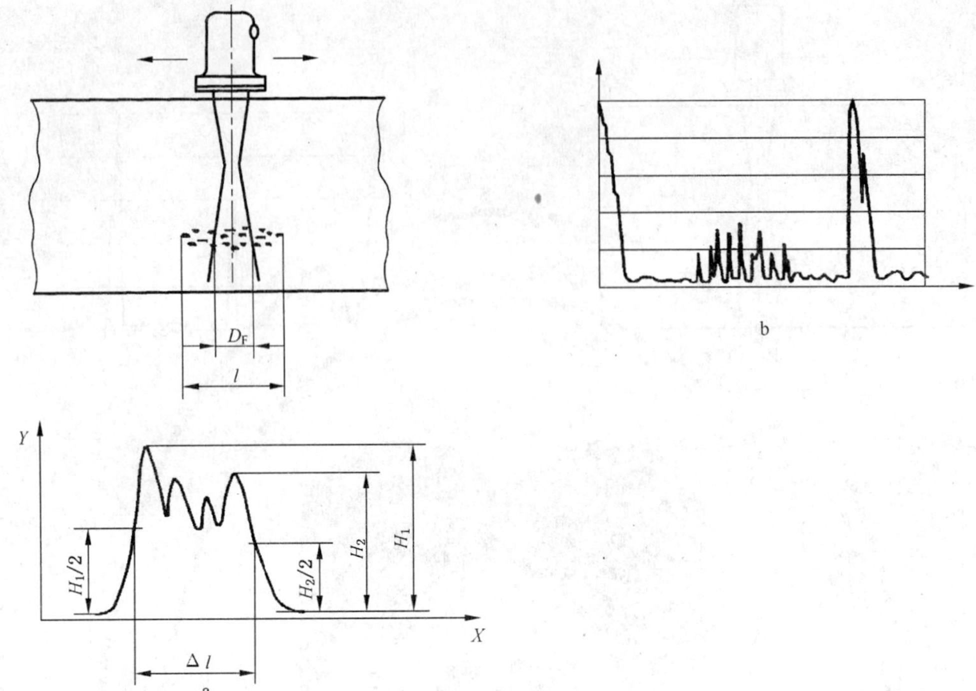

l——缺陷的横向扩展；

Δl——缺陷的半波尺寸；

H_1, H_2——缺陷相对两边的最大回波高度。

X——探头移动；

Y——回波高度。

a——回波动态；

b——A 扫。

典型显示：

密集缺陷，大部分可分辨但不能测量尺寸。

缺陷的范围尺寸等于或大于声束直径 D_F。

图 B.6　能测量范围尺寸的可分辨的密集缺陷

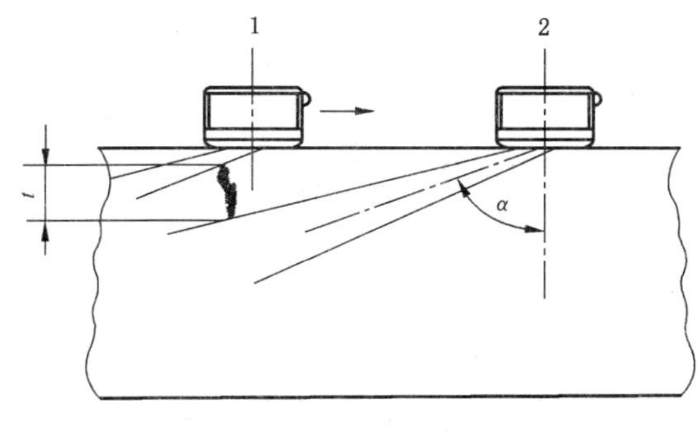

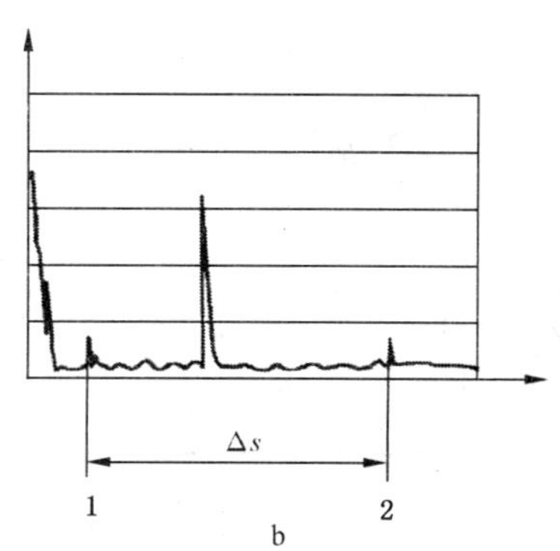

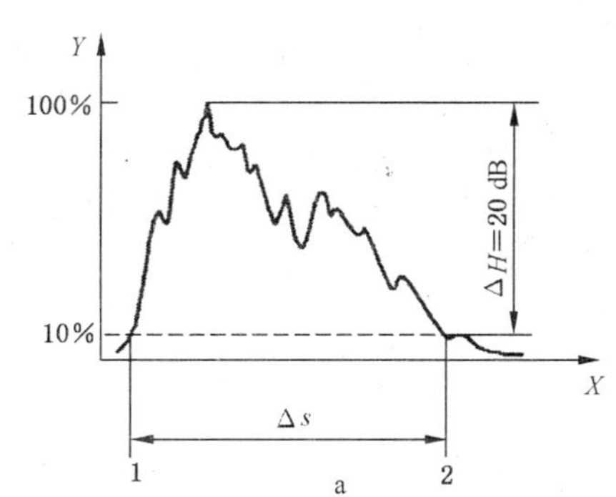

1——探头位置 1；

2——探头位置 2。

ΔH——缺陷回波高度最大降低值。

X——探头移动；

Y——回波高度。

a——回波动态；

b——A 扫。

典型显示：

仅在壁厚方向上(移动显示)或者在壁厚和平行检测面两个方向上都有明显的回波动态的单个缺陷。

$$t = \Delta s \times \cos\alpha$$

式中：

t——壁厚方向上的尺寸；

Δs——从位置 2 到位置 1 的声程差；

α——折射角。

图 B.7 能测量壁厚方向上尺寸的单个缺陷

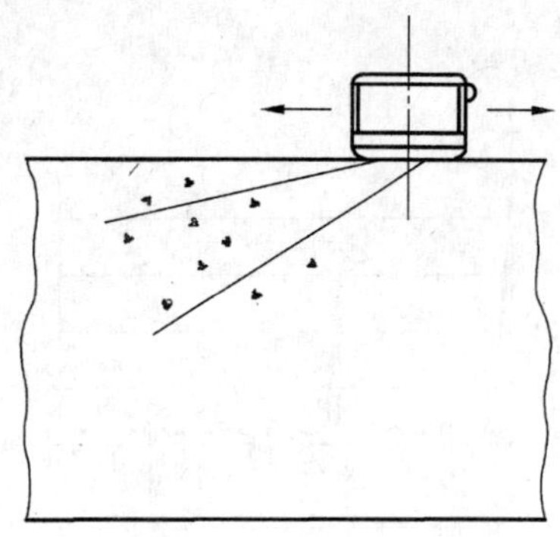

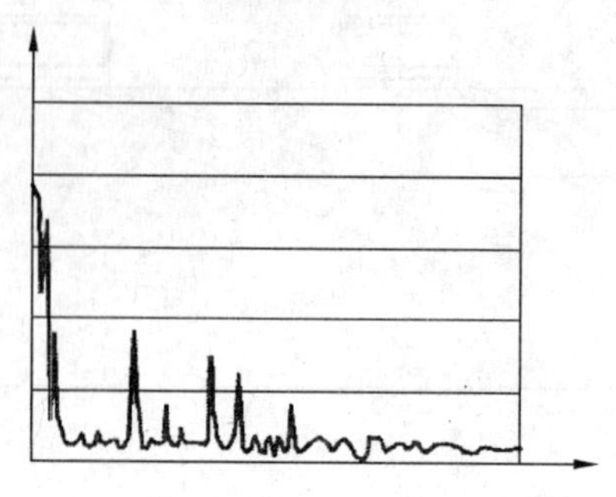

b

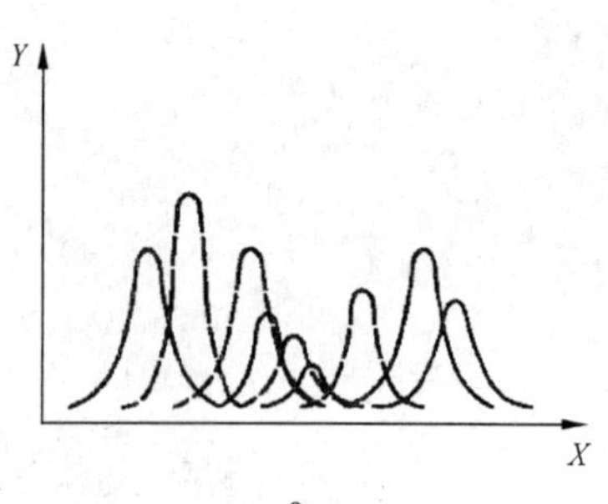

a

X——探头移动；

Y——回波高度。

a——回波动态；

b——A 扫。

典型显示：

多个单个缺陷。

当探头移动声程改变，所有的缺陷仍不能测量尺寸。

图 B.8　不能测量多个单个缺陷的尺寸，但能测量范围尺寸的多个单个缺陷

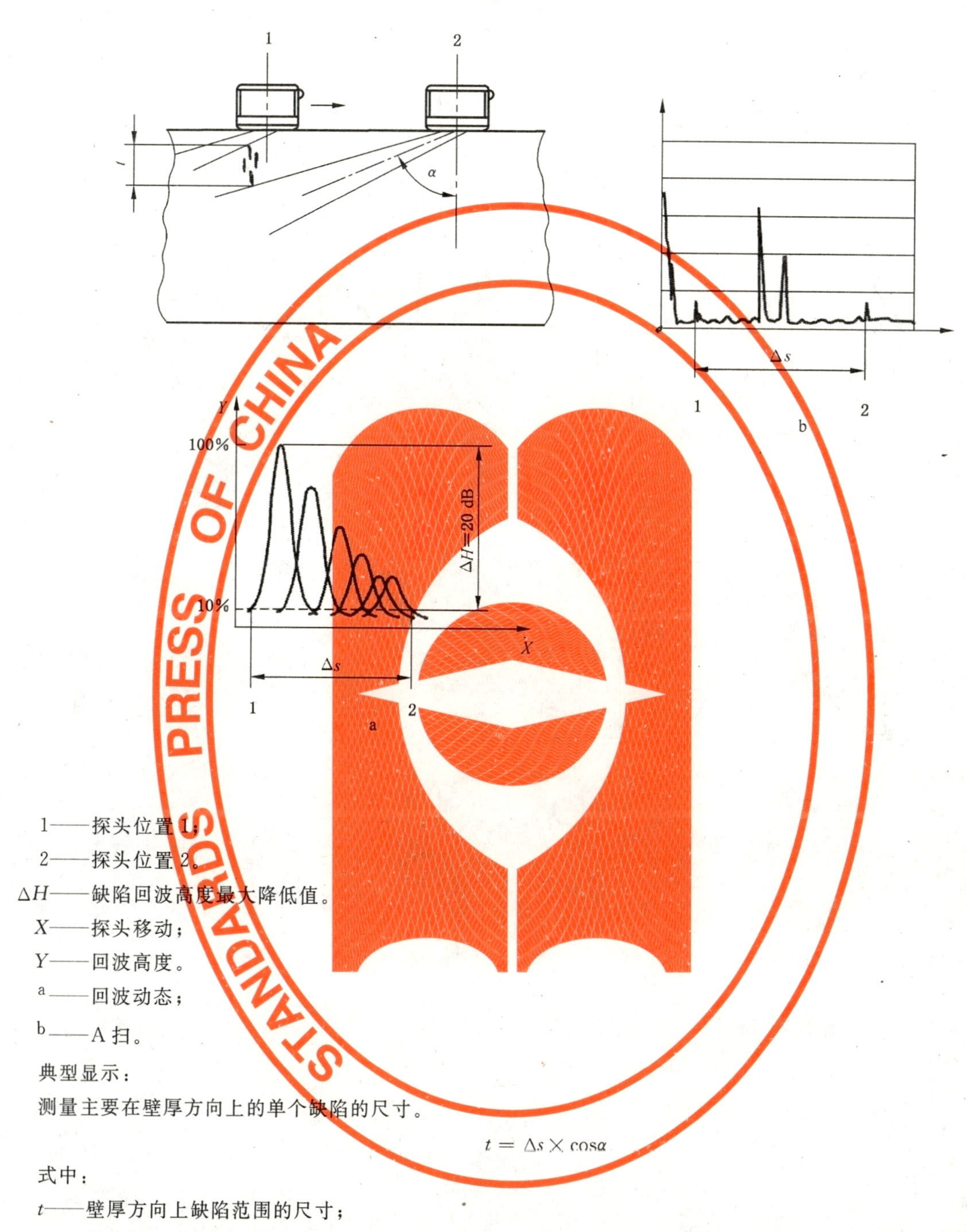

1——探头位置1；

2——探头位置2。

ΔH——缺陷回波高度最大降低值。

X——探头移动；

Y——回波高度。

a——回波动态；

b——A扫。

典型显示：

测量主要在壁厚方向上的单个缺陷的尺寸。

$$t = \Delta s \times \cos\alpha$$

式中：

t——壁厚方向上缺陷范围的尺寸；

Δs——从位置1到位置2的声程差；

α——折射角。

图 B.9 能测量壁厚方向上尺寸的多个平面型缺陷

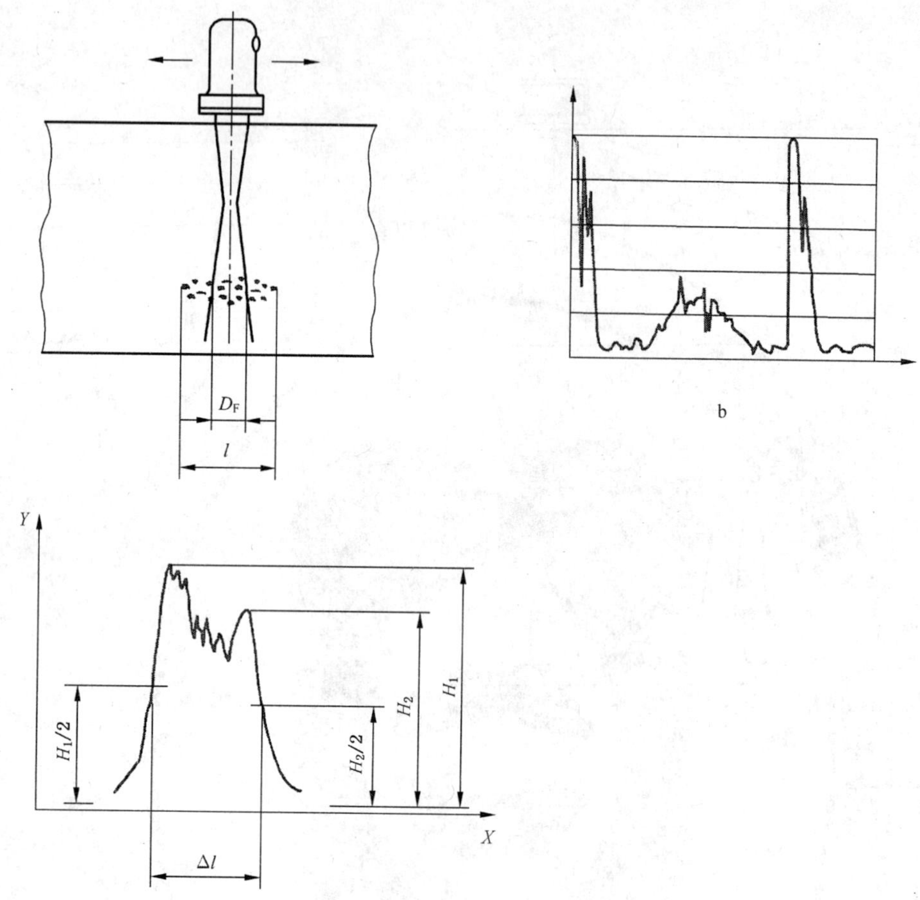

l——缺陷的横向扩展；

Δl——缺陷的半波尺寸；

D_F——声束直径；

H_1，H_2——缺陷相对两边的最大回波高度。

X——探头移动；

Y——回波高度。

a——回波动态；

b——A扫。

典型显示：

大部分是无法分辨个体的密集缺陷，缺陷范围的尺寸等于或大于声束直径 D_F。

如果因几何形状不能得到底面回波，这种类型的缺陷应被评定。

同时应按图 B.2 评定底波衰减。

图 B.10　能测量范围尺寸的无法分辨的密集缺陷（直探头）

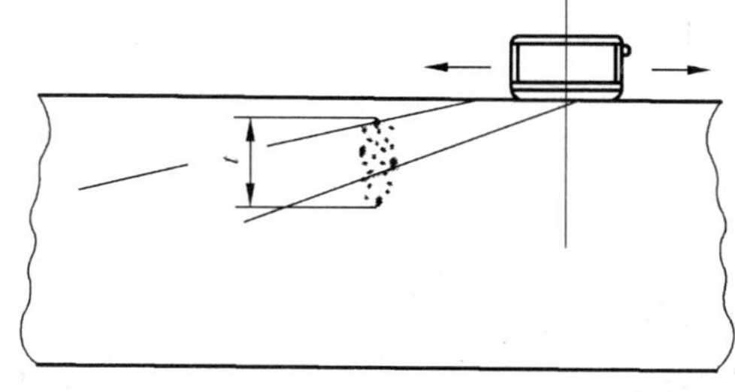

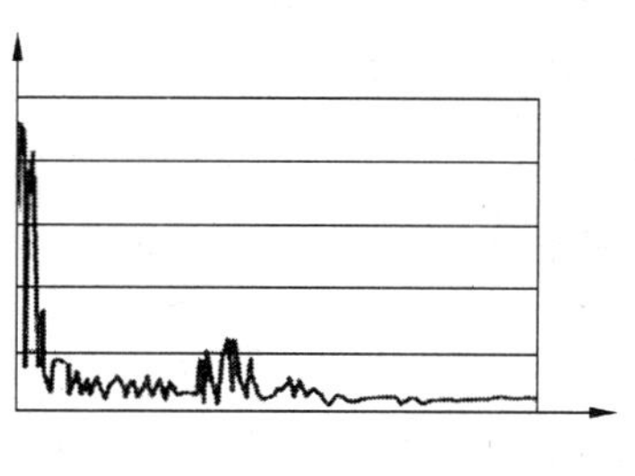

b

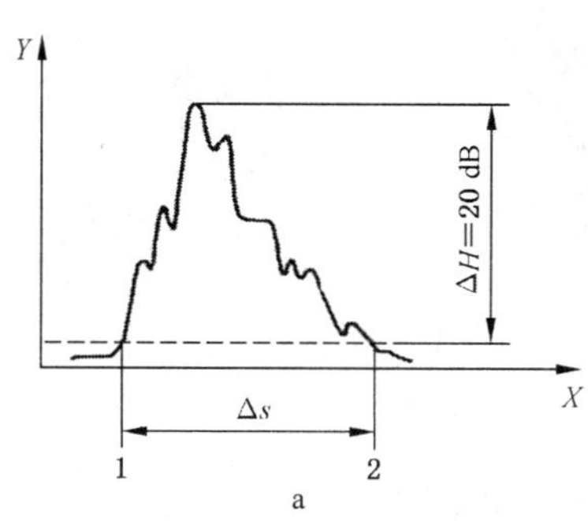

a

1——探头位置1；

2——探头位置2。

ΔH——缺陷回波高度最大降低值。

X——探头移动；

Y——回波高度；

a——回波动态；

b——A扫。

典型显示：

大部分是无法分辨的密集缺陷。

$$t = \Delta s \times \cos\alpha$$

式中：

t——壁厚方向上缺陷范围的尺寸；

Δs——从位置1到位置2的声程差；

α——折射角。

图 B.11 能测量范围尺寸的无法分辨的密集缺陷(斜探头)

附 录 C
（资料性附录）
传 输 修 正

C.1 总则

除非调节检测灵敏度的试块和被检铸钢件的声学阻抗特性是一致的，否则在调节检测灵敏度或者测量任何缺陷的回波高度时，如果需要，都应测定传输修正并应用。

传输修正 ΔV_t 由两个方面构成：

1） 接触表面上的耦合衰减，与声程无关；

2） 材料的衰减，与声程有关。

通常有两种方法：一种简单的设定固定路径长度的方法。另一种相对方法，有助于充分补偿上述两个方面。

C.2 固定路径长度的方法

仅适用于耦合衰减占声能衰减的大部分，材料衰减相比较而言小于耦合衰减，或可测量回波高度的反射位于底面附近。

当使用直探头时，校准试块和被检铸钢件的一次底波在荧屏上的高度一致。记录下它们的增益 dB 值（分别记作 $V_{t,t}$ 和 $V_{t,r}$）。当使用斜探头时，两个相同的斜探头，一个作为发射者，一个作为接收者，以获得相应一倍跨距的底面回波。

对于不同的声程，大平底反射两个回波增益在理论上是不同的，它们的差值（ΔV_s）可以在 DGS 曲线上读出，传输修正值（ΔV_t）按下式计算：

$$\Delta V_t = V_{t,t} - V_{t,r} - \Delta V_s$$

C.3 相对方法

C.3.1 直探头

将探头放在校准试块上，调节增益使一次底波和二次底波达到同样的荧屏高度，分别测得 V_{A1} 和 V_{A2}（见图 C.1），数值标定与声程相对应，通过这两点画一条直线 2。将探头放在被检铸钢件上，按上述步骤，增益测得 V_{B1} 和 V_{B2}，画出直线 1（见图 C.1）。适合的声程（S_u）对应的传输修正值（ΔV_t），通过这两条直线在增益上的差值算出，见图 C.1。

注：通过 V_{B1} 和 V_{B2} 画出的线的斜率并不代表被检铸钢件的真实衰减，所以没有理由算出在被检表面的多重反射由声束扩散和声能透射进探头引起的衰减。附录 D 给出一种方法测定在任一倍数反射的耦合衰减。

C.3.2 斜探头

除了使用两个相同的斜探头，一个作为发射者，一个作为接收者，原则上与直探头相似。

将探头放在 DAC 校准试块上，调节增益分别使一倍跨距的底面回波和二倍跨距的底面回波达到同样的荧屏高度，测得相应的增益值分别为 V_{A1} 和 V_{A2}，数值标定与声程相对应，通过这两点画一条直线 2（见图 C.1）。将探头放在被检铸钢件上，按上述步骤，增益测得 V_{B1} 和 V_{B2}，画出直线 1（见图 C.1）。

适合的声程（S_u）对应的传输修正值（ΔV_t），通过这两条直线在增益上的差值算出。

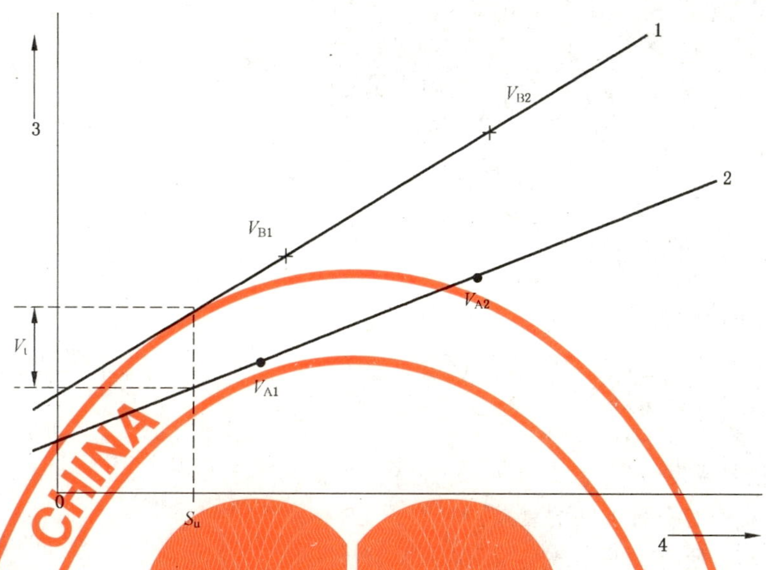

1——被检铸钢件曲线；

2——校准试块曲线；

3——80%荧屏高度时的增益；

4——声程长度。

图 C.1 相对方法确定传输修正

C.4 局部波动的传输修正的补偿

如果有理由怀疑传输修正的波动值在被检铸钢件所测值之上，传输修正在一些特定位置将要被重新测量。

如果传输修正的最大值和最小值之间不超过 6 dB，传输修正值采用所有测量点的平均值。如果波动值超过 6 dB，采用方法 a)或方法 b)。

a) 提高传输修正的平均值，计算所有高于 ΔV_t 以上差值的平均值 ΔV，这个修正的传输修正值 $(\Delta V_t+\Delta V)$，适用于整个重检区域。

b) 把被检区域分成不同的区，使任一区转移修正的波动值不超过 6 dB。每个 ΔV_t 值适用于各自的区域。

附 录 D
（资料性附录）
耦合传输修正的测定

D.1 总则

通常增益 V 用下面的公式表示：

$$V = -20\lg\frac{A}{A_0} \qquad (D.1)$$

式中：

A 和 A_0 是指信号幅度。

声波传播的过程中有三种不同的衰减：

a) 与探头及其材质有关的扩散衰减 V_D。
   随着距离增加，声压降低。可用曲线图表示，例如 DGS 图。

b) 与被检铸钢件的材质有关的介质衰减 V_A（吸收和散射）。
   通常声压的降低和距离关系是指数函数。

c) 与探头和被检铸钢件之间的耦合剂有关的耦合衰减 V_{ct}。
   每次反射回波通过耦合剂，部分声能进入探头，其余部分被反射获得多次底波（见图 D.1）。

D.2 测量

耦合衰减和距离的关系不是常数，要测量它必须忽略扩散衰减 V_D 和介质衰减 V_A。

测量的过程中要保证扩散衰减 V_D 和介质衰减 V_A 是不变的，必须使用同一个探头，在不变的耦合条件（液态，负载，静止时间，温度）下测量一组至少三个同一材质制成的表面平行试块，三个试块的厚度 t_1、t_2、t_3 之间的关系是 $t_3=2t_2=4t_1$。

测量厚度 t_1 的 1 号试块，记录生成的四次底波的幅度 $V1(t_1)$，$V1(2t_1)$，$V1(3t_1)$，$V1(4t_1)$。

同样，记录厚度 t_2 的 2 号试块二次底波幅度 $V2(t_2)$，$V2(2t_2)$。最后，记录厚度 t_3 的 3 号试块一次底波幅度 $V3(t_3)$。

D.3 计算

厚度 t_2 的 2 号试块的第二次底波和厚度 t_3 的 3 号试块的第一次底波的声程是一样的，因此它们的扩散衰减 V_D 和介质衰减 V_A 是相等的。在 t_2 距离上耦合衰减的不同为：

$$V2(2t_2) - V3(t_3) = V_{ct}(t_2) \qquad (D.2)$$

厚度 t_1 的 1 号试块的第二次底波和厚度 t_2 的 2 号试块的第一次底波的扩散衰减 V_D 和介质衰减 V_A 是相等的。在 t_1 距离上耦合衰减的不同为：

$$V1(2t_1) - V2(t_2) = V_{ct}(t_1) \qquad (D.3)$$

厚度 t_1 的 1 号试块的第四次底波和厚度 t_3 的 3 号试块的第一次底波的扩散衰减 V_D 和介质衰减 V_A 是相等的，但是测量的 $V1(4t_1)$值包括三个不同距离 t_1，$2t_1$，$3t_1$ 的耦合衰减。t_1 和 $2t_1=t_2$ 的衰减已由公式（D.2）和（D.3）算出。因此未知衰减 $V_{ct}(3t_1)$能被算出：

$$V1(4t_1) - V3(t_3) - V_{ct}(t_1) - V_{ct}(t_2) = V_{ct}(3t_1) \qquad (D.4)$$

用三个不同距离的耦合衰减值绘制出曲线图，如图 D.2。

$0.5t_1 \sim 3.5t_1$ 之间任一距离处的耦合衰减值不用做更多测量就可从曲线图算出。

它们仅适用于符合相关标准规定合格的探头、耦合剂、材质。

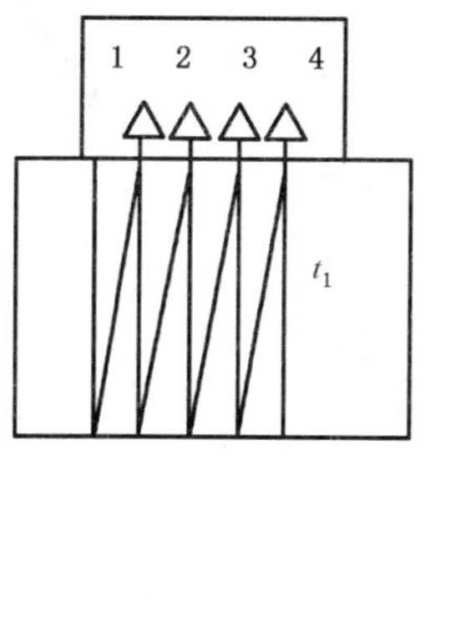

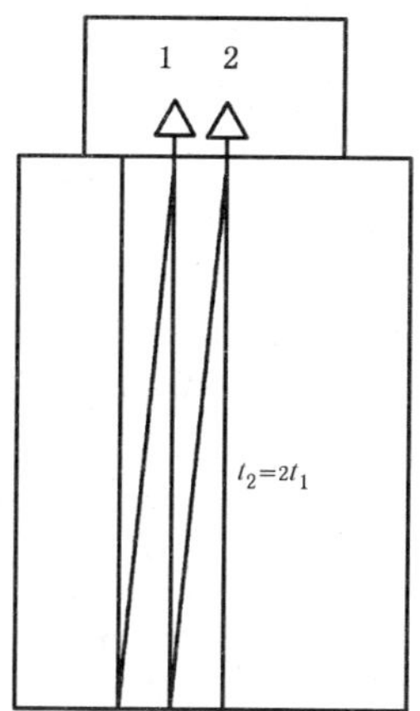

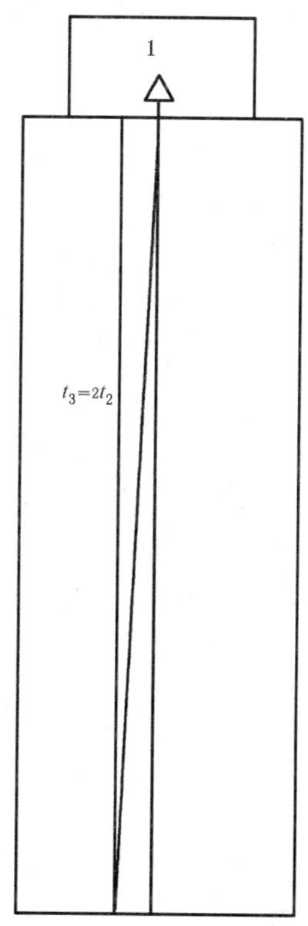

图 D.1 测量耦合衰减的步骤

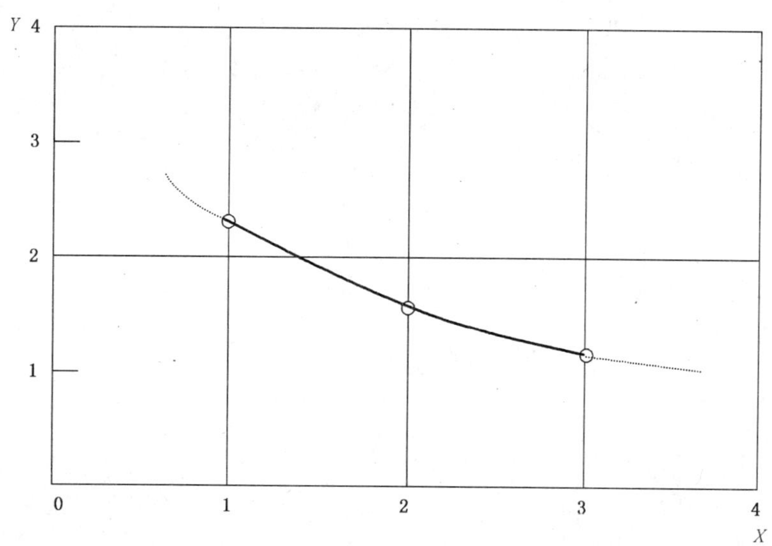

X——声程，用 t_1 的倍数表示；

Y——耦合衰减 V_{ct}，用 dB 表示。

图 D.2 确定耦合衰减

ICS 29.200
K 85

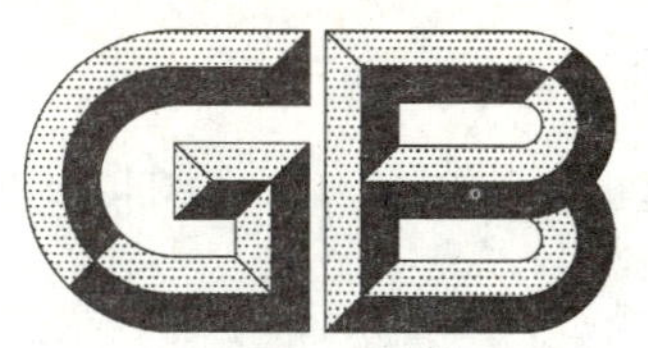

中华人民共和国国家标准

GB 7260.2—2009/IEC 62040-2:2005
代替 GB 7260.2—2003

不间断电源设备(UPS) 第2部分:电磁兼容性(EMC)要求

Uninterruptible power systems (UPS)— Part 2:Electromagnetic compatibility (EMC) requirements

(IEC 62040-2:2005,IDT)

2009-05-06 发布　　　　2010-02-01 实施

中华人民共和国国家质量监督检验检疫总局
中国国家标准化管理委员会　发布

前　言

本部分的全部技术内容为强制性。

《不间断电源设备(UPS)》目前分为以下几个部分：

——第 1-1 部分：操作人员触及区使用的 UPS 的一般规定和安全要求；

——第 1-2 部分：限制触及区使用的 UPS 的一般规定和安全要求；

——第 2 部分：电磁兼容性(EMC)要求；

——第 3 部分：确定性能的方法和试验要求。

本部分为《不间断电源设备(UPS)》的第 2 部分，等同采用 IEC 62040-2:2005《不间断电源设备(UPS)　第 2 部分：电磁兼容性(EMC)要求》(英文版)。本部分对 IEC 62040-2:2005 的勘误以脚注标示：

——6.2 和 6.3 中引用的 5.3 和 5.4 应为 6.4 和 6.5；

——7.5 中的"C1 类：等级 2(10 A/m)；C2 类和 C3 类：等级 3(30 A/m)"应为"C1 类：等级 3(10 A/m)；C2 类和 C3 类：等级 4(30 A/m)"；

——图 D.2 中的电压 230 V 应为 400 V。

本部分代替 GB 7260.2—2003《不间断电源设备(UPS)　第 2 部分：电磁兼容性(EMC)要求》。

本部分与 GB 7260.2—2003 相比，主要变化如下：

——采用 C1、C2、C3 和 C4 分类方法代替按限值性销售和非限值性销售分类方法对 UPS 进行分类，不仅包括发射限值要求，而且包括相应的抗扰度要求；

——额定电流大于 400 A 的 UPS 电源端和交流输出端干扰电压限值不再单列，直接包括在额定电流大于 100 A 的 UPS 范围内；

——较低要求的交流输出端干扰电压限值适用于额定电流大于 100 A 的 UPS；

——较高的抗扰度要求适用于预计运行在商业和工业环境的 UPS；

——在附录 B 中增加了磁场(H 场)的电磁发射测量方法的描述；

——取消原标准附录 E"UPS 衰减试验方法"，改为用户安装试验。

本部分的附录 A 和附录 D 为规范性附录，附录 B、附录 C 和附录 E 为资料性附录。

本部分由中国电器工业协会提出。

本部分由全国电力电子学标准化技术委员会(SAC/TC 60)归口。

本部分负责起草单位：上海电器科学研究所(集团)有限公司、上海复旦复华科技股份有限公司。

本部分参加起草单位：西安电力电子技术研究所、艾默生网络能源有限公司、上海三基电子工业有限公司、广东志成冠军集团有限公司、梅兰日兰电子(中国)有限公司、青岛经济技术开发区创统科技发展有限公司。

本部分主要起草人：寿建霞、王敖生、李瑞琳、李民英、李树广、隋学礼、蔚红旗、钱信伟、王伟辉、张振声。

本部分首次发布于 2003 年，本次为第 1 次修订。

不间断电源设备(UPS)
第2部分:电磁兼容性(EMC)要求

1 范围

《不间断电源设备(UPS)》的本部分适用于安装在下述场所的UPS:

——单台UPS或由数台UPS互连与相关控制器/开关装置构成单一电源组成的UPS系统;

——连接至工业、住宅、商业和轻工业的低压供电系统的任何操作者可触及区或独立电气场所。

本部分拟作为下述定义的C1类、C2类和C3类产品在投放市场前进行EMC合格评定的产品标准。

C4类设备作为固定安装处理。通常在其最终使用场所安装后检查。有时可在安装完成前进行部分检查。见附录E。

选择这些要求是为保证UPS在公共场所或工业场所具有适当的电磁兼容电平。但是,这些电平不能覆盖在任何场所都可能发生、但概率很低的极端情况。

本部分考虑了UPS的物理尺寸和功率额定值范围涉及的不同的试验条件。

作为独立的产品,UPS单元或UPS系统应满足本部分的相关要求,但不应考虑用户连接在UPS设备输出端的任何负载产生的EMC现象。

本部分不覆盖特殊安装环境,也未考虑UPS故障情况。

本部分不覆盖直流供电的电子镇流器或基于旋转式机组的UPS。

本部分规定了:

——EMC要求;

——试验方法;

——最低性能的电平。

2 规范性引用文件

下列文件中的条款通过本部分的引用而成为本部分的条款。凡是注日期的引用文件,其随后所有的修改单(不包括勘误的内容)或修订版均不适用于本部分,然而,鼓励根据本部分达成协议的各方研究是否可使用这些文件的最新版本。凡是不注日期的引用文件,其最新版本适用于本部分。

GB/T 4365—2003　电工术语　电磁兼容(IEC 60050-161:1990,IDT)

GB/T 6113.101—2008　无线电骚扰和抗扰度测量设备和测量方法规范　第1-1部分:无线电骚扰和抗扰度测量设备　测量设备(CISPR 16-1-1:2006,IDT)

GB/T 6113.102—2008　无线电骚扰和抗扰度测量设备和测量方法规范　第1-2部分:无线电骚扰和抗扰度测量设备　辅助设备　传导骚扰(CISPR 16-1-2:2006,IDT)

GB/T 7260.3—2003　不间断电源设备(UPS)　第3部分:确定性能的方法和试验要求(IEC 62040-3:1999,MOD)

GB 9254—2008　信息技术设备的无线电骚扰限值和测量方法(CISPR 22:2006,IDT)

GB 17625.1—2003　电磁兼容　限值　谐波电流发射限值(设备每相输入电流≤16 A)(IEC 61000-3-2:2001,IDT)

GB/T 17626.1—2006　电磁兼容　试验和测量技术　抗扰度试验总论(IEC 61000-4-1:2000,IDT)

GB/T 17626.2—2006 电磁兼容 试验和测量技术 静电放电抗扰度试验(IEC 61000-4-2:2001,IDT)

GB/T 17626.3—2006 电磁兼容 试验和测量技术 射频电磁场辐射抗扰度试验(IEC 61000-4-3:2002,IDT)

GB/T 17626.4—2008 电磁兼容 试验和测量技术 电快速瞬变脉冲群抗扰度试验(IEC 61000-4-4:2004,IDT)

GB/T 17626.5—2008 电磁兼容 试验和测量技术 浪涌(冲击)抗扰度试验(IEC 61000-4-5:2005,IDT)

GB/T 17626.6—2008 电磁兼容 试验和测量技术 射频场感应的传导骚扰抗扰度(IEC 61000-4-6:2006,IDT)

GB/T 17626.8—2006 电磁兼容 试验和测量技术 工频磁场抗扰度试验(IEC 61000-4-8:2001,IDT)

IEC 61000-2-2:2002 电磁兼容(EMC) 第2-2部分:环境 低压供电系统中低频传导骚扰及电网传输信号的电磁兼容

3 术语和定义

本部分除采用GB/T 4365中规定的术语和定义外,补充下列术语和定义。

3.1

端口 port

UPS与外部电磁环境的特殊界面,见图1。

3.2

外壳端口 enclosure port

电磁场可发射和侵入UPS的物理界面。

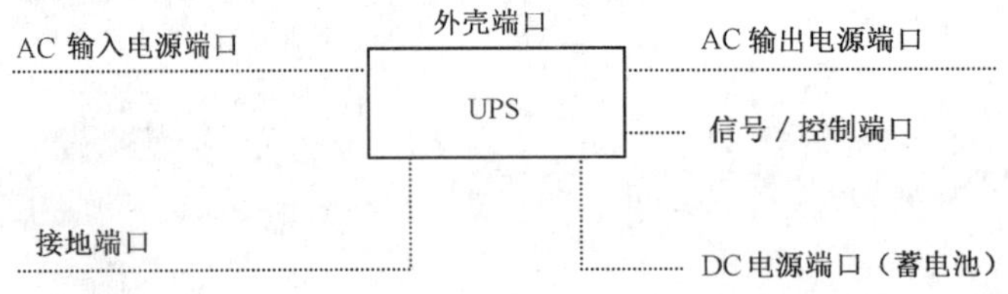

图1 端口示例

4 环境

下述环境覆盖了大部分UPS的安装场所:

a) 第1类环境:无中间变压器直接连接至公用低压供电系统的住宅区、商业区和轻工业区;

b) 第2类环境:不直接连接至给住宅建筑物供电的低压供电系统的所有商业区、轻工业区和工业区。

5 UPS的类别

5.1 C1类UPS

该类UPS适用于第1类环境,无任何限制。该类UPS适用于住宅设施。

C1类UPS应满足该类的发射限值和表5的抗扰度要求。

5.2 C2类UPS

该类UPS输出电流不超过16 A,不加任何限制可适用于第2类环境。如采用以下连接方式之一,该类 UPS 也适用于第 1 类环境：

——采用工业插头、插座；

——采用国家标准插头、插座；

——永久性的连接。

C2 类 UPS 应满足该类的发射限值和表 6 的抗扰度要求。而且，在产品说明书中应有如下文字：

警告：本产品是 C2 类 UPS，用于住宅区可能需要采取安装限制或附加措施以抑制射频骚扰。

5.3 C3 类 UPS

该类 UPS 输出电流超过 16 A，适用于第 2 类环境。该类 UPS 用于商业和工业设施时，应距离第 1 类环境的建筑物至少 30 m。

C3 类 UPS 应满足该类的发射限值和表 6 的抗扰度要求。而且，在产品说明书中应有如下文字：

警告：本产品用于第 2 类环境中的商业和工业用途。可能需要采取安装限制或附加措施以抑制骚扰。

5.4 C4 类 UPS

该类 UPS 适用于复合环境，其发射限值和抗扰度要求应由购买者与供货者/供应商协商确定。

C4 类 UPS 对电流额定值无限制要求。

5.5 UPS 的类别与适用环境的关系

若环境条件确定为第 1 类环境，宜选用 C1 或 C2 类 UPS。

若环境条件确定为第 2 类环境，宜选用 C2 或 C3 类 UPS。

若环境条件不属于第 1 类环境或第 2 类环境，则应选用 C4 类 UPS。

6 发射

6.1 概述

本章涉及 0 Hz～1.0 GHz 频率范围的骚扰。

确定发射要求的目的是保证 UPS 正常运行时，产生的骚扰不会达到妨碍其他设备正常运行的程度。

注 1：当 C1 类或 C2 类 UPS 在距离接收天线 10 m 内，C3 类 UPS 距离 30 m 内使用时，本部分的限值不能充分保证无线电和电视接收不受干扰。

注 2：如在高敏感度设备附近使用 UPS，可能必须采取附加的抑制措施，使其电磁发射进一步降低到规定的电平。

6.2 一般要求

UPS 应符合 6.4 和 6.5[1] 中规定的发射限值。

UPS 应在下述条件下进行试验：

——额定输入电压；

——在正常运行方式和储能运行方式下运行；

——接入能使 UPS 产生最大骚扰电平的线性负载。

6.4 的目的是为了规定本部分范围内有关电磁发射的限值和测量方法，这些电磁发射可使其他设备(如无线电接收机)受到干扰。

这些发射限值是最基本的电磁兼容性要求。

试验要求是针对于每个端口规定的。试验方法参见附录 A。

6.3 一般测量条件

6.3.1 概述

应在检测的频段内和符合正常应用的工作状态下测量受试设备产生的最大发射，UPS 工作方式

1) 本条和 6.3 中，原文多处误为 5.3、5.4。

为:正常方式和储能运行方式。

通过改变受试 UPS 的试验布置产生最大的发射。

对于带有附加电源端子(端口)为静止旁路电路和/或维修旁路电路独立供电的 UPS,只要可能,这些附加电源端子(端口),均应临时接到正常交流输入端口供电。在 6.4 的传导发射试验应包括对这些附加电路的测量。

如果 UPS 是系统的一部分,或者可以与辅助装置连接,则 UPS 试验时只需连接运用这些端口必须的最少的辅助装置,或在端口端接等效阻抗。

UPS 交流输出端应连接可在其额定输出范围内任何负载条件下运行的线性负载。

在试验报告中应精确说明测量时的试验布置和运行方式,试验布置和测量准则见附录 A,现场试验见附录 E。应在规定的 UPS 运行环境范围内,在其额定输入电压下进行试验,另有说明除外。

6.3.2 买方、用户文件

a) 如果为了达到符合性而需要采取特殊措施时,则应告知买方、用户,例如采用屏蔽电缆或专用电缆,还应详细说明交流输出电缆在长度上的任何限制;

b) 买方、用户需要的文件应来函即寄,辅助装置的清单和 UPS 执行的发射要求等文件应一起提供。

6.3.3 适用性

在 UPS 的各有关端口进行测量。

6.4 传导发射

6.4.1 电源端子骚扰电压限值

根据 UPS 的类别和额定输出电流,骚扰电压不应超过表 1 或表 2 的限值。

当分别使用平均值检波器接收机和准峰值检波器接收机时,UPS 应满足平均值和准峰值两种限值,根据附录 A 中 A.6 规定的方法进行测量。

当使用准峰值检波器接收机测量时,如果满足了平均值限值,则认为受试设备满足了两种限值的要求,而无需再用平均值检波器接收机测量。

如果测量接收机上所示的读数在限值附近波动,则在每个测量频率读数的观测时间应不少于 15 s,记录最大读数,任何孤立的瞬间的大读数应忽略不计。

a) C1 类和 C2 类 UPS

b) C3 类 UPS

表 1 在 0.15 MHz～30 MHz 频率范围内,C1 类和 C2 类 UPS 的电源端子骚扰电压限值

频率范围/MHz	限值/dB(μV)			
	C1 类 UPS		C2 类 UPS	
	准峰值	平均值	准峰值	平均值
0.15～0.50	66～56[a]	56～46[a]	79	66
0.50～5.0[b]	56	46	73	60
5.0～30.0	60	50	73	60

a 限值随频率的对数线性减小。

b 过渡频率应适用较低的限值。

表 2 在 0.15 MHz～30 MHz 频率范围内,C3 类 UPS 的电源端子骚扰电压限值

UPS 额定输出电流/A	频率范围/MHz	限值/dB(μV)	
		准峰值	平均值
>16,但≤100	0.15～0.50[b]	100	90
	0.50～5.0[b]	86	76
	5.0～30.0	90～70[a]	80～60[a]
>100	0.15～0.50[b]	130	120
	0.50～5.0[b]	125	115
	5.0～30.0	115	105

[a] 限值随频率的对数线性减小。

[b] 过渡频率应适用较低的限值。

6.4.2 交流输出骚扰电压的限值

表 1 和表 2 规定的限值适用。

除 C3 类 100 A 以上的 UPS 外,表 1 和表 2 规定的 UPS 输出端传导骚扰限值允许增加 14 dB。

这些限值仅适用于制造厂商在其使用说明书中声明的 UPS 的电缆长度超过 10 m 的情况。

应使用符合 A.2.3 的电压探头测量这些值。

6.4.3 信号端口和通讯端口的限值

对拟连接至公用通信网络(PSTN)的端口,采用 GB 9254 规定的试验方法和限值(见附录 C)。

6.4.4 直流端口的限值

直流端口被认为是 UPS 的内部端口,因而不受传导干扰限值限制。直流端口引起的传导干扰可造成辐射干扰,但只要 UPS 在正常运行方式和储能运行方式下运行且按本章配置符合 6.5 的辐射要求,不再要求进一步的试验。

如 UPS 带有与外置直流源连接的端子,该端口应包括在试验配置中,并按下述方法试验。

台式 UPS 的蓄电池及其电池箱应安装在制造厂商说明书允许的位置。落地式 UPS 的外置直流源及其直流源箱体应安装在距 UPS 0.8 m 处,并按照制造厂商说明书布线。大型 UPS 的外置直流源应离开 UPS 一定距离安装,该端口应按照制造厂商说明书布线,并且在电缆的直流源端配置合适的试验用蓄电池或电源,以保证在储能运行方式下进行测量。

6.4.5 低频发射——输入电流谐波

如果额定输入电流和电压在 GB 17625.1 规定的范围内,电流谐波限值和试验方法参照该标准。

6.5 辐射发射

6.5.1 电磁场

UPS 应满足表 3 的限值。如果测量接收机所示的读数在限值附近波动,则在每个测量频率下,读数的观测时间应不少于 15 s,记录最大读数,任何孤立的瞬间的大读数应忽略不计。

低于 30 MHz 的辐射发射尚无限值。

用于研究的测量方法和资料性限值见附录 B。

表 3　30 MHz～1 000 MHz 频率范围的辐射发射限值

频率范围/MHz	准峰值限值/dB(μV/m)		
	C1 类 UPS	C2 类 UPS	C3 类 UPS
30～230	30	40	50
230～1 000	37	47	60

过渡频率应采用较低的限值。

注 1：试验距离为 10 m。如果由于存在高环境噪声电平或其他原因，不能在 10 m 处进行发射测量，则可以在较近处测量，例如 3 m(见 GB 9254—2008 中的 10.3.1 的注)。

注 2：测量中出现干扰时，需要采取附加措施。

6.5.2　磁场

磁场发射尚无限值。测量方法和资料性限值参见附录 B。

7　抗扰度

7.1　概述

抗扰度要求覆盖的频率范围为 0 Hz～1 GHz。

这些试验要求代表了基本的电磁兼容性抗扰度要求。对考虑的各端口都规定了试验要求。

本条给出的抗扰度电平不包含极端情况，这种极端情况可能在任何场所存在，但发生的概率很低。对于这种极端情况，可能需要更高的抗扰度电平。

注：在特殊情况下，可能出现骚扰电平超过本部分规定的抗扰度电平，例如在 UPS 附近使用手持发射机，这种情况可能需要采用特殊的减缓措施。

7.2　一般要求和性能判据

设备至少应符合 7.3～7.6 中的抗扰度限值。表 4 给出了 UPS 的性能判据。

表 4　抗扰度试验的性能判据

	判据 A	判据 B
输出特性	仅允许电压在适用的稳态特性内变化(GB/T 7260.3—2003 的图 1、图 2 和图 3 中大于或等于 100 ms 的限值)	允许电压在适用的反时限特性内变化(GB/T 7260.3—2003 的图 1、图 2 和图 3 中小于 100 ms 的限值)
外部和内部的指示和表计	仅在试验期间变化	仅在试验期间变化
对外部装置的控制信号	不变化	随 UPS 实际运行方式仅有短暂的变化
运行方式	不变化	仅有短暂的变化

应在下述条件下对 UPS 进行试验：

——额定输入电压；

——正常运行方式；

——在额定输出有功功率下的线性负载或按 GB/T 7260.3 规定的轻载。

UPS 应在不同的性能判据下采用适当的电平。

试验方法见附录 D。

7.3 基本抗扰度要求——高频骚扰

7.3.1 条件

表5和表6给出了高频骚扰试验的最低抗扰度要求和接收判据。接收判据的具体内容见表4。

7.3.2 C1类设备

表5中的电平适用于C1类UPS。如果UPS按表5中的抗扰度要求设计,则应在其产品目录或设备上用警告标志表明不能用于工业环境。

表5 C1类UPS的最低抗扰度要求

端口	现象	试验方法的基础标准	电平	性能(接收)判据
外壳端口	静电放电	GB/T 17626.2	4 kV,接触放电 或8 kV,空气放电(如接触放电不可能)	B
	射频电磁场,调幅	GB/T 17626.3	80 MHz～1 000 MHz 3 V/m 80%调幅(1 kHz)	A
交流输入和输出电源端口	快速瞬变脉冲群	GB/T 17626.4	1 kV/5 kHz[a]	B
	浪涌(冲击)[b] 1.2 μs/50 μs 8 μs/20 μs	GB/T 17626.5	1 kV[c] 2 kV[d]	B
	射频传导,共模[e]	GB/T 17626.6	0.15 MHz～80 MHz 3 V 80%调幅(1 kHz)	A
直流电源端口	快速瞬变脉冲群[e]	GB/T 17626.4	1 kV/5 kHz,容性耦合夹	B
信号和控制端口	快速瞬变脉冲群[e]	GB/T 17626.4	1 kV/5 kHz,容性耦合夹	B
	射频传导,共模[e]	GB/T 17626.6	0.15 MHz～80 MHz 3 V 80%调幅(1 kHz)	A

[a] 电流额定值小于100 A的电源端口:采用耦合及去耦网络直接耦合。
电流额定值大于或等于100 A的电源端口:直接耦合或没有去耦网络的容性耦合夹。如使用容性耦合夹,试验电平应为2 kV/5 kHz。

[b] 对电流额定值大于63 A的电源端口,轻载试验条件是可接受的。

[c] 线与线之间耦合。

[d] 线与地之间耦合。

[e] 仅适用于按制造厂商的功能规范中总长度超过3 m的电缆线端口或接口。

7.3.3 C2类和C3类设备

表6中的电平应适用于预计用于第2类环境的UPS。

表 6　C2 类和 C3 类 UPS 的最低抗扰度要求

端　口	现　象	试验方法的基础标准	电　平	性能(接收)判据
外壳端口	静电放电	GB/T 17626.2	4 kV,接触放电 或 8 kV,空气放电	B
	射频电磁场,调幅	GB/T 17626.3	80 MHz～1 000 MHz 10 V/m 80%调幅(1 kHz)	A
交流输入和输出电源端口	快速瞬变脉冲群	GB/T 17626.4	2 kV/5 kHz[a]	B
	浪涌(冲击)[b] 1.2 μs/50 μs 8 μs/20 μs	GB/T 17626.5	1 kV[c] 2 kV[d]	B
	射频传导,共模[e]	GB/T 17626.6	0.15 MHz～80 MHz 10 V 80%调幅(1 kHz)	A
直流电源端口	快速瞬变脉冲群[e]	GB/T 17626.4	2 kV/5 kHz,容性耦合夹	B
信号和控制端口	快速瞬变脉冲群[e]	GB/T 17626.4	2 kV/5 kHz,容性耦合夹	B
	浪涌(冲击)[f] 1.2 μs/50 μs 8 μs/20 μs	GB/T 17626.5	1 kV[e,f]	B
	射频传导,共模[e]	GB/T 17626.6	0.15 MHz～80 MHz 10 V 80%调幅(1 kHz)	A

[a] 电流额定值小于 100 A 的电源端口:采用耦合及去耦网络直接耦合。
电流额定值大于 100 A 的电源端口:直接耦合或没有去耦网络的容性耦合夹。如使用容性耦合夹,试验电平应为 4 kV/5 kHz。

[b] 对电流额定值大于 63 A 的电源端口,轻载试验条件是可接受的。

[c] 线与线之间耦合。

[d] 线与地之间耦合。

[e] 仅适用于按制造厂商的功能规范中总长度超过 3 m 的电缆线端口或接口。

[f] 仅适用于连接电缆总长度按制造厂商的功能规范可超过 30 m 的端口。使用屏蔽电缆时,直接耦合至屏蔽层。此抗扰度要求不适用于现场总线或浪涌保护装置由于技术原因不可行的其他信号接口。如受试设备(EUT)的耦合及去耦网络影响其正常功能不能实现,则不进行试验。

7.4　低频信号抗扰度

UPS 运行时应能承受 IEC 61000-2-2 中规定的低频传导骚扰,并具有与电网传输信号的兼容性,详见附录 D(见 D.6)。

模拟上述条件检查其符合性,UPS 应连续运行且规定的性能不得降低。判据:A。

7.5　工频磁场抗扰度

UPS 运行时应能承受 GB/T 17626.8 中规定的工频磁场骚扰。C1 类:等级 3(10 A/m);C2 类和 C3 类:等级 4(30 A/m)[2)]。

模拟上述条件检查其符合性,UPS 应连续运行且规定的性能不得降低。判据:B。

7.6　电压暂降、短时中断和电压变化抗扰度

与 GB/T 7260.3 规定的 UPS 的主要用途有关。

2)　原文误为 C1 类:等级 2(10 A/m);C2 类和 C3 类:等级 3(30 A/m)。

附 录 A
(规范性附录)
电磁发射试验方法

A.1 概述

试验目的是测量由 UPS 产生且通过传导和辐射方式传播的电磁辐射电平。

本附录主要关注连续性电磁发射。

根据 UPS 的物理尺寸和功率额定值,对实际提供的 UPS,制造厂商可选择最合适的试验场所和试验布置。

某些情况(例如多模块构成的系统)唯一的解决方法是在安装现场进行评估试验。因此,下述试验装置和方法尽可能提供通用的规范,以适合大多数 UPS。

A.2 测量设备

A.2.1 测量仪器

准峰值检波器接收机和平均值检波器接收机应符合 GB/T 6113.101。

注:也可以使用具有其他检波特性的测量仪器,只要能证明骚扰值的测量结果是相同的。为方便起见,特别在受试设备的工作频率在工作周期内显著变化时,应该尽量使用扫频接收机或频谱分析仪。

A.2.2 人工电源网络(AMN)

测量电源端子骚扰电压应使用在 GB/T 6113.102—2008 的第 4 章规定的 50 Ω/50 μH 的人工电源网络。

人工电源网络在主电源的测量点上提供一个规定的射频阻抗,并同时为受试设备提供电源线上的环境噪声隔离。

A.2.3 电压探头

UPS 的输出以及由于 UPS 输入电流额定值过大而不能使用人工电源网络测量时,应使用按 GB/T 6113.102—2008 的第 5 章的要求和图 A.1 所示的电压探头。探头依次连接在每一线和选择的参考地(金属平板、金属管)之间测量。

探头主要由一个耦合电容器和一个电阻构成,以使电网和地之间的总阻抗至少为 1 500 Ω。电容器或保护测量接收机防止危险电流的任何其他器件对测量准确度的影响,均应小于 1 dB,或可以校准。

探头的接地线要求用低阻抗连接到参考地,连接线的长度不应小于最大测量频率波长的 1/10 (30 MHz时,大于 1 m),另外,频率低于 3 MHz 时,连接线长度不超过 10 m。

A.2.4 天线

按 GB/T 6113.104—2008 的第 4 章的要求。

A.3 受试设备的布置

A.3.1 这里没有特别的规定,在某种意义上而言,UPS 的构成、安装、布置和操作符合常规应用。相互联系的接口电缆/负载/器件应至少与 UPS 各接口、端口中的一个相连接,实际上,每根电缆线连接一个习惯使用的典型装置。

根据最初的预测试结果,对于有多个相同类型接口的 UPS,可能需要增加互连电缆/负载/设备。

增加电缆的数量宜使增加另一电缆对辐射的影响不大于 2 dB 时为止,但是布置选择的原理和端口的负载情况应在试验报告中说明。

A.3.2 应根据各个设备的要求确定互连电缆的类型和长度,如果电缆长度可以变化,则应选取产生最大辐射的长度。

A.3.3 试验时，如果为了达到符合性而使用了屏蔽电缆或专用电缆，那么，在说明书中应包括建议使用这种电缆的说明。

A.3.4 超过规定长度的电缆，应在电缆的中部进行捆扎，电缆线束的长度应为0.3 m～0.4 m。如果由于电缆太粗或太硬，或由于试验是在用户安装现场进行等原因不能捆扎时，则超长电缆的处置应在试验报告中明确说明。

A.3.5 为了保证试验的可重复性，任何一组结果都应附有关于电缆和受试设备方位的详细说明，如有使用条件的要求，则这些条件应在文件中予以规定，例如电缆长度，电缆类型，屏蔽和接地要求，这些条件应包括在说明书中。

A.3.6 当对一个与其他设备相互配合而构成一个系统的设备进行评估时，可用其他设备代替整个系统，或者使用模拟器进行评估。无论采用何种方法，都应注意保证受试设备与系统其他部分的影响或满足A.6.5规定的环境噪声条件的模拟器的影响一起评估，用来代替实际设备的任何模拟器应能完全地体现接口的电特性和在某些情况下的机械特性，尤其是射频(RF)信号阻抗以及电缆的构造和类型。

注：本程序要求能够评估与其他制造厂商的另外一些设备组合而构成一个系统的设备。

A.3.7 对于蓄电池外置的UPS，应尽可能地使蓄电池包括在试验配置中，并按制造厂商的说明书安装。

若不可能，或者蓄电池包括其机架在内是另外提供的，则在试验报告中应对此作出说明。

A.3.8 交流输出应接电阻负载，且能调节，以获得受试UPS所需的有功功率值。

A.3.9 受试设备相对于接地平面的位置应与实际使用中情况相符合，即落地式UPS应放在接地平面或放在紧贴接地平面的绝缘地板上(如木制地板)，而台式UPS应放在非金属的桌子台面上。电源电缆和信号电缆相对于接地平面的走向应等效于实际使用情况，接地平面可以是金属的。

注：A.6.3和A.9.1分别给出了端子电压测量，场强测量的特定的接地平面的要求。

A.4 最大发射布置的确定

应在预测试中寻找相对于限值的最大发射的频率，此时，UPS处于典型运行方式，并且电缆按常规位置放置，试验布置应能代表典型系统的配置情况。

应通过检测几个有针对性的频率上的骚扰，鉴别出最高的骚扰频率，以确保所找的频率为可能的最大骚扰频率，并由此确定相关的电缆、UPS配置和运行方式。

UPS的预测试方案按图A.3到图A.10。UPS和外围设备的距离按照图示，为了找到最大值，只可改变电缆的方向和位置。

在本试验程序中，台式设备的电缆只在典型布置的范围内改变方向和位置。对落地式设备，电缆应按使用者安装时那样放置，且不再作进一步调整。对落地式设备，如果电缆的安装规定不清楚，或每一次的安装可能不一样，还应改变电缆方向和位置，使之达到产生最大发射值。

端子骚扰电压和骚扰场强的最终测量按A.6、A.7和A.8分别进行。

A.5 试验时设备的工作状态

UPS应在设计的额定工作电压和典型的负载条件运行，负载可以是实际负载，也可以是模拟负载。无论是用试验程序还是用其他的测量方法，在试验UPS时，所有对发射有影响的元器件都必须处于工作状态，以保证测到的是整个受试系统发射。并且，对任何一种UPS运行方式都必须用这种方式来试验。

A.6 电源端子骚扰电压的测量方法

A.6.1 测量接收机

使用A.2.1所述的准峰值检波器接收机和平均值检波器接收机进行试验。

A.6.2 人工电源网络(AMN)

应使用A.2.2描述的人工电源网络。

将试验设备连接至人工电源网络,试验设备放在其边界距离人工电源网络最靠近的面0.8 m处。

制造厂商提供的电源软线长度应为1 m。如果超过1 m,则应将其超过的部分来回折叠,折叠长度不超过0.4 m。

制造厂商的安装说明书对电源电缆有规定时,则应用长度1 m的规定类型的电缆连接试验设备和人工电源网络。

应按制造厂商的说明书布置试验设备,并用端接的电缆连接。

出于安全目的的接地线应连接至网络的参考接地点,除非制造厂商提供或规定,接地线长度为1 m,与电源线平行走线,间距不超过0.1 m。

制造厂商规定或提供的连接至与安全接地相同的最终端子的其他接地线(例如为了EMC的目的)也应连接至网络的参考地。

从本地广播服务区域耦合过来的传导环境噪声可能使得在某些频率无法进行测量。此时,可在人工电源网络与供电电源之间插入一个合适的附加的射频滤波器,或在屏蔽室内测量。构成该射频滤波器的元件应封闭在一个金属屏蔽盒内。该金属屏蔽盒直接连接到测量系统参考地上。接上附加的射频滤波器后,人工电源网络的阻抗在测量频率仍应满足要求。

例外:

UPS的额定功率值超过人工电源网络的标称值时,则允许使用符合GB/T 6113.102—2008的第5章和图A.1所示的电压探头测量电源端子骚扰电压。

这种情况下,电源的额定电流值应至少与所安装的UPS电流额定值相等,以尽可能地与现场供电电源的阻抗相匹配。

A.6.3 接地平面

如果受试设备不接地且是非落地式设备,则应放在距离面积至少为2 m×2 m的参考水平接地平面或参考垂直接地平面0.4 m处,并应与其他不属于该试验单元的组成部分的任何金属面或接地平面保持0.8 m的距离。如果在屏蔽室内进行测量,则上述0.4 m距离可以是距屏蔽室任一侧壁的距离。

落地式设备遵守相同的规定,只是应该放在水平金属接地板上。接触的各点应和正常使用相一致,但不能与接地平面形成金属接触,参考接地平面应至少比试验单元的边框大0.5 m,且最小尺寸为2 m×2 m。

应用尽可能短的导体将AMN参考接地点连接到参考接地平面上,导体长宽比小于3:1,或用螺栓固定到参考接地平面上。

A.6.4 传导发射测量的设备布置

按A.3的要求布置并运行UPS,台式和落地式设备的布置按图A.3~图A.8。

台式UPS应放置在高出水平接地平面0.8 m的非金属台上(见A.6.3),且距离与水平接地平面连接的垂直接地平面0.4 m。

设计成台式或落地式两用的设备应按台式的布置进行试验,除非典型安装为地面放置,并采用相应的布置。

那种设计在墙壁上安装使用的设备应按台式UPS的布置进行试验,设备的方向应与正常工作时一致。

电源端口经电源软线与AMN连接,除非按A.6.2的例外情况在试验场地或安装现场试验。交流输出端口与一个负载箱连接。当实际使用时预定要与外部信号线连接,信号端口经信号电缆与一个阻抗稳定网络(ISN)连接。

A.6.5 传导发射的测量

如A.4所述,应找出产生相应于限值的最大发射的UPS布置、电缆配置和运行方式。

以这种布置测量和记录数据,相对于载流电源端口和 UPS 通信端口的限值,这些发射值低于限值不超过 20 dB 时,至少记录 6 个最高的发射频率点。应明确标出每一个发射的对应导线。

当规定信号端口的发射采用电流探头测量电流代替测量电压时,应符合 GB/T 6113.102—2008 的第 5 章的要求。

A.7 交流输出端口的测量方法(如适用)

交流输出端口接阻性负载箱,将交流输出有功功率缓慢地从零调到额定值,以找出最不利情况下的骚扰电压。

负载应是纯阻性的,以避免非正弦波带来的测量误差。

对输出电压(其中的骚扰最大),应使用 GB/T 6113.102—2008 的第 5 章所述特性和图 A.1 所示的电压探头测量。

UPS 的输出端到负载设备的骚扰电压不超过 6.4.2 规定的限值。

电压探头中的电容或测量接收机为防止危险电流而采用的其他保护器件对测量准确度的影响,均应小于 1 dB,或可以校准。

电压探头的典型连接方法如图 A.5 所示。连接长度应加以限制,可行的方案为长度尽可能限制在 2 m 或对附加损耗加以校正。

用探头测量各输出端对参考地,并记录测量结果。

试验时,负载放在距离落地式 UPS 0.8 m 或台式 UPS 0.1 m 的位置,负载的电缆长度为 1 m。

如果 UPS 的电源输入端是通过一个人工电源网络(AMN)相连,那么这个人工电源网络必须保留在线路中,以维持规定的电源阻抗值。

A.8 辐射发射的测量方法

A.8.1 概述

在 30 MHz～1 000 MHz 频率范围内,用准峰值检波器接收机进行测量。

进行辐射场的测量应离开受试设备的边界一定距离,受试设备的边界由一条反映受试设备简单几何形状的假想直线组成。UPS 和 UPS 系统间所有电缆应包含在这边界内。

对 C1 类 UPS 和 C2 类 UPS 规定的测量距离见 6.5.1。

A.8.2 测量接收机

测量接收机应符合 GB/T 6113.101 的要求。

A.8.3 天线

试验应按 GB/T 6113.104 的要求进行。

A.9 测量场地

A.9.1 试验场地

试验场地应符合 GB/T 6113.105 的要求。

A.9.2 替代试验场地

某些情况下,试验可以在不完全具备 A.9.1 所述全部特性的替代场地进行试验,但应证明这样的替代试验场地不致使测量数据失效。图 A.2 是替代试验场地的示例,不符合 A.9.1 的全部要求的接地平面是另一示例。

A.10 辐射发射试验的设备布置

A.10.1 概述

UPS 应按 A.6.4 的要求布置并运行,台式设备布置按图 A.9,落地式设备的布置按图 A.10。

台式 UPS 应放置在辐射发射试验场地中高出水平接地面 0.8 m 的非金属的桌面上。

落地式 UPS 应直接放置在水平接地平面上，接触点与正常使用一致，但与接地平面之间需要有最高 12 mm 的绝缘隔离。

被设计成台式或落地式的两用设备，应按台式的布置来进行试验，除非典型安装为地板放置，且采用相应布置。

那种设计在墙壁上安装使用的设备，应按台式 UPS 的布置来进行试验，设备的方向应与正常工作时一致。

A.10.2　辐射发射测量

如 A.4 所述，找出相对于限值产生最大发射时的 UPS 布置、电缆布置和运行方式。用这种布置进行测量和记录数据。

同时监视发射频谱，改变天线高度、天线极化方向和 UPS 方向，以产生相对于限值的最大发射。

发射值低于限值不超过 20 dB 时，相对于限值至少记录 6 个最高发射的频率点。在记录每次发射时，记录天线的极化方向。

A.10.3　在强环境信号下的测量

按 GB 9254—2008 中的 10.7 的要求试验。

A.11　辐射磁场骚扰测量

见附录 B。

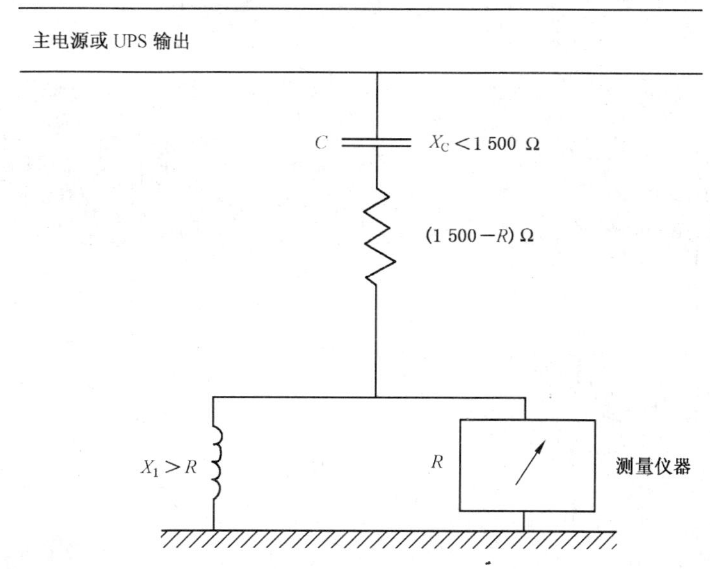

注：$V=\frac{1\ 500}{R}U$

式中：

V——骚扰电压；

U——测量装置输入端的电压。

在测量频率下，$X_C \ll 1\ 500\ \Omega$ 且 $X_1 \gg R$。

图 A.1　测量电源端或 UPS 输出端骚扰电压的电路

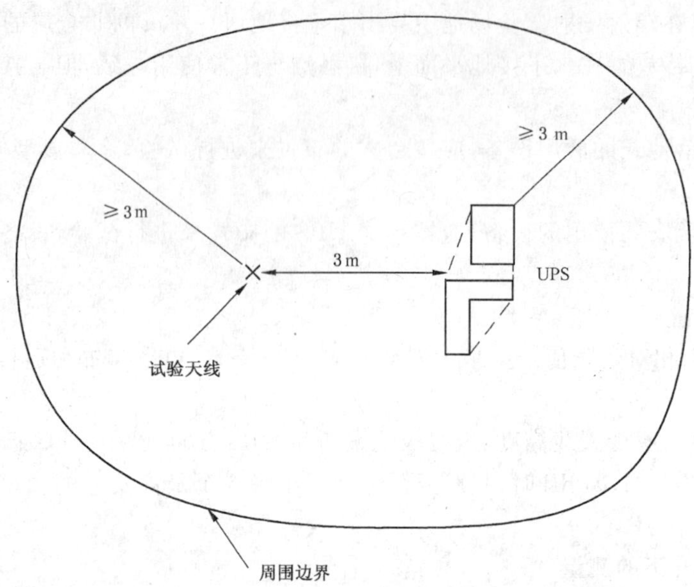

注：图形边界围绕的场地上方应无反射电磁场，该空间的水平高度和对于水平接地平面至少应比天线与受试设备最高点高 3 m。

替代场地的适用范围见 A.9.2。

图 A.2　最小尺寸的替代试验场地

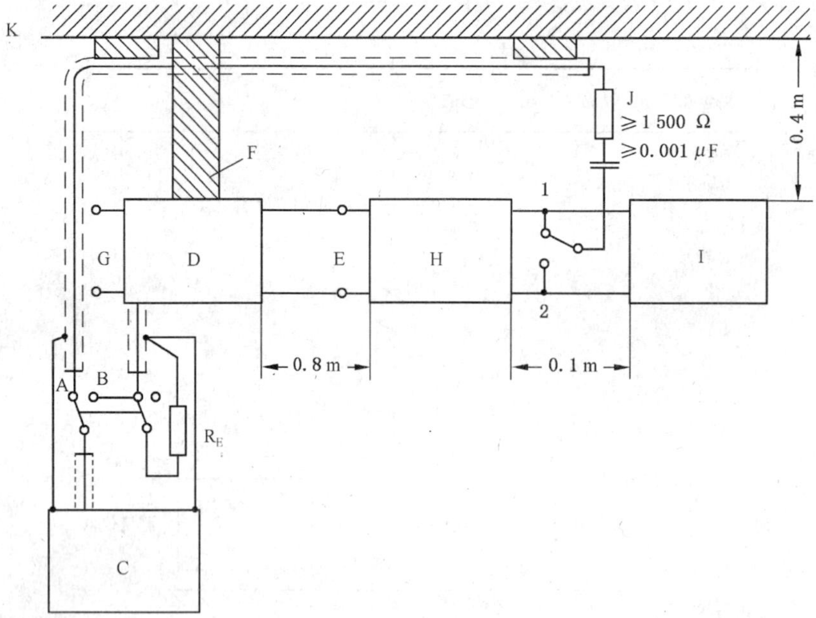

A——负载测量开关位置；　　B——电源测量开关位置；

C——RFI 测量接收机；　　D——人工电源网络(AMN)；

E——AMN 与 UPS 的电源连接；　　F——接地片(长宽比最大 3∶1)；

G——输入电源连接；　　H——UPS；

I——负载；　　J——电压探头；

K——参考地；　　R_E——端接电阻(50 Ω)。

注 1：RFI 的试验接地应与 AMN 的地可靠连接在一起。

注 2：当开关在 A 位置时，AMN 测量装置的端子上接一个适当的端接电阻 R_E。

注 3：对于 1 级保护的 UPS 和/或负载，安全接地导体应与 AMN 的地连接在一起。

注 4：UPS 输出端子 1 和端子 2 与负载之间的距离为 0.1 m，其连接线长度不超过 1 m。

图 A.3　台式设备传导发射的测量布置

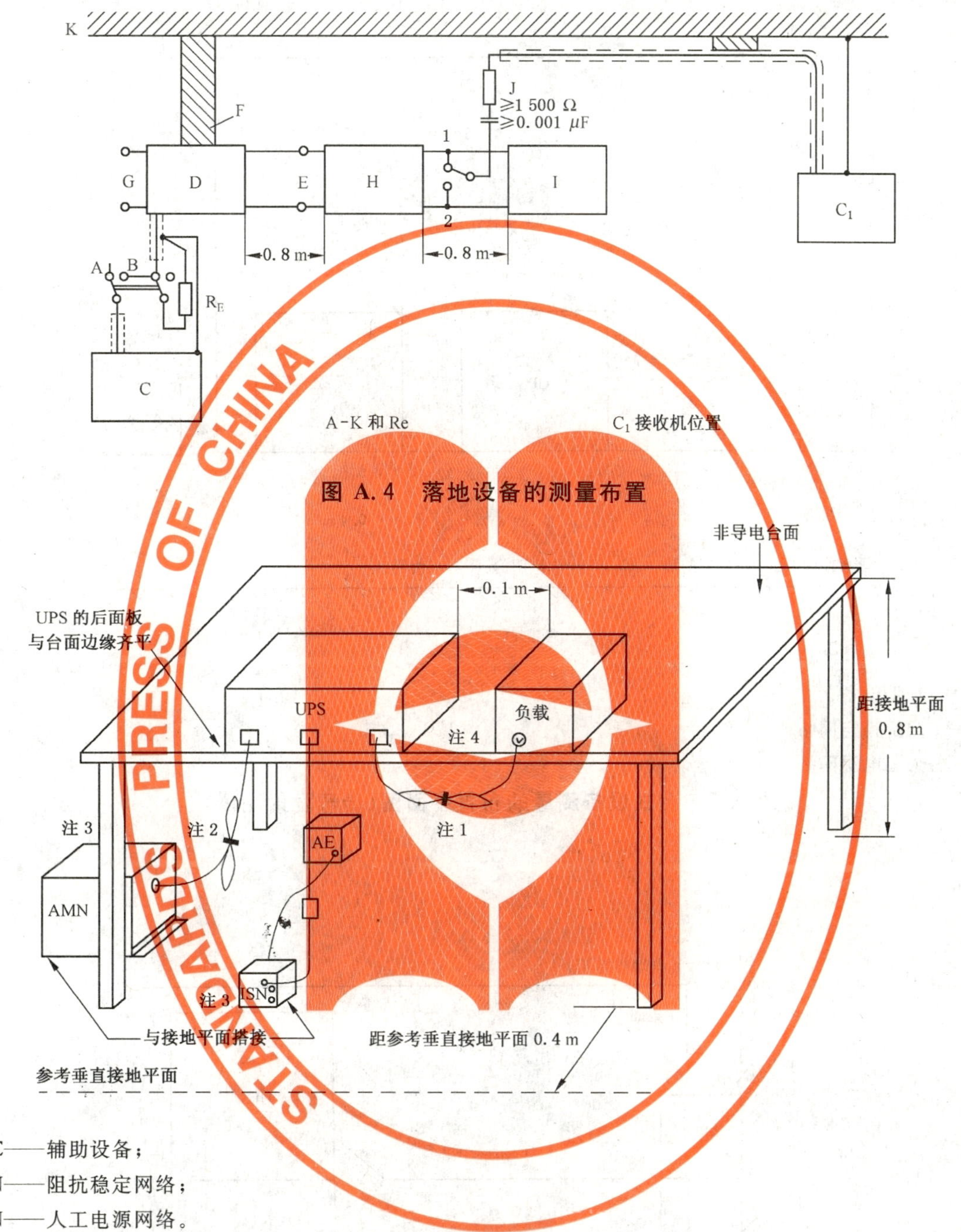

图 A.4 落地设备的测量布置

AE——辅助设备；

ISN——阻抗稳定网络；

AMN——人工电源网络。

注 1：如果垂悬的互连电缆与接地平面距离不足 0.4 m，应来回折叠成 0.3 m～0.4 m 长的线束，悬挂在接地平面与台面近似中间的位置。

注 2：电源软线的超长部分应在其中点折叠成线束或缩短至适宜的长度。

注 3：UPS 与一个 AMN 连接。所有的 AMN 和 ISN 也可以与垂直的接地平面，或者与金属壁连接。

——AMN 和 ISN 与 UPS 之间的距离 0.8 m，距其他设备和其他金属面至少 0.8 m；

——电源软线和信号电缆应尽量离垂直接地平面 0.4 m 放置。

注 4：外置蓄电池装置和外部连接的 I/O 信号电缆，应按正常使用位置放置(如可能)。那些不与辅助设备 AE 相连的 I/O 信号电缆的末端可以端接适当的终端阻抗。

如果使用电流探头，应将电流探头放在离开 ISN 的 0.1 m 处。

图 A.5 台式设备的传导发射试验布置

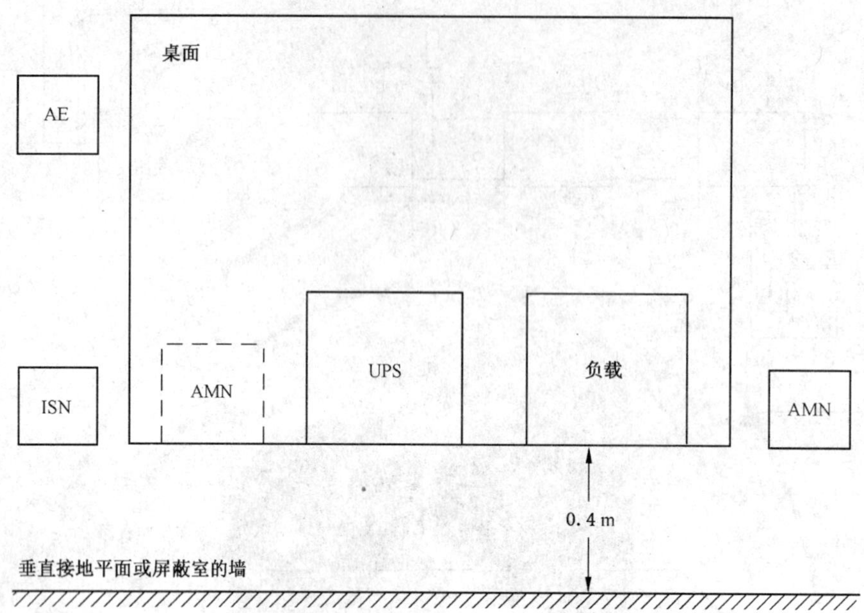

AE——辅助设备；
ISN——阻抗稳定网络；
AMN——人工电源网络。

图 A.6　台式设备测量的布置平面图(传导发射测量)

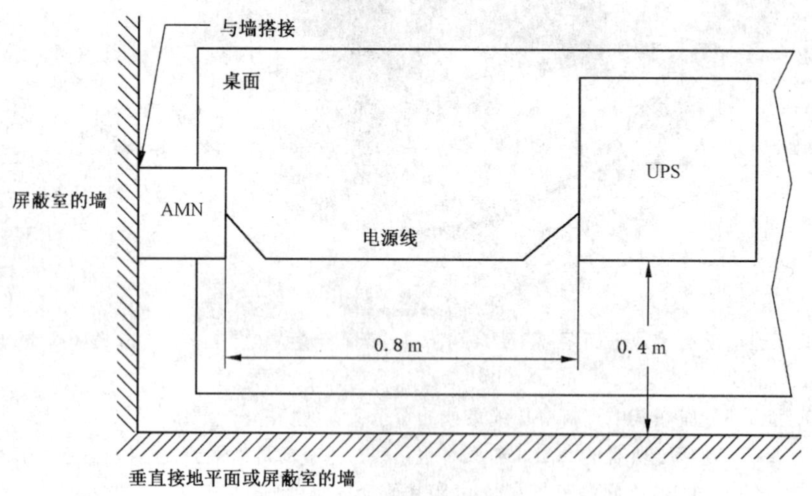

图 A.7　台式设备的替代布置平面图(传导发射测量)

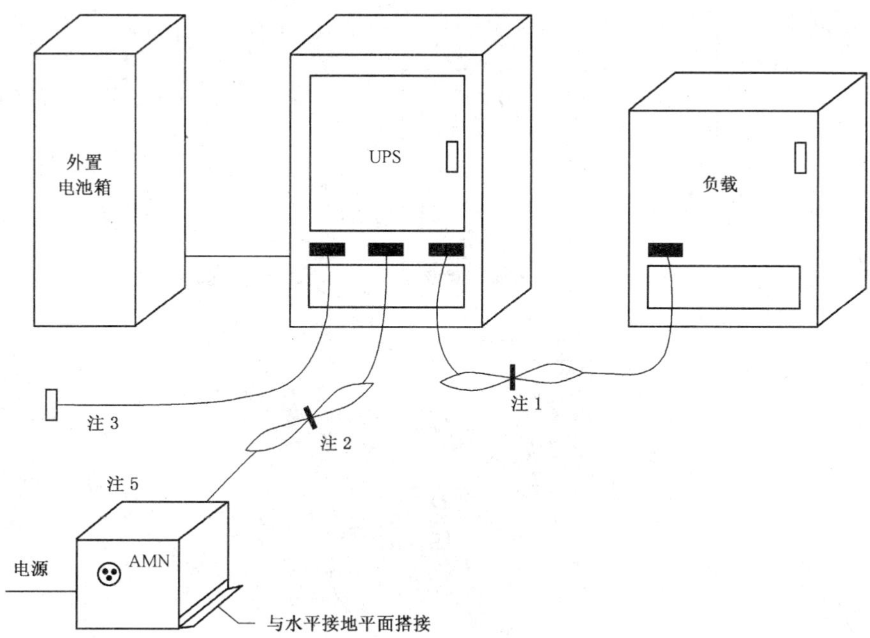

注 1：I/O 电缆的超长部分应在其中心位置捆扎。如果不可能捆扎，那么电缆应来回排成蛇形。
注 2：电源软线的超长部分应在中心位置进行捆扎或缩短至适当的长度。
注 3：如果为了运行的需要，那些不与外设相连的 I/O 信号电缆的末端可以端接适当的终端阻抗。
注 4：UPS 和电缆与水平接地平面之间应绝缘(距离不大于 12 mm)。
注 5：AMN 可以直接放置在水平接地平面的上面或紧贴其下面。
注 6：如果使用电流探头，电流探头应放在离 ISN 的 0.1 m 处。
注 7：外置蓄电池(如应用)应按常规的场地布置方式放置和布线。

图 A.8　落地式设备的试验布置图(传导发射测量)

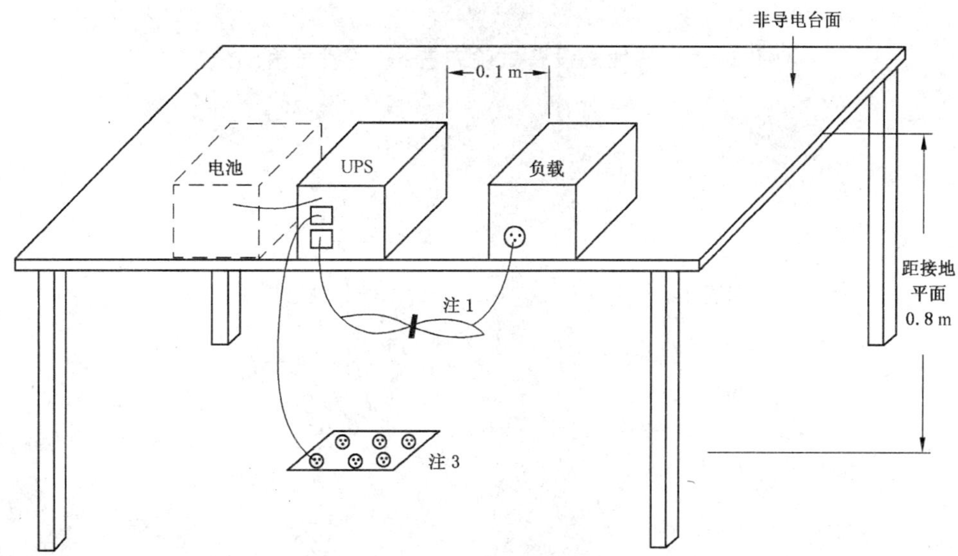

注 1：如果垂悬的互连电缆与接地平面距离不足 0.4 m，应来回折叠成 0.3 m～0.4 m 长的线束，悬挂在接地平面与台面近似中间的位置。
注 2：如果为了运行的需要，那些不与外设相连的 I/O 信号电缆的末端可以端接适当的终端阻抗。
注 3：多插座的电源盒应与金属接地平面等高，并直接搭接到接地平面上。如果使用 AMN，应安装在接地平面的下面。
注 4：外置蓄电池(如应用)应按常规的场地布置方式放置和布线。
注 5：外围设备放置应保持 0.1 m 距离。
注 6：电源电缆应垂落至地面，不应增加连接到电源插座的电源软线的长度。

图 A.9　台式设备试验布置图(辐射发射测量)

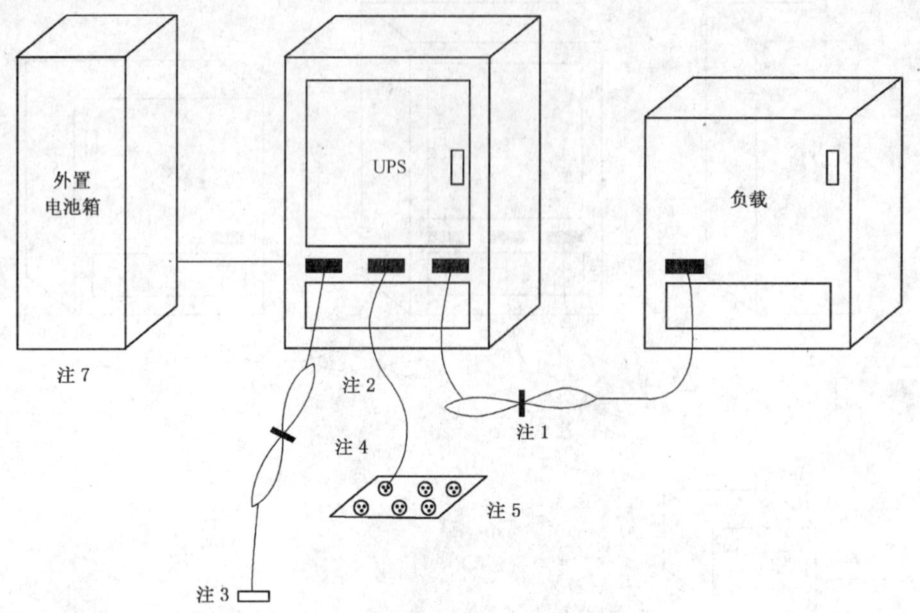

注 1：I/O 电缆的超长部分应在其中心位置捆扎。如果不可能捆扎，那么电缆应来回排成蛇形。

注 2：电源软线的超长部分应在其中心位置进行捆扎或缩短至适当的长度。

注 3：那些不与外设相连的 I/O 信号电缆应在中间进行捆扎，如果为了运行的需要，末端可以端接适当的终端阻抗。

注 4：UPS 和电缆与水平接地平面之间应绝缘(距离不大于 12 mm)。

注 5：多插座的电源盒应与金属接地平面等高，并直接搭接到接地平面上。如果使用 AMN，应安装在水平接地平板的下面。

注 6：电源电缆和信号电缆应垂落至地面。

注 7：外置蓄电池(如应用)应按常规的场地布置方式放置和布线。

图 A.10　落地式设备试验布置图(辐射发射测量)

附 录 B
（资料性附录）
磁场（H场）的电磁发射限值和测量方法

在 10 kHz～30 MHz 的频率范围内，测量受试设备辐射的磁场分量。

如果测量是在屏蔽室内进行，屏蔽室尺寸应使天线位置距离各壁至少 1 m。受试设备放在离地板 1 m±0.2 m 的接地平面上。测量在离开受试设备产生最大骚扰面距离 D=3 m 处进行。

产生最大骚扰面的定义为：在考虑的频带范围内，发射最大信号的那一面。使用频谱分析仪来选择该面和测量天线方位最为简单。测量距离从天线的相位中心算起。

使用如图 B.1 所示屏蔽环形天线进行测量，天线框架在垂直方向进行调整，以使其接收最大的磁场。

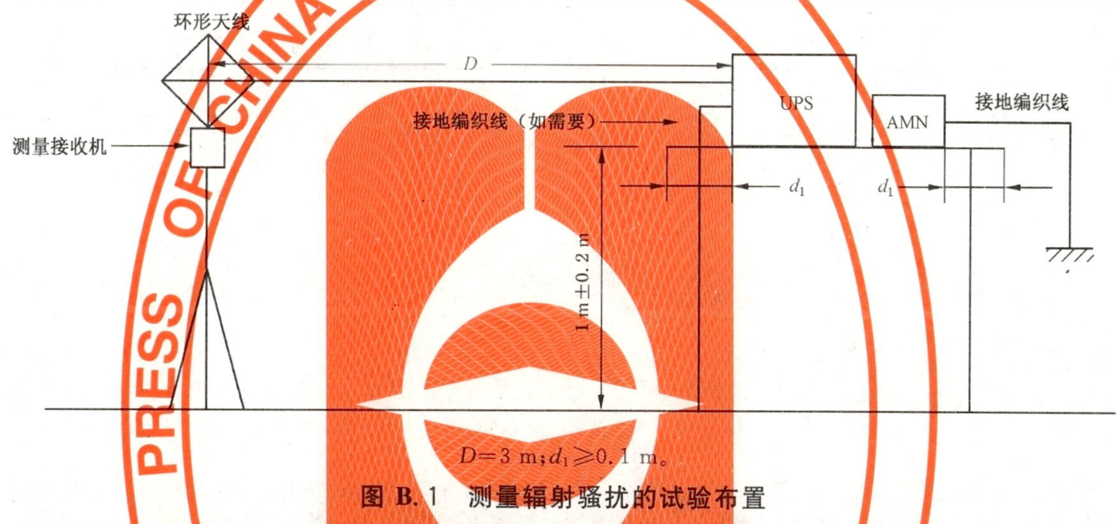

图 B.1 测量辐射骚扰的试验布置

根据图 B.1 使用环形天线在 3 m 处测量时，采用表 B.1 和表 B.2 给出的限值。

表 B.1 额定输出电流≤16 A 的 UPS

频率范围/MHz	准峰值限值/dB(μA/m)	
	C1 类 UPS	C2 类 UPS
0.01～0.15	40.0～16.5[a]	52.0～28.5[a]
0.15～1.0	16.5～0	28.5～12.0
1.0～30	0～−10.5	12.0～1.5
注：在所有频率范围，限值随频率的对数线性减小。		
[a] 150 kHz 及以下是非强制性的。		

表 B.2 额定输出电流＞16 A 的 UPS

频率范围/MHz	准峰值限值/dB(μA/m)	
	C1 类 UPS	C2 类/C3 类 UPS
0.01～0.15	52.0～28.5[a]	64.0～40.5[a]
0.15～1.0	28.5～12.0	40.5～24.0
1.0～30	12.0～1.5	24.0～13.5
注：在所有频率范围，限值随频率的对数线性减小。		
[a] 150 kHz 及以下是非强制性的。		

附 录 C
（资料性附录）
信号端口电磁发射限值

下述限值仅适用于电缆长度超过 10 m 的情况。此时，制造厂商应对信号电缆进行规定。

表 C.1 信号端口限值

<table>
<tr><th>端 口</th><th>频率范围/MHz</th><th>限值/dB(μA)</th><th>基本标准</th></tr>
<tr><td rowspan="2">信号，控制</td><td>0.15～0.5
限值随频率的对数线性减小</td><td>40～30，准峰值
30～20，平均值</td><td rowspan="2">GB 9254
B 级</td></tr>
<tr><td>0.5～30</td><td>30，准峰值
20，平均值</td></tr>
</table>

附　录　D
（规范性附录）
电磁抗扰度试验方法

D.1　概述

这些试验的目的是为了测量 UPS 系统对电磁骚扰抗扰度的能力。

根据 UPS 的物理尺寸和功率额定值，制造厂商可选择最合适的试验场地和试验布置，必要时，试验设备电流额定值超过 100 A 也适用。

D.1.1　试验环境

抗扰度试验最好是在试验室环境进行，所有试验均应在接地平面上进行，接地平面最小尺寸为 1 m×1 m，各边伸出 UPS 之外至少 0.5 m。

落地式 UPS 应放置在高 0.1 m 的干燥木板架上。

台式 UPS 应放置在 0.8 m 高的木桌上。

以下的受试设备指 UPS。

D.2　静电放电（ESD）

静电放电（ESD）抗扰度试验按 GB/T 17626.2 进行。ESD 试验仅施加在设备正常使用期间可能触及到的 UPS 的点或表面，以及 0.5 m×0.5 m 的水平和垂直耦合板上。

D.3　辐射电磁（EM）场抗扰度

D.3.1　辐射电磁场抗扰度试验应按 GB/T 17626.3 进行。

试验设备、试验设施、校正、试验布置和程序按 GB/T 17626.3 的相应条款。

D.3.2　布线

布线方案按 GB/T 17626.3—2006 的 7.3。

D.4　快速瞬变抗扰度

D.4.1　可重复的快速瞬变抗扰度试验应在所有与 UPS 连接的电缆上进行，除非制造厂商说明其长度短于 3 m。

D.4.2　设备应按 GB/T 17626.4 进行试验。

D.4.3　按照 GB/T 17626.4—2008 的 6.3，将容性耦合夹置于任何输入或输出电缆上，距离 UPS 均应不大于 1 m。

D.5　浪涌（冲击）抗扰度

试验按 GB/T 17626.5 进行。

D.6　低频信号抗扰度

D.6.1　电源谐波和间谐波

UPS 运行时在电源输入端应能承受如 IEC 61000-2-2 规定的低频传导骚扰。模拟下述条件检查其符合性，UPS 应连续运行且规定的性能不得降低。

D.6.1.1　单相设备

作为最低要求，试验应施加 10 V 的单一正弦波骚扰电压，频率从 140 Hz 缓慢提高到 360 Hz。采用一系列注入电路,其主电源为 50 Hz/60 Hz 工频,而放大器仅提供谐波。

D.6.1.2　三相设备

每相的试验布置和试验电压大小应与单相设备布置相同。区别在于使用的是三相可变频率发生器(静止式或旋转式)。试验时,频率从 140 Hz 缓慢提高到 360 Hz。

应使用三相骚扰信号的两种相序进行试验。

如果 UPS 有中性端子,则应像单相设备试验那样连接和试验,试验只在接近 3 倍电源频率下进行。

D.6.2　电源线不平衡(仅对三相 UPS 系统)

三相系统应在电源输入端进行幅值不平衡和相位不平衡试验。

不平衡信号由单相变压器或等效措施产生。不平衡试验仅在一根线上进行。

幅值不平衡试验采用连接一个 230∶5 的变压器实现,在 230 V 上应用的典型接法见图 D.1。变压器的初级按图示的连接和反向连接两种情况进行试验。

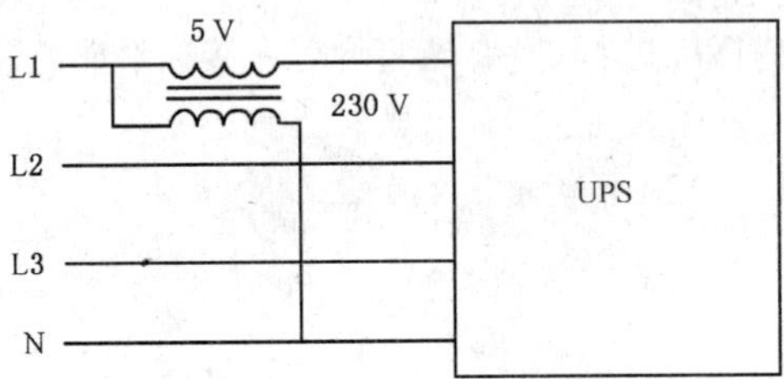

图 D.1　幅值不平衡

相位不平衡试验采用连接一个 400∶5 的变压器实现,在 400 V 上应用的典型接法见图 D.2。变压器的初级按图示的连接和反向连接两种情况进行试验。

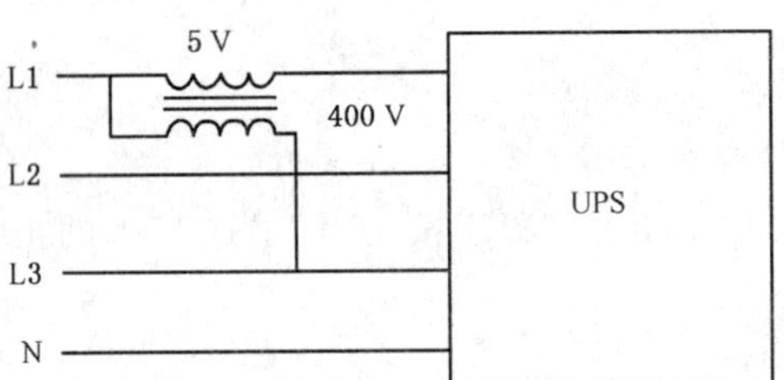

图 D.2　相位不平衡[3)]

3)　原文 230 V 电压标注有误,应为 400 V。

附 录 E
（资料性附录）
用户安装试验

通常需要在用户安装现场对C4类UPS进行测量，有时也适用于其他类（C2类和C3类）UPS。

测量应最好在用户安装场所边界进行。如该边界距试验设备不足30 m，则应在距试验设备30 m处测量。

按方位进行测量的数量根据实际情况应尽可能足够，至少应在相互垂直的方向上测量4次，且测量还需在可能受到不利影响的任何已有设备的方位上进行。

由于场地的特性会影响测量，因此符合性验证的方法是针对安装现场的。将经过型式试验且合乎要求的UPS加入试验设备不会改变原试验设备的符合性验证结果。

ICS 03.220.20;33.020
M 11

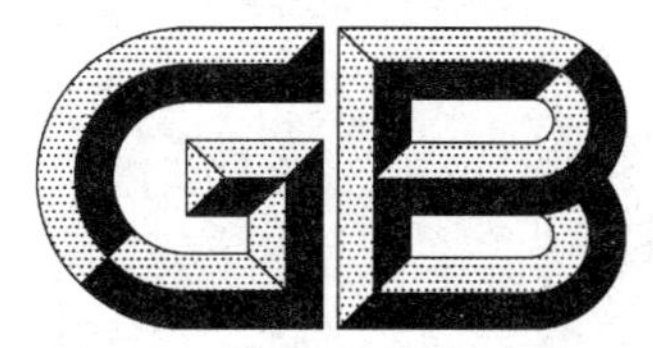

中华人民共和国国家标准

GB/T 7262—2009
代替 GB/T 7262.1—1993,GB/T 7262.2—2001,GB/T 7262.3—2001

公路通信技术要求及设备配置

Technical requirements and equipment arrangement for highway communication

2009-09-30 发布 2010-02-01 实施

中华人民共和国国家质量监督检验检疫总局
中国国家标准化管理委员会 发布

前　言

本标准代替 GB/T 7262.1—1993《公路通信技术要求及设备配备总则》、GB/T 7262.2—2001《公路通信技术要求及设备配备　设备配备》和 GB/T 7262.3—2001《公路通信技术要求及设备配备　组网技术要求》。

本标准与 GB/T 7262.1—1993、GB/T 7262.2—2001 和 GB/T 7262.3—2001 相比主要变化如下：

——删除了“公路通信中心等级划分”，增加了划分原则(见 GB/T 7262.2—2001 和本标准的 4.1)；

——增加了公路应急通信系统的相关技术要求和设备配置要求(见 5.1.3 和 5.9)；

——增加了以太网接口的要求(见 5.7.4)；

——增加了公路通信网管道的要求(见 5.8)；

——删除了数字微波的相关内容(见 GB/T 7262.3—2001 的 4.2)；

——删除了短波单边带的相关内容(见 GB/T 7262.3—2001 的 4.5)；

——删除了集群移动通信系统的相关内容(见 GB/T 7262.3—2001 的 4.6)；

——修改了附录 A。

本标准的附录 A 为规范性附录。

本标准由中华人民共和国交通运输部提出。

本标准由交通部信息通信及导航标准化技术委员会归口。

本标准起草单位：中国交通通信中心。

本标准起草人：王智、胡菠。

本标准所代替标准的历次版本发布情况为：

——GB 7262.1—1987、GB/T 7262.1—1993；

——GB/T 7262.2—1991、GB/T 7262.2—2001；

——GB/T 7262.3—1991、GB/T 7262.3—2001。

公路通信技术要求及设备配置

1 范围

本标准规定了公路通信网在规划、设计、组网时应遵循的基本技术要求和系统设备的基本配置原则。

本标准适用于公路通信网的新建和改建工程。

2 规范性引用文件

下列文件中的条款通过本标准的引用而成为本标准的条款。凡是注日期的引用文件，其随后所有的修改单(不包括勘误的内容)或修订版均不适用于本标准，然而，鼓励根据本标准达成协议的各方研究是否可使用这些文件的最新版本。凡是不注明日期的引用文件，其最新版本适用于本标准。

GB/T 7611—2001 数字网系列比特率电接口特性

JT/T 703 高速公路紧急电话系统

YD 5007 通信管道与通道工程设计规范

YDN 061—1997 接入网技术体制

YDN 065—1997 邮电部电话交换设备总技术规范书

YD/T 1099—2005 以太网交换机技术要求

YD/T 5024—2005 SDH 本地网光缆传输工程设计规范

YD/T 5076—2005 固定电话交换设备安装工程设计规范

YD/T 5089—2005 数字同步网工程设计规范

YD/T 5095—2005 SDH 长途光缆传输系统工程设计规范

YD/T 5139—2005 有线接入网设备安装工程设计规范

ITU-T G.811 全网基准时钟定时特性 G 系列(Timing Characteristics of Primary Reference Clocks-Series G)

3 术语和定义、缩略语

3.1 术语和定义

下列术语和定义适用于本标准。

3.1.1

公路通信网 highway communication network

以高等级公路通信设施为传输骨干，供公路各管理及业务部门、相关企业专用的通信网。公路通信网包括常规通信网和应急通信设施，本标准中没有特别说明的仅指常规通信网。

3.2 缩略语

表 1 中的缩略语适用于本标准。

表 1

缩略语	英 文	中 文
OTN	Optical Transport Network	光传送网络
PDH	Plesiochronous Digital Hierarchy	准同步数字体系

表 1(续)

缩略语	英　文	中　文
SDH	Synchronous Digital Hierarchy	同步数字体系
SONET	Synchronous Optical Networking	光同步网络
STM	Synchronous Transport Module	同步传送模块

4　总则

4.1　公路通信网的分级

4.1.1　公路通信网分为以下三级：

a）　一级通信网：设置国家级公路通信网中心，连接各省、自治区和直辖市通信网；

b）　二级通信网：设置省、自治区和直辖市公路通信网中心，连接各地（市）或路段公路通信网；

c）　三级通信网：设置地（市）或路段公路分中心，连接各管理、服务部门、收费站的公路通信网。

4.1.2　公路枢纽、运输企业等业务单位通信网应纳入二级或三级公路通信网管理。

4.2　公路通信网组成及业务种类

4.2.1　公路通信网从逻辑功能上由业务网、传送网和支撑网组成。

4.2.2　公路通信网传送网目前主要有 PDH、SDH/SONET、OTN 等类型；支撑网包括网管网、信令网和同步网。

4.2.3　公路通信网业务种类包括语音、图像和数据：

a）　语音业务主要包括业务电话、指令电话、对讲电话、紧急电话等业务，包括 G3 类传真；

b）　图像业务主要包括用于高等级公路营运管理监控系统、收费系统的静态图像或动态图像，也包括公路路政、运输、稽查、建设管理及救援等所需的其他图像信息，分为数字型图像及模拟型图像；

c）　数据业务包括公路营运管理监控系统、收费系统数据和政务信息、安全信息等管理数据。

4.3　公路通信网的资源配置原则

4.3.1　公路通信网在规划、设计时应对所辖地区公众通信网的能力，公路通信的需求进行综合考虑，以确定通信方式及其规模。

4.3.2　公路通信网在新建、改建时，应根据现有基础设施及信道资源进行系统配置，应为地区、省级和国家级通信网络平台资源整合利用设计必要的备份、预留，在网络结构方面设计必要的延伸和迂回路由。

4.3.3　各级通信网在规划、设计时除常规通信网络及设备外，应充分考虑对应急通信系统的需求和配置。

4.3.4　新建、改建高等级公路应同步建设通信管道，并将管网作为公路通信网的一项重要资源。公路通信网管道规划、设计和建设时应为各级公路通信网互通互联考虑必要的容量预留和路由延伸。

5　组网技术要求

5.1　网络结构和组网原则

5.1.1　网络结构

5.1.1.1　公路通信网由公路干线通信网、本地通信网和接入网组成。

5.1.1.2　公路干线通信网由依托高等级公路建设的省际长途通信网、省内长途通信网组成。

5.1.1.3　本地通信网由地市区域通信网或路段通信网组成。

5.1.1.4　公路通信接入网用于在各级业务节点和用户终端之间建立通信连接。

5.1.2 组网原则

5.1.2.1 公路通信网各级传输节点之间的传输线路应使用光纤，采用数字通信技术组网；传输节点和用户终端之间的传输线路可以使用光纤或电缆，采用数字或模拟信号方式。

5.1.2.2 公路通信网与公众网之间应有汇接接口。

5.1.2.3 公路通信网与水运通信网之间应有汇接接口。

5.1.3 应急通信系统

5.1.3.1 公路应急通信系统依托于全国交通应急通信信息平台建设，公路应急通信设施应与全国交通应急通信信息平台并网建设。

5.1.3.2 公路应急通信系统由公路应急通信指挥平台和公路现场应急通信移动指挥平台组成，采用星形网或网形网组网。

5.1.3.3 公路移动应急通信设施与公路通信网之间、与公众通信网之间、与国家应急通信网之间均应建立业务连接。

5.2 光纤数字传输系统

5.2.1 总体要求

公路通信网光纤数字传输系统宜优先采用同步数字体系(SDH)组网，业务量小的本地网也可采用准同步数字体系(PDH)组网。

SDH传输网宜采用核心层、接入层分层的结构进行建设。由核心层构建一级通信网或二级通信网干线传输系统，依托高等级公路干线沿线组成省际干线传输系统和省内干线传输系统环形网或格形网结构，其参考配置如图1所示。

由接入层SDH传输网构建三级通信网，一般分区域，依据业务的归属性进行建设，选用环形网和树形网结构。

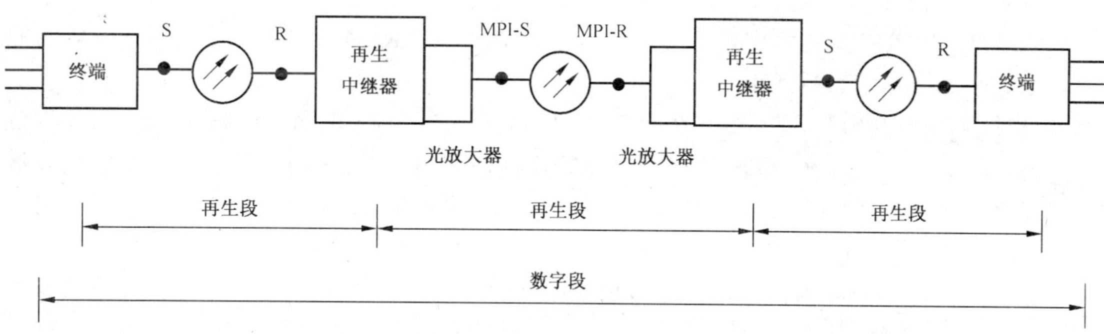

S——紧靠在光发送终端或中继器的光连接器后面的光纤点；

R——紧靠在光接收终端或中继器的光连接器前面的光纤点；

MPI——主通道接口。

如果使用了光纤分配架，附加的光连接器应考虑为光纤线路的一部分，且位于S点与R点之间。

图1 干线数字传输系统参考配置示意图

5.2.2 SDH光缆线路

5.2.2.1 工作标称波长与光纤要求如下：

a) 工作标称波长：1 310 nm，使用G.652光纤；

b) 工作标称波长：1 550 nm，使用G.652、G.653、G.655光纤。

5.2.2.2 光源类型包括：

a) 激光器：多纵模激光器(MLM)，单纵模激光器(SLM)；

b) 发光二极管。

5.2.3 比特率

SDH信号由一个或多个不同阶的同步传送模块(STM-N)信号组成，其中N为正整数。高阶模块(STM-N)信号的比特率是基本模块 STM-1 信号速率的 N 倍。本标准中 N 只取正整数 1、4、16、64。同步数字体系的比特率见表 2。

表 2 SDH 信号的比特率

同步传送模块	比特率/(kbit/s)
STM-1	155 520
STM-4	622 080
STM-16	2 488 320
STM-64	9 953 280

5.2.4 传输性能指标

长途干线 SDH 数字传输系统误码性能、抖动和漂移性能应符合 YD/T 5095—2005 第 8 章规定的要求;本地接入层 SDH 数字传输系统误码性能、抖动和漂移性能应符合 YD/T 5024—2005 第 12 章的要求。

5.2.5 网管系统

应符合 YD/T 5095—2005 第 4 章的要求。

5.3 交换系统

5.3.1 网路结构

公路通信网交换系统按照三级交换的网路结构组织,第一、二级为长途交换网,第三级为本地交换网。公路一级通信网设置一至二处一级长途交换中心,公路二级通信网内按地域设置一处二级长途交换中心,公路三级通信网在本地设置交换局。

各三级通信网交换局与所属二级通信网交换中心之间应建立高效直达路由,各二级通信网交换中心与一级通信网交换中心之间以及一级通信网交换中心之间应建立高效直达路由。相邻三级通信网交换局或话务量较大的交换局之间应建立高效直达路由,相邻二级通信网交换中心或话务量较大的二级交换中心之间应建立高效直达路由。

各级交换中心或交换局应就近接入一个公用的本地电话网,与公用网互通时,应符合公用网统一的传输质量指标、信号方式、编号计划等相关的技术标准和规定;接入公用网时的中继电路数量应根据系统设计的话务量大小和 YD/T 5076—2005 的 10.0.6 规定中相关的呼损指标通过计算加以确定。

5.3.2 信令方式

各级长途交换中心及交换局间的信令采用中国 No.7 信令方式;各级交换中心或交换局与本地公用电话网间的信令符合当地电信网信令系统相关技术标准和规定。

5.3.3 传输指标

应符合 YD/T 5076—2005 第 8 章的要求。

5.4 接入网系统

应符合 YD/T 5139—2005 第 5 章的要求。

5.5 紧急电话系统

应符合 JT/T 703 的要求。

5.6 数字同步网同步要求

5.6.1 同步方式

公路通信数字同步网采用混合同步方式,网内采用主从同步方式,公路通信网与公众通信网的同步采用准同步方式,其定时要求应符合 ITU-T G.811 的规定。

5.6.2 公路通信同步网的分级

公路通信数字同步网分为三级,即 1 级节点、2 级节点和 3 级节点。其等级结构如图 2 所示。

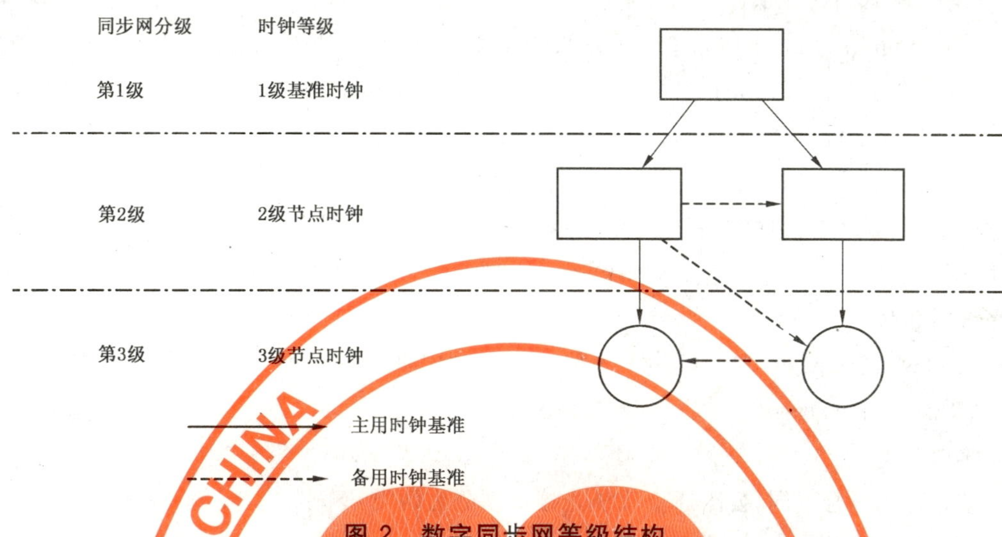

图2 数字同步网等级结构

5.6.3 节点时钟等级

公路通信数字同步网的分级，其节点时钟等级可分为：1级基准时钟；2级节点时钟和3级节点时钟。

5.6.4 时钟设置

同步网1级节点采用1级基准时钟，2级节点采用2级节点时钟，3级节点采用3级节点时钟。时钟设置以及与同步网分级和时钟等级的关系见表3。

表3 同步网的分级和时钟设置

同步网分级	时钟等级	设置位置
第1级	1级基准时钟	一级或二级通信网中心
第2级	2级节点时钟	二级或三级通信网中心
第3级	3级节点时钟	三级通信网中心

5.6.5 同步网接口及其基本要求

应符合 YD/T 5089—2005 中 3.6 的要求。

5.6.6 性能指标

应符合 YD/T 5089—2005 附录 A 的要求。

5.6.7 同步链路

5.6.7.1 在网中的同步链路应具有一个主用同步链路和至少一个备用同步链路。

5.6.7.2 同步信息优先通过 SDH 传输系统传输，也可以通过 PDH 系统传输，或使用专线、电话通信站局间的信息传输链路传递。

5.6.7.3 同步基准传送符合 YD/T 5089—2005 中 3.4 的要求。

5.6.8 时钟的可靠性

5.6.8.1 设备累计停机时间每年应不大于 1 min，设备应能连续地、稳定地提供定时信号，设备的主要功能，如定时输入、时钟功能和定时输出功能应有冗余配置，设备卡板在运行时可带电插拔。

5.6.8.2 当1级基准时钟的主钟发生故障时，应立即自动倒换到备用基准时钟。

5.6.8.3 当收不到基准时钟时，2级节点时钟和3级节点时钟应自动转入保持工作状态。

5.7 接口

5.7.1 电接口参数

以下数字信号比特率电接口的参数应符合 GB/T 7611—2001 的规定：

a) 64 kbit/s 接口(E0)；

b) 2 048 kbit/s 接口(E12)，含 2 048 kbit/s 接口基本帧特性，以及其基本帧格式派生出的 $n\times 64$ kbit/s($2<n\leqslant 30$)接口；

c) 8 448 kbit/s 接口(E22)，含 8 448 kbit/s 基本帧特性；

d) 34 368 kbit/s 接口(E31)；

e) 139 264 kbit/s 接口(E4)；

f) 155 520 kbit/s STM-1e 接口(ES1)。

5.7.2 光接口参数

STM-1、STM-4、STM-16 和 STM-64 光接口的参数应符合 YD/T 5095—2005 中表 B.1～表 B.9 的要求。

5.7.3 光接口分类

5.7.3.1 按照应用场合不同，公路通信系统光接口划分为两类：

a) 短距离通信光接口；

b) 长距离通信光接口。

5.7.3.2 短距离通信光接口应用分类代码见表 4。

表 4 短距离通信光接口应用分类代码

同步传送模块	光接口代码	工作波长/nm	使用光纤类型
STM-1	S-1.1	1 310	G.652
	S-1.2	1 550	G.652
STM-4	S-4.1	1 310	G.652
	S-4.2	1 550	G.652
STM-16	S-16.1	1 310	G.652
	S-16.2	1 550	G.652
STM-64	S-64.1	1 310	G.652
	S-64.2	1 550	G.652
	S-64.3	1 550	G.653
	S-64.5	1 550	G.655

5.7.3.3 长距离通信光接口应用分类代码见表 5。

表 5 长距离通信光接口应用分类代码

同步传送模块	光接口代码	工作波长/nm	使用光纤类型
STM-1	L-1.1	1 310	G.652
	L-1.2	1 550	G.652
	L-1.3	1 550	G.653
STM-4	L-4.1	1 310	G.652
	L-4.2	1 550	G.652
	L-4.3	1 550	G.653

表 5（续）

同步传送模块	光接口代码	工作波长/nm	使用光纤类型
STM-16	L-16.1	1 310	G.652
	L-16.2	1 550	G.652
	L-16.3	1 550	G.653
STM-64	L-64.1	1 310	G.652
	L-64.2	1 550	G.652
	L-64.3	1 550	G.653

5.7.4 以太网接口

应符合 YD/T 1099—2005 第 5 章的要求。

5.7.5 音频接口

5.7.5.1 带宽：300 Hz～3 400 Hz。

5.7.5.2 输入、输出阻抗：600 Ω。

5.7.5.3 转接功率电平见表 6。

表 6 音频接口转接功率电平

项　目	二　线	四　线
输入/dBr	0	−14
输出/dBr	−2	+4
阻抗/Ω	600	600

5.7.6 交换设备接口

应符合 YDN 065—1997 第 10 章的要求。

5.7.7 接入网接口

应符合 YDN 061—1997 第 4 章的要求。

5.8 通信管道

通信管道技术要求应符合 YD 5007 的规定。

省际高等级公路在省界应为省际公路通信联网至少预留一孔内径 ϕ90 mm 以上或二孔内径 ϕ 32 mm 以上管孔容量。先期建设的通信管道应延伸至省界处并预留人手孔，后期建设的通信管道接入该人手孔中。

5.9 应急通信设施

公路应急通信设施可提供四种通信方式：移动卫星系统、甚小口径地球站（VSAT）系统、公用移动或固定电话和对讲机。

公路应急通信设施应可支持语音、数据和图像业务。

应急设施宜采用两套供电系统，第一套供电系统为市电接入，可提供三相和单相接入；第二套供电系统为发电机、UPS 备用电源。

6 设备配置

6.1 一般要求

6.1.1 各级通信网可根据交通系统中公路运输、生产和管理的需要及环境条件、地形地貌、现有设施基础等情况，并结合已建、在建的高等级公路通信网络条件，合理进行资源配置及设备配置。

6.1.2 各级通信网中心除配置常规通信设施外，应根据条件并结合当地公用网络和自然环境条件，合理配置应急通信设施。

6.2 各级通信网中心设备配置

6.2.1 公路一级通信网中心

6.2.1.1 公路一级通信网中心应具备以下功能：

a) 长途通信交换；
b) 所辖区域通信交换；
c) 传送语音、数据、图像、传真；
d) 应急通信调度；
e) 网络管理；
f) 提供基准时钟。

6.2.1.2 公路一级通信网中心应配置以下设备：

a) 长途传输设备：
   1) 光纤数字通信系统设备：应满足 STM-16 或以上传输等级 SDH 容量，10 个以上方向光接口容量，每一方向采用 1+1 线路保护倒换；
   2) 卫星通信系统设备。
b) 数字程控交换设备：具有多局向汇接功能。
c) 网络管理设备。
d) 网络同步设备：配置 1 级基准时钟设备，采用全网基准钟（PRC）配置，由自主运行的铯原子钟组与卫星定位系统组成。
e) 应急通信调度设备：应配置移动卫星地球站、甚小口径地球站（VSAT）主站、公用移动或固定电话机设备。
f) 电源设备。
g) 辅助设备：
   1) 线路设备；
   2) 其他辅助设备。
h) 用户终端设备：电话机、传真机、各类数据终端设备等。
i) 测试、维修常用仪器仪表配置见附录 A。

6.2.2 公路二级通信网中心

6.2.2.1 公路二级通信网中心应具备以下功能：

a) 长途通信交换；
b) 所辖区域通信交换；
c) 传送语音、数据、图像、传真；
d) 应急通信调度和指挥；
e) 网络管理；
f) 时钟传递。

6.2.2.2 公路二级通信网中心应配置以下设备：

a) 长途传输设备：
   1) 光纤数字通信系统设备：应满足 STM-16 或以上传输等级 SDH 容量，10 个以上方向光接口容量，每一方向采用 1+1 线路保护倒换；
   2) 卫星通信系统设备。
b) 数字程控交换设备：具有多局向汇接功能。
c) 网络管理设备。
d) 网络同步设备：配置 1 级基准时钟设备或 2 级节点时钟设备。1 级基准时钟采用区域基准时钟(LPR)配置,由卫星定位系统和铷原子钟组成;2级节点时钟是接收同步基准源(LPR)的同步节点。

e) 应急通信调度设备:应配置移动卫星地球站、甚小口径地球站(VSAT)端站、公用移动或固定电话机设备、对讲机。

f) 电源设备。

g) 辅助设备:

 1) 线路设备;

 2) 其他辅助设备。

h) 用户终端设备:电话机、传真机、各类数据终端设备等。

i) 测试、维修常用仪器仪表配置见附录A。

6.2.3 公路三级通信网中心

6.2.3.1 公路三级通信网中心应具备以下功能:

a) 所辖区域通信交换;

b) 传送语音、数据、图像、传真;

c) 应急通信现场指挥;

d) 网络管理;

e) 时钟传递。

6.2.3.2 公路三级通信网中心应配置以下设备:

a) 长途传输设备:

 1) 光纤数字通信系统设备:应满足STM-4或以上传输等级SDH容量,四个以上方向光接口容量,每一方向采用1+1线路保护倒换;

 2) 卫星通信系统设备。

b) 数字程控交换设备。

c) 网络管理设备。

d) 网络同步设备:配置2级节点时钟设备或3级节点时钟设备;3级节点时钟由高稳晶体钟组成。

e) 应急通信调度设备:应配置公用移动或固定电话机设备、对讲机,依据需要和条件宜配置移动卫星地球站、甚小口径地球站(VSAT)端站。

f) 电源设备。

g) 辅助设备:

 1) 线路设备;

 2) 其他辅助设备。

h) 紧急电话系统接警控制设备。

i) 用户终端设备:电话机、传真机、各类数据终端设备等。

j) 测试、维修常用仪器仪表配置见附录A。

附 录 A
（规范性附录）
通信设备测试、维修需配置的常用仪器、仪表

公路各级通信网中心宜按表 A.1 要求配置常用仪器、仪表。

表 A.1 通信设备测试、维修仪器、仪表配置表

序号	项 目	公路一级通信网中心	公路二级通信网中心	公路三级通信网中心
1	传输综合性能分析仪	+	+	−
2	光功率计(850 nm、1 310 nm、1 550 nm)	+	+	+
3	光万用表	+	−	−
4	可变光衰减器	+	+	+
5	稳定光源(850 nm、1 310 nm、1 550 nm)	+	+	+
6	光时域反射仪	+	+	+
7	光纤熔接机及工具套件	+	+	−
8	接地电阻测试仪	+	+	+
9	兆欧表	+	+	+
10	时基铷钟	+	−	−
11	网络性能分析仪	+	+	−
12	网络协议分析仪	+	−	−
13	数字存储示波器(不小于 500 MHz)	+	−	−
14	网络线缆认证测试仪	+	+	−
15	电缆故障综合测试仪	+	−	−
16	数字万用表	+	+	+
17	通信电源杂波计	+	+	−
18	钳形电流表	+	+	+
19	交流相位表	+	−	−
20	话缆串扰测试仪	+	−	−
21	通用信号发生器	+	−	−
22	市话模拟呼叫器	+	−	−
23	场强计	+	+	−
24	功率计	+	−	−
25	频谱分析仪	+	+	−
26	话路传输分析仪	+	−	−
27	电子温湿度计	+	+	+
28	微型计算机	+	+	+
29	通信工程通用工具组件箱	+	+	+
注:“+”表示宜配置,“−”表示可不配置。				

ICS 65.120
B 46

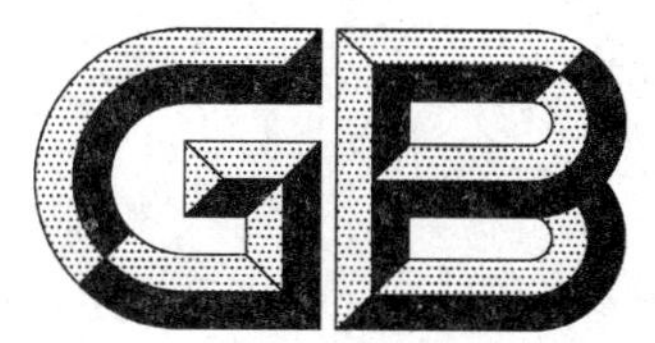

中华人民共和国国家标准

GB/T 7294—2009
代替 GB/T 7294—2006

饲料添加剂 亚硫酸氢钠甲萘醌(维生素 K_3)

Feed additive—Menadione sodium bisulfite(Vitamin K_3)

2009-03-26 发布　　2009-07-01 实施

中华人民共和国国家质量监督检验检疫总局
中国国家标准化管理委员会　发布

前　言

本标准代替 GB/T 7294—2006《饲料添加剂　维生素 K_3（亚硫酸氢钠甲萘醌）》。

本标准与 GB/T 7294—2006 相比主要变化如下：

——对标准名称进行了调整；

——对化学名称进行了修正；

——对分子式、分子量进行了修改；

——规范性引用文件增加“GB/T 13088　饲料中铬的测定”；

——对原标准“外观和性状”中乙醇中的溶解性进行修改；

——技术指标中取消规格“甲萘醌（$C_{11}H_8O_2$）含量≥51.0%”，并增加“铬”项，对“游离亚硫酸氢钠（$NaHSO_3$）含量”指标由 10.0%调整为 5.0%；

——对原标准中的计算公式进行了修改，增加计算结果中有效数字位数的约定，对亚硫酸氢钠含量检验的允许差由绝对值之差小于等于 2%调整为绝对值之差不得过 0.2%；

——增加“含量测定”中的避光操作；

——增加原标准中“重金属”、“砷盐”测定的试样前处理方法，重金属检查改为第二法；

——对“包装、运输、贮存”条款的描述进行了修改。

本标准由全国饲料工业标准化技术委员会（SAC/TC 76）提出并归口。

本标准起草单位：浙江省饲料监察所、兄弟科技股份有限公司、云南省陆良和平科技有限公司、浙江大学饲料科学研究所。

本标准主要起草人：任玉琴、施杏芬、朱聪英、金海丽、周中平、李文藩、吕伟军、占秀安、陈勇。

本标准所代替标准的历次版本发布情况为：

——GB 7294—1987、GB/T 7294—2006。

饲料添加剂
亚硫酸氢钠甲萘醌(维生素 K_3)

1 范围

本标准规定了饲料添加剂　亚硫酸氢钠甲萘醌产品的要求、试验方法、检验规则、标签、包装、贮存、运输及保质期。

本标准适用于以化学合成法制得的含1个～3个结晶水的亚硫酸氢钠甲萘醌混合物。该产品在饲料工业中作维生素类饲料添加剂。

化学名称:2-甲基-1,4-二氧-1,2,3,4-四氢-萘-2-磺酸钠水合物

分子式:$C_{11}H_9NaO_5S \cdot nH_2O$

相对分子质量:294.33(n=1),312.34(n=2),330.36(n=3)(按2005年国际相对原子质量)

结构式:

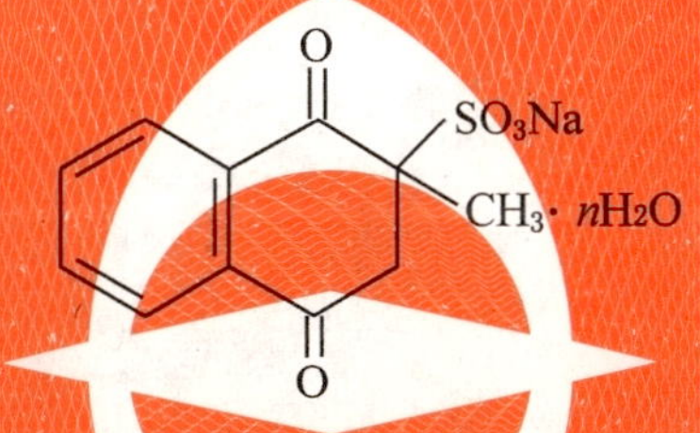

2 规范性引用文件

下列文件中的条款通过本标准的引用而成为本标准的条款。凡是注日期的引用文件,其随后所有的修改单(不包括勘误的内容)或修订版均不适用于本标准,然而,鼓励根据本标准达成协议的各方研究是否可使用这些文件的最新版本。凡是不注日期的引用文件,其最新版本适用于本标准。

GB/T 601—2002　化学试剂　标准滴定溶液的制备

GB/T 6682　分析实验室用水规格和试验方法(GB/T 6682—2008,ISO 3696:1987,MOD)

GB 10648　饲料标签

GB/T 13088　饲料中铬的测定

《中华人民共和国药典》2005年版二部

3 要求

3.1 外观和性状

本品为白色结晶性粉末,无臭或微有特臭,有引湿性,遇光易分解。本品在水中易溶,在乙醇、乙醚或苯中几乎不溶。

3.2 技术指标

技术指标应符合表1要求。

表1　技术指标

项　目		指　标
亚硫酸氢钠甲萘醌含量(以甲萘醌计)/%	≥	50.0
游离亚硫酸氢钠($NaHSO_3$)含量/%	≤	5.0

表 1（续）

项　目		指　标
水分/%	≤	13.0
溶液色泽	≤	黄绿色标准比色液 4 号
磺酸甲萘醌		无沉淀
铬/(mg/kg)	≤	50
重金属(以 Pb 计)/%	≤	0.002
砷盐(As)/%	≤	0.000 5

4 试验方法

本标准中所用试剂和水，在未注明其要求时，均指分析纯试剂和 GB/T 6682 中规定的三级用水。色谱分析中所用试剂均为色谱纯和优级纯，试验用水均为 GB/T 6682 中规定的一级水。原子吸收光谱法分析中所用试剂均为优级纯，水符合 GB/T 6682 中规定的一级水。

4.1 试剂和溶液

4.1.1 三氯甲烷(氯仿)。

4.1.2 95%乙醇。

4.1.3 亚硫酸氢钠。

4.1.4 氰乙酸乙酯。

4.1.5 无水乙醇。

4.1.6 甲醇(色谱级)。

4.1.7 盐酸。

4.1.8 氢氧化钠。

4.1.9 氨水。

4.1.10 无水碳酸钠。

4.1.11 可溶性淀粉。

4.1.12 硫酸亚铁。

4.1.13 硫酸。

4.1.14 邻菲罗啉。

4.1.15 甲萘醌标准品。

4.1.16 盐酸溶液：$c(HCl)=3$ mol/L，取盐酸(4.1.7)27 mL，加水适量使成 100 mL，摇匀。

4.1.17 三氯甲烷的无水乙醇溶液：取三氯甲烷(4.1.1)2 mL，加无水乙醇(4.1.5)使成 100 mL，摇匀。

4.1.18 氢氧化钠溶液：称取氢氧化钠(4.1.8)10 g，加水溶解并稀释至 30 mL。

4.1.19 氨水的乙醇溶液：取氨水(4.1.9)与乙醇(4.1.2)等体积混合。

4.1.20 碳酸钠溶液：$c(Na_2CO_3)=1$ mol/L，称取无水碳酸钠(4.1.10)10.6 g，加水使溶解成 100 mL，摇匀。

4.1.21 碘标准滴定溶液：$c(1/2I_2)=0.1$ mol/L，按 GB/T 601—2002 制备。

4.1.22 硫代硫酸钠标准滴定溶液：$c(Na_2S_2O_3)=0.1$ mol/L，按 GB/T 601—2002 制备和标定。

4.1.23 淀粉指示液：称取可溶性淀粉(4.1.11)0.5 g，加入 5 mL 水搅匀后，缓缓倾入 100 mL 沸水，随加随搅拌，继续煮沸 2 min，放冷，倾取上层清液。本液临用新配。

4.1.24 邻菲罗啉指示液：称取硫酸亚铁(4.1.12)0.5 g，加水 100 mL 使溶解，加硫酸(4.1.13)2 滴与邻菲罗啉(4.1.14)0.5 g，摇匀。本液应临用新制。

4.2 仪器和设备

4.2.1 实验室常用仪器设备。

4.2.2 紫外分光光度仪，附 1 cm 石英比色皿。

4.2.3 高效液相色谱仪(带紫外检测器)。

4.3 鉴别试验

4.3.1 称取试样约 0.1 g，置分液漏斗中，加水 10 mL 溶解，加碳酸钠溶液(4.1.20)3 mL，即发生鲜黄色沉淀，用三氯甲烷(4.1.1)5 mL 萃取沉淀，分取三氯甲烷层，通过用三氯甲烷洗涤过的滤器过滤，滤液在水浴中蒸干，放冷，残余物加少量乙醇(4.1.2)溶解，并重新水浴蒸干，残渣依照《中华人民共和国药典》2005 年版二部 附录Ⅵ C 熔点测定法第一法测定，熔点应为 104 ℃～107 ℃。

4.3.2 按 4.3.1 项下方法制得沉淀约 50 mg，加水 5 mL，加亚硫酸氢钠(4.1.3)75 mg，水浴上加热并剧烈振摇，直到全部溶解呈几乎无色的溶液，用水稀释至 50 mL，摇匀，取 2 mL，加氨水的乙醇溶液(4.1.19)2 mL，振摇，加氰乙酸乙酯(4.1.4)3 滴，溶液显深紫蓝色，加氢氧化钠溶液(4.1.18)1 mL，溶液转变成绿色，随即变成黄色。

4.3.3 称取试样 80 mg，加水 2 mL 溶解后，加盐酸溶液(4.1.16)数滴，温热，即产生有刺激性的二氧化硫气味。

4.4 甲萘醌含量测定

警告：应避光操作！

4.4.1 原理

试样在碱性溶液中析出甲萘醌沉淀，用三氯甲烷萃取沉淀后用高效液相色谱仪或紫外分光光度仪进行检测。

4.4.2 高效液相色谱法(仲裁法)

4.4.2.1 标准溶液制备

称取甲萘醌标准品约 0.05 g(精确至 0.000 01 g)，置 250 mL 容量瓶中，用三氯甲烷(4.1.1)溶解并稀释至刻度，摇匀，精密量取 2 mL，置 100 mL 容量瓶中，用甲醇(4.1.6)稀释至刻度，摇匀。

4.4.2.2 试样溶液制备

称取试样适量(相当于甲萘醌 0.5 g，精确至 0.000 1 g)，置 250 mL 容量瓶中，用水溶解并稀释至刻度，摇匀。精密量取 25 mL，置 250 mL 分液漏斗中，加三氯甲烷 40 mL 和碳酸钠溶液(4.1.20)5 mL，剧烈振摇 30 s，静止，取三氯甲烷层，通过预先用三氯甲烷湿润的医用脱脂棉过滤，滤液置 250 mL 容量瓶中，立即用三氯甲烷 40 mL 洗涤滤器，洗液并入容量瓶中，水层用三氯甲烷萃取两次，每次 20 mL，萃取液滤过，并用三氯甲烷 20 mL 洗涤滤器，洗液和全部滤液并入容量瓶中，用三氯甲烷稀释到刻度，摇匀。精密量取 2 mL，置 100 mL 容量瓶中，用甲醇稀释至刻度，摇匀。

4.4.2.3 测定

4.4.2.3.1 色谱条件

色谱柱：ODS C_{18}柱，250 mm×4.6 mm(内径)，粒径 5 μm，或性能相当者；

流动相：甲醇(4.1.6)＋水＝65＋35；

流速：1.0 mL/min；

检测波长：250 nm；

进样量：20 μL。

4.4.2.3.2 上机测定

取标准溶液和试样溶液，注入液相色谱仪，记录色谱图。按外标法以峰面积计算。

4.4.2.4 计算和结果的表示

甲萘醌含量 X_1，以质量分数表示，数值以%计，按式(1)计算：

$$X_1 = \frac{A_2 \times m_1 \times P \times 10}{A_1 \times m_2} \times 100 \qquad \cdots\cdots(1)$$

式中：

A_2——试样溶液中甲萘醌的峰面积；

m_1——标准品质量，单位为克(g)；

P——标准品纯度，%；

10——稀释倍数；

A_1——标准溶液中甲萘醌的峰面积；

m_2——试样质量，单位为克(g)。

计算结果保留三位有效数字。

4.4.2.5 **重复性**

在重复性条件下获得的两次独立测定结果的绝对值之差不得过1.0%。

4.4.3 **紫外分光光度法**

4.4.3.1 **标准溶液的制备**

称取甲萘醌标准品约0.05 g(精确至0.000 01 g)，置250 mL容量瓶中，用三氯甲烷(4.1.1)溶解并稀释至刻度，摇匀，精密量取2 mL，置100 mL容量瓶中，用无水乙醇(4.1.5)稀释至刻度，摇匀。

4.4.3.2 **试样溶液制备**

称取试样适量(相当于甲萘醌0.5 g，精确至0.000 1 g)，置250 mL容量瓶中，用水溶解并稀释至刻度，摇匀，精密量取25 mL，置250 mL分液漏斗中，加三氯甲烷40 mL和碳酸钠溶液(4.1.20)5 mL，剧烈振摇30 s，静止，取三氯甲烷层，通过预先用三氯甲烷湿润的医用脱脂棉过滤，滤液置250 mL容量瓶中，立即用三氯甲烷40 mL洗涤滤器，洗液并入容量瓶中，水层用三氯甲烷萃取两次，每次20 mL，萃取液滤过，并用三氯甲烷20 mL洗涤滤器，洗液和全部滤液并入容量瓶中，用三氯甲烷稀释至刻度，摇匀。精密量取2 mL，置100 mL容量瓶中，用无水乙醇稀释至刻度，摇匀。

4.4.3.3 **测定**

标准溶液和试样溶液用紫外分光光度仪分别在(250±1)nm波长处测定吸收度。用三氯甲烷的无水乙醇溶液(4.1.17)作空白。

4.4.3.4 **计算和结果的表示**

甲萘醌含量X_2，以质量分数表示，数值以%计，按式(2)计算：

$$X_2 = \frac{A_4 \times m_3 \times P \times 10}{A_3 \times m_4} \times 100 \qquad \cdots\cdots(2)$$

式中：

A_4——试样溶液的吸收度；

m_3——标准品质量，单位为克(g)；

P——标准品纯度，%；

10——稀释倍数；

A_3——标准溶液的吸收度；

m_4——试样质量，单位为克(g)。

计算结果保留三位有效数字。

4.4.3.5 **重复性**

在重复性条件下获得的两次独立测定结果的绝对值之差不得过1.0%。

4.5 **游离亚硫酸氢钠含量测定**

4.5.1 **测定方法**

称取试样约1.5 g(精确至0.000 1 g)，置于100 mL容量瓶中，用水溶解并稀释至刻度，摇匀，精密量取20 mL，置碘量瓶中，精密加碘标准滴定溶液(4.1.21)25 mL，密塞混合，放置5 min，缓缓加盐酸(4.1.7)1 mL，用硫代硫酸钠标准滴定溶液(4.1.22)滴定剩余的碘，至近终点时，加淀粉指示液(4.1.23)3 mL，继续滴定至蓝色消失，并同时做空白试验。

4.5.2 计算和结果的表示

游离亚硫酸氢钠含量 X_3，以质量分数表示，数值以%计，按式(3)计算：

$$X_3 = \frac{(V_0 - V) \times c \times 0.052\ 03 \times 5}{m_5} \times 100 \quad \cdots\cdots\cdots\cdots\cdots\cdots (3)$$

式中：

V_0——空白溶液消耗硫代硫酸钠标准滴定溶液体积，单位为毫升(mL)；

V——试样溶液消耗硫代硫酸钠标准滴定溶液体积，单位为毫升(mL)；

c——硫代硫酸钠标准滴定溶液的浓度，单位为摩尔每升(mol/L)；

0.052 03——与1.00 mL碘标准滴定溶液[$c(1/2I_2)=1$ mol/L]相当的，以克表示的亚硫酸氢钠的质量；

5——稀释倍数；

m_5——试样质量，单位为克(g)。

计算结果保留两位有效数字。

4.5.3 重复性

在重复性条件下获得的两次独立测定结果的绝对值之差不得过0.2%。

4.6 溶液色泽的检查

称取试样1 g(精确至0.1 g)，加水25 mL溶解，溶液如显色，与黄绿色4号标准比色液(《中华人民共和国药典》2005年版二部 附录Ⅸ A 第一法)比较，不得更深。

4.7 磺酸甲萘醌的检查

称取试样0.2 g，加水10 mL溶解，加邻菲罗啉指示液(4.1.24)2滴，不得发生沉淀。

4.8 水分

称取试样(精确至0.000 1 g)，依照《中华人民共和国药典》2005年版二部 附录Ⅷ M 水分测定法第一法测定。

4.9 铬

按GB/T 13088测定。

4.10 重金属

称取试样1 g(精确至0.01 g)，依照《中华人民共和国药典》2005年版二部 附录Ⅷ H 重金属检查法第二法检查。

4.11 砷盐

称取试样1 g(精确至0.01 g)，加水23 mL溶解后，加盐酸(4.1.7)5 mL，依照《中华人民共和国药典》2005年版二部 附录Ⅷ J 砷盐检查法第一法检查。

5 检验规则

5.1 本品应由生产企业的质量检验部门进行检验，本标准规定所有项目为出厂检验项目，生产企业应保证出厂产品均符合本标准的要求。

5.2 在规定期限内具有同一性质和质量，并在同一连续生产周期中生产出来的一定数量的产品为一批。

5.3 使用单位可按照本标准规定的检验规则和试验方法对所收到的产品进行质量检验，检验其是否符合本标准的要求。

5.4 取样方法：抽样需备有清洁、干燥、具有密闭性和避光性的样品瓶(袋)，瓶(袋)上贴有标签，注明生产企业名称、产品名称、批号及取样日期。

抽样时，用清洁适用的取样工具伸入包装容器的四分之三深处，将所取样品充分混匀，以四分法缩分，每批样品分2份，每份样品量应不少于检验所需试样的3倍量，装入样品瓶(袋)中，一瓶(袋)供检验用，另一瓶(袋)密封保存备查。

5.5 出厂检验若有一项指标不符合本标准要求时，允许加倍抽样进行复验，复验结果仍有一项指标不符合本标准要求时，则整批产品判为不合格品。

5.6 如供需双方对产品质量发生异议时，可由双方商请仲裁单位按本标准的检验方法和规则进行仲裁。

6 标签、包装、运输和贮存

6.1 标签

标签按GB 10648执行。

6.2 包装

本品装于适宜的容器中，采用密封、避光包装，包装材料的卫生标准应符合要求。

6.3 运输

本品在运输过程中应避光、防潮、防高温、防止包装破损，严禁与有毒有害物质混运。

6.4 贮存

本品应贮存在阴凉、干燥、无污染的地方。

7 保质期

本产品在规定的贮存条件下，原包装保质期为12个月(开封后尽快使用，以免变质)。

ICS 65.020.01
B 16

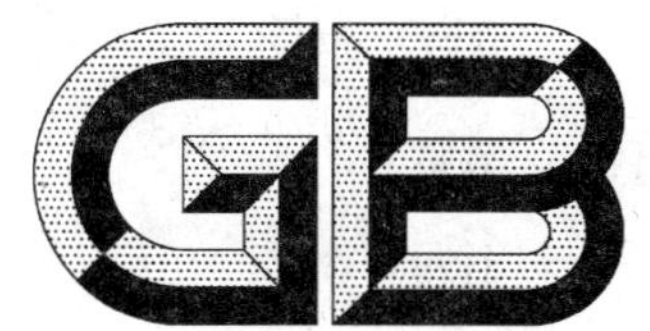

中华人民共和国国家标准

GB 7411—2009
代替 GB 7411—1987

棉花种子产地检疫规程

Quarantine protocol for cotton seeds in producing areas

2009-04-27 发布 2009-10-01 实施

中华人民共和国国家质量监督检验检疫总局
中国国家标准化管理委员会 发布

前　言

本标准的全部技术内容为强制性。

本标准代替 GB 7411—1987《棉花原(良)种产地检疫规程》。

本标准与 GB 7411—1987 相比主要变化如下：

——修改了标准的中、英文名称、标准结构、部分术语；

——对棉花种子产地检疫的程序，其调查检测、室内监测及疫情处理等方面进行了补充规定。

本标准的附录 C、附录 D、附录 H 为规范性附录，附录 A、附录 B、附录 E、附录 F、附录 G 为资料性附录。

本标准由全国植物检疫标准化技术委员会提出并归口。

本标准起草单位：全国农业技术推广服务中心、湖北省植物保护总站。

本标准主要起草人：王玉玺、许红、刘慧、刘元明、朱莉。

本标准所代替标准的历次版本发布情况为：

——GB 7411—1987。

棉花种子产地检疫规程

1 范围

本标准规定了棉花种子产地检疫的程序和方法。

本标准适用于各级植物检疫机构对棉花种子繁育基地实施产地检疫。

2 术语和定义

下列术语和定义适用于本标准。

2.1

检验 inspection

对植物、植物产品或其他限定物进行官方的直观检查以确定是否存在有害生物，是否符合植物检疫法规。

2.2

检测 test

对确定是否存在有害生物或为鉴定有害生物而进行的除目测以外的官方检查。

2.3

检疫性有害生物 quarantine pests

对受其威胁的地区具有潜在经济重要性、但未在该地区发生，或虽已发生但分布不广并进行官方防治的有害生物。

3 应检疫的有害生物

3.1 国务院农业行政主管部门公布的全国农业植物检疫性有害生物。

3.2 省级农业行政主管部门公布的补充农业植物检疫性有害生物。

4 原理

棉田检疫性有害生物的形态学特征及其寄主范围、地理分布、生物学特性、危害症状和传播途径(参见附录A)是该标准的科学依据。

5 申请受理

5.1 选址受理

根据棉花种子生产单位和个人的申请，依据常规普查和调查结果，决定是否出具产地选址合格检疫证明，对种子生产进行检疫监督指导(参见附录B)。

5.2 产地检疫受理

植物检疫机构审核棉花种子生产单位和个人提出的申请和提供的相关材料，决定是否受理。决定受理的，植物检疫机构制定产地检疫计划。

6 调查检测

6.1 田间调查

6.1.1 调查时间

根据检疫性有害生物发生规律、气候条件和棉花生育期确定调查时间和次数。

棉花黄萎病一般为现蕾开花期和花铃期连阴雨后7 d～10 d分别调查1次，必要时可增加调查次数。

6.1.2 调查方法

目测调查整个棉花种子的生产基地(点),确定抽样调查田。每个品种抽样面积不低于当地繁种总面积的10%。

棉花黄萎病有针对性的选择地势低洼、易积水、连作棉田作为抽样调查田。

采用平行跳跃式方法取样,间隔4行调查1行,田边留5株设调查点,每点连续调查20株,间隔30株~50株再取第二点调查。每块田取样点数不低于5点,总调查株数不少于100株。

6.2 田间检验

根据检疫性有害生物危害状进行田间现场初步检验,以检疫性有害生物田间为害特征和目测形态特征为依据,能够直接鉴定的,将结果填入《有害生物调查抽样记录表》(见附录C)和《有害生物样本鉴定报告》(见附录D)。

可疑的有害生物取样后妥善保存,在样品袋上记载样品品种名称、种植地点、采集时间、采集人,作室内检测。

棉花黄萎病按照附录A中的A.2.1的症状描述调查,对矮化、落叶等棉花黄萎病疑似棉株选择第三至第六盘未木质化果枝或折断叶柄观察,对符合症状描述的棉株计数,填入《有害生物调查抽样记录表》(见附录C)。疑似棉株装入样品袋中,妥善保存。在样品袋上记载样品品种名称、种植地点、采集时间、采集人。

6.3 田间图像保存

有条件的拍摄产地检疫的对象田分品种全景照片、疑似病株照片、症状特写照片保存。

7 室内检测

7.1 检测方法

可疑的有害生物按照相应的鉴定方法进行室内鉴定,有标准的按照标准进行,没有标准的根据目标有害生物的特点选择常规检测方法。

棉花黄萎病疑似病株,按照附录A、附录E的方法对维管束变色的棉株进行培养、鉴定。

7.2 结果判定

根据检测结果进行检疫结果判定,并将实验室检测鉴定结果填入《有害生物样本鉴定报告》(见附录D)和《检疫检验结果通知单》。必要时保存标本(参见附录F)。

8 疫情处理

经田间调查发现有检疫性有害生物的,指导生产单位和个人实施检疫处理。

对于棉花黄萎病病田种子可在植物检疫部门的监督下进行种子消毒处理后(参见附录G),限制在疫情发生区域内使用,不得调入无病区。

9 签证

9.1 经田间调查或室内检测,未发现检疫性有害生物的棉种生产基地(点),签发《产地检疫合格证》(见附录H)。

9.2 发现检疫性有害生物,经检疫除害处理合格的,发给《产地检疫合格证》;经检疫除害处理不合格的,不签发《产地检疫合格证》,并告知产地检疫申请单位或个人。

10 档案管理

对于在产地检疫工作中的原始调查数据、表格、标本等资料档案妥善保存,保存时间不少于2年。

附 录 A
（资料性附录）
棉花黄萎病症状特征及生物学特性

A.1 分类和命名

A.1.1 棉花黄萎病命名：

——中文名：棉花黄萎病；

——英文名：Verticillium wilt of cotton；

——学名：*Verticillium dahliae* Kleb。

A.1.2 棉花黄萎病属半知菌亚门（Deuteromycotina），丝孢纲（Hyphomycetes），丝孢目（Hyphomycetales），轮枝孢属（*Verticillium*）。

A.2 田间症状和病原形态特征

A.2.1 田间症状

棉花整个生育期都可受害，田间一般现蕾后开始发病，花铃期达到发病高峰，病株叶片萎蔫枯死。常见症状可区分为以下类型：

a) 黄斑型。植株基部叶片先表现症状，逐步向上部发展。发病期，病叶边缘稍向上卷，主脉间出现黄色斑块，形状不规则，后病斑扩大，色泽加深，但主脉及附近叶肉仍保持绿色，成西瓜皮状，病叶不脱落；

b) 叶枯型。病叶有褐色局部枯斑或掌状枯斑，叶片枯死后即脱落，但一般不形成光杆；

c) 急性萎蔫型。在结铃期，大雨过后出现急性症状，叶片主脉间生水浸状褪绿斑，很快萎蔫下垂；

d) 落叶型。病株上部叶片先出现症状，褪绿，向下卷曲，萎垂，迅速脱落，病株枯死前即成光杆，叶片、蕾、幼铃都脱落。

黄萎病病株根、茎部维管束变褐色，但色泽较枯萎病浅。

A.2.2 病原形态特征

在PAD培养基上菌落白色至灰色，绒毛状，产生黑色颗粒状微菌核。分生孢子梗直立，有隔，无色至淡色，(110 μm～130 μm)×2.5 μm，梗上每节轮生3个～4个小梗（轮枝），可有1轮～4轮，顶端也生小梗（顶枝）。小梗尺度(16 μm～35 μm)×(1 μm～2.5 μm)，小梗端部的产孢瓶体连续产生分生孢子，聚集成易散的头状孢子球。分生孢子无色，单胞，椭圆形、圆筒形，大小(2.5 μm～8 μm)×(1.4 μm～3.2 μm)。微菌核不规则球形或长形，黑褐色。大小(50 μm～200 μm)×(15 μm～50 μm)。

A.3 生物学特性和传播途径

A.3.1 生物学特性

棉花黄萎病菌的生长最适温度为20 ℃～25 ℃，在10 ℃～30 ℃都能生长，在33 ℃绝大多数菌株不生长，但也有耐高温菌株，可缓慢生长。土壤含水量20%时有利于微菌核形成，40%以上不利于其形成。微菌核可耐80 ℃高温和－30 ℃低温。微菌核萌发最适温度25 ℃～30 ℃。

A.3.2 传播途径

棉花黄萎病病原菌主要以微菌核在土壤中越冬，也能在棉籽内外、病残体以及带菌的棉籽壳、棉籽饼和未腐熟的土杂肥中越冬。带菌种子是远距离传病的重要途径，此外带菌土壤、粪肥、棉籽饼、棉籽壳、农机具和流水等也是传病途径。

附 录 B
（资料性附录）
棉花种子生产防疫措施

B.1 基地的选择

基地应建立在经严格调查无棉花黄萎病发生的地区。

在棉花黄萎病发生的地区，基地应具有大面积的无病田。无病田周围具有隔离条件（远离交通要道和村庄，周围不与棉田相连，地势稍高），发现检疫对象后能够进行水旱轮作。

B.2 种子的来源和消毒

基地种子来自无病区，有《植物检疫证书》，并经检疫不带检疫对象。

播种前使用有效种子处理剂实施消毒处理。

B.3 防疫措施

基地不承担各种棉花品种（品系）区试任务。

基地内确需引进的新品种和繁殖材料，应报请当地植检部门同意。引进材料进行严格消毒处理后，在隔离观察圃内利于发病的环境条件下，试种2年以上，未发现检疫对象方能在基地内使用。

基地内严禁使用未经热榨的棉饼及其下脚料还田。

防止病区与无病区间流水串灌。

不使用带菌土育苗移栽，营养钵育苗土壤要经过棉隆消毒处理。

禁止从病区引进带菌土的瓜、菜秧苗等。

基地应使用专用农具管理或耕锄、专场晒花、专仓存放、专机轧花。

B.4 疫情处理

发现棉花黄萎病的棉籽不作种用。

严格封锁病田：作好病株标记；拔除并集中销毁病株及病残体，清除杂草寄主；及时消毒处理病点土壤。

附　录　C
（规范性附录）
有害生物调查抽样记录表

表 C.1　有害生物调查抽样记录表

编号：

<table>
<tr><td>生产/经营者</td><td colspan="2"></td><td colspan="2">地址及邮编</td><td></td></tr>
<tr><td>联系/负责人</td><td colspan="2"></td><td colspan="2">联系电话</td><td></td></tr>
<tr><td>调查日期</td><td colspan="2"></td><td colspan="2">抽样地点</td><td></td></tr>
<tr><td>样品编号</td><td>植物名称(中文名和学名)</td><td>品种名称</td><td>植物生育期</td><td>调查代表株数或面积</td><td>植物来源</td></tr>
<tr><td></td><td></td><td></td><td></td><td></td><td></td></tr>
<tr><td></td><td></td><td></td><td></td><td></td><td></td></tr>
<tr><td></td><td></td><td></td><td></td><td></td><td></td></tr>
<tr><td colspan="6">症状描述：</td></tr>
<tr><td colspan="6">发生与防控情况及原因：</td></tr>
<tr><td colspan="6">抽样方法、部位和抽样比例：</td></tr>
<tr><td colspan="6">备注：</td></tr>
<tr><td colspan="3">抽样单位(盖章)：

填表人(签名)：

年　月　日</td><td colspan="3">生产/经营者

现场负责人

年　月　日</td></tr>
<tr><td colspan="6">注：本单一式两联，第一联抽样单位存档，第二联交受检单位。</td></tr>
</table>

附　录　D
（规范性附录）
有害生物样本鉴定报告

表 D.1　有害生物样本鉴定报告

编号：

植物名称				品种名称	
植物生育期		样品数量		取样部位	
样品来源		送检日期		送检人	
送检单位				联系电话	
检测鉴定方法：					
检测鉴定结果：					
备注：					
鉴定人(签名)： 审核人(签名)： 鉴定单位盖章： 年　　月　　日					
注：本单一式三份，检测单位、受检单位和检疫机构各一份。					

附 录 E
（资料性附录）
棉花黄萎病的分离培养与检测

E.1 培养基

2%水琼脂平板培养基：琼脂 20 g，水 1 000 mL。

PSA 平板培养基：马铃薯 200 g，蔗糖 15 g，琼脂 20 g，水 1 000 mL。

棉籽饼粉琼脂培养基：棉籽饼粉 10 g，95%乙醇（酒精）17 mL，链霉素 40 μg/mL，琼脂 7.5 g，水 1 000 mL。

E.2 分离培养与检测

将维管束变色的棉花茎秆剪切成 0.5 cm 长小段，流水冲洗 24 h，或用含 2%～3%有效氯的次氯酸钠液表面消毒 1 min～2 min，无菌水冲洗后，植于 2%水琼脂培养基平板上，在 22 ℃～25 ℃下培养 10 d～15 d。用解剖镜检查病茎秆段端部有无轮枝状分生孢子梗产生。如有，则移植到 PSA 培养基平板上，继续培养。若生成微菌核，则为大丽轮枝饱。也可以将表面消毒的病茎秆，植床于棉籽饼粉琼脂培养基平板上，培养 10 d～15 d，根据轮枝与微菌核形成，确定为大丽轮枝饱。

E.3 保湿培养与检测

取维管束变色的棉花茎秆若干小段，清洗干净后用 70%乙醇（酒精）浸泡表面消毒 3 min，获 0.1%升汞（升汞 1 g，浓盐酸 2.5 mL，水 1 000 mL）消毒 1 min～3 min，并用消毒水冲洗 3 次。新鲜棉株可以先在 95%乙醇（酒精）中预浸后在酒精灯火焰上烧去残余乙醇（酒精），撕去表皮。将消毒处理后的茎秆剪切成 3 cm～5 cm 长小段，置于滴有无菌水滴的载玻片上，每片放 3 个～4 个，放入垫有双层吸水纸的培养皿内，盖好皿盖，在 22 ℃～22.5 ℃或 27 ℃～30 ℃温箱或室内保湿培养 2 d～5 d，长出白色菌丝体时，挑取少量菌丝于滴有无菌水滴的载玻片水滴中，轻轻搅动分散，在生物显微镜下观察，根据轮枝状孢子梗的形态，确定为大丽轮枝孢。

附 录 F
（资料性附录）
标本制作与保存

F.1 干标本

检疫性有害生物标本晾干后，填写标签，注明标本的来源（寄主，采集时间、地点、品种名称、采集人）以及制作时间、制作人等。标本盒四角放置驱虫剂，置于干燥、阴凉的木柜中保存。

F.2 液浸标本

昆虫幼虫用沸水烫死后立即转入70%乙醇（医用酒精）浸泡保存。

附 录 G
（资料性附录）
棉花种子处理方法

G.1 硫酸脱绒法

G.1.1 机械脱绒

——棉籽泡沫酸脱绒技术：将浓硫酸稀释到8%～10%的浓度后，按酸绒比1∶6的硫酸用量，根据棉籽含绒率的高低，加入一定量的发泡剂并进行充分搅拌，在压缩空气的作用下，使混合液泡沫化，依靠棉绒的毛细管作用吸收酸液。

——棉籽稀硫酸脱绒技术：稀硫酸脱绒是将硫酸稀释到浓度8%～10%后，加入一定量的活化剂，将棉籽与稀硫酸液按3∶1左右的比例，在搅拌槽内进行浸泡搅拌，使棉籽全部润湿，然后通过离心机将过剩的酸液分离出来以便重新使用；而棉籽短绒上附着的稀硫酸液只占10%左右。

将与泡沫酸液混合（或与稀硫酸液混合）的棉籽经过烘干，硫酸液中的水分蒸发，使硫酸浓度增高，碳化棉籽表面短绒；通过摩擦机内部的强烈摩擦作用，磨掉棉籽表面碳化的短绒，成为光籽。

脱绒后的光籽可进行精选和拌药包衣。

G.1.2 手工脱绒

90%工业浓硫酸每500 g可脱棉籽2.5 kg～3.5 kg。

先将晒热后的棉籽放在容积5倍于棉种的陶制容器（缸、盆等）内，再将相应量的硫酸徐徐倒入，边倒边拌，直至短绒全部被硫酸溶解（烧掉），棉种呈乌黑发亮即可，一般脱绒时间不超过15 min。脱绒后立即用大量清水将种子漂洗干净，直至漂洗水不显黄色、没有酸味（用舌尖舔无酸味、不麻舌尖为准）。洗净后的种子直接播种或摊晒干后播种。

G.2 棉籽药剂处理

——拌种方法：选用50%多菌灵可湿性粉剂，或70%五氯硝基苯可湿性粉剂，或70%甲基托布津可湿性粉剂，按棉花种子重量0.8%的用量拌种；

——浸种方法：选用50%多菌灵可湿性粉剂25 g～50 g或50%敌克松可湿性粉剂20 g，加水400 g～500 g搓拌棉种500 g，晾干后播种。或用5%菌毒清水剂300倍～500倍液浸种24 h后，捞取晾干直接播种；

——“402”温浸种法：先将定量的热水倒入水缸中，并将水温调到65 ℃左右，再按既定的浓度倒入“402”药液，搅拌均匀，最后倒入经硫酸脱绒的棉籽，每100 kg干棉籽用250 kg～300 kg药液（药液量为棉籽量的2.5倍～3倍）。用麻袋或木盖封严，进行药液温汤浸闷种。在浸闷过程中要搅拌2次～3次，使上下温度一致，始终保持水温在55 ℃～60 ℃之间，浸闷种半小时即捞出。可以随处理随播种，也可以捞出摊在晒场上晾干备用。

G.3 病点土壤消毒处理技术

棉花生育期间或收花后拔棉杆前，将病株周围的病残体拾净，表土（1.67 cm～3.34 cm深）收集到病点中心，并以病点为中心标定1 m² 处理点，周围作一土埂，内0 cm～30 cm土层翻松（有条件的挖走病土），冬前进行药剂处理，药剂处理的方法为：

——棉隆处理：每平方米（40 cm深）放50%可湿性粉140 g或原粉70 g，与翻松土混拌均匀，然后加水15 kg～25 kg助渗。并用干细土严密封闭病点；

——氯化苦处理：棉花蕾期，每平方米施药时，先在病点打孔 3 个～5 个，孔深 20 cm，孔距病株 20 cm，每孔用吸管注药 10 mL；花铃期，每平方米打孔 9 个～12 个，每孔仍注药 10 mL，然后用土封闭孔口；

——农用氨水处理：含氨 16%的农用氨水 1∶9 倍液每平方米 45 kg。

附 录 H
（规范性附录）
产地检疫合格证

表 H.1 产地检疫合格证

编号：

植物或产品名称		品种名称	
面 积		数 量	
产 地			
生产单位或户主		联 系 人	
单 位 地 址		电 话	
产地检疫结果： 检疫员(签名)： 年 月 日			
植物检疫机构审定意见 植物检疫机构（检疫专用章） 年 月 日			
注：此证有效期1年，请妥善保存，不得转让，需调运该植物或产品时，凭此证向植物检疫机构办理《植物检疫证书》。			

产地检疫合格证(存根)

编号：

植物或产品名称		品种名称	
面 积		数 量	
产 地			
生产单位或户主		联 系 人	
单 位 地 址		电 话	
产地检疫结果： 检疫员(签名)： 年 月 日			
植物检疫机构审定意见 植物检疫机构（检疫专用章） 年 月 日			

ICS 65.020.01
B 16

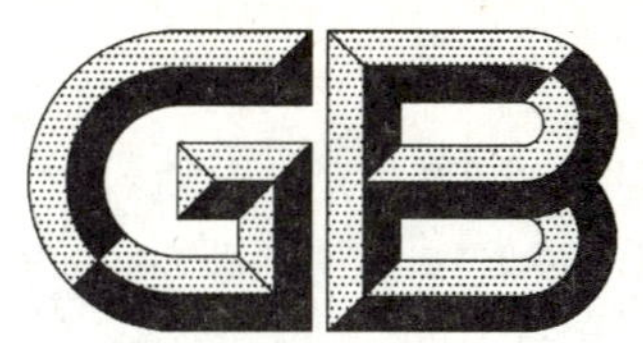

中华人民共和国国家标准

GB 7413—2009
代替 GB 7413—1987

甘薯种苗产地检疫规程

Quarantine protocol for propagating tubers and seedlings of sweet potato in producing areas

2009-04-27 发布　　　　2009-10-01 实施

中华人民共和国国家质量监督检验检疫总局
中国国家标准化管理委员会　发布

前言

本标准的全部技术内容为强制性。

本标准代替 GB 7413—1987《甘薯种苗产地检疫规程》。

本标准与 GB 7413—1987 相比，主要变化如下：

——修改了标准的英文名称、标准结构、部分术语；

——对甘薯种苗产地检疫的程序，其调查检测和疫情处理等方面进行了补充规定。

本标准的附录 A、附录 D、附录 E、附录 G 和附录 H 为规范性附录，附录 B、附录 C 和附录 F 为资料性附录。

本标准由全国植物检疫标准化技术委员会提出并归口。

本标准起草单位：全国农业技术推广服务中心、安徽省植物保护总站。

本标准主要起草人：项宇、黄超、吴立峰、朱景全、朱莉。

本标准所代替标准的历次版本发布情况为：

——GB 7413—1987。

甘薯种苗产地检疫规程

1 范围

本标准规定了甘薯种苗产地检疫的程序和方法。

本标准适用于农业植物检疫机构对甘薯种苗实施产地检疫。

2 术语和定义

下列术语和定义适用于本标准。

2.1

产地检疫　quarantine in producing areas

植物检疫机构对植物及其产品(含种苗及其他繁殖材料)在原产地生产过程中的全部检疫工作,包括田间调查、室内检验、签发证书及监督生产单位做好选地、选种和疫情处理等工作。

2.2

检验　inspection

对植物、植物产品或其他限定物进行官方的直观检查以确定是否存在有害生物,是否符合植物检疫法规。

2.3

检测　test

对确定是否存在有害生物或为鉴定有害生物而进行的除目测以外的官方检查。

2.4

检疫性有害生物　quarantine pests

对受其威胁的地区具有潜在经济重要性、但未在该地区发生,或虽已发生但分布不广并进行官方防治的有害生物。

2.5

甘薯种苗　propagating tubers and seedlings of sweet potatoes

甘薯的薯块和薯苗。

3 应检疫的有害生物

3.1　国务院农业行政主管部门公布的全国农业植物检疫性有害生物。

3.2　省级农业行政主管部门公布的补充农业植物检疫性有害生物。

4 产地检疫受理

植物检疫机构审核甘薯种苗生产单位和个人提出的《产地检疫申请书》(见附录 A)和提供的相关材料,决定是否受理。

5 准备与技术指导

植物检疫机构制定产地检疫计划,并对甘薯种苗繁育基地进行检疫指导,甘薯种苗生产防疫措施参见附录 B。

6 调查检测

6.1 田间调查

6.1.1 调查时间

在甘薯育苗期、生长中期和出薯前各检查一次。

6.1.2 调查方法

在全面目测的基础上，采取随机取样方法检查，每块地抽查不少于五点，在苗期和生长期每点调查不少于10株；出薯前每点调查薯块不少于50块。调查面积不少于繁种面积的10%。

6.1.3 田间检验

根据检疫性有害生物危害症状和生物学特性进行鉴定。腐烂茎线虫田间症状鉴定方法参见附录C。将田间调查结果记入《产地检疫田间调查记录表》(见附录D)。

6.2 室内检测

6.2.1 样本采集

采集表现症状的可疑病株(块)，或选取长势弱、黄化、矮小、萎蔫的植株，采集薯块及其周围的土壤，带回实验室进行室内检测；未发现可疑病株(块)的田块抽样采集部分标本进行室内检测。填写《有害生物调查抽样记录表》(见附录E)。

6.2.2 检测方法

检疫性有害生物的检测方法按照有关标准进行；无标准的，按照常规方法进行检测。腐烂茎线虫的检测方法参见附录F。

6.2.3 结果判定

将检测结果填入《有害生物样本鉴定报告》(见附录G)。必要时要制作标本进行保存。

7 疫情处理

7.1 发现种苗带有检疫性有害生物，立即停止育苗。

7.2 疫情发生地的种苗，进行检疫除害处理，或采取就地烧毁、挖坑深埋等措施。对尚未表现症状的薯块，需进行检疫除害处理，不能进行检疫除害处理的，可集中煮熟后作饲料等处理。

7.3 发生检疫性有害生物病地和病地周围田块，应改种该有害生物的非寄主作物。

8 签证

8.1 经田间、室内检验检测未发现检疫性有害生物的种苗，植物检疫机构签发《产地检疫合格证》(见附录H)。《产地检疫合格证》有效期1年。

8.2 发现检疫性有害生物，经检疫除害处理合格的，发给《产地检疫合格证》；经检疫除害处理不合格的，不签发《产地检疫合格证》，并告知产地检疫申请单位或个人。

9 档案管理

在产地检疫过程中的原始调查数据、表格、标本等资料档案要妥善保存，保存时间不少于2年。

附 录 A
（规范性附录）
产地检疫申请书

表 A.1　产地检疫申请书

编号：　　　　　　　　　　　　　　　　　　　　　　　　　　年　　月　　日

<table>
<tr><td>植物名称</td><td colspan="2"></td></tr>
<tr><td>品种名称</td><td colspan="2"></td></tr>
<tr><td>种(苗)来源</td><td colspan="2"></td></tr>
<tr><td>生产面积</td><td colspan="2"></td></tr>
<tr><td>预计产量</td><td colspan="2"></td></tr>
<tr><td>生产地点</td><td colspan="2"></td></tr>
<tr><td>生产期限</td><td colspan="2">从　　　　　　　　起，至　　　　　　　　止</td></tr>
<tr><td rowspan="6">申请单位</td><td colspan="2">名称(盖章)：</td></tr>
<tr><td colspan="2">地址：　　　　　　　　　　　　　　　　邮编：</td></tr>
<tr><td colspan="2">联系人(签名)：　　　　联系电话：　　　　传真：</td></tr>
<tr><td rowspan="3">要求批件
发送方式</td><td>来人领取</td></tr>
<tr><td>特快专递邮寄</td></tr>
<tr><td>普通邮寄</td></tr>
</table>

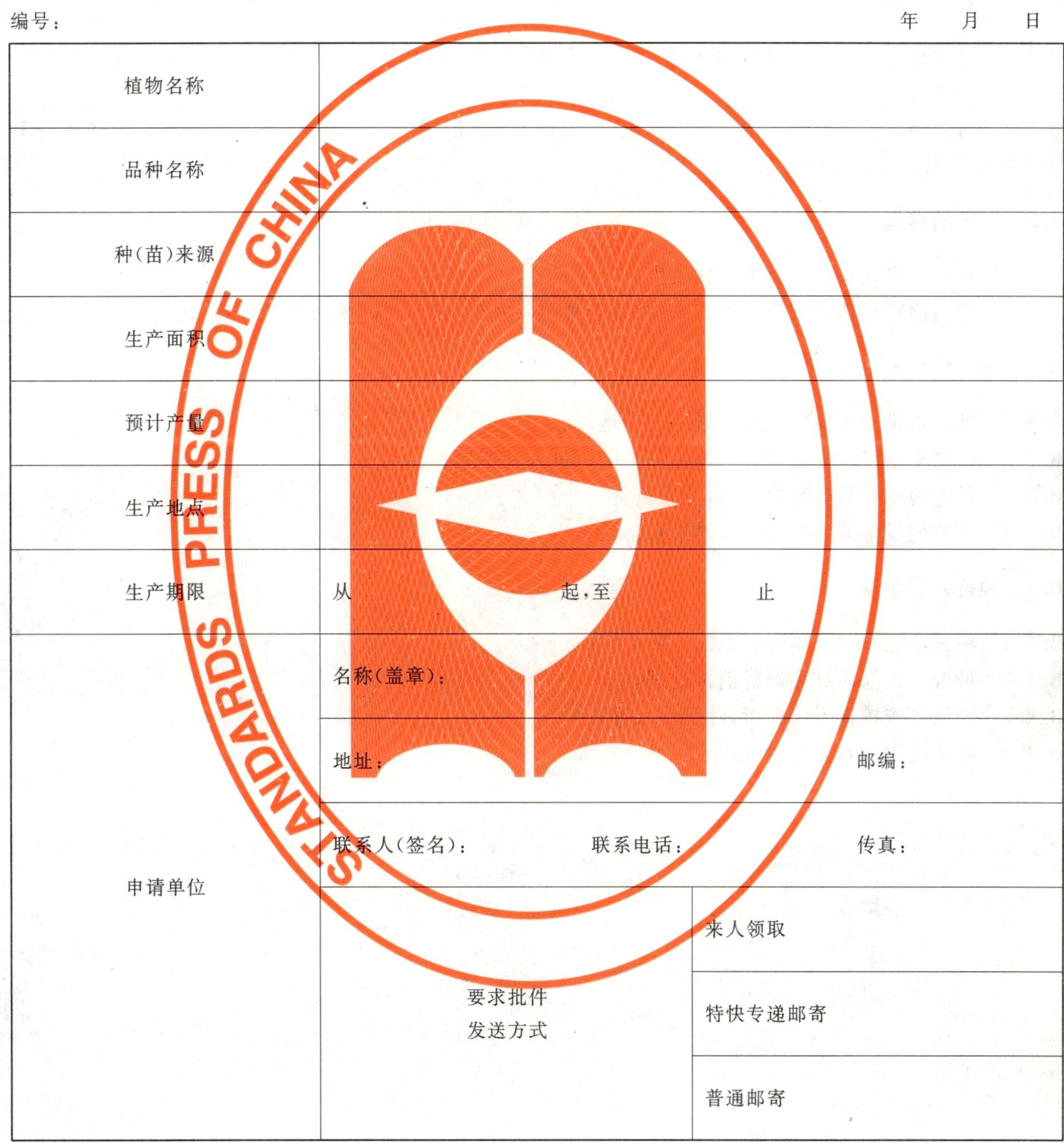

附　录　B
（资料性附录）
甘薯种苗生产防疫措施

B.1　种苗地的选择

B.1.1　种苗地应选在无检疫性有害生物发生的地区。选用3年以上未种过甘薯的地作为无病留种田，严格选种、选苗。

B.1.2　有疫情发生的地区应选在有隔离条件(周围1 km范围内不种甘薯，种苗地排灌系统独立或上游无检疫性有害生物)的地块。

B.2　种苗的选择

B.2.1　种苗采自无检疫性有害生物发生区。

B.2.2　育苗前对种苗进行逐一检查，选择健康种苗。发现可疑病株(块)进行室内鉴定。

B.3　种苗地防疫措施

B.3.1　禁止携带未经检疫的种苗进入种苗地。

B.3.2　严禁疫情发生区的猪、牛、羊粪和土杂肥进入种苗地。

B.3.3　种苗地的农具要新置专用，专人负责。

B.3.4　种苗地发生有害生物需及时进行防治。

B.4　种薯入窖管理

B.4.1　种薯单收、单放、单窖贮藏。

B.4.2　种薯入窖前应对窖进行消毒处理。

B.4.3　严格检查挑选无病种薯，晾干后入窖。

B.4.4　贮藏过程中专人负责管理。

附 录 C
（资料性附录）
腐烂茎线虫病的田间症状

C.1 秧苗期症状

苗床上出苗少，矮小发黄，苗茎基白色部分出现斑驳，后变为黑色，剖开后茎内有空隙，髓部褐色或紫红色，折断不流或很少流白浆。

C.2 大田生长期症状

在生长初期症状不明显，中期开始表现秧蔓短，近地面薯拐处表皮龟裂，叶片由下而上发黄，这些症状是由地下薯块受害引起。

C.3 薯块上症状

常见的有三种类型。一种是糠心型，发病的薯块从大小、颜色等方面与正常薯块无明显区别，表皮完好，但薯块内部由于受线虫刺激后，薄壁细胞失水、干缩呈白色海绵状（或粉末状），有大量空隙，称为“糠心型”。后期由于土壤中杂菌随机感染，因此呈现褐白相间的糠心状（严重的表皮呈暗褐色-猪肝色）。这种类型多是由秧苗带线虫直接侵染造成的；另一种是裂皮型，薯块表皮龟裂、失水皱缩。这种类型是由土壤中线虫直接侵染刺吸造成的；第三种类型是混合型，表现为内部糠心，外部裂皮。

附　录　D
（规范性附录）
产地检疫田间调查记录表

表 D.1　产地检疫田间调查记录表

微机档案编号：

<table>
<tr><td colspan="2">调查地点</td><td colspan="13"></td></tr>
<tr><td rowspan="3">植物</td><td>植物名称</td><td colspan="7"></td><td colspan="3">品种名称</td><td colspan="3"></td></tr>
<tr><td>调查日期</td><td colspan="7"></td><td colspan="3">植物生育期</td><td colspan="3"></td></tr>
<tr><td>种植面积</td><td colspan="7"></td><td colspan="3">核定产量</td><td colspan="3"></td></tr>
<tr><td rowspan="4">有害生物</td><td>中文名称</td><td colspan="7"></td><td colspan="3">拉丁名</td><td colspan="3"></td></tr>
<tr><td>抽样面积</td><td colspan="7"></td><td colspan="3">发生面积</td><td colspan="3"></td></tr>
<tr><td>抽样株数</td><td colspan="7"></td><td colspan="3">被害株数</td><td colspan="3"></td></tr>
<tr><td>发生状况</td><td colspan="13"></td></tr>
<tr><td rowspan="8">有害生物抽样调查</td><td rowspan="2">样号</td><td rowspan="2">田块名称</td><td rowspan="2">调查单位</td><td rowspan="2">调查数量</td><td colspan="4">虫态分类记数</td><td colspan="6">病害分级记数（最高为　　级）</td></tr>
<tr><td>卵</td><td>幼虫</td><td>蛹</td><td>成虫</td><td>0</td><td>1</td><td>2</td><td>3</td><td>4</td><td>5</td></tr>
<tr><td>1</td><td></td><td></td><td></td><td></td><td></td><td></td><td></td><td></td><td></td><td></td><td></td><td></td><td></td></tr>
<tr><td>2</td><td></td><td></td><td></td><td></td><td></td><td></td><td></td><td></td><td></td><td></td><td></td><td></td><td></td></tr>
<tr><td>3</td><td></td><td></td><td></td><td></td><td></td><td></td><td></td><td></td><td></td><td></td><td></td><td></td><td></td></tr>
<tr><td>4</td><td></td><td></td><td></td><td></td><td></td><td></td><td></td><td></td><td></td><td></td><td></td><td></td><td></td></tr>
<tr><td>5</td><td></td><td></td><td></td><td></td><td></td><td></td><td></td><td></td><td></td><td></td><td></td><td></td><td></td></tr>
<tr><td>小计</td><td></td><td></td><td></td><td></td><td></td><td></td><td></td><td></td><td></td><td></td><td></td><td></td><td></td></tr>
<tr><td colspan="2">检疫机构</td><td colspan="13"></td></tr>
<tr><td colspan="2">疫情结论</td><td colspan="6"></td><td colspan="4">记录员（签名）</td><td colspan="3"></td></tr>
<tr><td colspan="2">当事人（签名）</td><td colspan="6"></td><td colspan="4">检疫员（签名）</td><td colspan="3"></td></tr>
<tr><td colspan="2">备　　注</td><td colspan="13"></td></tr>
</table>

附 录 E
（规范性附录）
有害生物调查抽样记录表

表 E.1 有害生物调查抽样记录表

编号：

<table>
<tr><td>生产/经营者</td><td colspan="2"></td><td colspan="2">地址及邮编</td><td colspan="2"></td></tr>
<tr><td>联系/负责人</td><td colspan="2"></td><td colspan="2">联系电话</td><td colspan="2"></td></tr>
<tr><td>调查日期</td><td colspan="2"></td><td colspan="2">抽样地点</td><td colspan="2"></td></tr>
<tr><td>样品编号</td><td colspan="2">植物名称（中文名和学名）</td><td>品种名称</td><td>植物生育期</td><td>调查代表株数或面积</td><td>植物来源</td></tr>
<tr><td></td><td colspan="2"></td><td></td><td></td><td></td><td></td></tr>
<tr><td></td><td colspan="2"></td><td></td><td></td><td></td><td></td></tr>
<tr><td></td><td colspan="2"></td><td></td><td></td><td></td><td></td></tr>
<tr><td></td><td colspan="2"></td><td></td><td></td><td></td><td></td></tr>
<tr><td colspan="7">症状描述：</td></tr>
<tr><td colspan="7">发生与防控情况及原因：</td></tr>
<tr><td colspan="7">抽样方法、部位和抽样比例：</td></tr>
<tr><td colspan="7">备注：</td></tr>
<tr><td colspan="3">植物检疫机构（盖章）：

填表人（签名）：

年 月 日</td><td colspan="4">生产/经营者

现场负责人

年 月 日</td></tr>
<tr><td colspan="7">注：本单一式两联，第一联植物检疫机构存档，第二联交受检单位。</td></tr>
</table>

附 录 F
（资料性附录）
腐烂茎线虫室内检验方法

F.1 采样

在甘薯育苗期，发现苗床稀疏，苗长势弱、矮黄甚至烂苗，应逐株检查表现症状的苗，将病苗及其要根际土壤采回实验室进行线虫分离鉴定。在大田期间，在甘薯收刨和切薯干时，是调查该病的最佳时期，采集表现症状的薯块，带回实验室进行线虫分离鉴定。

F.2 样本的保存

将采集的样本带回实验室及时分离，若不能及时分离，可将样品保存于4 ℃～10 ℃的冷藏箱中。

F.3 样本中线虫的分离

F.3.1 贝曼漏斗法：选用直径10 cm～14 cm的玻璃漏斗，下面接一段乳胶管，在乳胶管上装一个止水夹，在漏斗中装满水，置于漏斗架上，把土壤样品或切碎的植物材料用2层～3层纱布或韧性较好的高级面巾纸包好，轻轻地放在漏斗中，24 h～48 h后，线虫由于其趋水性和自身的重量下沉至漏斗下的乳胶管中，用小培养皿或试管接乳胶管下，松开止水夹，收集线虫悬浮液。

F.3.2 浅盘漏斗法：把样品放在铺有2层纱布或面巾纸的小筛盘中，然后把小筛盘放入装满水的漏斗中，其他步骤同贝曼漏斗法。小筛盘直径比漏斗直径小2 cm～3 cm，深度为2 cm，筛眼直径为0.2 cm～0.5 cm。

F.3.3 浅盆法：将样品平放在铺有2层纱布或面巾纸的筛盘中，把筛盆放在装有适量清水的底盆内，水量以刚浸透样品为宜，24 h～48 h后，移去筛盆，将底盆中的线虫悬浮液通过400目（孔径38 μm）的筛子收集线虫。

F.4 镜检

将分离所得的线虫悬浮液放在试管中，置于60 ℃～65 ℃的水浴箱中2 min～3 min杀死线虫。已杀死的线虫及时用4%甲醛固定，制作成玻片，在显微镜下对线虫标本的形态进行观察和测量，并与腐烂茎线虫的形态特征进行比较，若相符，则确定所鉴定线虫为腐烂茎线虫。

F.5 形态特征

F.5.1 形态

雌虫：虫体线形，热杀死后虫体略向腹面弯，侧线6条。头部低平、略缢缩，口针有明显的基部球，中食道球纺锤形、有瓣，后食道腺短覆盖肠的背面（偶尔缢缩）。单卵巢、前伸，有时可伸达食道区，后阴子宫囊长是肛阴距的40%～98%。尾圆锥形，通常腹弯，端圆。

雄虫：体前部形态和尾形似雌虫。交合伞伸到尾部的50%～90%，交合刺长24 μm～27 μm。

F.5.2 测量值（据Brzeski，1991）

雌虫：L=0.69 mm～1.89 mm；a=18～49；b=4～12；c=14～20；c'=3～5；V=77～84；口针长=10 μm～13 μm。

雄虫：L=0.63 mm～1.35 mm；a=24～50；b=4～11；c=11～21；口针长=10 μm～12 μm。

主要测计项目（De Man公式）：

L——虫体长；

a——体长/最大体宽；

b——体长/体前端至食道末端的距离；

V——体前端至阴门的距离×100/体长；

c——体长/尾长；

c'——尾长/肛门处体宽。

F.6 所需仪器

显微镜 1 台；解剖镜 1 台；漏斗 1 个；熨斗架 1 个；浅盘 1 个；筛子 1 组；底盆 1 个；乳胶管 1 根；止水夹 1 个；试管若干；培养皿若干；纱布 2 块；挑针 1 根。

F.7 固定液配制

标准甲醛固定液：福尔马林(40%甲醛)：蒸馏水＝1：9。

双倍甲醛甘油固定液：福尔马林(40%甲醛)：蒸馏水＝2：8。

附 录 G
（规范性附录）
有害生物样本鉴定报告

表 G.1 有害生物样本鉴定报告

编号：

<table>
<tr><td>植物名称</td><td colspan="3"></td><td>品种名称</td><td></td></tr>
<tr><td>植物生育期</td><td></td><td>样品数量</td><td></td><td>取样部位</td><td></td></tr>
<tr><td>样品来源</td><td></td><td>送检日期</td><td></td><td>送检人</td><td></td></tr>
<tr><td>送检单位</td><td colspan="3"></td><td>联系电话</td><td></td></tr>
<tr><td colspan="6">检测鉴定方法：</td></tr>
<tr><td colspan="6">检测鉴定结果：</td></tr>
<tr><td colspan="6">备注：</td></tr>
<tr><td colspan="6">鉴定人(签名)：
审核人(签名)：
鉴定单位盖章：
年 月 日</td></tr>
<tr><td colspan="6">注：本单一式三份，检测单位、受检单位和检疫机构各一份。</td></tr>
</table>

附　录　H
（规范性附录）
产地检疫合格证

表 H.1　产地检疫合格证

编号：

植物或产品名称		品种名称	
面　　积		数　　量	
产　　地			
生产单位或户主		联 系 人	
单 位 地 址		电　　话	
产地检疫结果： 检疫员(签名)： 年　月　日			
植物检疫机构审定意见 植物检疫机构(检疫专用章) 年　月　日			
注：此证有效期 1 年，请妥善保存，不得转让，需调运该植物或产品时，凭此证向植物检疫机构办理《植物检疫证书》。			

产地检疫合格证(存根)

编号：

植物或产品名称		品种名称	
面　　积		数　　量	
产　　地			
生产单位或户主		联 系 人	
单 位 地 址		电　　话	
产地检疫结果： 检疫员(签名)： 年　月　日			
植物检疫机构审定意见 植物检疫机构(检疫专用章) 年　月　日			

ICS 27.120.99
F 51

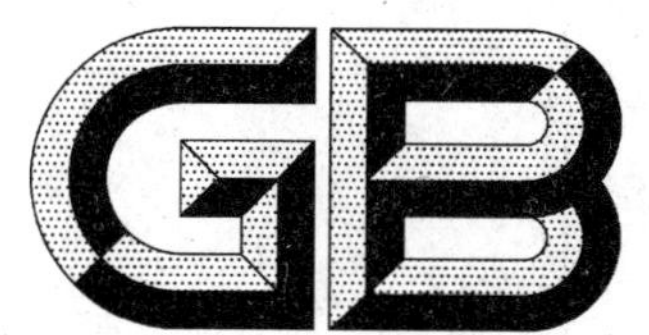

中华人民共和国国家标准

GB 7465—2009
代替 GB 7465—1994

高活度钴60密封放射源

High activity cobalt-60 sealed radioactive sources

2009-03-13 发布

2010-03-01 实施

中华人民共和国国家质量监督检验检疫总局
中国国家标准化管理委员会
发布

前　言

本标准的全部技术内容为强制性。

本标准发布后替代 GB 7465—1994《高活度钴 60 密封放射源》。

本标准与 GB 7465—1994 相比主要有以下变化：

a) 增加了 γ 刀治疗用钴 60γ 源、集装箱检查用钴 60γ 源和 ϕ11.1×451 规格工业辐照用钴 60γ 源的内容，去掉了 ϕ15×80 规格工业辐照用钴 60γ 源的内容；

b) 增加了 GB 15849—1995《密封放射源的泄漏检验方法》和环发[2004]118 号“放射源编码规则”等引用标准和国家规范；

c) 增加了“密封放射源”、“高活度钴 60 密封放射源”、“空气比释动能”和“空气比释动能率”及“照射量”和“照射量率”等术语，删除了“等效活度”术语，将原术语“实际活度”修改为概念更确切、更科学的“名义活度”，所有术语均给出了英文对照；

d) 将源芯材料金属钴的纯度要求由 99.9%修改为 99%，去掉了各类放射源对钴 60 的比活度要求，增加了包壳的焊接熔深要求及检验方法；

e) 将放射源的表面污染检验方法由浸泡法修改为擦拭法；

f) 将高活度钴 60 密封放射源的结构图、型号规格表分别从正文修改为附录 A 和附录 B，删除了产品代号的有关内容，提高了一些放射源的活度规格；

g) 去掉了“放射源检验结果的制定”；

h) 增加了第 8 章“标志、检验证书和使用说明书”，给出了检验证书和使用说明书的具体内容；

i) 增加了名义活度计算公式，给出了计算各类放射源“名义活度”采用的修正系数“*C*”值，增加了根据放射源的照射量率计算等效活度的公式。

本标准的附录 C 为规范性附录，本标准的附录 A、附录 B、附录 D、附录 E 为资料性附录。

本标准由全国核能标准化委员会提出。

本标准由全国核能标准化委员会归口。

本标准起草单位：中国核动力研究设计院。

本标准主要起草人：曹志坚。

本标准所代替标准的历次版本发布情况为：

——GB 7465—1987，GB 7465—1994。

高活度钴60密封放射源

1 范围

本标准规定了高活度钴60密封放射源的结构和分类，技术要求，试验方法，检验规则，标志、检验证书和使用说明书，包装、运输和贮存等内容。

本标准适用于放射性活度(以下简称活度)大于10 TBq的远距离治疗用钴60γ源，工业辐照用钴60γ源。也适用于γ刀治疗用钴60γ源、集装箱检查用钴60γ源以及其他用途的活度大于10 TBq的钴60γ源。

2 规范性引用文件

下列文件中的条款通过本标准的引用而成为本标准的条款。凡是注日期的引用文件，其随后所有的修改单(不包括勘误的内容)或修订版均不适用于本标准，然而，鼓励根据本标准达成协议的各方研究是否可使用这些文件的最新版本。凡是不注日期的引用文件，其最新版本适用于本标准。

GB 4075—2009 密封放射源 一般要求和分级

GB 11806—2004 放射性物质安全运输规程

GB 15849—1995 密封放射源的泄漏检验方法

GBW 3 医用远距离治疗源γ线卫生防护规定

环发[2004]118号 放射源编码规则 国家环境保护总局 2004年8月24日

3 术语和定义

下列术语和定义适用于本标准。

3.1

密封放射源 sealed radioactive sources

密封在包壳内或与某种材料紧密结合的放射性物质。在规定的使用条件和正常磨损下，这种包壳或结合材料能足以保持源的密封性。

3.2

高活度钴60密封放射源 high activity cobalt-60 sealed radioactive sources

指源的放射性活度大于10 TBq的钴60密封放射源。

3.3

名义活度 nominal activity

指放射源内所含放射性物质活度的名义值。

3.4

空气比释动能 air kerma

不带电的电离辐射，在单位质量的空气中释放出来的全部带电粒子的初始动能总和。符号为K，单位为Gy。

3.5

空气比释动能率 air kerma rate

指单位时间内的空气比释动能，符号为$\dot{K}$，单位为$Gy \cdot s^{-1}$。

3.6

照射量 exposure

不带电的电离辐射，在单位质量的空气中释放出来的全部电子，被空气完全阻挡时，在空气中产生的同一种符号离子的总电荷量叫做该电离辐射的照射量，符号为 X，单位为 $C \cdot kg^{-1}$。

3.7

照射量率　exposure rate

单位时间内的照射量叫做照射量率，符号为 $\dot{X}$，单位为 $C \cdot kg^{-1} \cdot s^{-1}$（或 $A \cdot kg^{-1}$）。

3.8

照射野　irradiation field

指垂直于射线束轴线的该射线束的某一截面(距源任意距离处)。

3.9

照射野内空气比释动能率(或照射量率)的不对称性　unsymmetry of air kerma rate (or exposure rate) in irradiatian field

指距照射野中心等距离的对称点之间的空气比释动能率(或照射量率)的相对偏差。

4　源的结构和产品分类

4.1　源的结构

高活度钴 60 密封放射源由钴 60 放射性芯体(以下简称源芯)、垫片(必要时)和双层金属包壳组成，并焊接密封。一些常用高活度钴 60 密封放射源的结构示意图参见附录 A。

4.1.1　源芯

高活度钴 60 密封放射源的源芯采用金属状的镀镍钴粒、或钴片、或钴柱。若采用钴粒，则应振动密实，使之在正常使用条件下钴粒不会产生相对位移。

4.1.2　垫片

当源芯未充满内包壳时，源芯的上端应加垫片，使之充满内包壳。垫片应采用熔点大于 800 ℃的材料，并与包壳材料和源芯材料是相容的。

4.1.3　包壳

高活度钴 60 密封放射源应采用双层不锈钢包壳，工业辐照用钴 60γ 源的内包壳也可采用 Zr-2 或 Zr-4 合金，内、外包壳均应熔焊密封。包壳厚度应满足 5.5 规定的安全性能等级要求，在此前提下，射线从端面输出的源，端面总厚度应不大于 1.0 mm；射线从侧面输出的源，侧面总厚度应不大于 2.0 mm。

4.2　产品分类

高活度钴 60 密封放射源产品按用途分类，主要划分为：远距离治疗用钴 60γ 源、工业辐照用钴 60γ 源，γ 刀治疗用钴 60γ 源、集装箱检查用钴 60γ 源以及其他用途的钴 60γ 源。

4.3　产品型号规格

高活度钴 60 密封放射源产品的型号规格按其外形尺寸划分，一些高活度钴 60 密封放射源产品的主要型号规格参见附录 B。附录 B 以外产品的型号规格根据实际需要确定。

5　技术要求

5.1　原材料

放射源的内、外包壳材料应采用抗腐蚀性能、焊接性能和机械性能优良的奥氏体不锈钢，所选不锈钢的成分组成应符合该不锈钢的规定要求。工业辐照源用钴 60γ 源的内包壳也可采用 Zr-2 或 Zr-4 合金。

5.2　γ 放射性杂质

出厂时，放射源中所含 γ 放射性杂质核素的活度，应不大于钴 60 活度的 1%。

5.3　包壳密封

放射源的内、外包壳应采用熔焊方法密封。焊缝熔深不得小于包壳焊口处的壁厚。

5.4　外径偏差

远距离治疗用钴 60γ 源和 ϕ15 mm×90 mm 工业辐照用钴 60γ 源的最大外径，不得大于放射源的名义外径 0.50 mm；ϕ11.1 mm×451 mm 的工业辐照用钴 60γ 源的外径不得大于放射源的名义外径 0.20 mm，γ 刀治疗用钴 60γ 源和集装箱检查用钴 60γ 源的外径不得大于放射源的名义外径 0.10 mm；其他用途放射源的外径应满足使用要求。

5.5 安全性能等级及弯曲性能等级

放射源的安全性能等级应不低于 GB 4075—2009/E63535，ϕ11.1 mm×451 mm 规格的工业辐照用钴 60γ 源的弯曲试验等级应不低于 GB 4075—2009 规定的 7 级。

5.6 泄漏和表面放射性污染

放射源的放射性泄漏量和表面可去除放射性污染量应分别不大于 200 Bq。

5.7 辐射输出量率及其不确定度

放射源的辐射输出量率用距源 1 m 处的空气比释动能率(或照射量率)表示。辐射输出量率的扩展总不确定度应不大于 5%($k=2$)。

5.8 名义活度及其不确定度

放射源的量值用名义活度表示，名义活度的扩展不确定度应不大于 10%($k=2$)。

5.9 远距离治疗用钴 60γ 源装机后照射野内空气比释动能率(或照射量率)的不对称性

远距离治疗用钴 60γ 源装机后，由于放射源的不均匀性引起的照射野内空气比释动能率(或照射量率)的不对称性应不超过于±5%。

5.10 安全使用期限

在规定的使用环境和使用条件下，放射源的安全使用期限为 15 a。

6 试验方法

6.1 原材料试验

金属钴的化学纯度及包壳材料的成分组成采用化学分析法或光谱分析法试验，也可采用别的有效方法试验。

6.2 γ 放射性杂质试验

取反应堆辐照后钴 60 的样品适量，用高分辨率 γ 谱仪试验 γ 放射性杂质核素的含量，也可采用别的有效方法试验。

6.3 焊缝熔深试验

在确定的焊接条件下，取不少于 3 个焊接后的假密封源，采用破坏性方法进行试验。即将焊口纵剖切开，测量焊缝的熔深。

6.4 外径尺寸试验

用专用不锈钢管规试验。管规的内径应等于放射源要求的最大名义外径，其长度应不小于放射源名义长度的(1.2～1.5)倍。被试验的放射源应能顺利通过管规或顺利进出管规。

6.5 安全性能等级及弯曲性能等级试验

放射源的安全性能等级及弯曲性能等级，按 GB 4075—2009 的规定进行试验。

6.6 泄漏和表面放射性污染试验

放射源的泄漏按 GB 15849—1995 规定的任一种方法进行试验，推荐采用 GB 15849—1995 中的 5.1.2规定的沸腾液体浸泡法。放射源的表面放射性污染按 GB 15849—1995 中的 5.3 规定的擦拭法试验。

6.7 空气比释动能率(或照射量率)的测量

用电离室测量装置进行测量。对于远距离治疗用钴 60γ 源和 γ 刀治疗用钴 60γ 源，应测量源的底端面到电离室中心一定距离处的辐射输出；对于工业辐照用钴 60γ 源和集装箱检查用钴 60γ 源，应测量源的侧面到电离室中心一定距离处的辐射输出。对所测数据经过必要的修正(包括仪器的刻度因子和漏电流、环境散射、空气密度等)之后，给出距放射源 1 m 处的空气比释动能率(或照射量率)。

6.8 名义活度计算

放射源的名义活度按附录C给出的公式进行计算。

6.9 远距离治疗用钴60γ源装机后照射野内空气比释动能率(或照射量率)的不对称性试验

在治疗机的性能正常和放射源定位准确的前提下，按GBW 3中规定的方法进行试验。

6.10 安全使用期试验

在放射源使用期间，使用单位定期(至少一年一次)采用擦拭法或取水样法，检查放射源的贮存设施或贮存场所的放射性污染水平或放射性浓度，以确定放射源是否安全。

7 检验规则

7.1 型式检验

本标准5.1～5.8的规定作为生产厂家在放射源投产前必须全部检验的型式检验项目。

放射源正式投产以后，5.1，5.2，5.3，和5.5为型式检验项目。其中5.1和5.2，对购入的每一批号原材料进行抽验，样品数不少于3个；5.3和5.5每4年检验一次。当有下列情况之一，受其影响的性能也应进行型式检验：

a) 当放射源的材料、结构和生产工艺有重大改变，可能影响产品的性能时；

b) 停产一年以上，重新恢复生产时；

c) 出厂检验结果与上次型式检验结果有较大差异时；

d) 国家质量监督部门提出型式检验要求时。

7.2 出厂检验

放射源的出厂检验项目如下：

a) 放射源的外径；

b) 放射源的泄漏和表面放射性污染量；

c) 放射源的空气比释动能率(或照射量率)；

d) 放射源的名义活度；

以上项目均为全检。

7.3 特殊检验

5.9和5.10为放射源的特殊检验项目，由源的使用单位负责检验。当检验结果有争议时，源的生产厂家应派人参加。

8 标志、检验证书和使用说明书

8.1 标志

8.1.1 放射源标志

放射源的标志按GB 4075—2009中的第8章规定的原则执行，放射源的标志应与检验证书中放射源的编码相对应，放射源的编码按国家环境保护总局制定的环发[2004]118号“放射源编码规则“执行。

8.1.2 容器标志

放射源的储存和运输容器的标志按GB 11806—2004中的6.12规定执行。

8.2 检验证书

经检验合格的每个或每套放射源，均应填写检验证书。检验证书格式参见附录D。检验证书的内容至少包括：

a) 放射源名称；

b) 生产厂名称；

c) 核素名称；

d) 包壳材料和包壳层数；

e) 密封方法;源芯材料;

f) 名义源芯尺寸和名义外形尺寸;

g) 辐射输出量率;

h) 名义活度;

i) 安全性能等级;

j) 表面污染和泄露检验方法及其结果;

k) 编码和编号。

8.3 使用说明书

放射源在出厂时应提供使用说明书,使用说明书至少应包括以下内容:

a) 用途;

b) 主要核性质;

c) 安全使用条件;

d) 安全注意事项;

e) 涉源事故应急处理办法。

9 包装、运输和储存

9.1 包装

9.1.1 包装使用的容器应满足 GB 11806—2004 中的规定。

9.1.2 远距离治疗用钴 60γ 源装入与治疗机匹配的倒装运输容器内发货,放射源应在贮源腔的中心位置,源的射线输出端向下,贮源腔的紧固盖应充分紧固,保证压紧放射源,使其不得活动。

9.1.3 工业辐照用钴 60γ 源和 γ 刀治疗用钴 60γ 源装入专用倒装运输容器的吊篮内发货,放射源的排列,要易于源的取、放,不得相互碰撞。

9.1.4 集装箱检查用钴 60γ 源直接装入集装箱检查专用屏蔽装置内发货。

9.1.5 容器或装置的紧固件必须齐备,并充分紧固。

9.1.6 容器内、外表面的非固定性放射性污染应不大于 4 Bq/cm^2,表面辐射水平应符合 GB 11806—2004 中的 6.11 规定。

9.1.7 发货时应附带以下文件:

a) 检验证书;

b) 使用说明书;

c) 货包表面污染及表面辐射水平检测合格证书;

d) 编码卡;

e) 放射源在容器吊篮内的排列图(仅限工业辐照用钴 60γ 源和 γ 刀治疗用钴 60γ 源)。

9.2 运输

放射源的运输按 GB 11806—2004 的规定执行。

9.3 储存

9.3.1 远距离治疗用钴 60γ 源、γ 刀治疗用钴 60γ 源和集装箱检查用 60γ 源,贮存于其配套使用的装置内,放射源在非工作期间应处于安全屏蔽位置。工业辐照用钴 60γ 源贮存于水井或干井(室)之内,放射源在非工作期间必须返回水井或干井(室)存放。

9.3.2 放射源的工作场所或贮存场所应具备以下条件:

a) 应设置辐射监测设施;

b) 应设置消防和防盗设施;

c) 应设置安全连锁装置;

d) 应设置应急报警装置；

e) 应有通风设施；

f) 不得有腐蚀性气体存在。

9.3.3 采用湿法贮存工业辐照用钴 60γ 源的贮源水井应使用去离子水或蒸馏水，水中的总氯离子含量应不大于 1×10^{-6}，pH 值应为 5.5～8.5，还应避免其他对不锈钢有腐蚀的物质存在。

附 录 A
（资料性附录）
几种主要高活度钴 60 密封放射源的结构

图 A.1 为 A 型和 B 型远距离治疗用钴 60γ 源的结构，图 A.2 为 B 型工业辐照用钴 60γ 源的结构，图 A.3 为 A 型头部 γ 刀治疗用钴 60γ 源的结构，图 A.4 为 A 型和 B 型远距离治疗用钴 60γ 源的结构。

单位为毫米

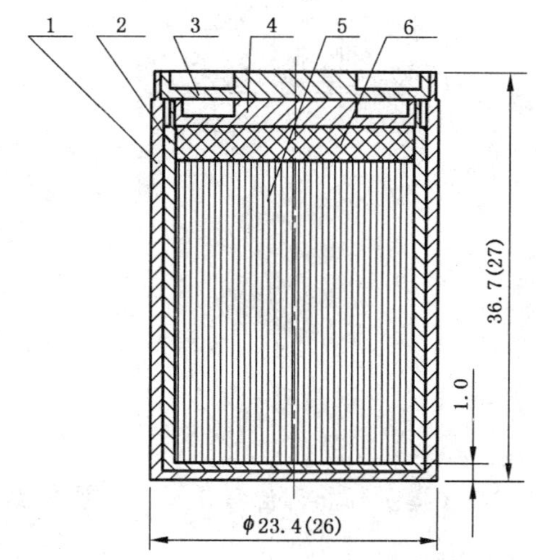

1——外壳；
2——内壳；
3——外盖；
4——内盖；
5——钴 60；
6——垫块。

图 A.1 A 型和 B 型远距离治疗用钴 60γ 源的结构

单位为毫米

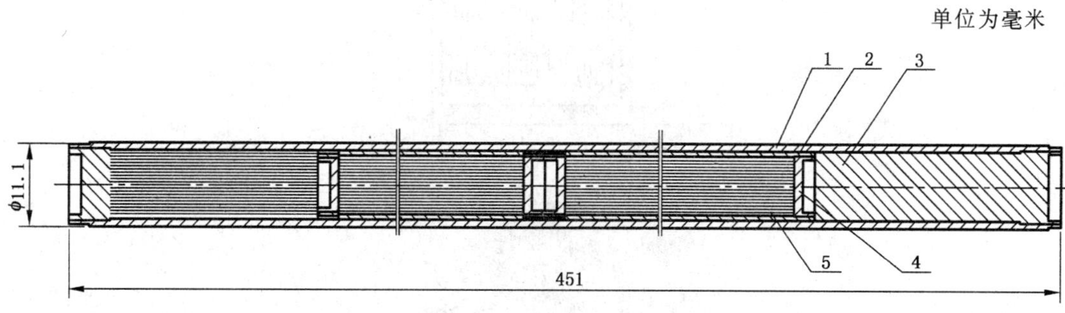

1——外壳；
2——内壳；
3——外盖；
4——内盖；
5——钴 60。

图 A.2 B 型工业辐照用钴 60γ 源的结构

单位为毫米

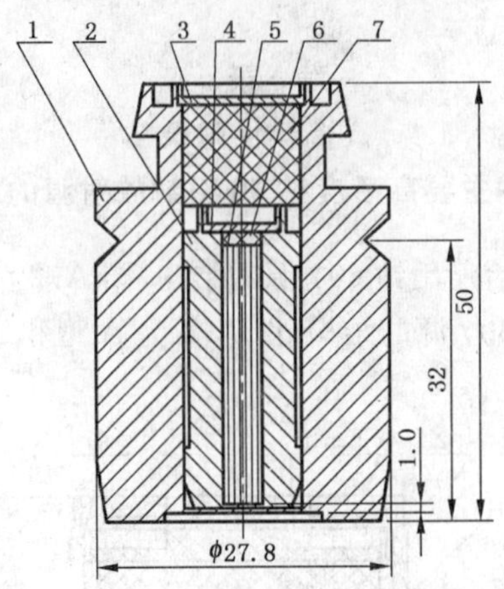

1——外壳；

2——内壳；

3——外盖；

4——内盖；

5——钴 60；

6——垫块；

7——屏蔽块(钨合金)。

图 A.3 A 型头部 γ 刀治疗用钴 60γ 源的结构

单位为毫米

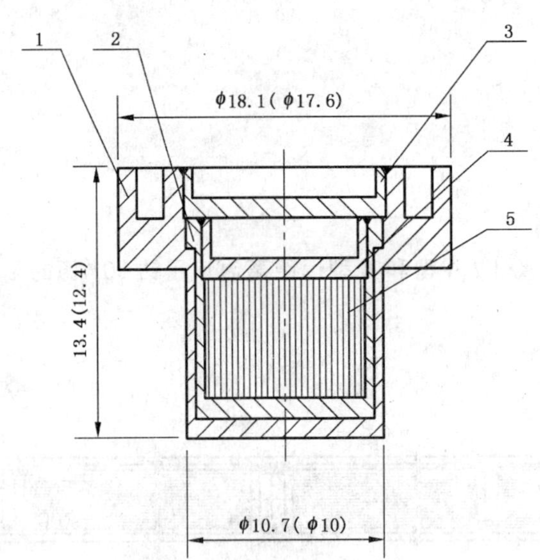

1——外壳；

2——内壳；

3——外盖；

4——内盖；

5——钴 60。

图 A.4 A 型和 B 型远距离治疗用钴 60γ 源的结构

附　录　B
（资料性附录）
放射源的主要规格

一些高活度钴 60 密封放射源的主要规格列于表 B.1。

表 B.1　高活度钴 60 密封放射源的主要规格

放射源名称	型号	名义外形尺寸（直径×长度）mm	最大源芯尺寸[a]（直径×长度）mm	名义活度 TBq	最小辐射输出[b] 1 m 处的空气比释动能率 $Gy \cdot s^{-1}$	1 m 处的照射量率 $C \cdot kg^{-1} \cdot s^{-1}$
远距离治疗用钴 60γ 源	A	26×27	22.2×20.4	111～185	7.81×10^{-3}～1.30×10^{-2}	2.31×10^{-4}～3.84×10^{-4}
	B	23.4×36.7	20×28	185～370	1.21×10^{-2}～2.43×10^{-2}	3.59×10^{-4}～7.17×10^{-3}
工业辐照用钴 60γ 源	A	15×90	11.2×82.4	37～74	2.81×10^{-3}～5.62×10^{-3}	8.31×10^{-4}～1.66×10^{-4}
	B	11.1×451	7×400	185～481	1.40×10^{-2}～3.65×10^{-2}	4.15×10^{-4}～10.80×10^{-4}
γ 刀治疗用钴 60γ 源（头部治疗）	A	27.8×50	(3.0～3.3)×30	7～12	4.59×10^{-4}～7.87×10^{-4}	1.36×10^{-5}～2.33×10^{-5}
	B	29.8×70	(3.6～3.8)×30	10～15	6.14×10^{-4}～9.62×10^{-4}	1.90×10^{-5}～2.84×10^{-5}
γ 刀治疗用钴 60γ 源（全身治疗）	A	23.5×57.5	5×30	10～15	6.41×10^{-4}～9.21×10^{-4}	1.82×10^{-5}～2.72×10^{-5}
集装箱检查用钴 60γ 源	A	18.1×13.4	8.5×6	14.8～18.5	1.14×10^{-3}～1.43×10^{-3}	3.38×10^{-5}～4.23×10^{-5}
	B	17.6×12.4	7.8×5	7.4～11.1	5.77×10^{-4}～8.66×10^{-4}	1.71×10^{-5}～2.56×10^{-5}

[a] 指内包壳全部被钴 60 充满，不需加垫片时的源芯尺寸。

[b] 指在最大源芯尺寸条件下，对应于源的名义活度，应能达到的辐射输出。

附　录　C
（规范性附录）
放射源的名义活度计算

放射源的名义活度按公式 C.1 和公式 C.2，或者按公式 C.1 和公式 C.3 进行计算，公式 C.2 是根据放射源的空气比释动能率计算放射源的等效活度，公式 C.3 是根据放射源的照射量率计算放射源的等效活度。先按公式 C.2 或 C.3 计算出放射源的等效活度，再按公式 C.1 计算放射源的名义活度。

$$A_0 = C \cdot A \qquad \text{(C.1)}$$

$$A = k\frac{R^2 \cdot \dot{K}}{\Gamma_1} \qquad \text{(C.2)}$$

$$A = k\frac{R^2 \cdot \dot{X}}{\Gamma_2} \qquad \text{(C.3)}$$

式中：

A_0——放射源的名义活度，单位为贝可(Bq)；

A——放射源的等效活度，单位为贝可(Bq)；

C——对放射源的自吸收和积累因子的修正系数，其值与源芯和包壳的材料、密度和厚度有关，一些主要放射源的 C 值参见附录 E；

k——对空气比释动能率或照射量率的修正系数，主要修正内容包括：仪器的刻度因子和漏电流、环境散射和空气密度等；

R——测量距离（一般规定为 1 m），单位为米(m)；

$\dot{K}$——测量距离为 1 m 处的空气比释动能率，单位为戈瑞秒($Gy \cdot s^{-1}$)；

$\dot{X}$——测量距离为 1 m 处的照射量率，单位为库仑每千克秒($C \cdot kg^{-1} \cdot s^{-1}$)；

Γ_1——钴 60 的空气比释动能率常数，其值$=8.66\times10^{-17}\ Gy \cdot m^2 \cdot s^{-1} \cdot Bq^{-1}$；

Γ_2——钴 60 的照射量率常数，其值$=2.56\times10^{-18}\ C \cdot m^2 \cdot kg^{-1} \cdot s^{-1} \cdot Bq^{-1}$。

附　录　D
（资料性附录）
高活度钴60密封放射源检验证书格式

高活度钴60密封放射源检验证书格式见表D.1。

表D.1　高活度钴60密封放射源检验证书格式

＿＿＿＿＿源检验证书		证书编号：	
生产厂：			
放射源编码：		放射源编号：	
放射性核素：^{60}CO	γ放射性杂质：<1%		
包壳材料、包壳层数、密封方法：			
源芯材料：			
名义外形尺寸(mm)：			
名义源芯尺寸(活性尺寸 mm)：			
安全性能等级：GB 4075/E63535	弯曲性能等级：		
名义活度：			年　月　日
辐射输出量率：			年　月　日
泄漏检验方法及结果：GB 15849 浸泡法，	合格		年　月　日
表面污染检验方法及结果：GB 15849 湿擦拭法，	合格		年　月　日
检验人：			年　月　日
复核人：			年　月　日
检验部门及负责人：			年　月　日

附 录 E
（资料性附录）
一些主要放射源的修正系数 *C* 值

一些放射源的自吸收和积累因子总修正系数列于表 E.1。

表 E.1 一些主要放射源的 *C* 值

放射源名称	名义外形尺寸 （直径×长度） mm	名义源芯尺寸 （直径×长度） mm	*C* 值
远距离治疗用钴 60γ 源	26×27	22.2×20.4	1.23
	23.4×36.7	20×28	1.32
工业辐照用钴 60γ 源	15×90	11.2×82.4	1.14
	11.1×451	7×400	1.14
γ 刀治疗用钴 60γ 源 （头部治疗）	27.8×50	(3.0～3.3)×30	1.32
	29.8×70	(3.6～3.8)×30	1.41
γ 刀治疗用钴 60γ 源 （全身治疗）	23.5×57.5	5×30	1.35
集装箱检查用钴 60γ 源	18.1×13.4	8.5×6	1.12
	17.6×13.4	(7.2～7.8)×5	1.11

ICS 11.200
C 63

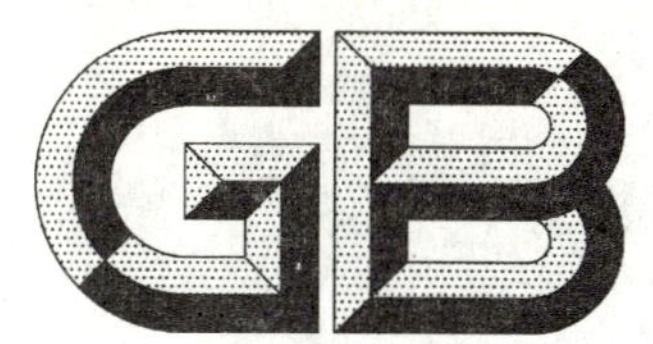

中华人民共和国国家标准

GB 7544—2009/ISO 4074:2002
代替 GB 7544—2004

天然胶乳橡胶避孕套技术要求与试验方法

Natural latex rubber condoms—Requirements and test methods

(ISO 4074:2002,IDT)

2009-12-15 发布 2010-10-01 实施

中华人民共和国国家质量监督检验检疫总局
中国国家标准化管理委员会 发布

前 言

本标准的第6章、第8章、第9章、第10章与5.3、7.2、11.1、11.2为强制性的,其余为推荐性的。

本标准等同采用ISO 4074:2002《天然胶乳橡胶避孕套 技术要求和试验方法》(英文版)和《天然胶乳橡胶避孕套要求和试验方法 技术勘误1》(ISO 4074 Technical Corrigendum1-2003.11.1)与《天然胶乳橡胶避孕套要求和试验方法 技术勘误2》(ISO 4074 Technical Corrigendum2-2008.4.15)。

本标准代替GB 7544—2004《天然胶乳橡胶避孕套技术要求和试验方法》。

本标准采用翻译法。

本标准与GB 7544—2004相比主要变化如下:

——将"合格质量水平AQL(acceptable quality limit)在抽样检查中,认为可以接受的连续提交检查批的过程平均上限值。"修改为"接收质量限AQL(acceptable quality limit)当一个连续系列批过程被提交验收抽样时,可允许的最差过程平均质量水平。"(见3.1);

——在3.2后增加了"注:如果消费者根据形状、包装等将某些器械看作避孕套的话,则应符合本标准的要求。"(见3.2);

——将失效日期的定义"超过该日期避孕套将不能使用"修改为"标识超过该日期避孕套将不能使用的日期。"(见3.4);

——将识别码的定义"制造商在消费包装上使用的数字或由数字、符号或字母的组合,以能唯一识别单个避孕套包装上的批号,也可用于从包装和分发的整个阶段来追溯这些避孕套的批次。"修改为"制造商在消费包装材料上识别包装中有不同批号单个避孕套的数字、符号、字母或组合,从编码中可以追溯产品由包装到分发整个过程。"(见3.5);

——将单个包装的定义"仅包含一只避孕套的包装"修改为"单个避孕套的直接包装"(见3.6);

——将检查水平的定义"批大小与样本大小间的关系。"修改为"批量与样本量之间的关系。"(见3.7);

——将3.10中注"批检验可限于那些批与批之间有变化的参数。"修改为"批检验仅限于批与批之间某些参数发生变化。"(见3.10);

——将抽样方案的定义"规定的方案表明了……的标准(可接收的和拒收的数量)。"修改为"所使用的样本量和有关批接收准则的组合。"(见3.12);

——将"为了从GB/T 2828.1……和使用质量控制的一部分。"修改为"应给定产品批量才可能从GB/T 2828.1查找到用于检验的样品数。不同的生产商其规定的批量不会相同。生产商将批量作为过程和质量控制的参数之一。"(见第4章);

——将"如果对厚度有规定,应按附录F中的方法进行测量。"修改为"如果规定厚度,应按附录F中给出的方法进行仲裁。"(见5.3.3);

——将"按附录G进行试验时,爆破压力不小于1.0 kPa,爆破体积(化整为0.5 dm^3)不小于:"修改为"按附录G进行试验时,爆破压力应不小于1.0 kPa(超强避孕套为2.0 kPa,见6.2.2),爆破体积应不小于:"(见6.1);

——删除国家标准GB 7544—2004中6.2"经过老化的避孕套的批检验"(前版6.2)的全部内容;

——将"按附录G进行试验时,其爆破压力的最小值不低于2.0 kPa,爆破体积应符合6.1要求。"修改为"按附录G进行试验,爆破压力应由6.1规定的压力增加至2.0 kPa。"(见6.2.2);

——将"临床数据应证实,超强避孕套与由同一制造商正常生产销售的避孕套在随机的、双倍试用相比较,其破损率大大地减少。作为参照的避孕套应满足本标准的要求且中部单层厚度大于

0.060 mm。”修改为“当进行同一制造商生产的超强避孕套与进入市场正常避孕套的比对试验时，临床数据应由统计学证实，超强避孕套的破损率显著地降低。该参照避孕套应符合本标准(GB 7544)的要求且中部单层厚度应大于 0.060 mm。”(见 6.2.3)；

——删除 6.2.3 中“(备用)”字样(见 6.2.3)；

——将“用以支持由制造商声明的储存期的数据，对有关的权威机构和直接消费者应是可利用的。”修改为“制造商应按照权威机构和直接销售商要求，提供支持其声称储存期的数据。”(见 7.1)；

——将“对于市场上现有的避孕套，在本标准出版时，产品被销售之前，符合附录 J 的要求，且符合当地规定要求的温度的实际时间数据是可接受的，以证实储存期声明。”修改为“对于本标准出版时还在市场上流通的避孕套，其实际时间储存期要符合附录 J 的要求，应在产品销售地区的环境温度下，按接收水平对其声称的储存期进行验证。”(见 7.1)；

——将“只有满足本标准，除 11.2 和 11.3 外要求的所有批，才可用于本试验。”修改为“只有满足本标准第 5 章，6.1，6.2.2 与第 8、9、10 章要求的批才适用于本试验。”，将“……试验条件为(168±5)h ……”修改为“……试验条件为(168±2)h ……”(见 7.2)；

——将“在标准出版时……或被制造商的管理机构加以规定。”修改为“在本标准实施时，还没有一个非常有效或应用广泛的分析方法被用作标准方法来证明加速老化稳定性研究的设计是可行的。但已有几个相近的加速老化数据的分析方法。因制造商和管理机构积累了实际时间数据，可以预料本标准的下一修订版将会提出普遍一致的方法。届时，可以用多种方法分析加速老化的数据结果或由制造商的管理机构作出规定。”(见 7.4)；

——删除表 A.1、表 B.1 中的“老化后”(见表 A.1、表 B.1)；

——在 F.3.8 注最后增加“但仲裁时，该方法不适用。”(见 F.3.8)；

——将图 G.1 中的“R5”修改为“R0.5”(见图 G.1)；

——将“热空气老化是用于调节避孕套来进行批试验和测定储存期，本附录说明了热空气老化的方法。”修改为“用热空气老化调节受检批避孕套以测定其储存期，本附录规定了热空气老化方法。”(见 H.1)；

——将“热老化箱，ISO 188 中规定的两种之中的任一种，除 ISO 188 中要求的空气循环和可悬挂单个包装外，没有其他要求。”修改为“热老化箱，ISO 188 中规定的任一种类型，除对 ISO 188 中规定的空气循环和单个包装的悬挂不作要求。”(见 H.2)；

——将拉伸强度公式修改为：“拉伸强度$=\rho \cdot F_b \cdot W/m$ 式中 ρ 为乳胶橡胶密度。”(见 I.5.2)；

——将“当确定避孕套符合本标准中第 5 章，6.1，6.2，第 8 章，第 9 章的要求后，应将足够的避孕套放置于受控的环境条件下调节，以便：”修改为“当确定避孕套符合本标准第 5 章，6.1，6.2.2，第 8、9、10 章要求后，应将足够数量的避孕套放置于受控的环境条件下调节，以便：”(J.2.1)；

——将“根据附录 H 在(30±2)℃的受控环境下进行调节。”修改为“按附录 H 的条件或在(30^{+5}_{-2})℃的受控环境下调节样品。”[见 J.2.2 b)]；

——将“试验报告包括以附录 N 规定的内容且符合附录 F 的指标要求”修改为“除满足附录 N 规定和附录 G 的相应要求外，试验报告还应包括：”(见 J.4)；

——删除“和分布曲线”[见前版 J.4 b)]；

——将“加速老化研究……对预言储存期的研究的分析准则。”修改为“可用加速老化研究估测预定储存期。本附录为通用草案，除同时进行实际时间研究外，可用于指导加速老化研究、估测投放市场产品的储存期，也可作为分析预定储存期研究的指南。”(见 K.1)；

——在“K.2　指导加速老化研究的步骤”中第一段前增加“只有满足本标准第 5 章，6.1，6.2.2，第 8、9、10 章要求的批才适用于本试验。”(见 K.2)；

——删除“另一种方法已出版作为 P&K 方法。”(见 K.3)；

——将“避孕套的储存期一经评估，则必须证实从三批中选取的避孕套在完成相当于 30 ℃下储存期热老化试验后能够符合 6.1 的要求。为方便起见，老化温度可选择 70 ℃和 50 ℃，如果在这两个温度下的老化时间等于或超过 70 ℃下的 7 d 和 50 ℃下的 90 d，则这一试验也可用来验证 7.1 的要求。”修改为“一旦估测避孕套储存期，则必须证实从三批中抽取的避孕套在完成相当于设定 30 ℃下储存期热老化试验后还能符合 6.1 的要求。为方便起见，可选择 70 ℃和 50 ℃老化温度，如果在这两个温度下的老化时间为：70 ℃时等于或超过 7 d，50 ℃时达到 90 d，则也可用该试验验证 7.1 的要求。”(见中 K.4)；

——将“R——气态常数(8.314 32 J/K)”修改为“R——气态常数[8.314 J/(mol·K)]”(见 K.5.1)；

——在 L.2.2.4 句末增加“例如弹簧纸夹。”(见 L.2.2.4)；

——删除“(参见附录 P)”(见 M.2.1)；

——将公式“$Q=q\cdot\sqrt{\frac{P_0\cdot T_m}{P_m\cdot T_0}}$”修改为“$Q=q\sqrt{\frac{P_0T_m}{P_mT_0}}$”(见 O.11)；

——将“用拉力机测量的扯断力，应大于 100 N，……”修改为“使用拉力机测试的平均扯断力应大于 100 N，……”(见 P.3)；

——在 P.10 中删除 a)条内容，重新排列(见 P.10)；

——将参考文献中引用资料按国家标准、行业标准、国际标准、国外先进标准的顺序排列。

本标准的附录 A、附录 C、附录 D、附录 E、附录 F、附录 G、附录 H、附录 I、附录 J、附录 L、附录 M 和附录 N 为规范性附录，附录 B、附录 K、附录 O 和附录 P 为资料性附录。

本标准由中国石油和化学工业协会提出。

本标准由全国橡胶与橡胶制品标准化技术委员会胶乳制品分技术委员会(SAC/TC 35/SC 4)归口。

本标准起草单位：江阴嘉乐威胶乳制品有限公司、中橡集团株洲橡胶塑料工业研究设计院、江阴出入境检验检疫局、桂林乳胶厂、广州广橡企业集团有限公司双一乳胶厂、武汉杰士邦卫生用品有限公司。

本标准主要起草人：徐永平、郭平、毛界红、刘斌、谢志水、顾冬梅、邓一志。

本标准历次版本发布情况为：

——GB 7544—1987、GB 7544—1992、GB 14830—1993，GB 7544.1—1999；

——GB/T 6762.1—1986，GB/T 6762.1—1992，GB/T 7544.2—1999；

——GB/T 6762.2—1986，GB/T 6762.2—1992，GB/T 7544.3—1999；

——GB 6762.3—1986，GB/T 6762.3—1992，GB/T 7544.5—1999；

——GB 6762.4—1986，GB/T 6762.4—1992，GB/T 7544.6—1999；

——GB 7545—1987，GB/T 7545—1992，GB/T 7544.7—1999；

——GB 7546—1987，GB/T 7546—1992，GB/T 7544.9—1999；

——GB 6762.5—1986，GB/T 6762.5—1992，GB/T 7544.10—1999；

——GB 7544—2004 代替 GB 7544.1—1999、GB 7544.2—1999、GB 7544.3—1999、GB 7544.5—1999、GB 7544.6—1999、GB 7544.7—1999、GB 7544.9—1999、GB 7544.10—1999。

引　言

已经证实，完好无缺的胶乳膜会起到隔离人体免疫缺陷病毒（HIV）、性传播疾病（STIs）的传染介质和精子的作用。为确保避孕套有效避孕，防止STIs的传播，最基本的要求在于避孕套要具有适宜的阴茎尺寸、无针孔，具有使用中不产生破裂足够的物理强度，使用适宜的包装保护储存期内的产品，采用恰当的标识方便消费者使用。所有这些问题在本标准中都予以涉及。

产品在正常储存或使用过程中，避孕套和生产中所使用的任何润滑剂、添加剂、敷料、单个包装材料或粉末物应既不含有也不释放足以产生毒性、过敏、局部刺激或其他危害。应参照GB/T 16886/ISO 10993中规定的试验方法对避孕套的安全性、尤其是局部刺激和致敏的风险进行评估。

避孕套为医疗器械。因此，应在良好的质量管理体系运行下进行生产。应参照GB/T 19000/ISO 9000族和YY/T 0316 /ISO 14971以及相关标准：YY/T 0287 /ISO 13485或ISO 13488其中的某一标准，建立适合于自身发展的质量管理体系。

避孕套是非无菌医疗器械，制造商应采取相应的措施，将生产和包装过程中产品的微生物污染降至最小。

GB 7544—1987第一版要求制造商对新型或改进的避孕套在产品投放市场前进行稳定性试验，以确定储存寿命，并开始要求进行实际时间稳定性试验研究。第7章中规定了这方面的要求。可以将实际时间稳定性试验作为制造商对其上市产品进行监管要求的部分内容。利用这些要求来保证制造商在产品投放市场之前具有足够的数据支持其声称储存寿命，管理方、第三方实验室和购买方可获得这些数据进行评审。也可作为约束第三方进行长期稳定性研究的要求。

SAC/TC 35/SC 4已申报本标准应用指南国家标准项目（等同采用ISO 16038:2005）。

本标准对制造商声称“超强”产品的拉伸性能也作出要求（扯断力）。附录I为测定扯断力和拉断伸长率的试验方法。可用于制造商质量体系和购买方合同十分特别的场合。

附录P为本标准章节技术说明的背景材料。附录P中章节与正文中的一一对应。

天然胶乳橡胶避孕套
技术要求与试验方法

1 范围

本标准规定了由天然胶乳制造、提供消费者用于避孕和有助于防止性传播疾病的避孕套的最低技术要求和试验方法。

2 规范性引用文件

下列文件中的条款通过本标准的引用而成为本标准的条款。凡是注日期的引用文件，其随后所有的修改单(不包括勘误的内容)或修订版均不适用于本标准，然而，鼓励根据本标准达成协议的各方研究是否可使用这些文件的最新版本。凡是不注日期的引用文件，其最新版本适用于本标准。

GB/T 2828.1 计数抽样检验程序 第1部分：按接收质量限(AQL)检索逐批检验抽样计划(GB/T 2828.1—2003，ISO 2859-1:1999，IDT)

YY 0466 医疗器械 用于医疗器械标签、标记和提供信息的符号(YY 0466—2003，ISO 15223:2000，IDT)

ISO 188 硫化橡胶或热塑性橡胶热空气加速老化和耐热试验

EN 980 用于医疗器械标签的图解符号

3 术语和定义

GB/T 2828.1 确立的以及下列术语和定义适用于本标准。

3.1

接收质量限 AQL acceptable quality limit

当一个连续系列批过程被提交验收抽样时，可允许的最差过程平均质量水平。

注：过程平均描述见 GB/T 2828.1。

3.2

避孕套 condom

消费者在性交时戴在阴茎上用于避孕和防止性传播疾病的医疗器械。

注：如果消费者根据形状、包装等将某些器械看作避孕套的话，则应符合本标准的要求。

3.3

消费包装 consumer package

分发(销)到消费者的单个或多个单个包装构成的包装。

3.4

失效日期 expiry date

标识超过该日期避孕套将不能使用的日期。

3.5

识别码 identification number

制造商在消费包装材料上识别包装中有不同批号单个避孕套的数字、符号、字母或组合，从编码中可以追溯产品由包装到分发整个过程。

注：当消费包装中仅为一种类型的避孕套时，识别码和批号可以一致，如果消费包装中包装的是不同类型的避孕套，例如不同形状或颜色的避孕套，则识别码将不同于批号。

3.6

单个包装 individual container

单个避孕套的直接包装。

3.7

检查水平 inspection level

批量与样本量之间的关系。

注：详细描述见 GB/T 2828.1。

3.8

批 lot

在相同要素下生产的避孕套的集合。其要素是指：避孕套的设计、颜色、形状、规格、胶乳配方相同，同一规定的原材料，在基本相同的时间内采用相同工艺和通用设备进行生产的产品，使用的润滑剂和任何其他添加剂相同，单个包装类型相同。

注：本标准不规定批量，但采购商在采购合同中可以给定批量。注意的是批量太大将会增加产品在分发和控制中的难度，建议单一生产批量最多为 500 000。

3.9

批号 lot number

制造商用作识别某一批单个包装产品批次的编码，由数字或数字串、符号或字母的组合构成，从编码中可以追溯产品从制造到包装整个过程的批次。

注：进行检验时，应按批号抽样，而不是按识别码。见第 4 章要求。

3.10

批检验 lot test

对一批产品进行合格评定的检验。

注：批检验仅限于批与批之间某些参数发生变化。

3.11

不可见针孔 non-visible hole

经正常或矫正视力目视，避孕套上存在不可见的小孔。但用水充入避孕套并在吸水纸上滚动，可观测到。

3.12

抽样方案 sampling plan

所使用的样本量和有关批接收准则的组合。

3.13

储存期 shelf life

从制造之日到失效日期之间的时间。

3.14

可见针孔 visible hole

经正常或矫正视力目视，避孕套上存在明显可见的小孔或撕裂。

4 质量验证

避孕套为大批量生产的产品，单个产品间不可避免会存在差异，每一生产过程中都可能有少数避孕套不能满足本标准的要求。另外，本标准中的主要试验方法为破坏性试验。因此，使用本标准从一批或连续批中抽取具有代表性的样品进行产品一致性检验是唯一可行的办法。GB/T 2828.1 给出了基本抽样方案，应参照 ISO/TR 8550，选择相应的抽样体系、抽样表或抽样方案对不连续批产品进行检验。

如果需要对避孕套质量进行验证，建议相关部门不应只注重成品的评审，还应重视生产商的质量体系。应重视 GB/T 19000 族(参见参考文献)覆盖其整个质量体系的条款。

应选择倾向于保护消费者的可接收水平抽样方案,附录 A 和附录 B 为适宜的抽样方案。

a) 附录 A 中基于 GB/T 2828.1 的抽样方案,最适用于生产或采购商进行连续批产品的一致性检验。当避孕套质量出现下降时,要将所有的消费者保护水平转移到加严检查水平。对于起初检验的两批产品,采用加严转移规则不可能保证全部都安全,但随着连续批数量的增加,检验质量则会逐渐变得更为有效。当检验的批数为 5 个及以上时,建议采用附录 A 中的抽样方案。

b) 附录 B 中基于 GB/T 2828.1 的抽样方案,建议用于孤立批产品的检验,附录 B 中抽样方案提供的消费者保护水平与附录 A 及其转移规则连同并用时的水平大体相同。当检验批数少于 5 批时,建议使用该抽样方案进行产品检验,例如存在争议、用于比对、型式检验、质量鉴定或生产时间短的连续批。

c) 抽样前应以文件形式制定处理和储存条件。

应给定产品批量才可能从 GB/T 2828.1 查找到用于检验的样品数。不同的生产商其规定的批量不会相同。生产商将批量作为过程和质量控制的参数之一。

5 设计

5.1 卷边

避孕套的开口端为卷边,且应符合第 9 章的规定。

5.2 润滑剂

如果包装袋中润滑剂的存有量有规定,则应按附录 C 中的方法测定。

附录 C 同样适用于有粉避孕套(基本原理参见附录 P 中 P.7)。制造商或采购商也可以使用该方法来规定润滑剂用量水平。

5.3 尺寸

5.3.1 长度

从每批中抽取 13 只避孕套,每只长度应不小于 160 mm,按附录 D 进行试验。

5.3.2 宽度

从每批中取 13 只避孕套,每只宽度应在制造商标称值±2 mm 范围内,按附录 E 进行试验。

应在距开口端 35 mm 内的最窄处测定宽度,或在相同范围内按制造商规定的部位进行。

注:可以同时进行 6.1 中用于爆破体积所需的宽度测量。

5.3.3 厚度

如果规定厚度,应按附录 F 中给出的方法进行仲裁。

6 爆破体积和压力

6.1 未处理的避孕套

按附录 G 进行试验,爆破压力应不小于 1.0 kPa(超强避孕套为 2.0 kPa,见 6.2.2),爆破体积应不小于:

——16.0 dm^3,避孕套宽度小于 50.0 mm;或者

——18.0 dm^3,避孕套宽度大于或等于 50.0 mm 且小于 56.0 mm;或者

——22.0 dm^3,避孕套宽度大于或等于 56.0 mm。

避孕套宽度是指按附录 E 在距其闭口端(75±5)mm 处所测量 13 只避孕套的平均宽度(参见附录 P)。

每批不合格避孕套的接收质量限 AQL 为 1.5。

不合格避孕套是指体积、压力或两者都不符合要求或者存在任何泄漏的避孕套。

6.2 超强

6.2.1 概述

如果制造商声称某一特殊品牌的避孕套具有足够的强度或暗指某一特殊品牌的避孕套其强度比普通类型的高，使用中起到超强保护或安全，则应使用本条针对超强避孕套而规定的附加要求（参见附录 P）。

6.2.2 机械性能要求

按附录 G 进行试验，爆破压力应由 6.1 规定的压力增加至 2.0 kPa。

按附录 I 进行试验，从每批中随机选取的 13 只避孕套扯断力的最小平均值应达到 100 N。

6.2.3 临床数据的要求

制造商应以临床数据证实超强，或者按 11.2.3.2 在避孕套包装上加以明显标识。

当进行同一制造商生产的超强避孕套与进入市场正常避孕套的比对试验时，临床数据应由统计学证实，超强避孕套的破损率显著地降低。参照避孕套应符合本标准（GB 7544）的要求且中部单层厚度应大于 0.060 mm。

可用的参考资料是 ISO 14155 或 EN 540 和 ISO 16037。

7 稳定性和储存期试验

7.1 总则

制造商应在标明储存期之前，按本标准 6.1 的要求对避孕套储存期进行验证。储存期不应超过 5 年（参见附录 P）。

制造商应按照权威机构和直接销售商要求，提供支持其声称储存期的数据。

在一种新型或改型的避孕套投放市场之前，其产品应满足以下要求：

——按 7.2 要求对避孕套的最低稳定性进行试验。

——按 7.3 的实际时间研究方法确定将要实行的储存期。

——在没有完成实际时间研究之前，应按 7.4 估测储存期。

注 1：改型避孕套的设计是指在配方、加工过程或单个密封包装方面之一产生了显著变化。

注 2：按 7.1 要求，并不是指产品的储存期已得到确定。

应在平均动态温度 30 ℃的气候条件下估测储存期（7.4），用于估测储存期的避孕套可以是用于确定实际时间储存期（7.3）同一生产批的产品。

对于本标准出版时还在市场上流通的避孕套，其实际时间储存期要符合附录 J 的要求，应在产品销售地区的环境温度下，按接收水平对其声称的储存期进行验证。

7.2 最低稳定性要求

除 11.2 和 11.3 外，按本标准附录 B 的抽样方案检验三批避孕套。

只有满足本标准第 5 章，6.1，6.2.2 与第 8、9、10 章要求的批才适用于本试验。

按附录 H 对单个独立密封包装的样品进行老化试验，一组试验条件为（168±2）h（1 周）、温度（70±2）℃，而另一组试验条件为（90±1）d、温度（50±2）℃。在老化期结束时，取出避孕套，按附录 G 和 6.1 要求进行爆破性能试验。

试验报告的内容应包括附录 G 和附录 N 的要求。

注：可以从估测储存期（7.4）的研究中得到 7.2 要求的一致性检验数据。

7.3 按实际时间稳定性研究测定储存期的步骤

按附录 J 检测的避孕套应符合 6.1 的要求。

如果实际时间数据比按（7.4）加速老化试验得到的声称储存期短，制造商应通报有关管理机构和直销商。制造商应按实际时间研究更改产品的声称储存期。在任何情况下，储存期不应超过 5 年。因为投放市场的避孕套，其实际时间稳定性研究将在整个储存期内才能完成。

7.4 按加速老化稳定性研究估测储存期

在没有完成实际时间研究之前，应进行加速老化稳定性研究估算储存期。

在本标准实施时，还没有一个非常有效或应用广泛的分析方法被用作标准方法来证明加速老化稳定性研究的设计是可行的。但已有几个相近的加速老化数据的分析方法。因制造商和管理机构积累了实际时间数据，可以预料本标准的下一修订版将会提出普遍一致的方法。届时，可以用多种方法分析加速老化的数据结果或由制造商的管理机构作出规定。

在附录 K 中，列出了加速老化研究的方法和数据分析，从研究中得出的数据将说明避孕套在 30 ℃下标明的储存期满足 6.1 中的要求。

8 针孔

按附录 L 的任一方法试验，每批可见和不可见针孔以及撕裂的避孕套总和的接收质量限 AQL 为 0.25。

9 可见缺陷

按附录 L(L.2.3.3，L.3.3.4)，每批可见缺陷的接收质量限 AQL 为 0.4。

10 包装完整性

当消费者或管理机构提出要求时，制造商或供应商应根据附录 M 的试验方法提供包装完整性资料。每批接收质量限 AQL 为 2.5。

11 包装和标志

11.1 包装

每个避孕套应单个包装。可将一个或多个单个包装在另一包装材料中作为消费包装。单个包装或消费包装或两者应不透光，但已经包装或正在包装即使是提供给消费者的单个包装的避孕套，其包装应防止避孕套受到光照。

如果在避孕套上或与避孕套直接接触的包装上的任何部分使用了作标记用材料(如油墨)，其材料不应对避孕套有任何损害作用或有害于使用者。

单个包装和其他任何包装应防止避孕套在运输和储存期间受到损害。

单个包装和其他任何形式的包装都应设计成打开包装时不破坏避孕套。单个包装的设计应容易撕开(原理参见附录 P)。

11.2 标志

11.2.1 符号

如果包装、某些信息和促销材料用到了符号，其符号应满足 YY 0466 或 EN 980 的要求。

11.2.2 单个包装

每一单个包装应至少包含以下内容：

a) 制造商或分销商的识别标识(参见附录 P)；

b) 制造商的可追溯的标识(例如批号)；

c) 失效日期(年，月)，年份应为四位数字，月份应以两位数字或以字母表示(参见附录 P)。

11.2.3 消费包装

11.2.3.1 总则

消费包装外部应至少使用产品销往国家的至少一种官方语言或按销往国家的规定标明下列内容：

a) 避孕套描述，包括是否有储精囊，如果避孕套为彩色或有花纹的也应说明。

b) 避孕套数量。

c) 避孕套标称宽度。

d) 制造商或分销商名称、商标和地址,由不同国家和地区的要求而定(参见附录P)。

e) 失效日期(年,月),年份以四位数字表示,月份以字母或两位数字表示。如果某一消费包装中包含有不同批次的避孕套,应标明最早的失效日期。

f) 标明避孕套应储存在凉爽干燥、不受阳光直射的地方。

g) 如果单个包装是透明的,应储存在不透明的消费包装内。

h) 不论避孕套是加了润滑剂还是干状,当加入药物成分时,应标明其成分和用途(如杀精子剂)。如果避孕套或润滑剂是香型的,也应说明。

i) 制造商用于可追溯的标记(例如识别码/批号)。如果不同类型的避孕套(如不同颜色)都包装在相同的消费包装内,消费包装上的识别码应能使制造商辨认出包装中单个避孕套的批号,以便能够追溯这些批从生产到包装的整个过程。

j) 标明避孕套由天然胶乳制造。

11.2.3.2 超强避孕套的标志

"超强"避孕套是指比"常规"避孕套具有较低破损水平的避孕套,这种称谓应有临床研究加以支持(见6.2.3)。

如制造商希望在完成临床研究之前使用"超强"一词,其标签应说明:"这种超强避孕套在使用中并非表明比常规避孕套安全。"

11.2.4 消费包装的附加说明

应在消费包装外部或里边,或消费包装中的说明书中以简单的术语和销往国家的至少一种官方语言标识以下内容。如果可能的话,使用图形补充表述包含其中的主要步骤或按销往国家规定标识。

a) 避孕套的使用说明书,应包括以下内容:

1) 避孕套应小心处理,包括从包装中取出时以免避孕套被指甲、珠宝饰物等损坏。

2) 如何、何时戴上避孕套。应说明:应在勃起的阴茎与对方身体有任何接触之前戴上避孕套,以防止性传播疾病和受孕。

3) 射精后,应稳妥地从阴茎根部按住避孕套,并尽快撤出阴茎。

4) 如果希望用另外的润滑剂,则应使用经推荐、与避孕套一同并用、类型恰当的润滑剂;应避免使用石油基的润滑剂,比如凡士林、婴儿油、浴液、按摩油、黄油、人造黄油等,原因是这些物质会破坏避孕套的完整性。

5) 应咨询医生或者药剂师有关与避孕套接触的可适用的药物。

b) 应说明如何处理已使用过的避孕套。

c) 说明避孕套为一次性使用。

d) 本标准号,如GB 7544(参见附录P)。

11.3 检查

每批中检查13个消费包装和13个单个包装,并符合要求。

在某些条件下,可允许制造商或分销商更正与包装和标志要求有关的错误,并重新提交进行进一步检验。例如补充遗漏的说明书或投放市场前将单个包装重新包装成完整的消费包装。

如果同一批次的避孕套已包装成了不同的消费包装,则应至少检查每种不同包装中的一个消费包装。如果这种不同包装的数量没有超过13种,则受检包装数量应不超过13个。

12 检验报告

检验报告应至少包含附录N中的内容。

附 录 A
（规范性附录）
适用于数量足够及转移规则连续生产批的合格判定抽样方案

A.1 质量验证

如果需要对避孕套质量进行验证，建议相关部门不应只注重成品的评审，还应重视生产商的质量体系。应重视 GB/T 19000 族（参见参考文献）覆盖其整个质量体系措施的情况。

A.2 抽样

如果某一部门希望检查和试验最终产品样品，评审一连续生产批产品的一致性是否符合本标准要求，抽样方案和可接收质量限见表 A.1。

制造商可使用表 A.1 中的方案，或可设计和完善另外有效的质量控制方法。设计方法中涉及的消费者保护水平至少等效于给定方案。

当避孕套检验批数少于 5 批时，GB/T 2828.1 中转移规则的附加保护措施不再有效，建议使用附录 B 中给出的抽样方案维持消费者保护水平。

表 A.1 连续生产批的抽样方案和接收质量限

特 性	检查水平	接收质量限
尺寸	13 只避孕套	所有样品需满足长度≥160 mm，宽度为标称宽度±2 mm
爆破体积和压力（老化前）	一般检查水平 Ⅰ	AQL1.5
包装完整性	特殊检查水平 S-3	AQL2.5
针孔	一般检查水平 Ⅰ，但至少按字码 M	AQL0.25
可见缺陷	一般检查水平 Ⅰ，但至少按字码 M	AQL0.4
包装与标志	13 个消费包装和 13 个单个包装	均须符合

连续批抽样方案可应用于以下方面：

a) 制造商生产线上的检验和质量控制；

b) 采购方用于合同目的的检验；

c) 国家权威机构的检查。

附 录 B
（资料性附录）
适用于孤立生产批合格判定抽样方案

当附录A中的抽样方案用于较少批（如少于5批）时，将会进一步增大消费者风险水平，因转移规则不再适用，为此，建议使用较大的样本量以便保持一定的消费者保护可接收水平。检验成本决定抽样方案的选择，样本量大判别力强，但成本增加。譬如，采购商可以根据其特殊供应商的经验针对较少批量确定样本量。

按表B.1中的抽样方案进行孤立批抽样时，其安全水平与使用附录A及其转移规则连同并用时基本相同，应注意的是：当质量显著优于给定AQL值时，用两次或多次抽样方案，有可能会减少合格判定检验用避孕套的总数。

注：样本量和批量间不存在简单的数学关系，要获得批质量更为可靠的评价，样本量会增大而与批量无关。

表B.1 孤立生产批的抽样方案和接收质量限

特 性	检查水平	接收质量限
尺寸	13只避孕套	所有样品需满足长度≥160 mm，宽度为标称宽度±2 mm
爆破体积和压力（老化前）	一般检查水平Ⅰ，但至少按字码M	AQL 1.5
包装完整性	特殊检查水平S-3，但至少按字码H	AQL 2.5
针孔	一般检查水平Ⅰ，但至少按字码N	AQL 0.25
可见缺陷	一般检查水平Ⅰ，但至少按字码N	AQL 0.4
包装与标志	13个消费包装和13个单个包装	均须符合

孤立批的抽样方案可应用于以下方面：

a） 作为验证程序中的部分型式检验；

b） 待检批量总数少、不适用于转移规则有效的情况；

c） 涉及孤立批的争议，如仲裁试验。

附　录　C
（规范性附录）
单个包装避孕套润滑剂总量的测定

C.1　原理

使用溶剂洗涤避孕套和包装袋上的润滑剂从而测定其质量减量。洗涤在超声波水浴中或人工搅拌进行。建议避孕套样品最少为13只。

C.2　仪器

C.2.1　超声波清洗水浴或合适容器，如烧杯和搅拌器。

C.2.2　精度为1 mg的天平。

C.2.3　异丙醇，化学纯。

C.3　步骤

C.3.1　称取每一单个包装避孕套的质量，精确到1 mg，并记录结果。

C.3.2　沿单个包装的三边小心撕开，取出无损伤的避孕套。

C.3.3　展开避孕套之前用剪刀剪开一边，然后打开避孕套，并尽量擦干避孕套和包装上的润滑剂。

C.3.4　用超声波清洗时，在水浴中用异丙醇浸泡和洗涤避孕套和单个包装2 min～10 min，再用干净的异丙醇重复洗涤多次，经过两次连续清洗和按C.3.6和C.3.7干燥后获取恒定的质量（10 mg以内）。

C.3.5　用人工清洗时，以异丙醇浸泡避孕套和单个包装并加以手动搅拌，再用干净的异丙醇重复洗涤多次，经过两次连续清洗和按C.3.6和C.3.7干燥后以获取恒定的质量（10 mg以内）。

C.3.6　从异丙醇中取出避孕套和单个包装，并擦干、去掉多余的异丙醇。

C.3.7　在温度不超过55 ℃条件下，干燥避孕套和单个包装至恒定的质量（10 mg以内）。

C.3.8　称量每个干燥过的避孕套和单个包装精确到1 mg，再用C.3.1的结果减去这一质量即得到全部润滑剂的质量。

C.4　润滑剂回收率

实验室间比对试验表明，该方法回收的润滑剂比样品在制造时加入量多出了大约85 mg，而这多出的润滑剂中含有用该方法除掉的附着粉末（见附录P）。

C.5　结果表示

回收润滑剂的量化整为50 mg。

附 录 D
（规范性附录）
长度的测定

D.1 原理

将展开的避孕套自由悬挂于带刻度的圆棒上，观察并记录除精囊以外的长度。

D.2 仪器

带有毫米刻度的圆棒，尺寸如图 D.1，圆头顶端为零刻度。

D.3 步骤

D.3.1 将包装内的避孕套挤离撕口处，撕开包装袋并取出避孕套。在任何情况下，都不允许使用剪刀或其他锋利的器具打开包装袋。

D.3.2 展开避孕套，为拉开因卷曲而引起的皱折，轻缓拉伸两次，但拉伸长度不超过 20 mm。可去除润滑剂并加适当的粉以避免粘连(参见附录 P)。

D.3.3 把避孕套套在圆棒上(D.2)，让其靠自身的重量自由下垂。

D.3.4 记录避孕套开口端在刻度尺上的最小长度，精确至毫米。

D.3.5 进行该试验的避孕套也可用于宽度的测定。

D.4 结果表示

试验报告应包括附录 N 的内容和每个避孕套的长度。

单位为毫米

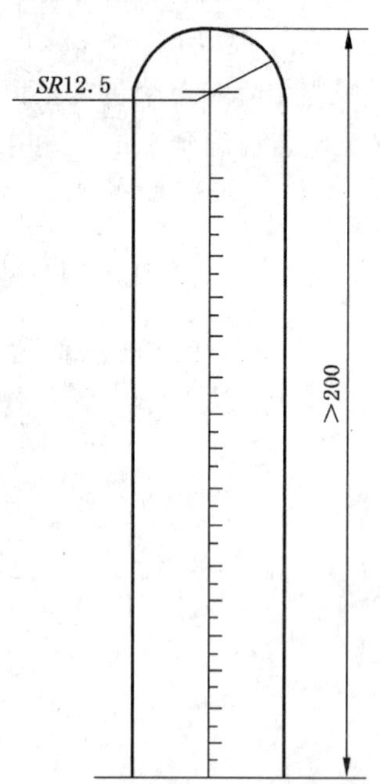

SR——球面半径。

图 D.1 避孕套长度测量尺

附　录　E
（规范性附录）
宽度的测定

E.1　原理

将展开的避孕套自由下垂跨在尺的边缘上，观察其宽度并记录。

E.2　仪器

分度值为毫米的直尺。

E.3　步骤

E.3.1　将包装内的避孕套挤离撕口处，撕开包装袋并取出避孕套。在任何情况下，都不允许使用剪刀或其他锋利的器具打开包装袋。

E.3.2　展开避孕套，将其平跨在尺(E.2)的边缘上，且避孕套的轴线与尺相垂直，使避孕套自由下垂。如果具有润滑剂的避孕套不能自由下垂，则可去除润滑剂并加适当的粉以免粘连(见附录P)。

E.3.3　按照本标准相关章节规定的点测量避孕套的宽度，精确至0.5 mm。

E.3.4　做过该试验的避孕套也可用于长度的测定。

E.4　结果表示

试验报告应包括附录N的内容和每个受检避孕套的宽度，还包括避孕套上被测量点的位置。

附 录 F
（规范性附录）
厚度的测定

F.1 原理

本附录规定了测量胶乳橡胶避孕套厚度的试验方法。

将避孕套平整放置，从中裁取试片并称量。使用裁取试片的质量和表面积，以密度为 0.933 g/cm³ 计算厚度。

应谨慎使用由该方法获得的带纹理避孕套的厚度，因为测定结果为纹理部分和光面部分的平均值。

F.2 仪器

F.2.1 实验室用天平，精度 0.1 mg。

F.2.2 符合 I.2.1 的裁刀。

F.2.3 适合裁取试片的液压、风动或机械式冲片机。

F.2.4 分度为 0.5 mm 的直尺。

F.3 步骤

F.3.1 将包装袋内的避孕套挤离撕口处，撕开包装袋并取出避孕套。在任何情况下，都不允许使用剪刀或其他锋利的器具打开包装袋。

F.3.2 展开避孕套，确保在任何方向都不受到过度的伸张，给避孕套涂上粉。

F.3.3 将避孕套平放且其长度方向与裁刀的边垂直，裁刀放置在距避孕套开口端(30±5)mm 的中心位置，一次冲击从避孕套上裁下试片。

F.3.4 裁取环形试片，打开并用直尺测量一个边的长度，精确到 0.5 mm。如果避孕套的两个边不平行，则测量两边的长度并计算其平均值，以求得的长度(单位为 mm)乘以 20 计算出试片的面积。

F.3.5 在距闭口端(30±5)mm 处及避孕套开口端与闭口端的中点，重复步骤 F.3.3 和 F.3.4。

F.3.6 以异丙醇洗涤试样，并干燥到恒量，误差±10 mg。

F.3.7 分别称取 3 个试样的质量，精确到 0.1 mg，并记录单个的值。

F.3.8 按式(F.1)计算每一试样的厚度：

$$t = \frac{1}{\rho} \cdot \frac{1}{A} \cdot m \qquad \text{(F.1)}$$

式中：

t——试样的厚度，单位为毫米(mm)；

ρ——胶乳橡胶的密度，0.933 g/cm³；

A——试样的表面积，单位为平方毫米(mm²)；

m——试样的质量，单位为毫克(mg)。

注：可以用千分表测量避孕套厚度，但是已经证实使用该方法其结果一直偏低。如果使用千分表，则使用带刻度盘的或数字式、精度为 0.001 mm、压足直径为(5±2)mm、测足压力为(22±4)kPa 的千分表较为合适，并且千分表应与测试平台平行。但仲裁时，该方法不适用。

F.4 结果表示

试验报告包括附录 N 的内容和以下内容：

a) 计算出的每一裁取试样的厚度；

b) 计算出的每一受检避孕套的平均厚度值。

附 录 G
（规范性附录）
爆破体积和压力的测定

G.1 原理

用规定长度的避孕套进行充气，记录避孕套充气至破裂时所需的体积和压力。

附录 O 已给出了系统校正的建议。

G.2 仪器

G.2.1 充气装置，如图 G.1，使用适宜于避孕套的洁净、无油、去湿的空气，以规定速率对避孕套进行充气，除装备有测量体积和压力的装置外，还应具有下列特征：

a) 压力传感器，在避孕套和传感器之间没有压力差。

b) 具有记录充入空气体积的装置，测量仪器和避孕套之间没有任何压差，从而保证测试时充入避孕套所计量的空气体积，或者以相当于避孕套内的压力，而不以可能偏高的在线压力来计算的空气体积。

c) 一根合适长度的杆，顶端有直径为 25 mm 的光滑球体或半球体。该杆作为将展开的避孕套固定到充气装置上时支撑避孕套之用，保证从夹持点位置的避孕套除精囊以外的充气长度为(150±3)mm。

d) 压力和体积测量装置具有：

1) 无论用何种方式测量，体积大于 10 dm^3 的最大允许误差为±3%；

2) 避孕套爆破时压力测试的最大允许误差为±0.05 kPa。

G.2.2 夹紧装置，例如夹紧环，没有锋利的边缘和突出物。

建议材料使用透明塑料。夹紧环放入固定装置上时不应使避孕套伸张。

如果使用带有胀气套的固定装置，夹紧环的内径应为(36～40)mm，建议其高度为 50 mm，但高出胀气套的长度不超过 3 mm。胀气套在不胀气时的大小应能使避孕套在其上自由展开。

G.2.3 充气试验箱，具有在充气时能够观察避孕套的设施，且其大小足够使避孕套自由膨胀而不接触箱体的任何部分。

G.3 步骤

G.3.1 试验在温度(25±5)℃下进行。

G.3.2 将包装内的避孕套挤离撕口处，撕开包装并取出避孕套。在任何情况下，都不能使用剪刀或锋利的器具打开包装。

G.3.3 建议在处理避孕套时戴上合适的手套或指套。发生争议时，应穿戴上手套。

G.3.4 展开避孕套时应确保其在任何方向上不受过度伸张。

注：避孕套也可以直接在试验仪器的圆杆上展开。

G.3.5 悬挂避孕套于圆杆上，并固定在固定装置上。小心放置夹紧环到固定装置上，以避免损伤或伸张避孕套。以(0.4～0.5)dm^3/s[(24～30)dm^3/min]的充气速率进行充气。检查并确保避孕套在胀大且不存在任何明显的渗漏。

如果避孕套存在任何明显的渗漏，或在充气过程中出现漏气即终止试验，则认为该避孕套不合格，其爆破体积和压力都记为零。

G.3.6 如果避孕套不漏气，测量并记录爆破体积和压力。爆破体积以立方分米表示，化整到 0.5 dm^3；

爆破压力以千帕表示,化整到 0.05 kPa。

G.4 结果表示

试验报告应包括附录 N 的内容以及测试的爆破体积和压力。

单位为毫米

1——避孕套;
2——箍紧绳;
3——胀气套;
4——夹紧环;
5——避孕套充气入口;
6——胀气套充气入口;
7——至压力传感器。

图 G.1 爆破性能测试的合适装置示例图

附 录 H
(规范性附录)
避孕套的热空气老化

H.1 原理

用热空气老化调节受检批避孕套以测定其储存期,本附录规定了热空气老化方法。

H.2 仪器

热老化箱,ISO 188 中规定的任一种类型,除对 ISO 188 中规定的空气循环和单个包装的悬挂不作要求。

H.3 试样准备

试验前,避孕套应在单个包装中进行调节(如:调节前从消费包装中和/或外包装中取出单个包装)。

H.4 步骤

H.4.1 将避孕套放置于老化箱中,按本标准附录中的有关章条或附录规定的温度进行调节。应固定避孕套,避免试样与加热箱体表面直接接触,特别是避免试样与老化箱底板接触,以保证避孕套在老化期间均匀受热。

H.4.2 达到本标准附录有关章条规定的时间后,取出避孕套,试验前将单个包装避孕套保持在(25±5)℃下。

H.4.3 从老化箱中取出后在 96 h 内但不少于 12 h,按附录 G 测定爆破体积和压力。

附　录　I
（规范性附录）
避孕套试片扯断力和拉断伸长率的测定

I.1　原理

从避孕套上裁取试片并拉伸至断裂，测定拉断时的应力和伸长率。本标准仅在6.2中有扯断力的要求（参见附录P）。

I.2　仪器

I.2.1　裁刀

具有两个平行刀片，两刀片在合适的垫板上的压痕宽度为(20±0.1)mm，每一刀片的长度不小于70 mm。

I.2.2　拉力试验机

能以一个基本恒定的速率运行并符合下列要求：

a)　两辊能在试样中均衡拉伸，两辊的滚动频率约为7 r/min。或用不影响胶膜性能的润滑材料润滑两辊的圆柱表面。合适的润滑剂是具有2×10^{-4} $m^2\cdot s^{-1}$(200 cst)黏度的硅油。

b)　能测量(0～200)N范围的扯断力。最大允许值：精度±1%，重现性1%，可逆性1.5%，机器的分辨率0.5%，零位±1。

c)　两辊的分离速度(8.5±0.8)mm/s[(500±50)mm/min]。

d)　具有在试验过程中可手动或完全自动的记录两辊间的移动距离和力的装置。

I.3　试样的准备

I.3.1　将包装内的避孕套挤离撕口处，撕开包装取出避孕套。在任何情况下，都不允许使用剪刀或锋利器具打开包装。

I.3.2　展开避孕套，保证在任何方向不过度拉伸避孕套。

I.3.3　将避孕套平放，裁刀(I.2.1)的刀口与样品垂直。在距开口端80 mm处，两边平行的、没有花纹的地方，应一次冲击裁切试片。如果距开口端80 mm内具有花纹或非平等边，应从两边平行的、没有花纹的邻近的地方裁取试片。如果没有两边平行且无花纹的地方，则从距开口端80 mm的地方裁取试片。

I.3.4　将试片摆平，用直尺放在上面并测量两折叠边的距离，精确到0.5 mm。应去除润滑剂并施加合适的粉剂以免粘连。裁取样品时应特别注意，在试验前应检查每一样品，以确保试片边缘没有任何缺口或其他缺陷而引起不良的试验结果（参见附录P）。

I.4　步骤

I.4.1　在(25±5)℃的温度和(55±15)%的相对湿度下进行试验。

I.4.2　将试片置于拉力机的辊筒上进行拉伸直至断裂。

I.4.3　断裂时，记录力（精确到0.5 N）和两辊轮中心间距（精确到毫米）。

I.5　结果计算

I.5.1　以牛顿为单位记录断裂时的力(F_b)。

I.5.2　有要求时，用式(I.1)计算每一试片在扯断时的伸长率(E)：

$$E = \frac{l_1 + 2d - l_2}{l_2} \times 100 \qquad \cdots\cdots\cdots\cdots (\text{I}.1)$$

式中：

l_1——试片与两辊接触部分的长度（直径 15 mm 的辊筒为 47 mm），单位为毫米（mm）；

d——两辊的最终的中心间距，单位为毫米（mm）；

l_2——试片的初始长度（按附录 I.3.4 测得的两倍距离），单位为毫米（mm）。

试验结果化整为 10%。

注：拉伸强度单位为 MPa，可用下式计算：

$$拉伸强度 = \rho \cdot F_b \cdot W/m$$

式中：

ρ——胶乳橡胶密度（0.933 g/cm^3）；

F_b——扯断力，单位为牛（N）；

W——平均宽度，单位为毫米（mm）；

m——试片的质量，单位为毫克（mg）。

结果化整到 0.1 MPa。

附　录　J
（规范性附录）
储存期的测定——实际时间稳定性研究

J.1　原理

在 30 ℃下，将带包装的避孕套调节到预定的储存期，按 6.1 测试爆破体积和压力。定期取出小样本量进行充气试验，监控避孕套在老化期内质量的变化。

本标准选择适应世界范围内的储存气候老化条件 30 ℃。

J.2　步骤

J.2.1　总则

当确定避孕套符合本标准第 5 章，6.1，6.2.2，第 8、9、10 章要求后，应将足够数量的避孕套放置于受控的环境条件下调节，以便：

a）　评价 1 年或不到 1 年中每个时间间隔的爆破数值的平均值和标准偏差（每一间隔的避孕套为 32 只）；

b）　当样品调节时间达到预定储存期时，按附录 B 抽样，按 6.1 进行试验，或在上述要求得到保证时可提前进行试验。

如果避孕套的储存时间达到了预定的储存期，并满足 6.1 的要求，则可确认其储存期。

J.2.2　检验

a）　按附录 B 的抽样方案，按第 5 章、6.1、第 8 章、第 9 章测试 3 批避孕套的单个包装产品。

b）　按附录 H 的条件或在（30^{+5}_{-2}）℃的受控环境下调节样品。

c）　每批避孕套的调节样数量要足够：

　1）　以 1 年或小于 1 年时间间隔为预定储存期，在每一时间间隔中至少应测试 32 只避孕套（建议最少 200 只避孕套）。

　2）　当调节样品达到了预定储存期时，按附录 B 的抽样方案抽取数量足够的避孕套，进行 6.1 中的爆破体积和压力检验。

　值得特别注意的是：要备足调节样品，以便重新检验或要求对其他时间段进行检验时用。

d）　以 1 年或少于 1 年的各个时间间隔，抽取受控条件下调节的避孕套样（每批至少 32 只）。

e）　按附录 G 测试爆破体积和压力。

f）　绘制每批避孕套的爆破压力和体积对时间的平均值和标准偏差的曲线。

g）　当达到预定的储存期时，或者如果由 f）得到的爆破性能平均值和标准偏差降低到某点，此时爆破性能可能接近了 6.1 要求的下限值。按附录 B 从每批产品中抽取数量足够的样品，按附录 G 测试避孕套的爆破体积和压力。按 6.1 中的爆破性能要求判定。

　注：当平均值和 6.1 的下限小于 2～3 个标准偏差时，应考虑到避孕套存在接近爆破性能下限的风险。

h）　按 6.1 进行合格判定。

J.3　声称储存期的确认

声称储存期应达到按 J.2 完成试验且满足 6.1 要求所验证的实际时间，但不超过 5 年。

如果标识（声称）的储存期大于已验证的储存期，则应调整声称储存期并通报管理机构和直接购买方。

J.4 检验报告

除满足附录N规定和附录G的相应要求外，试验报告还应包括：

a) 按J.2.2f)测得的结果，绘制出的爆破压力和体积对时间的曲线；

b) 按J.2.2h)测定的不合格品数量；

c) 经验证后的声称储存期。

按要求，应临时向相关管理机构提供试验报告，证明已经开始了实际时间的研究。

附 录 K
（资料性附录）
加速老化研究分析和应用指南

K.1 原理

可用加速老化研究估测预定储存期。本附录为通用草案，除同时进行实际时间研究外，可用于指导加速老化研究、估测投放市场产品的储存期，也可作为分析预定储存期研究的指南。

K.2 加速老化研究的步骤

只有满足本标准第5章，6.1，6.2.2，第8、9、10章要求的批才适用于本试验。

按附录H选定调节温度，从三批产品中抽取避孕套样品并放置于老化箱中。以适当时间间隔，从老化箱中取出避孕套，按附录G测定其爆破性能。建议使用4个较高温度中最小的1个，不采用超过80 ℃的温度。建议每一温度至少采用5个时间点，研究应在至少连续120 d，最好180 d中进行。建议每一时间/温度点上至少测试32只避孕套。

如果测试结果和避孕套实际时间稳定性结果相对一致，则应采用同一时间、相同数量的避孕套进行调节。

如果加速老化研究结果满足最低稳定性要求（7.1），则可选的温度应包括50 ℃和70 ℃。

K.3 分析加速老化数据、估测预定储存期

在本标准实施时，尚不存在唯一、十分有效或广泛应用的分析方法被作为标准方法来验证其设计是可行的。已经探索了几种近似于非线性的阿列纽斯型的绘图分析方法，期望制造商和管理机构积累实际时间数据。在本标准下一版本中将开发出普遍能接受的试验方法。

可同时用多种方法或由制造商的管理机构规定方法分析加速老化数据结果。K.5中详细说明了其中的一种。该方法用来比较配方相似、通过实际时间研究已经确定了储存期的避孕套的爆破性能变化率。制造商不应局限于现有规定的方法，鼓励研究现有方法而开发其他方法。

K.4 估测储存期试验

一旦估测避孕套储存期，则应证实从三批中抽取的避孕套在完成相当于设定30 ℃下储存期热老化试验后还能符合6.1的要求。为方便起见，可选择70 ℃和50 ℃老化温度，如果在这两个温度下的老化时间为：70 ℃时等于或超过7 d，50 ℃时达到90 d，则也可用该试验验证7.1的要求。

a) 选取一组与估测储存期时的气候温度相当的条件进行加速老化试验。其目的是为了再现避孕套在30 ℃下进行稳定性研究时所预示的失效方式。

b) 从三批产品的单个包装中取出避孕套样品，加速老化研究也同样使用这三批产品。在选定的老化温度和时间下按附录H调节样品，按6.1要求进行爆破试验。

K.5 阿列纽斯方程在分析加速老化研究中的应用指南

K.5.1 应用时间-温度叠置法的背景

对于多数产品，可通过加速老化研究、按阿列纽斯方程推算估测储存期。详细内容见ISO 11346。

由于避孕套性能变化率不一致且较小，使用阿列纽斯方程尤为困难，特别在较低的温度下获得的结果曲线为特殊的非线性曲线。

一种可选的阿列纽斯曲线方法是按贝克（参见参考文献[22]、[23]）以时间为轴对应时间位移性能

绘制而成的一条主曲线。在该方法中,每一温度对应的时间是用阿列纽斯变换因子 a_T 乘以通常温度对应的时间而转换成的相当时间。变换因子由阿列纽斯方程计算:

$$a_T = \exp\{E_a[1/T_{(tef)} - 1/T_{(age)}]/R\} \quad \cdots\cdots(K.1)$$

式中:

E_a——活化能;

R——气态常数[8.314 J/(mol·K)];

$T_{(tef)}$ 和 $T_{(age)}$——参照温度和老化温度,单位为开尔文(K)。

使用普通图纸,以各个老化温度下得到的物理性能和与其对应的各个经转换的时间描点作图。如果用活化能表示按阿列纽斯方程和修正值转换的老化性能,则可得到一条唯一的主要曲线。可以从绘制曲线上读取避孕套在参照温度下经任一时间老化后的性能。

通过对干胶制备的天然硫化橡胶的研究(参见参考文献[22]、[23]、[24]、[25]),确定了天然橡胶氧化的活化能在(84～117)kJ/ mol内。用来计算不同地区气候平均动态温度的活化能为83 kJ/ mol,因此,建议使用83 kJ/mol的活化能,该值比已公开发表的橡胶氧化活化能范围低端值小,在推算高温老化后的估测储存期时尤为便利并将会得以保留。为方便起见,表K.1为基于活化能83 kJ/mol与30 ℃参照温度的阿列纽斯变换因子。

表 K.1 阿列纽斯变换因子

老化湿度/℃	a_T E_a=83 kJ/mol,$T_{(tef)}$=30 ℃
80	1
40	2.865 1
50	7.690 8
60	19.456
70	46.628
80	106.34

可以单独用时间-温度表示爆破压力和体积。但是仅以压力和体积数据去求得唯一的推算曲线几乎是不可能的。经验证实,用时间-温度表示避孕套爆破体积×爆破压力的推算曲线,所得结果的准确率较高。因此建议采用爆破压力、爆破体积即压力和体积的乘积($p \cdot V$)绘制推算曲线图。

K.5.2 绘制时间-温度推算曲线的步骤

使用表K.1的变换因子,或从式(K.1)以30 ℃为参照温度和83 kJ/mol的活化能计算每一老化温度的变换因子。

a) 对于每一组老化数据,如时间和温度的组合,其时间为换算时间,由变换因子 a_T 乘以对应老化温度下的时间转化而成。

b) 用平均爆破性能(压力,体积和 $p \cdot V$)对应经换算后的时间描点绘图。应单独在一张图上绘制每一性能的曲线。

c) 为便于随后识读曲线图,可在图中标注标准偏差。也可在重叠曲线上标注每一时间点所显示的不合格避孕套的数量。

d) 由曲线图和已知样品方差或标准偏差估算储存期。此时的储存期是指避孕套在要求的30 ℃下储存到期后、爆破压力和爆破体积降至极限、但爆破性能仍然满足6.1要求的时间。可能出现下列结果:

1) 得到了唯一的主要曲线(很可能是 $p \cdot V$),从设定储存期的曲线图上,可以方便识读到与爆破性能相关的数据。

2） 没能获得主要曲线(每一温度的单独曲线不重叠)。即便如此,仍然可以通过研究曲线的趋势,预测产品在设定储存期到期后的爆破性能。例如,以每一单独老化温度对应设定储存期下的温度描点绘图,可以估算出产品在测设定储存期到期后的爆破性能。如果绘制曲线趋势一致,则可通过推算、估测出在设定气候温度下的爆破性能。值得一提的是,要求使用类似预测方法充分支持证实已经得出的结论。

K.5.3 按阿列纽斯变换因子估测储存期的试验

a） 选取一组与估测储存期 30 ℃下相当的加速老化条件。以活化能 83 kJ/mol 为基准变换因子,用阿列纽斯变换因子来计算设定温度下的老化时间并非困难,选择加速老化条件而进行试验的目的是为了再现避孕套在 30 ℃下进行稳定性研究时所预示的失效方式。

b） 按附录 B 从三批产品中抽取避孕套,根据附录 H 在选定的老化温度和时间下调节样品,测试样品是否满足 6.1 爆破要求。

声称储存期应达到估测的储存期限,但不超过 5 年。在这一期间储存的避孕套应符合 6.1 要求。

附　录　L
（规范性附录）
针孔试验

L.1　总则

本附录规定了测试天然胶乳橡胶避孕套针孔试验的两种等效方法：漏水试验和电检试验。

L.2　漏水试验

L.2.1　原理

用规定体积的水充入避孕套，目视检查悬挂的避孕套外表面漏水情况。在确认没有任何渗漏时，将避孕套在有色吸水纸上滚动，检查避孕套的渗漏迹象。

L.2.2　仪器

L.2.2.1　固定装置。适于在开口端固定避孕套，使其能自由地悬挂。在悬挂状态下对避孕套充水。图 L.1 为一种合适的固定装置。

单位为毫米

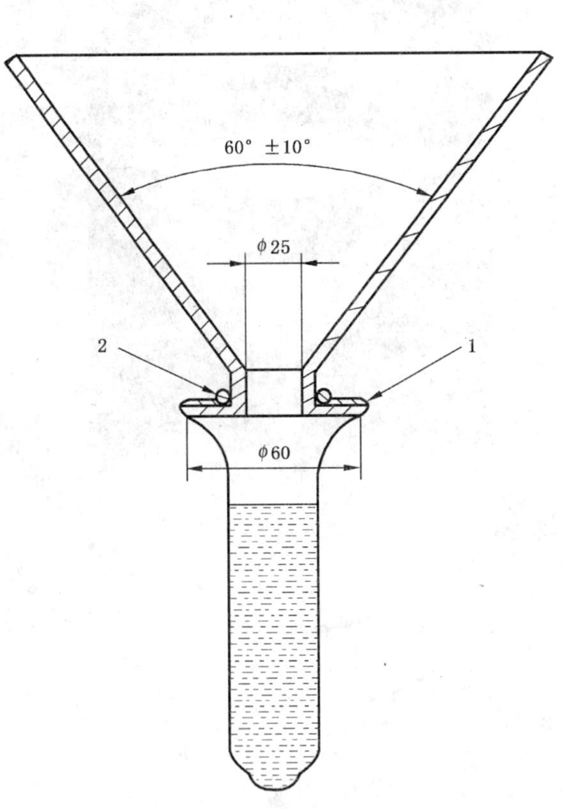

1——完整圆滑的边缘；

2——橡胶圈。

图 L.1　固定装置

L.2.2.2　有色吸水纸。

L.2.2.3　滚动装置（可选），由平滑的透明板组合而成。它能够平行放置在吸水纸上方（30±5）mm 处，且可在水平方向上来回滚动避孕套。如果使用板滚动时，应使避孕套至少转动完整的一周。

L.2.2.4　夹紧装置（可选），合适的能保持避孕套的开口端封闭，并防止渗漏，对吸水纸上滚动的部分不产生损害。例如弹簧纸夹。

L.2.3 试验步骤

L.2.3.1 将包装内的避孕套挤离撕口处，撕开包装取出避孕套。在任何情况下，都不要使用剪刀或其他锋利的器具打开包装。应穿戴合适的手套或指套处理避孕套。

L.2.3.2 展开避孕套，使其在任何方向不受到过度伸张。如果发现任何小孔或撕裂，则认为该避孕套为不合格的，并停止试验(见附录P)。

L.2.3.3 记录避孕套的可见缺陷：破损、缺少或严重变形的卷边和胶膜严重黏结。

L.2.3.4 将避孕套的开口端固定到固定装置上，避孕套开口端朝上悬挂。

L.2.3.5 加入10 ℃～40 ℃的水(300±10)cm^3，确保不是实验室的空气湿度的原因而导致避孕套外侧有水凝结，检查避孕套上可见的渗漏现象。距开口端25 mm(测量精确到1 mm)以外部位的任何可见渗漏现象都认为不合格并终止试验，应标记距开口端较近的针孔。将避孕套内的水倒空后，测量针孔的位置，确认其是否距开口端25 mm以外的部位。

如果因避孕套没有胀大而不能装下300 mL水，允许水保留在充水系统中以产生一定的压力。

L.2.3.6 悬挂之后整个避孕套没有发现可见渗漏，从闭口端握住避孕套，如有必要，轻轻拉伸避孕套从开口端将水导入。从避孕套距开口端小于25 mm处扭转一圈半左右以封闭避孕套。从固定装置上取下避孕套，用一只手或合适的夹具(L.2.2.4)抓住避孕套的开口端。

L.2.3.7 将避孕套移到一张干燥的吸水纸上，滚动闭口端至少一周。用手在纸上方(25～35)mm处对避孕套施加压力并加以滚动。然后将避孕套平放在吸水纸上，且因此形成的圆柱体的轴线与纸平行。

L.2.3.8 在充满水的状态下，来回滚动避孕套至少一周，可使用下列两种方法之一：

a) 人工滚动

滚动期间，将手指伸开，尽可能对避孕套施加相同的力。将手保持在吸水纸上方(25～35)mm处。移动手掌以便整个避孕套受压并与吸水纸接触。

b) 机械助动

将避孕套放在吸水纸上，使用L.2.2.3的滚动装置，滚动避孕套至少完全一周。避孕套可以转动超过一周以确定是否存在渗漏。转动的圈数要少，每张吸水纸上不要超过10转。

注：L.2.3.7和L.2.3.8两步的顺序不分先后。对含有润滑剂的避孕套的滚动可分别在两张独立的吸水纸上进行，以分清是润滑剂的痕迹还是水的痕迹。

L.2.3.9 检查避孕套在吸水纸上任何漏水的痕迹，忽略润滑剂。应标记靠近开口端的针孔，倒空水后测量针空位置，确认其是否距开口端25 mm以外的部位。距开口端25 mm以外部位有针孔的避孕套为不合格品。

L.3 电检试验

L.3.1 原理

最初，避孕套是用电子屏蔽的方法来检查针孔的。没有针孔的避孕套就像绝缘体，电流不会形成回路而流过避孕套，具有针孔的避孕套电流将会通过避孕套。

没有通过电检的避孕套，使其在有色吸水纸上滚动以确认是否存在针孔。

L.3.2 仪器

L.3.2.1 电检试验设备。如图L.2和图L.3所示。

参数如下：

电压(10±0.1)V；电阻(10±0.5)kΩ；

电压表的精度为±3 mV。

L.3.2.2 电解液，建议采用含有氯化钠的水溶液[在(25±5)℃时$\rho_{(NaCl)}=10$ g/L]，但也可使用其他导电率相当的电解液[如$\rho_{(Na_2SO_4)}=(15.4\pm1.0)$g/L]。

L.3.3　步骤

L.3.3.1　将包装内的避孕套挤离撕口处，撕开包装取出避孕套。在任何情况下不能使用剪刀或其他锋利的器具打开包装。处理避孕套时应戴好合适的手套或指套。

L.3.3.2　展开避孕套保证其在任何方向上不过度拉伸。

L.3.3.3　在正常或矫正视力下检查避孕套，任何存在可见针孔或撕裂的避孕套为不合格品，停止试验。

L.3.3.4　记录避孕套的可见缺陷：破损、缺少或严重变形的卷边和胶膜严重黏结。

L.3.3.5　将避孕套开口端固定在固定架上(L.3.2.1)使避孕套开口端向上悬挂。

L.3.3.6　在避孕套内加入(200±10)mL电解液(L.3.2.2)，检查是否渗漏。如果渗漏的话，该避孕套不合格。将不渗漏的避孕套浸入电解液槽中，但开口端与液面距离为至少25 mm。在避孕套与电解液槽中的电极之间串接一个10 kΩ的精密电阻，释放10 V连续稳定电压。

(10±2)s后测量电阻两端电压，记录其结果。

如果电压大于或等于50 mV，排空避孕套进行L.2.3.4～L.2.3.9充水试验，或按L.3.3.7测试。

L.3.3.7　往避孕套中注入(300±10)mL电解液或水，将避孕套拧转大约一周半封闭其开口端，然后从固定架上取下避孕套，用软布或让避孕套在吸水纸上轻轻滚动擦去避孕套上的电解液，最后进行L.2.3.7～L.2.3.9的漏水试验。

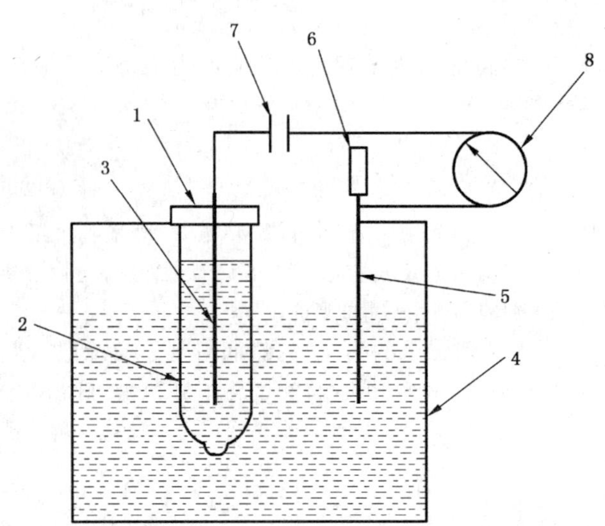

1——支撑(见图L.3)；

2——固定在支撑上的充满电解液的避孕套；

3——固定在支撑上的电极；

4——电解液槽；

5——电极；

6——10 kΩ电阻；

7——10 V稳压电源；

8——电压表。

图L.2　电检仪器示意图

单位为毫米

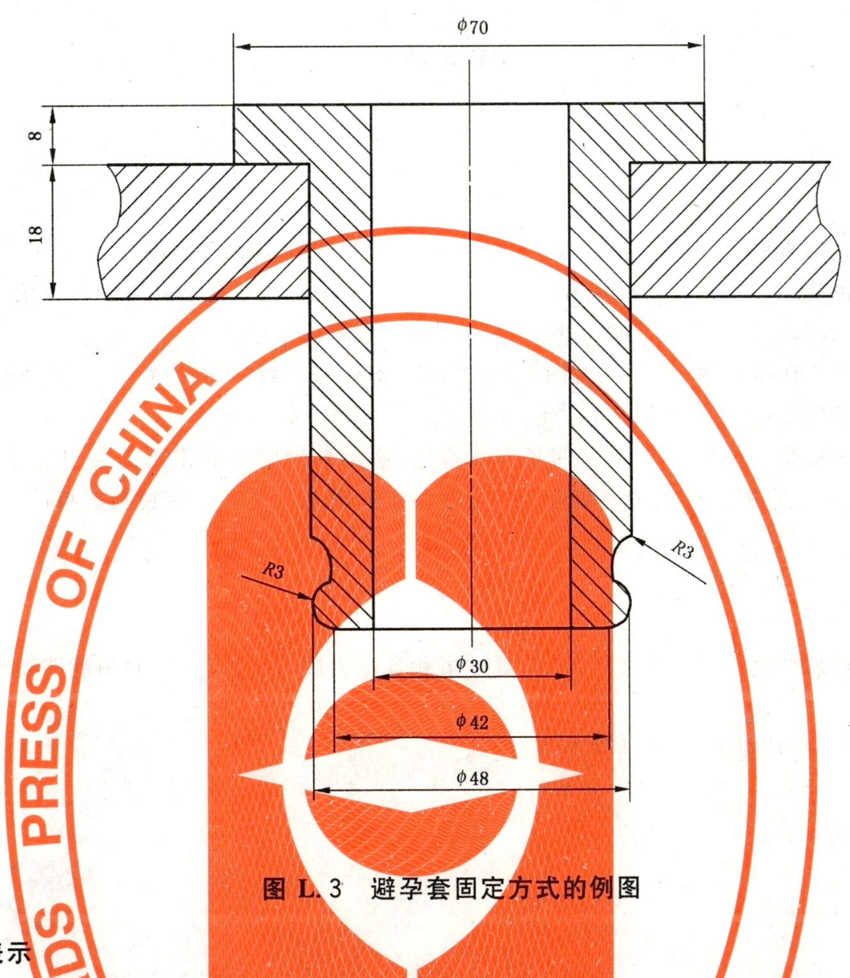

图 L.3 避孕套固定方式的例图

L.4 结果表示

试验报告应包括附录 N 的内容和以下特别的内容：

a) 在固定到仪器上之前存在针孔或撕裂的避孕套数量，大于或等于 50 mV 的避孕套数量（电检）；

b) 在仪器上观察到的渗漏避孕套数量，以及渗漏点距开口端大于 25 mm 的避孕套数量（目检）；

c) 在滚动时出现渗漏的避孕套数量，以及渗漏点距开口端大于 25 mm 的避孕套数量；

d) 除针孔和撕裂外可见缺陷的避孕套数量以及缺陷特征。

附 录 M
（规范性附录）
包装完整性试验

M.1 概述

包装完整性是指密封好的单个避孕套包装存在缺口而导致润滑剂渗漏的可能性，产生渗漏的缺口还会使氧气透过包装。但本附录的规定方法是不能检验出因单个包装材料具有微孔或透气性而产生的渗漏。因此，本试验只适用于检验足够大的且能使润滑剂渗漏出来的缺陷。

几种试验方法正在研究中。在证实新的试验方法具备更好的灵敏度或连贯性的结论之前，应在绝对压力为(20±5)kPa 的真空度下按下列方法进行包装完整性检验。

用本方法可能检验不出某些渗漏，经过抽取真空后，避孕套包装中的正压力会迫使润滑剂（如果存在）产生较小的渗漏。能被检验出的渗漏量的多少取决于润滑剂种类和包装材料的特性。

M.2 检验方法

M.2.1 仪器

真空箱。能够承受大约一个大气压差，与真空泵和真空表固定在一起，试验中能够观察到箱内。

M.2.2 试剂

浸没液体（水），用湿润剂（如洗洁精溶液）处理。

M.2.3 抽样

使用特殊检查水平 S-3。

M.2.4 试样

单个包装的避孕套。

M.2.5 调节

试样和试液在室温下进行调节。

M.2.6 试验步骤

将单个包装的避孕套浸入被放置在真空箱内且装有水的容器中，包装表面最突出部分应距水面至少 25 mm。如果向水中加入染料，则渗入包装袋内的水更容易被观察到。

可同时试验两个或更多的避孕套，只要按上述操作，每个包装上任何部位的渗漏都能够被观察到。将试验箱抽真空至绝对压力(20±5)kPa，随真空度的增加，可观察到避孕套包装产生连续气泡的现象，不要将单独出现的气泡认为是渗漏。对于顶部空间小或没有的弹性包装，不能使用本方法进行可靠的评价。

保持真空 1 min，然后释放，揭开容器盖，检查避孕套包装渗水情况。

M.2.7 结果判定

随真空度的增加，或在规定真空度下放置时，如果有气泡产生，表明避孕套包装存在渗漏，则试样为不合格。

如果包装内出现可见试验液体，则为不合格。

如果没有出现表明渗漏的气泡、包装内没有可见试验液体，则认为该只包装为合格。

M.2.8 试验报告

试验报告应包括附录 N 的内容和下列特别内容：

a) 通过观察气泡后监测到渗漏的包装数量；

b) 包装内有试液渗入的数量。

附 录 N
（规范性附录）
试 验 报 告

试验报告应至少包含下列内容：

a） 实验室名称和地址；

b） 委托方名称和地址；

c） 试验报告的识别；

d） 样品的识别；

e） 样品产地，样品到达实验室的日期和抽样者的身份；

f） 引用的标准号和附录；

g） 描述与本标准的所有偏差；

h） 根据相关附录的试验结果；

i） 测量误差，如果可能；

j） 试验报告的日期，试验报告责任人员资格和签名。

一般情形下，建议完成试验后销毁试验过的避孕套。有时，为说明某些特殊问题需要保留。因此，标识样品或避免无目的用途而储存试验过的样品至关重要。

附　录　O
（资料性附录）
爆破体积和压力充气装置的校验

O.1　系统检查规则

不同的实验室所使用的仪器不同，规定所有仪器的校验和检验程序是不切实际的。

本附录规定了从 O.2～O.10 和图 O.1 中步骤，适用于多种系统的校验。如果按顺序进行，则是用于校验、检查和校验系统的实例。针对个别仪器结构，按需要可以修订规定规则。为方便系统检查，可在某些系统上安装附加装置，如三通管、隔离阀或手动控制阀。

应定期进行内部校验，或对仪器的读数存有疑义时进行校验。

O.2　夹具滑动力检查

该试验是保证避孕套长度不会因充气而产生太大的变化，尽可能在靠近夹具环顶端的避孕套上作标记。当充气至避孕套接近爆破时，用针刺破靠近储精囊表面，观察所作的标记是否移动。

O.3　充气长度检查

该方法既可在测试头上进行，也可用在长度测量棒测量，确认避孕套充气后的长度为 150 mm，也就是放置长度限制尺的长度；确认不是夹具的原因而使避孕套伸张，确认夹具夹紧避孕套前的位置不会被吹离。

O.4　胀气套泄漏检查

该检查是检查胀气套是否漏气，特别是不要漏入正在充气的避孕套内。如果胀气套和避孕套是分别充气的，则用充气来检查胀气套是可行的。在切断胀气套充气（如 5 min）后观察胀气套是否仍然处于充气状态。

O.5　供气泄漏检查

这一步骤是检查供气系统或压力传感器系统是否存在泄漏，这些系统的泄漏将会导致测量体积的误差。

O.6　压力表的校验

可用参照表并联受检仪器定期检查压力测量表或传感器。用水柱压力计作参照表既方便又精确。应在测试头上方放置可变压缩物或按规定步骤进行避孕套充气试验（或两个，其中一个放在另一个上面），检查碰到压力的所有部位。

注：某些项目，如消除漏气，是检查其他项目的先决条件。如体积和压力读数的校验。但是另外一些项目，如计时器检查、充气长度检查和自动记录的确认，不会受其他检查项目的制约，可以单独进行。

图 O.1　定期检查表

O.7　空气流量的调节和校验

如果系统为计时、流量原理设计，则需要精确测量空气流量。相反，如果系统为测量体积的累加原理设计，则只要求空气流量在规定范围内。建议在允许流量范围的中心值附近设置空气流量，以适应因周围环境而引起的波动。

使用一台适宜于可变区域的流量计（转子流量计）来校验受检仪器的流量不妨为简便的方法。转子流量计结构简单，运动部件较少，内部许多重要的部件对于使用者而言便是一目了然。也可以使用体积表。

应直接将校验流量表夹至避孕套测试头上，即通常固定避孕套的部位，使用合适的试验台和连接软管（能产生较小的压力降）。如果没有装备固定的在线流量计，则校验流量计连接部位的流量平稳度，尤为重要。

环境条件的变化可能对流量和爆破计时系统的影响较小。无论气候是否变化，每天应检查和计算流量两次。

O.8 在线体积计或流量计的校验

对于装备有在线体积表(例如,孔板流量计或涡轮流量计)的系统,应对照上述转子流量计(或其他参照流量计)给定程序检查流量计的精度。测量出的体积即是充入避孕套中的空气体积,既可以是从测试头上测量的,也可以是(按理想气态方程)计算体积表和测试头间工作时的任一参数(压力或体积)而得出的修正值,应按体积表上显示的压力确定体积表和测试头间的压力降。

按给定的转子流量计同样的程序校验在线转子流量计,必须校验在用转子流量计以及在线计量表和测试头间工作时的温度和压力。

O.9 计时器检查

应使用标准的计时工具(电话时钟或广播报时)校验所用秒表或电子计时器。

O.10 自动记录的合格检定

对于由计算机或其他仪器自动记录结果(压力、体积或时间)的系统,必须检查所记录的数据就是爆破时的真实数据。应检查系统中的每个测试头。应在每个测试头观察 5 个避孕套的爆破体积(或时间)和爆破压力,将观测结果与自动记录值进行比较。

O.11 重要公式

如果气体在流动时产生了压力降,气体就会膨胀,流量和压力关系符合气态方程:

$$p_1 q_1 = p_2 q_2 \qquad \cdots\cdots (O.1)$$

式中:

p_1 和 q_1——系统中第一点的压力和流量;

p_2 和 q_2——系统中第二点的压力和流量。

转子流量计上的读数取决于流过转子流量计气体的压力和温度。如果转子流量计是在压力 P_0 和温度 T_0 下校正的,但测量时的实际条件为压力 P_m 和温度 T_m,则与指示流量 q 相关的实际流量 Q 由式(O.2)求得:

$$Q = q\sqrt{\frac{P_0 T_m}{P_m T_0}} \qquad \cdots\cdots (O.2)$$

注:上式中的所有压力均为绝对压力。

附 录 P
（资料性附录）
说 明

P.1 总则

除第7章中的稳定性和储存期试验外，本标准并未要求制造商执行其中的其他试验方法。但是，质量体系必须保证由第三方按本标准中的方法检验产品，产品要满足本标准的规定要求。实际上，在进行成品检验时，制造商大都使用本标准中的方法或其他有效的方法保证产品符合规定要求。制造商也可用这些试验方法建立质量管理体系。

本标准包括第三方用于孤立批质量验证的试验方法。

针对制造商如何评估任何新型或改进产品的储存期、如何进行产品投放市场前实际时间的老化研究，本标准为此作出了要求。通过加速稳定性研究，不妨为制造商及时推出新型产品的一种举措，但必须保证进行之中的实际时间稳定性研究将证实其声称的储存期。稳定性和储存期技术要求详情见第7章。

本标准中的某些内容（前言和第11章）只简要说明了技术要求，而没有特别规定测试参数、界限值或检验方法。制造商的质量体系应涉及具体的要求。

P.2 5.3.2和6.1

在避孕套不同的两点测量其宽度。而5.3.2中测量的宽度是指避孕套的大小。宽度对于消费者安全至关重要，避免避孕套在使用过程中从阴茎上滑落。因此，应在距开口35 mm内的位置测量宽度。在6.1中，以避孕套中部测量宽度作为确定爆破体积的最小值。测量中部宽度的目的在于保证所选择爆破体积最为适当。如果避孕套两边平行，按5.3.2测量的宽度可用于6.1。

按6.1，可以将避孕套置于长度仪上，距闭口端75 mm处标出标记。

P.3 6.2具有“超强”的产品要求

在许多国家，将某些类型的避孕套冠名为“超强”、“特别强度”、“超级安全”等等，有时，建议将“超强”避孕套用于肛交。为避免这些冠名用于普通类型避孕套，在本标准中增加了对“超强”型避孕套的其他要求。

使用拉力机测试的平均扯断力应大于100 N，而普通类型避孕套则为70 N。100 N为经验值，是从市场上获得大量的所谓超强避孕套样品经试验而得出的。同样，选择了2.0 kPa进行相关拉伸试验，以区别于普通类型的避孕套。

本标准着重强调“超强”在于避孕套的厚度要厚。由于缺乏足够的临床比对试验，难于确定较厚避孕套在使用过程中是否破裂减少或者不会减少。也许是超强避孕套的敏感度差，一些消费者难以接受。尽管如此，另一些消费者却热衷于这类产品。因此，针对这类产品增加其他一些要求，包括临床使用评估要求或附加标识。

P.4 第7章

在本标准中，增加了储存期和稳定性试验另外的要求。不应将该类试验与欧洲地区用于正常的市场准入程序和由第三方进行的型式检验相混淆。应将第7章中的试验作为制造商新产品市场准入体系的部分内容。实际时间研究目的在于证实加速老化研究获得的任一结果。第7章中的要求其目的是帮助制造商避免进行不必要的试验从而制定产品适宜于所有市场需要的一整套文件。

应在 30 ℃下进行稳定性研究和储存期的估测。研究表明，30 ℃为热带气候运动温度的平均值，适于避孕套分销到世界的任何地方。ISO/TC 157(医疗器械标准化技术委员会)认为：既然制造商不能控制其销售产品到达的最终目的地，所以应在更为严厉的条件下(如热带气候)进行试验。

P.5 第 11 章

a) 11.1

制造商应根据其实际经验和消费者意见就有关油墨、用于保护避孕套在运输过程中不受损害的内外包装、储存和包装打开方式的要求进行评审并作为制造商和/或分销商质量体系中的部分内容。除了第 10 章的包装完整性外。没有规定适用于包装的试验方法，对于新的包装设计，制造商应按要求向管理机构提供“包装经过正常处理、运输和储存后足以对避孕套起到保护作用且满足本标准要求”的评审材料。若存在打开包装过程中对避孕套产生损坏的风险，要按正常试验对打开包装方式进行评审，试验结果将会反映出风险的程度。如果避孕套是直接以单个包装提供给消费者，则单个包装应认为是消费包装，且应满足所有的标志要求。

b) 11.2.2a)、11.2.3d)

根据避孕套销往国的管理规定，分销商要在标志(商标名称)、包装或标识上反映其具有生产商授权的资格。

c) 11.2.2 c)

使用月/年或年/月表示失效日期，至于具体采用哪种格式关系不大，只要满足本条要求就行。但值得注意的是避免因失效日期标识的改动而引起其他方面的疑惑。

d) 11.2.3.1 d)

见 11.2.2。

e) 11.2.4 d)

本标准的出版年号并非重要，如果包装材料版面有限，可不标识。原因是包装上标识了标准号，就向消费者表明能在自由市场上流通的避孕套已经满足了安全性极高的要求。

P.6 C.4 精密度和偏差

表 P.1 为国际实验室间进行的避孕套润滑剂回收精度比对试验得出的结果。润滑剂为硅油和聚乙二醇(PEG/N9)。九个实验室参加了试验。

注：若按 ASTM E 691，材料数目不能满足测定精度的最低要求。

将 400 mg 上述两种润滑剂分别滴加在数只避孕套上，测试分析润滑剂滴加与回收前后的质量(重量)减量。该试验的结果不适用于其他润滑剂。

表 P.1 润滑剂的回收

润滑剂类型	平均减量/mg (滴加-回收)	标准偏差		重复性	再现性
		S_r	S_R	r	R
标准硅油	85	23	40	64	113
聚乙二醇	83	20	37	55	104

由表中“平均减量”栏可以看出滴加与回收前后润滑剂的平均减量，所得出的数据 83 mg、85 mg 是由上述方法测定的，比制造商实际用量多。

S_r——实验室内回收的润滑剂的平均值的标准偏差；

S_R——实验室间回收的润滑剂的平均值的标准偏差；

r——实验室内重复性极限=2.8S_r；

R——实验室间再现性极限=2.8S_R。

由于得到了单次试验的结果，R 则反映出了经随机抽取相同材料单次数量试样在不同实验室间测定值的差别。

希望两个单次试验结果之间的绝对差异——R 的概率低于95%。

P.7 D.3.2 润滑剂的去除

去除润滑剂的程序实例如下：

a) 用适当的溶剂如异丙醇洗涤避孕套，去除润滑剂或粉末。用适当的溶剂混合液(50 g/L)，例如异丙醇和滑石粉(精细级)漂清洗避孕套。悬挂试样于通风处干燥至少15 min；

b) 去除避孕套闭口端，以适当开口促使空气能自由流过避孕套内面从而使其干燥；

c) 擦拭去除多余的滑石粉；

d) 在(23±2)℃，相对湿度(50±5)%条件下干燥避孕套至少16 h。

P.8 E.3.2

见 P.7 去除润滑剂的方法。

P.9 附录 I

a) I.1

本标准附录 I 部分被用于验证超强避孕套。将伸长率的试验方法作为资料性附录纳入本标准，原因是除本标准的技术要求外，必须用一个标准方法用于“超强”伸长率测定。

b) I.3.4

见 D.3.2 去除润滑剂的程序。

P.10 附录 L

a) L.2.3.2

靠近开口端的可见孔或撕裂将可能引起避孕套滑落或破损，在避孕套开口端至25 mm整个长度内(包括25 mm处)判定可见孔或撕裂。

b) L.2.3.5

由于室温和充入避孕套中的水温度不同，可能在避孕套的外表面有水凝结，凝结程度取决于空气的相对湿度。

参 考 文 献

[1] GB/T 16886.1—2001 医疗器械生物学评价 第1部分:评价与试验(ISO 10993-1:1997,IDT)

[2] GB/T 16886.10—2005 医疗器械生物学评价 第10部分:刺激与迟发型超敏反应试验(ISO 10993-10:2002,IDT)

[3] GB/T 19001—2008 质量管理体系 要求(ISO 9001:2008,IDT)

[4] GB/T 19000.1—1994 质量管理和质量保证标准 第1部分:选择和使用指南(idt ISO 9000-1:1994)

[5] GB/T 19004—2000 质量管理体系 业绩改进指南(idt ISO 9004:2000)

[6] YY/T 0287—2003 医疗器械 质量管理体系 用于法规的体系要求(ISO 13485:2003,IDT)

[7] YY/T 0288—1996 质量体系 医疗器械 GB/T 19002-ISO 9002应用的专用要求(ISO/FDIS 13488:1996)

[8] YY/T 0297—1997 医疗器械临床调查(ISO 14155:1996,IDT)

[9] YY/T 0316—2003 医疗器械 风险管理对医疗器械的应用(ISO 14971:2000,IDT)

[10] ISO/IEC导则7 关于制定用于合格评定标准的指南

[11] ISO 2230:2002 橡胶产品 贮存导则

[12] ISO/TR 8550:1994 适合不连续批检查的可接受的抽样体系、计划或方案的选择指南

[13] ISO 11346:2004 硫化或热塑性橡胶使用寿命和最高温度的评估

[14] ISO 16037:2002 用于临床试验的避孕套 物理性能的测定

[15] ISO 16038:2006 橡胶避孕套 关于天然橡胶胶乳避孕套质量管理的ISO 4074使用指南

[16] EN 10002-2 金属材料 拉伸试验 第2部分:拉力试验机测力系统的验证

[17] ASTM D3078-94 通过排气测定软包装漏气的标准试验方法,美国试验和材料协会

[18] 在次优条件下包装、润滑和配方抗老化的重要性,避孕套53,1996:221-229

[19] 欧洲、日本和美国用于稳定性试储存条件.药品开发和工业制药,1993,19(20):2795-2830

[20] 药品开发和工业制药,1998,24(4):313-325

[21] Extrapolating accelerated thermal aging results:a critical look at the Arrhenius method. Washiongton DC:American Chemical Soiciety. Polymer Preprints,1993,34(2):185

[22] BARKER. L. R. J. Nat. Rubb. Res.,1987,2(4):210-213

[23] BARKER. L. R. J. Nat. Rubb. Res.,1990,5(4):266-274

[24] Mandel,J.,et al. j. Res. Nat. Bur. Stand.,63 C,No. 2,1959

[25] Grimm,W.,Drug Dev. ind. Pharm.,1993,19(20):2 795-2 830

[26] Pannikottu,A. and Karmarkar,U. Elastomer Service Life Prediction Symposium,99,E. J. Thomas Hall University of Akron,OH,USA

ICS 59.080.01
W 04

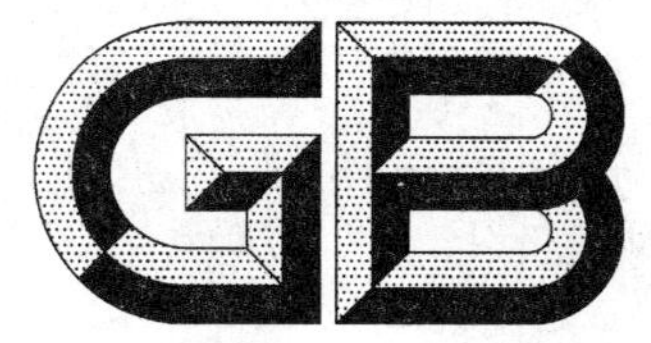

中华人民共和国国家标准

GB/T 7573—2009
代替 GB/T 7573—2002

纺织品　水萃取液 pH 值的测定

Textiles—Determination of pH of aqueous extract

(ISO 3071:2005,MOD)

2009-06-11 发布　　2010-01-01 实施

中华人民共和国国家质量监督检验检疫总局
中国国家标准化管理委员会　发布

前　言

本标准修改采用ISO 3071:2005《纺织品　水萃取液pH值的测定》,与ISO 3071:2005的主要差异如下:

——规范性引用文件中的国际标准替换为相应国家标准。

——在仪器设备中增加了100 mL量筒。

——8.1中增加了注1和注2。

——将8.2"在萃取液温度下用两种缓冲溶液校准pH计"改为"在萃取液温度下用两种或三种缓冲溶液校准pH计"。

——第10章中增加了注2。

——试验报告中增加了"a)样品描述"。

本标准代替GB/T 7573—2002《纺织品　水萃取液pH值的测定》,与GB/T 7573—2002相比,主要修改内容如下:

——增加了pH值的定义。

——规范性引用文件中增加了"GB/T 6682分析实验室用水规格和试验方法",取消了"GB/T 6529纺织品的调湿和试验用标准大气"。

——第5章试剂中蒸馏水或去离子水的pH值范围改为5.0~7.5。取消了"最大电导率及使用前煮沸5 min"的规定,并增加了水处理的推荐方法。

——第5章试剂中增加了0.1 mol/L氯化钾溶液的萃取介质和一种缓冲溶液,并将缓冲溶液的制备调至附录A。

——第6章仪器设备中pH计的精度由0.05改为0.1,天平精度由0.05 g改为0.01 g。

——取消了试验样品调湿处理的规定。

——第8章测量步骤中样品萃取时间由1 h改为2 h±5 min。

——第8章测量步骤中将原摩尔顿型电极系统操作步骤和浸没式电极系统操作步骤合并,取消了这两种电极的名称。

——第9章pH值精确度改为0.1,增加了平行试验误差及结果有效位数的规定。

——取消了差异指数一章。

——增加了第10章"精密度"。

本标准的附录A为资料性附录。

本标准由中国纺织工业协会提出。

本标准由全国纺织品标准化技术委员会基础标准分会(SAC/TC 209/SC 1)归口。

本标准由国家纺织制品质量监督检验中心负责起草。

本标准主要起草人:李治恩、李纯、朱缨。

本标准所代替标准的历次版本发布情况为:

——GB/T 7573—1987,GB/T 7573—2002。

纺织品　水萃取液pH值的测定

1　范围

本标准规定了纺织品水萃取液pH值的测定方法。

本标准适用于各种纺织品。

2　规范性引用文件

下列文件中的条款通过本标准的引用而成为本标准的条款。凡是注日期的引用文件，其随后所有的修改单(不包括勘误的内容)或修订版均不适用于本标准，然而，鼓励根据本标准达成协议的各方研究是否可使用这些文件的最新版本。凡是不注日期的引用文件，其最新版本适用于本标准。

GB/T 6682　分析实验室用水规格和试验方法(GB/T 6682—2008，ISO 3696:1987，MOD)

3　术语和定义

下列术语和定义适用于本标准。

3.1

pH值　pH value

水萃取液中氢离子浓度的负对数。

4　原理

室温下，用带有玻璃电极的pH计测定纺织品水萃取液的pH值。

5　试剂

所有试剂均为分析纯。

5.1　蒸馏水或去离子水，至少满足GB/T 6682三级水的要求，pH值在5.0～7.5之间。第一次使用前应检验水的pH值。如果pH值不在规定的范围内，可用化学性质稳定的玻璃仪器重新蒸馏或采用其他方法使水的pH值达标。酸或有机物质可以通过蒸馏1 g/L的高锰酸钾和4 g/L的氢氧化钠溶液的方式去除。碱(例如氨存在时)可以通过蒸馏稀硫酸去除。如果蒸馏水不是三级水，可在烧杯中以适当的速率将100 mL蒸馏水煮沸(10±1)min，盖上盖子冷却至室温。

5.2　氯化钾溶液，0.1 mol/L，用蒸馏水或去离子水(见5.1)配制。

5.3　缓冲溶液，用于测定前校准pH计。可参照附录A的规定制备，与待测溶液的pH值相近。推荐使用的缓冲溶液pH值在4、7和9左右。

6　仪器设备

6.1　具塞玻璃或聚丙烯烧瓶：250 mL，化学性质稳定，用于制备水萃取液。

注：建议所用的玻璃器皿仅用于本试验，并单独放置，在闲置不用时用蒸馏水注满，下同。

6.2　机械振荡器：能进行旋转或往复运动以保证样品内部与萃取液之间进行充分的液体交换，往复式速率至少为60次/min，旋转式速率至少为30周/min。

6.3　烧杯：150 mL，化学性质稳定。

6.4　玻璃棒：化学性质稳定。

6.5　量筒：100 mL，化学性质稳定。

6.6 pH 计:配备玻璃电极,测量精度至少精确到 0.1。

6.7 天平:精度 0.01 g。

6.8 容量瓶:1 L,A 级。

7 试样制备

7.1 从批量大样中选取有代表性的实验室样品,其数量应满足全部测试样品。将样品剪成约 5 mm×5 mm 的碎片,以便样品能够迅速润湿。

7.2 避免污染和用手直接接触样品。每个测试样品准备 3 个平行样,每个称取(2.00±0.05)g。

8 测量步骤

8.1 水萃取液的制备

在室温下制备三个平行样的水萃取液:在具塞烧瓶(6.1)中加入一份试样和 100 mL 水(5.1)或氯化钾溶液(5.2),盖紧瓶塞。充分摇动片刻,使样品完全湿润。将烧瓶置于机械振荡器(6.2)上振荡 2 h±5 min。记录萃取液的温度。

注 1:室温一般控制在 10 ℃～30 ℃范围内。

注 2:如果实验室能够确认振荡 2 h 与振荡 1 h 的试验结果无明显差异,可采用振荡 1 h 进行测定。

8.2 水萃取液 pH 值的测量

在萃取液温度下用两种或三种缓冲溶液校准 pH 计。

把玻璃电极浸没到同一萃取液(水或氯化钾溶液)中数次,直到 pH 示值稳定。

将第一份萃取液倒入烧杯,迅速把电极浸没到液面下至少 10 mm 的深度,用玻璃棒轻轻地搅拌溶液直到 pH 示值稳定(本次测定值不记录)。

将第二份萃取液倒入另一个烧杯,迅速把电极(不清洗)浸没到液面下至少 10 mm 的深度,静置直到 pH 示值稳定并记录。

取第三份萃取液,迅速把电极(不清洗)浸没到液面下至少 10 mm 的深度,静置直到 pH 示值稳定并记录。

记录的第二份萃取液和第三份萃取液的 pH 值作为测量值。

9 计算

如果两个 pH 测量值之间差异(精确到 0.1)大于 0.2,则另取其他试样重新测试,直到得到两个有效的测量值,计算其平均值,结果保留一位小数。

10 精密度

九个实验室联合对 7 个试样进行试验,经统计分析后得到下列结果:

使用水(5.1)作为萃取介质:再现性限 R=1.7 pH 单位。

使用氯化钾溶液(5.2)作为萃取介质:再现性限 R=1.1 pH 单位。

注 1:数据统计分析参照 GB/T 6379.2—2004《测量方法与结果的准确度(正确度与精密度) 第 2 部分:确定标准测量方法重复性与再现性的基本方法》。

注 2:当某种样品使用水和氯化钾溶液的测定结果发生争议时,推荐采用氯化钾溶液作为萃取介质的测定结果。

11 试验报告

试验报告应包括下列信息:

a) 样品描述;

b) 试验是按本标准进行的;

c) pH平均值，精确到0.1；
d) 使用的萃取介质(水或氯化钾溶液)；
e) 萃取介质的pH值；
f) 萃取液的温度；
g) 任何对结果可能产生影响的因素，包括妨碍试样润湿的现象等；
h) 测定日期。

附　录　A
（资料性附录）
标准缓冲溶液的制备

A.1　概要

所有试剂均为分析纯。配制缓冲溶液的水至少满足 GB/T 6682 三级水的要求，每月至少更换一次。

A.2　邻苯二甲酸氢钾缓冲溶液，0.05 mol/L（pH4.0）

称取 10.21 g 邻苯二甲酸氢钾（$KHC_8H_4O_4$），放入 1 L 容量瓶中，用去离子水或蒸馏水溶解后定容至刻度。该溶液 20 ℃的 pH 值为 4.00，25 ℃时为 4.01。

A.3　磷酸二氢钾和磷酸氢二钠缓冲溶液，0.08 mol/L（pH6.9）

称取 3.9 g 磷酸二氢钾（KH_2PO_4）和 3.54 g 磷酸氢二钠（Na_2HPO_4），放入 1 L 容量瓶中，用去离子水或蒸馏水溶解后定容至刻度。该溶液 20 ℃的 pH 值为 6.87，25 ℃时为 6.86。

A.4　四硼酸钠缓冲溶液，0.01 mol/L（pH9.2）

称取 3.80 g 四硼酸钠十水合物（$Na_2B_4O_7 \cdot 10H_2O$），放入 1 L 容量瓶中，用去离子水或蒸馏水溶解后定容至刻度。该溶液 20 ℃的 pH 值为 9.23，25 ℃时为 9.18。

ICS 37.020
N 30

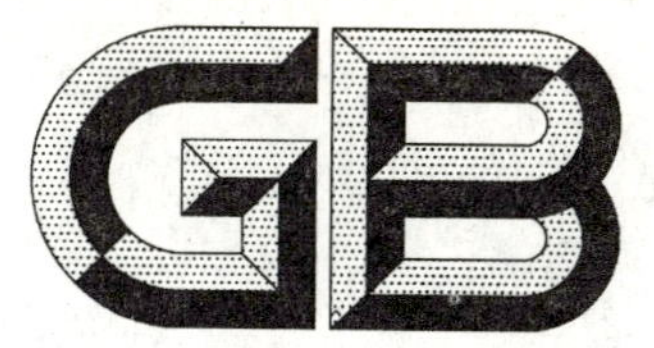

中华人民共和国国家标准

GB/T 7661—2009
代替 GB/T 7661—1987

光学零件气泡度

Bubble classes of optical elements

(ISO 10110-3:1996,Optics and optical instruments—Preparation of drawings for optical elements and systems—Part 3:Material imperfections—Bubbles and inclusions,NEQ)

2009-11-15 发布 2010-02-01 实施

中华人民共和国国家质量监督检验检疫总局
中国国家标准化管理委员会 发布

前言

本标准对应于ISO 10110-3:1996《光学和光学仪器　光学零件和光学系统图样　第3部分:材料缺陷　气泡和杂质》(英文版),与ISO 10110-3:1996的一致性程度为非等效。

本标准与ISO 10110-3:1996的主要差异如下:

——增加了气泡度等术语和定义;

——增加了气泡度未注公差;

——增加了基本级数换算成较小级数的分解示例;

——增加了级数对应的圆形气泡或杂质的横截面直径;

——增加了复合公差的标注;

——增加了试验方法。

本标准代替GB/T 7761—1987《光学零件气泡度》,本标准与GB/T 7761—1987的主要差异如下:

——增加了级数、换算系数等术语和定义(GB/T 7761—1987的第1章,本标准的第3章);

——气泡和杂质的大小由直径改为级数(横截面积的平方根)表示,并采用了公比为1.6的优先数系列(GB/T 7761—1987的第1章,本标准的3.4和4.2.2);

——气泡度公差统一用基本级数及其允许个数表示(本标准的4.2.1);

——增加了气泡度未注公差(本标准的4.3);

——增加了基本级数及其允许个数的分解(本标准的4.4);

——增加了密集度的限制(本标准的4.5);

——修改了气泡度的代号和标注方法(GB/T 7761—1987的第2章,本标准的5章);

——修改了试验方法,增加了由直径对应级数的测量法和使用比较标板的比对法(GB/T 7761—1987的第3章,本标准的第6章);

——删除了光学零件气泡度和毛坯气泡度的给定细则(GB/T 7761—1987的附录A)。

本标准由中国机械工业联合会提出。

本标准由全国光学和光子学标准化技术委员会(SAC/TC 103)归口。

本标准负责起草单位:凤凰光学集团有限公司、上海理工大学、宁波永新光学股份有限公司、江南永新光学有限公司、上海光学精密机械研究所、苏州一光仪器有限公司。

本标准参加起草单位:宁波华光精密仪器有限公司、麦克奥迪实业集团有限公司、宁波市教学仪器有限公司、浙江舜宇集团股份有限公司、南京东利来光电实业有限公司、梧州奥卡光学仪器公司、贵阳新天光电科技有限公司。

本标准主要起草人:邬子刚、章慧贤、冯琼辉、黄卫佳、徐德衍、曾丽珠、李红、李晞、付晓平。

本标准所代替标准的历次版本发布情况为:

——GB/T 7661—1987。

光学零件气泡度

1 范围

本标准规定了光学零件材料气泡度的术语和定义、公差、分解、标注和试验方法。

本标准适用于光学零件的材料在加工过程中产生的气泡及其杂质。

2 规范性引用文件

下列文件中的条款通过本标准的引用而成为本标准的条款。凡是注日期的引用文件，其随后所有的修改单(不包括勘误的内容)或修订版均不适用于本标准，然而，鼓励根据本标准达成协议的各方研究是否可使用这些文件的最新版本。凡是不注日期的引用文件，其最新版本适用于本标准。

GB/T 1185—2006 光学零件表面疵病(ISO 10110-7:1996, Optics and optical instruments—Preparation of drawings for optical elements and systems—Part 7: Surface imperfection tolerances, NEQ; ISO 14997:2003, Optics and optical instruments—Test methods for surface imperfections of optical elements, NEQ)

GB/T 13323 光学制图(GB/T 13323—2009, ISO 10110-1:2006, Optics and photonics—Preparation of drawings for optical elements and systems—Part 1: General, NEQ)

3 术语和定义

下列术语和定义适用于本标准。

3.1

气泡 bubbles

在光学材料中残存的气态空隙，其横截面通常呈圆形。

注：光学零件成品上的开口气泡作为表面疵病考核。

3.2

杂质 inclusions

在光学材料中横截面基本呈圆形的局部瑕疵，瑕疵包含固态颗粒以及条纹。

注：光学材料的气泡和杂质是在其制造过程中产生的，其大小、个数与材料的类别和制造过程有关。

3.3

气泡度 bubble classes

光学零件材料中允许存在气泡和杂质的程度(表征大小的级数，及其个数)。

3.4

级数 grade number

表征气泡和杂质的大小且以毫米(mm)为单位的数值分级。级数值为气泡和杂质横截面积的平方根，也是该级气泡和杂质的最大值。气泡度公差规定的气泡和杂质最大值称为基本级数(A)。

3.5

换算系数 sub-division factors

在气泡和杂质总横截面积不变的前提下，气泡度基本级数(A)的气泡和杂质，分解成若干个较小级数(A')的气泡和杂质的倍增系数，又称级数换算系数(k)。相对应的允许个数倍增系数则称为个数换算系数($k'=k^2$)。

4 气泡度

4.1 总则

气泡及其杂质对光学性能的有害影响基本上与其横截面沿光轴方向投影所呈现的面积成正比。

4.2 气泡度公差

4.2.1 气泡度公差由基本级数(*A*)及其允许个数(*N*)组成,即 $N\times A$。

4.2.2 基本级数是公比为1.6的优先数系列,其数值为:

0.006,0.010,0.016,0.025,0.040,0.063,0.10,0.16,0.25,0.40,0.63,1.0,1.6,2.5,4.0。

4.3 气泡度未注公差

当零件的产品图样上未标注气泡度公差时,其材料应符合表1规定的未注公差要求。当零件的气泡度要求高于或低于未注公差时,均应在零件的产品图样上予以标注。

表1 气泡度未注公差

零件最大尺寸[a]/mm	～10	>10～30	>30～100	>100～300
未注公差/(个×mm)	3×0.16	5×0.25	5×0.40	5×0.63

[a] 圆形为直径,椭圆形为长轴,其他形状为其对角线。

4.4 分解

4.4.1 气泡度的基本级数可用换算系数分解成若干个较小级数,即较小的级数等于基本级数除以级数换算系数,即 $A'=A/k$。级数换算系数(*k*)定为1.6,2.5,4。级数换算值系列及其基本级数对应的圆形气泡或杂质的横截面直径由表2给出。

注:$k\geqslant 6.3$,$A'\leqslant 0.16\,A$ 的极小级数忽略不计。

表2 级数换算值系列

级数换算系数(*k*)	—	1.6	2.5	4.0
基本级数(*A*)/mm	横截面直径[a](ϕ)/mm	换算成较小级数($A'=A/k$)/mm		
0.006	0.007	—	—	—
0.010	0.011	0.006		
0.016	0.018	0.010	0.006	
0.025	0.028	0.016	0.010	0.006
0.040	0.045	0.025	0.016	0.010
0.063	0.070	0.040	0.025	0.016
0.10	0.11	0.063	0.040	0.025
0.16	0.18	0.10	0.063	0.040
0.25	0.28	0.16	0.10	0.063
0.40	0.45	0.25	0.16	0.10
0.63	0.70	0.40	0.25	0.16
1.0	1.1	0.63	0.40	0.25
1.6	1.8	1.0	0.63	0.40
2.5	2.8	1.6	1.0	0.63
4.0	4.5	2.5	1.6	1.0

[a] 圆形气泡或杂质的横截面直径 $\phi=2\times\pi^{-1/2}\times A$。

4.4.2 较小级数的允许个数等于基本级数的允许个数乘以个数换算系数，即 $N'=N\times k'=N\times k^2$，换算所得的个数取计算值的整数部分。个数换算系数($k'=k^2$)相对应为 2.5,6.3,16。个数换算值系列由表 3 给出。

4.4.3 换算成较小级数及其允许个数后的横截面积之和，不得大于基本级数及其允许个数的总横截面积。

表 3 个数换算值系列

级数换算系数(k)	1.6	2.5	4.0
个数换算系数($k'=k^2$)	2.5	6.3	16
允许个数(N)	换算成较小级数(A')后的允许个数(N')		
1	2	6	16
2	5	12	32
3	7	18	48
4	10	25	64
5	12	31	80
6	15	37	96
7	17	44	112
8	20	50	128
9	22	56	144

4.4.4 级数及其个数的换算示例见图 1。

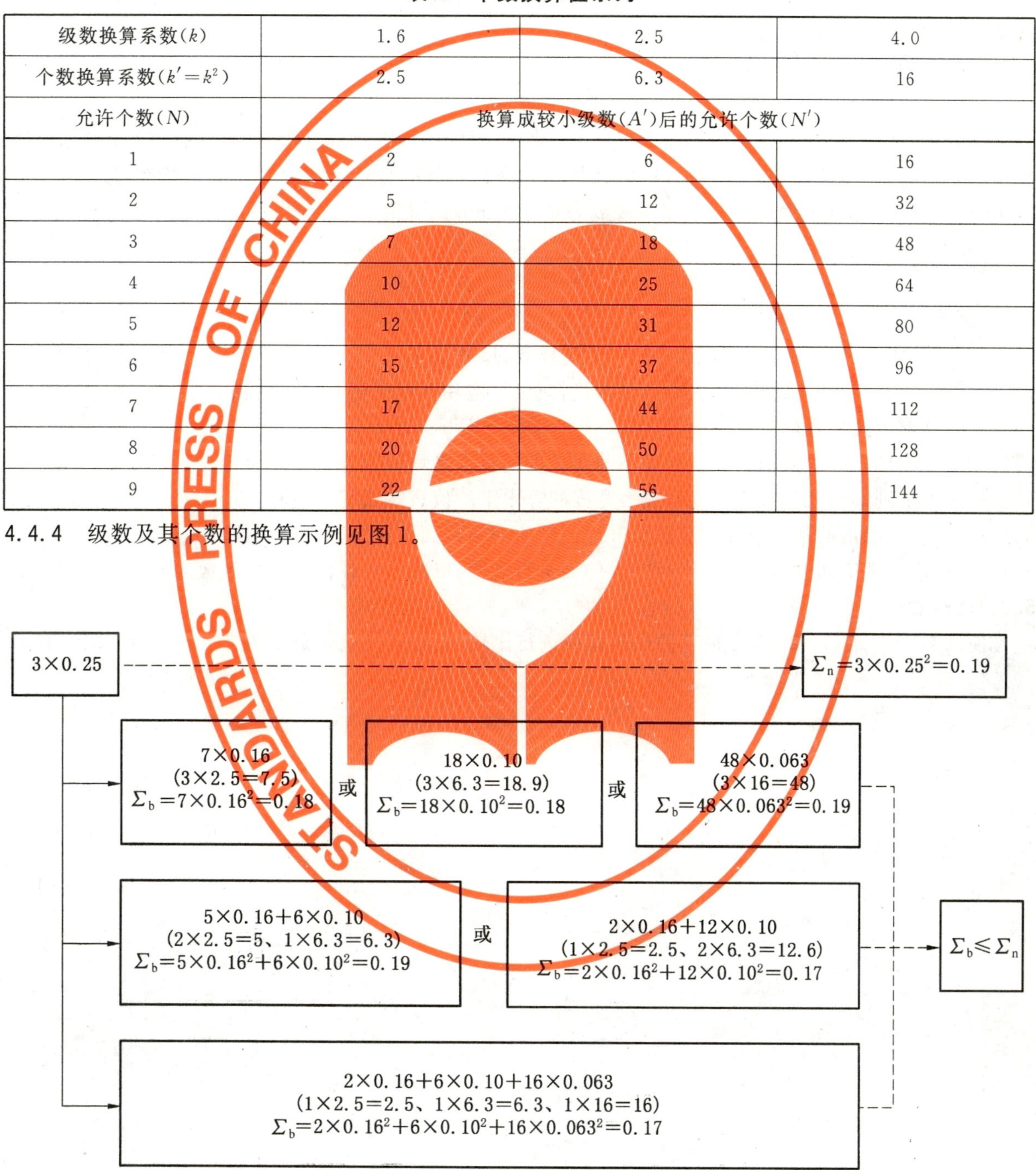

图 1 基本级数换算成较小级数的分解示例

4.5 密集度

气泡和杂质不允许密集，在任意的 5% 范围内，基本级数的气泡和杂质数量不得超过允许个数的 20%。

5 标注

5.1 标识

气泡度公差的完整标识由气泡度代号“1”、斜杠“/”和基本级数及其允许个数构成，即：$1/N \times A$。

5.2 标注规则

气泡度公差按 GB/T 13323 的规定，在产品图样的参数和技术要求列表栏中标注，或在光学零件上用指引线引出后标注，或在技术要求中说明。

5.3 复合公差的标注

当不同区域的公差不相同时，在各公差之间用加号“＋”连接。

例如：$1/(\phi 2)0+(\phi 10)3\times 0.01+5\times 0.016$。表示零件有效孔径中心区（$\phi$2 mm 以内）不允许有气泡和杂质，有效孔径内直径 2 mm～10 mm 的区域中允许有 3 个基本级数为 0.01 mm 的气泡和杂质，直径 10 mm 以外的周边区域允许有 5 个基本级数为 0.016 mm 的气泡和杂质。

6 试验方法

6.1 测量法

6.1.1 尺寸大于 0.1 mm 时，通常用眼睛直接观测；尺寸小于 0.1 mm 时，可使用带测量目镜的显微镜，或使用通用量仪并借助放大镜/低倍显微镜，测出气泡和杂质面积平方根的相关值：

——圆形取几何直径；

——长圆形以其最大轴线长度和最小轴线长度的算术平均值折算成等效直径；

——不规则形状以其最大长度和最大宽度的算术平均值折算成等效直径。

6.1.2 按表 2 给出的基本级数对应圆形气泡或杂质的横截面直径来确定其级数。

6.1.3 球面零件应通过其中球面半径较大的面进行观测，以减小经球面折射导致放大或缩小的影响。

6.2 比对法

使用 GB/T 1185—2006 中推荐的比较标板进行比较，来测定气泡和杂质的直径及其对应的级数。

参 考 文 献

[1] GB/T 903—1987 无色光学玻璃

[2] GB/T 13962—2009 光学仪器术语

[3] ISO 10110-1:2006 Optics and optical instruments—Preparation of drawings for optical elements and systems—Part 1:General

[4] ISO 10110-2:1996 Optics and optical instruments—Preparation of drawings for optical elements and systems—Part 2:Material imperfections—Stress birefringence

[5] ISO 10110-3:1996 Optics and optical instruments—Preparation of drawings for optical elements and systems—Part 3:Material imperfections—Bubbles and inclusions

[6] ISO 10110-4:1997 Optics and optical instruments—Preparation of drawings for optical elements and systems—Part 4:Material imperfections—Inhomogeneity and striae

[7] ISO 10110-5:2007 Optics and optical instruments—Preparation of drawings for optical elements and systems—Part 5:Surface form tolerances

[8] ISO 10110-6:1996 Optics and optical instruments—Preparation of drawings for optical elements and systems—Part 6:Centring tolerances

[9] ISO 10110-7:2008 Optics and optical instruments—Preparation of drawings for optical elements and systems—Part 7:Surface imperfection tolerances

[10] ISO 10110-8:1997 Optics and optical instruments—Preparation of drawings for optical elements and systems—Part 8:Surface texture

[11] ISO 10110-9:1996 Optics and optical instruments—Preparation of drawings for optical elements and systems—Part 9:Surface treatment and coating

[12] ISO 10110-10:2004 Optics and optical instruments—Preparation of drawings for optical elements and systems—Part 10:Table representing data of optical elements and cemented assemblies

[13] ISO 10110-11:1996 Optics and optical instruments—Preparation of drawings for optical elements and systems—Part 11:Non-toleranced data

[14] ISO 10110-12:2007 Optics and optical instruments—Preparation of drawings for optical elements and systems—Part 12:Aspheric surfaces

---

ICS 17.160
N 73

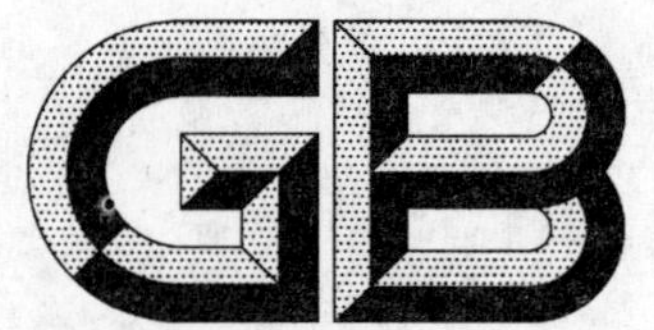

中华人民共和国国家标准

GB/T 7670—2009/ISO 5344:2004
代替 GB/T 7670—1987

电动振动发生系统(设备) 性能特性

Electrodynamic vibration generating systems(equipment)—Performance characteristics

(ISO 5344:2004,IDT)

2009-04-24 发布 2009-12-01 实施

中华人民共和国国家质量监督检验检疫总局
中国国家标准化管理委员会 发布

前　言

本标准等同采用 ISO 5344:2004《电动振动发生系统　性能特性》(英文第二版)。

本标准等同翻译 ISO 5344:2004,在标准结构和技术内容上与其完全一致。为便于使用,本标准对 ISO 5344:2004 做了如下编辑性修改:

——在标准名称的第一段名称之后使用括号,增加了"(设备)"一词;

——删除了 ISO 5344:2004 的前言,重新编写了本标准前言;

——将"本国际标准"一词改为"本标准";

——用小数点符号"."代替英文中作为小数点的逗号","。

本标准代替 GB/T 7670—1987《电动振动试验设备特性的描述方法》。

本标准与 GB/T 7670—1987 相比主要变化如下:

——修改了标准名称。

——调整了标准结构并对标准技术内容作了较大的修改。本版与原标准的技术内容基本没有可比性(见 1987 年版的全文;本版的全文)。

——修改了引言并将其从原标准的正文中分离出来,独立编在前言之后(见 1987 年版的引言;本版的引言)。

——第 2 章中增加了"规范性引用文件的导语"(见 1987 年版的第 2 章;本版的第 2 章)。

——删除了"符号"和"单位与量值"两章(见 1987 年版的第 3 章和第 4 章)。

——除了保留术语"力"以外,更换了 11 条术语和定义,并新增加了 5 条术语和定义(见 1987 年版的第 5 章;本版的第 3 章)。

——更换了附录 A 的内容(见 1987 年版附录 A;本版的附录 A)。

——删除了附录 B(见 1987 年版的附录 B)。

本标准的附录 A 为资料性附录。

本标准由全国机械振动、冲击与状态监测标准化技术委员会(SAC/TC 53)提出并归口。

本标准负责起草单位:长春试验机研究所有限公司。

本标准参加起草单位:苏州苏试试验仪器有限公司、苏州东菱试验仪器有限公司、北京机械工业自动化研究所、兵器工业第 202 研究所。

本标准起草人:王学智、袁松、徐立义、江运泰、朱晓民、顾国富、武元桢。

本标准所代替标准的历次版本发布情况为:

——GB/T 7670—1987。

引　　言

用户希望自己的设备长期无故障地工作。本标准的主要目的是为电动振动设备和系统制定并提供性能测量方法,以确保这些设备和系统的可靠性。某些可靠性的保证是通过将振动器、放大器和这一系统作为一个整体进行持久试验后而提供的,但不是决定性的。

如果电动振动设备和系统的所有来源都采用相同的方法,则这些方法详细说明了性能条款和可靠性条款的意义。比较不同来源的性能和可靠性条款是很有用的。

本标准中的许多方法适用于写入采购规范中用以说明交货时进行的验收试验。

特别是与持久试验有关的那些方法都是费时昂贵的,一般在产品研发过程结束后以及在开始批量生产之前都是在其来源进行此类试验。这些方法通常是用来确定和验证在供销技术文件中公示的额定性能。在与投标的供方协商后,采购规范的制定者可以提出设备验收试验的简化方法,另一个可选的方法是:可以提出认可由来源按程序所做的全部试验并取得了相互满意结果的书面保证书。

电动振动发生系统(设备) 性能特性

1 范围

本标准规定了电动振动发生系统(设备)的性能特性和性能试验条件,并给出了能够由设备制造者提供的附加的设备特性一览表(见附录A)。这些资料可供用户或设备规范的制定者在考虑到设备实际应用的同时来选择所述的系统。

本标准为不同来源的放大器和振动器组成的系统制定了系统性能的计算方法。这样计算的系统性能不如由实际的振动器和放大器组成的系统实测的性能精确,并建议保存所计算的振动力。本标准能够最理想地单独规定获取的所需振动器和(或)放大器相互关系的数据,特别是能够获取要在现有设备上打算增添的振动器或放大器的数据。本标准也能够最理想地确定性能计算的置信度。

本标准适用于产生正弦、随机和脉冲的直线振动设备。本标准蕴含着所有振动系统(设备)起码在低量级下都适用于正弦试验的含义,因为试样响应的评定、随机传递函数的测定和冲击试验都需要正弦性能。当规定随机性能时意味着还包含某些正弦性能。同样,当规定冲击性能时也意味着包含某些正弦性能,但不必包含随机性能。

注:预计使用本标准的有三类人员:设备的供方、设备的买方和设备的检测机构。设备的供方要说明可达到的"额定"性能,一般在供销技术文件中说明。设备的买方要说明其将会接受的设备的"规定"性能,一般要小于或等于额定性能。检测机构要"提供"设备测试和检查的结果,一般要出具包含有测量条件和每次测量准确度,以及用诸如波形、性能曲线图和数值表等进行具体说明的书面报告。

2 规范性引用文件

下列文件中的条款通过本标准的引用而成为本标准的条款。凡是注日期的引用文件,其随后所有的修改单(不包括勘误的内容)或修订版均不适用于本标准。然而,鼓励根据本标准达成协议的各方研究是否可使用这些文件的最新版本。凡是不注日期的引用文件,其最新版本适用于本标准。

ISO 2041:1990 振动与冲击 词汇

ISO 15261 振动与冲击发生系统 词汇

3 术语和定义

ISO 2041、ISO 15261确立的以及下列术语和定义适用于本标准。

3.1

电动振动发生器 electrodynamic vibration generator

振动器 vibrator

由固定磁场和装于该磁场中采用合适交变电流激磁的线圈的相互作用所产生的激振力来驱动的振动发生器。

[ISO 2041:1990,定义2.92]

注1:除非对运动部件、振动台的台体和底座有特别限制以外,这种电动振动发生器还包括:通用绕组、控制与驱动电缆、冷却流体软管、励磁电源和冷却、消磁、保护与安全系统。

注2:本标准中,下标"v"用于表示"电动振动发生器"术语的简略词"振动器",振动器一词与本术语具有相同意义,通常在工业中使用。

3.2

功率放大器 power amplifier

放大器 amplifier

能够提供电压和电流来驱动振动器的电功率装置。

注：除非另有规定，放大器包括冷却、保护和安全系统。

3.3

系统　system

提供振动力的功率放大器和电动振动发生器的组合。

注：下列设备不在本标准规定的范围之内，但包含在适用范围较广的电动振动试验系统中：

——输入信号源和控制仪(一般用来控制正弦、随机或冲击模拟信号)；

——安装试件夹具和辅助台；

——测量仪器仪表(例如：加速度计和调节与分析电子仪器)；

——主电源电缆和冷却流体软管、或连接到功率放大器和在其之间的管路、振动器励磁电源以及振动器和放大器冷却源；

——用于消除产生的热量但不用于制冷装置散热的空调系统；

——用于阻止振动力从振动器向周围传输的隔振惯性台座。

3.4

设备来源　equipment source

来源　source

所需求设备或系统中要使用设备的提供者。

注1：当系统只从一个来源采购时，那个来源通常就是制造者或其代理商。当系统的各个部件是从多个来源采购时，来源通常是单个部件的制造者或其代理商。当一个单位打算获取与现有部件(例如，该单位试验室使用的振动器)组合使用的一个新部件(例如，开关放大器)时，振动器的来源是那个振动试验室。

注2：振动试验室，或其他类似的非商业性来源，很难获取确保最终系统达到预期的系统技术规范所需的数据。

3.5

驱动线圈　drive coil

电动振动发生器的部件，该部件通过驱动线圈中的交变电流和静磁场的相互作用来提供与驱动线圈电流成正比例的振动力。

注：大多数电动振动发生器都把驱动线圈连接到运动部件上。对于互感器耦合的振动器，驱动线圈是不动的，并通过互感器的作用耦合到运动部件的短路环上。

3.6

线性功率放大器　linear power amplifier

输出与输入成正比的功率放大器。

注1：通常，大规格线性功率放大器在它们新的时候或维护良好时，用来驱动振动器失真度很小(0.1%至0.3%)，但是其内部功耗很高，因此需要有一种过热的处理方法，并且此类放大器比开关功率放大器昂贵。

注2：有时，小型振动器是用线性音频功率放大器或线性音频功率放大器组来驱动的。一般中等价格的放大器有0.1%的失真度；性能和价格高的放大器失真度可小到0.01%。

3.7

开关功率放大器　switching power amplifier

采用负值和正值间以高频交替开关输出的功率放大器。

注1：如果对应高频周期，输出为正的部分比输出为负的部分大，则该平均输出为正。经过滤波(包括驱动线圈电感和运动质量的效应)为驱动线圈提供了平滑的电流。该技术产生的内部功耗低。开关功率放大器通常比相同输出功率的线性功率放大器体积小、价格低，但可能有较大的失真。

注2：早期的用于驱动振动器的开关功率放大器具有40 kHz左右的开关频率，其失真度大约是5%～10%。现代的开关功率放大器可用的开关频率为150 kHz左右，其失真度大约是1.5%～5%。随着较快开关晶体管的应用，此类放大器将能够应用到更高的频率，其失真度也会进一步降低。当开关频率达到兆赫频带时，就可能研发出输出阶段的实际成果，那时的开关放大器如同线性功率放大器一样，其失真度将会达到的0.1%至0.3%的水平。

3.8

力　force

由固定磁场中的可变电流产生的振动力，该力被施加在运动部件的结构和所安装的试件上。

注：由于损耗、共振和行程的限制，该力不是全部用来加速运动部件及所安装的试件和(或)用于使运动部件悬挂弹簧形变。该力的大小由所产生的加速度确定，按公式(1)计算：

$$F=(m_e+m_t)a \quad \cdots\cdots(1)$$

式中：m_e 和 m_t 分别是运动部件和所安装负载的质量，a 是产生的加速度。本定义适用于 a 和 F 的正弦、随机和脉冲冲击函数。

3.9

频率范围　frequency range

$f_{min}\sim f_{max}$

能够实现某个变量所有额定性能的频率范围。

注1：由于一个变量对应的频率范围不同于另一个变量的频率范围，宜针对每个变量和每一种负载分别规定频率范围。

注2：对于与力有关的特性，宜针对振动器和系统对应每一种质量块 m_t 的额定正弦、随机和脉冲冲击力以及配用放大器的额定正弦、随机和脉冲输出两种条件，分别规定 f_{min} 至 f_{max} 的值。如果指标与力的特性限定的工作频率范围不一致，也要规定这些值。

示例：a)　在低频范围，可产生问题因素的示例有：

——台体质量与运动质量比；

——底座－台体悬挂行程的限制；

——失真；

——横向运动；

——运动部件行程的限制；

——运动部件偏载能力；

——运动部件悬挂的温升。

b)　在高频范围，可产生问题因素的示例有：

——运动部件机械共振；

——运动部件工作台的隔板效应(加隔板时)；

——失真；

——横向运动；

——运动部件对负载的刚度。

3.10

试验质量块　test mass

m_t

用于测试系统和电动振动发生器的机械质量块。

注：除了 m_0 的特别情况以外，用下标"t"表示使用该质量块正弦加速度可达到的那一量级的质量值：

m_0——零负载的特别情况，此情况下仅运动部件被驱动；

m_1——表示正弦加速度可达到 10 m/s²(≈1 g_n)的质量块；

m_4——表示正弦加速度可达到 40 m/s²(≈4 g_n)的质量块；

m_{10}——表示正弦加速度可达到 100 m/s²(≈10 g_n)的质量块；

m_{20}——表示正弦加速度可达到 200 m/s²(≈20 g_n)的质量块；

m_{40}——表示正弦加速度可达到 400 m/s²(≈40 g_n)的质量块。

除非另有规定，试验仅使用 m_0、m_{10} 和 m_{40}。

3.11

放大器试验负载　amplifier test load

$Z_{a,t}$

当作为一个系统测试不可能时(通常是由于放大器和振动器的来源不同),设计用做测试的放大器的电负载。

注:使用负载 $Z_{a,t}$ 试验是用来取得系统性能的预测数据。用下标 t 表示工作模式:s 代表正弦、r 代表随机、i 代表脉冲。见 7.2 中关于性能和负载量值的计算。

3.12

放大器视在功率　amplifier apparent power

在规定的工作条件下,放大器输出电流和放大器输出电压的乘积。

注:改进的规格表示方法见 7.1.2 的注。

3.13

标准随机谱型　standard random spectral shape

除非另有规定,随机振动的谱型如下:

——当 $f<20$ Hz,　　$\Phi(f)=0$;

——当 20 Hz$\leqslant f<$100 Hz,　　$\Phi(f)=\left(\frac{f}{100}\right)^2\Phi_0$　　(20 dB 每十倍频程);

——当 100 Hz$\leqslant f<$2 000 Hz,　　$\Phi(f)=\Phi_0$　　(常量);

——当 $f>$2 000 Hz,　　$\Phi(f)<\Phi_0\left(\frac{2\ 000}{f}\right)^4$ 或 $10^{-4}\Phi_0$　　(允许溢出)。

注:$\Phi(f)$为加速度谱密度函数的值,定义为当 Δf 趋近于 0 时,函数 $a_n^2/\Delta f$ 的极限值,即:

$\Phi(f)=\lim\limits_{\Delta f\to 0}\frac{a_n^2}{\Delta f}$,其中 a_n 是以 f 为中心频率的,带宽 Δf 的窄带随机加速度的方均根值。

3.14

脉冲　impulse

用于为试件提供冲击激励的短持续时间的波形。

注 1:可以在使用本标准的任何脉冲条款以前,宜对有关要使用的脉冲加速度时间历程达成一个协议。

注 2:脉冲是由加速度历程时间确定的。对于电动振动系统,要规定在频率范围内加速度时间历程的频率分量或用于产生加速度响应谱小波的频率分量。

注 3:一般,冲击试验的高频溢出问题比随机振动试验的严重,因为放大器的高输出和削波会产生较大的失真分量。

注 4:有时,会用互感器驱动线圈的振动器来做高加速度脉冲冲击。这样的振动器,典型的优点是:运动部件的强度高、推力大;其缺点是:对位移有限制,特别是对较小振动器的位移限制得更严格。对这类最强型的振动器来说,其运动部件的冷却是比较困难的,如果用同一振动器既要做正弦和随机试验,又要做脉冲冲击试验可能会有问题。

3.15

溢出　spill-over

在高于规定的频率范围中产生的不希望有的振动(或信号)。

示例:对于规定仅到 2 000 Hz 的振动试验,溢出是高于 2 000 Hz 的振动激励。

注:一般,溢出是由运动部件的零部件松动、试验负载、不充分的滤波,或由过大的电流失真产生的。

3.16

失真(度)　distortion

波形中不希望有的变化。

[ISO 2041:1990,定义 B.2]

注 1:失真与本标准分别述及的噪声和蜂鸣声是有区别的。

注 2:对于一个好的电动振动系统来说,出现失真是表明什么地方出了毛病的一种非常敏感的征兆。而过大的失真是需要实施校正操作的信号。在进行环境试验以前,建议用户对有问题的设备要查找出原因并对其进行校正,以免试验无效。失真的根源可能会出现在系统的任何地方,包括:工作台上固定试件的松动螺栓、已失效的放大器输出晶体管、阻塞的制冷系统，或试图以超过设备的限值驱动放大器或振动器。

注 3：对于一个正常维护的电动振动系统来说，产生失真的主要根源是功率放大器的非线性或削波。某些低频（低于 50 Hz 至 100 Hz）的失真，通常是由悬挂刚度的非线性和（或）磁隙中磁场的不均匀性引起的。在这个频率范围，这些失真能够超过由于功率放大器非线性所产生的失真。

注 4：失真的过程产生的输入信号谐波将激发试件较高的谐振频率。在工作频带（一般从 20 Hz 至 f_{max}）产生的失真和高于 f_{max} 的激励所产生的失真这二者都是易产生故障的根源（见 3.15）。

注 5：可以针对系统的任一变量：电流、电压、加速度、速度或位移规定其失真度。电流的失真度对振动试验系统是最有用的失真度量。可用其预测系统失真和溢出。

注 6：人们可能很想规定直接测量加速度的失真度，但是这样的测量只能针对特定的运动部件和被测负载的组合才行，并不能为预测其他工作台负载的失真度提供有用的数据。

3.17

标准重力加速度　standard acceleration due to gravity

g_n

采用 ISO 2041 中对于振动和冲击定义的由重力产生的加速度的值。

注 1：依据 ISO 2041，$g_n = 9.806\ 65\ m/s^2$。

注 2：在振动试验中，加速度的大小常常以 g_n 的倍数表示。

4　本标准的结构

4.1　概述

与电动振动发生器、功率放大器和成套系统有关的章，包括各章中所有的条均给出了技术资料，这些资料可以包括在与其所需求的成套系统或系统各部件相关的技术规范中。

单一的相关技术规范未必要包括所有的条款。例如，若只需求放大器，就不需包括系统的一些条款，仅需要少数有关振动器连接信息方面的条款。建议规范的制定者在选择特定应用所需的条款以前要阅读本标准的全部条文。

4.2　条款编码

在每条的标题之后，带有一个说明该条款适合哪类需求，有助于读者和相关规范制定者了解的代码。该代码的样式为(X,y)。

记入在 X 位置的代码表明了适合于不同需求的条款类型：

——A 指需求全部；

——S 指仅需求系统；

——C 指仅需求某一部件、振动器或放大器，而不同时需求二者。

记入在 y 位置的代码表明了适合于不同应用的条款类型：

——a 指适用全部操作；

——s 指适用正弦操作；

——r 指适用随机操作；

——i 指适用冲击操作。

4.3　符号的编码

对于条文中频繁使用的符号，其编码样式为 $K_{g,h}$：

——符号 K 当表示为：F 指力，t 指达到温度稳定的时间，I 指电流，V 指电压，Z 指放大器负载和 d 指失真度；

——下标 g 当标记为：s 指系统，v 指振动发生器，a 指放大器；

——下标 h 当标记为：s 指正弦，r 指随机，i 指冲击。

5 系统

5.1 一般要求

振动器和放大器二者的性能随着工作温度的升高会下降。当要确定它们连续工作(例如,做典型的正弦和随机试验)的性能时,应在设备热运行达到温度稳定的状态后再进行性能试验。应清楚地说明不连续工作的情况。例如,在海拔很高的地区不是所有的空气冷却系统都能工作。同样地,对一些振动器来讲,若连续正弦工作引起了某些底座与台体悬挂的共振,或某些台体与运动部件悬挂的共振就会有过热和故障发生。

5.2 系统技术条件(S,a)

电动振动系统(设备)要规定的主要特性是对所期望的应用类型(正弦、随机或冲击)产生振动力的能力。当计算需要的力时,务必要包括所需夹具的质量。

应按下列操作方式规定系统产生力的能力:

——对于正弦操作,使用试验质量块 m_{10} 和 m_{40} 时,规定系统产生力的能力为 $F_{s,s}$(见 5.3.2 和 5.4.2);

——对于随机操作,使用试验质量块 m_{10} 和 m_{40} 以及 3.13 的加速度谱密度谱型时,规定系统产生力的能力为 $F_{s,r}$(见 5.3.3 和 5.4.3);

——对于脉冲冲击操作,使用试验质量块 m_{10} 和 m_{40} 时,规定系统产生力的能力为 $F_{s,i}$(见 5.3.4 和 5.4.4),还应规定要产生的脉冲加速度时间历程(见 8.6)。

如果系统的功率放大器是规格大的,则规定系统产生力的能力与振动器产生力的能力相同。

如果系统的功率放大器是规格小的,则规定系统产生力的能力要小于振动器产生力的能力。

如果要获取和测试作为一个整体的成套系统(包括功率放大器和电动振动发生器二者),应进行系统性能试验(见 5.3)。一般,该试验要在从同一来源一起获得振动发生器和功率放大器二者的现场进行。

当要获取作为一个整体的成套系统,特别是放大器的能力要与振动器的要求匹配时,系统性能试验会提供一个与放大器和振动器的性能相当的试验,而且不要求对放大器和振动器(作为部件)进行单独的试验。

如果当前或以后,振动器可能会与别的放大器一起使用,或放大器也可能与别的振动器一起使用,宜单独规定振动器和放大器的性能(见 6.2 和 7.3)。

作为可选项,可以规定空负载下加速度(电流对应加速度)的最大失真度,或振动器的蜂鸣声不超过 $X\%$,对应带宽很宽的正弦和(或)随机试验所用的通用振动发生器,此 X 一般取 1～3。对于长行程振动发生器,特别是带有滚动元件导向装置的那些发生器可允许 X 取较大值。

如果从同一来源采购各个部件,适用于进行系统性能试验。

当系统是由各个部件组合而成时,应单独规定和测试各个部件(见 6.1～6.3;7.1～7.3)。

当使用试验程序时,还应规定要从两个来源获取准确的接口数据和系统力的计算。

5.3 系统性能

5.3.1 一般性能(S,a)

系统性能包括:

——连续工作力的能力(见 8.2);

——两机械限位器间的位移量;

——许用速度;

——可靠的工作。

持久试验(见 8.3)提供了一些可靠工作的保证。

系统性能试验报告应给出 5.3.2 至 5.3.4 所述的信息。

5.3.2 **系统正弦性能(S,s)**

对于使用试验质量块 m_{10} 在力 $F_{s,s}$ 下进行的系统正弦工作状态运行试验(见 8.2.1 和 8.2.2),要提供温度稳定的时间 $t_{s,s}$,并报告不正常情况或与无故障运行试验不符合的情况。

对于在力 $F_{s,s}$ 下进行的系统正弦持久试验(见 8.3),要提供实际的持久试验持续时间(除非另有规定,至少为 10 $t_{s,s}$)。在试验过程中,要测量并报告振动器台体铁表面、运动部件、振动器冷却空气(或水或油)、室内空气、振动器冷却系统的冷却剂、放大器和放大器冷却系统的冷却空气(或水)的各个温度和主电源电压的最大值与最小值。同样地,要说明任何不正常或与无故障试验不符合的情况以及为了确定振动器、振动器冷却系统、放大器或放大器冷却系统是否发生变化或损坏所进行的试验后检验的结果等情况。

确保系统达到制造者给定的额定位移和速度。

测量溢出加速度并确保不超过 8.4 中规定的限值。

5.3.3 **系统随机性能(S,r)**

对于使用试验质量块 m_{10} 在力 $F_{s,r}$ 下进行的系统随机工作状态运行试验(见 8.2.1 和 8.2.3),要提供温度稳定的时间 $t_{s,r}$,并报告不正常情况或与无故障运行试验不符合的情况。

对于在力 $F_{s,r}$ 下进行的系统随机持久试验(见 8.3),要提供实际的耐振试验持续时间(除非另有规定,至少为 10 $t_{s,r}$)。在试验过程中,要测量并报告振动器台体铁表面、运动部件、振动器冷却空气(或水或油)、室内空气、振动器冷却系统的冷却剂、放大器和放大器冷却系统的冷却空气(或水)的各个温度和主电源电压的最大值与最小值。同样地,要说明任何不正常或与无故障试验不符合的情况以及为了确定振动器、振动器冷却系统、放大器或放大器冷却系统是否发生变化或损坏所进行的试验后检验的结果等情况。

如果制造者的额定随机位移和(或)速度大于正弦性能的额定值,进一步验证已经达到的额定随机值。

测量溢出加速度并确保不超过 8.4[1)]中规定的限值。

5.3.4 **系统冲击性能(S,i)**

系统冲击时间历程试验要求按照 8.6 的程序产生规定的加速度时间历程。

对于使用试验质量块 m_{10} 进行的系统冲击持久试验(见 8.3.6),要提供实际的系统冲击持久试验持续时间(除非另有规定,至少为 10 $t_{s,s}$)、在试验开始和结束时两个冲击加速度时间历程,并说明任何异常现象或偏离的情况以及为了确定振动器或放大器是否发生变化或损坏所进行的试验后检验的结果等情况。

对于使用试验质量块 m_{40} 进行的系统冲击持久试验,要提供实际的系统冲击持久试验持续时间(除非另有规定,至少为 10 $t_{s,s}$)、在试验开始和结束时两个冲击加速度时间历程,并说明任何异常现象或偏离的情况、以及为了确定振动器或放大器是否发生变化或损坏所进行的试验后检验的结果等情况。

如果制造者的额定冲击位移和(或)速度大于正弦性能的额定值,进一步验证已经达到的额定冲击值。

测量溢出加速度并确认不超过 8.4 中规定的限值。

5.4 计算的系统性能

5.4.1 **一般要求(C,a)**

计算的系统性能需要 7.1 规定的并通过 7.3 试验予以验证的放大器电流和电压值。

同样需要 6.1 规定的并通过 6.2 试验予以验证的振动器力的能力。

还需要 6.3 测定的振动器驱动要求。

5.4.2 **计算的系统正弦性能(C,s)**

参照放大器规格和振动器需求,要计算以下两个比值:

---

1) ISO 5344:2004 原文为 8.3 有误,本标准予以纠正。

$$K_{i,s}=\frac{I_{a,s}}{I_{v,s}} \text{ 和 } K_{v,s}=\frac{V_{a,s}}{V_{v,s}}$$

可用的系统力为：$F_{s,s}=K\,F_{v,s}$，其中 K 为 $K_{i,s}$ 或 $K_{v,s}$ 的较小者，且不大于 1。

5.4.3 计算的系统随机性能(C,r)

参照放大器规格和振动器需求，要计算以下两个比值：

$$K_{i,r}=\frac{I_{a,r}}{I_{v,r}} \text{ 和 } K_{v,r}=\frac{V_{a,r}}{V_{v,r}}$$

可用的系统力为：$F_{s,r}=K\,F_{v,r}$，其中 K 为 $K_{i,r}$ 或 $K_{v,r}$ 的较小者，且不大于 1。

5.4.4 计算的系统冲击性能(C,i)

参照放大器规格和振动器需求，要计算以下两个比值：

$$K_{i,i}=\frac{I_{a,i}}{I_{v,i}} \text{ 和 } K_{v,i}=\frac{V_{a,i}}{V_{v,i}}$$

可用的系统力为：$F_{s,s}=K\,F_{v,s}$，其中 K 为 $K_{i,i}$ 或 $K_{v,i}$ 的较小者，且不大于 1。

6 电动振动发生器

6.1 振动发生器技术条件(C,a)

电动振动发生器要规定的主要特性是对所期望的应用类型(正弦、随机或冲击)其产生振动力的能力。当计算需要的力时，务必要包括所需支承夹具的质量。

应按下列操作方式规定振动发生器产生力的能力：

——对于正弦操作，试验质量块为 m_{10} 和 m_{40} 时，规定振动器产生力的能力 $F_{v,s}$(见 6.2.2)；

——对于随机操作，试验质量块为 m_{10} 和 m_{40} 并使用 3.13 的加速度谱密度谱型时，规定振动器产生力的能力 $F_{v,r}$(见 6.2.3)；

——对于脉冲冲击操作，试验质量块为 m_{10} 和 m_{40} 时，规定振动器产生力的能力 $F_{v,i}$(见 6.2.4)，还应规定产生的脉冲加速度时间历程(见 8.6)。

当使用功率规格足够的放大器驱动振动器时，能够获得振动器产生最大力的能力。本标准中，这类放大器被称作为大规格放大器，以区别于可能限制和阻碍振动器获得最大力能力的在实际系统中与振动器配用的那些放大器。

如果要为某一系统获取振动器，则应说明振动发生器输出力的能力。并要通过系统测试验证：振动器性能针对每一种应用类型规定的系统力来说是足够的。

如果原始系统所包含的放大器规格大大小于大规格的放大器，并且将来有希望可以增大放大器功率的话，作为可选项，可以规定振动器作为部件的试验，这项试验特别重要。

作为可选项，可以提供满电流时加速度失真度的最大值(见 6.3.2)。

6.2 振动发生器性能

6.2.1 一般性能(C,a)

振动器性能包括：

——连续工作时力的能力(见 8.2)；

——两机械限位器间的位移量；

——许用速度；

——可靠的工作。

持久试验(见 8.3)提供了一些可靠工作的保证。

对于要获取作为部件的振动器应规定本条的性能。作为可选项，对于要为系统获取的振动器也可以规定该性能。

应使用大规格放大器验证该性能。性能试验报告应提供 6.2.2 至 6.2.4 所述的内容。

6.2.2 振动器正弦性能(C,s)

使用试验质量块 m_{10} 在力 $F_{v,s}$ 下进行振动器正弦工作状态运行试验(见 8.2.1 和 8.2.2),要提供温度稳定的时间 $t_{v,s}$(见 8.2.2),并报告任何异常现象或偏离的情况。

在振动器正弦工作状态运行试验之后,马上就读取 6.3.2 中使用质量块 m_{10} 的试验数据。

将试验质量块换成 m_{40},重复进行工作状态运行试验,直到达到相同的温度,并读取 6.3.2 中使用质量块 m_{40} 的试验数据。

对于在力 $F_{v,s}$ 下进行的振动器正弦持久试验(见 8.3),要提供实际的持久试验持续时间(除非另有规定,至少为 10 $t_{v,s}$)。在试验过程中,要测量并报告振动器台体铁表面、运动部件、振动器冷却空气(或水或油)、室内空气和振动器冷却系统的冷却剂的各个温度。同样地,要说明任何异常现象或偏离的情况,以及为了确定振动器或振动器冷却系统是否发生变化或损坏所进行的试验后检验的结果等情况。

应验证振动器要达到制造者给出的额定位移和速度。

6.2.3 振动器随机性能(C,r)

使用试验质量块 m_{10} 在力 $F_{v,r}$ 下进行的振动器随机工作状态运行试验(见 8.2.1 和 8.2.3),要提供温度稳定的时间 $t_{v,r}$(见 8.2.3),并报告任何异常现象或偏离的情况。

在振动器随机工作状态运行试验之后,马上就读取 6.3.4 中使用质量块 m_{10} 的试验数据。

将试验质量块换成 m_{40},重复进行工作状态运行试验,直到达到相同的温度,并读取 6.3.4 中使用质量块 m_{40} 的试验数据。

对于在力 $F_{v,r}$ 下进行的振动器随机持久试验(见 8.3),要提供实际的持久试验持续时间(除非另有规定,至少为 10 $t_{v,r}$)。在试验过程中,要测量并报告振动器台体铁表面、运动部件、振动器冷却空气(或水或油)、室内空气和振动器冷却系统的冷却剂的各个温度。同样地,要说明任何异常现象或偏离的情况,以及为了确定振动器或振动器冷却系统是否发生变化或损坏所进行的试验后检验的结果等情况。

如果制造者的额定随机位移和(或)速度大于正弦性能的额定值,进一步验证已经达到的额定随机值。

6.2.4 振动器冲击性能(C,i)

振动器冲击时间历程试验要求按照 8.6 的程序产生规定的加速度时间历程。

提供对应规定加速度时间历程,使用试验质量块 m_{10} 时,相应 m_{10} 的振动器脉冲冲击电流和电压的时间历程波形。

提供对应规定加速度时间历程,使用试验质量块 m_{40} 时, 相应 m_{40} 的振动器脉冲冲击电流和电压的时间历程波形。

对于使用试验质量块 m_{10} 进行的振动器冲击持久试验,要提供实际的振动器冲击持久试验持续时间(除非另有规定,至少为 10 $t_{v,s}$)、在试验开始和结束时两个冲击加速度时间历程,并说明任何异常现象或偏离的情况、以及为了确定振动器是否发生变化或损坏所进行的试验后检验的结果等情况。

对于使用试验质量块 m_{40} 进行的振动器冲击持久试验,要提供实际的振动器冲击持久试验持续时间(除非另有规定,至少为 10 $t_{v,s}$)、在试验开始和结束时两个冲击加速度时间历程,并说明任何不正常或与无故障试验不符合的情况、以及为了确定振动器是否发生变化或损坏所进行的试验后检验的结果等情况。

如果制造者的额定冲击位移和(或)速度大于正弦性能的额定值,进一步验证已经达到的额定冲击值。

6.3 振动器驱动要求

6.3.1 一般要求(C,a)

当采用大规格放大器驱动振动器时,应针对规定的使用类型〔正弦、随机和(或)冲击〕,在规定的振动器满力下给出振动器电流和电压的驱动要求。

对于一个要作为部件而需求的振动器,应规定本条的振动器驱动要求。

作为可选项，对于系统中需求的振动器也可以规定本条的要求。

6.3.2 振动器正弦驱动要求(C,s)

在使用试验质量块 m_{10} 进行正弦工作状态运行试验(见 6.2.2、8.2.1 和 8.2.4)之后，马上就以商定的频率范围，在规定的满位移、速度和力 $F_{v,s}$ 下，进行每分钟一个倍频程的扫频。提供按 6.3.3 中 m_{10} 曲线计算的试验负载最高中心点的加速度、驱动线圈方均根电流和驱动线圈方均根电压。

将试验质量块换成 m_{40}，重复进行工作状态运行试验，当达到相同的温度时，就以商定的频率范围，在规定的满位移、速度和力 $F_{v,s}$ 下，做另一次每分钟一个倍频程的扫频。提供按 6.3.3 中 m_{40} 曲线计算的试验负载最高中心点的加速度、驱动线圈方均根电流和驱动线圈方均根电压。

两次扫频所需电流的最大值就是对应力 $F_{v,s}$ 下振动器正弦电流的技术要求 $I_{v,s}$。两次扫频所需电压的最大值就是对应力 $F_{v,s}$ 下振动器正弦电压的技术要求 $V_{v,s}$。

卸除试验负载，重复进行工作状态运行试验，当达到相同的温度时，就以商定的频率范围，在规定的满位移、速度和力 $F_{v,s}$ 下，做另一次每分钟一个倍频程的扫频。提供按 6.3.3 中 m_0 曲线计算的运动部件的加速度、驱动线圈方均根电流和驱动线圈方均根电压。

进行信号纯度试验(蜂鸣声检测)。在这一空负载试验过程中，仔细倾听振动器的声音输出，并通过观察示波器显示的动态波形以检测任何噪声、失真或加速度波形上的高频信号束(蜂鸣声)。应报告基本加速度 2% 以上的蜂鸣声或失真。空载时蜂鸣声常见的原因是运动部件或运动部件悬挂的连接不良或松动。

6.3.3 振动器传递函数曲线(C,s)

应提供对应使用试验质量块 m_0、m_{10} 和 m_{40} 时，振动器的电流-加速度 $H_i(f)$ 和电压-加速度 $H_v(f)$ 传递函数曲线，类似于根据 6.3.2 的数据在图 1 中示出的那些曲线。

这些曲线是在振动器温度稳定的条件下获取的，并且非常适用于正弦和随机试验。需要时，对冷振动器也可以规定类似的曲线，这些曲线对作为冲击试验的起点是非常有用的。当进行约略近似计算时，可以根据热曲线获得冷条件下振动器的近似曲线：对于 $H_i(f)$，用 1.05 乘上整个曲线；对于 $H_v(f)$，用 1.25 乘上中频带的值，在 f_s 和 f_t 下，逐渐递减到 1.0。

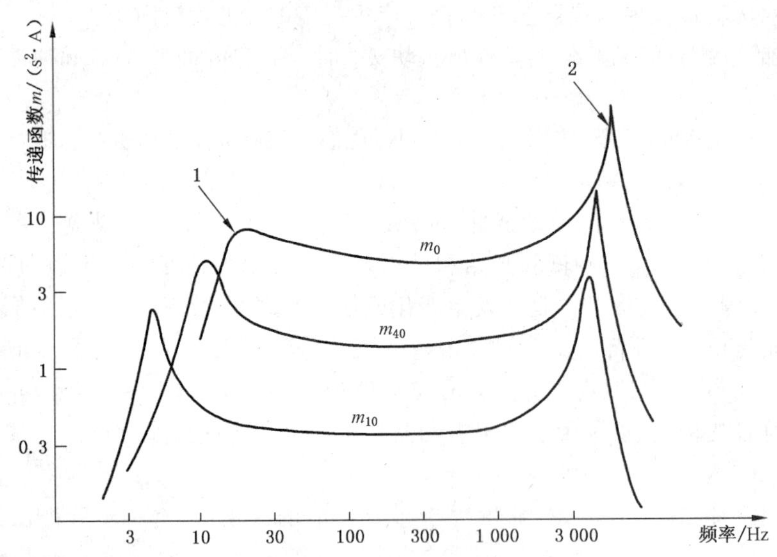

1——运动部件悬挂的机械共振；

2——运动部件的机械共振。

a) 驱动线圈中每单位电流的加速度

图 1 典型的电动振动发生器传递函数

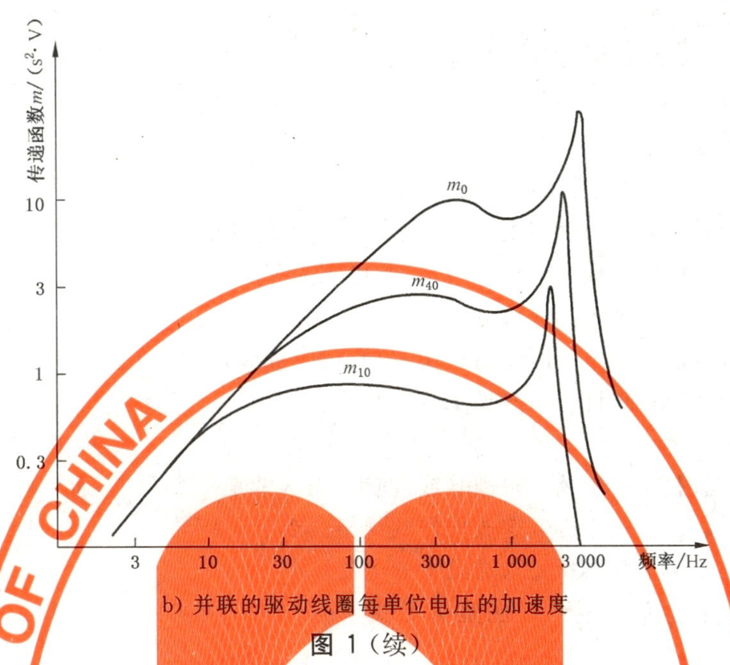

b) 并联的驱动线圈每单位电压的加速度

图 1（续）

6.3.4 振动器随机驱动要求(C,r)

在规定的振动器随机力 $F_{v,r}$ 下，使用试验质量块 m_{10} 和 3.13 的加速度谱密度谱型进行随机工作状态运行试验(见 6.2.3、8.2.1 和 8.2.3)结束以后，提供驱动线圈方均根随机电流和方均根随机电压。

将试验质量块换成 m_{40}，在振动器规定的随机力 $F_{v,r}$ 下，使用 3.13 的加速度谱密度谱型重复进行随机工作状态运行试验，直到达到相同的温度，并提供驱动线圈方均根随机电流和方均根随机电压。

两次工作状态运行试验所需电流的最大值就是对应力 $F_{v,r}$ 下振动器随机电流的技术要求 $I_{v,r}$。两次工作状态运行试验所需电压的最大值就是对应力 $F_{v,r}$ 下振动器随机电压的技术要求 $V_{v,r}$。

6.3.5 振动器冲击驱动要求(C,i)

除非规定使用 m_{10}，对应冲击力 $F_{v,i}$，振动器冲击电流的技术要求 $I_{v,i}$ 是 6.2.4 中使用 m_{40} 时振动器冲击电流的时间历程(见 8.6)。

除非规定使用 m_{10}，对应冲击力 $F_{v,i}$，振动器冲击电压的技术要求 $V_{v,r}$ 是 6.2.4 中使用 m_{40} 时振动器冲击电压的时间历程(见 8.6)。

6.4 振动器的维护(A,a)

如果振动器要连续提供规定的性能，就需要对振动器进行维护。

推荐的定期养护包括：检验和(或)更换空气、水和油的过滤器、水电极、蒸馏水、水塔的水(或乙二醇)、连接到振动器、到励磁线圈和到运动部件的柔性电缆和软管，以及清除累积的灰尘和污垢，特别是冷却空气管道中的灰尘和污垢。

推荐的定期养护还包括：检验和(或)维修台体与运动部件的悬挂和(或)导向，以及负载与运动部件安装位置的衬套。

如果加速度波形明显与电流波形不一致，则特别需要对振动器进行维护。这种异常现象通常是由于流体冷却液中的气蚀或运动部件的松动零件和随之而来的一般故障所产生的。

对于常规使用的振动器，建议制定计划：每月都安排在空负载下，以最大加速度进行慢速正弦扫频，并记录其结果。见 6.3.2 规定的蜂鸣声检测。正确维护后的振动器不会在加速度波形上引入失真或蜂鸣声。若性能逐月下降，尤其是空载时蜂鸣声增加的话，就有必要做预防性维护。

振动器的维护宜由有资质的人员进行。

7 功率放大器

7.1 放大器技术条件(C,a)

7.1.1 放大器主要特性

应按下列操作方式规定放大器电流和电压的性能：

——对于正弦操作，规定的放大器电流为 $I_{a,s}$ 和电压为 $V_{a,s}$(见 7.2.2)；

——对于随机操作，规定的放大器电流为 $I_{a,r}$ 和电压为 $V_{a,r}$(见 7.2.3)；

——对于脉冲冲击操作，规定的放大器电流为 $I_{a,i}$ 和电压为 $V_{a,i}$。

除非另有规定，规定的脉冲电流时间历程 $I_{a,i}$ 为使用质量块 m_{40} 振动器产生预定加速度时间历程时的规定的振动器驱动线圈电流时间历程(见 7.2.4 和 8.6)。

7.1.2 最小规格放大器

如果对于规定的应用类型〔正弦、随机和(或)冲击〕需求的是一个系统，而且对应这一应用类型，仅需要匹配最小规格的放大器，则不必规定放大器的规格。当然，规定的放大器电流和电压是对应预定的应用类型，在规定力下规定振动器所要求的最大的电流和电压。

应通过系统测试验证：放大器的性能是满足要求的。作为可选项，可以规定放大器作为部件的试验。

最小放大器的规格取决于配用的规定振动器所需的预定系统力。对于每一种应用类型，应规定放大器的电流和电压，该电流和电压，对应规定的力宜等于振动器所需的最大电流和电压。

作为可选项，可以规定超规格的放大器。对于每一种应用类型，应规定放大器的电流和电压，该电流和电压，对应规定的力宜不小于振动器所需的最大电流和电压。

如果系统需求一个超规格的放大器，系统测试仅验证该放大器的最小规格。放大器还应作为部件进行试验。

注：放大器的规格常常以功率或视在功率表示，或以 kVA 表示，即：建议规格的指标等于输出电流与输出电压的乘积。这些指标都不是用来表示电动振动系统(设备)配用的放大器的规格的。通过对列出的四个最关键参数的说明会提供更多的指导：其中 $I_{a,s}$ 和 $V_{a,s}$ 是施加了 7.2 规定的电感性负载的所用放大器的正弦电流和电压的有效值；$I_{a,r}$ 和 $V_{a,r}$ 是随机电流和电压的有效值。

7.1.3 阻抗匹配

不是所有的振动器都是以相同的阻抗工作的。一些振动器要求高电流和低电压，而另一些则要求低电流和高电压。在编写要从一个振动器转换到另一个振动器的放大器的规范以前，宜对使用的阻抗匹配变换器进行检测。

7.2 放大器试验负载

7.2.1 一般要求(C,a)

放大器试验负载用于测试作为部件的放大器。它们的构成很昂贵，因此，只是在合适的振动器不可利用时才使用它们。

电阻性试验负载不适用于测试驱动振动器的放大器。无论对于线性放大器还是对于开关放大器，电阻性试验负载都不能模拟正常使用的放大器的内部功耗。某些开关放大器正常运行需要电感性负载。

除非另有规定，选择的放大器试验负载的电阻和电感分量的值要使电流滞后于电压 60°，具有 ±3% 的相对误差。

在全部试验过程中，宜在冷却到足以保持阻抗的电阻和电感分量二者均在规定阻抗的 3% 以内的条件下提供放大器正弦和随机试验负载。对于大规格的放大器，一般使用循环水冷却。冷却要求通常根据工作状态运行试验和持久试验的要求(见 8.2.1 和 8.3.1)来确定。

在放大器的频率范围中部，其工作对频率不敏感。这对于放大器正弦试验负载和放大器随机试验负载二者来说，使其通过改变试验频率都能够使用同一感应线圈。

放大器冲击试验负载与放大器正弦和随机试验负载具有不同的要求(见 7.2.4 和 8.6)。冷却问题不太难，但放大器冲击试验负载阻抗应与振动器的电感和电阻匹配。

7.2.2 放大器正弦试验负载(C,s)

确信放大器在同一时间并在最不利的负载下，既能够提供满足要求的电压输出，又能够提供满足要求的电流输出。在下列条件下，放大器正弦试验负载应有的阻抗按公式(2)计算：

当在 200 Hz 到 1 000 Hz 以内的频率下，以正弦电流驱动时：

$$Z_{a,s} = \frac{V_{a,s}}{I_{a,s}} \qquad \cdots\cdots\cdots(2)$$

7.2.3 放大器随机试验负载(C,r)

确信放大器在同一时间并在最不利的负载下，既能够提供满足要求的电压输出，又能够提供满足要求的电流输出。在下列条件下，放大器随机试验负载应有的阻抗按公式(3)计算：

当在 200 Hz 到 1 000 Hz 范围内的某一中心频率下，以窄带随机电流驱动时，

$$Z_{a,r} = \frac{V_{a,r}}{I_{a,r}} \qquad \cdots\cdots\cdots(3)$$

使用滤波器产生的窄带随机信号具有的带宽 b 应为中心频率的 3%至 5%，侧缘十分陡峭，使频率倍数处的信号低于中心频率信号至少 50 dB。解调滤波器具有的时间常数应大于 $300/b$。

与放大器随机试验负载 $Z_{a,r}$ 一起使用的窄带随机电流 $I_{a,r}$ 和窄带随机电压 $V_{a,r}$ 的量值，应与按 3.13 的加速度谱密度谱型驱动振动器所用的宽带随机电流和电压的量值相同。

7.2.4 放大器冲击试验负载(C,i)

放大器冲击试验负载的设计和制作要求按照 8.6 的程序预先产生预定的冲击加速度时间历程，并测量和记录所要求的振动器电流和电压的时间历程。

在制作实际的冲击试验负载以前，测量模拟冲击试验负载的响应并优选模拟的试验负载。使用一个串联模拟的电阻-电感负载给放大器施加一个所要求振动器电压时间历程的低电平定标模型，并测量负载电压和电流时间历程。调整模拟电阻和模拟电感的值直到负载电压和电流的峰值，并且低频电压和电流的波形与所模拟振动器的电压和电流的时间历程相同为止。精确地匹配出完整的振动器电压时间历程似乎是不可能的，因为振动器的电感和电阻是随频率变化的。

根据优选的模拟负载计算和制作实际的冲击试验负载，该负载的阻抗值为 $Z_{a,i}$。

由于力与电流成正比，精确地复制电流时间历程是重要的。复制峰值电压也是重要的，因为复制无削波的电压峰值是对放大器产生脉冲的基本要求。

与 $Z_{a,i}$ 一起使用的 $I_{a,i}$ 的值是 7.1.1 中规定的 $I_{a,i}$，它与测得和记录的用振动器产生的预定的冲击加速度时间历程具有相同的电流时间历程。与 $Z_{a,i}$ 一起使用的 $V_{a,i}$ 的值是 7.1.1 中规定的 $V_{a,i}$，它与记录的振动器电压时间历程具有相同的电压峰值和低频波形，但是在整个时间历程不可能有相同的波形。

7.3 放大器性能

7.3.1 一般性能(C,a)

放大器性能包括：

——连续工作时输出电流和电压的能力(见 8.2)；

——符合规定的溢出和失真度(见 8.4 和 8.5)；

——可靠的工作。

8.3 的持久试验提供了一些可靠工作的保证。

应验证所获取的规定放大器的性能。性能试验报告应包括下述内容。

7.3.2 放大器正弦性能(C,s)

应使用放大器试验负载 $Z_{a,s}$(见 7.2.2)和规定的均方根正弦电流 $I_{a,s}$ 与电压 $V_{a,s}$(见 7.1.1)进行放

大器正弦工作状态运行试验(见 8.2),试验后要提供温度稳定的时间 $t_{a,s}$(见 8.2.4),并报告任何不正常情况或与无故障工作状态运行试验不符合的情况。

应使用放大器试验负载 $Z_{a,s}$,在规定的均方根电流和电压下,进行放大器正弦失真度检测(见 8.5),检测后要提供放大器总的正弦失真度 $d_{a,s}$(见 8.5.5)和超过 1.0%的每个谐波分量的量值。应记录超过 8.4 规定的溢出限值的失真度。

应使用放大器试验负载 $Z_{a,s}$,在规定的均方根电流和电压下,对放大器进行正弦持久试验(见 8.3),试验后要提供实际的持久试验持续时间(除非另有规定,至少为 10 $t_{a,s}$)。要报告连接到放大器和放大器冷却系统的冷却空气(或水)的最低与最高温度、主电源电压的最低与最高电压值,要说明任何异常现象或偏离的情况,以及为了确定放大器或放大器冷却系统是否发生变化或损坏所进行的试验后检验的结果等情况。

7.3.3 放大器随机性能(C,r)

应使用放大器试验负载 $Z_{a,r}$(见 7.2.3)和规定的方均根窄带随机电流 $I_{a,r}$与电压 $V_{a,r}$(见 7.1.1 和 7.2.3)进行放大器随机工作状态运行试验(见 8.2),试验后要提供温度稳定的时间 $t_{a,r}$(见 8.2.3),并报告任何不正常情况或与无故障工作状态运行试验不符合的情况。

应使用放大器试验负载 $Z_{a,r}$,在规定的方均根窄带随机电流和电压下,进行放大器随机失真度检测(见 8.5),检测后要提供放大器总的随机失真度 $d_{a,r}$(见 8.5.7)[2] 和超过 1.0%的每个谐波分量的量值。应报告超过 8.4 规定的溢出限值的失真度。

应使用放大器试验负载 $Z_{a,r}$,在规定的方均根窄带随机电流和电压下,对放大器进行随机持久试验(见 8.3),试验后要提供实际的持久试验持续时间(除非另有规定,至少为 10 $t_{a,r}$)。要报告连接到放大器和放大器冷却系统的冷却空气(或水)的最低与最高温度、主电源电压的最低与最高电压值、任何不正常情况或与无故障试验不符合的情况,以及为了确定放大器或放大器冷却系统是否发生变化或损坏所进行的试验后检验的结果等情况。

7.3.4 放大器冲击性能(C,i)

放大器冲击时间历程试验,要求按照 8.6 的程序预先产生预定的冲击加速度时间历程。测量所要求的振动器驱动线圈电流和电压的时间历程,并按照 7.2.4 的程序预先制作放大器冲击试验负载 $Z_{a,i}$。

在放大器冲击时间历程试验中,规定的脉冲电流时间历程 $I_{a,i}$应适用于冲击试验负载 $Z_{a,i}$。在性能测试报告中要提供脉冲冲击电流和电压的时间历程波形。

对于按重复程序将规定的冲击时间历程 $I_{a,i}$输送给冲击试验负载 $Z_{a,i}$的放大器,应对该放大器进行冲击持久试验(见 8.3.7),试验后要提供实际的冲击持久试验持续时间(除非另有规定,至少为 3 $t_{a,s}$)、在试验开始和结束时脉冲冲击电流和电压的各两个时间历程波形,并说明任何异常现象或偏离的情况,以及为了确定放大器是否发生变化或损坏所进行的试验后检验的结果等情况。

应使用具有 8.5.8 规定的选通正弦波群的放大器试验负载 $Z_{a,i}$,进行放大器冲击失真度检测(见 8.5),检测后要提供放大器总的冲击失真度 $d_{a,i}$(见 8.5.9)和超过 1.0%的每个谐波分量的量值。应报告超过 8.4 规定的溢出限值的失真度。

7.4 放大器的维护(A,a)

如果放大器要连续提供规定的性能,就需要对放大器进行维护。

推荐的定期养护包括:更换空气和水的过滤器、水电极、蒸馏水、过滤器的电容器、软管、水塔的水(或乙二醇)以及清除累积的灰尘和污垢,特别是高压部件附近和冷却空气通道中的灰尘和污垢。

对于正常使用的放大器,建议每月测定并记录最大输出电压的失真度。若性能逐月有所下降,就有必要做预防性维护。

放大器的维护宜由有资质的人员进行。

---

2) ISO 5344:2004 原文中此处括号内的条号为 8.5.5 有误,本标准予以纠正。

8 试验和测量

8.1 总则

关于系统、振动器和放大器要规定和进行的试验在第5章、第6章和第7章中加以规定。本章规定了有关这些试验在其他方面需要考虑的条款。

在编写采购规范之前，设备的买方与那个设备的来源（通常是制造者），需要就拟采购设备的规定项目、要进行的规定试验和所提供的验收试验报告达成技术协议。例如：买方可以决定将描述有关设备相似项目的由制造者做的持久试验验收报告作为验收第5章、第6章和第7章中规定的特定持久试验性能和报告的一种替代方法。

8.2 获取数据前的工作状态运行试验

8.2.1 一般要求

当规定连续工作性能时，一般要进行工作状态热运行试验使设备的温度达到稳定后，就要马上获取性能数据。

由于冲击试验持续的时间短，因此应在冷（室温的10 ℃以内）设备上，对应最大可用的力进行冲击性能试验。

应使设备在最大的功耗下工作对其进行工作状态热运行试验。对于振动器或系统的热运行试验，应在规定的力下，首先使用 m_{10} 然后使用 m_{40} 进行试验。对于放大器的热运行试验，应将规定的电流和电压输送到合适的 $Z_{a,s}$ 或 $Z_{a,r}$ 中进行试验。

除非另有规定，振动器和放大器的冷却应根据常规的温暖气候条件进行调节：低海拔地区的空气温度达35 ℃以上和（或）热交换水的温度达15 ℃以上。

最好用热电偶，粘附在振动器的两个位置和放大器的两个位置上进行温度测量。对于振动器，在靠近负载的连接端测量台体铁的温度，并尽可能在驱动线圈的直径附近测量靠近负载的运动部件的温度。对于放大器，测量电源变压器铁芯温度和输出功率晶体管的热交换器的温度。

为要获得温度稳定的时间，要记录作为时间函数的温度。计算温度升高速率 $\Delta T/\Delta t$，其中 T 为温度，t 为时间。温度升高速率要升至最高值，然后再下降。温度稳定的时间定义为：所有的温度升高速率均已下降到其最高值的5%时的时间。应记录温度稳定的时间，用作8.3持久试验的时间基准。对于系统和振动器来说，使用 m_{40} 达到温度稳定的时间与使用 m_{10} 测定的时间相同，二者十分接近。

8.2.2 系统或振动器正弦工作状态运行试验

以产生最大功耗的工作频率，一般在200 Hz至300 Hz之间，在规定的正弦力下进行工作状态运行试验。温度稳定的时间为 $t_{s,s}$ 或 $t_{v,s}$。

8.2.3 系统或振动器随机工作状态运行试验

使用3.13的标准随机谱型，在规定的随机力下进行工作状态运行试验。温度稳定的时间为 $t_{s,r}$ 或 $t_{v,r}$。

8.2.4 放大器正弦工作状态运行试验

使用带有 $Z_{a,s}$ 的放大器负载和规定的正弦电流和正弦电压进行工作状态运行试验。温度稳定的时间为 $t_{a,s}$。

8.2.5 放大器随机工作状态运行试验

使用带有 $Z_{a,r}$ 的放大器负载和规定的窄带随机电流和电压进行工作状态运行试验。温度稳定的时间为 $t_{a,r}$。

8.3 耐振试验

8.3.1 一般要求

持久试验提供了某些可靠性的保证，但不是决定性的。在下述的最低要求的持久试验过程中运行良好的设备不太可能有较大的设计和制造缺陷。

正弦和随机持久试验的持续时间是 8.2.1 中相关工作状态运行试验达到温度足够稳定时间的10倍。首先使用试验质量块 m_{10} 然后使用试验质量块 m_{40} 进行振动器或系统的持久试验。

当达到温度稳定的时间 $t_{g,h}$ 很长，持久试验的时间可以限制到短于 10 $t_{g,h}$ 或温度稳定之后 25 h。相关规范的制定者可以提出由来源提供试验报告的要求，试验报告要包括：描述全部持久试验的程序、所有结果、试验开始和结束时电流和电压的波形以及任何不正常情况或与无故障试验不符合的情况。

与 8.2.1 的规定一致，除非另有规定，应根据正常的温暖气候、低海拔地区的条件调节环境条件。

8.3.2 系统或振动器正弦耐振试验

系统或振动器正弦耐振试验是一个重复的循环程序。每个循环包括：按照 8.2.1 的规定，以最大功耗，在规定的满力下运行 30 min，随后以规定的位移、速度和力从 f_{min} 到 f_{max} 范围做每分钟一个倍频程的扫频。通过重复上述循环，先使用试验质量块 m_{10} 再使用试验质量块 m_{40}，分别进行持续时间不少于 10 $t_{s,s}$ 或 10 $t_{v,s}$（见 8.2.2）的耐振试验。

8.3.3 系统或振动器随机耐振试验

先使用试验质量块 m_{10} 再使用试验质量块 m_{40}，以 3.13 的标准随机谱型，在规定的随机力下分别进行持续时间不少于 10 $t_{s,r}$ 或 10 $t_{v,r}$（见 8.2.3）的耐振试验。

8.3.4 放大器正弦持久试验

使用带有 $Z_{a,s}$ 的放大器负载和规定的正弦电流和电压（见 7.1.1）进行持续时间不少于 10 $t_{a,s}$（见 8.2.4）的耐振试验。

8.3.5 放大器随机耐振试验

使用带有 $Z_{a,r}$ 的放大器负载和规定的窄带随机电流和电压（见 7.1.1）进行持续时间不少于 10 $t_{a,r}$（见 8.2.5）的耐振试验。

8.3.6 系统或振动器冲击耐振试验

此试验是一个重复的循环程序。在每个循环开始，打开励磁电源并允许其稳定大约 1 min，然后产生一个单个的满力冲击时间历程。关闭励磁电源并断开，使振动器大约 10 min 结束循环。以不少于 10 $t_{s,s}$ 或 10 $t_{v,s}$（见 8.2.2）的持续时间重复上述循环程序。先对振动器加载试验质量块 m_{10}，再对其加载试验质量块 m_{40}（见 8.6）分别进行耐振试验。

8.3.7 放大器冲击耐振试验

此试验是一个重复的循环程序。每个循环是以放大器规定的冲击电流和电压时间历程（见 7.1.1、7.2.4 和 7.3.4）进行的一次脉冲冲击，允许有 1 min 的周期供放大器冷却。以不少于 3 $t_{a,s}$（见 8.2.4）的持续时间重复上述循环程序。使用加载了负载 $Z_{a,i}$（见 7.2.4 和 8.6）的放大器进行耐振试验。

8.4 溢出限值

对于带负载的系统正弦试验，除非另有规定，任何谐波的最大容许电流溢出为低于 2 000 Hz 频率范围中最大电流的 1%；任何谐波的最大容许加速度溢出为低于 2 000 Hz 频率范围中最大加速度的 10%。

对于带有试验质量块 m_{10} 和 m_{40} 负载的系统随机或冲击试验，除非另有规定，2 000 Hz 频率范围以上最大容许随机电流谱密度（冲击电流谱）溢出按公式(4)计算：

$$\Phi_a = \Phi_b \left(\frac{2\,000}{f}\right)^4 \text{ 或 } 10^{-4}\Phi_b \qquad \cdots\cdots(4)$$

式中 Φ_b 为低于 2 000 Hz 频率范围中随机电流谱密度（冲击电流谱）。

对于带有放大器试验负载 $Z_{a,s}$、$Z_{a,r}$ 和 $Z_{a,i}$ 的放大器正弦、随机和冲击失真度的检测，除非另有规定，任何谐波的最大容许电流溢出为低于 2 000 Hz 频率范围中最大电流的 1%。

8.5 失真度检测

8.5.1 总则

进行这些失真度检测的主要目的是进一步验证系统、振动器和（或）放大器是否满足要求，即：是否大到足以产生规定的加速度和(或)电流与电压。试图进行过度的驱动时,失真就会急剧增加,因而1%到3%失真度的限值被用作最大有效输出的指标。

在8.5.5到8.5.9中,对应正常最不利的工作条件,使用放大器试验负载和在不同频率下或在不同频带中的简化波形,采用简化技术来合理地估测系统和(或)部件是否大到足以满足要求。

可应用到正弦操作中,也可应用到有限制条件的随机和冲击操作中的任何振动试验系统变量的失真度按公式(5)计算:

$$d=\frac{\sqrt{(x_2^2+x_3^2+x_4^2\cdots+x_n^2)}}{x_1} \qquad \cdots\cdots(5)$$

式中 x_1 为基本分量的方均根量值,x_2、x_3、x_4,…,x_n 为不希望有的谐波分量的方均根量值,这里包括了具有显著量值的所有谐波分量。

注1:一些失真度测量仪器用变量的总方均根量值来代替分母,即:

$(x_1^2+x_2^2+x_3^2+x_4^2+\cdots+x_n^2)^{1/2}$

除非失真度很大,一般达到10%或更大,这两个定义的差别可以忽略不计。

注2:一些失真度测量仪器包括了上面公式的分子中的蜂鸣声分量,这里的蜂鸣声分量存在于固有系统频率的基频、分倍频和倍频(例如,电源频率和开关频率)中。尽管是不希望得到的,而且这些蜂鸣声分量也不是上述意义上的失真,即使蜂鸣声分量有显著的量值也很少影响 d 的值,但宜将其从测量中排除。

当工作状态热运行试验使设备的温度达到稳定后,在规定的力下进行正弦和随机系统失真度检测。

在室温下,即20 ℃到40 ℃范围内,以相关设备规定的力进行冲击系统失真度检测。

使用试验质量块 m_{10} 和 m_{40} 两种试验质量进行正弦、随机和冲击系统失真度检测。两次失真度测定的较大者为系统的失真度。

如果在测定系统电流失真度的过程中,由于运动部件与负载的共振引起的失真度的值很大,可以记录额定工作条件下输入到放大器的信号,断开振动器磁场,并反复测定电流失真度。如果较低,则可以使用。

当工作状态热运行试验使放大器的温度达到稳定后,在规定的正弦和随机电流下进行放大器正弦和随机失真度检测。

在室温下,即20 ℃到40 ℃范围内,以规定的放大器冲击电流进行放大器冲击失真度检测。

系统失真度检测是用于测定系统是否满足8.4的溢出限值的要求,并避免在工作频带,一般为20 Hz到40 Hz产生不希望有的激励。首先进行带试验负载的功率放大器失真度检测用于预测使用该放大器的系统是否会满足相同限值的要求。

在随后的失真度测定中,只要包含有超过0.3%的谐波分量,就要以足够的准确度计算 d。应注意报告超过1.0%的所有谐波分量。在整个失真度检测过程中,应目视监测放大器的输出电压,并应报告所有例外的情况。如果电压的波形出现了削波,应报告引起削波的详情。

8.5.2 系统正弦失真度

系统正弦失真度 $d_{s,s}$ 是在从 f_{min} 到 f_{max} 整个范围内,以每分钟一个倍频程扫频,使用频率示踪仪器测得的试验质量块最高中心点加速度失真的一种量度。应利用具有足够准确度的正弦振动控制使负载加速度的变化不超过规定值的3%。

宜使用试验质量块 m_{40},以规定的满位移、速度和力测定系统正弦失真度。

8.5.3 系统正弦失真度曲线

如果在8.5.2的扫频测试过程中,任何单个谐波的系统正弦失真度的量值超过 f_{max} 以下范围中最大加速度的1%,应能提供示出从 f_{min} 到10 000 Hz频带内失真度分量最大值的曲线。

8.5.4 系统正弦加速度失真度

系统正弦加速度失真度是按8.5.2测定的试验质量块最高中心点加速度失真度的一种度量。

8.5.5 放大器正弦失真度

放大器正弦失真度 $d_{s,s}$ 是使用负载 $Z_{a,s}$ 时放大器电流失真度的一种度量。在 200 Hz 到 1 000 Hz 范围内的某个频率下，并在规定的满电流和规定的满电压二者都可以得到的条件下，使用低失真正弦信号驱动放大器。

8.5.6 系统随机失真度

系统随机失真度 $d_{s,r}$ 是相应试验质量块最高中心点随机加速度失真度的一种度量。在 200 Hz 到 1 000 Hz范围内的某个频率下，使用窄带随机输出测定失真度，此条件下会产生与相应系统规定的宽带随机输出相同的方均根电流、方均根电压和高斯分布的幅值。窄带宽简化了失真度的测量(见 7.2.3)。

8.5.7 放大器随机失真度

放大器随机失真度 $d_{a,r}$ 是使用负载 $Z_{a,r}$ 时随机电流失真度的一种度量。使用放大器规定的方均根随机电流和方均根随机电压，按 8.5.6 测定该失真度。

8.5.8 系统冲击失真度

系统冲击失真度 $d_{s,i}$ 是相应试验质量块最高中心点冲击加速度失真度的一种度量。将频率调整到与冲击峰值电压和冲击峰值电流相同的峰值电压和峰值电流，使用短的，一般为 1 ms 到 10 ms 选通正弦波群输出，测定该失真度。正弦信号用来简化失真度的测量。

8.5.9 放大器冲击失真度

放大器冲击失真度 $d_{a,i}$ 是进入到负载 $Z_{a,i}$ 中放大器冲击输出电流失真度的一种度量，使用 8.5.8 的程序测定该失真度。

8.6 冲击的产生

宜使用实际的系统和负载产生预定的冲击时间历程。先进行放大器输入与负载加速度间传递函数的测量，能够加速程序的进程。使用该传递函数和预定的负载加速度时间历程，来计算期望产生预定的输出加速度时间历程的放大器的输入时间历程。

为了验证和(或)精选所要求的放大器输入时间历程，要给放大器的输入加载一个低量级的计算输入时间历程的定标模型，并记录加速度时间历程。

分析总加速度时间历程，并在满量级冲击施加到负载以前，对放大器输入时间历程进行必要的精选。如果所需求的放大器和振动器来源不同，要求进行以下两个步骤：

a) 在振动器来源，使用振动器、试验质量块 m_{10} 和大规格放大器执行上述程序。当加速度和位移时间历程满足要求时，同时记录驱动线圈电压和电流的时间历程。对应试验质量块 m_{40} 重复执行这些程序。使用试验质量块 m_{10} 和 m_{40} 两种负载进行满冲击力试验，以验证振动器产生冲击力的能力。

b) 在放大器来源，使用上述 m_{40} 振动器电压和电流的时间历程，制作一个放大器冲击试验负载 $Z_{a,i}$，该负载近似振动器阻抗，并在使用上述 m_{40} 的驱动线圈电流时间历程驱动负载时，提供相同的峰值电压。对于放大器冲击持久试验，和对于放大器冲击失真度测量(见 7.2.4 和7.3.4)来说，负载 $Z_{a,i}$ 用作验证放大器输出冲击电流的能力。如果试验质量块 m_{10} 更接近要做冲击试验的实际负载，可能规定与其使用试验质量块 m_{40} 时振动器的电流和电压时间历程，倒不如使用试验质量块 m_{10} 时振动器的电流和电压时间历程来做 $Z_{a,i}$。

注：只有这样规定冲击加速度时间历程，才能做振动器和放大器性能以及放大器冲击失真度的测定。

附 录 A
（资料性附录）
附加的设备特性

A.1 总则

用户有不同的需求，而且各个制造者生产的电动振动发生系统也各有不同。采购规范的制定者很想要潜在的设备供方提供有关附加设备特性的说明性文件。若有要求，制造者应提供 A.2 至 A.20 所列出的资料。

A.2 运动部件的质量 m_e

该质量由制造者定义（见 3.8），并用于其力程序的定义。这是整个运动部件结构的质量，该质量，在某些情况下，还包括支承悬挂、连接导线、线圈导管内冷却剂和导管等部分的质量。

A.3 运动部件安装的连接条件

运动部件安装条件的说明宜包括：材料、尺寸和力输出端位置（或具有工作台时，所有连接位置）的详细资料。这要以尺寸图的形式预先提供，该尺寸图还要包括，例如螺纹衬套是凸起或是齐平安装的说明。还可提供有关安装固定螺栓的扭矩，以及其容许的轴向负载等资料。如果提供了为防止由于偶然使用过长固定螺栓而损坏运动部件的方法（或许使用可利用机械的方法进行调节的衬套），则应描述此方法。

A.4 安装表面的平面度

应规定工作台面或凸起的衬套上面二者之一的平面允许偏差。

A.5 静负载

应说明在力的轴线垂直和力的轴线水平两种条件下，容许的静负载，并说明该负载如何影响到容许行程。

A.6 悬挂的共振频率

悬挂的共振频率是指在其支承弹簧上运动质量的共振频率，该频率一般产生在 5 Hz 到 30 Hz 范围内。

A.7 电共振频率

电共振频率是指处于驱动线圈中的电流与电压同相，并且电阻抗最小状态下的频率。

A.8 运动系统的共振频率

运动系统的共振频率是最低的工作频率，高于电共振频率，此频率下工作台加速度相角与驱动电流相角成 90°，通常在 1 500 Hz 以上。一般，工作频率范围有用的上限值大约为该频率的 1.5 倍。

A.9 工作台轴向运动不均匀度

工作台轴向运动不均匀度，是指以频率的函数表示的工作台面或凸起的衬套各上平面横向振动运动的变差。

A.10 工作台面的横向运动

工作台面的横向运动应在固定负载的位置并在台面空负载的条件下测定,以频率的函数表示。

A.11 试验质量块 m_t

为了测试振动试验系统的性能,制造者使用的一组理想的动态"静重"质量块(见 3.10)。正常能够提供的有关这些质量块的资料包括:几何形状与尺寸、平面度、制作的材料和固定该质量块的各个位置。

A.12 杂散静磁场

电动振动器在运动部件工作台上会产生一个内在的杂散磁场。应对工作台空载条件下,在所试验的试件周围产生的,通常以距离每个安装位置轴向距离的函数表示的这个磁场予以说明,并包括轴向和径向两个分量。如果使用了消磁线圈,也应对此予以说明。

A.13 杂散交变磁场

应对工作台空负载条件下,在所试验的试件周围产生的,通常以距离每个安装位置轴向距离的函数表示的这个磁场予以说明,并包括在全频率范围上,使用驱动线圈的满额定电流时轴向和径向两个分量。如果使用了交变电流的消磁线圈,也应对其予以说明,并应对由此引起的力的降低或放大器电流(或电压)的增高予以规定。应注意要提供这些数据是昂贵的,因此,建议只有试件对该磁场很敏感时,才要求提供这方面的数据。

A.14 背景加速度噪声

背景加速度噪声是指使用连接的放大器、励磁电源和冷却系统,并在正常的工作条件下运行,在不驱动状态下工作台面或力输出端空负载时的加速度噪声。

A.15 振动器底座

振动器底座是用于支承振动器台体的部件,该部件常常包括使用定位器把台体从垂直转到水平的定向装置,有时还包括锁定振动器台体隔离系统的装置。

A.16 振动器台体的共振

如果具有振动器台体隔离系统,在力的轴线垂直方向和力的轴线水平方向隔振弹簧上台体质量的共振频率应予以说明。

A.17 辐射噪声的声压级

应针对振动器和配套的液压与冷却系统,在振动器的全频率范围,以工作台空载下的满额定加速度(正弦、随机和冲击)和三分之一倍频程声频带宽,在包括轴向的至少四个方向测定辐射噪声的声压级。

A.18 工作台温度

工作台温度是指在满力连续工作的条件下,工作台空载时的稳定温度。

A.19 安装要求

安装要求包括:要装运的所有部件的尺寸和质量、要求的资源供给条件(例如:电源、冷却水或空气、排放气体或排泄水、空气调节、压缩空气),以及与其相配套的全部电缆、软管和专用工具的说明。

A.20 惯性台座

对于没有隔振系统的大型振动器,应对所推荐的支承振动器用合适的台座予以说明,并包括:其质量、尺寸、材料技术规格,和台座与混凝土或大地四周的隔离方式。如果台座的材料是钢筋混凝土,应对其内部的钢结构进行描述。

ICS 35.240.30
A 14

中华人民共和国国家标准

GB/T 7713.3—2009
部分代替 GB/T 7713—1987

科技报告编写规则

Presentation of scientific and technical report

2009-09-30 发布　　　　2010-02-01 实施

中华人民共和国国家质量监督检验检疫总局
中国国家标准化管理委员会　发布

前　言

GB/T 7713 共分 3 部分:

——第 1 部分:学位论文编写规则;

——第 2 部分:学术论文编写规则;

——第 3 部分:科技报告编写规则。

本部分是 GB/T 7713 的第 3 部分。

本部分参考了 ANSI/NISO Z39.18:2005《科技报告　编制、格式和保存》(英文版)。

本部分在科技报告的组成要素及结构等方面与 ANSI/NISO Z39.18:2005 保持一致。

本部分部分代替 GB/T 7713—1987《科学技术报告、学位论文和学术论文的编写格式》。

本部分与 GB/T 7713—1987 相比主要变化如下:

——将 GB/T 7713—1987 中的科技报告部分单独列为一个标准,并将标准名称改为《科技报告编写规则》,修改了相应的英文名称;

——增加了第 2 章"规范性引用文件";

——在第 3 章中,将 GB/T 7713—1987 中与科技报告编写规则无关的术语和定义去掉,增加了"元数据"、"可扩展置标语言(XML)"、"文档类型格式"、"XSL 样式单"、"科技报告辑要页"的定义;

——将 GB/T 7713—1987 第 3 章"编写要求"和第 4 章"编写格式"改为第 5 章"编排格式"的部分内容;

——将 GB/T 7713—1987 第 5 章"前置部分"、第 6 章"主体部分"、第 7 章"附录"和第 8 章"结尾部分"改为第 4 章"组成部分"和第 5 章"编排格式";

——增加了对非印刷版科技报告的编写要求;

——增加了部分附录;

——按照 GB/T 1.1—2000 的要求进行编排。

本部分的附录 A、附录 B、附录 C、附录 D 为规范性附录,附录 E 为资料性附录。

本部分由全国信息与文献标准化技术委员会提出。

本部分由全国信息与文献标准化技术委员会(SAC/TC 4)归口。

本部分主要起草单位:中国科学技术信息研究所、中国国防科技信息中心、中华人民共和国科学技术部。

本部分主要起草人:张爱霞、张钢聚、杨代庆、常虹、李燕、潘晓荣、刘春燕、沈玉兰。

本部分所代替标准的历次标本发布情况为:

——GB/T 7713—1987。

引　言

科技报告是科学技术报告的简称，是用于描述科学或技术研究的过程、进展和结果，或描述一个科学或技术问题状态的文献。随着数字科研环境的出现，很多科技报告在以印刷版形式出现的同时，越来越多地以非印刷版形式传播。因此，对科技报告的编写、组织、格式等进行统一规范，以促进不同类型的科技报告的规范化管理、长期保存和交流利用，是非常必要的。

本部分旨在为不同类型的科技报告提供一个统一的指南，为科研人员、科研机构、信息机构等撰写、编排、组织、保存、揭示和共享利用科技报告提供指导。

本部分规范了科技报告的构成部分、每部分的范围、显示格式等方面的基本要求。考虑到不同来源和类型科技报告不同的特点和需求，所描述的要素并非都是必需的，但其位置和顺序应该是统一的。

本部分对科技报告封面和题名页中的书目数据元素提供了明确的指南，以便于为科技信息服务机构获取、处理、保存科技报告提供统一的描述和控制信息。

科技报告编写规则

1 范围

本部分规定了科技报告的编写、组织、编排等要求，以利于科技报告的撰写、收集、保存、加工、组织、检索和交流利用。

本部分适用于印刷型、缩微型、电子版等形式的科技报告。同一科技报告的不同载体形式，其内容和格式应一致。不同学科或领域的科技报告可参考本规则制定本学科或领域的编写规范。

2 规范性引用文件

下列文件中的条款通过 GB/T 7713 的本部分的引用而成为本部分的条款。凡是注日期的引用文件，其随后所有的修改单(不包括勘误的内容)或修订版均不适用于本部分，然而，鼓励根据本部分达成协议的各方研究是否可使用这些文件的最新版本。凡是不注日期的引用文件，其最新版本适用于本部分。

GB 3100 国际单位制及其应用(GB 3100—1993,eqv ISO 1000:1992)

GB 3101—1993 有关量、单位和符号的一般原则(eqv ISO 31-0:1992)

GB 3102.1 空间和时间的量和单位(GB 3102.1—1993,eqv ISO 31-1:1992)

GB 3102.2 周期及其有关现象的量和单位(GB 3102.2—1993,eqv ISO 31-2:1992)

GB 3102.3 力学的量和单位(GB 3102.3—1993,eqv ISO 31-3:1992)

GB 3102.4 热学的量和单位(GB 3102.4—1993,eqv ISO 31-4:1992)

GB 3102.5 电学和磁学的量和单位(GB 3102.5—1993,eqv ISO 31-5:1992)

GB 3102.6 光及有关电磁辐射的量和单位(GB 3102.6—1993,eqv ISO 31-6:1992)

GB 3102.7 声学的量和单位(GB 3102.7—1993,eqv ISO 31-7:1992)

GB 3102.8 物理化学和分子物理学的量和单位(GB 3102.8—1993,eqv ISO 31-8:1992)

GB 3102.9 原子物理学和核物理学的量和单位(GB 3102.9—1993,eqv ISO 31-9:1992)

GB 3102.10 核反应和电离辐射的量和单位(GB 3102.10—1993,eqv ISO 31-10:1992)

GB 3102.11 物理科学和技术中使用的数学符号(GB 3102.11—1993,eqv ISO 31-11:1992)

GB 3102.12 特征数(GB 3102.12—1993,eqv ISO 31-12:1992)

GB 3102.13 固体物理学的量和单位(GB 3102.13—1993,eqv ISO 31-13:1992)

GB/T 6447 文摘编写规则

GB/T 7156—2003 文献保密等级代码与标识

GB/T 7714—2005 文后参考文献著录规则(ISO 690:1987,ISO 690-2:1997 NEQ)

GB/T 11668—1989 图书和其它出版物的书脊规则(neq ISO 6357:1985)

GB/T 15835—1995 出版物上数字用法的规定

GB/T 16159—1996 汉语拼音正词法基本规则

CY/T 35—2001 科技文献的章节编号方法

3 术语和定义

下列术语和定义适用于本部分。

3.1

科技报告 scientific and technical report

科学技术报告的简称，是用于描述科学或技术研究的过程、进展和结果，或描述一个科学或技术问题状态的文献。

科技报告可基于基础研究或应用研究的任何主题，包含丰富的信息，一般成系统或按顺序组织材料，帮助用户判断、评价或修改基于研究所产生的结论和建议；并包含一些必要的信息，用于解释、应用或重复一项研究结果或方法。

科技报告由从事科研活动的组织或个人撰写，其主要目的在于推广、传播、交流、利用科学技术研究与实践的结果，并提出有关的行动建议。

3.2

元数据 metadata

描述科技报告的数据，用于实现检索、管理、使用、保存等功能。

注：科技报告应包含三类必备的元数据：描述元数据，如责任者、题名、关键词等；结构元数据，如图表、目次清单等；管理元数据，如软件类型、版本等。

3.3

可扩展置标语言 extensible markup language；XML

一种元标记语言，使用者可以根据需要定义自己的标记，可用于描述和交换结构化数据。

3.4

文档类型格式 document type definition；DTD

采用 XML 描述科技报告的各组成部分及其属性的一种描述规则。

注 1：科技报告文档类型格式主要描述①科技报告各组成元素，如图、表等，②科技报告的逻辑结构，如章节等；

注 2：科技报告通过建立与文档类型格式相适应的 XML 文档，适应数字环境和网络环境的识别、传输和显示。

3.5

XSL 样式表 XSL style sheet；eXtensible Stylesheet Language style sheet

采用 XML 来实现科技报告结构化文档的显示和转换的文档。

注：XSL 样式表既能实现科技报告的结构化信息和顺序的显示，又能自动产生科技报告元数据，如题名、目次等；复杂的 XSL 样式表可满足多种需求，如描述科技报告文档的屏幕显示，科技报告的网络出版等。

3.6

科技报告辑要页 scientific and technical report documentation page

由描述科技报告主要特征的元素组成，包括题名页的书目信息及摘要、关键词等。

4 组成部分

4.1 一般要求

科技报告一般包括以下 3 个组成部分：

a) 前置部分；

b) 主体部分；

c) 结尾部分。

各组成部分的具体构成及相关的元数据信息见表 1。

表 1 科技报告构成元素表

	组成	状态	功能
前置部分	封面	必备	提供题名、责任者等描述元数据信息
	封二	必备	可提供权限等管理元数据信息
	题名页	必备	提供描述元数据信息
	摘要页	必备	提供关键词等描述元数据信息
	目次页	必备	结构元数据

表 1（续）

	组成	状态	功能
前置部分	图和附表清单	图表较多时使用	结构元数据
	符号、缩略语等注释表	符号等较多时使用	结构元数据
	序或前言	可选	描述元数据
	致谢	可选	内容
主体部分	引言（绪论）	必备	内容
	正文	必备	内容
	结论	必备	内容
	建议	可选	内容
	参考文献	有则必备	结构元数据
结尾部分	附录	有则必备	结构元数据
	索引	可选	结构元数据
	辑要页	可选	提供描述和管理元数据信息
	发行列表	进行发行控制时使用	管理元数据
	封底	可选	可提供描述元数据等信息
注：科技报告结构与编排格式示例见附录 A。			

4.2 前置部分

4.2.1 封面

科技报告应有封面。封面应提供描述科技报告的主要元数据信息，一般包括下列元素：

a） 科技报告密级

由科技报告编写单位按照国家有关保密规定提出，并按照 GB/T 7156—2003 标识。

b） 科技报告编号

由科技报告管理机构分配的科技报告唯一标识。由于不同的管理机构通常会分配不同的报告编号，一个科技报告可能会有多个编号。

科技报告编号一般置于页面的左上角或右上角，如空间允许，也可置于书脊。多卷、册、篇科技报告编号的位置应一致。

注：建议按照“组织机构代码（可设子项，用“/”分割）—年份顺序号＋后缀（可选，各子项用“/”分割，如，密级/分类/载体类型/科技报告类型）”格式分配科技报告编号。为便于计算机排序处理，科技报告号中不宜包含汉字和其他特殊符号。

c） 国际标准连续出版物编号

按系列连续出版，并有国际标准连续出版物编号（International Standard Serial Number，ISSN）时，宜将其置于封面。

d） 国际标准书号

如有国际标准书号（International Standard Book Number，ISBN），宜将其置于封面。

e） 分类号

一般宜采用《中国图书馆分类法》或《中国图书资料分类法》标注。同时，尽可能注明《国际十进分类法》（Universal Decimal Classification，UDC）的分类号。

f） 题名和副题名

题名用词应反映科技报告最主要的内容，并应考虑选定关键词和编制题录、索引等二次文献所需要的实用信息，尽量避免使用不常见的缩略词、首字母缩写字、字符、代号和公式等。

可用副题名补充阐明或引申说明科技报告中的特定内容。

题名和副题名宜中英文对照。

g) 卷、册、篇的序号和题名

科技报告包含多卷(册、篇)时，每卷(册、篇)应有编号，并宜用副题名区别特定内容。

h) 责任者

对科技报告的内容和编写做出主要贡献者，按其贡献大小排列名次。其他参与者可作为参加工作的人员列入致谢部分。

责任者姓名附注汉语拼音时，遵照 GB/T 16159—1996 著录。

i) 完成机构

科技报告主要完成者所在单位的全称。

j) 完成日期

科技报告撰写完成日期，可置于出版日期之前，宜遵照 YYYY-MM-DD 日期格式著录。

k) 出版项

出版地及出版者名称，出版日期。出版日期宜遵照 YYYY-MM-DD 格式著录。

l) 资助机构

科技报告完成机构与项目资助机构不同时，宜注明资助机构的全称。

m) 合同号或其他项目编号

资助项目所形成的科技报告宜注明资助机构分配的合同号或其他项目编号。

n) 特别声明

用于提醒注意发行限制要求、知识产权信息、撤换或处置说明、安全、法律等事项，也可置于封二。

项目资助机构也可根据需要自行规定其他信息。

封面页示例见附录 B。

注：对于电子版科技报告，宜在其物理载体的标签上或者使用说明(手册)等附件中注明格式信息及相关的技术要求等信息。

4.2.2 封二

科技报告应有封二。封二一般标注特别声明、版权声明及其他应注明事项。

4.2.3 题名页

科技报告应有题名页。书目信息在封面、题名页、辑要页等不同的位置出现时，应保持一致。题名页一般包括下列内容：

a) 科技报告密级。

b) 科技报告编号。

c) 国际标准连续出版物编号。

d) 国际标准书号。

e) 分类号。

f) 科技报告类型。

注：如年度报告、进展报告、阶段报告、调查报告、研究报告、论证报告、考察报告、观测报告、测试(检测)报告、设计报告、分析报告、实验(试验)报告、研制报告、施工报告、演示验证报告、鉴定报告、技术(总结)报告、结题(验收)报告等。

g) 起止日期。

科技报告所覆盖的时期范围，如年度报告所覆盖的年度。

h) 题名和和副题名。

i） 卷、册、篇的序号和题名。

j） 责任者。

k） 完成机构。

l） 完成日期。

m） 出版项。

n） 资助机构。

o） 合同号或其他项目编号。

p） 备注。

用于提醒注意某些事项，例如，审核签名、免责声明、报告与其他工作或成果的联系等。

题名页示例见附录C。

4.2.4 摘要页

科技报告应有中文摘要，且宜有英文摘要。摘要应具有独立性和自含性，其内容应包含科技报告的主要信息，一般说明相关工作的目的、方法、结果和结论等，应尽量避免采用图、表、化学结构式、非公知公用的符号和术语等。摘要的编写应遵照GB/T 6447执行。

科技报告应有关键词，且宜中英文对照。一般不少于3个。关键词应在科技报告中有明确的出处，反映科技报告的研究对象、学科范围、研究方法、研究结果等。关键词宜尽量用《汉语主题词表》或各专业主题词表提供的规范词，且置于摘要下方，并另起行。

4.2.5 目次页

科技报告应有目次页。目次页一般可自动生成。

科技报告分卷（册、篇）编写时，最后一卷（册、篇）应列出全部科技报告的目次，其余卷（册、篇）可只列出本卷（册、篇）的目次，并宜列出其他各卷（册、篇）的题名。

4.2.6 图和附表清单

图和附表较多时，应列出图和附表清单，置于目次页之后。图在前，应列出图序、图题和页码。附表在后，应列出表序、表题和页码。

4.2.7 符号、标志、缩略词、首字母缩写、计量单位、名词、术语等的注释表

符号、标志、缩略词、首字母缩写、计量单位、名词、术语等的注释说明较多时，应汇集成表，置于插图和附表清单之后。

4.2.8 序或前言

序或前言一般是责任者或他人对报告基本特征的简介，如说明研究工作缘起、背景、主旨、目的、意义、编写体例，以及资助、支持、协作经过等。这些内容也可在主体部分引言中说明。

4.2.9 致谢

对相关工作的开展或科技报告的编写等给予帮助的组织和个人宜致谢。致谢可放在序或前言中，也可单独列出。

4.3 主体部分

4.3.1 一般要求

主体部分应从另页的右页开始，每章可另起页。章节编号见5.2.2。

主体部分由引言（绪论）开始，描述相关的理论、方法、假设和程序等，讨论结果，阐明结论和建议，以参考文献结尾。

由于涉及的学科、选题、方法、工作进程、结果表达、写作目的等不同，主体部分的内容可能会有很大的差异，但必须客观真实、准确完整、层次清晰、科学合理、文字顺畅、可读性强。

4.3.2 引言（绪论）

引言（绪论）应简要说明相关工作的背景、目的、范围、意义、相关领域的前人工作情况、理论基础和分析、研究设想、方法、实验设计、预期结果等，同时，可指明报告的读者对象。但不应重述或解释摘要，

不对理论、方法、结果进行详细描述,不涉及发现、结论和建议。

短篇科技报告也可用一段文字作为引言。

4.3.3 正文

正文是科技报告的核心部分,应完整描述相关工作的理论、方法、假设、技术、工艺、程序、参数选择等,本领域的专业读者依据这些描述应能重复调查研究过程。应对使用到的关键装置、仪表仪器、材料原料等进行描述和说明。

正文应陈述相关工作的结果,提供必要的图、表、数据资料等信息,并对其进行讨论。图、表、公式等的编排见5.3。

正文涉及的历史回顾、文献综述、理论分析、研究方法、结果和讨论等内容宜独立成章。

4.3.4 结论

科技报告应有最终的、总体的结论,结论不是正文中各段的小结的简单重复。结论可以包括同类研究的结论概述、基于当前研究结果的结论或总体结论等。结论应客观、准确、精炼。

如果不能得出结论,应进行必要的讨论。

4.3.5 建议

基于调查研究的结果和结论,可提出一系列的行动建议、可能的解决途径、下一步开展的研究活动等。也可在结论中提出未来的建议。

4.3.6 参考文献

参考文献应置于报告主体部分的最后,宜另起页。

所有被引用文献都要列入参考文献中。正文中未被引用但被阅读或具有补充信息的文献可作为附录列于“参考书目”中。

引文的标注方法、参考文献和参考书目的著录项目和著录格式遵照GB/T 7714—2005的规定执行。

4.4 结尾部分

4.4.1 附录

附录可汇集以下内容:

——编入正文影响编排,但对保证正文的完整性又是必需的材料;

——由于篇幅等原因不便置于正文中的材料;

——对一般读者并非必要但对本专业同行具有参考价值的材料;

——正文中未被引用但具有补充参考价值的参考书目;

——某些重要的原始数据、数学推导、计算程序、图、表或设备、技术等的详细描述。

附录的编排格式见5.2.4。

4.4.2 索引

索引款目应包括某一特定主题及其在报告中出现的位置信息,例如,页码、章节编号或超文本链接等。

可根据需要编制分类索引、著者索引、关键词索引等。

4.4.3 辑要页

辑要页格式示例见附录D。

4.4.4 发行列表

科技报告接收机构或个人的完整通信地址等相关信息,可单独成页或置于封三。

4.4.5 封底

印刷版科技报告宜有封底。

封底可放置国际标准书号、与封面相同的密级信息、出版者的名称和地址或其他相关信息,也可为空白页。

5 编排格式

5.1 一般要求

科技报告应采用国家正式公布实施的简化汉字编写。

科技报告应采用国家法定的计量单位。计量单位的书写应遵照 GB 3100、GB 3101、GB 3102.1～3102.13 的规定执行。

印刷版科技报告宜用 A4 纸。纸质、用墨、版面设计等应便于科技报告的印刷、装订、阅读、复制和缩微。

电子版科技报告应采用通用文件格式。

5.2 编号

5.2.1 卷、册、篇编号

科技报告包含多卷(册、篇)时,各卷(册、篇)应有序号。可以写成:第 1 卷、第 1 分册、第 1 篇等。

5.2.2 章节编号

主体部分可根据需要划分章节,一般不超过 4 级,应有标题。如章数较多,可以组合若干章为一篇,分篇编写。

章节编号应遵照 CY/T 35—2001 的规定执行。

印刷版报告的主要章节一般都另起一页。对于非印刷版报告,可根据需要使用链接等易于理解和访问的方式来编排章节。

章节编号示例见附录 A。

5.2.3 图、表、公式编号

图、表、公式等一律用阿拉伯数字分别依序连续编号。可以按出现先后顺序统一编号,如:图 1,表 2,式(3)等,也可分章依序编号,如:图 2-1,表 3-1,式(3-1)等,但全文应一致。

5.2.4 附录编号

附录宜用大写拉丁字母依序连续编号,编号置于“附录”两字之后。如:附录 A、附录 B 等。

附录中章节的编排格式与正文章节的编排格式相同,但必须在其编号前冠以附录编号。如,附录 A 中章的编号用 A1,A2,A3……表示。

附录中的图、表、公式、参考文献等一律用阿拉伯数字分别依序连续编号,并在数字前冠以附录编号,如:图 A1;表 B2;式(B3);文献[A5]等。

附录通常另起一页编写。附录标题置于附录编号之后,并各占一行,置于附录条文之上居中位置。

5.2.5 页码

主体部分和后置部分用阿拉伯数字连续编码,前置部分用罗马数字单独连续编码,题名页是第 I 页。封面和封底不编页码。但计入总页数。页码在每页标注的位置应相同。

科技报告在一个总题名下分装成两卷(册、篇)以上,应连续编页码;当各卷(册、篇)有副题名时,则宜单独连续编页码。

电子版科技报告可以按页或屏等用阿拉伯数字连续标识。

5.3 图示和符号资料

5.3.1 图

图包括曲线图、构造图、示意图、框图、流程图、记录图、地图、照片等。

图应能够被完整而清晰地复制或扫描。考虑到图的复制效果和成本等因素,图中宜尽量避免使用颜色。

图应有编号(见 5.2.3)。

图应具有自明性和可读性。

图宜有图题,置于图的编号之后。图的编号和图题应置于图的下方。宜将图上的符号、标记、代码,以及实验条件等，用最简练的文字，作为图注附于图下。

图宜紧置于首次引用该图的正文之后。如果电子版科技报告中的正文和所引用的图不在同一屏，引用时宜插入内部链接。对于理解正文并非是必须的、补充性的图宜置于附录。

图应尽可能显示在同一页(屏)。如图太宽，可逆时针方向旋转 90°放置。图页面积太大时，可分别配置在两页上，次页上应注明"续图 X"并注明图题。

照片的主题和主要显示部分应轮廓鲜明、便于制版。如采用放大或缩小的复制品，应图像清晰、反差适中。照片上应有表示目的物尺寸的标度。

5.3.2 表

表应有编号(见 5.2.3)。

表应具有自明性和可读性。

表宜有表题，置于表的编号之后。表的编号和表题应置于表的上方。宜将表中的符号、标记、代码，以及需要说明事项，用最简练的文字，作为表注附于表下。

表宜紧置于首次引用该表的正文之后。如果电子版报告中的正文和所引用的表不在同一屏，引用时宜插入内部链接。对于理解正文并非是必需的、补充性的表应置于附录。

表的编排，一般是内容和测试项目由左至右横读，数据依序竖读，建议采用国际通行的三线表格式。

如表转页接排，在随后的各页上应注明"续表 X"并注明表题。续表均应重复表头。

5.3.3 公式

公式应有编号(见 5.2.3)。编号应置于圆括号内，标注于公式所在行(当有续行时，宜标注于最后一行)的最右边。公式与编号之间可用"…"连接。

较长的公式必须转行时，应在"＝"或者"＋"、"－"、"×"、"/"等运算符之前或者"}"、"]"、")"等括号之后回行。上下行尽可能在"＝"处对齐。

示例：

$$\begin{aligned} f(x,y) &= f(0,0) + \frac{1}{1!}(x\frac{\partial}{\partial x} + y\frac{\partial}{\partial v})f(0,0) \\ &+ \frac{1}{2!}(x\frac{\partial}{\partial x} + \frac{\partial}{\partial y})^2 f(0,0) + \mathrm{K} \\ &+ \frac{1}{n!}(x\frac{\partial}{\partial x} + \frac{\partial}{\partial y})^n f(0,0) + \mathrm{K} \end{aligned} \qquad \cdots\cdots(3)$$

化学式太长无法在一行内显示，在箭头后将其截断。换行后的第一个分子式与上一行最后一个分子式对齐。

示例：

$$\mathrm{Co(NH_3)_6}^{3+} + 6\mathrm{H_3O^+} \Longrightarrow \mathrm{Co(H_2O)_6}^{3+} + 6\mathrm{NH_4}^+ \qquad \mathrm{K_c} \simeq 10^{20} \qquad \cdots\cdots(5)$$

如正文中书写分数，应尽量将其高度降低为一行。例如：将分数线书写为"/"，或将根号改为负指数。

示例：

将$\frac{1}{\sqrt{2}}$写为 $1/\sqrt{2}$或 $2^{-1/2}$

公式中符号的意义和计量单位应注释在公式的下面。每条注释均应另行书写，移行时，与其开始书写文字时的位置对齐。

数字表达应遵照 GB/T 15835—1995 执行。

应注意区别各种字符，如：拉丁文、希腊文、俄文、德文花体、草体；罗马数字和阿拉伯数字；字符的正斜体、黑白体、大小写、上下角标、上下偏差等。

5.3.4 符号和缩略词

术语、符号、代号在全文中必须统一，并符合规范化的要求。引用非公知公用的符号、记号、缩略词、首字母缩写字等时，应在第一次出现时加以说明。

5.4 注释

正文中文字内容须加以说明又不适于作正文来叙述，且又没有具体的文献来源时，可使用脚注、尾注等注释。

脚注放置在所注释正文所在页面的底部，尾注放置所注释正文所在章节的末尾。科技报告的篇幅较长时，宜采用“脚注”方式注释。

图、表、公式中的数字、符号或其他内容需要脚注时，应对所要注释的对象使用上标进行顺序编号，并避免与正文文字脚注或尾注的编号混淆。所要注释的内容按同样的顺序编排在所注释的表、图或公式的下方。

5.5 勘误表

编制勘误表时，按行标示正文中的错误，按编号标示公式中的错误。

示例：

页(或章节)	原文	更正
XX,第X行	XXXXX	XXXXXX

对于印刷版科技报告，宜在封面之后插入勘误表。对于电子版科技报告，可利用元数据中的版本信息进行勘误。

5.6 书脊

参照GB/T 11668—1989执行。

附 录 A
（规范性附录）
科技报告结构与编排格式示例

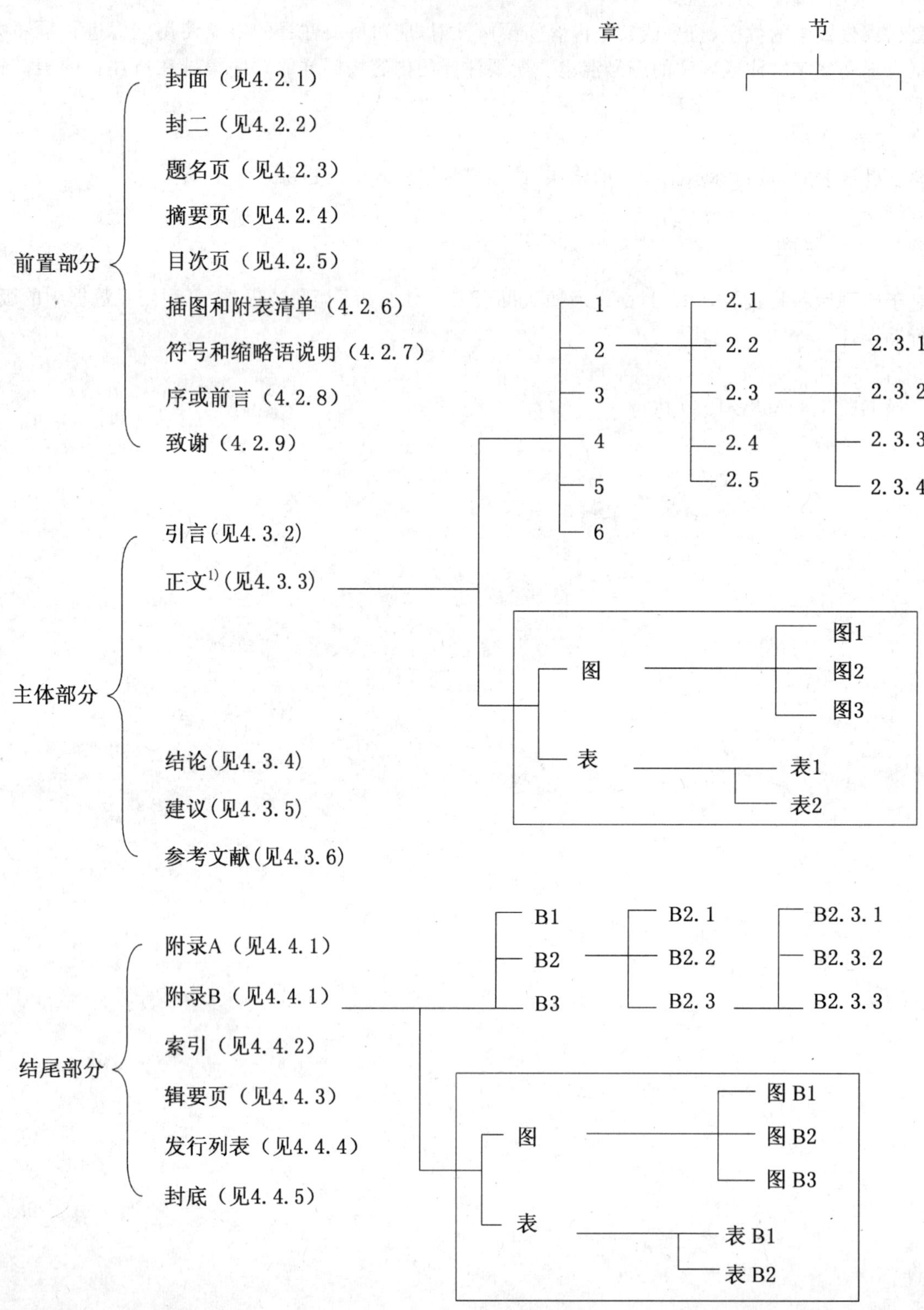

1） 正文中的图、表也可分章依序编号，如图1-1，表2-1等，但全文应一致。

附 录 B
（规范性附录）
科技报告封面页示例

CNIC-01887
CAEP-0188

中国核科技报告
CHINA NUCLEAR SCIENCE
AND TECHNOLOGY REPORT

中子反射数据分析技术
Technology of Data Analysis for Neutron Reflection

陈波　黄朝强　李新喜

中国工程物理研究院物理与化学研究所
2007-06

附 录 C
（规范性附录）
科技报告题名页示例

国家自然科学基金资助重点项目：NO. 19889502
CNIC-01886 分类号：TL-24
SIP-0186 研究报告

中国核科技报告
CHINA NUCLEAR SCIENCE AND TECHNOLOGY REPORT

偏滤器物理设计与实验研究
Physics Design and Experimental Study of Tokamak Divertor

严建成 高庆弟 严龙文等

核工业西南物理研究院
2007-06

附　录　D
（规范性附录）
科技报告辑要页示例

完成日期

<table>
<tr><td colspan="2">1. 题名和副题名</td></tr>
<tr><td>2. 科技报告密级</td><td>3. 辑要页密级</td></tr>
<tr><td>4. 责任者</td><td>5. 分类号</td></tr>
<tr><td>6. 完成机构名称和地址</td><td>7. 完成机构科技报告编号</td></tr>
<tr><td rowspan="2">8. 资助机构名称和地址</td><td>9. 资助机构科技报告编号</td></tr>
<tr><td>10. 合同号或其他项目编号</td></tr>
<tr><td>11. 科技报告类型</td><td>12. 起止日期</td></tr>
<tr><td>13. 总页数</td><td>14. 审核人</td></tr>
<tr><td colspan="2">15. 特别声明</td></tr>
<tr><td colspan="2">16. 备注</td></tr>
<tr><td colspan="2">17. 中文摘要

中文关键词：</td></tr>
</table>

18. 英文摘要：

英文关键词：

附　录　E
（资料性附录）
科技报告 DTD 和 XSL 样式表示例

注：DTD 不是科技报告的组成部分，也并非科技报告责任者必须提供的。DTD 是科技报告管理部门为了更好地管理、传播、交流和利用科技报告，在数字信息加工时用作为文档合法性检验及规范约束的工具。XSL 则可由科技报告管理部门根据转换格式的需要，自行制定及编写。

推荐 DTD 文档

```
〈? xml version="1.0" encoding="UTF-8"?〉

〈! --科技报告顶层元素--〉
〈! ELEMENT Scientific_Report (front_matter,body,back_matter)〉

〈! --前置部分--〉
〈! ELEMENT front_matter (cover,inside_front_cover?,title_page?,abstract_page,los,preface?,acknowledge?)〉
〈! --摘要页--〉
〈! ELEMENT abstract _page (abstract,enabstract,keywords,enkeywords) 〉
〈! ELEMENT abstract(#PCDATA)〉
〈! --封面--〉
〈! ELEMENT cover
(security_of_report?,isrn,issn?,isbn?,classification_no*,title,subtitle?,sub_volume?,person_responsible?,
responsibility_org?,finish_date?,publishitem?,sponsor-org*,contract_no*,authority)〉
〈! --科技报告编号--〉
〈! ELEMENT isrn (#PCDATA)〉
〈! --ISSN--〉
〈! ELEMENT issn (#PCDATA)〉
〈! --ISBN--〉
〈! ELEMENT isbn (#PCDATA)〉
〈! --卷、册、篇的序号和题名--〉
〈! ELEMENT sub_volume (#PCDATA)〉
〈! --责任单位--〉
〈! ELEMENT responsibility_org (#PCDATA)〉
〈! --完成日期--〉
〈! ELEMENT finish_date (#PCDATA)〉
〈! --出版项--〉
〈! ELEMENT publishitem (publish_address,publisher,publish_date)〉
〈! ELEMENT publish_address (#PCDATA)〉
〈! ELEMENT publisher (#PCDATA)〉
〈! ELEMENT publisher_date (#PCDATA)〉
〈! --题名--〉
〈! ELEMENT title (#PCDATA)〉
〈! --副题名--〉
〈! ELEMENT subtitle (#PCDATA)〉
〈! --分类号--〉
〈! ELEMENT classification_no (#PCDATA)〉
〈! --报告密级--〉
〈! ELEMENT security_of_report (#PCDATA)〉
〈! --资助机构--〉
〈! ELEMENT sponsor-org (org_name,org_address)〉
〈! ELEMENT org_name (#PCDATA)〉
〈! ELEMENT org_address (#PCDATA)〉
〈! ELEMENT sponsor_org_no (#PCDATA)〉
〈! ELEMENT perform_org_no (#PCDATA)〉
〈! --合同号--〉
```

```
〈! ELEMENT contract_no (#PCDATA)〉
〈! --特别声明--〉
〈! ELEMENT authority (#PCDATA)〉

〈! --封二--〉
〈! ELEMENT inside_front_cover (authority?,copyright?,other_declare?)〉
〈! --版权声明--〉
〈! ELEMENT copyrith (#PCDATA)〉
〈! --其他应注明事项--〉
〈! ELEMENT other_declare (#PCDATA)〉

〈! --题名页--〉
〈! ELEMENT title_page
(security_of_report,isrn,issn,isbn,classification_no,type?,date_range?,title,subtitle?,sub_volume,person_of
_responsible*,perform_org*,finish_date?,publishitem,sponsor-org*,contract_no*,memo?)〉

〈! --目次页,插图和附表清单可由 XSL 生成--〉

〈! --符号、标志、缩略词、首字母缩写、计量单位、名词、术语等的注释表--〉
〈! ELEMENT los (header,losentry*)〉
〈! ATTLIST los label ID #IMPLIED〉
〈! ELEMENT losentry ((losterm|lossym),losdef)〉
〈! ELEMENT losterm (#PCDATA)〉
〈! ELEMENT lossym (#PCDATA)〉
〈! ELEMENT losdef (#PCDATA)〉
〈! ELEMENT header (#PCDATA)〉
〈! --报告类型--〉
〈! ELEMENT type (#PCDATA)〉
〈! 起止日期--〉
〈! ELEMENT date_start (#PCDATA)〉
〈! ELEMENT date_end (#PCDATA)〉
〈! --备注--〉
〈! ELEMENT memo (#PCDATA)〉

〈! --序言或前言--〉
〈! ELEMENT preface (paragraph*)〉
〈! ATTLIST preface label ID #IMPLIED〉

〈! --致谢--〉
〈! ELEMENT acknowledge (paragraph*)〉
〈! ATTLIST acknowledge  label ID #IMPLIED〉

〈! --前置部分申明结束--〉
〈! --************************************************************************************--〉
〈! --主体部分--〉
〈! ELEMENT body (forward,maintext,conclusions?,recommendations?,references?)〉

〈! --引言--〉
〈! ELEMENT forward (section)〉
〈! --正文--〉
〈! ELEMENT maintext (section)〉
〈! --结论--〉
〈! ELEMENT conclusions (section)〉
〈! --建议--〉
〈! ELEMENT recommendations (section)〉
〈! --参考文献--〉
〈! ELEMENT references (header,reference*)〉
〈! ATTLIST references label ID #IMPLIED〉
〈! ELEMENT reference (#PCDATA)〉
〈! ATTLIST reference label ID #IMPLIED〉
```

```
〈! --每个 seciton 中包含标题,数个段落、图表、公式等--〉
〈! ELEMENT section (header,(paragraph|figure|table|equation|informalequation|inlineequation|section) * )〉
〈! --段落--〉
〈! ELEMENT paragraph ((text|inlineequation|crossref|list|pagenumber|citation|indexterm|inlinegraphic) * )〉
〈! --列表组--〉
〈! ELEMENT list (listitem + )〉
〈! --定义列表组中的每个列表--〉
〈! ELEMENT listitem ((text|inlineequation|crossref|pagenumber|citation|indexterm|inlinegraphic) * )〉
〈! --crossref 用于图表等--〉
〈! ELEMENT crossref ( #PCDATA)〉
〈! --表明图表等元素的引用来源--〉
〈! ATTLIST crossref reflabel IDREF #REQUIRED〉

〈! --引用--〉
〈! ELEMENT citation ( #PCDATA)〉
〈! --引用出处--〉
〈! ATTLIST citation reflabel IDREF #REQUIRED〉

〈! --用于显示--〉
〈! ELEMENT pagenumber ( #PCDATA)〉

〈! --普通文本--〉
〈! ELEMENT text ( #PCDATA)〉

〈! --表格--〉
〈! ELEMENT table (caption?,graphic + )〉
〈! ATTLIST table float CDATA #IMPLIED  label ID #IMPLIED  pgwide  CDATA  #IMPLIED〉

〈! --图表--〉
〈! ELEMENT figure (capiton?,graphic + )〉
〈! ATTLIST figure float CDATA #IMPLIED  label ID #IMPLIED pgwide CDATA #IMPLIED〉

〈! --图--〉
〈! ELEMENT graphic ( #PCDATA)〉
〈! ATTLIST graphic srcedit CDATA #IMPLIED format (GIF|JPEG) #IMPLIED fileref CDATA #IMPLIED
         align (left|center|right) #IMPLIED
         width CDATA "80 %"
         depth CDATA  #IMPLIED
         scale CDATA  #IMPLIED
         scalefit CDATA #IMPLIED〉

〈! --不截断文字,使围绕文字仍然在同一行上的图--〉
〈! ELEMENT inlinegraphic ( #PCDATA)〉
〈! ATTLIST inlinegraphic srcedit CDATA #IMPLIED format (GIF|JPEG) #IMPLIED fileref CDATA #IMPLIED
         align (left|center|right) #IMPLIED
         width CDATA "80 %"
         depth CDATA  #IMPLIED
         scale CDATA  #IMPLIED
         scalefit CDATA #IMPLIED〉

〈! --表或图标题--〉
〈! ELEMENT caption ( #PCDATA)〉

〈! --标准数学公式--〉
〈! ELEMENT equation (caption?,alt?,graphic + )〉
〈! ATTLIST equation label ID #IMPLIED〉

〈! --非标准公式--〉
〈! ELEMENT informalequation (alt,graphic + )〉
```

```
〈! --不截断文字,使围绕文字仍然在同一行上的公式--〉
〈! ELEMENT inlineequation (alt,graphic + )〉
〈! --对公式图片的替换注释--〉
〈! ELEMENT alt (#PCDATA)〉

〈! -- ************************************************************************** --〉
〈! --结尾部分--〉
〈! ELEMENT back_matter (summary_page?,appendix * ,index?,distribution_list?,backcover?)〉
〈! --辑要页--〉
〈! ELEMENT summary_page
(finish_date?,title,subtitle?,security_of_report,security_of_summary?,person_of_responsible * ,classifica-
tion_no * ,perform_org * ,perform_org_no?,sponsor-org * ,sponsor_org_no?,contract_no * ,type?,date_range?,pa-
ges?,assessor?,authority?,memo?,abstract?,keywords?,enabstract?,enkeywords?)〉
〈! --辑要页密级--〉
〈! ELEMENT security_of_summary (#PCDATA)〉
〈! --责任人--〉
〈! ELEMENT person_responsible (#PCDATA)〉
〈! --完成机构--〉
〈! ELEMENT perfor_org (org_name,org_address)〉
〈! --总页数--〉
〈! ELEMENT pages (#PCDATA)〉
〈! --评审人--〉
〈! ELEMENT assessor (#PCDATA)〉
〈! --关键词--〉
〈! ELEMENT keywords (#PCDATA)〉
〈! --英文摘要--〉
〈! ELEMENT enabstract (#PCDATA)〉
〈! --英文关键词--〉
〈! ELEMENT enkeywords (#PCDATA)〉
〈! --附录--〉
〈! ELEMENT appendix (header,(section) * )〉
〈! ATTLIST appendix label ID #IMPLIED〉
〈! --索引--〉
〈! ELEMENT index (header,indexentry * )〉
〈! ATTLIST index label ID #IMPLIED〉
〈! --每个索引入口--〉
〈! ELEMENT indexentry (#PCDATA)〉
〈! ATTLIST indexentry reflabel IDREF #REQUIRED〉
〈! --发行列表--〉
〈! ELEMENT distribution_list (paragraph * )〉
〈! --backcover 封底--〉
〈! ELEMENT backcover (isbn? ,publishitem?,security_of_report?,otherinfo?)〉
〈! ELEMENT isbn (#PCDATA)〉
〈! ELEMENT otherinfo (paragraph * )〉
```

XSL 样式表示例

```
〈? xml version = "1.0" encoding = "UTF-8"?〉
〈xsl:stylesheet version = "2.0" xmlns:xsl = "http://www.w3.org/1999/XSL/Transform"
xmlns:fo = "http://www.w3.org/1999/XSL/Format"
xmlns:xs = "http://www.w3.org/2001/XMLSchema"
xmlns:fn = "http://www.w3.org/2005/xpath-functions"〉
    〈xsl:template match = "Scientific_Report"〉
        〈body〉
            〈xsl:apply-templates select = "front_matter"/〉
            〈xsl:apply-templates select = "body"/〉
            〈xsl:apply-templates select = "back_matter"/〉
```

```
        〈/body〉
        〈xsl:template match="front_matter"〉
            〈xsl:apply-templates/〉
            〈!--************************ 显示目录 **********************-->
            〈div style="backgroud-color:yellow;color:white;padding:4px"〉
                〈span style="font-weight:bold;color:black"〉
                    〈b〉〈h2〉〈p align="center"〉目录〈/p〉〈/h2〉〈/b〉
                〈/span〉
            〈/div〉
〈xsl:for-each
select="//body/*/section|//body/references|//body/los/|//back_matter/appendix|//back_matter/index"〉
〈em〉〈p〉〈ul〉〈l1〉〈a〉〈xsl:attribute name="href"〉
#〈xsl:value-of select="@label"/〉〈/xsl:attribute〉
〈xsl:value-of select="header"/〉
〈xsl:for-each select="section"〉
    〈em〉〈p〉〈ul〉〈l2〉〈a〉〈xsl:attribute name="href"〉
   #〈xsl:value-of select="@label"/〉〈/xsl:attribute〉
〈xsl:value-of select="header"/〉
〈/a〉〈/l2〉〈/ul〉〈/p〉〈/em〉〈/xsl:for-each〉〈/l1〉〈/ul〉〈/p〉〈/em〉〈/xsl:for-each〉
〈!--****************** 显示图目录 ************************-->
〈div style="backgroud-color:yellow;color:white;padding:4px"〉〈span
style="font-weight:bold;color:black"〉
〈b〉〈h2〉〈p align="center"〉图表目录〈/p〉〈/h2〉〈/b〉〈/span〉〈/div〉
〈xsl:for-each select="//body//figure"〉〈em〉〈p〉〈ul〉〈l1〉〈a〉
〈xsl:attribute name="href"〉
#〈xsl:value-of select="@label"/〉〈/xsl:attribute〉
〈xsl:value-of select="caption"/〉〈/a〉〈/l1〉〈/ul〉〈/p〉〈/em〉〈/xsl:for-each〉
〈!--************** 显示表格目录 ********************-->
〈div style="backgroud-color:yellow;color:white;padding:4px"〉
〈span style="font-weight:bold;color:black"〉
〈b〉〈h2〉〈p align="center"〉表格目录〈/p〉〈/h2〉〈/b〉〈/span〉〈/div〉
〈xsl:for-each select="//body//table"〉〈em〉〈p〉〈ul〉〈l1〉〈a〉
〈xsl:attribute name="href"〉
#〈xsl:value-of select="@label"/〉〈/xsl:attribute〉
〈xsl:value-of select="caption"/〉〈/a〉〈/l1〉〈/ul〉〈/p〉〈/em〉〈/xsl:for-each〉
〈/xsl:template〉

〈!--*************** 前置部分元素提取示例 ****************************-->

        〈xsl:template match="preface"〉
            〈h3 align="center" style="background-color:gray"〉
                〈xsl:apply-templates select="header"/〉
            〈/h3〉
            〈xsl:apply-templates select="paragraph"/〉
        〈/xsl:template〉


〈xsl:template match="cover|inside_front_cover|title_page|"〉
            〈div style="background-color:teal;color:white;padding:4px"〉
                〈span style="font-weight:bold;color:white"〉
                    〈h1〉前置页面中的元数据〈/h1〉
                〈/span〉
            〈/div〉

            〈xsl:apply-templates select="finish_date"/〉
            〈xsl:apply-templates select="title"/〉
            〈xsl:apply-templates select="subtitle"/〉
            〈xsl:apply-templates select="security_of_report"/〉
            〈xsl:apply-templates select="person_of_responsible"/〉
            〈xsl:apply-templates select="classification_no"/〉
```

```
        〈xsl:apply-templates select="perform_org"/〉
        〈xsl:apply-templates select="sponsor-org"/〉
        〈xsl:apply-templates select="type"/〉
        〈xsl:apply-templates select="date_start"/〉
        〈xsl:apply-templates select="date_end"/〉
        〈xsl:apply-templates select="pages"/〉
        〈xsl:apply-templates select="assessor"/〉
        〈xsl:apply-templates select="issn"/〉
        〈xsl:apply-templates select="isbn"/〉
    〈/xsl:template〉

〈xsl:template match="finish_date"〉
〈title〉〈xsl:value-of select="node()"/〉〈/title〉
〈table border="0" cellpadding="0" cellspacing="0"〉
    〈tr〉
        〈td width="160" valign="top" bgcolor="#E5E5E5"〉〈br〉完成日期:〈/td〉
        〈td bgcolor="#FFFFFF"〉〈xsl:apply-templates/〉〈/td〉
    〈/tr〉
〈/table〉
〈/xsl:template〉
〈xsl:template match="title"〉
〈title〉〈xsl:value-of select="node()"/〉〈/title〉
〈table border="0" cellpadding="0" cellspacing="0"〉
    〈tr〉
        〈td width="160" valign="top" bgcolor="#E5E5E5"〉〈br〉题名:〈/td〉
        〈td bgcolor="#FFFFFF"〉〈xsl:apply-templates/〉〈/td〉
    〈/tr〉〈/table〉
〈/xsl:template〉
〈xsl:template match="security_of_report"〉
〈title〉〈xsl:value-of select="node()"/〉〈/title〉
〈table border="0" cellpadding="0" cellspacing="0"〉
    〈tr〉
        〈td width="160" valign="top" bgcolor="#E5E5E5"〉〈br〉报告密级:〈/td〉
        〈td bgcolor="#FFFFFF"〉〈xsl:apply-templates/〉〈/td〉
    〈/tr〉〈/table〉
〈/xsl:template〉
〈xsl:template match="classification_no"〉
〈title〉〈xsl:value-of select="node()"/〉〈/title〉
〈table border="0" cellpadding="0" cellspacing="0"〉
    〈tr〉
        〈td width="160" valign="top" bgcolor="#E5E5E5"〉〈br〉分类号:〈/td〉
        〈td bgcolor="#FFFFFF"〉〈xsl:apply-templates/〉〈/td〉
    〈/tr〉〈/table〉
〈/xsl:template〉
〈xsl:template match="perform_org"〉
〈title〉〈xsl:value-of select="node()"/〉〈/title〉
〈table border="0" cellpadding="0" cellspacing="0"〉
    〈tr〉
        〈td width="160" valign="top" bgcolor="#E5E5E5"〉〈br〉完成机构:〈/td〉
        〈td bgcolor="#FFFFFF"〉〈xsl:apply-templates/〉〈/td〉
    〈/tr〉〈/table〉
〈/xsl:template〉
〈xsl:template match="sponsor-org"〉
〈title〉〈xsl:value-of select="node()"/〉〈/title〉
〈table border="0" cellpadding="0" cellspacing="0"〉
    〈tr〉
        〈td width="160" valign="top" bgcolor="#E5E5E5"〉〈br〉资助机构:〈/td〉
        〈td bgcolor="#FFFFFF"〉〈xsl:apply-templates/〉〈/td〉
    〈/tr〉〈/table〉
〈/xsl:template〉
```

```
〈xsl:template match="type"〉
〈title〉〈xsl:value-of select="node()"/〉〈/title〉
〈table border="0" cellpadding="0" cellspacing="0"〉
        〈tr〉
            〈td width="160" valign="top" bgcolor="#E5E5E5"〉〈br〉报告类型:〈/td〉
            〈td bgcolor="#FFFFFF"〉〈xsl:apply-templates/〉〈/td〉
        〈/tr〉〈/table〉
        〈/xsl:template〉
〈xsl:template match="date_start|date_end"〉
〈title〉〈xsl:value-of select="node()"/〉〈/title〉
〈table border="0" cellpadding="0" cellspacing="0"〉
        〈tr〉
            〈td width="160" valign="top" bgcolor="#E5E5E5"〉〈br〉起止日期:〈/td〉
            〈td bgcolor="#FFFFFF"〉〈xsl:apply-templates/〉〈/td〉
        〈/tr〉〈/table〉
〈/xsl:template〉
〈xsl:template match="pages"〉
〈title〉〈xsl:value-of select="node()"/〉〈/title〉
〈table border="0" cellpadding="0" cellspacing="0"〉
        〈tr〉
            〈td width="160" valign="top" bgcolor="#E5E5E5"〉〈br〉总页数:〈/td〉
            〈td bgcolor="#FFFFFF"〉〈xsl:apply-templates/〉〈/td〉
        〈/tr〉〈/table〉
〈/xsl:template〉
〈xsl:template match="issn"〉〈/table〉
〈title〉〈xsl:value-of select="node()"/〉〈/title〉
〈table border="0" cellpadding="0" cellspacing="0"〉
        〈tr〉
            〈td width="160" valign="top" bgcolor="#E5E5E5"〉〈br〉ISSN:〈/td〉
            〈td bgcolor="#FFFFFF"〉〈xsl:apply-templates/〉〈/td〉
        〈/tr〉〈/table〉
〈/xsl:template〉


〈!--*** ÷ **** 主体部分元素提取示例 ****************-->


〈xsl:template match ="body"〉
〈DIV STYLE="background-color:teal; color:white; padding:4px"〉
〈SPAN STYLE="font-weight:bold; color:white"〉
〈h1〉 正文 〈/h1〉
〈/SPAN〉
〈/DIV〉

〈xsl:template match
 ="forward|maintext| conclusions|recommendations"〉
〈xsl:apply-templates select="section"/〉
〈/xsl:template〉
〈xsl:template match ="section"〉
〈a〉
〈xsl:attribute name="name"〉
〈xsl:value-of select="@label"/〉
〈/xsl:attribute〉
〈/a〉
〈xsl:apply-templates/〉
〈/xsl:template〉
〈xsl:template match ="header"〉
〈xsl:choose〉
〈xsl:when test="count(ancestor::node()/header) = 1"〉
〈h2〉
```

```
<xsl:value-of select = "node()"/>
</h2>
</xsl:when>
<xsl:when test = "count((ancestor::node()/header)) = 2">
<h3>
<xsl:value-of select = "node()"/>
</h3>
</xsl:when>
<xsl:when test = "count(ancestor::node()/header) = 3">
<h4><xsl:value-of select = "node()"/></h4>
</xsl:when>
<xsl:otherwise>
<h5><xsl:value-of select = "node()"/></h5>
</xsl:otherwise>
</xsl:choose>
</xsl:template>
<xsl:template match = "paragraph">
<P>
<xsl:apply-templates/>
</P>
</xsl:template>
<xsl:template match = "pagenumber">
<br/>
<DIV STYLE = "background-color:teal; color:white; padding:4px">
<SPAN STYLE = "font-weight:bold; color:white">
<center>
--- 第<xsl:value-of select = "node()"/>页结束 ---
</center>
</SPAN>
</DIV>
</xsl:template>

<xsl:template match = "figure">
<a>
<xsl:attribute name = "name">
<xsl:value-of select = "@label"/>
</xsl:attribute>
</a>
<P ALIGN = "CENTER">
<xsl:apply-templates select = "graphic"/>
</P>
<P ALIGN = "CENTER">
<xsl:apply-templates select = "caption"/>
</P>
</xsl:template>
<xsl:template match = "equation">
<a>
<xsl:attribute name = "name">
<xsl:value-of select = "@label"/>
</xsl:attribute>
</a>
<xsl:apply-templates select = "graphic"/>
</xsl:template>
<xsl:template match = "inlineequation">
<xsl:apply-templates select = "graphic"/>
</xsl:template>
<xsl:template match = "table">
<a>
<xsl:attribute name = "name">
<xsl:value-of select = "@label"/>
```

```
</xsl:attribute>
</a>
<P ALIGN="CENTER">
<xsl:apply-templates select="caption"/>
</P>
<P ALIGN="CENTER">
<xsl:apply-templates select="graphic"/>
</P>
</xsl:template>
<xsl:template match ="graphic">
<img>
<xsl:attribute name="src">
<xsl:value-of select="@fileref"/>
</xsl:attribute>
<xsl:attribute name="width">
<xsl:value-of select="@width"/>
</xsl:attribute>
</img>
</xsl:template>
<xsl:template match ="caption">
<xsl:value-of select="node()"/>
</xsl:template>
<xsl:template match ="references">
<a>
<xsl:attribute name="name">
<xsl:value-of select="@label"/>
</xsl:attribute>
</a>
<xsl:apply-templates select="header"/>
<xsl:apply-templates select="reference"/>
</xsl:template>
<xsl:template match ="crossref|citation">
<a>
<xsl:attribute name="href">
#<xsl:value-of select="@reflabel"/>
</xsl:attribute>
<xsl:value-of select="."/>
</a>
</xsl:template>
<xsl:template match ="indexentry">
<p>
<a>
<xsl:attribute name="href">
#<xsl:value-of select="@reflabel"/>
</xsl:attribute>
<xsl:value-of select="."/>
</a>
</p>
</xsl:template>
<xsl:template match ="reference">
<P>
<L1>
<a>
<xsl:attribute name="name">
<xsl:value-of select="@label"/>
</xsl:attribute>
</a>
<xsl:value-of select="node()"/>
</L1>
</P>
```

```
〈/xsl:template〉
〈xsl:template match ="indexterm"〉
〈a〉
〈xsl:attribute name="name"〉
〈xsl:value-of select="@label"/〉
〈/xsl:attribute〉
〈/a〉
〈SPAN STYLE="font-weight:bold; color:red"〉
〈xsl:value-of select="node()"/〉
〈/SPAN〉
〈/xsl:template〉

〈! --*****************后置部分元素提取示例**************--〉

〈xsl:template match="back_matter"〉
〈xsl:apply-templates/〉
〈/xsl:template〉
〈! --附录--〉
〈xsl:template match="appendix"〉
〈a〉
〈xsl:attribute name="name"〉
〈xsl:value-of select="@label"/〉
〈/xsl:attribute〉
〈/a〉
〈h3 ALIGN="CENTER" style="background-color:gray"〉
附录 〈xsl:apply-templates select="@label"/〉:〈xsl:apply-templates
select="header"/〉
〈/h3〉
〈xsl:apply-templates select="section"/〉
〈/xsl:template〉
〈! --索引--〉
〈xsl:template match ="index"〉
〈a〉
〈xsl:attribute name="name"〉
〈xsl:value-of select="@label"/〉
〈/xsl:attribute〉
〈/a〉
〈xsl:apply-templates select="header"/〉
〈xsl:apply-templates select="indexentry"/〉
〈/xsl:template〉
〈! --发行列表--〉
〈xsl:template match="distribution_list"〉
            〈h3 align="center" style="background-color:gray"〉
                〈xsl:apply-templates select="header"/〉
            〈/h3〉
            〈xsl:apply-templates select="paragraph"/〉
        〈/xsl:template〉

    〈/xsl:template〉
〈/xsl:stylesheet〉
```

参 考 文 献

[1] National Information Standards Organization. ANSI/NISO Z39. 18-2005 Scientific and Technical Report-Preparation, presentation, and preservation

[2] ISO/TC 46/SC 9, ISO Committee Draft 5966 Information and documentation—Guidelines for the presentation of technical reports [Revision of ISO 5966:1982]

[3] 国防科工委情报研究所. GJB 567A-1997 中国国防科学技术报告编写规则[S]. 北京:国防科工委军标出版发行部,1997.

[4] 国务院学位委员会办公室等. GB/T 7713.1—2006 学位论文编写规则[S]. 北京:中国标准出版社,2007.

ICS 71.080.30
G 17

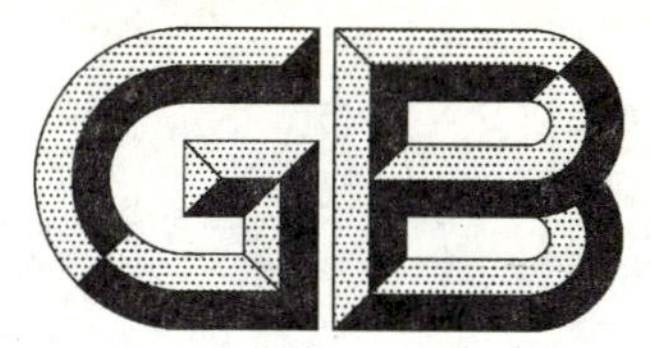

中华人民共和国国家标准

GB/T 7717.16—2009

工业用丙烯腈 第16部分:铁含量的测定 石墨炉原子吸收法

Acrylonitrile for industrial use—
Part 16:Determination of content of iron—Graphite furnace atomic absorption spectrometer method

2009-10-30 发布 2010-06-01 实施

中华人民共和国国家质量监督检验检疫总局
中国国家标准化管理委员会 发布

前　言

GB/T 7717《工业用丙烯腈》分为如下几部分：

——第1部分：规格；

——第5部分：酸度、pH值和滴定值的测定；

——第8部分：总醛含量的测定　分光光度法；

——第9部分：总氰含量的测定　滴定法；

——第10部分：过氧化物含量的测定　分光光度法；

——第11部分：铁、铜含量的测定　分光光度法；

——第12部分：纯度及杂质含量的测定　气相色谱法；

——第15部分：对羟基苯甲醚含量的测定　分光光度法；

——第16部分：铁含量的测定　石墨炉原子吸收法；

——第17部分：铜含量的测定　石墨炉原子吸收法。

本部分为GB/T 7717的第16部分。

本部分由中国石油化工集团公司提出。

本部分由全国化学标准化技术委员会石油化学分技术委员会(SAC/TC 63/SC 4)归口。

本部分起草单位：中国石化上海石油化工股份有限公司、中国石油化工股份有限公司上海石油化工研究院。

本部分主要起草人：屈玲娣、于伟浩、张正华、江彩英、王川、陈洪德、陈慧丽、陈欢。

工业用丙烯腈
第16部分:铁含量的测定
石墨炉原子吸收法

1 范围

本部分规定了测定工业用丙烯腈中铁含量的石墨炉原子吸收法。

本部分适用于丙烯腈中微量铁的测定,测定范围(0.010～1.000)mg/kg。

本部分并不是旨在说明与其使用有关的所有安全问题。使用者有责任采取适当的安全与健康措施,保证符合国家有关法规的规定。

2 规范性引用文件

下列文件中的条款通过GB/T 7717的本部分的引用而成为本部分的条款。凡是注日期的引用文件,其随后所有的修改单(不包括勘误的内容)或修订版均不适用于本部分,然而,鼓励根据本部分达成协议的各方研究是否可使用这些文件的最新版本。凡是不注日期的引用文件,其最新版本适用于本部分。

GB/T 602 化学试剂 杂质测定用标准溶液的制备

GB/T 3723 工业用化学产品采样安全通则(GB/T 3723—1999,idt ISO 3165:1976)

GB/T 6680 液体化工产品采样通则

GB/T 6682 分析实验室用水规格和试验方法(GB/T 6682—2008,ISO 3696:1987,MOD)

GB/T 8170 数值修约规则与极限数值的表示和判定

3 方法提要

将待测的丙烯腈试样和乙醇按照1:4的体积比进行稀释后进样,试样中的铁元素在石墨管中原子化,在243.8 nm波长处测量吸光度。利用标准曲线定量。

4 试剂与材料

4.1 载气:高纯氩气,纯度(体积分数)不低于99.999%。

4.2 铁标准溶液:0.1 mg/mL,按GB/T 602配制。

4.3 乙醇:GR级,铁含量低于5 ng/mL。

4.4 蒸馏水:应符合GB/T 6682规定的二级水。

5 仪器

5.1 原子吸收光谱仪:配备石墨炉和自动进样器。

5.2 铁空心阴极灯。

5.3 记录装置:电子积分仪或光谱数据处理装置。

5.4 一般实验室仪器。

6 采样

按GB/T 3723和GB/T 6680规定的技术要求采取样品。

7 分析步骤

7.1 设定操作条件

根据仪器操作说明书，在原子吸收光谱仪中安装并老化石墨管。然后按表1推荐的测试条件进行设定，待仪器稳定后即可开始测定。

表1 原子吸收光谱仪推荐工作条件

	阶段	温度/℃	升温时间/s	保持时间/s	载气流量/(mL/min)
石墨炉温度控制程序	干燥	80	10	20	250
	干燥	130	17	10	250
	灰化	1 200	5	10	250
	原子化	2 100	—	5	0
	清理	2 500	8	2	250
测定波长	243.8 nm				

7.2 标准工作曲线的制备

7.2.1 1 μg/mL 铁标准溶液：准确吸取 0.1 mg/mL 铁标准溶液(4.2)1 mL，移入 100 mL 容量瓶，用乙醇(4.3)稀释至刻度，即得到 1 μg/mL 的铁标准溶液，并贮存于聚乙烯材质的试剂瓶中。

7.2.2 80 ng/mL 铁标准溶液：准确吸取 1 μg/mL 铁标准溶液(7.2.1)8 mL，移入 100 mL 容量瓶，用乙醇(4.3)稀释至刻度，即得到 80 ng/mL 的铁标准溶液。

7.2.3 标准工作曲线制备：将 80 ng/mL 的铁标准溶液置于自动进样盘中，在方法中设定 0 ng/mL、20 ng/mL、40 ng/mL、60 ng/mL、80 ng/mL 五点工作曲线，同时设定 20 μL 进样量，15 μL 乙醇稀释剂(4.3)。启动仪器在线稀释功能进行工作曲线制备和测定。以每一点标准溶液净吸光度(扣除空白溶液的吸光度)为纵坐标，以铁含量(ng/mL)为横坐标，绘制标准曲线。所得曲线相关系数应不低于 0.99。

注1：若仪器未配备在线稀释功能，也可采用手动方式自 1 μg/mL 铁标准溶液(7.2.1)配制标准曲线所需的系列标准溶液。

7.3 试样测定

7.3.1 试样溶液制备：将待测丙烯腈试样和乙醇(4.3)按照 1∶4 的体积比进行稀释(稀释 5 倍)，摇匀后将试样溶液放入进样盘中。

注2：若试样溶液中的铁含量超过 400 ng/mL，可提高试样的稀释比例。

7.3.2 空白检查：试样测定前测定和记录乙醇空白，以保证基线的稳定性，空白测定值应在 ±5 ng/mL 范围内。

7.3.3 试样测定：按照与标准曲线相同的测定条件测定试样溶液(7.3.1)的吸光度，根据试样溶液的净吸光度值，在标准曲线上查得试样溶液中铁的含量(ng/mL)。

8 分析结果的表述

8.1 计算

试样中铁含量 w 以毫克每千克(mg/kg)计，按式(1)计算：

$$w = \frac{\rho_{Fe} \times n}{\rho \times 1\ 000} \quad \cdots\cdots(1)$$

式中：

ρ_{Fe}——稀释后试样溶液实测的铁含量，单位为纳克每毫升(ng/mL)；

ρ——测定时丙烯腈试样的密度，单位为克每毫升(g/mL)；

n——用乙醇稀释丙烯腈试样的稀释倍数。

8.2 结果的表示

8.2.1 分析结果的数值按 GB/T 8170 规定进行修约，取两次重复测定结果的算术平均值表示其分析结果。

8.2.2 报告丙烯腈中铁含量应精确至 0.001 mg/kg。

9 重复性

在同一实验室，由同一操作者使用相同设备，按相同的测试方法，并在短时间内对同一被测对象相互独立进行测试，获得的两次独立测试结果的绝对差值不应超过下列的重复性限(r)，以超过重复性限(r)的情况不超过 5%为前提：

铁含量	重复性限
(0.010～0.050)mg/kg	算术平均值的 30%
(0.050～1.000)mg/kg	算术平均值的 10%

10 试验报告

试验报告应包括下列内容：

a) 有关样品的全部资料，例如样品名称、批号、采样地点、采样日期、采样时间等；

b) 本部分编号；

c) 分析结果；

d) 测定中观察到的任何异常现象的细节及其说明；

e) 分析人员的姓名及分析日期等。

ICS 71.080.30
G 17

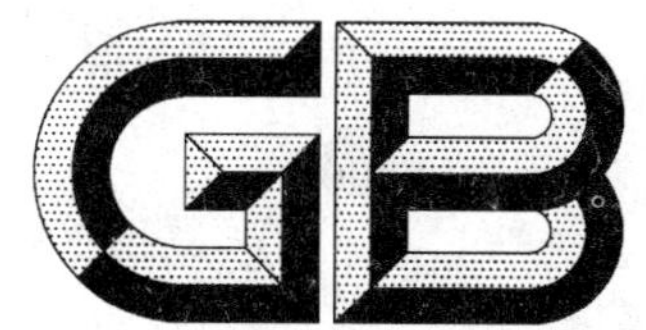

中华人民共和国国家标准

GB/T 7717.17—2009

工业用丙烯腈
第17部分:铜含量的测定
石墨炉原子吸收法

Acrylonitrile for industrial use—
Part 17:Determination of content of copper—
Graphite furnace atomic absorption spectrometer method

2009-10-30 发布　　　　2010-06-01 实施

中华人民共和国国家质量监督检验检疫总局
中国国家标准化管理委员会　发布

前　言

GB/T 7717《工业用丙烯腈》分为如下几部分：

——第1部分：规格；

——第5部分：酸度、pH值和滴定值的测定；

——第8部分：总醛含量的测定　分光光度法；

——第9部分：总氰含量的测定　滴定法；

——第10部分：过氧化物含量的测定　分光光度法；

——第11部分：铁、铜含量的测定　分光光度法；

——第12部分：纯度及杂质含量的测定　气相色谱法；

——第15部分：对羟基苯甲醚含量的测定　分光光度法；

——第16部分：铁含量的测定　石墨炉原子吸收法；

——第17部分：铜含量的测定　石墨炉原子吸收法。

本部分为GB/T 7717的第17部分。

本部分由中国石油化工集团公司提出。

本部分由全国化学标准化技术委员会石油化学分技术委员会(SAC/TC 63/SC 4)归口。

本部分起草单位：中国石化上海石油化工股份有限公司、中国石油化工股份有限公司上海石油化工研究院。

本部分主要起草人：于伟浩、屈玲娣、江彩英、张正华、王川、陈洪德、陈慧丽、陈欢。

工业用丙烯腈
第17部分:铜含量的测定
石墨炉原子吸收法

1 范围

本部分规定了测定工业用丙烯腈中铜含量的石墨炉原子吸收法。

本部分适用于丙烯腈中微量铜的测定,测定范围(0.010~1.000)mg/kg。

本部分并不是旨在说明与其使用有关的所有安全问题。使用者有责任采取适当的安全与健康措施,保证符合国家有关法规的规定。

2 规范性引用文件

下列文件中的条款通过GB/T 7717的本部分的引用而成为本部分的条款。凡是注日期的引用文件,其随后所有的修改单(不包括勘误的内容)或修订版均不适用于本部分,然而,鼓励根据本部分达成协议的各方研究是否可使用这些文件的最新版本。凡是不注日期的引用文件,其最新版本适用于本部分。

GB/T 602 化学试剂 杂质测定用标准溶液的制备

GB/T 3723 工业用化学产品采样安全通则(GB/T 3723—1999,idt ISO 3165:1976)

GB/T 6680 液体化工产品采样通则

GB/T 6682 分析实验室用水规格和试验方法(GB/T 6682—2008,ISO 3696:1987,MOD)

GB/T 8170 数值修约规则与极限数值的表示和判定

3 方法提要

将待测的丙烯腈试样和乙醇按照1:4的体积比进行稀释后进样,试样中的铜元素在石墨管中原子化,在324.8 nm波长处测量吸光度。利用标准曲线定量。

4 试剂与材料

4.1 载气:高纯氩气,纯度(体积分数)不低于99.999%。

4.2 铜标准溶液:0.1 mg/mL,按GB/T 602配制。

4.3 乙醇:GR级,铜含量低于5 ng/mL。

4.4 蒸馏水:应符合GB/T 6682规定的二级水。

5 仪器

5.1 原子吸收光谱仪:配备石墨炉和自动进样器。

5.2 铜空心阴极灯。

5.3 记录装置,电子积分仪或光谱数据处理装置。

5.4 一般实验室仪器。

6 采样

按GB/T 3723和GB/T 6680规定的技术要求采取样品。

7 分析步骤

7.1 设定操作条件

根据仪器操作说明书，在原子吸收光谱仪中安装并老化石墨管。然后按表1推荐的测试条件进行设定，待仪器稳定后即可开始测定。

表1 原子吸收光谱仪推荐工作条件

	阶　　段	温度/℃	升温时间/s	保持时间/s	载气流量/(mL/min)
石墨炉温度控制程序	干燥	100	10	30	250
	干燥	130	15	30	250
	灰化	900	20	20	250
	原子化	2 100	—	5	0
	清理	2 450	1	5	250
测定波长	324.8 nm				

7.2 标准工作曲线的制备

7.2.1 1 μg/mL 铜标准溶液：准确吸取0.1 mg/mL铜标准溶液(4.2)1 mL，移入100 mL容量瓶，用乙醇(4.3)稀释至刻度，即得到1 μg/mL的铜标准溶液，并贮存于聚乙烯材质的试剂瓶中。

7.2.2 80 ng/mL 铜标准溶液：准确吸取1 μg/mL铜标准溶液(7.2.1)8 mL，移入100 mL容量瓶，用乙醇(4.3)稀释至刻度，即得到80 ng/mL的铜标准溶液。

7.2.3 标准工作曲线制备：将80 ng/mL的铜标准溶液置于自动进样盘中，在方法中设定0 ng/mL、20 ng/mL、40 ng/mL、60 ng/mL、80 ng/mL五点工作曲线，同时设定20 μL进样量，15 μL乙醇稀释剂(4.3)。启动仪器在线稀释功能进行工作曲线制备和测定。以每一点标准溶液净吸光度(扣除空白溶液的吸光度)为纵坐标，以铜含量(ng/mL)为横坐标，绘制标准曲线。所得曲线相关系数应不低于0.99。

注1：若仪器未配备在线稀释功能，也可采用手动方式自1 μg/mL铜标准溶液(7.2.1)配制标准曲线所需的系列标准溶液。

7.3 试样测定

7.3.1 试样溶液制备：将待测丙烯腈试样和乙醇(4.3)按照1∶4的体积比进行稀释(稀释5倍)，摇匀后将试样溶液放入进样盘中。

注2：若试样溶液中的铜含量超过400 ng/mL，可提高试样的稀释比例。

7.3.2 空白检查：试样测定前测定和记录乙醇空白，以保证基线的稳定性，空白测定值应在±5 ng/mL范围内。

7.3.3 试样测定：按照与标准曲线相同的测定条件测定试样溶液(7.3.1)的吸光度，根据试样溶液的净吸光度值，在标准曲线上查得试样溶液中铜的含量(ng/mL)。

8 分析结果的表述

8.1 计算

试样中铜含量w以毫克每千克(mg/kg)计，按式(1)计算：

$$w=\frac{\rho_{Cu}\times n}{\rho\times 1\,000} \qquad \cdots\cdots(1)$$

式中：

ρ_{Cu}——稀释后试样溶液实测的铜含量，单位为纳克每毫升(ng/mL)；

ρ——测定时丙烯腈试样的密度，单位为克每毫升(g/mL)；

n——用乙醇稀释丙烯腈试样的稀释倍数。

8.2 结果的表示

8.2.1 分析结果的数值按 GB/T 8170 规定进行修约，取两次重复测定结果的算术平均值表示其分析结果。

8.2.2 报告丙烯腈中铜含量应精确至 0.001 mg/kg。

9 重复性

在同一实验室，由同一操作者使用相同设备，按相同的测试方法，并在短时间内对同一被测对象相互独立进行测试获得的两次独立测试结果的绝对差值不大于其平均值的 10%，以大于其平均值 10%的情况不超过 5%为前提。

10 试验报告

试验报告应包括下列内容：

a) 有关样品的全部资料，例如样品名称、批号、采样地点、采样日期、采样时间等；

b) 本部分编号；

c) 分析结果；

d) 测定中观察到的任何异常现象的细节及其说明；

e) 分析人员的姓名及分析日期等。

ICS 43.040
T 33

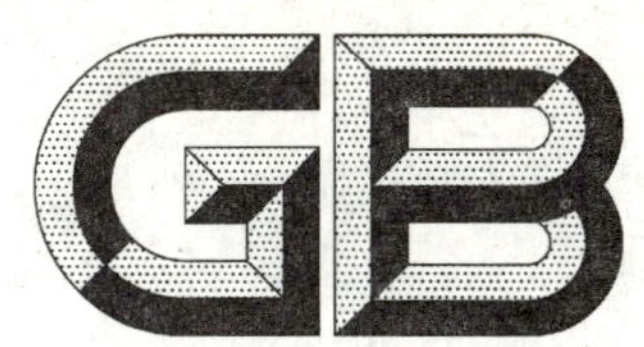

中华人民共和国国家标准

GB/T 7726—2009
代替 GB/T 7726.1～7726.5—1998

铰接客车机械连接装置

Mechanical connections of articulated bus

2009-03-23 发布

2010-01-01 实施

中华人民共和国国家质量监督检验检疫总局
中国国家标准化管理委员会 发布

前　言

本标准代替GB/T 7726.1—1998《铰接式客车机械连接装置　术语》、GB/T 7726.2—1998《铰接式客车机械连接装置　技术要求》、GB/T 7726.3—1998《铰接式客车机械连接装置　球头销》、GB/T 7726.4—1998《铰接式客车机械连接装置　球形衬套》和GB/T 7726.5—1998《铰接式客车机械连接装置　伸缩篷》，与上述标准相比主要变化如下：

——各机械图中的标注，按最新标准作了修改；

——取消了密封机构、伸缩篷、中间框架、梭梁、篷杆和车尾外摆值术语（GB/T 7726.1—1998中3.6，3.8，3.9～3.11，3.15）；

——增加了术语转盘（本版3.6）；

——横向扭转角（β）修改为不小于3°（GB/T 7726.2—1998中3.4，本版4.1.4）；

——转弯通道宽度修改为执行GB 1589，通过通道圆来描述（GB/T 7726.2—1998中3.5，本版4.1.5）；

——取消最小转弯直径的要求（GB/T 7726.2—1998中3.6）；

——增加车辆外摆值的要求（见4.1.5）；

——伸缩篷最小离地间隙不分城市客车及无轨电车和长途客车及旅行客车，作了统一要求（GB/T 7726.2—1998中3.12.3，本版4.5.4）；

——取消了球头销公差检测、加工精度、热处理和外观的检测方法要求（GB/T 7726.3—1998中6.3～6.6）；

——取消了伸缩篷抽检数的要求，改为全检（GB/T 7726.5—1998中4.2，本版5.3）。

本标准的附录A为资料性附录。

本标准由国家发展和改革委员会提出。

本标准由全国汽车标准化技术委员会归口。

本标准负责起草单位：交通部科学研究院。

本标准参加起草单位：丹东黄海汽车有限责任公司、金华青年汽车制造有限公司、郑州宇通客车股份有限公司、金龙联合汽车工业（苏州）有限公司、成都客车股份有限公司。

本标准主要起草人：郭茂威、李桂兰、李冬梅、许志强、李江、杨金华。

本标准所代替的历次版本发布情况为：

——GB/T 7726.1—1987、GB/T 7726.1—1998；

——GB/T 7726.2—1987、GB/T 7726.2—1998；

——GB/T 7726.3—1987、GB/T 7726.3—1998；

——GB/T 7726.4—1987、GB/T 7726.4—1998；

——GB/T 7726.5—1987、GB/T 7726.5—1998。

铰接客车机械连接装置

1 范围

本标准规定了铰接客车球铰式机械连接装置的技术要求以及球头销、球形衬套、伸缩篷等的主要尺寸、技术要求和检验方法以及包装、贮存和运输。

本标准适用于发动机前(中)置的铰接客车球铰式机械连接装置。

2 规范性引用文件

下列文件中的条款通过本标准的引用而成为本标准的条款。凡是注日期的引用文件,其随后所有的修改单(不包括勘误的内容)或修订版均不适用于本标准,然而,鼓励根据本标准达成协议的各方研究是否可使用这些文件的最新版本。凡是不注日期的引用文件,其最新版本适用于本标准。

GB/T 191 包装储运图示标志(GB/T 191—2008,ISO 780:1997,MOD)

GB 1589 道路车辆外廓尺寸、轴荷及质量限值

GB/T 1591 低合金高强度结构钢

GB/T 3077 合金结构钢

GB/T 3273 汽车大梁用热轧钢板和钢带

GB/T 4780 汽车车身术语

GB 8410 汽车内饰材料的燃烧特性

YS/T 545—2006 铸造青铜锭

QC/T 484 汽车油漆涂层

QC/T 900 汽车整车产品质量检验评定方法

3 术语和定义

GB/T 4780 确立的以及下列术语和定义适用于本标准。

3.1

球铰式机械连接装置 ball-and-socket type articulation

由球铰机构组成的机械连接装置。

3.2

球铰机构 ball-and-socket articulation device

在球铰式机械连接装置中,具有满足两节刚性车厢可靠的连接功能,并且有三个转动自由度的机构。它主要由球头销、球形衬套及支座等零部件组成。

3.3

等分机构 dividing device

在铰接客车直线或转向行驶时,均能使连接伸缩篷的中间框架始终处于前、后车厢相对夹角的等分位置上的机构。它由等分元件(如等分弹簧或等分杆、叉形杆等)、梭梁、球销或圆柱销及平衡吊臂等组成。

3.4

限位机构 jack-knifing damping device

用以限制前车厢和后车厢之间的最大相对水平转角,以保证其他机构(如密封机构等)免受损伤的

机构。它由限位元件、限位报警装置等组成。

3.5

保险机构　insurance device

当球铰式机械连接装置失去连接功能时，仍能保证前车厢和后车厢不脱开的机构。

3.6

转盘　turntable

在两节车厢之间、铰接装置之上，随铰接装置转动的起地板作用的板件。

3.7

牵引架　towing bracket

用以装置球铰机构，并分别与前车厢和后车厢车架相连接的部件。

3.8

水平转角　level angle

α

在通过球心且平行于支承平面的平面内，以通过球心的前车厢纵向水平线为基准，后车厢绕球头销轴线回绕所形成的角度(见图 1)。

3.9

横向扭转角　crosswise angle

β

在通过球心且垂直于支承平面的横向平面内，以通过球心且垂直于前车厢支承平面的中心线为基准，后车厢绕过球心的纵向中心线回转所形成的角度(见图 2)。

3.10

纵向折角　lengthwise angle

γ

以通过球心且垂直于前车厢支承平面的中心线为基准，后车厢绕球心的横向中心线回转所形成的角度(见图 3)。

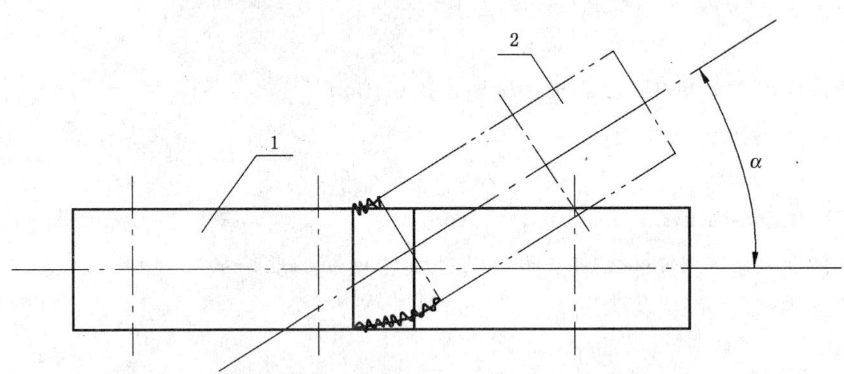

1——前车厢；
2——后车厢。

图 1　水平转角(α)示意图

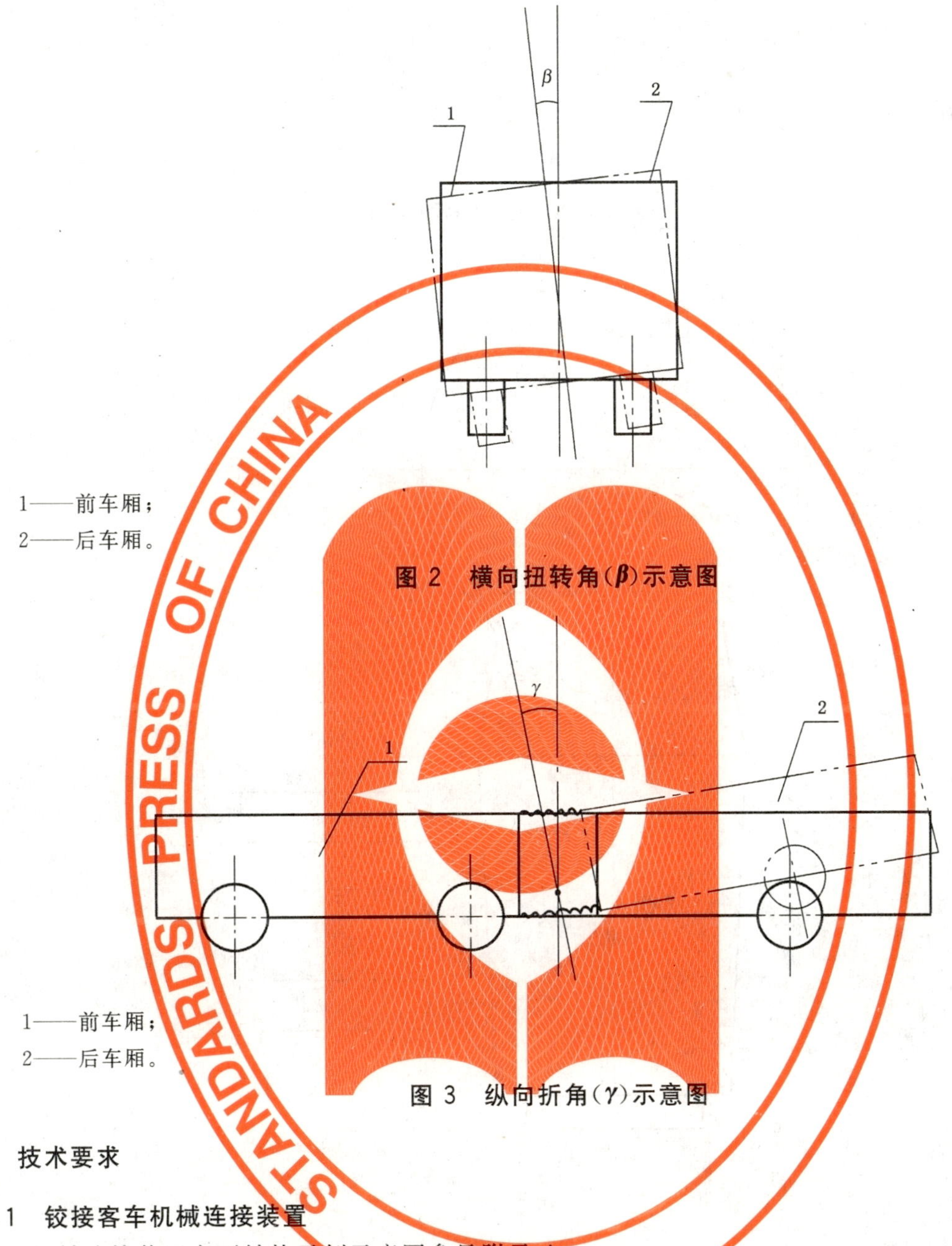

1——前车厢；
2——后车厢。

图 2 横向扭转角(β)示意图

1——前车厢；
2——后车厢。

图 3 纵向折角(γ)示意图

4 技术要求

4.1 铰接客车机械连接装置

机械连接装置主要结构示例示意图参见附录 A。

4.1.1 铰接客车机械连接装置的设计、制造应与相应的客车车型相匹配。

4.1.2 铰接客车机械连接装置的各部分应牢固可靠，运动件工作正常，不允许有异常响声和卡滞现象。

4.1.3 铰接客车机械连接装置的球铰、等分、限位、保险、密封等机构应装备齐全。

4.1.4 铰接客车机械连接装置应能允许铰接客车发生不小于 3°的最小横向扭转角(β)和不小于 10°的纵向折角(γ)。

4.1.5 铰接客车的通道圆和车辆外摆值要求应符合 GB 1589 的规定。

4.1.6 铰接客车机械连接装置应设置等分机构，该机构应保证中间框架始终处于前车厢和后车厢相对夹角的平分线上。

4.1.7 铰接客车机械连接装置应设置限制最大允许水平转角(α)的限位机构，可再加信号报警装置，当其水平转角(α)达到比允许值小 5°时，报警装置开始发出报警信号。最大水平转角(α)根据整车结构参数和性能要求确定。

4.2 球铰机构

球铰机构应安全可靠、润滑良好、转动灵活。

4.2.1 球头销

4.2.1.1 球头销形状及主要尺寸如图4所示。

单位为毫米

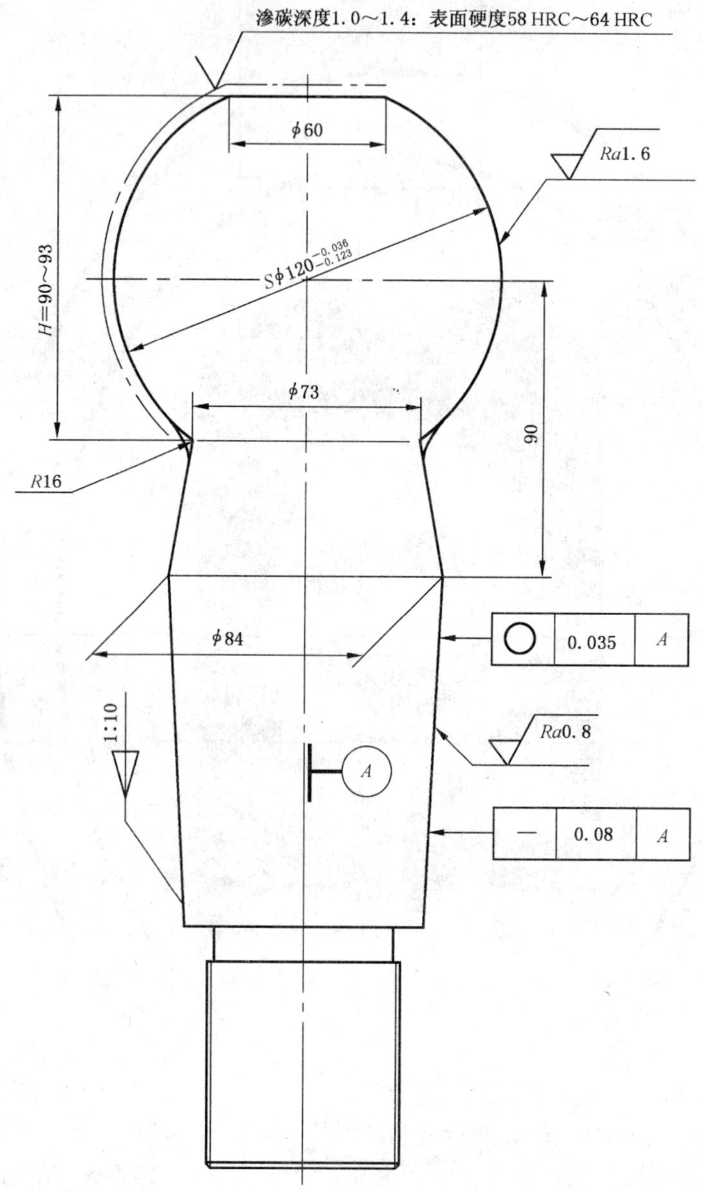

图4 球头销形状及主要尺寸

4.2.1.2 球头销材料优先选用GB/T 3077中规定的20 CrMnTi。

4.2.1.3 球头销球面、球头销杆部锥体的表面粗糙度分别为MRR *Ra* 1.6和MRR *Ra* 0.8(见图4)。

4.2.1.4 球头销杆部锥度偏差为±3′,素线直线度公差为0.08 mm,圆度公差为0.035 mm(见图4)。

4.2.1.5 球头销球面部(图4中*H*范围内)应进行渗碳,渗碳层深度为1.0 mm～1.4 mm,其表面硬度为58 HRC～64 HRC,杆部(除硬度转变区外)表面硬度为23 HRC～43 HRC。

4.2.1.6 球头销杆部锥体表面加工精度,采用环规涂色检查方法进行检查,其接触面积不小于总配合面积的70%。

4.2.1.7 球头销表面不允许有裂纹、刮伤、凹痕、锈蚀等现象，圆弧过渡处不应有尖角毛刺。

4.2.1.8 球头销包装前应作防锈处理。

4.2.2 球形衬套

4.2.2.1 球形衬套包括上球形衬套和下球形衬套。上球形衬套主要尺寸如图 5 所示，下球形衬套主要尺寸如图 6 所示。

单位为毫米

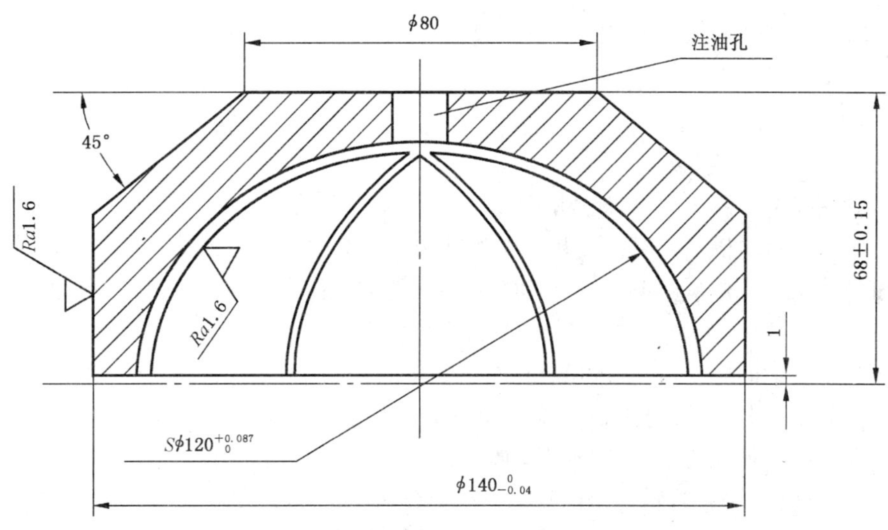

图 5 上球形衬套

单位为毫米

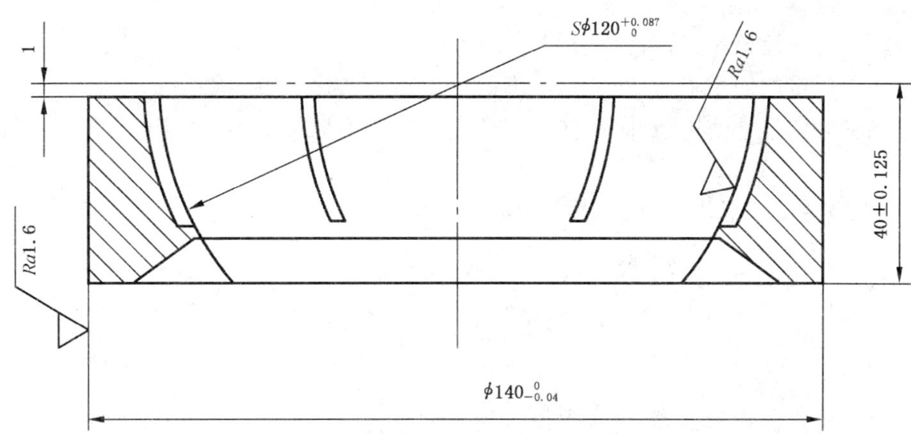

图 6 下球形衬套

4.2.2.2 球形衬套材料可采用符合 YS/T 545—2006 规定的铸造用锡青铜 ZQ Sn6-6-3 或者选用能够满足其要求的其他材料。

4.2.2.3 经加工后的球形衬套不允许有裂纹、气孔，不允许有影响使用的疏松以及夹杂物。

4.2.2.4 球形衬套内球面和 ϕ140 圆柱面的表面粗糙度均为 MRR *Ra* 1.6。

4.2.2.5 图 5 所示注油孔根据需要也可设在其他位置。

4.2.2.6 球形衬套内应有数量不少于 4 个的油槽，其与内球面过渡处不允许有尖角毛刺。

4.2.2.7 采用锡青铜制造的球形衬套应作防锈处理。

4.2.3 球头销球部与球形衬套的配合为 ϕ120 H9/f9。

4.2.4 球形衬套与支座的配合为 ϕ140 K8/h7。

4.3 牵引架

4.3.1 牵引架一般选用GB/T 1591中规定的16Mn或GB/T 3273中规定的16 MnL材料制造，也可选用具有同等机械性能的材料制造。

4.3.2 前车厢和后车厢牵引架的焊接或铆接应符合图样要求，具有足够的强度和刚度；焊接或铆接的质量应按QC/T 900的规定进行评定。

4.3.3 牵引架焊接或铆接后，应作防锈涂层处理，处理工艺应符合QC/T 484的规定，处理后的漆膜应光滑完整。

4.3.4 球头销轴承孔轴线相对于车架纵向对称平面的对称度公差为8 mm。

4.4 保险机构

保险机构应工作可靠。

4.5 伸缩篷

4.5.1 伸缩篷应按照规定程序批准的图样和技术文件制造。

4.5.2 伸缩篷所用材料应满足产品的使用性能要求，阻燃特性应符合GB 8410的规定。

4.5.3 伸缩篷的结构形式应满足整车防水和防尘密封性能的要求；伸缩篷与转盘之间应有良好的密封性。

4.5.4 伸缩篷最小离地间隙不小于250 mm，伸缩篷还应与两车厢的车身裙边齐平。

4.5.5 伸缩篷安装不应有扭曲，顶部的下垂和两侧的凹凸变形量均不超过20 mm。

4.5.6 伸缩篷在极限拉伸状态下，各折间距均匀，最大差距不大于10 mm。

4.5.7 伸缩篷各叠间应无粘连，错移扭曲现象，贴边无毛口；产品无漏缝、破损、脱胶；装车使用时无渗、漏水现象。

4.5.8 伸缩篷表面应光滑平整，不允许有气泡、杂质及露布现象；允许存在织物绉折和接头痕迹，但不应有凹凸不平及折裂现象。

4.5.9 伸缩篷的使用环境温度为－40 ℃～＋50 ℃。

4.5.10 伸缩篷下部应设排污口，车辆直行时，排污口自动关闭。

4.5.11 伸缩篷在规定的使用寿命期限内，其表面不应出现老化龟裂现象。

4.5.12 在正确安装和正常使用条件下，伸缩篷使用寿命应不低于2年(自整车出厂之日算起)。

4.6 转盘

4.6.1 转盘下面应装设阻尼片，并在与两车厢连接处的上方设置护板。

4.6.2 为保证安全，应在转盘上装设安全栏杆、扶手等安全防护设施。

5 检验

5.1 球头销

球头销应逐件进行探伤检查，不应有裂纹、气孔、夹渣等缺陷，且每件球头销均应按设计要求经检验合格后，方能出厂或装车使用。

5.2 球形衬套

每件球形衬套均应按设计要求检验合格后，方能出厂或装车使用。

5.3 伸缩篷

每件伸缩篷均应按设计要求检验合格后，方能出厂或装车使用。

6 包装、储存及运输

6.1 球头销和球形衬套

6.1.1 包装、储存标志应符合GB/T 191的规定。

6.1.2 防锈处理后的球头销和球形衬套应采用塑料材质的包装物包装贮存。

6.1.3 出厂的球头销和球形衬套应附产品质量合格证书。

6.1.4 包装好的球头销和球形衬套应贮存在无酸、碱性和其他腐蚀性气体的仓库中。

6.1.5 在运输过程中，不应抛掷。

6.2 **伸缩篷**

6.2.1 每件伸缩篷应附产品质量合格证书。

6.2.2 每件伸缩篷应采用足够强度的包装材料在产品图样所示最大轮廓尺寸的收缩状态下包装。

6.2.3 伸缩篷应放置在室内通风干燥处。

6.2.4 伸缩篷应用专门的支架存放，可以叠放，每叠以不超过20件为宜。

6.2.5 伸缩篷应在图样所示最大轮廓尺寸的收缩状态下进行运输，不应扭曲、折叠运输。运输时，应采用具有足够强度的材料(如铁板、木板等)进行包装固定。每件包装内的伸缩篷数量，根据包装形式和有关运输规章合理确定。运输中不应产生扭曲和变形。

6.2.6 伸缩篷在运输和贮存过程中，应避免与酸、碱、油类、有机溶剂等影响产品质量的物质接触。

附 录 A
（资料性附录）
铰接客车机械连接装置主要结构示例示意图

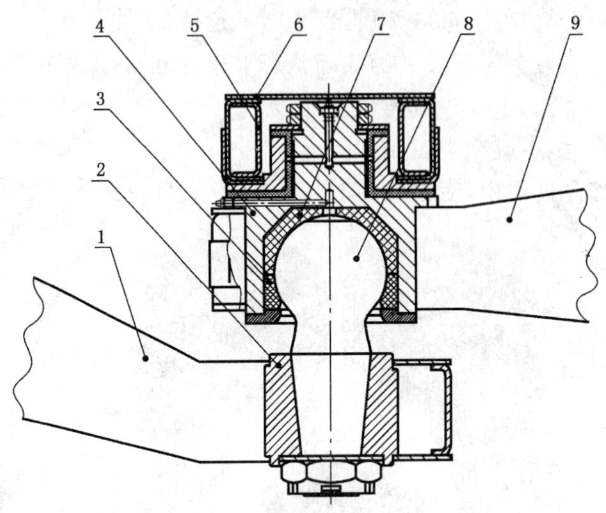

1——前车厢牵引架；
2——球头销下支座；
3——下球形衬套；
4——球头销上支座；
5——梭梁；
6——注油孔盖板；
7——上球形衬套；
8——球头销；
9——后车厢牵引架。

图 A.1

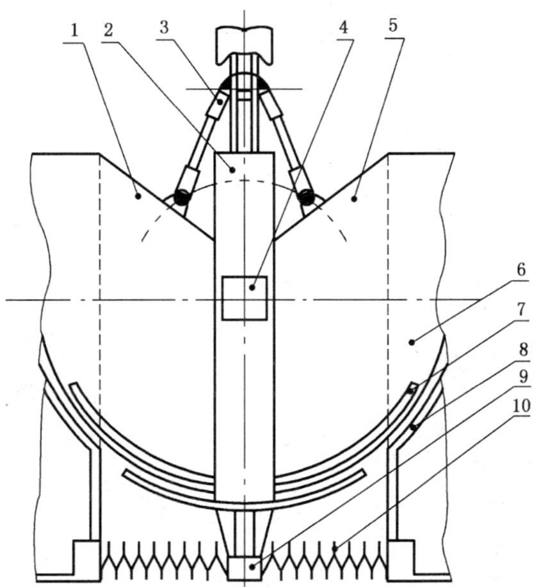

1——前车厢牵引架；
2——梭梁；
3——等分元件；
4——注油孔盖板；
5——后车厢牵引架；
6——转盘；
7——护板；
8——护板；
9——中间框架；
10——伸缩篷。

图 A.2

ICS 83.060
G 40

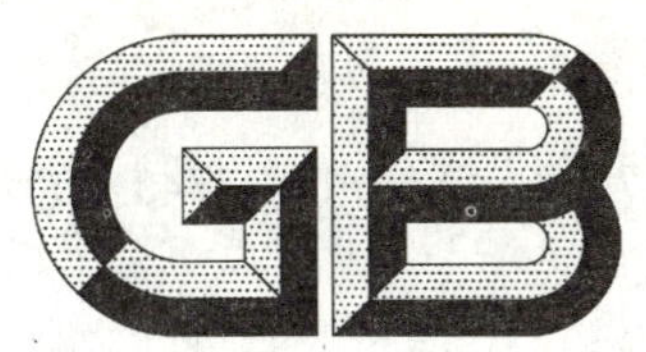

中华人民共和国国家标准

GB/T 7757—2009/ISO 7743:2007
代替 GB/T 7757—1993

硫化橡胶或热塑性橡胶压缩应力应变性能的测定

Rubber, vulcanized or thermoplastic—Determination of compression stress-strain properties

(ISO 7743:2007, IDT)

2009-04-24 发布　　2009-12-01 实施

中华人民共和国国家质量监督检验检疫总局
中国国家标准化管理委员会　发布

前 言

本标准等同采用 ISO 7743:2007(E)《硫化橡胶或热塑性橡胶——压缩应力应变性能的测定》英文版。

本标准代替 GB/T 7757—1993《硫化橡胶或热塑性橡胶压缩应力应变性能的测定》。

本标准等同翻译 ISO 7743:2007(E)。

为便于使用,本标准还做了下列编辑性修改:

a) “本国际标准”一词改为“本标准”;

b) 用小数点“.”代替作为小数点的逗号“,”;

c) 删除国际标准前言;

d) 删除了参考文献。

本标准与前一版本相比主要变化如下:

——增加了针对产品的试验方法 C(1993 版第 1 章,本版第 1 章)。

——增加了对试样的规定(1993 版第 1 章、第 5 章,本版第 1 章、第 6 章)。

——增加了对试验机的要求(1993 版 4.4,本版 5.4)。

——增加了规范性附录 B 校准(本版附录 B)。

本标准附录 A 为资料性附录,附录 B 为规范性附录。

本标准由中国石油和化学工业协会提出。

本标准由全国橡胶与橡胶制品标准化技术委员会橡胶物理和化学分技术委员会归口。

本标准由中橡集团沈阳橡胶研究设计院负责起草。

本标准主要起草人:费康红。

本标准所代替标准的历次版本发布情况为:

——GB/T 7757—1987、GB/T 7757—1993。

硫化橡胶或热塑性橡胶
压缩应力应变性能的测定

警告:使用本标准的人员应熟悉正规实验室操作规程。本标准无意涉及因使用本标准可能出现的所有安全问题。制定相应的安全和健康制度并确保符合国家法规是使用者的责任。

注意:本标准中有些程序可能会导致产生废弃物,给当地环境带来污染。物质使用后如何安全的处理这些废弃物,要参照相关的文献。

1 范围

本标准规定了使用标准试样、产品或部分产品测定硫化橡胶或热塑性橡胶压缩应力应变性能的测定方法。

本标准规定了三种方法:

——使用标准试样并且金属板经润滑剂润滑(方法 A);

——使用标准试样并且金属板与试样粘合在一起(方法 B);

——使用产品或产品的一部分并且金属板经润滑剂润滑(方法 C)。

三种方法所得结果不相同。对于经润滑的试样,若能使其达到充分润滑,则试验结果仅与橡胶的模量有关,而与试样的形状无关。然而,有效的润滑往往很难达到,应检验相同试样,对比试验结果的差异以表示不同的润滑状态。对于与金属板粘合在一起的试样,试验结果与橡胶的模量及试样的形状有关。试样形状对试验结果的影响较大,因此,这个试验结果与经润滑剂润滑的试样所获得的结果有显著的不同。对于产品,试验结果取决于试样形状,但是对于产品试验主要用于比较目的时,是可接受的。

注:对于明确规定的产品形状,例如 O 型圈,试验结果可能与硬度值有关联。但是,对于与规定尺寸、形状不同的试样,所获试验结果不能外推于其他尺寸和形状的试验。

附录 A 给出试样尺寸和形状以及粘接或润滑对结果影响的指南。

本方法不适用于永久变形大的材料。

附录 B 给出了这种类型测量的校准一览表。

2 规范性引用文件

下列文件中的条款通过本标准的引用而成为本标准的条款。凡是注日期的引用文件,其随后所有的修改单(不包括勘误的内容)或修订版均不适用于本标准,然而,鼓励根据本标准达成协议的各方研究是否可使用这些文件的最新版本。凡是不注日期的引用文件,其最新版本适用于本标准。

GB/T 2941 橡胶物理试验方法试样的制备和调节通用程序(GB/T 2941—2006,ISO 23529:2004,IDT)

ISO 4287 产品几何技术规范 表面结构 轮廓法 表面结构的术语、定义及参数

ISO 5893 橡胶与塑料拉伸、屈挠及压缩试验机(恒速)技术性能

ISO 18899 橡胶 试验设备校准指南

3 术语及定义

下列术语和定义适用于本标准。

3.1

压缩应力　compression stress

施加在应力方向上产生形变的力，其值以所施加的力与垂直于施力方向的试样原始横截面积之比来表示。

3.2

压缩应变　compression strain

试样在施加应力方向上的形变除以该方向上试样的初始尺寸。

注：压缩应变通常用初始尺寸的百分比表示。

3.3

压缩模量（正割模量）　compression modulus (secant modulus)

由初始横截面积计算的施加应力除以施加应力方向上产生的总应变。

3.4

压缩25%的刚度　stiffness at 25% compression

向产品或产品的一部分上施加的将其压缩25%所需的力，依据试样的形状以N/m或N表示。

4　原理

（金属板经润滑或与金属板粘接的）试样在压缩板之间以恒速压缩，直至达到预定应变。

5　试验装置和材料

5.1　平面金属板

该板应具有均匀的厚度，横向尺寸应大于或等于粘合试样，或至少比润滑试样大20 mm。对于A法和C法，每个板的一个表面应高度抛光，其表面粗糙度Ra应不大于0.4 μm。对于B法，每个板的一个表面应进行适当处理，以适于所使用的粘合体系。

5.2　模具或裁刀（如果要求）

制备试样的模具或裁刀应符合GB/T 2941的有关规定。

5.3　厚度计

应符合GB/T 2941的有关规定。

5.4　压缩试验机

符合ISO 5893的要求，配有自动绘图装置记录力-变形的关系，测力精度应达到1级。

当测试A法和B法的标准试样和C法的较大试样时，测定位移的精度应达到±0.02 mm，包括负荷传感器和装置刚性度的修正。

当测试产品的高度小于标准试样时，测定位移精度应达到±0.2%，包括负荷传感器和装置刚性度的修正。

试验机应装配有平行压缩板，其至少与平面金属板（5.1）一样大，并应能在10 mm/min±2 mm/min的标准速度下操作。

对于A法和C法，只要满足所要求的表面粗糙度，可以直接使用压缩板进行试验，而不必再使用金属板。

注1：带有y-时间记录器的试验机，由于下列原因可能得出错误的结果：

——惯性作用；

——由于负荷传感器和机器框架中的柔量而产生的变形。

注 2：对经润滑的试样进行试验时，应提供适当的防护措施，以防止橡胶应变时弹出造成损坏或伤害。

5.5 润滑剂

对于 A 法和 C 法，润滑剂应对试验中的橡胶无显著影响。

注：在大多数情况下，可选用运动黏度为 0.01 m^2/s 的有机硅或氟硅流体作为润滑剂。

6 试样

A 法和 B 法所用的标准试样是圆柱体，直径为 29.0 mm±0.5 mm，高度为 12.5 mm±0.5 mm。试样可以由裁切或模压而成。裁切试样应按照 GB/T 2941 的有关规定进行。

也可使用其他试样，但不能对试验的结果进行外推(见附录 A)。

对 B 法，可使用适当的模具和粘合体系，将试样直接模压到金属板上，也可使用适当的非溶剂型粘合体系粘合在金属板上。

试样表面应平整且上下表面互相平行。

对于 C 法，试样是一整个产品或产品的一部分，或多个产品，对于异型件，应使用 50 mm～100 mm 长作为试样(如果有必要增加力的读数，也可一起使用两条这种异型件)。对于内径 50 mm～100 mm 的环状产品，可使用整个产品。对小产品，可将两个或多个产品并排平行放置进行试验，以增加力的读数。

7 试样数量

至少三个试样。

8 硫化与试验之间的时间间隔

除非因技术原因另有规定外，应遵循下列要求(见 GB/T 2941)：

——对于所有试验，硫化与试验之间的最小时间间隔应为 16 h。

——对于非产品试验，硫化与试验之间的最大时间间隔应为 4 周；对于要求比对评估试验，应尽可能地在相同的时间间隔内进行。

——对于产品试验，只要有可能，硫化与试验之间的时间间隔应不超过 3 个月。在其他情况下，试验应在用户接收产品之日 2 个月内进行。

9 调节

在硫化与试验之间，样品和试样应尽可能避光。

经过制备后的样品，在裁切前，应在标准实验室温度下(见 GB/T 2941)至少调节 3 h。如果需要，试样可加以标记，并立即进行测量和试验。如果不立即试验，应将试样保持在标准实验室温度下直到试验。若制备包括打磨，打磨与试验之间的时间间隔不应超过 72 h。

模压的试样应在标准实验室温度下至少调节 3 h，然后立即进行测量和试验。

如果试验不是在标准实验室温度下进行，则试样应在试验前在该试验温度下进行调节，直至确保其达到试验温度(见 GB/T 2941)，然后立即进行试验。

10 试验温度

通常试验在标准实验室温度(见 GB/T 2941)下进行。如果使用另一温度，则优先选择 GB/T 2941 中规定的温度。

11 试验步骤

11.1 试样的测量

试样尺寸用 GB/T 2941 规定的相应方法进行测定。对于通过硫化粘合的试样，可先测量粘合组合件的厚度，而后减去金属板厚度，从而得到待测橡胶的厚度。

11.2 应力-应变性能的测定

11.2.1 A 法

在抛光的金属板表面上轻轻地涂上一薄层润滑剂。

将试样组合件放入压缩试验机中心，以 10 mm/min 速度压缩试样，直至应变达到 25%为止。以相同的速度放松试样。如此再重复压缩和放松试样三次，四次压缩周期形成一个连续的程序，记录力-变形曲线。

注：四次压缩周期中，前三次可视为机械调节，第四次为正式试验。

11.2.2 B 法

将粘合的组合件放入压缩试验机中心，以 10 mm/min 速度压缩试样，直至应变达到 25%为止。以相同的速度放松试样。如此再重复压缩和放松试样三次，四次压缩周期形成一个连续的程序，记录力-变形曲线。

11.2.3 C 法

在抛光的金属板表面涂上一薄层润滑剂。将粘合的组合件放入压缩试验机中心。

注：对环状产品进行试验时，压缩板上应有孔，以便在压缩期间将空气排出。

以 10 mm/min 速度压缩试样，直至应变达到 30%为止，记录力-变形曲线。

该试验一般无需进行机械调节。也可使用 A 法和 B 法中所进行的机械调节，但应在报告中加以说明。

注：如果产品包括粘合的刚性件(如发动机底座)，可以无需润滑平板。

12 结果表示

12.1 对于 A 法和 B 法

试验结果应从记录的力-变形曲线图(见图 1)中获得，以压缩应变为 10%和 20%时的压缩模量表示，单位为 MPa。应变从最后一个压缩周期曲线与应变(变形)轴的交点得到。根据最后一个周期时压缩部分所测定的力-变形值来确定其压缩应力-应变性能。试验结果应报告所有试样压缩应变在 10%和 20%时的中值和单值。

压缩模量由下式计算，单位为 MPa：

$$\frac{F}{A\varepsilon} \quad \text{等于}$$

$$\frac{F_{0.1}}{A\varepsilon_{0.1}} \quad 10\% \text{ 应变下的压缩模量}$$

$$\frac{F_{0.2}}{A\varepsilon_{0.2}} \quad 20\% \text{ 应变下的压缩模量}$$

式中：

F——产生压缩应变所施加的力，单位为牛(N)；

A——试样初始横截面积，单位为平方毫米(mm^2)；

ε——压缩应变。

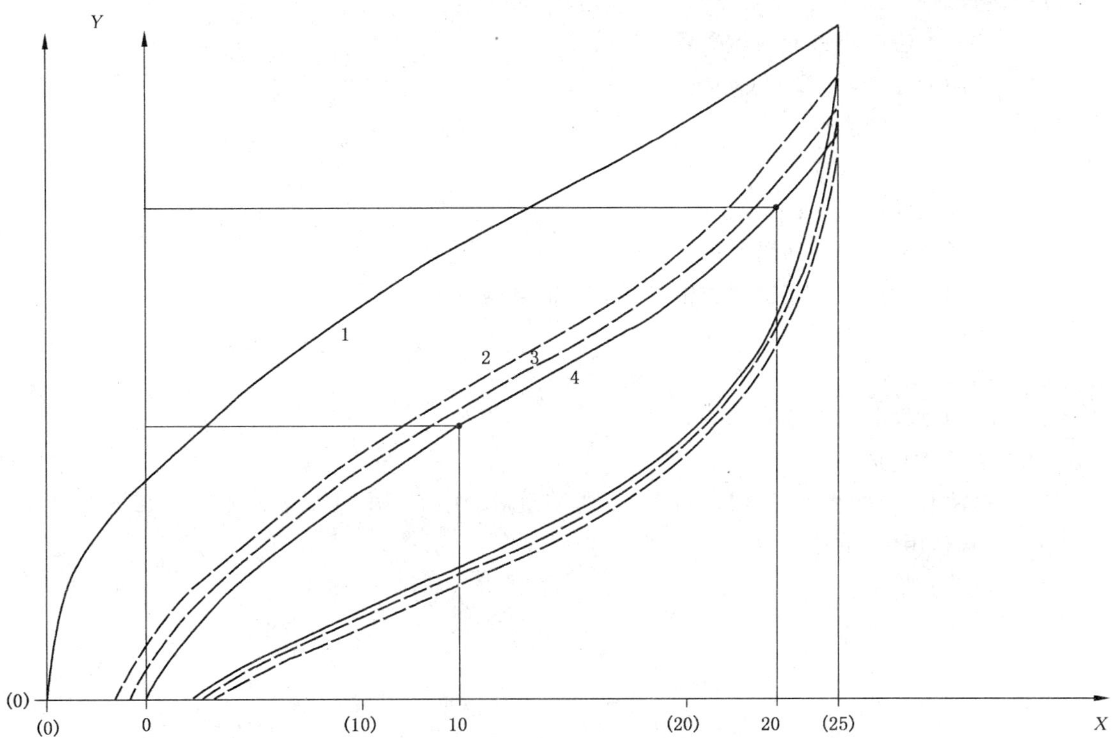

X——变形(%)；

Y——力,F；

1～4——第1～第4压缩周期。

图1 压缩模量的计算

12.2 对于C法

试验结果应从记录的力-变形曲线图(见图1)中获得,以压缩应变为10%和20%时的压缩模量表示,单位为MPa。

试验结果应从记录的力-变形曲线图中获得,用N/m或N表示,从25%压缩应变下的力-变形曲线读出,计算出25%压缩应变下的刚度,S_{25},用以下公式计算:

$$S_{25}=\frac{F_{25}}{L}\text{ 或 }S_{25}=F_{25}$$

式中:

F_{25}——25%压缩应变下的力,单位为牛(N)；

L——长度,单位为米(m)。

对于环形产品,长度取平均周长,也就是内圆和外圆周长的平均值。报告所有试验的试样的中值和单值。

注:25%以外的应变,可按产品说明书的规定。

13 试验报告

试验报告应包括以下内容:

a) 样品信息:

1) 样品的完整描述和来源；

2) 必要时的胶料和硫化信息；

3) 制作试样的方法,如:模压或裁切；

b） 试验方法：
   1） 试验方法中所参考的标准号；
   2） 所用的方法(A、B或C)；
   3） 所用试样的类型；
c） 试验细节：
   1） 标准试验室温度；
   2） 试样调节的时间和温度；
   3） 不同于标准试验室温度和相对湿度时的试验温度和湿度；
   4） 所使用的润滑剂或粘合剂的类型；
d） 试验结果：
   1） 所用试样的数量；
   2） 单个试验结果；
   3） A法和B法在10％和20％应变下压缩模量的中值，用MPa表示；C法，在25％应变下的中值，用N/m或N表示；
   4） 试验日期。

附 录 A
（资料性附录）
非标准试样试验结果的外推法

形状因子和压缩表面上的润滑程度对橡胶压缩应力-应变性能的影响是非常复杂的，通常，试验结果应看作是在特殊形状和试验所用特定条件下获得的。

尽管如此，本附录对于将不同试样或从试样外推到产品所得到的试验结果进行尝试性比较并指出粘接试样与润滑试样的不同特点，须强调，本标准给出的关系只是一种近似的关系。

本附录采用下列符号：

E——杨氏模量

E_C——有效压缩模量

ε——压缩应变，以应变方向试样初始尺寸的百分比表示

G——剪切模量

K——体积模量

S——形状因子

λ——压缩比（$\lambda=1-\varepsilon$ 数值上）

σ——平均压缩应力

k——与硬度有关的因子

橡胶具有非常高的体积弹性模量，就绝大多数用途来说，可视为不可压缩的。因此：

$$E = 3G$$

在润滑条件下（方法 A），假定充分滑动。则压缩均匀。应力应变关系可用高斯理论进行预测：

$$\sigma = G(\lambda^{-2} - \lambda) = E\frac{(\lambda^{-2} - \lambda)}{3} \qquad \text{(A.1)}$$

把 $\lambda=1-\varepsilon$ 代入上式，

$$\sigma = \frac{E}{3}\left[\frac{1}{(1-\varepsilon)^2} - (1-\varepsilon)\right]$$

$$\sigma = \frac{E}{3}\left[\frac{1-(1-\varepsilon)^3}{(1-\varepsilon)^2}\right]$$

$$\sigma = \frac{E}{3}\left[\frac{1-1+3\varepsilon-3\varepsilon^2+\varepsilon^3}{(1-\varepsilon)^2}\right]$$

如果忽略 ε^3 得：

$$\sigma = \frac{E}{3}\left[\frac{3\varepsilon-3\varepsilon^2}{(1-\varepsilon)^2}\right] = E\varepsilon\left[\frac{1-\varepsilon}{(1-\varepsilon)^2}\right] = \frac{E\varepsilon}{1-\varepsilon} \qquad \text{(A.2)}$$

式（A.2）就是接近 30%应变时的近似式。

如果忽略 ε^2 得：

$$\sigma = \frac{E}{3}\left[\frac{3\varepsilon\left(1-\varepsilon+\frac{\varepsilon^2}{3}\right)^3}{1-2\varepsilon+\varepsilon^2}\right]$$

$$\sigma = \frac{E\varepsilon(1-\varepsilon)}{1-2\varepsilon}$$

在应变非常小时，$1-\varepsilon\approx1$，由式（A.2）推导出：

$$\sigma = E\varepsilon \qquad \text{(A.3)}$$

式（A.3）就是接近 5%的应变时的近似式。

在粘接状态下（方法 B），剪切应变的不均匀分布是因粘接表面固定所致，而且压缩应变与试样形状

和材料的硬度有关

$$E_C = E(A + BS^n) \quad \cdots\cdots (A.4)$$

式中：S 为施加力的面积与未受力的面积之比。例如，对于一个圆盘试样：

$$S = 直径 / 4 \times 厚度$$

对于多个圆盘试样：$A=1$　　而 $B=2\ k$

对于矩形试样：$1.0 \leqslant A \leqslant 1.3$，$1.3 \leqslant B \leqslant 2.2$，与硬度有关。

注1：对于天然橡胶 $n=2$。

注2：方程(A.4)中得到的 E_C 值可由式(A.1)、式(A.2)或(A.3)中的 E 依据应变程度适当地取代。

在很高的应变下或当 S 很大时，计算时需考虑引用体积弹性模量。其近似式为：

$$\frac{1}{E_C} = \frac{1}{E(A + BS^n)} + \frac{1}{k} \quad \cdots\cdots (A.5)$$

含有填料的橡胶在剪切中是非线性行为，这可能对 E_C 的形状因子分量具有显著的影响，这也适用于均匀压缩，当既不使用润滑也不使用粘接时，通常摩擦不能完全阻止滑动，滑动的程度将与表面状态、应变程度等而变化，滑动的程度也与时间有关，并且在有振动存在的情况下会增大。

在设计方面，杨氏模量比压缩模量更有价值。为了在10%和20%的应变下实验测量测定杨氏模量，应采用式(A.2)，必要时式(A.2)可按式(A.4)进行修改。

压缩模量 SM 由下式得出：

$$SM = \frac{\sigma}{\varepsilon}$$

$$= \frac{E}{1-\varepsilon} \quad 对于润滑试样$$

$$= \frac{E(A + BS_n)}{1-\varepsilon} \quad 对于粘合试样$$

由上述这些方程，得出杨氏模量的计算公式为：

$$E = SM(1-\varepsilon) \quad 对于润滑试样$$

$$= \frac{SM(1-\varepsilon)}{A + BS^n}$$

所报告的值将是根据10%和20%应变的压缩模量测定的 E 的中位数。

附　录　B
（规范性附录）
校　　准

B.1　检查

在进行校准前，需校准项目的状态应通过检查加以确认并记录在校准报告或证书中。其中应报告校准是在“可接受”状态还是在纠正异常情况或故障后进行的。

应确定该装置（还包括规定大概值而无需正式校准的任何参数）基本符合试验要求。如果这些参数有可能发生变化，则应在校准程序中详细规定定期检查的要求。

B.2　校准时间表

表B.1所示的校准计划表是将试验方法中规定的所有参数与规定的要求一起表列汇编而成。一个参数和要求可能涉及到增加试验装置，该装置的一部分或试验所需的辅助装置。

对于每一个参数，校准程序应按ISO 18899中规定，对于其他专门针对该试验方法的出版物或校准程序，如果比ISO 18899更具体更详细，则应优先选用。

每个参数的检定频率由代码字母表示。校准时间表中所使用的代码字母包括：

C——要求加以确认，但不用测量；

S——ISO 18899所规定的标准时间间隔；

U——使用中。

表B.1　校准频率时间表

参　　数	要　　求	ISO 18899 条款	检定频率	备　　注
压缩试验机	根据ISO 5893规定，具有自动记录力-变形曲线功能	14.6	S	x-y记录仪优于y-时间记录仪
力的精度 变形的精度	读数的1% 0.02 mm或试样高度的0.2%	21.2 15.4	S S	
速度	标称10 mm/min±2 mm/min	23.4	.	
压缩板	平行	C	S	
压缩板尺寸	至少与在两压缩板之间的金属板一样大	C	U	
金属板 ——粘合试样用 ——润滑试样用	平整、厚度均匀 横向尺寸≥试样尺寸 至少比试样大20 mm	C C C	U U U	
表面光洁度 ——方法A ——方法B	ISO 4287 $Ra \leqslant 0.4\ \mu m$ 按粘合体系要求	15.5	S	
模具和裁刀	按GB/T 2941	15.2	S	
厚度计	按GB/T 2941	15.1	S	

表 B.1(续)

参　　数	要　　求	ISO 18899 条款	检定频率	备　　注
用于测量调节和试验温度的温度计	GB/T 2941 中规定,应满足: 标准试验温度下,公差为±2 ℃; 100 ℃以下包括 100 ℃,公差为±1 ℃; 高于 100 ℃,公差为±2 ℃。	18	S	见第 10 章的规定
润滑液	对试验的橡胶无显著影响,例如,硅或氟硅氧烷流体			

ICS 29.160.20
K 21

中华人民共和国国家标准

GB/T 7894—2009
代替 GB/T 7894—2001

水轮发电机基本技术条件

Fundamental technical specifications for hydro generators

2009-11-30 发布　　2010-04-01 实施

中华人民共和国国家质量监督检验检疫总局
中国国家标准化管理委员会　发布

前　言

本标准参考 IEC 60034-1:2004《旋转电机　定额和性能》(第 11 版)。本标准的部分条款技术指标高于IEC 60034-1 的要求,部分条款技术指标与 IEC 60034-1 水平一致。本标准还参考了美国 Std IEEE C50.12™—2005《额定容量为 5 MVA 及以上、频率为 50 Hz 和 60 Hz 凸极同步发电机和发电/电动机技术要求》标准的有关内容。

本标准代替 GB/T 7894—2001《水轮发电机基本技术条件》(以下简称原标准)。

本标准与 GB/T 7894—2001 相比,主要修改如下:

——本标准在原标准总体框架基础上,针对原标准章条内容不均衡及查阅、引用不方便等情况,进行了改动和调整。本标准分为 19 章、13 个表、3 个附录;

——首次明确本标准适用的容量范围;

——运行期间电压和频率的变化范围、定子和转子绕组温升、非基准运行条件和定额时温升限值的修正、定子线电压波形全谐波畸变因数等条文完全与 IEC 60034-1:2004(第 11 版)相应条款等同;

——对范围、规范性引用文件、使用环境条件、效率和损耗、电气参数和时间常数、耐电压试验标准、各部位振动允许限值、承重机架挠度允许限值、总体结构、主要结构部件、通风及冷却系统、制动系统、灭火系统、检测系统和装置及元件、供货范围、工厂及现场试验、试运行及保证期等部分内容进行补充和完善;

——对额定功率因数、额定电压、容量、绝缘性能及其耐电压试验、特殊运行要求、同步并入系统、整机起晕电压、水的电导率、标志、包装、运输及保管等条文作了修改;

——对空冷定子绕组温升限值、定子绕组常态介质损耗角正切限值、绕组耐电压试验标准、推力轴承巴氏合金瓦允许最高温度等指标作了部分调整和提高;

——删除了通风冷却系统分类、水直接冷却转子绕组等内容。

本标准的附录 A、附录 B、附录 C 为资料性附录。

本标准由中国电器工业协会提出。

本标准由全国旋转电机标准化技术委员会发电机分技术委员会(SAC/TC 26/SC 2)归口。

本标准主要起草单位:哈尔滨电机厂有限责任公司、中国水利水电建设集团公司、中国水电顾问集团华东勘测设计研究院、浙江富春江水电设备股份有限公司、长江水利委员会长江勘测规划设计研究院、阿尔斯通(武汉)工程技术有限公司。

本标准参加起草单位:中国水电工程顾问集团公司、东方电气集团东方电机有限公司、中国水电顾问集团北京勘测设计研究院、东芝水电设备(杭州)有限公司、中国长江电力股份有限公司。

本标准主要起草人:刘公直、付元初、李渝珍、成德明、王树清、方天任。

本标准参加起草人:刘平安、李定中、郑小康、万凤霞、平智刚、王宏、付长虹。

本标准于 1987 年首次发布,于 1999 年第一次修订,本次为第二次修订。

水轮发电机基本技术条件

1 范围

本标准规定了水轮发电机及其附属设备的总体技术要求及供货范围、备品备件、专用工具、工厂及现场试验以及试运行的要求。

本标准适用于与水轮机直接连接、额定容量为 25 MVA 及以上的三相 50 Hz 凸极同步发电机(以下简称水轮发电机)。额定容量小于 25 MVA 或频率为 60 Hz 的出口水轮发电机可参照执行。

2 规范性引用文件

下列文件中的条文通过本标准的引用而成为本标准的条文。凡是注日期的引用文件，其随后所有的修改单(不包括勘误的内容)或修订版均不适用于本标准，然而，鼓励根据本标准达成协议的各方研究是否可使用这些文件的最新版本。凡是不注日期的引用文件，其最新版本适用于本标准。

GB/T 156　标准电压(GB/T 156—2007，IEC 60038:2002，MOD)

GB 755—2008　旋转电机　定额和性能(IEC 60034-1:2004，IDT)

GB/T 1029　三相同步电机试验方法

GB/T 2900.25　电工术语　旋转电机

GB/T 5321　量热法测定电机的损耗和效率(GB/T 5321—2005，IEC 60034-2A:1974，IDT)

GB/T 7409.3　同步电机励磁系统　大、中型同步发电机励磁系统技术要求

GB/T 8564　水轮发电机组安装技术规范

GB/T 10069.1　旋转电机噪声测定方法及限值　第1部分:旋转电机噪声测定方法

GB/T 13394　电工技术用字母符号　旋转电机量的符号

GB/T 20835　发电机定子铁心磁化试验导则

GB 50193　二氧化碳灭火系统设计规范

GB 50219　水喷雾灭火系统设计规范

JB/T 6204—2002　高压交流电机定子线圈及绕组绝缘耐电压试验规范

JB/T 8439　高压电机使用于高海拔地区的防电晕技术要求

JB/T 8660　水电机组包装、运输和保管规范

JB/T 10098　交流电机定子成型线圈耐冲击电压水平

SL 321—2005　大、中型水轮发电机基本技术条件

DL/T 507　水轮发电机组启动试验规程

DL/T 730—2000　进口水轮发电机(发电/电动机)设备技术规范

IEC 60243-1:1998-01(第2版)　绝缘材料的电气强度试验方法　第1部分:工频试验

3 术语和定义

本标准所采用的术语和定义见 GB 755—2008、GB/T 2900.25 等相关标准。常用的物理量符号见 GB/T 13394。

4 使用环境条件

除非另有规定，水轮发电机在下列使用环境条件下应能连续额定运行:

a) 海拔高度不超过 1 000 m(以黄海高程为准);

b) 冷却空气温度不超过 40 ℃；

c) 空气冷却器、油冷却器和水直接冷却定子绕组的热交换器进水温度不高于 28 ℃，不低于 5 ℃；

d) 水直接冷却定子绕组的进水温度为 30 ℃～40 ℃，25 ℃时水的电导率不大于 0.4 μS/cm～2.0 μS/cm，pH 值为 6.5～9.0，硬度小于 2 μmol/L；

e) 安装在掩蔽的厂房内；

f) 厂房内相对湿度不超过 85%；

g) 使用地点地震烈度与对应的设计加速度值见表 1。

表 1 不同地震烈度设计加速度值

设计加速度	地震烈度/度		
	7	8	9
水平方向	0.2g	0.25g	0.4g
垂直方向	0.1g	0.125g	0.2g
注：g 为使用地点的重力加速度。			

5 额定值及参数

5.1 容量

5.1.1 允许用提高功率因数的方法把水轮发电机的有功功率值提高到额定容量(视在功率)值。

如用户有要求，水轮发电机可设置最大容量。此时的功率因数、电气参数值、允许温升以及与连续运行有关的水轮发电机的性能由制造厂与用户商定并在专用技术协议中规定。

5.1.2 水轮发电机应具有长期、连续进相和滞相运行的性能。其允许进相和滞相的容量和运行范围及带空载线路允许的充电容量由用户与制造厂协商并在专用技术协议中规定。

5.2 额定电压

水轮发电机的额定电压，应根据不同额定容量、转速及水轮发电机电压设备选择等因素进行技术经济综合比较后，由用户与制造厂商定，并应符合 GB/T 156 的规定。可选用下列电压等级(kV)：6.3、10.5、13.8、15.75、18、20、22、24、26 等。

5.3 额定功率因数

水轮发电机的额定功率因数宜为：

a) 额定容量为 100 MVA 及以下者，不低于 0.85(滞后)；

b) 额定容量大于 100 MVA 但不超过 250 MVA 者，不低于 0.875(滞后)；

c) 额定容量大于 250 MVA 但不超过 650 MVA 者，不低于 0.9(滞后)；

d) 额定容量大于 650 MVA 者，不低于 0.925(滞后)。

注：如用户有特殊要求，可在专用技术协议中规定。

5.4 额定转速

水轮发电机的额定转速优先在下列转速(r/min)中选择：

1 500	1 000	750	600	500	428.6	375	333.3	300
250	214.3	200	187.5	166.7	150	142.9	136.4	125
115.4	107.1	100	93.8	88.2	83.3	75	71.4	68.2
62.5	60							

5.5 运行期间电压和频率的变化

对作为频率固定且由交流发电机经地区或电网供电电源上的水轮发电机，其电压和频率的综合变化分为 A 和 B 两个区域，见图 1。

水轮发电机应能在区域 A 内连续运行，并实现本标准所规定的基本功能(额定功率因数时输出额定容量)，但其性能不必与电压和频率都为额定值(见图 1 中的额定点)时的性能完全相符，可能呈现某些差异，温升可比电压和频率都为额定值时的高。

水轮发电机应能在区域 B 内运行，并实现其基本功能，但其性能与电压和频率都为额定值时的差异将大于在区域 A 内运行的水轮发电机，温升可比电压和频率都为额定值时的高，并很可能高于区域 A。不推荐在区域 B 的边界上持续运行。

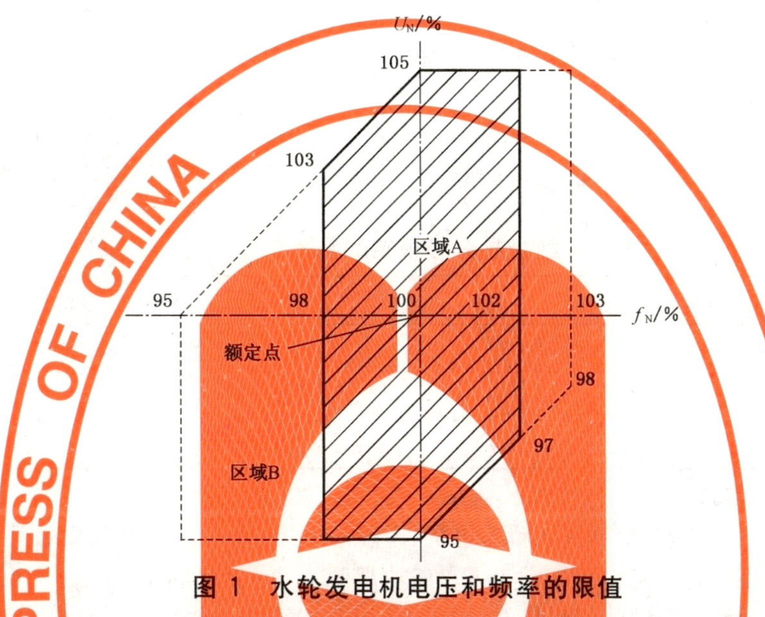

图 1　水轮发电机电压和频率的限值

注 1：在实际使用中，有时要求水轮发电机在区域 A 的边界之外运行，但应在数值、持续时间及发生频率等方面加以限制。如有可能应在合理的时间内采取校正措施，例如降低输出，这种措施可以避免因温度影响而缩短水轮发电机的寿命。具体允许输出容量、温升值及持续运行时间由制造厂与用户商定，并在专用技术协议中规定。

注 2：本标准规定的温升或温度限值仅适用于额定运行点。当运行点逐步偏离额定点，则水轮发电机的温升或温度有可能逐步超过其限值。如水轮发电机在区域 A 的边界上运行，其温升或温度可能要超过本标准规定的限值约达 10 K。

5.6　效率和损耗

5.6.1　额定效率

水轮发电机在额定容量、额定电压、额定功率因数及额定转速运行时的额定效率保证值应在专用技术协议中规定。

5.6.2　加权平均效率

加权平均效率是水轮发电机在额定电压、额定转速及规定的功率因数和不同容量工况下对应的水轮发电机效率的加权平均值。加权平均效率保证值应在专用技术协议中规定。

水轮发电机的加权平均效率按式(1)计算得出，其中加权系数由用户提供。

$$\eta = A\eta_1 + B\eta_2 + C\eta_3 + \cdots \qquad (1)$$

式中：

A、B、C、…——对应规定的功率因数和容量工况下的加权系数，$A+B+C+\cdots=1$；

η_1、η_2、η_3、…——对应额定电压、额定转速、规定的功率因数及不同容量工况的效率值。

5.6.3　损耗

水轮发电机的损耗和效率采用量热法测定，参见 GB/T 5321，其损耗包括：

a)　定子绕组的铜损耗；

b)　转子绕组的铜损耗；

c) 铁心损耗；
d) 风损耗和摩擦损耗；
e) 导轴承损耗；
f) 推力轴承损耗(仅计及分摊给水轮发电机转动部分的损耗值)；
g) 杂散损耗；
h) 励磁系统损耗(包括励磁变、整流器及电压调节器损耗)；
i) 电刷电气和摩擦损耗；
j) 其他损耗(包括推力轴承外循环油泵、外加冷却风机功率等)；
k) 水直接冷却系统损耗(如有)。

注：为确定各绕组的 I^2R 损耗值，绕组的直流电阻应换算到对应于水轮发电机铭牌上标明的绝缘等级的基准工作温度时的数值，如按照低于结构使用的热分级来规定温升或额定温度，则应按较低的热分级规定其基准工作温度，见表 2。

表 2 绝缘热分级规定的基准工作温度

绝缘结构的热分级	基准工作温度/℃
130(B)	95
155(F)	115
180(H)	130

5.7 电气参数和时间常数

水轮发电机的电气参数如同步电抗、瞬态电抗、超瞬态电抗、短路比及时间常数等应满足电力系统运行的要求，并在专用技术协议中规定。其交、直轴超瞬态电抗(不饱和值)之比(X''_q/X''_d)一般为0.98～1.25。电气参数和时间常数的测量方法参见 GB/T 1029。

5.8 全谐波畸变因数

水轮发电机定子绕组接成正常工作接线时，在空载额定电压和额定转速时，线电压波形的全谐波畸变因数(THD)应不超过 5%。

6 温升及温度

6.1 绕组、定子铁心等部件温升

空气冷却及水直接冷却的水轮发电机在第 4 章规定的使用环境条件及额定工况下，应能长期连续运行，其定子、转子绕组和定子铁心等的温升限值应不超过表 3 的规定。

表 3 定子绕组、转子绕组和定子铁心等部件允许温升限值 单位为开尔文

水轮发电机部件	不同等级绝缘材料的最高允许温升限值					
	130(B)			155(F)		
	温度计法	电阻法	检温计法	温度计法	电阻法	检温计法
空气冷却的定子绕组	—	80	85	—	105	110
定子铁心	—	—	85	—	—	105
水直接冷却定子绕组的出水	25	—	25	25	—	25
两层及以上的转子绕组	—	80	—	—	100	—
表面裸露的单层转子绕组	—	90	—	—	110	—
不与绕组接触的其他部件	这些部件的温升应不损坏该部件本身或任何与其相邻部件的绝缘					
集电环	75	—	—	85	—	—
注：定子和转子绝缘应采用耐热等级为 130(B)级及以上的绝缘材料。						

6.2 非基准运行条件和定额时温升限值的修正

6.2.1 空气冷却的水轮发电机,在下列运行条件和定额时,其温升限值应作修正。

6.2.1.1 当水轮发电机使用地点在海拔 1 000 m 以上至 4 000 m,且最高环境空气温度不超过 40 ℃时,其温升限值可不作修正(参见 GB 755—2008 第 8 章表 9)。当海拔超过 4 000 m 时,应在专用技术协议中规定。

6.2.1.2 当水轮发电机使用地点在海拔 1 000 m 及以下,且环境空气或水轮发电机空气冷却器出风口处冷却空气的最高温度与 40 ℃有差异时,表 3 中规定的温升限值应作如下修正(限于用埋置检温计法测量):

a) 冷却空气温度低于 40 ℃时,温升限值按冷却空气温度不超过 40 ℃的差值增加;
b) 冷却空气温度高于 40 ℃但不超过 60 ℃时,温升限值降低的数值为冷却空气温度超过 40 ℃的差值;
c) 冷却空气温度超过 60 ℃时,温升限值降低的数值应在专用技术协议中规定。

6.2.1.3 水轮发电机的额定电压超过 12 kV 时,表 3 中规定的温升限值应作如下修正(限于用埋置检温计法测量):

a) 额定电压在 24 kV 及以下,从 12 kV 开始每增加 1 kV(不足 1 kV 按 1 kV 计算),温升限值应降低 1 K;
b) 额定电压在 24 kV 以上,允许温升限值应在专用技术协议中规定。

6.2.1.4 对每天起停 3 个循环及以上的频繁起动的水轮发电机,可考虑对表 3 中的温升限值降低(5～10)K。

6.2.2 对水直接冷却的水轮发电机,其直接冷却部分可不作温升限值修正。

6.3 轴承温度

水轮发电机在正常运行工况下,其轴承的最高温度采用埋置检温计法测量应不超过下列数值:

a) 推力轴承巴氏合金瓦: 80 ℃;
b) 导轴承巴氏合金瓦: 75 ℃;
c) 推力轴承塑料瓦体: 55 ℃;
d) 导轴承塑料瓦体: 55 ℃;
e) 座式滑动轴承巴氏合金瓦: 80 ℃。

7 运行特性及电气连接

7.1 特殊运行要求

7.1.1 水轮发电机在事故条件下允许短时过电流。定子绕组过电流倍数与相应的允许持续时间按表 4 确定。但达到表 4 中允许持续时间的过电流次数平均每年不超过 2 次。

表 4 定子绕组允许过电流倍数与时间关系

定子过电流倍数(定子电流/定子额定电流)	允许持续时间/min	
	空气冷却定子绕组	水直接冷却定子绕组
1.10	60	
1.15	15	
1.20	6	
1.25	5	
1.30	4	
1.40	3	2
1.50	2	1

7.1.2 水轮发电机的转子绕组应能承受2倍额定励磁电流，持续时间为：

a) 空气冷却的水轮发电机不少于50 s；

b) 水直接冷却或加强空气冷却的水轮发电机不少于20 s。

7.1.3 水轮发电机在不对称电力系统中运行时，如任一相电流不超过额定电流 I_N，且其负序电流分量(I_2)与额定电流之比(标幺值)为下列数值时应能长期运行：

a) 额定容量为125 MVA及以下的空气冷却水轮发电机不超过12%；

b) 额定容量大于125 MVA的空气冷却水轮发电机不超过9%；

c) 定子绕组水直接冷却的水轮发电机不超过6%。

7.1.4 水轮发电机在故障情况短时不对称运行时，能承受的负序电流分量与额定电流之比(标幺值)的平方与允许不对称运行时间 t(s)之积 $(I_2/I_N)^2\times t$ 应为下列数值：

a) 空气冷却的水轮发电机：40 s；

b) 定子绕组水直接冷却的水轮发电机：20 s。

7.2 同步并入系统

水轮发电机应采用准同步方式与系统并列。当调速系统正常工作时，允许水轮发电机在甩负荷后，不经任何检查并入系统。

7.3 主、中性点引出线

水轮发电机定子绕组主引出线的方向和布置由用户与制造厂商定。

大、中容量水轮发电机的中性点一般采用高电阻或消弧线圈方式接地。具体引出方式及其结构型式和技术要求应在专用技术协议中规定。

7.4 相序

水轮发电机出线端相序排列应为：面对发电机出线端，从左至右水平方向的顺序为U、V、W。

如采用其他相序排列，应在专用技术协议中规定。

8 绝缘性能及其耐电压试验

8.1 绝缘性能

8.1.1 水轮发电机定子绕组对机壳或绕组间的绝缘电阻值在换算至100 ℃，应不低于按下式计算的数值：

$$R=\frac{U_N}{1\ 000+0.01S_N} \qquad \cdots\cdots(2)$$

式中：

R——对应温度为100 ℃的绕组热态绝缘电阻计算值，MΩ；

U_N——水轮发电机的额定电压，V；

S_N——水轮发电机的额定容量，kVA。

对干燥清洁的水轮发电机，在室温 t(℃)的定子绕组绝缘电阻值 R_t(MΩ)，可按下式进行修正：

$$R_t=R\times1.6^{\frac{100-t}{10}} \qquad \cdots\cdots(3)$$

注：测量绕组绝缘电阻时，应根据被测绕组的额定电压按表5选择兆欧表。

表5 兆欧表规格选择标准

被测绕组额定电压 U_N/kV	兆欧表电压/V
$10.5\geqslant U_N\geqslant6.3$	2 500
$15.75\geqslant U_N\geqslant10.5$	5 000
$U_N>15.75$	5 000～10 000

8.1.2 转子磁极挂装前及挂装后的交流阻抗值相互比较应无显著差别，且在室温10 ℃～40 ℃用

1 000 V 兆欧表测量时，其绝缘电阻值应不小于 5 MΩ。挂装后转子整体绕组的绝缘电阻值应不小于 0.5 MΩ。

8.1.3 水轮发电机定子绕组在实际冷态下，校正了由于引线长度不同引起的误差后，各相各分支间直流电阻最大与最小两相间的差值，应不超过最小值的 2%。

8.1.4 水轮发电机定子绕组的极化系数 R_{10}/R_1（R_{10} 和 R_1 为在 10 min 和 1 min，温度为 40 ℃以下分别测得的绝缘电阻值）应不小于 2.0。

8.1.5 水轮发电机整根定子线棒（线圈）常态介质损耗角正切及其增量的限值应符合表 6 的规定。

表 6 常态介质损耗角正切及其增量限值

试验电压	$0.2U_N$	$0.2U_N \sim 0.6U_N$
介质损耗角正切值及其增量	$\tan\delta$	$\Delta\tan\delta = \tan\delta_{0.6U_N} - \tan\delta_{0.2U_N}$
指标值/%	≤2	≤1
注：U_N 为水轮发电机额定电压，kV。每台水轮发电机按 3%抽检，如不合格，则应加倍抽试。		

8.1.6 有对地绝缘要求的水轮发电机的推力轴承、导轴承、座式滑动轴承及埋置检温计，其绝缘电阻值在 10 ℃～30 ℃测量时，应不小于表 7 的规定。

表 7 发电机轴承各部绝缘电阻值

序号	轴承部件	绝缘电阻 MΩ	兆欧表电压 V	备 注
1	推力轴承底座及支架	5	500	在底座及支架安装后测量
2	高压油顶起油压管路	10	500	与推力瓦的接头连接前，单根测试
3	推力轴承	1	1 000	轴承总装完毕，顶起转子，注入润滑油前，温度在(10～30)℃
4	推力轴承	0.5	500	轴承总装完毕，顶起转子，注入润滑油后，温度在(10～30)℃
5	推力轴承	0.02	500	转子落在推力轴承上，转动部分与固定部分的所有连接件暂时拆除
6	分块式导轴承瓦	5	1 000	注油前单个测量
7	座式滑动轴承	0.5～1	500～1 000	测轴承座对地绝缘电阻
8	埋入式检温计	5	250	注入润滑油前，测每个温度计心线对轴瓦的绝缘电阻
注：序 3、序 4、序 5 三项，可测其中之一项。				

8.2 耐电压试验

8.2.1 额定电压为 6.3 kV 及以上的水轮发电机，当使用地点在海拔高度为 1 000 m 及以下时，其定子单个线棒（线圈）应在 1.5 倍额定电压下不起晕；整机耐电压时，在 1.05 倍额定电压下，端部应无明显晕带和连续的金黄色亮点；当海拔高度超过 1 000 m 时，电晕起始电压试验值应按 JB/T 8439 进行修正。

8.2.2 额定电压为 6.3 kV 及以上的水轮发电机在进行交流耐电压试验前，应对定子绕组进行 3 倍额定电压的直流耐电压和泄漏测定。试验电压分级稳定地升高，每级为 0.5 倍额定电压，并停留 1 min。泄漏电流应不随时间延长而增大，各相泄漏电流的差值应不大于最小值的 50%。

8.2.3 定子线棒（线圈）绝缘的工频击穿电压值一般为(5.5～6.0)倍额定电压（试验方法参见 IEC 60243-1:1998），并通过抽样试验进行验证。

8.2.4 水轮发电机的定子绕组和转子绕组应能承受表 8 中所规定的 50 Hz 交流（波形为实际正弦波形）耐电压试验，历时 1 min 而绝缘不被击穿。

表 8　绕组绝缘耐电压试验标准

单位为千伏

<table>
<tr><th>序号</th><th colspan="2">水轮发电机部件</th><th>试验电压(有效值)</th><th>备　注</th></tr>
<tr><td rowspan="5">1</td><td rowspan="5">定子条式线圈</td><td>成品线圈</td><td>$2.75U_{N}+6.5$</td><td rowspan="5">适用于整台条式线圈在工地嵌装，且定子额定电压为 $6.3\leqslant U_{N}\leqslant 24$ 水轮发电机。对 $U_{N}>24$ 的条式线圈的耐电压试验标准按专用技术协议。细节可参见 JB/T 6204—2002</td></tr>
<tr><td>嵌装前</td><td>$2.75U_{N}+2.5$</td></tr>
<tr><td>下层线圈嵌装后</td><td>$2.5U_{N}+2.0$</td></tr>
<tr><td>上层线圈嵌装后(打完槽楔)</td><td>$2.5U_{N}+1.0$</td></tr>
<tr><td>定子安装完成</td><td>$2U_{N}+1.0$</td></tr>
<tr><td rowspan="4">2</td><td rowspan="4">定子圈式线圈</td><td>成品线圈</td><td>$2.75U_{N}+6.5$</td><td rowspan="4">适用于整台圈式线圈在工地嵌装，且定子额定电压为 $6.3\leqslant U_{N}\leqslant 24$ 的水轮发电机。线圈耐雷电冲击电压峰值为 $4U_{N}+5$，匝间绝缘耐陡峭波前冲击电压峰值为 $0.65(4U_{N}+5)$，并通过抽样试验进行验证，其试验方法等可参见 JB/T 10098</td></tr>
<tr><td>嵌装前</td><td>$2.75U_{N}+2.5$</td></tr>
<tr><td>嵌装后(打完槽楔)</td><td>$2.5U_{N}+2.5$</td></tr>
<tr><td>定子安装完成</td><td>$2U_{N}+1.0$</td></tr>
<tr><td rowspan="6">3</td><td rowspan="6">水直接冷却定子条式线圈</td><td>成品线圈</td><td>$2.75U_{N}+6.5$</td><td rowspan="6">适用于整台条式线圈在工地嵌装，且定子额定电压为 $6.3\leqslant U_{N}\leqslant 24$ 的水轮发电机。对 $U_{N}>24$ 的条式线圈耐电压试验标准按专用技术协议</td></tr>
<tr><td>嵌装前</td><td>$2.75U_{N}+2.5$</td></tr>
<tr><td>下层线圈嵌装后</td><td>$2.5U_{N}+2.0$</td></tr>
<tr><td>上层线圈嵌装后(打完槽楔)</td><td>$2.5U_{N}+1.0$</td></tr>
<tr><td>整体无水</td><td>$2U_{N}+6.0$</td></tr>
<tr><td>整体有水</td><td>$2U_{N}+1.0$</td></tr>
<tr><td rowspan="2">4</td><td rowspan="2">转子绕组</td><td>额定励磁电压为 500 V 及以下</td><td>10 倍额定励磁电压(最低为 1 500 V)</td><td rowspan="2"></td></tr>
<tr><td>额定励磁电压为 500 V 以上</td><td>2 倍额定励磁电压 +4 000 V</td></tr>
<tr><td colspan="5">注 1：U_{N} 为水轮发电机的额定电压(kV)。
注 2：转子吊入前，定子绕组按本标准进行耐电压试验。机组升压前，不再进行交流耐电压试验。
注 3：转子绕组的交流耐电压试验应在转子全部组装完、吊入机坑前进行。转子吊入后、机组升压前，一般不再进行交流耐电压试验。
注 4：对整体到货的定子和转子，其绕组的交流耐电压试验值应为出厂试验电压值的 0.8 倍。
注 5：对在制造厂分瓣嵌装后在工地组合的中、小容量水轮发电机定子绕组的耐电压试验标准，见 JB/T 6204—2002 第 4 章 4.1～4.4。</td></tr>
</table>

9　机械特性

9.1　水轮发电机的规定旋转方向，从非驱动端看为顺时针方向。如有特殊要求，应在专用技术协议中规定。

9.2　水轮发电机转动部分的 GD^2 值，应满足水电站调节保证计算、电力系统稳定及水轮发电机技术经济合理性的要求。GD^2 值由用户提出，并在专用技术协议中规定。

9.3　水轮发电机和与其直接连接的辅机，应能在最大飞逸转速下运转 5 min 而不产生有害变形和损坏。

9.4　水轮发电机各部分结构强度应能承受在额定转速及空载电压等于 105％额定电压下，历时 3 s 的三相突然短路试验而不产生有害变形。同时还应能承受在额定容量、额定功率因数和 105％额定电压及稳定励磁条件下运行，历时 20 s 的短路故障而无有害变形或损坏。

9.5 水轮发电机的结构强度应能承受转子半数磁极短路产生的不平衡磁拉力的作用，而不产生有害变形或损坏。

9.6 水轮发电机的结构强度应能满足使用地点地震烈度的要求。地震加速度值由用户提出（参见表1）。

9.7 中、低速大容量水轮发电机的定子和转子组装后，定子内圆和转子外圆半径的最大或最小值分别与其设计半径之差应不大于设计气隙值的±4%。

定子和转子间气隙的最大值或最小值与其平均值之差应不超过平均值的±8%。

9.8 水轮发电机允许双幅振动值，应不大于表9的规定。

表9 水轮发电机各部位振动允许限值

单位为毫米

机组型式	项　目	额定转速 n_N r/min				
		$n_N<100$	$100\leqslant n_N<250$	$250\leqslant n_N<375$	$375\leqslant n_N\leqslant 750$	$750<n_N$
立式机组	带推力轴承支架的垂直振动	0.08	0.07	0.05	0.04	0.03
	带导轴承支架的水平振动	0.11	0.09	0.07	0.05	0.04
	定子铁心部位机座水平振动	0.04	0.03	0.02	0.02	0.02
	定子铁心振动(100 Hz 双振幅值)	0.03	0.03	0.03	0.03	0.03
卧式机组	各部轴承垂直振动	0.11	0.09	0.07	0.05	0.04
灯泡贯流式机组	推力支架的轴向振动	0.10	0.08			
	各导轴承的径向振动	0.12	0.10			
	灯泡头的径向振动	0.12	0.10			
注：振动值系指机组在除过速运行以外的各种稳定运行工况下的双振幅值。						

9.9 在正常运行工况下，水轮发电机导轴承处测得轴的相对运行摆度值（双幅值）应不大于75%的轴承总间隙值。

9.10 在水轮发电机盖板外缘上方垂直距离1 m处测量的噪声水平，应为下列数值：

a) 额定转速为250 r/min及以下者不超过80 dB(A)；

b) 额定转速高于250 r/min者不超过85 dB (A)。

噪声测定方法参见GB/T 10069.1。

9.11 水轮发电机与水轮机组装完毕后，机组转动部分的第一阶临界转速应不小于最大飞逸转速的120%。

9.12 水轮发电机的承重机架在综合考虑机架跨距的条件下，在最大轴向负荷作用下的垂直挠度值一般不大于表10的规定。

表10 水轮发电机承重机架挠度允许限值

推力负荷/MN	挠度值/mm
≤5	0.5～1.5
5～10	1.5～2
10～15	2～2.5
15～35	2.5～3.0
35～55	3.0～3.5
注：对推力负荷大者取上限值。	

10 结构基本要求

10.1 总体结构

10.1.1 水轮发电机的结构型式和总体布置应根据水轮机的型式、机组转速、额定容量、厂房型式和布置及机组运行稳定性等因素，经技术经济分析比较后在专用技术协议中规定。

10.1.2 水轮发电机的结构应便于维护和检修，在结构允许的条件下应设计成其下机架及水轮机的可拆部件在安装和检修时能通过定子铁心内径而不需拆除定子。大型机组应设计成在不抽出转子和不拆除上机架的情况下能更换定子线棒和转子磁极，以及对定子绕组端部和定子铁心进行预防性检查。

10.1.3 水轮发电机的集电环、导轴承及推力轴承的结构应设计成在不影响转子和相关部件情况下便于拆卸、调整和更换。

10.1.4 水轮发电机上机架、定子机座及下机架的基础设计应满足安装调整方便以及在定子绕组突然短路转矩、转子半数磁极短路不平衡磁拉力、不平衡水推力及振动力作用下，不发生异常变形和位移。

10.1.5 对可能引起有害共振的水轮发电机的机架、定子机座及其他结构件的固有频率应予以核算，以避免与水轮机水力脉动频率及其倍频，或与不对称运行时转子和定子铁心的振动频率、电网频率的倍频、建筑物的振动频率产生任何可能的共振。

10.1.6 为便于靠近和检查集电环、电刷、轴承、制动器和测速装置，应具备必须的平台或支撑或人孔或梯子或栏杆。应设置可观察电刷磨损情况的观察孔。在所有转动部件和带电部分周围应设置适当的防护设施。

10.1.7 水轮发电机的集电环、电刷和制动块应采用耐热、抗磨性能好的材料制成。制动块的使用寿命应不少于5年，制动时应不产生有害于环境的化学物质。应设置粉尘收集装置，其结构型式及布置方式应易于维护和检修，并有效防止粉尘污染定、转子线圈。

10.1.8 水轮发电机机坑内应视情况分别设置电热、除湿系统和照明系统，并应在水轮发电机顶部设置指示机组运行状态的指示灯。具体配置可由用户与制造厂商定。

10.1.9 为防止杂散电流通过，水轮发电机的轴承、支撑件、密封件和检测器等应根据需要设置绝缘。水轮发电机的定子机座、机架、油冷却器、空气冷却器、机坑内的金属管路及要求接地的其他部件均应可靠接地。具体要求由用户提出并在专用技术协议中规定。

10.1.10 凡需要在工地组装的水轮发电机定子机座、机架和转子支架等应在工厂内进行预装，并在分瓣面处设置定位连接结构。

10.1.11 水轮发电机的结构部件表面应清理干净，并涂以保护层或采取防护措施。表面颜色按用户提供的色卡要求确定。

10.1.12 水轮发电机所有结构部件设计应具有足够的刚度和强度，要求在正常、短路、飞逸等各种运行工况下，其变形、振动和安全系数均应在规定的范围内。

10.1.13 大型水轮发电机的定子、转子和机架设计应采用能适应热变形和不平衡磁拉力的结构。

10.1.14 为防止水轮发电机的主引出线和中性点引出线附近的钢筋或金属构件因电磁感应引起发热，应视情况采取电磁屏蔽措施。

10.2 定子

10.2.1 大型水轮发电机优先采用定子机座分瓣运输、现场组装整圆后进行叠片和嵌线的结构，并应满足整体吊装的要求。根据运输条件和具体要求，中、小型水轮发电机的定子机座可采用整体或分瓣结构，并在工厂组装、叠片和嵌线。制造厂应提供全部定子起吊专用工具及吊装方法。

10.2.2 大容量水轮发电机定子机座及其与上机架和基础的连接结构应能适应热胀冷缩的要求，并采取措施防止铁心产生翘曲，且其下环板与定子铁心的结合形式应便于现场安装和调整，宜采用大齿压板结构。

10.2.3 定子铁心应由高导磁率、低损耗、无时效、机械性能优良的优质冷轧薄硅钢冲片叠成。大容量、高转速或轭部较宽的水轮发电机定子铁心，宜采用具有可靠绝缘的高强度、低碳合金钢穿心螺杆、分段冷压及整体热压工艺压紧。铁心磁化试验参照 GB/T 20835 执行。

10.2.4 固定定子绕组的端箍及齿压板的压指应采用非磁性材料。

10.2.5 定子线棒的绝缘可采用真空压力浸渍或加热模压固化工艺成型。其端部绝缘宜采用防晕层与主绝缘一次成型的结构和工艺。

10.2.6 为使定子线棒(线圈)与线槽紧密配合，线棒在槽内的固定可采用半导体"U"型槽衬、含半导体硅橡胶的半导体无纺布将线棒包绕嵌入槽内或在线棒表面涂敷半导体硅橡胶等措施。要求槽电位的实测值小于 10 V。

10.2.7 为减小由于股线在槽部漏磁场中不同位置产生循环电流而引起的附加损耗和股线间电势差和温差，线棒的股线应进行换位。线棒在整个定子铁心长度上可采用 360°罗贝尔换位、空换位或不完全换位等方式，具体方式由制造厂确定。

10.3 转子

10.3.1 转子应设置完整的阻尼绕组(或具有阻尼作用的结构)。如无阻尼绕组应在专用技术协议中说明。

10.3.2 转子支架与磁轭可采用径、切向键同槽的复合键或径、切向键合一的单键结构，也可采用径、切向键分开等连接结构。支架与磁轭的允许分离转速应在专用技术协议中规定。

10.3.3 磁轭钢板可采用优质钢板经高精度的冲模或激光切割加工。

10.3.4 转子绕组可由铜排经银铜焊焊接而成，或采用扁绕工艺制成，其连接接头及转子引线接头应设计成便于拆卸和检修。磁极的整体设计结构应能承受运行时的振动、热变形、飞逸时的离心力及电气短路等所产生的作用力。高转速、大容量水轮发电机的磁极宜采用弧形或向心(塔形)结构。

10.3.5 大容量半伞式水轮发电机的轴系宜采用由上端轴、转子中心体和主轴组成的三段轴结构，其转子支架(包括转子中心体和支臂)优先采用在工地组圆焊接的圆盘式结构。中、小容量水轮发电机的轴系多采用一根轴或多段轴的组合结构，其转子支架可采用整体铸造、铸焊组合或钢板焊接结构。轴系结构设计应便于现场轴线找正和调整。转子在现场组装后应满足整体吊装的要求。制造厂应提供相关吊具(如专用起吊轴、连接螺栓等)及吊装方法。

10.3.6 水轮发电机轴(包括上端轴和主轴)应为中空结构，并采用真空去气的优质钢材整体锻制成或分多段锻制组焊成一体。轴也可采用多段钢板滚卷组焊结构。主轴应有一个或两个锻造法兰。

10.4 轴承

10.4.1 推力轴承瓦可采用轴承合金(巴氏合金)瓦或弹性金属塑料瓦。当采用轴承合金瓦时，根据需要设置高压油顶起装置并应允许在事故情况下，不投入高压油顶起装置也能安全停机。当采用弹性金属塑料瓦时，不应再设置高压油顶起装置。

10.4.2 采用轴承合金瓦的推力轴承和导轴承，在油槽油温不低于 10 ℃时，应允许水轮发电机组起动，并允许水轮发电机在停机后立即起动和在事故情况下不制动停机，但此种停机一年之内不宜超过 3 次。

采用弹性金属塑料瓦的推力轴承和导轴承，在油槽油温不低于 5 ℃时，应允许水轮发电机组起动，并允许水轮发电机在停机后立即起动和在事故情况下不制动停机。

10.4.3 水轮发电机采用可更换的镜板，或镜板与推力头锻成一体的推力头镜板，或镜板与推力头和主轴锻成一体的组合结构。

镜板由锻压加工或由高性能钢板焊接而成，且具有足够的刚度和时效(对锻压镜板)，其硬度和表面加工应符合表 11 的要求。

表 11 对镜板制造技术要求

镜板硬度 HB	镜板硬度差值 HB	两平行面的平行度[a] mm	镜面平面度[a] mm	镜面粗糙度[a] μm	镜板与推力头结合面粗糙度 μm	内外圆粗糙度 μm
锻钢≥180	≤30	≤0.02～0.03	≤0.02～0.03	0.2～0.4	≤1.6	≤3.2
钢板≥150						
[a] 上限值适用于直径大于 3.5 m 的镜板。						

10.4.4 推力轴承瓦的主要支撑结构有支柱螺钉(带或不带托盘)、多点小支柱、多波纹(单波纹)弹性油箱、多点弹簧束、弹性梁、弹性圆盘及弹性橡胶垫等。

10.4.5 立式水轮发电机的推力轴承,宜采用润滑油在油槽内冷却的自循环系统,也可采用镜板泵外部冷却自循环系统、导瓦自泵外部冷却自循环系统以及带油泵装置的外部冷却循环系统。导轴承可采用润滑油在油槽内冷却的自循环系统。

10.4.6 采用轴承合金瓦的推力轴承和导轴承,当其油冷却系统冷却水中断后,一般允许机组无损害继续运行的时间不少于 10 min。采用弹性金属塑料瓦的推力轴承,当其油冷却系统冷却水中断后,一般允许机组无损害继续运行的时间不少于 20 min。若其塑料瓦体的温度不超过 55 ℃、油槽的热油温度不超过 50 ℃,推力轴承应能继续运行,其允许运行时间由制造厂确定。

10.4.7 轴承冷却器及轴瓦设计应能在不拆卸整个轴承的情况下进行更换或检修。轴承冷却器应有足够的热交换裕量。

10.4.8 推力轴承和导轴承应设置防止油雾逸出和甩油的可靠密封装置。位于非驱动端的推力轴承和导轴承应设置防止轴电流的可靠绝缘。

10.5 机架

10.5.1 上机架的径向支撑结构设计应保证轴系在上导轴承处有足够的刚度,并应能满足在各种事故工况下(如半数磁极短路、水轮发电机出口短路等)机组稳定的要求。可采用将作用在上机架的单边磁拉力径向作用力转变为切向作用力传至发电机风罩混凝土内壁的支撑结构或联合受力的支撑结构,或全部径向力作用在混凝土内壁的支撑结构。

10.5.2 承重机架应能承受水轮发电机组所有转动部分的重量和水轮机最大水推力叠加后的动荷载,并应能与导轴承支架一起安全地承受由于水轮机转轮引起的不平衡力,以及由于水轮发电机绕组短路、半数磁极短路等引起的不平衡磁拉力,且不发生有害变形。

11 通风及冷却系统

11.1 水轮发电机优先采用定子绕组、转子绕组及定子铁心均为空气冷却的全空冷方式。当特大型水轮发电机受槽电流和热负荷等限制难以采用全空冷方式时,可采用定子绕组介质直接冷却、转子绕组和定子铁心为空气冷却的方式。

11.2 中、低速水轮发电机宜采用密闭自循环径向双路或径向单路的端部或旁路(混合)回风的无风扇通风系统。高转速大容量水轮发电机可采用密闭自循环双路轴、径向端部或旁路(混合)回风的有风扇(轴流或离心式)或其他形式的通风系统。

水轮发电机通风系统中的旋转部件与静止部件之间的空气密封,可采用旋转挡风板、固定挡风板等结构。

11.3 水直接冷却的定子线棒之间以及线棒和极间连接线之间的连接接头,应采用水电分离的结构,且接头应易于检查和更换。

11.4 水直接冷却的定子线棒成型前,空心股线应逐根进行水压、渗漏和流量检测及超声波和高频涡流探伤检查,股线表面和内部不应有缺陷和微小裂纹。线棒成型后,应对单根线棒进行水压和流量试验。

定子在现场完成嵌线和管路连接后的试验项目和要求应在专用技术协议中规定。

11.5 水直接冷却的定子绕组水系统的管道应采用防锈材料(如不锈钢无缝管)制成。冷却系统的管路应有隔热措施。

11.6 水直接冷却定子绕组的纯水处理系统配置的水泵、机械过滤器、离子交换器、水-水热交换器等设备元器件应有冗余配置。

11.7 空气冷却器和油冷却器应采用防锈蚀、高导热性的紫铜、铜镍合金或不锈钢无缝管等。与这些冷却器连接的供、排水管宜采用不锈钢材料。冷却器的冷却水压力一般按 0.2 MPa～0.5 MPa 进行设计，也可根据实际情况确定工作压力，并在专用技术协议中规定。冷却器的试验水压力为设计水压力的 1.5 倍(最低不小于 0.4 MPa)，历时 60 min。

11.8 设计选用的空气冷却器应有 10%～15%的热交换裕量。

12 制动系统

12.1 水轮发电机应装设一套采用压缩空气操作的机械制动装置。当该装置兼作千斤顶用时，靠液压供油应能顶起机组转动部分，并可靠地锁定。

12.2 水轮发电机采用机械制动时，其压缩空气压力一般为 0.5 MPa～0.8 MPa。机械制动系统应能在规定的时间内将机组转动部分从 20%～30%额定转速(当推力轴承采用合金瓦时)和 10%～20%额定转速(当推力轴承采用弹性金属塑料瓦时)连续制动停机。

当水轮机导叶漏水量使机组所产生的转矩不大于水轮机额定转矩的 1%时，机械制动系统应保证机组制动停机。

12.3 制动器的设计应安全可靠，便于检查和维护。在制动和顶起过程中，活塞动作灵活、复位迅速。制动环应设计成可拆卸结构。

12.4 装设有电气制动装置的水轮发电机，当采用电气制动和机械制动配合使用时，在机组转动部分的转速下降到 50%额定转速时，按设置的程序电气制动系统首先投入运行；转速继续下降到额定转速的 5%～10%时，再投入机械制动系统直到停机。

电气制动时的定子绕组电流值应按定子绕组温升和制动停机时间的要求确定，一般为 1.0～1.1 倍额定电流，并在专用技术协议中规定。

13 灭火系统

13.1 水轮发电机应设置灭火系统。该系统应设有自动控制、手动控制和应急操作三种控制功能。灭火介质可采用水、二氧化碳或对绝缘无损害、对环境无污染的介质。

13.2 消防供水系统的工作水压一般为 0.3 MPa～0.6 MPa，其工作水压应满足喷头前的供水压力不小于 0.35 MPa。喷射水量设计应不小于 10 L/(m・min)，水喷雾持续时间不小于 10 min。

13.3 水轮发电机灭火系统供水管、管件、喷头等宜采用不锈钢或其他无磁性且防锈蚀材料。

13.4 当采用水喷雾灭火系统时，其系统设计参见 GB 50219。当采用二氧化碳灭火系统时，应按照全淹没系统进行设计，参见 GB 50193。

14 检测系统和装置及元件

14.1 水轮发电机应装设具有抗干扰能力且与发电机转速成线性关系的测速装置，作为调速器和信号装置的信号源。

14.2 水轮发电机采用的自动化检测系统和装置主要有：温度检测装置，液位检测装置，冷却水流量指示装置，压力、振动和摆度检测装置，油混水检测装置，轴电流检测装置，火灾报警和自动灭火系统，粉尘收集系统，加热干燥和除湿装置。局部放电检测系统、气隙测量系统及蠕动探测装置等可视具体情况选择使用。

对每一种自动化检测系统和装置的型式和性能要求以及与计算机监控系统接口的配置由用户与制造厂商定。

14.3　水轮发电机各部件应埋设电阻温度计/信号温度计的位置和数量，见表12。

表12　埋设电阻温度计/信号温度计的数量和位置

序号	部件名称	埋设位置	数量(个)	备　　注
1	空气冷却定子绕组	每相每条支路定子线棒的上部、中部和下部层间	3～6	
		并联支路为单支路的定子绕组	12	总数应不少于12个
2	水直接冷却定子绕组及纯水处理系统	每条并联水路出水端的上、下层线棒之间	1	测线棒温度
		每条并联水路绝缘引水管出水端	1	测水温
		每条纯水处理系统进、出水总管	各1	测水温
3	定子铁心	定子铁心槽底或铁心轭部外缘(均布)	16～40	推荐按0.08个/槽选取
4	定子铁心齿压板	上、下端齿压板压指(均布)	各8～14	
5	空气冷却器	每个空气冷却器出风口	1	测量冷风
		每个空气冷却器进风口	1	测量热风
		每台水轮发电机2个空气冷却器出风口	各1个信号温度计	对称布置，测量冷风
		每台水轮发电机2个空气冷却器进风口	各1个信号温度计	对称布置，测量热风
		每个空气冷却器出水支路	1	测量出水温度
		空气冷却器供、排水总管	各1	
6	推力轴承	每块推力轴承瓦	1	
		整个推力轴承瓦	2～4个信号温度计	
		油槽	4	冷、热油各2个
		油冷却器进、出水总管	各1	
7	上导轴承	每块上导轴承瓦	1	
		整个上导轴承瓦	2～4个信号温度计	
		油槽	4	冷、热油各2个
		油冷却器进、出水总管	各1	
8	下导轴承	每块下导轴承瓦	1	
		整个下导轴承瓦	2～4个信号温度计	
		油槽	4	冷、热油各2个
		油冷却器进、出水总管	各1	
注：对推导合一的轴承油槽，可根据结构需要，埋设4～6个测油槽油温的电阻温度计。				

14.4　应在水轮发电机的上、下机架、定子铁心、定子机座以及转轴导轴承处设置传感器，以监测有关部位的振动和摆度，见表13。

表 13　水轮发电机振动、摆度传感器装设位置和数量

单位为个

序号	监测项目	监测部位									传感器型式	备　　注
		上导轴承		下导轴承		机架中心体		定子机座	定子铁心	组合轴承座		
		X 方向	Y 方向	X 方向	Y 方向							
1	轴的摆度	1（径向）	1（径向）	1（径向）	1（径向）						涡流型振动传感器	传感器安装在导轴承座盖板上，分 X、Y 方向径向布置
2	承重机架振动					1～2（垂直）	1～2（水平）				低频（0.5 Hz）速度型传感器或加速度型传感器	垂直和水平振动传感器尽量布置在机架中心体内侧；若为 2 个传感器，则 X、Y 方向布置
3	非承重机架振动						2（水平）				同上	非承重机架不设垂直振动测点；水平振动传感器布置在机架中心体内侧，按 X、Y 方向布置
4	定子机座振动							1～2（水平） 1（垂直）			同上	水平传感器布置在机座外壁、对应定子铁心高度 2/3 处；垂直传感器布置在机座上方
5	定子铁心振动								（1～3）组		防电磁干扰速度型传感器或加速度型传感器	每组包括水平（径向）和垂直（轴向）传感器各一个，均匀布置在定子铁心外缘中部
6	灯泡机组组合轴承振动									2（径向） 1（轴向）	低频（0.5 Hz）速度型传感器或加速度型传感器	径向测点传感器分别垂直和水平布置在组合轴承座靠近导轴承处；轴向测点传感器布置在组合轴承座推力轴承附近

14.5　大型水轮发电机组可装设状态在线监测及故障诊断系统。

15　励磁系统

15.1　水轮发电机的励磁系统型式为电压源自并励晶闸管整流励磁系统。根据用户要求，制造厂也可提供其他型式的励磁系统并在专用技术协议中说明。

15.2　励磁系统的基本技术条件应符合 GB/T 7409.3。

16　供货范围

水轮发电机供货范围包括下列内容：

16.1　水轮发电机本体及其附属设备；

16.2　励磁系统成套装置；

16.3　水直接冷却的水轮发电机成套水处理设备、补水及备用供水装置；

16.4　备品备件（参见附录 A，表 A.1）；

16.5 安装专用设备和工具(参见附录B,表B.1);

16.6 技术文件和图纸(参见附录C)。

注:水轮发电机的供货范围界定,可参见DL/T 730—2000附录A,A.1和SL 321—2005附录A。

17 标志、包装、运输及保管

17.1 在水轮发电机的铭牌上应标明:

a) 产品名称;
b) 国家名称;
c) 制造厂名;
d) 本标准编号或技术条件编号;
e) 制造厂出品编号;
f) 产品型号;
g) 额定容量(MVA);
h) 额定电压(V);
i) 额定电流(A);
j) 额定频率(Hz);
k) 相数;
l) 额定功率因数($\cos\varphi$);
m) 额定转速(r/min);
n) 飞逸转速(r/min);
o) 定子绕组接线法;
p) 额定励磁电压(V);
q) 额定励磁电流(A);
r) 绝缘等级/绝缘使用等级;
s) 推力轴承负荷(kN);
t) 出厂年月。

17.2 水轮发电机、励磁装置及其所有附件的包装、运输和保管应满足JB/T 8660的要求。在符合运输、储放的条件下,制造厂保证包装质量的保证期从发运之日起不少于1年。

17.3 水轮发电机的部件无论是整体运输或分件运输,都应符合运输部门对产品运输装载及加固的有关规定。水直接冷却水轮发电机定子线圈在冬季运输过程中应采取防冻措施。

17.4 水轮发电机、励磁装置及其所有附件运到工地后,均应储存在有掩蔽的库房内,并将以下零部件储存在温度不低于5℃的干燥保温库房内:

a) 定子线圈和下线后的定子;
b) 转子线圈和磁极装配;
c) 定子和转子冲片;
d) 推力轴承和导轴承;
e) 转轴;
f) 集电环;
g) 空气冷却器、油冷却器及水直接冷却水轮发电机的热交换器;
h) 水直接冷却水轮发电机的水处理设备;
i) 高压油顶起装置;
j) 励磁装置和测速装置;
k) 精密仪表、各种盘柜、互感器、电气绝缘部件等;

l) 特殊材料(润滑油、绝缘带、绝缘漆等)应按制造厂保管说明存放。

17.5 制造厂每次发运的货物名称、件数、箱数、编号、发运时间、地点、车次等应在发运的同时通知收货单位。

18 工厂及现场试验

18.1 每台(件)产品须经检验合格后才能出厂,并须附有产品质量检查合格证。

18.2 对在工厂内进行的必要试验项目应有用户代表参加(具体项目按专用技术协议)。对不能在制造厂内进行总装配的水轮发电机,应以国家标准和制造厂的技术文件或有关规程为依据,在工地安装完毕后在制造厂技术人员指导、检查和监督下进行交接试验、起动试运行试验和性能试验。

18.3 水轮发电机厂内主要检查试验项目应包括:

a) 定子线圈股线间耐电压试验;

b) 定子线圈槽部表面电阻测定;

c) 定子线圈冷热状态的介质损耗角正切及其常态增量测定、起晕电压测定;

d) 定子线圈工频击穿电压试验;

e) 定子线圈工频耐电压试验;

f) 水直接冷却定子线圈的水压、流量试验;

g) 定子多匝叠绕线圈匝间耐电压试验(含耐雷电冲击电压试验);

h) 转子线圈匝间耐电压试验;

i) 转子线圈直流电阻测定;

j) 转子磁极绝缘电阻测定;

k) 转子磁极工频耐电压试验;

l) 转子磁极交流阻抗测定;

m) 对工件尺寸、装配尺寸进行校验,对部件(定子分瓣机座、圆盘式转子支架、导轴承和推力轴承装配及盖板、挡风板装配等)进行必要的预组装;

n) 所有承受水压、油压、气压的部件和管路及其连接件均应进行气密、压力或功能试验等;

o) 水轮发电机轴和水轮机轴的预组装(如有条件)及轴线偏差检查;水轮发电机轴和转子支架中心体的预组装(如有条件)及轴线偏差检查;

p) 新型或大型水轮发电机推力轴承的模型试验及通风系统运行状态的模型试验(如有必要)。

注:对在制造厂内完成定子、转子分装配的水轮发电机,厂内检查试验项目还应包括第18.4条所列a)项~j)项。

18.4 水轮发电机现场主要交接试验项目应包括:

a) 定子铁心磁化(铁损)试验;

b) 水直接冷却定子绕组的水压、流量和检漏试验;

c) 定子绕组对机壳及绕组相互间绝缘电阻测定;

d) 测温元件绝缘电阻测定;

e) 定子绕组在实际冷态下直流电阻测定;

f) 定子绕组对机壳直流耐电压试验;

g) 定子绕组对机壳及绕组相互间工频交流耐电压试验;

h) 定子绕组整体起晕电压试验;

i) 定子绕组对地电容电流测定;

j) 转子绕组工频交流耐电压试验;

k) 转子单个磁极交流阻抗测定;

l) 轴承绝缘电阻测定;

m) 油-气-水系统试验(压力和功能试验)。

18.5 水轮发电机起动试运行的主要试验项目应包括：

a) 轴承温度测定；

b) 振动、摆度测定；

c) 动平衡校准；

d) 过速试验；

e) 相序测定；

f) 轴电压测定；

g) 空载特性测定；

h) 三相稳态短路特性测定；

i) 甩负荷试验。

18.6 水轮发电机性能试验的主要试验项目应包括：

a) 定子绕组和转子绕组短时过电流试验；

b) 电压波形全谐波畸变因数(THD)测定；

c) 噪声水平测定；

d) 定、转子绕组电抗和时间常数测定；

e) 出力试验；

f) 效率及损耗测定；

g) 温升试验；

h) 过励调相及欠励进相运行试验(可按用户要求进行)；

i) 三相突然短路试验(可按用户要求进行)；

j) 飞逸转速试验(可按用户要求进行)；

k) 飞轮力矩(GD^2)测量；

l) 通风试验(如有必要)。

注：由用户选择一台机组在设备保证期限内的适当时机进行性能试验。

19 试运行及保证期

19.1 水轮发电机及其附属设备在工地安装、试验完毕正式投入商业运行之前，应进行试运行。当专用技术协议有规定时，在试运行后还应进行考核试运行。

19.2 试运行、考核试运行后可进行初步交接验收。试运行、考核试运行及交接验收应按 GB/T 8564、DL/T 507 的规定进行。

19.3 试运行应按水轮发电机组 72 h 带额定负荷连续运行要求进行。如条件不允许，可根据具体条件带尽可能大的负荷进行连续 72 h 试运行。

19.4 在 72 h 连续试运行中，由于机组及相关机电设备的制造、安装质量及其他原因引起运行中断，经检查处理合格后必须重新开始 72 h 连续试运行，中断前后的运行时间不应累加计算。

19.5 按专用技术协议规定有 30 d 考核试运行要求的机组，应在通过 72 h 连续试运行、并经停机检查处理发现的所有缺陷后，立即进行 30 d 考核试运行。机组 30 d 考核试运行期间，由于机组及其附属设备故障或因设备制造安装质量原因引起的故障使运行中断，应及时加以处理，处理合格后继续进行 30 d 考核试运行。若每次中断运行时间少于 24 h，且中断次数不超过 3 次，则中断前后运行时间可累加计算；否则，中断前后的运行时间不应累加计算，应重新开始 30 d 考核试运行。

19.6 机组通过 72 h 试运行，并经停机处理发现的所有缺陷后，即具备了移交的条件，应按专用技术协议规定及时进行机组及相关机电设备的移交，并签署机组设备的初步验收证书，开始商业运行，同时计算机组设备的保证期。

19.7 按专用技术协议规定有 30 d 考核试运行要求的机组，考核试运行结束并经停机处理发现的所有缺陷后，即可签署机组设备的初步验收证书，开始商业运行，同时计算机组设备的保证期。

19.8 按照本标准和有关技术规程规定，在正确地保管、安装和使用条件下，水轮发电机及其附属设备保证期为投入商业运行后2年，但从最后一批货物发运之日起不超过3年。保证期内如因制造质量引起的设备损坏或不能正常工作，制造厂应无偿修理或更换。

附 录 A
（资料性附录）
备品备件

表A.1为制造厂随同水轮发电机产品提供的主要备品备件。如需变更备品备件的种类和数量，由用户和制造厂协商并在专用技术协议中规定。

表A.1 备品备件

序号	名 称	单 位	数 量		
			1～2台机	3～4台机	5台机及以上
1	定子条形线棒(上层)	台份	1/15	2/15	3/15
2	定子条形线棒(下层)	台份	1/30	2/30	3/30
3	定子多匝叠绕线圈	台份	1/15	2/15	3/15
4	定子槽楔		按上层线棒备用量的1/3数量		
5	定子铁心压紧螺杆(含螺母、垫圈)	台份	1/10	2/10	3/10
6	定子绝缘盒	台份	各1/30	各1/20	各1/20
7	水直接冷却水轮发电机冷却水管接头(如有)	台份	1/10	2/10	3/10
8	转子磁轭键	对	1	2	3
9	转子磁极键	台份	1/8	1/8	1/8
10	制动块、密封圈、弹簧	台份	1	1	1
11	集电环电刷	台份	每台机各一台份		
12	集电环电刷盒及弹簧	台份	1/4	2/4	3/4
13	各类型磁极线圈(含绝缘材料)	个	1	1	1
14	阻尼环接头	台份	1/10	2/10	3/10
15	磁轭压紧螺杆(含螺母、垫圈)	台份	每台机配各类螺杆的1/10～1/20		
16	推力轴承瓦	台份	1	1	1
17	上导轴承瓦	台份	1	1	1
18	下导轴承瓦	台份	1	1	1
19	轴承用绝缘板、绝缘套筒等	台份	1	1	1
20	电阻温度计	个	每台机各类型各2个		
21	电接点电阻温度计	个	每台机各类型各1个		
22	空气冷却器(含密封件)	个	1	1	1
23	各类型油冷却器(含密封件)	个	各1	各1	各1

注1：“台份”系指每台机所需的份数(或数量)。

注2：对定子多匝叠绕线圈(序号3)分别不少于1个、2个和3个节距定子线圈的数量。

附 录 B
（资料性附录）
专 用 工 具

表 B.1 为制造厂随同水轮发电机产品提供的主要专用工具。如需变更专用工具的种类和数量，由用户和制造厂协商并在专用技术协议中规定。

表 B.1 专用工具

序 号	项 目	单 位	数 量	备 注
1	定子机座组焊、定位筋安装、铁心叠压专用工器具（含大内径千分尺等）	套	1～2	
2	定子中心测圆架（含基础）	套	1～2	
3	定子下线专用工具（含下线装置、银铜焊机等）	套	1～2	
4	定子起吊专用吊具及附件	套	1	
5	定子气隙测量工具	套	1	
6	定子大齿压板铰孔设备（如有）	套	1～4	
7	转子装配专用工具（含拉刀、磁轭压紧工具等）	套	1～2	
8	转子磁极吊装专用工具	套	1	
9	转子起吊专用吊具及转子与吊具连接的专用工具	套	1	
10	转子中心测圆架	套	1	
11	转子磁极紧固及拆卸专用工具（含拔键工具）	套	1	
12	主轴竖起保护板及起吊工具	套	1	
13	转子配筋工具（如有）	套	1	
14	转子配刨副立筋或简易铣削设备（如有）	套	1	
15	水轮发电机主轴与转子中心体连接工具	套	1	
16	推力轴承、导轴承组装及拆卸专用工具	套	1	
17	水轮发电机在安装间组装用埋件及连接件	套	1	定子、转子各一套
18	各种专用扳手	套	1～2	须经表面淬火硬化处理
19	各种铰孔及键槽专用铣刀、拉刀和铰刀及操作设备	套	1～4	
20	专用校尺工具	套	1	
21	自动盘车装置（如需要）	套	1	

附 录 C
（资料性附录）
技术文件和图纸

制造厂根据专用技术协议中规定的合同生效后的日历天数，向用户提交下列图纸和技术文件。

C.1 水轮发电机外形图和数据（第一批）

a) 水轮发电机剖面图、平面图（主要外形尺寸、关键高程、油、气、水量等）；
b) 水轮发电机主要电气数据；
c) 水轮发电机基础图（上、下机架和定子机座）；
d) 水轮发电机基础负荷数据（上、下机架和定子机座基础负荷）；
e) 制动器布置图；
f) 水轮发电机主引出线和中性点引出线布置图；
g) 定子外形尺寸图；
h) 转子外形尺寸图；
i) 定子机座、转子支架拼装场地布置及基础图；
j) 水轮发电机机坑内进、出管路及预留孔位置图；
k) 定、转子装配测圆架基础埋件图；
l) 空气冷却器外形尺寸和布置图；
m) 水轮发电机油、水、气系统原理图及其相关数据；
n) 电缆管路和水轮发电机动力柜、照明配电箱、表计盘、端子箱布置图；
o) 水轮发电机主要部件尺寸和重量；
p) 水直接冷却水轮发电机的水处理设备外形尺寸和布置图（如有）。

C.2 水轮发电机详图（第二批）

a) 水轮发电机最终剖面图、平面图；
b) 定子详图（包括定子机座、铁心装配及定子吊装）；
c) 定子线棒结构图和绕组接线图；
d) 转子详图（包括转子支架、磁极和转子吊装）；
e) 转子中心体、转子支架和磁轭装配图；
f) 上机架详图；
g) 下机架详图；
h) 推力轴承详图（包括油循环冷却系统）；
i) 上、下导轴承详图（包括油冷却系统）；
j) 水轮发电机转轴组装图（包括轴的连接详图）；
k) 集电环、电刷及刷握详图；
l) 空气冷却器详图及布置图；
m) 水轮发电机辅助接线详图；
n) 高压油顶起系统原理图及布置图（如有）；
o) 制动系统原理图及布置图；
p) 水轮发电机油、水、气管路布置详图；
q) 水轮发电机灭火系统管路布置详图；

r) 机坑内灭火探测器布置图；

s) 机坑内电加热器布置图；

t) 碳粉、制动粉尘收集装置布置图；

u) 水轮发电机主引出线和中性点引出线布置详图(含磁屏蔽体、护栏、电流互感器等布置)；

v) 中性点接地装置布置图；

w) 运输部件图；

x) 水轮发电机监视、测量系统仪表、变送器、自动化元件、动力柜、照明箱、端子箱、盘柜及所有控制设备布置图；

y) 水直接冷却水轮发电机设备配置和布置详图、安装详图、水质监测系统和装置详图(如有)；

z) 机组状态在线监测及故障诊断系统布置及安装详图(如有)。

C.3 技术文件(第三批)

a) 水轮发电机电磁计算数据；

b) 水轮发电机主要部件刚强度计算数据；

c) 水轮发电机主要部件固有频率计算数据；

d) 水轮发电机轴系稳定性计算数据(包括临界转速和动态响应)；

e) 推力轴承计算数据及试验报告(如有)；

f) 空气冷却器计算数据；

g) 水轮发电机在额定容量和95%、100%、105%额定电压时的功率特性曲线；

h) 规定功率因数下的水轮发电机典型负荷V型特性曲线；

i) 水轮发电机饱和及短路特性曲线；

j) 水轮发电机效率曲线；

k) 大容量水轮发电机多支路定子绕组内部短路故障计算报告；

l) 中性点接地装置计算报告；

m) 上、下机架现场焊接和装配工艺说明；

n) 定子及其绕组现场焊接和装配说明；

o) 转子支架与磁轭现场焊接和装配说明；

p) 工厂和现场焊接无损探伤和检查规范；

q) 水轮发电机通风冷却系统计算数据及通风系统模型试验报告(如有)；

r) 设备装拆、储存和维护说明书；安装程序和操作说明书；调试、投产试运行程序等。

ICS 01.040.91;91.220
P 95

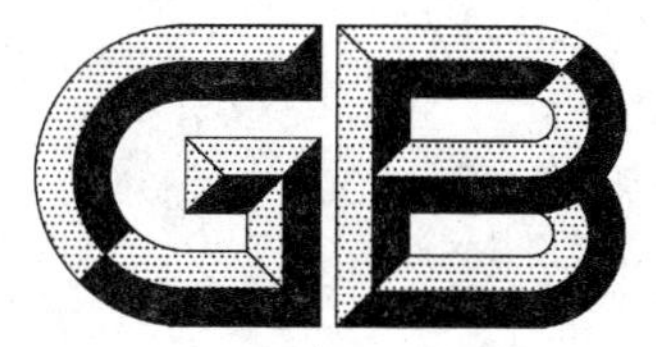

中华人民共和国国家标准

GB/T 7920.17—2009
代替 GB/T 7920.17—1987

钢筋加工机械　术语

Steel reinforcement (bar) processing machinery—Terminology

2009-04-13 发布　　2010-01-01 实施

中华人民共和国国家质量监督检验检疫总局
中国国家标准化管理委员会　发布

前　言

本部分代替 GB/T 7920.17—1987《钢筋加工机械术语》。

本部分是对 GB/T 7920.17—1987《钢筋加工机械术语》的修订。修订中参照采用了GB/T 18576—2001《建筑施工机械与设备　术语和定义》和 ISO 11375—1998《建筑施工机械设备　名称和定义》中钢筋加工机械术语的内容，与 GB/T 7920.17—1987 标准相比主要变化如下。

增加了以下术语内容：

——冷轧带肋钢筋成型机；

——冷轧扭钢筋成型机；

——冷拔螺旋钢筋成型机；

——钢筋网成型机；

——钢筋弯箍机；

——钢筋弯弧机；

——钢筋笼成型机；

——钢筋桁架成型机。

本部分由中国机械工业联合会提出。

本部分由全国建筑施工机械与设备标准化技术委员会(SAC/TC 328)归口。

本部分起草单位：北京建筑机械化研究院、燕山大学机械厂、山西太原重型机械厂、沈阳建筑大学、北京首钢新钢联科贸有限公司、廊坊凯博建设机械科技有限公司。

本部分主要起草人：张学军、刘子金、汶浩、卢秀春、高蕊、左运发、李荣凯。

本部分所代替标准的历次版本发布情况为：

——GB/T 7920.17—1987。

钢筋加工机械　术语

1　范围

GB/T 7920 的本部分规定了钢筋加工机械主要名词术语及其定义。

本部分适用于钢筋加工机械。

2　钢筋强化机械

钢筋强化机械　intensification machinery for steel bar

在常温下，对钢筋或钢丝进行强力拉、拔、轧的机械。

2.1　分类

2.1.1

钢筋冷拉机　steel bar cold-drawing machine

在常温下，对钢筋进行强力拉伸(拉应力超过钢材的屈服点)的机械。

2.1.1.1

卷扬机式钢筋冷拉机　winch type cold-drawing machine

利用卷扬机产生拉力的钢筋冷拉机。

2.1.1.2

液压式钢筋冷拉机　hydraulic cold-drawing machine

利用液压系统产生拉力的钢筋冷拉机。

2.1.2

钢筋(丝)冷拔机　steel bar dieing-drawing machine

在常温下，将圆钢筋(丝)通过拔丝模多次强力拉拔使其强度提高，直径减小的机械。

2.1.2.1

立式冷拔机　vertical wire-drawing machine

驱动卷筒是立式的钢筋(丝)冷拔机，可分为单卷筒或双卷筒式。

2.1.2.2

卧式冷拔机　horizontal wire-drawing machine

驱动卷筒是水平式的钢筋(丝)冷拔机，可分为单卷筒或双卷筒式。

2.1.2.3

双模冷拔机　double-dies wire-drawing machine

钢筋(丝)在一次拉拔中两次通过拔丝模模孔的钢筋(丝)冷拔机。

2.1.3

冷轧带肋钢筋成型机　cold rolling steel wire and bar making machine

在常温下，将圆钢筋通过轧头多次强力轧制使其强度提高，并形成筋肋的钢筋机械。

2.1.3.1

主动冷轧带肋钢筋成型机　power driven cold rolling steel wire and bar making machine

轧头带有动力机构的冷轧带肋钢筋成型机。

2.1.3.2

被动冷轧带肋钢筋成型机　power less driven cold rolling steel wire and bar making machine

轧头没有动力机构的冷轧带肋钢筋成型机。

2.1.4

冷轧扭钢筋成型机　cold rolling and twist steel wire and bar making machine

在常温下，将圆钢筋通过轧头强力轧制并扭转使其强度提高，直径减小的钢筋机械。

2.1.5

冷拔螺旋钢筋成型机　cold drawing helix making machine

在常温下，将圆钢筋通过拔丝模轧头强力拉拔旋转使其强度提高，直径减小的钢筋机械。

2.2　组成部分

2.2.1

活动横梁　moved cross beam

工作时能移动的横梁。

2.2.2

固定横梁　fixed cross beam

工作时固定不动的横梁。

2.2.3

传力杆　transmission rod

把产生的拉力传递给测力器的杆。

2.2.4

测力器　dynamometer

测量钢筋拉力的仪器。

2.2.5

前(后)夹具　front (rear) jig

用来夹紧钢筋前(后)端头的夹具。

2.2.6

张拉液压缸　drawing hydraulic cylinder

产生拉力的液压油缸。

2.2.7

尾端挂钩夹具　tail-end hook jig

用挂钩挂在机架端头夹紧钢筋尾端的夹具。

2.2.8

翻料器　hinged frame

用来承接和卸下已张拉钢筋的料架。

2.2.9

拔丝模　wire-drawing dies

具有成型孔，用硬质材料制成的模具。

2.2.10

穿线夹　wire clamp

用于把钢筋穿过拔丝模的夹子。

2.2.11

安全停机装置　safety stop gear

为保证机械正常安全工作而设置的停机装置。

2.2.12

驱动卷筒　driving drum

对钢筋施加拉拔力的卷筒。

2.2.13

拔丝模盒 dies box

安装拔丝模及存放润滑剂的盒子。

2.2.14

除磷装置 stripper device

使钢筋表面氧化皮剥落的装置。

2.2.15

轧辊 roller

用于轧制钢筋减径成型的辊子。

2.2.16

应力消除装置 dispel stress device

为保证钢筋力学性能稳定消除变形产生应力的装置。

2.2.17

冷轧装置 cold roll device

通过滚压、轧制实现减径变形的装置。

2.3 技术性能

2.3.1

单绳速度 single rope speed

在冷拔用的卷扬机上,钢丝绳在工作中的线速度。

2.3.2

进料钢筋直径 feeding diameter

未经冷拉、冷拔或冷轧的钢筋最大直径.

2.3.3

成品钢筋直径 finishing diameter

经冷拉、冷拔或冷轧的钢筋最大直径。

2.3.4

冷拉钢筋长度 length of cold-drawing steel bar

冷拉后成品钢筋的最大长度。

2.3.5

冷拉速度 cold-drawing speed

在冷拉机上,单位时间内把钢筋拉长后的长度。

2.3.6

冷拔速度 dieing-drawing speed

在冷拔机上,钢筋通过拔丝模模孔出口处的速度。

2.3.7

冷轧速度 cold-rolling speed

在冷轧机上,钢筋通过轧制头中心孔出口处的速度。

2.3.8

卷筒转速 drum speed

卷筒在单位时间内的转数。

3 钢筋成型机械

钢筋成型机械 steel bar forming machinery

对钢筋进行调直、切断、弯曲、焊接等加工的钢筋机械。

3.1 分类

3.1.1

钢筋调直机 steel bar straightener

把弯曲的钢筋矫直成具有一定直线度的钢筋机械。

3.1.2

钢筋切断机 reinforcing bar cutting machine

把钢筋剪切成所需要长度的机械。

3.1.2.1

电动钢筋切断机 reinforcing bar electric-cutting machine

通过电动机与机械机构来切断钢筋的钢筋切断机。

3.1.2.2

液压钢筋切断机 reinforcing bar hydraulic-cutting machine

通过液压系统与机械机构来切断钢筋的钢筋切断机。

3.1.2.3

卧式钢筋切断机 horizontal reinforcing bar cutting machine

动刀片沿水平方向运动的钢筋切断机。

3.1.2.4

立式钢筋切断机 vertical reinforcing bar cutting machine

动刀片沿垂直方向运动的钢筋切断机。

3.1.2.5

颚剪式钢筋切断机 jaw reinforcing bar cutting machine

动刀片绕固定轴张开、闭合完成剪断钢筋的钢筋切断机。

3.1.3

钢筋调直切断机 reinforcing bar straightening and cutting machine

具有调直和定长剪切功能的钢筋机械。

3.1.3.1

机械式钢筋调直切断机 mechanism reinforcing bar straightening and cutting machine

通过机械方式完成定长剪切的钢筋调直切断机。

3.1.3.2

液压式钢筋调直切断机 hydraulic reinforcing bar straightening and cutting machine

通过液压方式完成定长剪切的钢筋调直切断机。

3.1.3.3

气动式钢筋调直切断机 pneumatic reinforcing bar straightening and cutting machine

通过气动方式完成定长剪切的钢筋调直切断机。

3.1.4

钢筋弯曲机 reinforcing bar bending machine

把钢筋弯曲成各种形状的机械。

3.1.4.1

电动式钢筋弯曲机　electric reinforcing bar bender

通过电动机驱动工作转盘把钢筋弯曲成形的钢筋弯曲机。

3.1.4.2

液压式钢筋弯曲机　hydraulic reinforcing bar bender

通过液压系统驱动工作转盘把钢筋弯曲成形的钢筋弯曲机。

3.1.5

钢筋弯弧机　hoop spiral bending machine

把钢筋弯曲成圆形或螺旋形状的钢筋机械。

3.1.6

钢筋弯箍机　stirrup bender

能够加工完成各种形状箍筋的钢筋机械。

3.1.7

钢筋网成型机　wire mesh making machine

把纵向钢筋和横向钢筋以一定间距焊接成网格的钢筋机械。

3.1.8

钢筋笼成型机　cage making machine

把纵向钢筋和环向钢筋或箍筋以一定间距焊接在一起的钢筋机械。

3.1.9

钢筋桁架成型机　girder making machine

把纵筋和腹筋以一定间距焊接在一起的钢筋机械。

3.1.10

钢筋除锈机　steel bar rust cleaner

清除钢筋表面污垢及铁锈的机械。

3.1.11

钢筋螺纹成型机　thread making machine

把钢筋连接端加工成各种螺纹形状的钢筋机械。

3.1.11.1

钢筋锥螺纹成型机　taper thread making machine

把钢筋连接端加工成锥形螺纹的钢筋机械。

3.1.11.2

钢筋滚轧直螺纹成型机　roll straight thread making machine

通过滚轧方式将钢筋连接端加工成螺纹的钢筋机械。

3.1.11.3

钢筋镦粗直螺纹成型机　straight thread with upset making machine

把钢筋连接端先进行镦粗，再加工出圆柱螺纹形状的钢筋机械。

3.2　组成部分

3.2.1

调直筒　straightening drum

装有依次交错的多个孔模或曲线辊并作高速旋转，产生多次反向弯曲以达到调直目的转毂。

3.2.2

导向辊　guide drum

把钢筋导入调直筒内的辊子。

3.2.3

辊式牵引装置　rollers drawing device

具有成对等速、反向旋转的辊子夹紧钢筋并产生牵引力，使之向前移动的装置。

3.2.4

定长装置　preselected length apparatus

控制钢筋切断长度的装置。

3.2.5

固定切刀　fixed cutting tool

固定在刀座上的切刀。

3.2.6

移动切刀　moving cutting tool

能作往复或旋转运动的切刀。

3.2.7

切刀滑轨　sliding track

能支承和引导切刀作往复运动的轨道。

3.2.8

调直块(辊)　straightening block

用于矫直的钢筋的一种耐磨模块(辊)。

3.2.9

刷轮　brush wheel

表面上安装有钢丝簇的轮状刷。

3.2.10

工作转盘　working disk

在钢筋弯曲机上，安装若干销轴使钢筋弯曲成形的圆形转盘。

3.2.11

弯曲芯柱　bending mandral

装在工作转盘中心位置的销轴。

3.2.12

成型销轴　forming pin

装在工作转盘上，随着工作转盘的转动把钢筋弯曲成形的销轴。

3.2.13

送料辊　feeding roller

装在工作台上，送料时便于移动钢筋而设置的滚轴。

3.2.14

支承辊　supporting roller

装在工作台上，起支承作用的滚轴。

3.2.15

挡料销轴　stop pin

阻挡钢筋水平运动的销轴。

3.2.16

挡销座　pin socket

装在工作台上，具有多个挡销插入孔的条形零件。

3.2.17

挡料架　stopper

装在工作台上,可在一定范围内调节挡料位置的组件。

3.2.18

夹紧架　clamp

装在工作台上或独立安装,防止钢筋移动的组件。

3.2.19

电极块　electrode block

用于焊接的一种铜制导电元件。

3.2.20

电极座　electrode socket

用于支撑电极块的一种铜制导电元件。

3.2.21

落料滑道　feed slide

用于输送钢筋网横筋的支撑轨道。

3.2.22

钢筋笼托辊　cage underprop roller

用于支撑托起钢筋笼且能够转动的滚轴。

3.2.23

钢筋笼模板　cage template

按规定尺寸固定钢筋焊接成各种形状的模板。

3.2.24

定位磁铁　magnet

用于固定钢筋给出准确位置的磁铁。

3.2.25

拉网机构　draw mesh device

牵引或推拉钢筋网的装置。

3.2.26

丝头　screw thread

加工成圆柱螺纹的钢筋端部。

3.2.27

套筒　coupler

连接钢筋用带圆柱螺纹的连接件。

3.3　技术性能

3.3.1

调直钢筋直径　steel bar diameter to be straightened

钢筋调直机能进行调直的最大钢筋直径。

3.3.2

调直速度　straightening speed

钢筋通过调直筒的速度。

3.3.3

牵引辊直径　diameter of traction-roller

牵引辊的外圆直径。

3.3.4

牵引辊转速　speed of traction-relier

牵引辊的旋转速度。

3.3.5

切刀数目　number of cutting

钢筋切断机装有的切刀总数。

3.3.6

切断次数　number of stroke

单位时间内切断钢筋的最高次数。

3.3.7

切断钢筋直径范围　diameter range to be sheared

切断钢筋的最大与最小直径。

3.3.8

刀口距离　distance between two tools

固定切刀与活动切刀之间开口的最大距离。

3.3.9

自动剪切长度　length range for auto-shearing

自动控制切断钢筋的最大长度。

3.3.10

牵引力　drawing force

使钢筋轴向移动的作用力。

3.3.11

弯曲钢筋直径　steel bar diameter to be bent

所能弯曲成形钢筋最大直径。

3.3.12

工作转盘转速　speed of working disk

单位时间内工作盘旋转的最高次数。

3.3.13

工作转盘直径　diameter of working disk

工作转盘的最大外圆直径。

3.3.14

弯曲角度　bending angle

被弯钢筋轴线所能达到的最大角度。

3.3.15

弯曲根数　number of steel bar to be bent

一次弯曲成形中所能容纳钢筋的最多根数。

3.3.16

焊接频率　number of welding

单位时间内上、下电极接触的最高次数。

3.3.17

长度误差　tolerance of length

对给定长度同一批钢筋中其长度的相对差值。

4 钢筋镦头机械

钢筋镦头机械　steel bat header

把钢筋(丝)的端头镦粗成腰鼓形或蘑菇形的钢筋机械。

4.1 分类

4.1.1

电动冷镦机　electric cold-header

在常温下由电动机驱动对钢筋(或钢丝)进行镦头的钢筋镦头机械。

4.1.2

液压冷镦机　hydraulic cold-header

在常温下由电动机与液压系统驱动对钢筋(丝)进行镦头的钢筋镦头机械。

4.2 组成部分

4.2.1

镦模　upsetting dies

钢筋(丝)端头镦粗成形的模具。

4.2.2

夹紧器　clamp

夹紧钢筋(丝)进行镦粗的装置。

4.2.3

顶镦凸轮　upsetting cam

传递顶镦力的凸轮。

4.2.4

顶镦活塞　upsetting piston

施加顶镦力的活塞。

4.2.5

夹紧活塞　clamping piston

传递夹紧力的活塞。

4.2.6

固定钳口　fixed jaw

4.2.7

移动钳口　moved jaw

4.3 技术性能

4.3.1

顶镦钢筋直径　steel bar diameter by upsetting

被顶镦的钢筋直径。

4.3.2

镦粗直径　upsetting diameter

钢筋(丝)头部被镦粗后的最大轮廓直径。

4.3.3

最大顶镦力　maximum upsetting force

作用在顶镦部件上的最大作用力。

4.3.4

最大夹紧力　maximum clamping force

钢筋(丝)被夹紧部分的最大作用力。

5　预应力钢筋张拉设备

预应力钢筋张拉设备　prestressed steel bar tensioning equipment

5.1　分类

5.1.1

机械式张拉设备　mechanical tentioning equipment

机械方式张拉预应力钢筋的设备。

5.1.2

液压式张拉设备　hydraulic tentioning equipment

利用液压千斤顶对预应力钢筋进行张拉的预应力张拉设备。

5.2　组成部分

5.2.1

张拉螺杆　tentioning screw rod

传递张拉力的螺杆。

5.2.2

张拉螺母　tentioning nut

传递张拉力的螺母。

5.2.3

测力弹簧　dynamometer spring

测量张拉力用的弹簧。

5.2.4

张拉液压千斤顶　tentioning hydraulic jack

产生张拉力的液压千斤顶。

5.2.5

张拉头　tentioning head

装在张拉活塞杆前端用来夹持张拉钢筋(或钢丝束)的部件。

5.2.6

穿心套　guide sleeve

供钢筋或张拉杆通过的套形零件。

5.2.7

穿心式千斤顶　centre hole jack

具有穿心套的液压千斤顶。

5.2.8

预应力张拉油泵　oil pump for prestressed steel bar tentioning equipment

预应力钢筋张拉设备中的供油泵。

5.3　技术性能

5.3.1

张拉力　tentioning force

被张拉的钢筋或钢丝束的总拉力。

5.3.2

张拉行程　tentioning stroke

5.3.3

张拉速度　tentioning speed

5.3.4

张拉钢筋直径　diameter of steel bar to be tensioned

被张拉钢筋的直径。

5.3.5

穿心孔直径　guide diameter of centre hole

穿心套中心孔的直径。

中 文 索 引

英 文 索 引

B

C

D

E

F

G

H

I

J

L

W

ICS 29.260.20
K 35

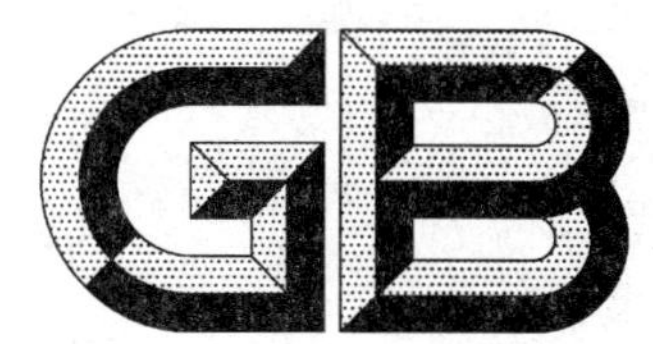

中华人民共和国国家标准

GB 7957.2—2009

瓦斯环境用矿灯 第2部分：性能和其他相关安全事项

Caplights for use in mines susceptible to firedamp—Part 2: Performance and other safety-related matters

(IEC 62013-2:2005,MOD)

2009-09-30 发布　　2010-08-01 实施

中华人民共和国国家质量监督检验检疫总局
中国国家标准化管理委员会　发布

前　言

GB 7957 的本部分的全部技术内容为强制性。

GB 7957《瓦斯环境用矿灯》分为如下两部分：

——第 1 部分：通用要求　结构和防爆试验；

——第 2 部分：性能和其他相关安全事项。

本部分为 GB 7957 的第 2 部分。

本部分修改采用 IEC 62013-2：2005《瓦斯环境用矿灯　第 2 部分：性能和其他相关安全事项》(英文版)。

本部分根据 IEC 62013-2：2005 重新起草。为了比较方便，在附录 A 中列出了本部分条款和国际标准条款的对照一览表。

考虑到我国国情，本部分在采用国际标准时进行了修改。这些技术性差异用垂直单线标识在它们所涉及的条款的页边空白处。在附录 B 中给出了技术性差异及其原因的一览表以供参考。

为便于使用，相比于 IEC 62013-2：2005，本部分还做了下列编辑性修改：

——删除了 IEC 62013-2：2005 的前言。

本部分的附录 A、附录 B、附录 C 均为资料性附录。

本部分由中国电器工业协会提出。

本部分由全国防爆电气设备标准化技术委员会(SAC/TC 9)归口。

本部分起草单位：煤炭科学研究总院上海分院、济宁高科股份有限公司、安标国家矿用产品安全标志中心、贵阳矿灯厂、河南豫光金铅集团有限责任公司。

本部分主要起草人：臧才运、闵建中、王涛、杨炳和、顾苑婷、陆鸣、张勇、吴兆宏、吴康凤、蒋丽华。

瓦斯环境用矿灯
第2部分：性能和其他相关安全事项

1 范围

GB 7957 的本部分规定了矿灯的性能和其他安全特性，包括与其他设备有连接点的矿灯的性能。

符合本部分的矿灯也适用于无瓦斯的煤矿。如果本部分作为无瓦斯煤矿的“独立”文件使用，则供应商和用户应协商确定相关的结构要求，如果可能，应符合 GB 7957.1 的规定。

2 规范性引用文件

下列文件中的条款通过 GB 7957 的本部分的引用而成为本部分的条款。凡是注日期的引用文件，其随后所有的修改单(不包括勘误的内容)或修订版均不适用于本部分，然而，鼓励根据本部分达成协议的各方研究是否可使用这些文件的最新版本。凡是不注日期的引用文件，其最新版本适用于本部分。

GB/T 15766.3—2007 小型灯(IEC 60983:2005,IDT)

IEC 62013-1:2005 瓦斯环境用矿灯 第1部分：通用要求 结构和防爆试验

3 术语和定义

下列术语和定义适用于 GB 7957 的本部分。

3.1

有效工作时间 useful working period

矿灯主光源持续使用由制造商规定的工作电流并符合本部分最小发光强度要求的以小时为单位的时间。

4 概述

矿灯应根据优良的工程实践进行设计。应与用途相匹配，并在有效工作时间内为用户提供充足的照明。

5 光输出

5.1 光源

5.1.1 每个灯头最少应具有两个光源，且至少有一个光源是主光源并符合本部分的要求。如果是非灯丝型光源(如 LED 光源)，则可使用一个光源，光源寿命至少应达到 5 000 h，且更换间隔不超过其标称寿命的三分之二。

5.1.2 如果矿灯装有两个灯泡或双灯丝灯泡，且每个都能够作主光源，则制造商应指定哪个为主光源，哪个为辅助光源；否则，两个光源都应符合主光源的要求。

5.1.3 主光源和辅助光源使用的灯丝型灯泡应符合 GB/T 15766.3—2007 的要求。如果使用 GB/T 15766.3—2007 未包括的其他光源，如 LED 光源，则矿灯制造商应提供光源符合本部分的证明。

5.2 光源灯座

灯座应能使主光源固定和保持在符合 5.5 规定的聚焦位置。

5.3 发光强度

在有效工作时间结束时，装配完整的灯头主光源发光强度在正常照射方向应发射出最少 1 cd 的锥形光。该锥形光垂直向上不小于30°,垂直向下不小于60°,水平方向每边不小于45°。可根据制造商提供的数据计算或按8.1进行测试。

5.4 辅助光源

辅助光源主要在主光源出现故障时的紧急情况下使用,并不进行第8章的型式试验。

5.5 聚焦

主光源应聚焦,或能够调节聚焦,以避免光斑变形而削弱照明。

6 可靠性

6.1 光源寿命

采用灯丝型灯泡的主光源的最小寿命应不少于200 h,辅助光源的最小寿命应不少于50 h。采用单一光源时,光源最小寿命应不少于5 000 h。

6.2 蓄电池寿命

铅酸蓄电池、碱性蓄电池和锂离子蓄电池的寿命应不低于500次充放电循环,阀控式铅酸蓄电池的寿命应不低于350次充放电循环。

6.3 有效工作时间

新矿灯的有效工作时间应不小于11 h,应将该工作时间内主光源消耗的电流和(如果适用)任何附件消耗的平均电流考虑在内。

6.4 耐用性

6.4.1 紧固件和连接件

紧固件和连接件应设计成在正常使用时不会松动。

6.4.2 耐磨性

矿灯应采用在正常使用条件下耐磨的材料制造。

6.4.3 机械试验后的可操作性

完成IEC 62013-1:2005中10.3所述的跌落试验后,至少有一个光源仍可以正常工作,并且无电解液泄漏。

7 人机工程学

7.1 质量

除制造商与用户另作协定外,蓄电池和蓄电池槽的质量应不超过2 750 g,整套矿灯的总质量应不超过3 250 g。

7.2 操作的简易性

在通常戴矿灯的位置使用人员应容易接触和操作开关,开关应灵活。如果适用,应指示出"开"和"关"的位置。

戴防护手套时也应能进行开关操作。

7.3 可维护性

矿灯的结构应在转动或拆下特殊紧固件后,使用户容易接触到可更换的零件。

如果蓄电池设计需要,应提供初始注入、随后加满和更换电解液的方法。

8 型式试验

8.1 有效工作时间的照明

下列试验应在20 ℃±5 ℃温度下,在不受任何反射光影响的暗室或封闭空间内进行。

将灯头和电缆与充足电的被测蓄电池相连接。

注:为达到满容量,有必要使蓄电池进行几次充放电循环。

开启主光源和任何附加装置(如果适用),模拟制造商告知的总消耗电流。

使矿灯按有效工作时间运行。记录有效工作时间结束时蓄电池电压。

如果有影响蓄电池输出的有源装置,例如开关调节器,应在该装置输入端测量电压。

将灯头、电缆与蓄电池断开,连接到直流电源。电源纹波应不大于 3 mV,并能在试验过程中使电压波动保持在±0.01 V 范围内。

将电源输出电压调整至有效工作时间结束时测量的蓄电池电压,聚焦灯头的主光源。

固定灯头,使透明罩距离已校准的光度计 1 000 mm±5 mm 远。

按照 5.3 规定的角度移动灯头或光度计并保持以上规定的距离。记录光度计每间隔 5°的读数,或在特定矩形网格上给出相同结果。使灯头围绕其中心轴直角转动并重复 1 次试验。

8.2 光源寿命

所有灯泡应按 GB/T 15766.3—2007 中第 4 章的规定进行试验。如果光源制造商提供的试验结果符合要求,也可不进行试验。

9 说明书

制造商应编制全面的安装、操作、维护和维修手册,至少包括以下内容:

a) 关于安全使用矿灯方面的信息;

b) 矿灯有效工作时间;

c) 允许使用的光源类型;

d) 用户实施的确保矿灯安全使用、维护和照明性能的定期检查(参见附录 C);

e) 用户可更换的零部件;

f) 专用工具列表。

10 标志

符合 GB 7957 本部分要求的矿灯应标有下列信息:

a) 矿灯制造商的名称、商标;

b) 产品型号;

c) 本部分的编号(GB 7957.2);

d) 在蓄电池槽或电池上,标示生产年月的日期或编码;

e) 防爆合格证编号;

f) 防爆标志。

注:如果矿灯也符合 GB 7957.1 的要求,则不必重复标记该信息。

附 录 A
（资料性附录）
本部分章条编号与 IEC 62013-2:2005 章条编号对照

表 A.1 给出了本部分章条编号与 IEC 62013-2:2005 章条编号对照。

表 A.1 本部分章条编号与 IEC 62013-2:2005 章条编号对照

本部分章条编号	IEC 62013-2:2005 章条编号
1	1
2	2
3.1	3.1
4	4
5.1	5.1
5.1.1～5.1.2	5.1.1～5.1.2
5.1.3	5.1.3 的内容修改
5.2～5.5	5.2～5.5
6	6
6.1	6.1
6.2	6.2 的内容修改
6.3	6.3 的内容修改
6.4	6.4
6.4.1～6.4.3	6.4.1～6.4.3
7	7
7.1～7.3	7.1～7.3
8	8
8.1	8.1
8.2	8.2
9	9
10a)～d)	10a)～d)
10e)	—
10f)	—
附录 A	—
附录 B	—
附录 C	附录 A

附 录 B
（资料性附录）
本部分与 IEC 62013-2:2005 技术性差异及其原因

表 B.1 给出了本部分与 IEC 62013-2:2005 的技术性差异及其原因。

表 B.1 本部分与 IEC 62013-2:2005 技术性差异及其原因

本部分的章条编号	技术性差异	原 因
2	用“GB/T 15766.3—2007”代替“IEC 60983:1995”	GB/T 15766.3—2007 等同采用 IEC 60983:2005，应采用新版本
5.1.3	将“如果 IEC 60983 未给出相关数据表，则矿灯制造商应提供等效的数据表”修改为“如果使用 GB/T 15766.3—2007 未包括的其他光源，如 LED 光源，则矿灯制造商应提供光源符合本部分的证明”	LED 光源已经广泛用于矿灯光源，但 GB/T 15766.3—2007 未提出非灯丝型光源（如 LED 光源）的要求，修改后与矿灯实际技术现状相适应
6.1	增加了“采用单一光源时，光源的最小寿命应不少于 5 000 h”	与 5.1.1 的要求相对应
6.2	删除了 IEC 62013-2:2005 中“由于蓄电池类型、充电方式和使用条件的多样性，不可能规定蓄电池的循环寿命”等内容，明确规定了各类蓄电池的循环寿命	适合我国国情，我国对不同类型的矿灯蓄电池循环寿命均有明确要求
6.3	将“矿灯制造商应告知新矿灯有效工作时间”修改为“新矿灯的有效工作时间应不小于 11 h”	与我国的矿灯要求相适应，我国的矿灯要求点灯时间不小于 11 h
10	增加了“e) 防爆合格证编号；f) 防爆标志”	以适合我国国情

附　录　C
（资料性附录）
关于用户定期试验的制造商说明示例

C.1　准备要求

按下列要求准备试样：

a）从充电架上选择一个充足电的典型矿灯作为试样，并在不超过四个月的时间内对所有矿灯进行试验。

b）记录矿灯标识或编号；

c）目测矿灯可能影响性能或安全的缺陷；

d）修复被发现的缺陷或将矿灯废弃不用；

e）按照制造商的说明清洁矿灯；

f）点亮主光源，点亮时间与实际工作所用时间相同，包括矿内行走时间。如果矿灯与附件一起使用，进行试验时应将附加电流计算在内。

C.2　评价程序

按下列任一方法进行试验：

a）例 1

将矿灯灯头置于距已校准的照度计 1 000 mm±5 mm 处。在平行于灯头防护罩的平面上找到直径 100 mm±2 mm 范围内最强照度测量值的位置，并记录该数值（$E_{最大值}$），单位为勒克斯。

注：如果不是在暗室中进行试验，或者如果照度计未与周围外来光相隔离，则在试验前应测量该外来光照度，并从试验结果中减去所测得的该外来光照度。

b）例 2

将矿灯灯头置于图 C.1 所示尺寸的积分球窗口。

测量光通量，单位为流明。

单位为毫米

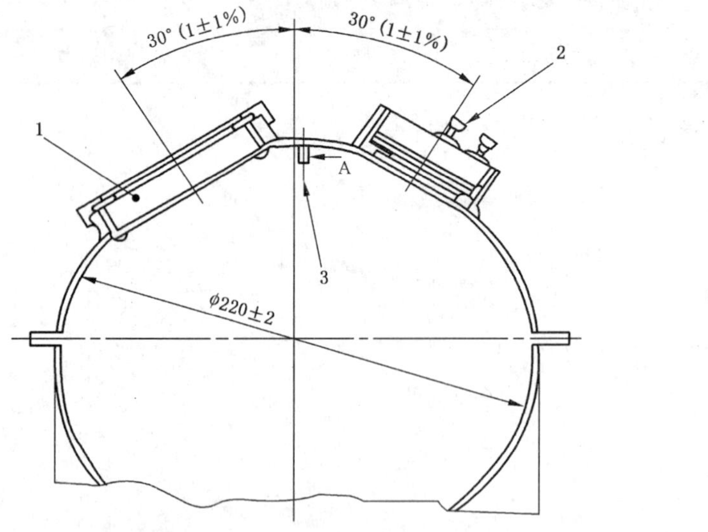

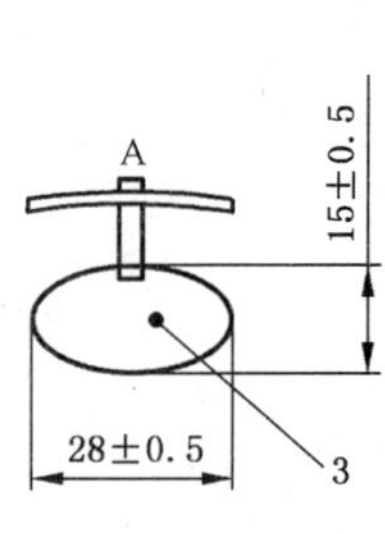

1——灯头孔；

2——光度计；

3——挡板；

A——挡板放大（从箭头方向看）。

图 C.1　典型积分球示意图

C.3 通过试验的要求

根据C.2的试验方法，符合下列要求的矿灯可以投入使用，如果未达到要求，在投入使用前应加以改正。

a) 例1

1 m远处最大照度应不小于1 500 lx(勒克斯)。

b) 例2

光通量应不小于10 lm(流明)。

C.4 试验报告范本

试验表见表C.1，试验报告至少还应包括下列信息：

a) 煤矿名称；
b) 试验部门；
c) 试验专家姓名；
d) 矿灯房的位置；
e) 矿灯房中矿灯的数量；
f) 检查矿灯的数量；
g) 矿灯制造商和矿灯型号；
h) 最小光输出要求；
i) 不符合要求的矿灯数量；
j) 试验日期；
k) 试验员姓名及签字。

表C.1 试验表

矿灯数量	结果	缺陷	改正措施	备注

ICS 17.140
A 59

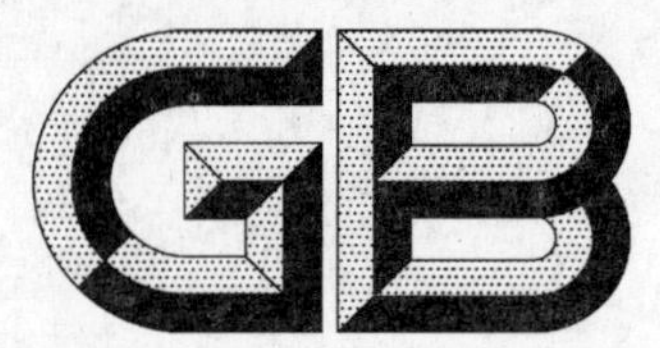

中华人民共和国国家标准

GB/T 7966—2009/IEC 61161:2006
代替 GB/T 7966—1987

声学　超声功率测量
辐射力天平法及性能要求

Acoustics—Ultrasonics power measurement—
Radiation force balances and performance requirements

(IEC 61161:2006 Ultrasonics—Power measurement—
Radiation force balances and performance requirements,IDT)

2009-09-30 发布　　2009-12-01 实施

中华人民共和国国家质量监督检验检疫总局
中国国家标准化管理委员会　发布

前　言

本标准等同采用 IEC 61161:2006《超声　功率测量　辐射力天平法及性能要求》(英文版)。

本标准代替 GB/T 7966—1987。

本标准与 GB/T 7966—1987 相比主要变化如下：

a) 拓宽了频率范围：从以前 0.5 MHz～10 MHz 修改为现在的：超声功率不大于 1 W 时，频率范围 0.5 MHz～25 MHz；超声功率不大于 20 W 时，频率范围 0.75 MHz～5 MHz。

b) 以附录的形式增加了有参考价值的如下内容：

1) 辐射力测量各方面的附加信息；

2) 基本公式；

3) 超声功率测量的其他方法；

4) 传播媒质及除气；

5) 发散超声场的辐射力测量；

6) 几种天平装置的局限性。

本标准的附录 A、附录 C、附录 D、附录 E、附录 F 为资料性附录，附录 B 为规范性附录。

本标准由中国科学院提出。

本标准由全国声学标准化技术委员会(SAC/TC 17)归口。

本标准起草单位：中国计量科学研究院、中国科学院声学研究所、上海交通大学、国家超声设备检测中心。

本标准主要起草人：边文萍、朱岩、杨平、朱厚卿、寿文德、王志俭。

本标准所代替标准的历史版本发布情况为：

——GB/T 7966—1987。

引　言

目前，超声换能器的总辐射声功率的测量方法有很多种（参见文献[1]、[2]、[3]及附录 C）。本标准的目的是建立在液体中测量超声功率的标准方法，该方法使用重力天平完成低兆赫级频率范围内的辐射力的测量。辐射力测量的最大优点是不需要对辐射声束截面上的声场数据进行积分，即可获得总的辐射功率值。该标准确定了测量误差的来源，描述了一种用于评估总不确定度的系统步骤的程序，在实施功率测量时应该作出的预防措施以及应当考虑的不确定度。

超声理疗仪的基本安全要求在 IEC 60601-2-5 中确定并参考 IEC 61689，该文件规定超声功率测量的不确定度应优于 15%。考虑到这个标准在实际应用中的准确度降低等原因，需要建立不确定度优于 7%的标准测量方法。对超声诊断设备公布的要求，包括声功率的要求，已在其他的 IEC 标准中（如 IEC 61157中）已做了规定。

本标准中所使用的辐射力天平法的声功率测量的精度、准确度和重复性受到实际问题的影响。作为使用者的导则，附录 A 采用与标准正文相同的章节顺序，提供了附加的信息。

声学　超声功率测量
辐射力天平法及性能要求

1　范围

本标准规定了基于使用辐射力天平测定超声换能器总的辐射声功率的方法;建立了由靶获取待测声场并使用辐射力天平进行测量的原理;明确了辐射力方法在发生空化和温升情况下的使用限制;确定了辐射力方法在存在发散和聚焦波束情况下的定量使用限制;提供了评估所有测量不确定度的信息。

本标准适用于:

a)　使用辐射力天平,频率范围从 0.5 MHz～25 MHz,超声功率不超过 1 W 的测量;

b)　使用辐射力天平,频率范围从 0.75 MHz～5 MHz,超声功率不超过 20 W 的测量;

c)　超声换能器总的声功率的测量,更适用于准直良好的波束;

d)　使用重力型或力反馈型的辐射力天平。

注:该标准所参考的出版物名称均已列在参考文献中。

2　规范性引用文件

下列文件中的条款通过本标准的引用而成为本标准的条款。凡是注日期的引用文件,其随后所有的修改单(不包括勘误的内容)或修订版均不适用于本标准。然而,鼓励根据本标准达成协议的各方研究是否可使用这些文件的最新版本。凡是不注日期的引用文件,其最新版本适用于本标准。

GB/T 15611—1995　声学　高频水听器校准(neq IEC 60866:1987)

GB/T 16407—2006　声学　医用体外压力脉冲碎石机声场特性及其测量(IEC 61846:1998,IDT)

GB/T 16540　在 0.5 MHz～15 MHz 频率范围内超声场特性及其测量　水听器法(GB/T 16540—1996,eqv IEC 61102:1991)

IEC 60050　国际电工词汇(IEV)-801 章:声学和电声学,802 章:超声学

IEC 60854:1986　超声脉冲回波诊断仪性能测量方法

IEC 61101:1991　在 0.5 MHz～15 MHz 频率范围内使用平面扫描技术水听器的绝对校准

IEC 61689:1996　超声　理疗系统　在 0.5 MHz～5 MHz 频率范围内性能要求及测量方法

3　术语和定义

IEC 60050 的 801、802 章确立的以及下列术语和定义适用于本标准。

3.1

声冲流　acoustic streaming

声波在媒质中引起的单向流动。

3.2

自由场　free field

均匀各向同性媒质中,边界影响可以忽略不计的声场。

3.3

[超声]输出功率 [ultrasonic]　output power

在规定条件下和规定媒质中,优选为水,超声换能器向近似为自由场中发射的时间平均超声功率。

符号:P

单位：瓦特(W)

3.4

辐射力 radiation force

声辐射力 acoustic radiation force

作用于声场中的物体上不包括声冲流作用的由声场引起的时间平均力；更为一般的定义是，排除声冲流作用，出现在不同声学特性的两个媒质界面的声场中的时间平均作用力。

符号：F

单位：牛顿(N)

3.5

辐射压力 radiation pressure

声辐射压力 acoustic radiation pressure

单位面积上的辐射力。

单位：帕斯卡(Pa)

注：该术语在文献中被广泛使用。然而严格地说，单位面积上的辐射力是一个张量力[4]，使用严格的科学术语时，宜称之为声辐射应力张量。本标准中通常首选积分量“声辐射力”。无论何时，凡是术语“声辐射压力”出现时，应该被理解为是在声轴方向上的法向辐射应力的负值。

3.6

靶 target

经特殊设计的可以(截取)插入超声场的用来测量辐射力的器件。

3.7

超声换能器 ultrasonic transducer

超声频率范围内，能实现电能转换成机械能或机械能转换成电能的装置。

3.8

辐射电导 radiation conductance

声输出功率与换能器输入电压的有效值(RMS)平方之比。用于表征超声换能器电声转换的特性。

符号：G

单位：西门子(S)

4 符号表

a 发射超声换能器的半径。

c 声速(通常为水中的数值)。

d 聚焦超声换能器的几何焦距。

F 沿入射超声波方向作用于靶上的辐射力。

g 重力加速度。

G 辐射电导。

k 波数($2\pi/\lambda$)。

P 超声换能器的输出功率。

s 距超声换能器的归一化距离($s=z\lambda/a^2$)。

z 靶和超声换能器间的距离。

α 媒质(通常为水)中，平面波的幅度衰减系数。

γ 聚焦超声换能器的焦(半)角($\gamma=\arcsin(a/d)$)。

θ 超声波的入射方向和靶的反射面法线间的夹角。

λ 波长。

ρ　声传播媒质(通常是水)的(质量)密度。

注：在 F 和 θ 的定义中提到的声波入射方向可理解为声场轴线的方向，即从整体角度而非局部层面来考虑。

5　对辐射力天平的要求

5.1　概述

辐射力天平应包括与天平连接的靶。超声波束应垂直向上或垂直向下，或沿水平方向作用于靶上，并用天平测量超声波束发射的辐射力。超声功率将通过测量“有”与“无”超声辐射力的差值并按照附录B中给出的公式计算得到，可以利用已知质量的小型精密砝码校准天平。

注：不同的辐射力测量装置参见图F.1至图F.7。每一测量装置各有其优、缺点，详情见附录F。

5.2　靶的类型

5.2.1　概述

靶的声学特性应当已知，它与超声功率和辐射力之间的关系密切相关(参见A.5.2)。

如果靶的选择是非常接近两种极限的情形之一，即全吸收体或全反射体，应根据具体的声场结构选择附录B中相应的公式进行计算，同时应当满足下列要求：

5.2.2　吸收靶

吸收靶[如图1，图F.1a)，图F.3，图F.4，图F.5a)和图F.7]应当具备：

幅度反射系数小于3.5%；

靶的声能吸收大于99%(参见A.5.2.2)。

5.2.3　反射靶

反射靶[如图F.1，图F.2，图F.5b)和图F.6]应当具备：

幅度反射系数应大于99%。

$ka<30$ 的超声换能器的功率测量不应使用圆锥形的反射靶。依据波束发散效应的理论，$ka<17.4$ 的超声换能器的功率测量不应使用圆锥半角为45°的凸圆锥形反射靶(参见A.5.3)。

注：a 的量值的准确含义视情况而定。对实际的换能器，是指与应用场合中专门定义相一致的有效换能器半径。在采用活塞近似的计算模型中，它是活塞的几何半径。

另外，对于 $d<32a$ 的聚焦换能器的功率测量，不应使用圆锥半角为45°的凸圆锥形反射靶。如果其几何焦距 d 未知，则当换能器声压最大值处靶与换能器之间的距离 $z_f<1/[(1/32a)+(\lambda/a^2)]$ 时，不应使用圆锥半角为45°的凸圆锥形反射靶。

注：上述情形建议限制凸圆锥形反射靶在非聚焦或弱聚焦声场条件下使用，这也符合本标准适用范围中提及的“最好针对准直良好的波束”的限制。然而，如果在强聚焦声场中使用凸圆锥形反射靶，此时应用式(B.5)进行计算时，需要考虑第7章中未提及的附加不确定度(参照A.5.2.3和B.6)。

5.3　靶的直径

靶的直径应足够大，便于拦截声场的所有有效部分。一般情况下，靶的直径应为超声换能器直径的1.5倍以上。

靶的直径是否大于超声换能器直径的1.5倍，取决于靶所在位置处声场的波束直径，波束直径应通过测量或依据如A.5.3中给出的理论估算公式计算获得。

5.4　天平/力测量系统

辐射力天平可以选用重力天平，因此，波束方向是垂直的，也可以选用力反馈方式设计的天平，允许波束方向是水平的。如果天平已按照质量单位进行校准，则天平读数对力值的正确转换应由辐射力装置的制造商或使用者来保证。

注：垂直波束取向的天平允许溯源到国家质量标准(校准砝码)。目前实际所应用的波束为水平方向的天平既可以用于反射靶[5,6]也可以用于吸收靶[7]。天平的校准可以通过合适的平衡臂附加装置或者利用已知声功率的超声源来进行校准。

对于所测量的超声功率的大小，使用的天平应有足够高的分辨力(参见A.5.4)。

5.5 水槽系统

如果使用反射靶，则测量容器内壁应有吸声材料，使得反射产生的影响不超过总测量功率的1%（参见A.5.5）。

5.6 靶的支撑装置

对于静态力天平，应设计支撑靶和承载通过空气-水界面的传递辐射力的结构元件，来限制水表面张力的影响，使其影响小于总测量功率的1%（参见A.5.6）。

5.7 换能器的安装

超声换能器的安装方法应该能使超声换能器相对靶有稳定和可重复的定位，使其引起的总测量功率的变化不超过1%。

5.8 防冲流膜

若使用防冲流膜，它应安装在靠近靶的位置且不应该与超声换能器的表面平行[8]。如果其影响超过总测量功率的1%，则应测定其透声系数并加以校正（参见A.5.8）。

注：实际上，5°～10°的倾角是合适的。

5.9 换能器的耦合

超声换能器应与测量装置耦合，使对总测量功率产生的影响小于1%。否则，应对其进行修正（参见A.5.9）。

5.10 校准

辐射力天平应使用已知质量的小砝码校准。同样，也可以使用已知输出功率的超声源对辐射力天平进行校准，在这种情况下，应每两年进行一次校准或当天平灵敏度指示有问题而导致测量超声功率有变化时应缩短其校准周期。

6 测量条件的要求

6.1 靶的横向位置

测量中，靶的横向位置应保持不变并可重复到由其引起的总测量功率的变化不超过1%的程度（参见A.6.1）。

6.2 换能器与靶的距离

超声换能器表面与靶之间的距离或膜（若使用）与靶之间的距离应该已知并能重复，以使总测量功率可能的变化不超过1%（参见A.6.2）。

6.3 水

当使用辐射力天平时，测量所使用的液体应选用水。输出功率超过1 W时，只能使用除气水。

应按照如附录D中所描述的规范化过程来完成水的除气。在所有测量期间，要求使用除气水的地方，水中的含氧量应小于4 mg/L（参见A.6.3）。

6.4 水的浸润

开始测量之前，应确保全部气泡从工作表面被消除。测量完成后，应再对工作表面进行检查，如果发现其表面留有任何气泡，则测量结果应作废（参见A.6.4）。

6.5 环境条件

对于毫瓦和微瓦级量程内功率的测量，应选用隔热的测量装置，或控制测量过程，包括数据采集，使得测量期间的热漂移及其他干扰对总测量功率所造成的影响不大于1%。

测量装置应防止环境振动及空气流动（参见A.6.5）。

6.6 热漂移

当使用吸收靶时，应对由于吸收声能膨胀和浮力的变化所产生的热影响进行评估，该评估可通过记录超声换能器发射前、后的测量信号来进行（参见A.6.6）。

7 测量不确定度

7.1 概述

总的测量不确定度的评估即测量准确度的评估应对每一使用的装置逐一进行。这些评估包括以下方面。

应使用ISO指南评估不确定度[9]。

7.2 包括靶悬吊的天平系统

应使用已知质量的小砝码对用于辐射力测量的整个天平系统,包括水中的悬吊靶进行检查或校准。

这个过程应该采用每一砝码重复几次,以获得测量结果的随机分布。对天平校准因子的不确定度的评估将从该校准结果及所使用砝码的质量不确定度得出。

为了能够判断天平校准因子的长期稳定性,这些检查的结果应被归档(参见A.7.2)。

7.3 天平系统的线性度及分辨力

按照下列方法,天平系统的线性度应最少每六个月检查一次。

在需要的天平输出范围内,应至少用三个不同质量的砝码按7.2中所描述的测量方法来完成天平系统线性的检查。如图2所示得出输入质量与天平读数的关系曲线。理想状况下,图上的结果点应该落在起始于坐标原点的直线上。如果出现偏离这一直线的情况,则由此可产生附加的不确定分量。

由于小于10 mg的砝码不便于操作,所以天平系统的线性度也可通过已知特性的超声换能器来检查,即通过改变激励电压幅度进而得到多个辐射力来检查天平系统的线性度。在这种情况下,图2中横坐标的输入量是换能器的超声输出功率,同时也应考虑它的不确定度。

在不确定度分析时,应考虑天平的有限分辨力所引起的对功率不确定度的影响。

7.4 超声换能器开通瞬间的推算

在使用电子天平的情况下,为了获得辐射力的值,天平输出信号是作为时间的函数被记录下来并外推到超声换能器开通时刻相应的天平输出幅值。这种外推过程产生的不确定度主要取决于天平输出信号的离散程度(信噪比),外推结果的不确定度评定应通过回归算法中的标准数学程序进行评定。

7.5 靶的缺陷

靶缺陷的影响应使用平面波近似来评估,具体描述见A.7.5。

7.6 反射靶的几何尺寸

反射靶几何尺寸的影响应予评估且应纳入整个系统的不确定度评定中(参见A.7.6)。

7.7 反射靶测量情况下的侧壁吸声材料

在图F.1b),图F.2,图F.5b)和图F.6中所用的侧壁吸声材料的影响应予评估且应纳入整个系统的不确定度评定中(参见A.7.7)。

7.8 靶的未对准

靶未对准的影响应该评估且应纳入整个系统的不确定度评定中(参见A.7.8)。

7.9 超声换能器的未对准

超声换能器未对准的影响应该评估且应纳入整个系统的不确定度评定中(参见A.7.9)。

7.10 水温

水温产生的不确定度应予评估且应纳入整个系统的不确定度评定中(参见A.7.10)。

7.11 超声衰减和声冲流

超声衰减和声冲流产生的不确定度应予评估且应纳入整个系统的不确定度度评定中(参见A.7.11)。

7.12 膜的特性

如果在辐射力测量中使用耦合膜或防护膜,则应考虑测量和评估膜的透射损失,同时也应考虑反射波对超声换能器产生的任何可能的影响。这些影响所引入的不确定度应逐一评估且应纳入整个系统的不确定度评定中。

7.13 有限靶的尺寸

有限的靶尺寸对不确定度的影响应予评估且应纳入整个系统的不确定度评定中(参见A.7.13)。

7.14 平面波假设

采用平面波假设所产生的对不确定度的影响应予评估且应纳入整个系统的不确定度评定中

(参见 A.7.14)。

7.15 环境影响

环境振动、空气流动或温度变化所产生的不确定度应该评估且应纳入整个系统的不确定度评定中(参见 A.7.15)。

7.16 激励电压测量

如果施加到超声换能器上的激励电压是被测量的且它的值和超声功率的测量结果是有关的,则它的测量不确定度应该评估且应纳入整个系统的不确定度评定中(参见 A.7.16)。

7.17 超声换能器温度

如果要比较在不同温度下所测量的超声功率,则应对与温度相关的功率值进行检查,并考虑其影响(参见 A.7.17)。

7.18 非线性度

应该评估下述问题对非线性的潜在影响,如果必要的话,应包括在整个系统的不确定度中:

a) 包括靶悬吊在内的天平系统的非线性度;

b) 由于不良的除气水带来的非线性贡献;

c) 超声衰减和声冲流;

d) 与辐射力理论本身有关的非线性的影响(参见 A.7.18)。

7.19 其他来源

应进行周期性的检查以便利用上述指南确定在 7.2～7.18 中规定总的不确定度是否不受任何其他随机分散源的影响(参见 A.7.19)。

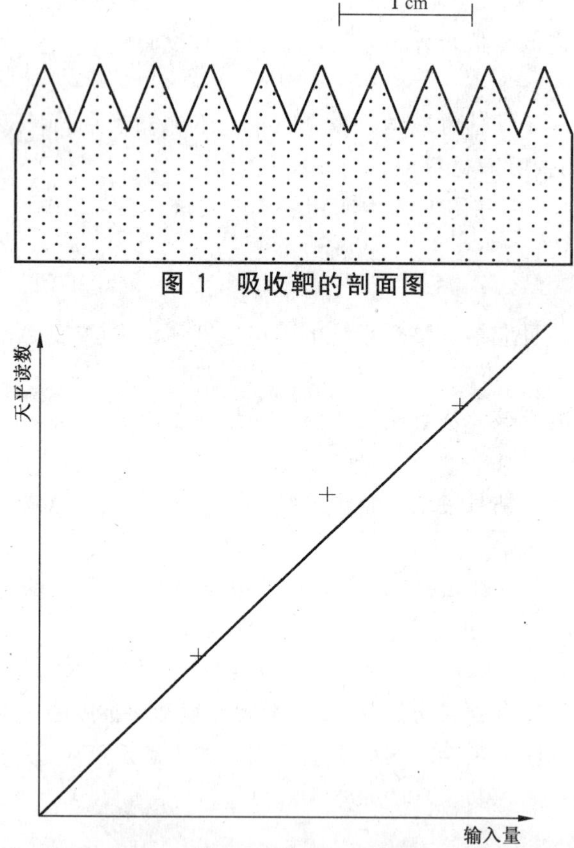

图 1 吸收靶的剖面图

注:如果用已知质量的小砝码检查天平的线性度,输入量即为所用砝码的质量。如果用已知特性的超声换能器发射的超声场的辐射力来检查天平的线性度,输入量即为换能器的超声输出功率。

图 2 线性度检查:天平读数随输入量的变化

附 录 A
（资料性附录）
辐射力测量各方面的附加信息

这个附录包含关于本标准规范的附加信息，该附加信息有助于实际超声功率的测量。其章、节的编号遵循正文的格式。

A.1 范围

注：辐射力等于时间平均动量流的变化[4]，因此与超声强度和功率有关。

A.2 规范性引用文件

无

A.3 术语和定义

无

A.4 符号表

无

A.5 对辐射力天平的要求

A.5.1 概述

无

A.5.2 靶的类型

A.5.2.1 概述

通常情况下，靶应是非常接近两种极限情形的一种，即全吸收靶或全反射靶[10]。为了避免环境压力的变化而导致的浮力变化，靶的压缩系数应尽可能地小。同时在其他方面还应非常地小心，以确保靶具有最稳定的浮力。

为了在可预测的不确定度范围内实施功率测量，靶的类型选择要依据超声波束与理论平面波的偏离程度大小，特别是反射靶，它的使用可能导致无法接受的不确定度（见 5.2.3）。

A.5.2.2 吸收靶

吸收靶通常使用带有或没有尖劈斜楔的合适的弹性橡胶材料制作。为了增加吸声性能，材料可以包含非均质材料。

图 1 给出的是一种尖劈斜楔形吸收靶的结构示意。在这个示图中，非均质的材料浓度按体积计算从在尖劈处 0 增加到在后表面处的 30%。在这个实例中，大约 0.1 mm 直径的中空玻璃球作为非均匀性材料是令人满意的，因为它们对弹性橡胶材料的密度和可压缩性影响很小。

其他类型的吸收靶在参考文献[11][12]中进行了描述。

已经证明，声波束传播的功率高于 10 W 或呈现高的局部功率密度时，均能在吸收靶内部引起非常高的局部温升，该温升会导致吸收靶损坏及声学特性的改变。观察到的温升可高达 50 ℃以上。

A.5.2.3 反射靶

反射靶最主要的问题是减小其可压缩性，因为空气压力波动会改变靶的体积，从而改变靶的浮力，靶的体积及其浮力的变化与靶的可压缩性成比例。不应该使用由空气背衬薄金属板实现的平面声波反射器。使用实心金属板作为反射器，反射器被调整为与声束轴线成 45°角，这样由于存在不可忽略的依赖频率特性的透射因素的影响，可能引起测量误差[13]。

由厚壁中空物体或空气背衬薄金属板制作的锥形反射器是合适的，使用硬发泡塑料上电镀薄金属镀层的锥形反射体作为反射靶已经被证实切实可行[10]。

反射靶-凸形

图 F.1b)，图 F.2 及图 F.6 为凸形圆锥反射靶示意图。典型的圆锥半角是 45°，因此反射波与超声波波束轴线成直角离去。

反射靶-凹形

图 F.5b)为凹形圆锥反射靶示意图。典型的圆锥半角选择在 60°～65°之间，因此与凸形反射器比较起来反射波更靠近超声换能器。

A.5.3 靶的直径

如下，给出了靶的半径 b 最小值的评估公式[14]，同无限大截面靶相比较，半径为 b 的靶可获得至少 98％的辐射力(即误差小于 2％)。该公式适用于在非吸收媒质中对带有障板的圆形平面活塞式半径 a 的超声换能器形成连续振动的声场。这些公式是：

$$b = a[1/(1 + 0.53\tau_1 s) + \tau_1 s] \qquad \text{(A.1)}$$

其中：

$$\beta = 0.98 + 0.01\pi ka$$

$$\tau_1 = \tau_0 + \Delta\tau$$

$$\tau_0 = ka/2\pi(\beta^2 - 1)^{1/2}$$

$$\Delta\tau = \begin{cases} 0.7 & \text{若 } ka \leqslant 9.3 \\ 6.51/ka & \text{若 } 9.3 \leqslant ka \leqslant 65.1 \\ 0.1 & \text{若 } 65.1 \leqslant ka \end{cases}$$

式中：

s——靶和超声换能器之间的归一化距离($s = z\lambda/a^2$)；

λ——超声在传播介质中的波长；

z——靶到超声换能器之间的距离；

k——波数($k = 2\pi/\lambda$)。

对已给出半径 b 的靶来说，式(A.1)能够解出 s，即得出靶与超声换能器的归一化距离的最大值。吸收和声冲流的影响应分别考虑。

即使依据上述公式得到的 b 小于 $1.5a$，依照预防措施和根据 5.3，也决不应该把 b 的值减小到 $1.5a$ 以下。

严格地讲，上述公式适用于吸收靶，但也可以用于判定反射靶对在发散波束情况下的测量是否合适。b 应该被理解为最大的靶横截面的半径(在圆锥凸形反射靶的情况下，它是圆锥的底)，而 z 应该被理解为是最大靶横截面到换能器的距离。

在 45°圆锥凸形反射靶的情况下，对换能器的 ka 值有一定的限制，当低于这个限制时，无论反射器尺寸如何，甚至即使是反射器顶点与换能器表面已接触，该公式仍不成立。该限定值 $ka = 17.4$。

A.5.4 天平/力测量系统

所需要天平的类型很强地依赖于被测超声功率的大小。10 mW 的功率值等效于 6.7 μN 的辐射力(吸收靶置于水中)相当于 0.68 mg 的等效质量，10 W 功率值等效于 6.7 mN 辐射力，换算成质量为 0.68 g的等效质量。在前者情况下(在 mW 级的功率测量中)，具有自动补偿功能的电子微量天平是最合适的仪器，而在后者情况下(在 W 级功率测量中)，合适的电子天平或纯粹的机械式实验室天平[15]也可以使用。不管在哪种情形下，对靶相对静止位置的移动进行补偿是最基本的。

如果天平/力测量装置是通过小的已知质量的砝码来校准或者其他方法来校准的，天平/力测量装置的测量读数以质量的单位给出，则用该质量读数乘以重力加速度 g 转换成力。如果测量结果用毫克或克给出，乘以重力加速度 g 分别得到微牛顿力或毫牛顿力。依据附录 B 给出的公式将力转换成超声功率时，声速的单位是米每秒(以 23 ℃的纯水为例，声速 $c=1\ 491\ \text{m/s}$)，然后算出微瓦或毫瓦为单位的功率值。

注：g 的数值取决于辐射力天平所处的地理位置。一定要选取合适的 g 值，例如，在中欧 $g=9.81\ \text{m}\cdot\text{s}^{-2}$，此外该值还和海拔高度有关。

A.5.5 水槽系统

需要确保无论是靶还是测量装置的任何其他部位均不产生明显的超声反射，或产生的反射波不会返回到超声换能器上并对其产生作用。否则，测量所得的超声功率通常将不等于所期望的自由场中的功率值。

如果使用反射靶，则来自水槽壁的反射就显得尤为重要。反射对功率测量值的影响取决于水槽的几何尺寸。如果水槽的横截面是圆形的，所有的反射波都可能返回到靶上(再经过反射靶传到换能器)。在这种情况下，5.5 中 1%的规定将进一步要求具有内衬的水槽壁的能量反射率≤1%。

当系统水槽直接放在天平托盘上时(参见图 F.4 的测量装置)，应小心地将水槽放在托盘中心。

A.5.6 靶的支撑结构

如果靶用穿过液面的丝线悬挂在液体中，则丝线的直径应尽可能细，以减小由丝线的不完全浸润或者灰尘颗粒引起的测量误差。换能器放置在靶的上方(辐射力向下)时，可能需要几根悬吊丝，如图 F.5 所示，此时细悬丝的使用尤为重要。

注 1：可以使用直径为 60 μm 或 80 μm 的铂铱金属丝。

注 2：依据 7.2 及 A.7.2，将靶悬挂在水中，利用已知质量的砝码来校准测量系统，可以检查悬吊丝对测量结果的影响。

注 3：在使用图 F.4 所示的装置时需要格外注意，此时换能器外表面将产生干扰的表面张力，为保持测量水表面的稳定，应延迟一段时间再开始测量。

A.5.7 换能器的安装

无

A.5.8 防冲流膜

有两种相关类型的冲流：热传递型(如在超声换能器工作时的温升)和主要出现在高频范围内与超声衰减有关的声冲流。

如果不能忽略(长声程或高频率[16])沿声程的能量吸收，将产生声冲流。声冲流的影响可以通过下列方式进行补偿：

a) 修正辐射力的结果；

b) 使用防冲流膜；

c) 改变靶的距离来推算零距离时的辐射力值。

若使用防冲流膜，厚度应尽可能地薄，以保证其良好的声传播特性，这方面在高频时应予以重点考虑。

A.5.9 换能器的耦合

为了准确测量，超声换能器应直接耦合到测量液体中，以避免由附加的耦合膜产生的阻抗变化。这一点对超声波束垂直向上的高灵敏度精密天平时尤其重要[17,18](图 F.1)。在高 Q 值超声换能器的测量中，消除由附加耦合膜引起的阻抗变化是相当重要的。

参考文献[19]中给出了采用耦合膜时便于测量的装置的详细技术说明。只要防冲流膜能够按 5.8 的要求适当地安装并且它的传输系数被单独确定，则该装置就能很好地完成大多数宽带换能器的实际测量。

A.5.10 校准

无

A.6 测量条件的要求

A.6.1 靶的横向位置

凸圆锥形反射靶在超声波束作用下会产生偏离中心的现象，这一点应该给予特别注意。靶可能移动到声强较低的区域，作用于靶上波束的入射角度也可能发生改变。

这个影响主要取决于辐射超声功率、局部声强的分布及靶的悬挂方式。

A.6.2 换能器与靶的距离

在声传播路径上超声吸收会引起声冲流，鉴于这一事实，超声换能器表面与靶或膜(若使用)与靶之间的距离应考虑为尽可能小。

总是可以将吸收靶尽可能地靠近超声换能器安置，以克服任何涉及到发散声场结构的问题。

对于凹形圆锥反射靶，避免反射波对超声换能器产生任何的作用是重要的。因此这类靶应该放置在能够避免这种影响的距离之外[20]，这个最小的距离取决于每个换能器和靶的具体情况，因此需要单独评估。

另一方面，凸形反射靶的顶部可以与超声换能器的表面相接触安置，但是这并不意味着靶覆盖超声换能器辐射的整个半空间。即使(在发散场结构的情况下)几乎所有的声场都到达了凸形圆锥，这种情况还是可能会在入射角不同于平面波公式假设的条件下发生，并可能导致实际辐射力的减少。如果对所讨论的超声换能器的声场是否充分准直有任何怀疑(这主要在低的 ka 值时出现，也意味着在低频或小直径的超声换能器)，则应改变换能器与靶之间的距离并进行重复测量。如果辐射力随距离增加而减少超过了因超声衰减而引起的减少，表明靶的尺寸或靶的类型不合适。

用吸收靶进行大功率测量时，换能器与靶之间的距离不宜小于 8 mm。被吸收的超声会加热吸收靶，距离太短，通过吸收靶直接的热传递会改变换能器的特性。

A.6.3 水

为了避免空化，规定输出功率超过 1 W 时使用除气水。在输出功率更小时，精密测量最好也使用除气水。但在许多情况下，如果能小心防止换能器或靶表面产生气泡，也可选用未经除气的蒸馏水。

注1：水中溶解氧的量随时间增加，参见附录 D。增加的速度与水槽的尺寸及对水的扰动有关。

注2：D.4 中描述了抑制空化的添加剂的使用。

注3：如果使用的水对空气已经饱和，测量过程中水温升高将产生气泡。这是因为气体溶解度随着温度的升高而降低的。

A.6.4 水的浸润

测量之前，超声换能器表面、靶及膜(若使用的话)应完全浸泡在除气水中至少储存几个小时，以保证这些部件与水完全浸润。

注：将吸收靶同水一起除气，可以防止吸声体材料可能浸润的问题。

A.6.5 环境条件

应尽可能地密闭测量水槽以减少由于液体表面蒸发而带来的冷却效应而导致的测量液体的热对流。

如图 F.4 所示的测量装置，要密闭测量水槽是困难的或几乎不可能的，那么，由于在液体表面的蒸发而导致的天平读数的漂移需要修正。

应该对所用测量液体(水)的温度进行测定。因为计算功率时，用到的水中声速的数值取决于水的温度。(参见 A.7.10)

注：在天平读数中很容易观察到环境振动及空气流动的影响。

A.6.6 热漂移

对于反射靶，热漂移在某些情况下对测量结果可能产生影响，虽然程度不会很大。

注：图 F.4 所示的天平结构大大降低了靶浮力变化的影响。但即使是这样，还是推荐记录作为时间函数的天平读数值。

A.7 测量不确定度

A.7.1 概述

无

A.7.2 包括靶悬吊的天平系统

本项要求确保自动计及穿过水表面的悬吊丝的影响。

A.7.3 天平系统的线性度及分辨力

无

A.7.4 超声换能器开通瞬间的推算

无

A.7.5 靶的缺陷

严格地讲,需要知道从靶散射到各个方向上不需要的声波形成的动量,以此评估靶的缺陷对辐射力天平法测量精度的影响。由于这个动量值难以获得,实际上,如下所描述的简单的平面波近似已能满足要求。在平面波假设中,超声辐射压力等于总的声能密度。透过吸收靶向前传播的声波[例如图 F.1a)所示的装置]导致辐射力的减少,减少幅度由透过的能量密度决定,即由靶后面存在的能量密度决定。利用这个靶做为障碍物,并在原来的靶后面即刻放置另一附加靶,测得相应的辐射力,便可得出靶对辐射力减小的影响幅度。应特别注意,在如图 F.1a)所示的测量装置中,透射波在水表面的反射使得辐射力测量值双倍减少。

吸收靶造成的反射波或背向散射的波导致辐射力的增加,该增加量由反射波的能量密度决定。对平面吸收靶,该影响可以通过对理想反射体的脉冲回波信号的对比来评估。但是,对有表面结构的靶,这种测量值仅仅表示空间存在的相干波能量的分量,并不表示反射的总能量。在这种情况下,反射能量的评估可以在反射声场中利用水听器扫描和对声压平方的积分来获得(参见 IEC 61101)。换言之,吸收靶特性的其他信息可被用于给出一个对反射作用上限值(对平面波而言,就是等效的反射率)。靶的反射除了增加测量所得的辐射力,也能反作用于超声换能器,改变它的输出特性[8],将靶略微倾斜或使用更好的靶可以减小这种干涉效应。如果发生干涉,将引起辐射力的振荡,可以通过改变频率或改变靶与超声换能器的距离观察到这种振荡[8]。由任何残余干涉引起的不确定度可以通过振荡幅度来评估。

对反射靶的情况,前面对传输声波及其影响的讨论同样有效。然而,反射波可能同时来自靶和侧壁吸收材料[参照图 F.1b),图 F.2,图 F.6],因此需要更周到的考虑。

总之,准确度最可靠的评估可以借助不同类型靶的比对测量来获得。靶的声学特性随频率变化而显著变化,因此任何不确定度的评估都应针对每一感兴趣的频率单独进行。在频率 2 MHz 以下,很难设计出声学性能良好的靶。

为了减少相干反射波的影响,建议进行两次测量然后取平均值,两次测量时靶的位置间隔为 1/4 声波波长。

A.7.6 反射靶的几何尺寸

正如 B.2 所讨论的,锥形反射靶的圆锥角会影响测量结果。特别地,标称角度为 45°的凸圆锥形反射靶的圆锥半角在 45°±1°范围内,产生的功率不确定度为 3.5%。标称角度为 63°的凹圆锥形反射靶的圆锥半角在 63°±1°范围内(就是说 $\theta=27°$,符号定义见 B.2),产生的功率不确定度为 1.8%。

注:附录 E 给出了关于在发散声场的情况下,靶尺寸所产生影响的其他信息。

A.7.7 反射靶测量情况下的侧壁吸声材料

在图 F.1b),图 F.2,图 F.5b)和图 F.6 所示的装置中,侧壁吸声材料的缺陷将使反射波返回至靶表面,导致所测的辐射力数值增大。反射波能量密度与所处非相干的状况有关,此外,也可能出现干涉效应(参见 A.7.5)。

A.7.8 靶的未对准

如果超声换能器和力测量装置相互之间是对中共线的，但靶的角度不正确，便要考虑靶未对准的影响。

按照B.2中所给出的公式，作用于全吸收靶上的辐射力对靶的倾斜是不敏感的，但在反射靶的情况下，测量结果取决于靶的正确朝向。例如，对于－45°的平面反射靶，其角度的不确定度为±1°时，将带来3.5%的功率测量不确定度。圆锥形反射靶的偏心度所产生的影响不能以通用公式的形式给出，但一般情况下，影响比平面反射靶要小的多，尤其当靶与波束中心对中时。对于与45°锥形反射靶对中的圆柱对称波束，其角度未对中的灵敏度将还会有进一步地减少。

凹形圆锥反射靶的优点是能依据其悬吊的方式在超声波束范围内自动对中。

A.7.9 超声换能器的未对准

若靶和力测量装置相互之间是共线的，但超声换能器定向或位置不正确，此时应考虑超声换能器未对中对测量结果不确定度的影响。

在使用足够大尺寸的全吸收靶时，表观辐射力与未对准偏差角的余弦成正比。使用45°凸锥形反射靶时，若假定有±3 mm位置偏差及±3°的角度偏离误差，这种偏差用肉眼来对中是现实的，则可能产生3%的最大不确定度。

如果进行重复测量并在每次测量前将换能器从测量系统中移开后重新安装，不确定度评估应包括对超声换能器未对准带来的随机误差的检查。另外，也可能存在换能器未对准的系统性误差。

A.7.10 水温

由于水中的声速取决于水温[22]，1 ℃的温度测量不确定度将导致0.2%的功率测量不确定度。

当测量功率大于1 W时，可能引起明显的温升，应考虑实际温升的影响。

A.7.11 超声衰减和声冲流

由辐射力天平法测量结果导出的功率值涉及到位于换能器轴线方向的某一给定距离处的靶的位置，然而人们常常感兴趣的辐射功率值是超声换能器表面的辐射功率。下面就这种情况下的另一些不确定度问题进行讨论。

讨论主要针对如图F.1，图F.2，图F.3，图F.5，图F.6和图F.7所示的辐射力测量装置。对图F.4所示的测量装置，这些影响不是不重要，而是受到影响的地方其原因尚未知晓。对这种测量装置应该采用下面进一步描述的可选择的近似处理进行修正。

有两种基本模型用于说明上述功率值之间的区别。第一种模型只考虑了超声衰减的影响。在这种情况下，引入幂指数修正因子进行修正（参见B.3.2）。第二种模型考虑了沿靶前方的自由传播路径上声冲流在内的影响。对在某种理想条件下的吸收靶，Borgnis定理[23]认为衰减和声冲流的影响彼此互相抵消，因此不需要修正。真实靶（包括反射靶和吸收靶）的状况已被发现是处于上述两个基本模型之间的某个状态[16]。因此，建议应考虑其不确定度的范围在测得的未修正的功率值和考虑全部衰减修正后的功率值之间[24]。这种不确定度的贡献取决于靶的距离且在高频率范围内测量时尤其关键。

另外一种方法是测量表观功率，将其作为靶与换能器之间距离的函数，依据线性或指数衰减定律反推到零距离时的功率数值。测量所得的结果可能不完全满足假定的衰减定律，也就是说是一些分散的实验数值，因此要用标准数学方法评估推断结果的不确定度。

对于表面不是平面的靶，定义有效靶距离是困难的。按照数学定义，圆锥或棱锥的平均高度是从锥底测量时峰值高度的1/3，或者是从锥顶测量时峰值高度的2/3是有帮助的。这一规定适用于圆锥形反射靶或使用有棱锥似尖劈的吸收靶。对名义上均匀的圆柱状声束入射到凸圆锥形靶而言，更有效的靶距离（从顶点开始计算）是：

$$2a/(3\tan\beta)$$

式中：

a——波束半径；

β——圆锥半角。

A.7.12　膜的特性

无

A.7.13　有限靶的尺寸

A.5.3 中,给出了基于误差 2%准则的最小靶尺寸的计算公式。如果实际靶的宽度比 A.5.3 规定的值大 50%以上,则可以认为其引入的不确定度分量仅为 1%或更低[14]。但是建议根据 A.6.2 检查靶距离对辐射力的影响,使衰减和声冲流的影响在可接受的范围内(参见 7.11)。

严格地讲,该公式适用于吸收靶。在 A.5.3 和附录 E 中给出了用于凸圆锥形反射靶使用的限制条件。

A.7.14　平面波假设

如果声场具有发散或者聚焦特性,则 B.2 中的平面波的公式就不再严格有效。B.4.2 和 B.5 中给出了在聚焦声场中使用吸收靶时因偏离平面波声场计算公式产生的误差值的理论估算[25],E.1 中给出了在发散声场中使用吸收靶时因偏离平面波声场计算公式产生的误差值的理论估算[26,27],对发散声场中使用凸圆锥形反射靶的讨论见 E.2。

A.7.15　环境影响

由于环境振动、空气流动或温度变化引入的不确定度的评估,应采用重复测量的方法来检查,至少重复三次且最好在不同日期测量。

A.7.16　激励电压测量

通常情况下,施加到超声换能器上的激励电压测量的不确定度与输出功率测量无关。然而,如果是在不同的实验室对同一超声换能器进行输出功率测量(比如以相互间比对为目的),则应考虑激励电压幅度可能存在差异的问题。由于输出功率正比于激励电压的平方,此时也就得到了辐射电导 G,在对 G 值总的不确定度进行评定时,其电压的不确定度分量应按双倍计算。

注 1:如果考虑激励电压,它应是在超声换能器的输入端上直接测量的值。

注 2:建议每一输出功率测量期间应测量并记录激励电压,用所施加的激励电压值来建立一个要求的功率标准或计算辐射声导。这一参数也能用来检查各种换能器的稳定性。

A.7.17　超声换能器温度

比较在不同的时间或地点的测量结果时,输出功率随着换能器温度的变化可能很重要。环境变化或超声换能器内部的热耗散都能造成温度的变化,有时这种变化非常显著(比如每度 5%),尤其对多层阻抗匹配换能器。

换能器温度的升高会产生热对流,可能影响天平的读数。

这些影响可以通过观察换能器在激励后其辐射力随时间的变化函数来评定。

A.7.18　非线性度

a)　包括悬吊靶在内的天平系统的线性度可以借助于用已知质量的砝码或已知特性的超声换能器(7.2)的校准来检查,校准时靶与换能器之间的距离应小于 10 mm。

b)　依据 6.3 及 6.4,需要对水除气并要求没有任何气泡。在超声场中如果有气泡或存在空化,测量的功率值肯定是不准确的。对这些误差源也没有一般性的评估。

　　更多的有关水的除气及空化方面的信息可以参考附录 D。

c)　超声衰减和声冲流可能涉及非线性。如果靶和超声换能器间的距离或靶在距离变化试验中的最小值小于 10 mm,则应满足 A.7.11 的要求。若大于等于 10 mm,由于非线性造成的附加不确定度很有可能产生,但这里无法按通用的估计方式分析。

　　这种效应似乎可以利用已知输出功率的标准换能器来进行检验,然而值得注意的是,超声衰减和声冲流中的非线性可能取决于瞬间的波形或者声压峰值,由于标准换能器的波形与测量的超声换能器波形可能不同,因此获得的测量结果并不是完全可信的。

d) 除了上面a)、b)和c)提及的非线性效应之外，从理论上讲功率和辐射力的关系可能是非线性的，且与B.2和B.5中表征线性关系的二阶方程有所差异。然而，在目前的诊断仪和治疗仪等超声设备所产生的输出功率范围内，既然还没有得到相反的证据，可以认为声辐射力与超声输出功率之间主要是线性关系。B.2及B.5给出的公式中非线性偏差的影响与其他不确定度分量比较可以忽略不计[28]。

A.7.19 其他来源

建议定期检查使用ISO导则评定总不确定度是否受到其他随机离散误差源的影响。检查工作可以拆分和重新组合测量装置，重复测量至少三次来完成。

满足本标准的第5章、第6章的要求时，对$ka \geqslant 30$的换能器，在1 MHz～10 MHz的频率范围内，总的测量精度可达到10%[26,29,30,31,32]，在10 MHz～20 MHz的频率范围内，测量精度为20%，20 MHz以上为30%。对于$10 < ka < 30$的换能器，频率在1 MHz左右时，总的测量精度约为20%。

在参考文献[24,26,30,33]中给出了对具体测量系统的误差分析。同时也极力推荐使用已校准的参考超声换能器进行试验测量[30,31,34]。

附　录　B
（规范性附录）
基本公式

B.1　本标准所推荐的辐射力测量在开放容器条件下(朗之万条件)下实施的,即被辐照的流体与周围媒质相连接,它承受环境压力。

B.2　在这样的条件下,对小振幅的平面超声波,两种媒质分界面上的辐射压力等于两表面的声能密度差。这样便得到下列公式,建立了沿入射波传播方向作用在靶上的辐射力分量 F 和超声换能器的声输出功率 P 之间的关系。

对全吸收靶:

$$P = cF \qquad \text{(B.1)}$$

对全反射靶:

$$P = cF/(2\cos^2\theta) \qquad \text{(B.2)}$$

式中:

c——传声流体(水)中的声速;

θ——入射波的传播方向与反射面法线间的角度。

注:上述的入射声波传播方向应从广义而不是局部的角度去理解,应为声场轴线的方向。

B.3　式(B.1)、式(B.2)的成立包括以下两个假设:

B.3.1　靶的尺寸应足够大,使其能够覆盖超声波束的全部横截面,即在未打中靶方向上发射的声功率量值与总的声功率相比可以忽略不计。

B.3.2　在声传播媒质中超声波没有被吸收。如果有吸收存在,则上面公式中的符号 P 则表示靶位置处的声功率。为将其转化成超声换能上的输出声功率,应乘以 $\exp(2\alpha z)$,z 是靶与超声换能器间的距离,α 是平面波的幅度衰减系数。在兆赫级频率范围内 α 的值与 f^2 成正比且由式(B.3)给出,例如在 23 ℃的纯水中,

$$\alpha/f^2 = 2.3\times10^{-4}\,\text{MHz}^{-2}\,\text{cm}^{-1} \qquad \text{(B.3)}$$

式中:

f——超声频率,MHz(参考[35],可以进行内插值计算)。

α 值与 f^2 成正比的前提条件是不存在因声波振幅失真而产生的附加衰减和不存在由声冲流在靶上引起的附加作用力(假设使用了防声冲流膜)。

B.4　上述公式是根据平面波假设得出的,而超声换能器的声场结构通常与平面波不同,这主要是由于衍射引起的。但仍推荐使用上述公式,有下述两个理由:

B.4.1　在实验方面,典型地至少在百分之几的测量准确度内,从未发现上述公式不适用于平面活塞超声换能器。

B.4.2　在理论方面[36],也可参见方程式(E.2),已发现在圆形平面活塞源的条件下,只要它的 ka 数值足够大,则平面波的结果是近似成立的($k=2\pi/\lambda$ 是声传播流体中的波数,a 是超声换能器的半径,该理论研究局限于使用吸收靶的场合)。例如,如果 $ka\geqslant35$(通常超声换能器满足的条件)一致性相当于2%。主要在小的 ka 范围内,认为上述的公式可能有错误(该影响的修正,可参见附录 E)。

B.5　已经有了理论根据[25]表明平面波公式对聚焦超声换能器并不完全适用。这时吸收靶的辐射力表达式应改成:

$$P = 2cF/(1+\cos\gamma) \qquad \text{(B.4)}$$

式中:

γ——焦(半)角[$\gamma=\arcsin(a/d)$];

d——几何焦距(超声换能器的曲率半径);

a——超声换能器的有效半径。

在$\gamma \to 0$或$d \to \infty$时,式(B.4)趋近于平面波公式。对于上述理论,在没有获得新的证据之前(理论的或实验的),至少应该关注其指出的平面波与聚焦场之间可能的差别,并在针对聚焦声场情况的不确定度评估过程中应考虑其影响。

B.6 式(B.5)是在聚焦超声场中圆锥反射靶的近似的辐射力公式,它的导出基于以下假设:

——无损耗液体中的球形曲面圆形换能器的超声场,看成是由像平面波一样沿直线传播并在靶表面全反射的声射线组成。γ为一焦(半)角。

——圆锥靶是绝对硬或绝对软的反射体,它的顶点被置于换能器与焦点间的声场轴线上。靶的几何尺寸特征量用第4章中的定义的角度θ表示,典型凹形反射靶的角度在25°～30°之间。对凸形反射靶,定义该角度为负值,典型的$\theta=-45°$。

——靶覆盖全部声场,即全部声射线都能到达靶上。

——反射的声射线自由地传播到无限远或在某处被完全吸收,没有任何声射线返回至换能器。对于凹形靶,没有多次反射。

公式可写成[51]:

$$P=4cF \cdot function(\gamma,\theta)$$

及 $$function(\gamma,\theta)=(1-\cos\gamma)/[(1-\cos 2\gamma)(1+\cos 2\theta)-(2\gamma-\sin 2\gamma)\sin 2\theta] \quad \cdots\cdots(B.5)$$

注1:上面公式中的γ角应以弧度为单位。

注2:若$\theta=-45°$,在与$d=32a$相应的γ值时,根据式(B.5),P/cF值为0.98[即式(B.2)与式(B.5)相差2%],这是5.2.3中相应推荐的基础。

当圆锥顶点通过焦点移动时,上述表达式经历了一个满足Heaviside阶跃函数的过程。

上述公式是基于一不完善的模型得出的,因此,它是一近似公式。这里忽略衍射的影响,忽略声射线彼此不平行时出现的质点速度中的虚数部分。与直线传播的局部偏离(例如由于衍射)可能会导致辐射力的增加或减少。然而,在吸收靶的情况下,衍射通常趋向于减少辐射力。

注:然而,有实验和计算的证据支持由简单声射线模型与式(B.5)所表明的总体趋势[37]。当换能器与圆锥顶之间的距离大于20 mm,且小于焦距值减10 mm时,$\theta=-45°$的凸圆锥形反射靶的特定实验条件下,式(B.5)是近似成立的。距离小于20 mm,引起换能器与圆锥体间的明显反射,使得所测量的力增加,在距离很小的情况下测量所得的力往往能增加到2倍。对于大于焦距值减去10 mm的距离,测得的力值从方程式(B.5)所得的聚焦前值逐渐地减少到较小的聚焦后值。

附 录 C
（资料性附录）
超声功率测量的其他方法

应用中有许多其他的辐射力方法，例如，扭力天平[38]或使用调制辐射力的装置[24,39]。调制辐射力天平适用于任何可工作于调制或猝发音激励的超声换能器。浮子法仪器形成一大类装置，该仪器适用于超声治疗仪的瓦级功率范围。在基础设计中[20]，一凸圆锥形的反射体在辐射力作用下移动进入较重液体（四氯化碳或四氯乙烯）。在参考文献[40～44]可以见到许多原理方面的修正和改进，参考文献[45]中描述了一种非常灵敏的浸入式天平，该天平适合在微瓦范围。

不同于辐射力天平原理的另外的方法，是借助于校准水听器的超声场扫描法（平面扫描）（参见IEC 61101）[46]和光衍射（Debye-Sears）[1,47]及量热法[1,3,48]。

附 录 D
（资料性附录）
传声媒质及除气

D.1 概述

已证实超声功率测量显著地受声空化的影响，特别是在 1 MHz 或更低的频率范围内。空化是在媒质中已存在的气体或蒸汽的微气泡生长、振荡和崩溃的过程。超声功率测量期间，气泡将在实验时从换能器上分散超声能量，引起实际功率的不稳定和低估。因此需要知道在功率测量期间何时会出现空化，并且规定合适的媒质，使得在这种媒质中空化的影响最小。

参考文献[26]中描述了探测空化开始的测量方法。尤其，惯性空化的开始通常由基波工作频率的次谐波的出现来表征。使用针状水听器所获得的声谱的实例介绍见参考文献[26]。

表 D.1 列出了给水除气可能采用的方法。为表明获得除气水的许多可能性，表中收集了许多文献中描述的方法。对于制备程序的更精确的描述，应参考相关文献。这里推荐使用的除气水，溶解氧浓度的测量会给出关于溶于水中气体数量的足够信息。

减少水中气体含量的其他方法或添加剂有：

——从水中提取氧的电化学方法，该方法不太容易实施，电解的方法也是同样不易实现；

——在水中添加联氨，该方法的问题是联氨有剧毒且在气体中易蒸发；

——使用微泡型过滤器，对于少量的水来讲这是一昂贵的方法，但如果需求量很大则可以使用。

众所周知，低压除气（在 2.5 kPa 下保持 12 h）和加热除气（100 ℃下 15 min）。它们均能制作出好的除气水（氧浓度小于 4 mg/L），但良好除气的状态只能保持几个小时的时间，见图 D.1。所有装置中，与水量比较而言，水表面尺寸的大小对减少除气时间是重要的。而溶气的速度很大程度取决于水槽的尺寸及水表面是否平静。表 D.1 中给出的减压法或煮沸法除气的结果相类似。

还有另外一种不太常用的方法，是在水中添加亚硫酸盐或乙二醛来抑制空化的形成。在这种情况下，溶气的速度同样取决于水槽的尺寸及水表面是否平静。

表 D.1 除气水的方法

文　献	方　法	初始水质	制备程序	除气后质量要求
GB/T 16407	煮沸	蒸馏水和过滤水	煮沸 15 min 冷却至 54 ℃ 用软管充液装瓶并密封 冷却存储至使用	测量氧气质量浓度 不要求
	在减压的情况下煮沸	蒸馏水和过滤水	在小于 10^4 Pa 压力下煮沸（20 升） 冷却至 39 ℃（过夜） 保持 39 ℃，小于 10^4 Pa 压力下保存直至使用（1 d～7 d）	测量氧气质量浓度 不要求
	减压喷射	蒸馏水和过滤水	在小于 10^4 Pa 压力下，细水喷射。	测量氧气质量浓度 不要求
IEC 60854	煮沸	蒸馏水	加热至 80 ℃，持续 1 h	不要求
GB/T 16540	减压	蒸馏水	在 2 500 Pa 压力下，持续 1 h	
本标准	减压	去离子水	在 2 500 Pa 压力下至少持续 24 h 氧质量浓度将小于 1 mg/L	氧质量浓度小于 4 mg/L

表 D.1（续）

文　　献	方　　法	初始水质	制备程序	除气后质量要求
本标准	煮沸	去离子水	煮沸 5 min 自然冷却至 23 ℃ 氧质量浓度将小于 2 mg/L	
	加 Na_2SO_3	去离子水	添加 4 g/LNa_2SO_3 将产生 0.1 mg/L 氧质量浓度	
	其他方法	去离子水	可变	
GB/T 15611	煮沸	蒸馏水	加热至 80 ℃，持续 1 h，在 10^5 Pa 大气压下最多保持 48 h	不要求
	减压	蒸馏水	压力不超过 2 000 Pa，在 10^5 Pa 大气压下最多保持 48 h	
[49]		去离子水	离子泵-非常低的压力-加热-测量水槽 新除气的氧质量浓度将小于 1 mg/L，保持较长时间：厨具包装中空塑料球	为水听器测量： 氧质量浓度 5 mg/L～8 mg/L为 10 W 以上功率测量氧质量浓度小于 4 mg/L
[50]	10 种不同方法	可变	可变	不要求

D.2　真空除气法

应用对水抽真空（2 kPa～2.5 kPa）的方法完成水的除气。经过 24 h 后，溶解氧的质量浓度能被降到 1 mg/L。由于水中的氧质量浓度在 4 mg/L 以下时可以保持几个小时，因此这是一种合适的方法。

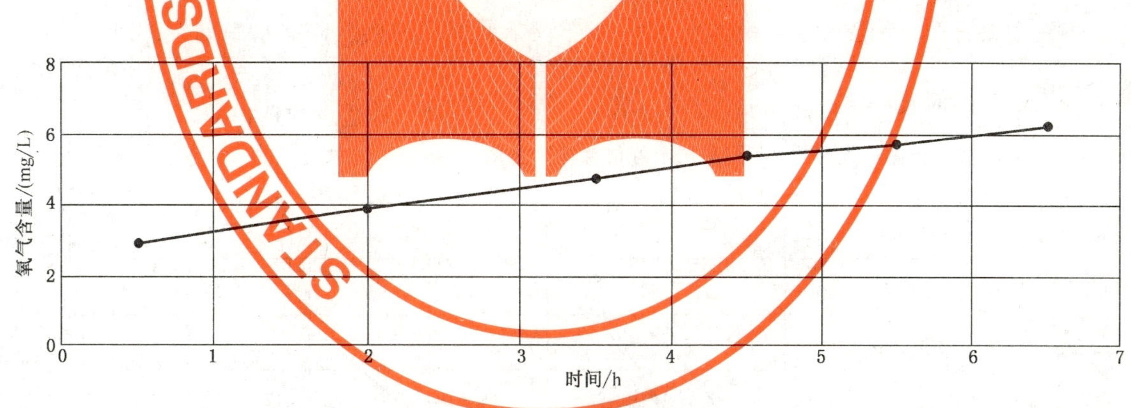

图 D.1　200 mL 真空除气水（玻璃容器中液面面积为 34 cm^2）中溶解的氧气含量随时间的变化的实例

D.3　煮沸除气

在规定的时间内煮水使之沸腾也是一种适用的除气方法。表 D.2 介绍了使用三种不同的步骤而获得的结果。

表 D.2 中给出了将容器中水煮沸再冷至 23 ℃以下之后的氧气质量浓度，其冷却时间取决于容器中水的复原和搅拌速度。

表 D.2 煮沸除气条件

煮沸时间/min	煮沸之前的初始氧气质量浓度/(mg/L)	在大约 23 ℃时,最终氧气质量浓度/(mg/L)	煮沸结束(T=100 ℃)时间与冷却至 23 ℃时间的时间间隔/min
5[a]	7.2[a]	1.7[a]	24[a]
10[a]	7.8[a]	2.0[a]	35[a]
20[b]	8.0[b]	3.1[b]	28[b]
[a] 不搅拌。 [b] 非常平稳地搅拌。			

从表 D.2 能得出以下结论:

——煮沸 5 min 的时间,足以使水获得较好的除气效果;

——在冷却期间搅拌(即使很轻微),对水中含氧量有显著的、意想不到的负面影响;

——冷却时间只要不超过 35 min,对氧含量没有明显影响。

D.4 添加 Na_2SO_3 除气

另一种非常好的除气方法是添加亚硫酸钠(Na_2SO_3)。20 ℃下氧饱和的水中含氧量大约是 9 mg/L。为了限制氧含量需要 0.5 g/L 的亚硫酸钠。除气过程中,Na_2SO_3 的使用会生成硫酸钠。例如,加 Na_2SO_3 制备得到质量分数为 0.4%的 Na_2SO_3 溶液。在较长的时段内此种水的含氧量一直低于 4 mg/L,如图 D.2。溶气的速度很大程度上依赖于水槽的尺寸,在尺寸很大的水槽中,观察水的除气周期大于 150 h。

添加 Na_2SO_3 前后的声速没有发生变化,密度变化量小于 1%。使用 4 g/L Na_2SO_3 的混合物电导率是 5.1 mS/cm。

Na_2SO_3 对于铝和镍等金属有一些影响(Na_2SO_3 的作用像一基极)。例如,前表面带有铝镀膜的换能器在溶液中放置 2 h 后会产生一些腐蚀。因此,建议金属类型的换能器在水中的浸入时间应尽可能地短。

考虑了上述预防金属腐蚀的问题,可以认为 Na_2SO_3 溶液是一种适意的选择。

注:这种方法仅对消除氧气有效,但是,氧的消除能够抑制空化。

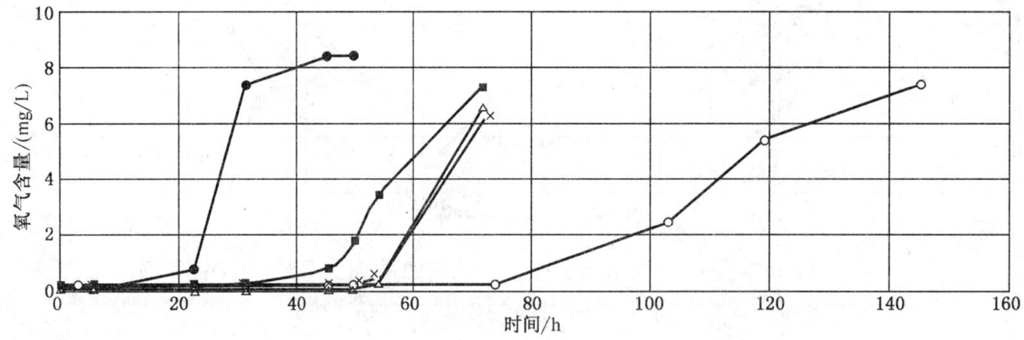

图 D.2 对于软化(无矿物质)水中 2 g/L,4 g/L 和 6 g/L 的亚硫酸盐和对于不同的面积和容积的作为时间函数的溶解氧质量浓度,装入玻璃瓶后立即开始测量,水温为(22±1)℃

D.5 水之外的传声媒质

乙二醛(Ethanediol)

乙二醛溶液，例如与水进行 2∶1 配比而成，虽然由于其高黏度而不可能产生空化现象，但也不推荐用作非空化媒质。

测量表明，乙二醛溶液中作为空化征兆的次谐波频率仅出现在最高的功率级别，并因此能够成功地抑制空化。然而，由其声学特性的测量结果也表明，在 19.5 ℃时乙二醛溶液的传播速度是1 720 ms^{-1}，比水中声速高 16%。声阻抗与水相差 20%，因此用作非空化媒质是不理想的。

生理溶液

建议将医院使用的“生理溶液”作为辐射力天平法之中使用的除气液来源。然而，使用生理溶液的试验已证实，在与除气水的 15 W 相比，在低功率的 5 W 的测试实验中，媒质内便出现空化现象。因此，该液体不宜用于超声功率测量的媒质。

注：标准的生理溶液体是含 0.9%氯化钠的消毒水溶液(9 g/L)。

附 录 E
（资料性附录）
发散超声场的辐射力测量

E.1 修正与不确定度，冲击到吸收靶的发散声场

通常所使用的测量辐射力 F 及计算超声功率的方法是基于平面波的假设。参考文献[25]中给出的更实际的声场模式被作为欧洲协作项目的一部分加以研究，在其研究报告的附录 B 中有详细阐述[26]。一般认为，真实的非聚焦声场结构，可能介于平面波结构和圆形平面活塞结构之间，在横截面尺寸无限大的全吸收靶的条件下，相关公式如下：

对平面波，

$$\frac{P}{cF}=1 \qquad \text{(E.1)}$$

对圆形平面活塞声源，

$$\frac{P}{cF}=\frac{1-J_1(2ka)/ka}{1-J_0^2(ka)-J_1^2(ka)} \qquad \text{(E.2)}$$

式中：

c——声速；

k——波数；

a——换能器半径；

J——贝塞尔函数。

在图 E.1 上，振荡曲线表示式(E.2)中的贝塞尔函数公式。根据公式（“峰值”近似）用平滑曲线连接振荡曲线中的最大值。

$$\frac{P}{cF}=fct(ka)=1+\frac{0.6531}{ka}\left[1+\frac{1.407}{(ka)^{2/3}}\right] \qquad \text{(E.3)}$$

图 E.1 还给出了一条连续的线。

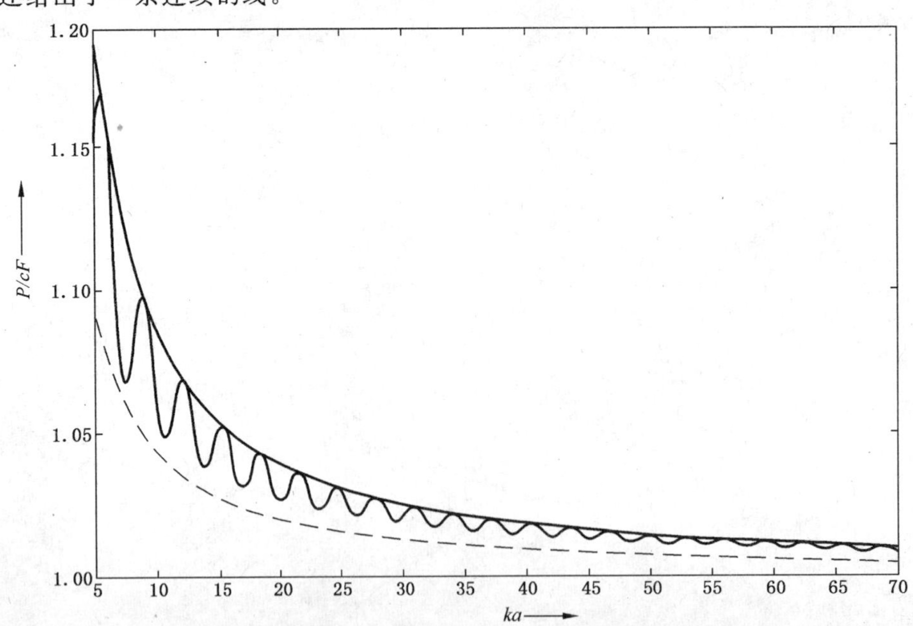

图 E.1 P/cF 随着 ka 的变化曲线，表示修正因子。其中振荡曲线为活塞源的 P/cF 结果，实线为“峰值”近似曲线，虚线为中央的半程曲线

这条曲线仅适用于活塞声源。对其他幅度分布，特别对于在其边缘带有幅度遮挡(旁瓣抑制)的换能器，可预期其曲线位于 $P/cF=1$(平面波)和活塞源曲线之间的某处。

计算结果证实了上述预期，如图 E.2 所示。考虑到一种伪梯形的分布，并假定振动幅度随着向换能器边缘的减小不是呈现如参考文献[25]中描述的线性关系，但是该减小根据下列公式以二次形式给出。

$$\frac{v(R)}{v_0}=\begin{cases}1 & 0\leqslant R\leqslant a_1\\ \dfrac{a_2^2-R^2}{a_2^2-a_1^2} & a_1\leqslant R\leqslant a_2\\ 0 & a_2\leqslant R\end{cases} \qquad \text{(E.4)}$$

其中 R 为离换能器中心的侧向距离。假定质点速度幅度 v 在特征半径 $R=a_1$ 内等于常数 v_o，然后随着 R 值增大单调减少到零，直至达到第二个特征半径 $R=a_2$ 为止，在 a_2 之外保持为零。换能器的有效半径 a 在这里被简单地定义为速度幅度是 $v_0/2$ 时的 R 值，即：

$$\frac{v(a)}{v_0}=\frac{1}{2} \qquad \text{(E.5)}$$

图 E.2 在四个不同的伪梯形幅度分布条件下，P/cF 随 ka 的变化曲线，$\varepsilon=0$(活塞)(实线)；$\varepsilon=0.1$(虚线)；$\varepsilon=0.25$(点划线)；$\varepsilon=0.6$(虚线/点划线)

与参考文献[25]使用的定义类似，方程式(E.4)和式(E.5)可推出式(E.6)：

$$a^2=\frac{a_1^2+a_2^2}{2} \qquad \text{(E.6)}$$

每一伪梯形分布能通过参数 ε 来表征(在参考文献[25]中所指的 a)，与参考文献[25]相同，ε 是靠近换能器边缘幅度下降区域的相对宽度。

$$\varepsilon=\frac{a_2-a_1}{a} \qquad \text{(E.7)}$$

这里考虑了四个不同的伪梯形幅度分布，并在图 E.2 中使用如下不同的印刷线形显示：$\varepsilon=0$(活塞)(实线)；$\varepsilon=0.1$(虚线)；$\varepsilon=0.25$(点划线)；$\varepsilon=0.6$(虚线/点划线)。$\varepsilon>0$ 时分布结果位于活塞源曲线和平面波曲线之间(参见文献[25])。

因此，在未知幅度分布的情况下，可以把1(平面波的值)和式(E.3)的平均值认为是对 P/cF 最好的近似。这个在图E.1中用虚线表示，通过平面波测量值乘以下列修正系数就能得到相应的修正。

$$\mathrm{corr}=\frac{1+fct(ka)}{2} \qquad \text{(E.8)}$$

该修正系数从值 $P/cF=1$ 增加到一个值，该值由图E.1的中央虚线曲线所代表的值。假设一个不确定度 u 涵盖 $P/cF=1$ 和图E.1中连续峰值连线之间的全部空间。

推荐使用该近似处理，实际上应采用最合适的有效半径 a。对于在理疗仪上使用的换能器，其有效半径应根据IEC 61689给出有效辐射面积值AER计算，对其他的换能器，半径值 a 既可通过水听器测量的方法确定，也可通过元件或元件组尺寸的几何测量确定。修正因子corr作为 ka 的函数按式(E.9)计算：

$$\mathrm{corr}=1+\frac{0.6531}{2ka}\left[1+\frac{1.407}{(ka)^{2/3}}\right] \qquad \text{(E.9)}$$

在使用吸收靶进行辐射力测量时，该修正系数补偿了非平面场结构波束发散(通常很小)的影响。它适用于测得的声功率值的修正。

在不充分了解测试中的具体换能器声场结构时，每个个别情况下真实修正系数的计算受到一个不确定度的影响，它是基于从 $P/cF=1$ 延伸到方程式(E.3)的值的矩形分布的假设。

应该注意上述处理是针对吸收靶的。在应用反射靶测量时，没有任何修正或不确定度可以利用。

E.2 修正与不确定度，冲击到反射靶的发散声场

目前对发散场中的凸圆锥形反射体尚无场的修正方法，只能给出一些指导性原则。B.2中给出了准直声场中完全反射靶的超声功率计算的基本公式。

根据该公式可以预测，对任何发散波束的声功率值将被低估。低估的数量很大程度依赖于声束中的声压分布和声束的发散程度。对于圆锥半角为45°的凸圆锥形反射靶，可计算出，5°的入射角的低估已导致功率值17%的低估。实际上并不是辐射力的所有分量都具有同样的入射角，所以，这个近似是过于保守了。图E.3表示了用圆锥半角为45°的凸圆锥反射靶和吸收靶进行的从1 W到20 W量程的声功率测量的比较结果[26]。由该图得出，这个类型的凸圆锥反射靶系统地低估了发射功率。

同样可以推断，在 $ka<30$ 时，其不确定度上升到不可接受的值。靶的直径大小是造成这种情况的最重要原因之一。

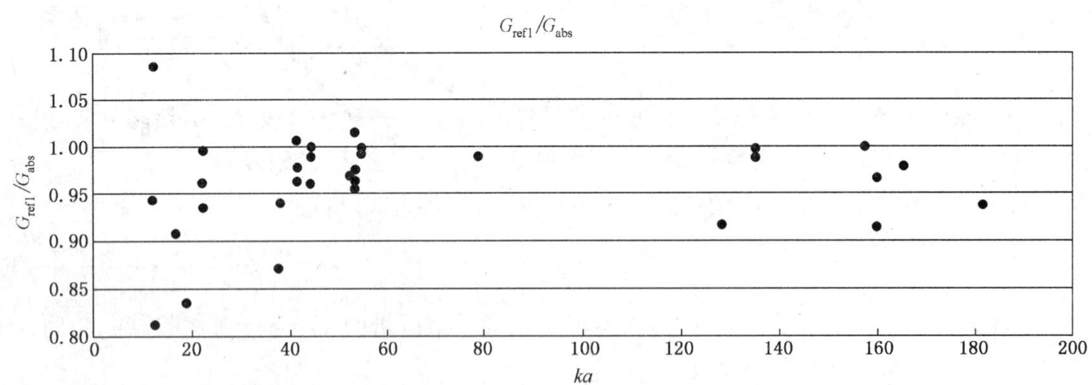

图E.3 使用45°圆锥半角的凸圆锥形反射器获得的辐射声导 G 值与使用吸收靶的辐射声导 G 值的比值与在3个不同实验室使用11个不同的治疗仪换能器的 ka 值的关系[26]

E.3 靶的直径

现有最小靶半径 b 作为轴向靶距离 z 的函数的那些公式，都依赖于 ka 值的大小，详见5.3。严格地

说，这些公式仅适用于平面吸收体，但将其推广到其他靶类型是有价值的。

b 应被理解为最大靶的横截面的半径（在凸圆锥反射器中它是圆锥的底），z 应被理解为横截面与换能器的距离。如果该计算应用于圆锥半角为 45°的凸圆锥形反射靶，则 ka 存在某一限制值，若低于该值，无论反射靶尺寸如何，即使反射靶顶尽量接近甚至与换能器表面接触，都不能满足上述公式的要求。这个限定值是 $ka=17.4$。

附 录 F
（资料性附录）
几种天平装置的局限性

F.1 天平装置

下面按照靶与天平托盘的连接方式分类，介绍几种最常用的天平装置。

装置A：靶悬挂在天平下方，水槽不和天平托盘接触，换能器通过水槽的孔向上辐射（如图F.1）。

装置B：靶经过一横梁悬挂在天平托盘的下方，水槽不和天平托盘接触，换能器从水槽顶部进入水槽向下发射（如图F.2和图F.3）。

装置C：靶放在水槽的底部，水槽放在天平托盘上，换能器从水槽顶部进入水槽向下辐射（如图F.4）。

装置D：平坦的反射靶经过一横梁和天平托盘成一个角度悬挂，水槽不和天平托盘接触，换能器从水槽顶部进入水槽向下辐射。

装置E：靶通过一桥架悬挂在天平下方，为换能器安装提供空间，水槽不能和天平托盘接触，换能器向下辐射（如图F.5）。

装置F：适用于水平波束，将靶悬挂在支撑物下面，装置应提供检测靶位置的方法，同时还应提供一个可测量的（与辐射力）等值的反向作用力以便将靶保持在零点位置（如图F.6和图F.7）。

所有的天平装置都能配备吸收靶或反射靶。虽然天平装置能配置反射靶，但是在本附录中只讨论吸收靶装置。天平装置A由于它的特殊结构，与在工业环境的应用相比，更适合于用作基准使用。

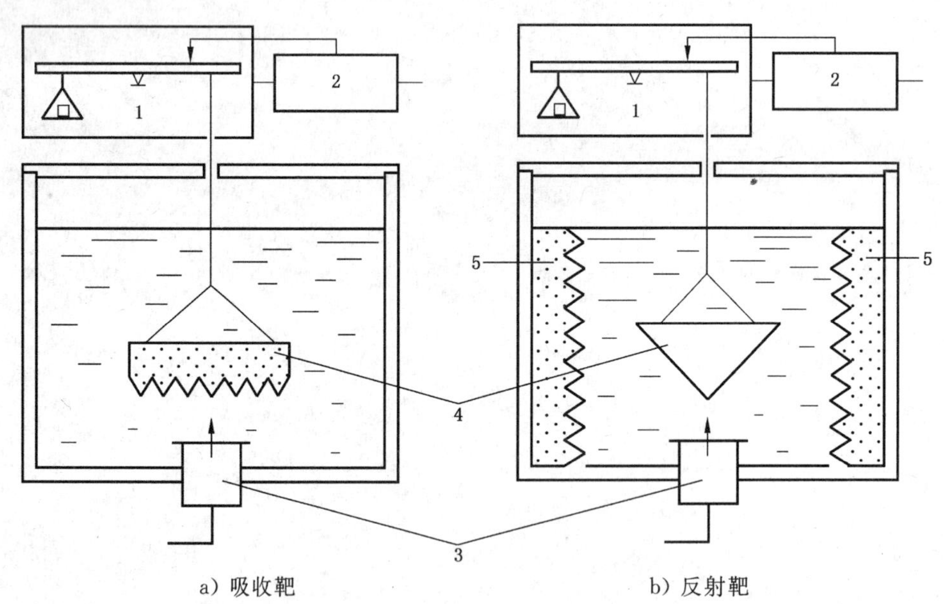

a）吸收靶　　　　b）反射靶

1——天平；
2——天平控制；
3——换能器；
4——靶；
5——侧面吸声体。

图F.1 装置A

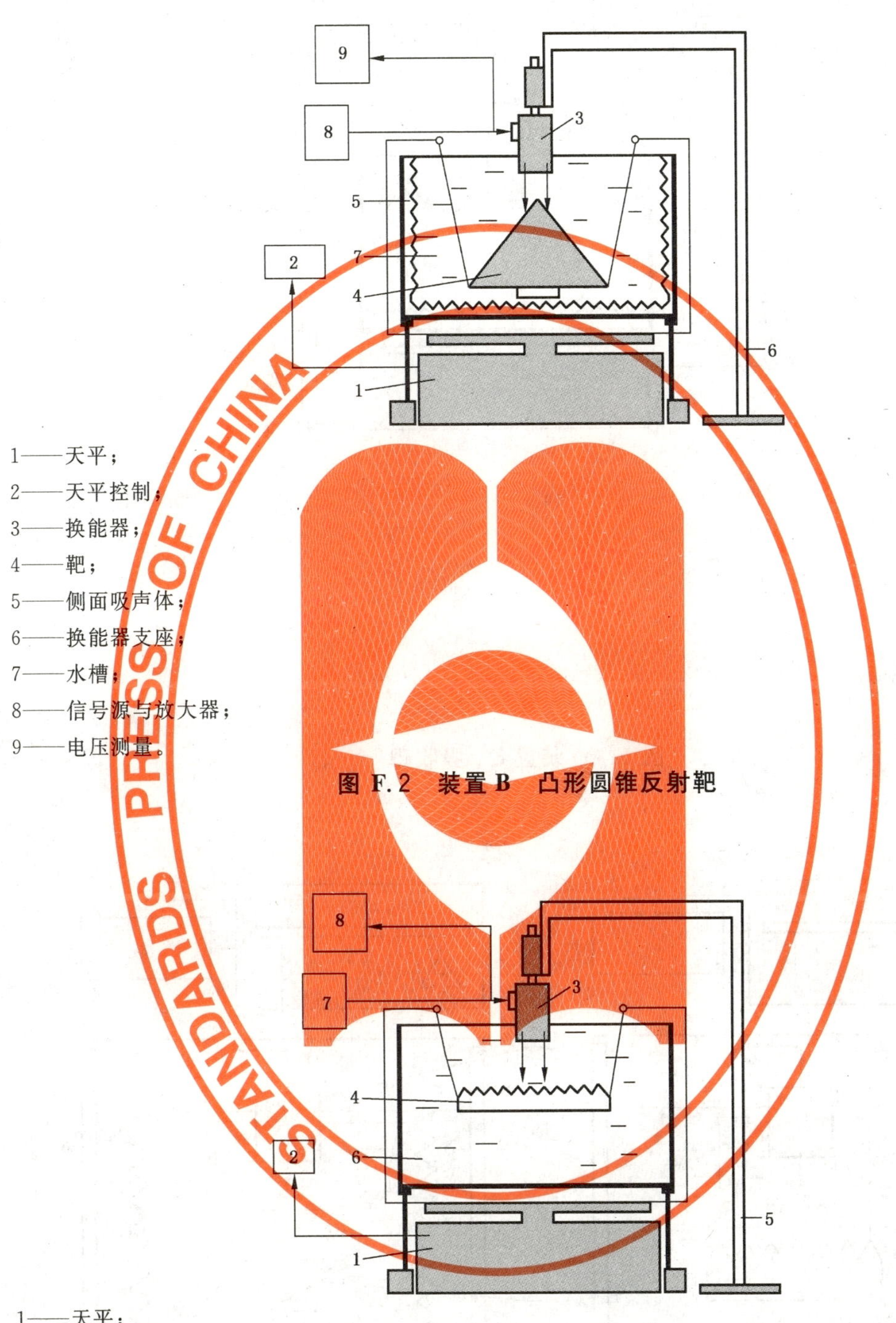

1——天平；

2——天平控制；

3——换能器；

4——靶；

5——侧面吸声体；

6——换能器支座；

7——水槽；

8——信号源与放大器；

9——电压测量。

图 F.2　装置 B　凸形圆锥反射靶

1——天平；

2——天平控制；

3——换能器；

4——靶；

5——换能器支座；

6——水槽；

7——信号源与放大器；

8——电压测量。

图 F.3　装置 B　吸收靶

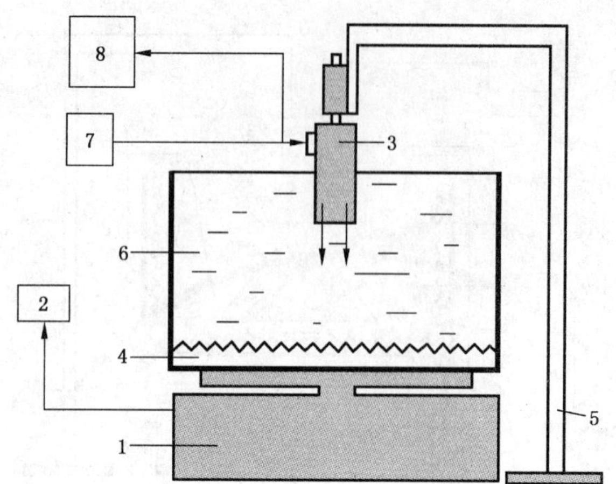

1——天平；

2——天平控制端；

3——换能器；

4——靶；

5——换能器支座；

6——水槽；

7——信号源与功放；

8——电压测量。

图 F.4 装置 C 吸收靶

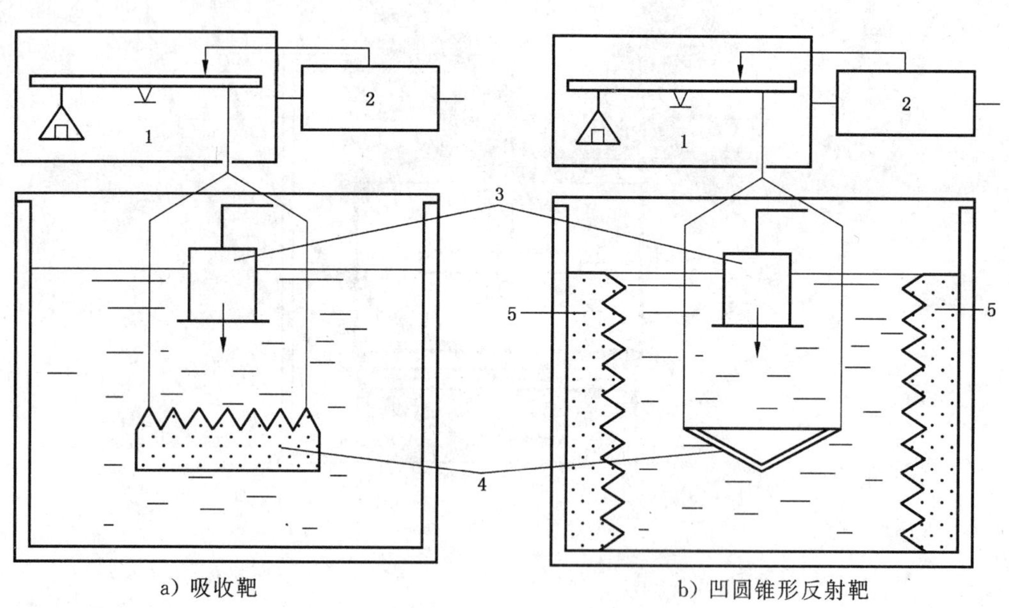

a) 吸收靶　　b) 凹圆锥形反射靶

1——天平；

2——天平控制；

3——换能器；

4——靶；

5——侧面吸声体。

图 F.5 装置 E

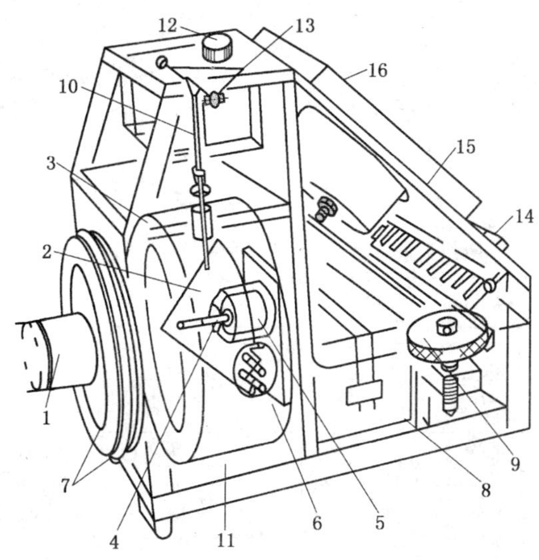

1——换能器；
2——空锥形靶；
3——合成吸收层；
4——力-天平磁铁；
5——力-天平线圈；
6——光电二极管零位探测器；
7——PVC膜和密封O型圈；
8——铅蓄电池；
9——零点调平轮；
10——悬挂臂；
11——注水腔；
12——水过滤罩；
13——宝石轴承；
14——量程开关；
15——电子部分；
16——功率计。

图 F.6 装置 F 凸形圆锥反射靶

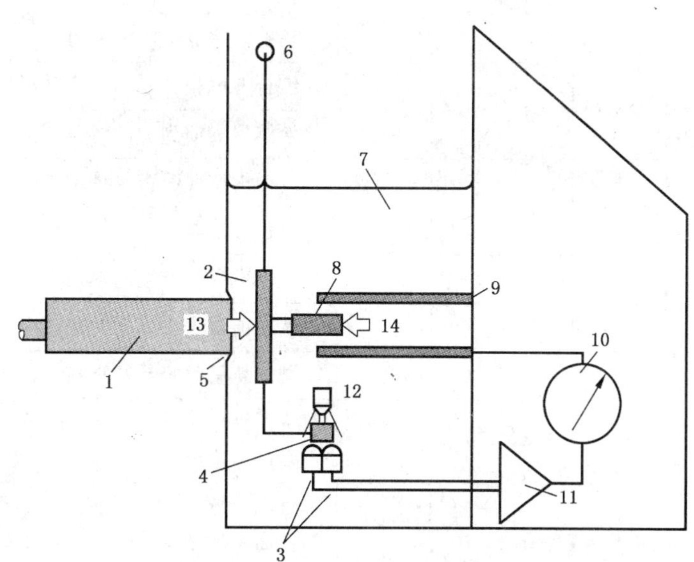

1——换能器；
2——吸收靶；
3——光传感器；
4——不透明薄层；
5——薄塑料窗；
6——支点轴；
7——水；
8——磁铁；
9——线圈；
10——电流计；
11——运算放大器；
12——发光二极管；
13——辐射力；
14——磁力。

图 F.7 装置 F 吸收靶

F.2 天平装置的局限性

尽管前面所介绍的所有天平装置都适于超声功率的测量，当在工业环境中使用或作为基准使用时，每一装置都有其优、缺点，具体见表F.1。

表F.1 不同装置的优缺点

	用吸收靶的装置						用反射靶的装置						备注
优点	A	B	C	D	E	F	A	B	C	D	E	F	
	√	√			√		√	√				√	相对便宜的天平
			√										很适合常规使用
						√						√	便携式坚固的结构设计
	√						√						支撑靶需要简单的机械结构
			√										不需要机械结构支撑靶
			√										容易获得
		√	√					√					换能器更换方便
											√		凹形靶自取超声波束中心
			√										对靶的未对中反应不敏感
							√	√			√		大功率的热量会在水槽内壁引起热的再分布。
						√						√	热力与测量方向垂直
缺点							√	√			√	√	不能准确测量发散超声波束($ka<30$)
	√						√						辐射力从底部向上辐射
						√							综合考虑耦合膜的强度和声损失
	√						√						换能器表面到靶的对流
							√	√	√	√	√	√	水槽内壁要吸声水槽不透明
							√						靶位移对非均匀超声波束敏感
	√	√	√		√	√			√				由于声吸收产生的热，可能改变靶的声学特性
	√						√						从换能器表面到靶的热传递
	√	√			√		√	√			√		靶的悬吊线容易被损坏
								√					采用机械结构支撑靶，从而避免靶在非均匀性声波束中产生位移
			√						√				将水槽、靶放在天平托盘中，测力范围应该较宽并应保持高灵敏度。这样的天平会较贵。其最小的测量功率大约20 mW
						√						√	由于水直接耦合，则需要专用的孔径
						√						√	重力原理天平力的校准需要附加的天平臂

附 录 G
（资料性附录）
参 考 文 献

IEC 60601-2-5, Medical electrical equipment—Part 2-5: Particular requirements for the safety of ultrasonic therapy equipment

IEC 61157, Requirements for the declaration of the acoustic output of medical diagnostic ultrasonic equipment

[1] O'Brien, W. D.. Ultrasonic dosimetry, in: Ultrasound: Its Application in Medicine and Biology. Editor Fry, F. J.. Elsevier Scientific Publishing Company, 343-397 (1978).

[2] Stewart, H. F.. Ultrasonic measuring techniques, in: Fundamental and Applied Aspects of Nonionizing Radiation. Editors Michaelson, S. M., et al.. Plenum Press, New York, 59-89 (1975).

[3] Zieniuk, J., and Chivers, R. C.. Measurement of ultrasonic exposure with radiation force and thermal methods. Ultrasonics 14, 161-172(1976).

[4] Beissner, K.. The acoustic radiation force in lossless fluids in Eulerian and Lagrangian coordinates. J. Acoust. Soc. Am. 103, 2321-2332(1998).

[5] Farmery, M. J., and Whittingham, T. A.. A portable radiation-force balance for use with diagnostic ultrasound equipment. Ultrasound Med. Biol. 3, 373-379(1978).

[6] Perkins, M. A.. A versatile force balance for ultrasound power measurement. Phys. Med. Biol. 34, 1645-1651 (1989).

[7] Whittingham, T. A.. The acoustic output of diagnostic machines. Chapter 3 in: The safe use of ultrasound in medical diagnosis. Editors ter Haar, G., and Duck, F. A.. British Institute of Radiology, London, 16-31 (2000).

[8] Beissner, K.. The influence of membrane reflections on ultrasonic power measurements. Acustica 50, 194-200 (1982).

[9] Guide to the expression of uncertainty in measurement, ISO, Geneva 1995, ISBN 92-67-10188-9.

[10] Brendel, K., Molkenstruck, W., and Reibold, R.. Targets for ultrasonic power measurements. Proc. 3rd European Congress on Ultrasonics in Medicine, Bologna, 473-476 (1978).

[11] Zeqiri, B., and Bickley, C. J.. A new material for medical ultrasonic applications. Ultrasound Med. Biol. 26, 481-485 (2000).

[12] Brendel, K., Beissner, K., Fay, B., Luepfert, S., and Reibold, R., Absorber zur Pruefung medizinischer Ultraschallgeraete, in: Ultraschall-Diagnostik 89. Kongressband des 13.

Dreilaendertreffens in Hamburg. Editor Gebhardt, J.. Springer, Berlin, 9-11(1990). Beissner, K.. Absorbereigenschaften und ihr Einfluss auf die Schallstrahlungskraft-Messung, in: Fortschritte der Akustik-DAGA'92, Deutsche Physikalische Gesellschaft (DPG), Bad Honnef, 289-292 (1992).

[13] Brendel, K.. Probleme bei der Messung kleiner Schallleistungen, in: Fortschritte der Akustik-DAGA'75, 581-584 (1975).

[14] Beissner, K.. Minimum target size in radiation force measurements. J. Acoust. Soc. Am. 76, 1505-15010 (1984).

[15] Abzug, J. L.. Evaluation of OHMIC INST. CO., Model UPM-30 Ultrasound Power Meter. HEW Publication(FDA), 79-8075(1978).

[16] Beissner, K.. Stroemungseffekte bei Ultraschall-Leistungsmessungen, in: Fortschritte der Akustik-FASE/DAGA'82, Vol. 2, 779-782. Deutsche Physikalische Gesellschaft (DPG), Bad Honnef (1982).

[17] Rooney, J. A.. Determination of acoustic power outputs in the microwatt-milliwatt range, Ultrasound Med. Biol. 1, 13-16(1973).

[18] Beissner, K.. Ultraschall-Leistungsmessung mit Hilfe der Schallstrahlungskraft. Acustica 58, 17-26 (1985).

[19] Carson, P. L., and Banjavic, R. A.. Radiation force balance system for precise acoustic power measurements in diagnostic ultrasound. J. Acoust. Soc. Am., AIP document No. PAPS JASMA-70-1220-31(1981).

[20] Oberst, H., and Rieckmann, P.. Das Messverfahren der Physikalisch-Technischen Bundesanstalt bei der Bauartpruefung medizinischer Ultraschallgeraete. Amtsblatt der PTB Nr. 3, 106-109, Nr. 4, 143-146 (1952).

[21] Marr, P. G.. The effect of transducer positioning errors on power readings using a conical radiation force balance target. Report of the Bureau of Radiation and Medical Devices, Ottawa (1988).

[22] Del Grosso, V. A., and Mader, C. W.. Speed of sound in pure water. J. Acoust. Soc. Am. 52, 1442-1446 (1972).

[23] Borgnis, F. E.. On the forces due to acoustic wave motion in a viscous medium and their use in the measurement of acoustic intensity. J. Acoust. Soc. Am. 25, 546-548(1953).

[24] Greenspan, M., Breckenridge, F. R., and Tschieg, C. E.. Ultrasonic transducer power output by modulated radiation pressure. J. Acoust. Soc. Am. 63, 1031-1038(1978).

[25] Beissner, K.. Radiation force calculations. Acustica 62, 255-263(1987).

[26] Hekkenberg, R. T., Beissner, K., and Zeqiri, B.. Therapy-level ultrasonic power measurement. Final Technical Report SMT4-CT96-2139, European commision, BCR Information, Report EUR 19510, ISBN 92-828-9027-9 (2000). Hekkenberg, R. T., Beissner, K., Zeqiri, B., Bezemer, R. A., and Hodnett, M.. Validated ultrasonic power measurements up to 20 W. Ultrasound Med. Biol. 27, 427-438 (2001).

[27] Hekkenberg, R. T., Beissner, K., and Zeqiri, B.. Guidance on the propagation medium and degassing for ultrasonic power measurements in the range of physiotherapy-level ultrasonic power. European commision, BCR Information, Report EUR 19511, ISBN 92-828-9838-5 (2000).

[28] Beissner, K., and Makarov, S. N.. Acoustic energy quantities and radiation force in higher approximation. J. Acoust. Soc. Am. 97, 898-905 (1995).

[29] Tschiegg, C. E., Greenspan, M., and Eitzen, D. G.. Ultrasonic continuous-wave beampower measurements; international intercomparison. J. Res. Nat. Bur. Stand. 88, 91-103 (1983).

[30] Beissner, K.. Primary measurement of ultrasonic power and dissemination of ultrasonic power reference values by means of standard transducers. Metrologia 36, 313-320(1999).

[31] Beissner, K., Oosterbaan, W. A., Hekkenberg, R. T., and Shaw, A.. European intercomparison of ultra-sonic power measurements. Acustica/acta acustica 82, 450-458, 671(1996).

[32] Beissner, K.. Report on key comparison CCAUV. U-K1 (ultrasonic power). Metrologia 39 (2002), Tech. Suppl., 09001, www. iop. org/EJ/toc/0026-1394/39/1A.

[33] Fischella, P. S., and Carson, P. L.. Assessment of errors in pulse echo ultrasound intensity measurements using miniature hydrophones. Med. Phys. 6, 404-411(1979).

[34] Fick, S. E., Breckenridge, F. R., Tschieg, C. E., and Eitzen, D. G.. An ultrasonic absolute

power transfer standard. J. Res. Nat. Bur. Stand. 89,209-212(1984).

[35] Pinkerton,J. M. M.. The absorption of ultrasonic waves in liquid and its relation to molecular constitution. Proc. Phys. Soc. B62,129-141(1949).

[36] Beissner,K.. Acoustic radiation pressure in the near field. J. Sound Vib. 93,537-548(1984).

[37] Shaw,A.. to be published.

[38] Wemlen,A.. A milliwatt ultrasonic servo-controlled balance. Med. and Biol. Engng. 6,159-165 (1968).

[39] Fick,S. E.. Ultrasound power measurement by pulsed radiation pressure,Metrologia 36, 351-356(1999).

[40] Shotton,K. C.. A tethered float radiometer for measuring the output power from ultrasonic therapy equipment. Ultrasound Med. Biol. 6,131-133 (1980).

[41] Cornhill,C. V.. Improvement of portable radiation force balance design. Ultrasonics 20, 282-284 (1982).

[42] Bindal,V. N. ,and Kumar,A.. Measurement of ultrasonic power with a fixed path radiation pressure float method. Acustica 46,223-225 (1980).

[43] Bindal,V. N. ,Kumar,A. ,and Chivers,R. C.. On the float method for measuring ultrasonic output. Acustica 53,219-223 (1983).

[44] Thompson,S. M. ,and Fyfe,M. C.. A survey of output characteristics of some new therapeutic ultrasound instruments manufactured in Australia. Austral. J. Physiotherapy 29,10-13 (1983).

[45] Reibold,R.. Microwatt ultrasonic power determination using laser interferometry. Ultrasound Med. Biol. 8,191-197 (1982).

[46] Herman,B. A. ,and Harris,G. R.. Calibration of miniature ultrasonic receivers using a planar scanning technique. J. Acoust. Soc. Am. 72,1357-1363 (1982).

[47] Haran,M. E. ,Cook,B. D. ,and Stewart,H. F.. Comparison of an acousto-optic and a radiation force method of measuring ultrasonic power. J. Acoust. Soc. Am. 57,1436-1440 (1975).

[48] Miller,E. B. ,and Eitzen,D. G.. Ultrasonic transducer characterization at the NBS. IEEE Trans. Sonics and Ultrason. SU-26,28-37 (1979).

[49] AIUM. Acoustic output measurement and labelling standard for diagnostic ultrasound equipment. 1992.

[50] IEEE Std 790-1989. IEEE Guide for medical ultrasound field parameter measurements. Jan. 1990.

[51] Shou W. ,Wang Y. ,Qiao D. ,Ye F. ,Peng X. ,Tong Y. ,Chen X. ,and Wang Z.. Radiation force calculation of focused ultrasound and its experiment in high intensity focused ultrasound,(in Chinese)Technical Acoustics 17,145～147(1998)and(in English)Technical Acoustics 25,665～668 (2006).

ICS 47.020.70
U 67

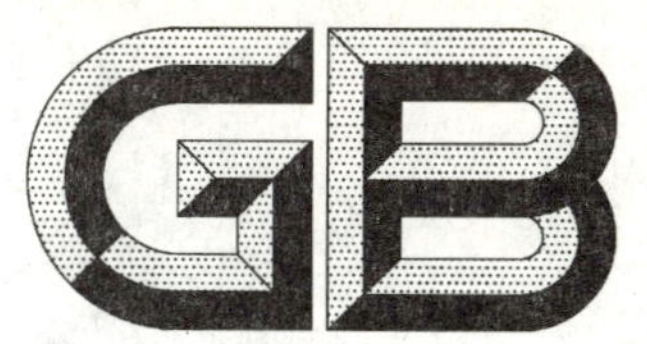

中华人民共和国国家标准

GB/T 8016—2009
代替 GB/T 8016—1995

船用回声测深设备

Marine echo-sounding equipment

(ISO 9875:2000, Ships and marine technology—Marine echo-sounding equipment, MOD)

2009-03-23 发布　　2009-11-01 实施

中华人民共和国国家质量监督检验检疫总局
中国国家标准化管理委员会　发布

前　言

本标准修改采用 ISO 9875:2000《船舶与海洋技术——船用回声测深设备》(英文版),包括其技术勘误第 1 版 ISO 9875:2000/Cor.1:2006(E)。

本标准根据 ISO 9875:2000 重新起草。在附录 A 中列出了本标准章条号与 ISO 9875:2000 章条号的对照一览表。

考虑到我国国情,本标准在采用国际标准时进行了修改。这些技术性差异用垂直单线标识在它们所涉及的条款的页边空白处。在附录 B 中给出了这些技术差异及其原因的一览表以供参考。

为便于使用,本标准还作了下列编辑性修改:

——“本国际标准”一词改为“本标准”;

——删除国际标准的前言;

——删除国际标准的缩略术语;

——删除国际标准的附录 B。

本标准代替 GB/T 8016—1995《船用回声测深设备通用技术条件》。

本标准与 GB/T 8016—1995 相比主要变化如下:

——修改了术语(1995 年版的第 3 章,本版的第 3 章);

——删除了设备分类(1995 年版的第 4 章);

——修改了电气要求(1995 年版的 5.4,本版的 4.2.2);

——技术参数中,删除了“检测概率”和“虚警概率”,增加“最小可检测信噪比”[1995 年版的 5.5.2.8,本版的 4.2.7 g)];

——技术参数中,删除了“发射换能器等效电阻抗”、“接收换能器等效电阻抗”、“接收换能器灵敏度”和“接收换能器带宽”(1995 年版的 5.5.2.12~5.5.2.15);

——修改了量程刻度要求(1995 年版的 5.5.3,本版的 4.2.9);

——修改了显示要求(1995 年版的 5.5.4,本版的 4.2.10);

——增加了数据存储要求(见 4.2.12);

——修改了精确性要求(1995 年版的 5.5.6,本版的 4.2.13);

——增加了报警和指示要求(见 4.2.14);

——增加了人机工程要求(见 4.2.15);

——单独列出接口要求(1995 年版的 5.1.6,本版的 4.2.16);

——单独列出电磁兼容性要求(1995 年版的 5.4.3,本版的 4.2.17);

——修改了环境适应性要求(1995 年版的 5.6,本版的 4.2.18);

——修改了检验规则(1995 年版的第 7 章,本版的第 6 章);

——修改了标志、包装运输和贮存(1995 年版的第 8 章,本版的第 7 章);

——修改了规范性附录“船用回声测深设备优值的计算”(1995 年版的附录 A,本版的附录 C);

——增加了资料性附录 A 和资料性附录 B。

本标准的附录 C 为规范性附录,附录 A 和附录 B 为资料性附录。

本标准由中国船舶重工集团公司提出。

本标准由全国海洋船标准化技术委员会航海仪器分技术委员会(SAC/TC 12/SC 5)归口。

本标准起草单位:中国船舶重工集团公司海声科技有限公司。

本标准主要起草人:贺雯、王应平、岑治源、胡丽荣、赵智勇、魏占海。

本标准所代替标准的历次版本发布情况为:

——GB 8016—1987、GB/T 8016—1995。

船用回声测深设备

1 范围

本标准规定了船用回声测深设备的技术要求、试验方法和检验规则。

本标准适用于航海、内河航行、航道测量及其他特殊用途的船用回声测深设备(以下简称设备)的设计、生产和检验。

2 规范性引用文件

下列文件中的条款通过本标准的引用而成为本标准的条款。凡是注日期的引用文件,其随后所有的修改单(不包含勘误的内容)或修订版均不适用于本标准,然而,鼓励根据本标准达成协议的各方研究是否可使用这些文件的最新版本。凡是不注日期的引用文件,其最新版本适用于本标准。

GB/T 191 包装储运图示标志(GB/T 191—2008,ISO 780:1997,MOD)

GB/T 3047.1 高度进制为 20 mm 的面板、架和柜的基本尺寸系列

GB/T 3477—2008 船用风雨密单扇钢质门

GB/T 3947 声学名词术语

GB 4793.1—2007 测量、控制和实验室用电气设备的安全要求 第1部分:通用要求(IEC 61010-1:2001,IDT)

GB/T 7965—2002 声学 水声换能器测量

GB/T 10250—2007 船舶电气与电子设备的电磁兼容性(IEC 60533:1999,IDT)

GB/T 11463—1989 电子测量仪器可靠性试验

GB/T 12267—1990 船用导航设备通用要求和试验方法(eqv IEC 60945:1988)

GJB 4.8—1983 舰船电子设备环境试验 颠震试验

GJB 23A—1999 声纳换能器通用规范

CB 673—1977 出入舱口盖

CB 1146.2—1996 舰船设备环境试验与工程导则 低温

CB 1146.8—1996 舰船设备环境试验与工程导则 倾斜和摇摆

3 术语和定义

GB/T 3947 确立的以及下列术语和定义适用于本标准。

3.1

声源级 source level

在换能器声轴上,距有效声中心 1 m 处的最大均方根声压级,参考声压为 1 μPa,在远场测量。其值用分贝表示。

3.2

接收指向性指数 receiving directivity index

换能器用作发射时,在其声轴某一远点的声功率密度,与具有相同辐射声功能的等效全向换能器在同一点的声功能密度之比。其值用分贝表示。

3.3

接收带宽 receiving bandwidth

系统的输出相应比其最大相应低 3 dB 的频带宽度。其值用分贝表示。接收带宽按下式计算:

$$B_r = 10\lg(f_1 - f_2)$$

式中，f_1 和 f_2 分别表示相应下跌 3 dB 的上限频率和下限频率，单位为赫兹(Hz)。

3.4

最小可检测信噪比 minimum detectable signal-to-noise ratio

显示器中给出最小可检测信号时，在接收机带宽内，设备的输入信号电平与背景噪电平之比。其值用分贝表示。

4 要求

4.1 一般要求

4.1.1 设计

4.1.1.1 设备应可靠、耐用，力求体积小、重量轻、功耗低。

4.1.1.2 设备应操作简便，易发现故障和便于维修。

4.1.1.3 设备的水深模拟记录及水深数据应便于观察、清晰易读，控制旋钮(键盘)应便于操作、调整和识别。

4.1.1.4 航海用和内河航行用的设备应有充足的机上照明，能够看清控制旋钮和读数，照明亮度可以调节，直至熄灭。用于报警的指示除外。

4.1.1.5 设备应能直接提供深度数据。

4.1.2 结构

4.1.2.1 设备各分机应能通过 GB/T 3477—2008 中规定 1 200 mm×600 mm 的门(减去半径为 150 mm 的拐角)。换能器应能通过 CB 673—1977 中所规定的直径为 600 mm 的舱口，特殊尺寸由供需双方商定。

4.1.2.2 机柜、面板的尺寸应符合 GB/T 3047.1 的有关规定。

4.1.2.3 设置通风孔、百页窗的设备，应安装防护网。

4.1.2.4 如果有深度调零装置，应设计成校准调节装置，而不应设计成为操作控制旋钮。

4.1.2.5 设备的刻度应清晰、读数方便。

4.1.3 安全性

4.1.3.1 设备的设计应确保操作人员人身安全和避免设备意外损坏。

4.1.3.2 凡是有安全要求的地方都应设置安全标志，安全标志按 GB 4793.1—2007 的 5.2 规定执行。当设备在工作时，如果触摸记录笔会受到电击的危险时，应在记录器上加保护装置或警告标志。

4.1.3.3 当电路中直流和交流(射频电压除外)组合的瞬时值超过 50 V 时，对人体容易触及到的地方，应采取保护措施。

4.1.3.4 设备内部存在瞬时电流大于 25 mA、电压大于 1.5 kV 的高压时，应设置保护装置。在打开机柜或高压保护罩时应能自动切断高压电源，使高压电容自动接入放电电路，并在 10 s 时间内使高压电容器放电到安全电平。

4.1.3.5 在设备内部未经保护的高压附近，应不设置调整机构。

4.1.3.6 设备所有外露金属零件包括控制装置的金属旋钮和手柄都应接地，但不应因此而造成交流电源的任一端接地。机壳上应设置一个专用接地柱并加以标志。

4.1.3.7 设备在接通电源时应有所指示。

4.1.3.8 设备中若有几个电源开关时，应设一个总开关，并应有足够的切断能力，但不应切断安全接地。

4.1.3.9 设备外露机械传动部分，凡危及人身安全处应加防护罩，超过 10 kg 的插箱应设限位机构。

4.1.4 信息

应提供设备的使用和维护说明。

4.2 使用要求

4.2.1 外观质量

设备外表应没有明显的伤痕、毛刺、裂纹、锈斑、涂覆层脱落和磨损现象。

4.2.2 电气

4.2.2.1 电源

4.2.2.1.1 电源在下列情况下，设备应能正常工作：

a) 交流：220×(1±10%)V，50×(1±6%)Hz；

b) 直流：船电供电时，220×($1^{+10\%}_{-20\%}$)V；

c) 直流：蓄电池供电时，220×($1^{+30\%}_{-10\%}$)V。

4.2.2.1.2 设备应有防止过电流、过电压、电源瞬变和偶然极性或相序错误的保护装置。

4.2.2.2 绝缘电阻

绝缘电阻(R_J)，单位为兆欧(MΩ)，满足下列条件：

a) 电源初级电路与机壳之间：冷态 R_J 大于 100 MΩ，热态 R_J 大于 5 MΩ，潮湿试验 R_J 大于 1 MΩ；

b) 换能器和机壳之间：冷态 R_J 大于 100 MΩ，热态 R_J 大于 10 MΩ，水压试验 R_J 大于 5 MΩ；

c) 有绝缘要求的换能器芯线之间：冷态 R_J 大于 100 MΩ，热态 R_J 大于 10 MΩ，水压试验 R_J 大于 5 MΩ。

4.2.3 漏电流

设备结构上独立的各分机，泄漏电流应不超过 3.5 mA。

4.2.4 机械噪声

安装在驾驶室、海图室及其他噪声敏感区的设备，其机械噪声应不超过 65 dB(A)。

4.2.5 离开罗经安全距离

应清晰地标出设备与磁罗经的最小安全距离。

4.2.6 深度范围

4.2.6.1 最小可测深度

最小可测深度由设备技术条件规定，最小可测深度应优先考虑表 1 所列深度。

4.2.6.2 最大可测深度

最大可测深度由设备技术条件规定，最大可测深度应优先考虑表 1 所列深度，供航海用设备的最大可测深度应大于 400 m。

表 1 深度范围

序 号	最小可测深度/m	最大可测深度/m
1	10	12 000
2	10	5 000
3	2	2 000
4	2	1 000
5	2	400
6	1	200
7	0.5	100
8	0.3	40
9	0.3	25

4.2.7 技术参数

设备技术条件一般应规定下列技术参数值及其误差范围：

a) 消耗直流电源功率(P)，单位为瓦特(W)；或消耗交流电源视在功率(P)，单位为伏安(V·A)。

b) 发射信号中心频率(f_{or}),单位为千赫兹(kHz)。

c) 发射脉冲宽度(t_e),单位为毫秒(ms)。

d) 发射电功率(P_e),单位为瓦特(W)。

e) 接收带宽(B_r),单位为分贝(dB,基准值 1 Hz)。

f) 接收机灵敏度(M_r),单位为分贝(dB,基准值 1 μV)。

g) 最小可检测信噪比(E),单位为分贝(dB)。

h) 发射声源级(S),单位为分贝(dB,基准值 1 μPa · m)。

i) 接收指向性指数(D_i),单位为分贝(dB);或接收波束宽度$(2\theta)_{-3\,dB}$,单位为度(°)。

j) 可靠性,平均无故障工作时间($MTBF$),单位为小时(h)。

4.2.8 摇摆或倾斜时测深的稳定性

设备的波束设计应满足下列要求,有特殊要求时由设备技术条件规定。

——航海用设备,船舶横摇±10°、纵摇±5°;

——内河航行、航道测量等设备,船舶横摇±5°、纵摇±2°。

4.2.9 量程刻度

4.2.9.1 用于航海的设备,其记录器至少应当有深水和浅水两种基本量程。深水量程覆盖深度范围不小于 400 m,而浅水量程应是深水量程的 1/10。

4.2.9.2 在自动量程工作时,人工转换量程应优先于自动量程。

4.2.9.3 当设备有量程移相时,相邻两个移相量程一般应交叠 1/10 以上。当使用不从零开始的移相量程时,应当有所指示。

4.2.9.4 设备工作时,当前使用的量程应有明确指示。

4.2.9.5 深度测量一般以船底换能器面起算。当测深需要从水面算起时,除了测量船下深度外,对换能器的吃水深度应有明确指示。

4.2.9.6 用于内河航行的设备,应能满足船舶航行航道最浅和最深处的测量要求,通常应设有两个量程。深水量程应不小于 100 m,浅水量程应是深水量程的 1/10。对于只航行浅水航道船舶及便携式测深设备,可只有一个量程。

4.2.10 显示

4.2.10.1 用于航海和航道测量的设备,应具备线性图表永久记录或信息存储记录。当设备量程分档和移相时,在记录纸上应记录有量程标记和移相标记。深水量程的时间推移幅面,至少应能保持 15 min 间隔的测深数据。

4.2.10.2 可以使用彩色显示器。使用彩色显示时,在出厂文件中应对颜色的配置进行说明。

4.2.10.3 用于内河航行设备的显示器,可为数字显示或图形记录形式。

4.2.10.4 可以使用其他显示器,但应不影响主显示器的性能。

4.2.11 脉冲重复率

400 m 测深的航海设备,深水量程发射脉冲重复率应不低于 12 次/min,浅水量程的发射脉冲重复率应高于深水量程的发射脉冲重复率。

4.2.12 数据存储

设备应以纸记录或其他记录方式存储最近 12 h 所测量的深度数据,应能回放和记录数据。数据可按图形或数字的形式,每隔 1 min 进行记录或回放。

4.2.13 精确性

4.2.13.1 设备的测深误差(相对于所测深度)分为±5%、±2%、±1%、±0.5%和±0.2%等五级。

4.2.13.2 为了便于数据的测试和修正,海水介质的声传播速度以 1 500 m/s 为基准,淡水介质的声传播速度以 1 460 m/s 为基准。

4.2.13.3 设备技术条件应规定测深误差。测深误差为±1%、±0.5%和±0.2%的设备,一般应在机内设置声速修正装置。

4.2.13.4 数字式测深设备应采取抗干扰措施，以便能抑制水中反射体(鱼、有机物、残渣等)所引起的错误读数。

4.2.13.5 400 m测深的航海设备，精确性应在下列范围：浅水量程±1 m或所测深度的±5%；深水量程±5 m或所测深度的±5%，取大者为准，此误差不包括船舶纵横摇的影响。

4.2.13.6 100 m测深的内河助航设备，精确性应在下列范围：浅水量程±0.2 m或所测深度的±2%；深水量程±5 m或所测深度的±2%，取大者为准，此误差不包括船舶纵横摇的影响。

4.2.13.7 400 m测深的航海设备的记录器，浅水量程刻度分度每米深度应不小于2.5 mm，深水量程刻度分度每米应不小于0.25 mm。

4.2.14 报警和指示

4.2.14.1 浅水报警

当水深小于预设的报警深度时，应进行声光报警。若预设深度不是参考换能器面的位置，则应指示参考位置。

4.2.14.2 电源故障或电压不足报警

当电源发生故障或电压不符合4.2.2.1.1要求而影响到设备安全工作时，应进行声光报警。

4.2.14.3 缺纸指示

记录纸余量不足1 m时，应有明确指示。

4.2.15 人机工程

应能直接进行量程转换，其他操作功能应能在菜单中选择。

在任何情况下对设置的量程和浅水报警都应能立即被确认。

4.2.16 接口

接口的标准、参数和格式由设备技术条件规定。

接口的输出参数应包括深度、使用的量程和其他状态参数等。接口的输出参数也可根据与用户约定的通信协议确定。

4.2.17 电磁兼容性

除另有规定或用户要求外，电磁兼容性应符合GB/T 10250—2007的C组要求。

4.2.18 环境适应性

4.2.18.1 一般规定

设备的环境试验应符合4.2.18.3～4.2.18.12的规定。设备的环境适应性也可根据用户要求和使用环境状况由设备技术条件规定。设备可安装温控装置，以满足使用环境要求。

4.2.18.2 设备分类

按GB/T 12267—1990的规定，换能器定为S类，其余舱室内仪器定为B类。

4.2.18.3 高温

B类设备进行温度为(55±3)℃、时间为4 h的高温试验。

4.2.18.4 低温

B类设备进行温度为(−15±3)℃、时间为10 h的低温试验。

4.2.18.5 低温贮存

B类和S类设备进行温度为(−40±3)℃、时间为24 h的低温贮存试验。

4.2.18.6 湿热

B类设备进行相对湿度为(93±2)%、温度为(40±3)℃、时间为10 h的湿热试验。

4.2.18.7 倾斜和摇摆

B类设备按CB 1146.8—1996的第4章要求进行倾斜和摇摆试验。

4.2.18.8 颠震

B类和S类设备按GJB 4.8—1983的第2章要求进行颠震试验。

4.2.18.9 振动

B类和S类设备按GB/T 12267—1990的14.4要求进行振动试验。

4.2.18.10 静水压力

S类设备按GJB 23A—1999的3.6.6要求进行静水压力试验。

4.2.18.11 长霉

设备中首次使用且无标准可循的非金属材料时，应进行长霉试验。长霉试验按GB/T 12267—1990的14.7要求。若制造厂持有设备所用的元件、材料和涂料的长霉试验合格报告，在合格报告有效期内，经与检验方、用户协商，可免做该项试验。

4.2.18.12 盐雾

设备中首次使用镀、涂种应进行盐雾试验。盐雾试验按GB/T 12267—1990的14.8要求。若制造厂持有设备所用的元件、材料和涂料的盐雾试验合格报告，在合格报告有效期内，经与检验方、用户协商，可免做该项试验。

5 试验方法

5.1 试验条件

5.1.1 正常的试验大气条件

正常的大气条件定义如下：

a) 温度：15 ℃～35 ℃；

b) 相对湿度：25%～75%；

c) 气压：86 kPa～106 kPa。

如果被检测参数依赖于温度、湿度和压力并且这种依赖关系是未知的，则可在下列仲裁大气条件下进行检验：

a) 温度：25 ℃±1 ℃；

b) 相对湿度：48%～52%；

c) 气压：86 kPa～106 kPa。

5.1.2 仪器仪表和测量装置

检验所用的仪器仪表和测量装置要求如下：

a) 检验所用的仪器仪表及测量装置，应定期计量、检定合格，精度应满足被测量值精度要求，并在有效期内使用；

b) 声学测量用测试设备应符合GB/T 7965—2002中的6.3要求；

c) 自制的仪器仪表及测量装置应通过鉴定或鉴定合格，定期计量，并在有效期内使用。

5.1.3 检验场所

检验场所应符合下列要求：

a) 具有良好的接地条件；

b) 具有避免磁场影响的弱磁区域；

c) 供电电源应符合4.2.2.1.1的要求；

d) 声学测量场所，如湖泊(海)或消声水池等应符合自由场条件。

5.2 外观质量

用目测、触摸的方法检查外观质量，结果应符合4.2.1的要求。

5.3 电源

按 GB/T 12267—1990 的第 13 章规定进行，结果应符合 4.2.2.1 的要求。

5.4 绝缘电阻

用兆欧表测量绝缘电阻。兆欧表的电压根据设备工作电压的高低进行选择，兆欧表的电压不应高于被测电路中的元件所规定的耐压。结果应符合 4.2.2.2 的要求。

5.5 漏电流

漏电流测量方法按 GB 4793.1—2007 附录 A 规定进行，结果应符合 4.2.3 的要求。

5.6 机械噪声

设备处于正常工作状态(或等效正常工作状态)下，将声级计垂直对准设备产生噪音部位表面，距离为 1 m，以 A 计权方式测定设备的最大噪声级。应符合 4.2.4 的要求。设备启动过程中的噪声不进行测试。

5.7 离开磁罗经安全距离

按 GB/T 12267—1990 的 15.6 进行，结果应符合 4.2.5 的要求。

5.8 最小可测深度

将换能器以正常方式安放在测试水池中(如换能器带有透声窗或船壳内侧安装的，则也应包括在内)，使它的声轴垂直地朝向回波的反射界面，这个界面可以是测试水池的底或侧壁，具有中等的反射系数。换能器和反射界面之间的真实距离应能够调节和测定。

设备以浅水量程工作，并使用与该量程配合的最长脉宽，调节换能器与反射界面之间的距离，从小逐渐增大，直到反射的回波能分清楚并清晰地显示出来。测出换能器与反射界面之间的真实距离，即为最小可测深度。结果应符合 4.2.6.1 的要求。

5.9 最大可测深度

设备最大可测深度一般在定型时通过优值的计算确定，结果应符合 4.2.6.2 的要求。

计算出的优值(L_{fom})应大于设备使用时遇到的信号损失(L_s)。

优值和设备使用时遇到的信号损失的计算方法见附录 C。

5.10 消耗功率

在电源线路中采用并联电压表和串联电流表的方法测量出电压和电流值，然后计算出功率，应符合 4.2.7a)的要求。

5.11 发射信号中心频率

用数字示波器或其他能测量频率的仪表测量发射信号源的载波频率。

测量结果应符合 4.2.7b)的要求。

5.12 发射脉冲宽度

用数字示波器或时间间隔测量仪对发射脉冲宽度进行测量，结果应符合 4.2.7c)的要求。

5.13 发射电功率

测量时，发射机输出端接换能器等效负载。

当发射机与换能器之间采用并联调谐时(见图 1)，测量发射机输出的电压有效值，输出功率按公式(1)计算，测量结果应符合 4.2.7d)的要求。

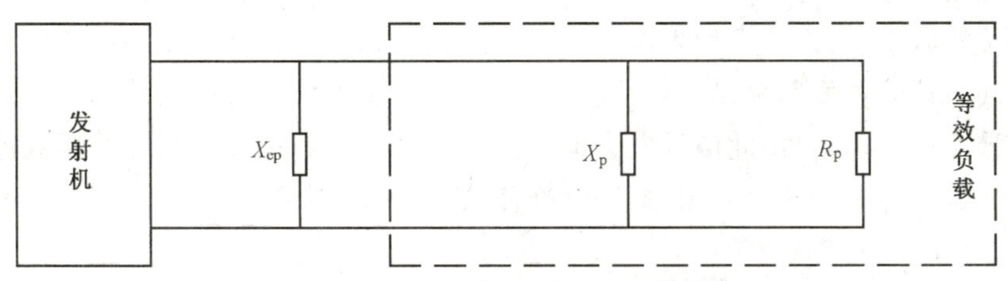

图 1 发射机与换能器并联调谐

$$P_e = \frac{U^2}{R_p} \quad \cdots\cdots (1)$$

公式(1)和图1中：

P_e——输出功率，单位为瓦特(W)；

U——发射机输出电压有效值，单位为伏特(V)；

R_p——换能器并联等效电阻，单位为欧姆(Ω)；

X_p——换能器并联等效电抗，单位为欧姆(Ω)；

X_{ep}——并联调谐电抗，单位为欧姆(Ω)。

当发射机与换能器之间采用串联调谐时(见图2)，测量出发射输出电流有效值，输出功率按公式(2)计算。测量结果应符合4.2.7d)的规定。

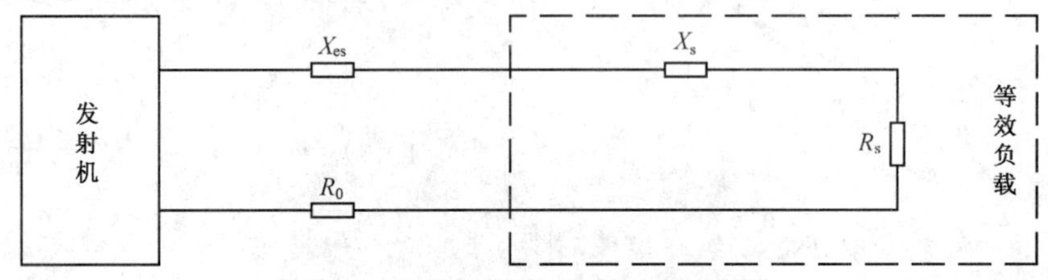

图2 发射机与换能器串联调谐

$$P_e = I^2 R_s \quad \cdots\cdots (2)$$

公式(2)和图2中：

P_e——输出功率，单位为瓦特(W)；

I——发射输出电流，单位为安培(A)；

R_s——换能器串联等效电阻，单位为欧姆(Ω)；

X_s——换能器串联等效电抗，单位为欧姆(Ω)；

X_{es}——串联调谐电抗，单位为欧姆(Ω)；

R_0——测量电流I用的标准取样电阻，单位为欧姆(Ω)，R_0应小于$0.015\,R_s$。

5.14 接收带宽

设备仅工作在接收状态，使自动增益控制和时间增益控制电路不起作用，经接收换能器等效网络加入适当频率和电平的振荡器信号。保持信号电平不变，用改变频率的方法测量接收机的输出电压，以最大输出电压为参考，定出电平下跌3 dB的上边频(f_1)和下边频(f_2)，按公式(3)计算出接收带宽(B_r)。结果应符合4.2.7e)的要求。

$$B_r = 10\lg(f_1 - f_2) \quad \cdots\cdots (3)$$

式中：

B_r——接收机带宽，单位为分贝(dB)；

f_1——最大输出电压电平下跌3 dB的上边频，单位为赫兹(Hz)；

f_2——最大输出电压电平下跌3 dB的下边频，单位为赫兹(Hz)。

5.15 接收机灵敏度

设备工作在接收状态，将由信号发生器产生的特定频率和脉冲宽度的模拟回波信号，经等效网络加入接收机。模拟回波信号由发射触发产生，其时间延迟相当于最大深度的回波延迟。调节信号电平，在相应深度上得到最小可显示信号，此信号电平即为接收机灵敏度。将此信号电平换算成声压级，其值应比回声级($S-2r-2L_t-p-x$)低10 dB，结果应符合4.2.7f)的要求。

注：($S-2r-2L_t-p-x$)中各符号的含义见附录C。

5.16 最小可检测信噪比

设备的发射机不工作，但应将其触发信号引出供外部使用，换能器不需放入水中。

将未饱和的、带宽与设备的接收带宽相同的随机噪声电压与幅度可变的模拟回波脉冲相加，相加后的信号从与换能器串联的低阻抗源输入。模拟回波脉冲是由设备触发信号产生的经适当延迟后的信号，它相当于浅水量程中某一确定深度的回波。

改变模拟信号的电平，在设备的显示器上观察，得到最小可检测信号。此时，模拟回波脉冲的均方电压与噪声均方电压之比即为最小可检测信噪比。最小可检测信噪比按公式(4)计算，结果应符合4.2.7g)的要求。

$$E = 20\lg\left(\frac{U}{U_{no}}\right) \qquad \cdots\cdots(4)$$

式中：

E——最小可检测信噪比，单位为分贝(dB)；

U——模拟回波脉冲的均方电压，单位为伏特(V)；

U_{no}——噪声的均方电压，单位为伏特(V)。

5.17 发射声源级

将换能器放入水中，测量水听器位于换能器声轴。使设备工作，进行发射声源级测量。发射声源级按公式(5)计算，结果应符合4.2.7h)的要求。

$$S = (U_{oc} + 120) - M + 20\lg d \qquad \cdots\cdots(5)$$

式中：

S——发射声源级，单位为分贝(dB)；

U_{oc}——水听器输出的开路电压值，单位为分贝(dB，基准值1 V)；

d——水听器到换能器有效声中心的距离，单位为米(m)；

M——水听器的灵敏度，单位为分贝(dB，基准值1 μV/μPa)。

5.18 接收指向性指数

按GB/T 7965—2002第14章进行。由指向性图可查出−3 dB波束宽度和旁瓣级，以及纵横摇引起的波束损失(r)，按GB/T 7965—2002第15章计算指向性指数，如果旁瓣比主瓣最大值低8 dB以下，则指向性指数可按公式(6)或公式(7)计算。结果应符合4.2.7 i)的要求。

对于圆形换能器：

$$D_i = 45.5 - 20\lg(2\theta)_{-3\text{ dB}} \qquad \cdots\cdots(6)$$

式中：

D_i——指向性指数，单位为分贝(dB)；

$(2\theta)_{-3\text{ dB}}$——−3 dB波束宽度，单位为度(°)。

对于矩形或椭圆形换能器：

$$D_i = 45.5 - 10\lg(2\theta_1)_{-3\text{ dB}} - 10\lg(2\theta_2)_{-3\text{ dB}} \qquad \cdots\cdots(7)$$

式中：

D_i——指向性指数，单位为分贝(dB)；

$(2\theta_1)_{-3\text{ dB}}$——长轴方向−3 dB波束宽度，单位为度(°)；

$(2\theta_2)_{-3\text{ dB}}$——短轴方向−3 dB波束宽度，单位为度(°)。

5.19 可靠性

平均无故障工作时间($MTBF$)的试验按GB/T 11463—1989的第4章规定进行，结果应符合4.2.7j)的要求。

5.20 摇摆或倾斜时测深的稳定性

在设备提供有换能器波束指向稳定性并可证明该稳定性时，可不进行该项试验。否则，将换能器绕纵轴和横轴旋转4.2.8要求的角度时，反复按5.17测量声源级，检验结果是否满足4.2.8要求。

5.21 量程刻度

按 4.2.9 的要求作验收检查，对所使用的记录纸有效宽度进行测量，以确定刻度分度是否符合要求。

5.22 显示

按 4.2.10 的要求作验收检查，结果应符合要求。

5.23 脉冲重复率

重复率的测量可使用数字示波器测得平均周期（深水量程应取不小于 20 个脉冲，浅水量程应取不小于 100 个脉冲），然后换算为脉冲重复率，结果应符合 4.2.11 的要求。

5.24 数据存储

应对回放记录数据的方式进行检验。如果设备带有内置存储介质，其存储性能应一并予以检验。

数据的记录和回放检验结果应符合 4.2.12 的要求。

5.25 精确性

将换能器以正常方式安放在小水池中（如换能器带有透声窗或船壳内侧安装的，则也应包括在内），使它的声轴垂直地朝向回波的反射界面，这个界面可以是测试水池的底或侧壁，具有中等的反射系数。换能器和反射界面之间的真实距离应能够调节和测定。

设备依次用每档量程测深，在整个量程范围中适当选几个（不少于 5 个）深度测量，结果应符合 4.2.13.5、4.2.13.6 精度要求。如在水池测试不方便，也可在装船后或用鉴定合格的回波模拟器进行考核。

5.26 报警和指示

分别设置一个浅水信号、电源故障或电压不符合工作要求故障和记录纸不足 1 m 的情况进行检验，结果应符合 4.2.14 的要求。

5.27 人机工程

按 4.2.15 的要求进行验收检查，结果应符合其要求。

5.28 接口

按设备接口协议规定的方法检验，结果应符合 4.2.16 的要求。

5.29 电磁兼容性

按 GB/T 10250—2007 进行，结果应符合 4.2.17 的要求。

5.30 高温

按 GB/T 12267—1990 中 14.1 的 B 类设备进行高温试验。试验时，换能器放在水中仅作为负载。结果应符合 4.2.18.3 要求。

5.31 低温

按 GB/T 12267—1990 中 14.3 的 B 类设备进行低温试验。试验时，换能器放在水中仅作为负载。结果应符合 4.2.18.4 要求。

5.32 低温贮存

按 CB 1146.2—1996 的 5.1 进行低温贮存试验，结果应符合 4.2.18.5 要求。

5.33 湿热

按 GB/T 12267—1990 中 14.2 的 B 类设备进行湿热试验。试验时，换能器放在水中仅作为负载。结果应符合 4.2.18.6 要求。

设备通电前，应增加按 4.2.2.2 要求的绝缘电阻测量。

5.34 倾斜和摇摆

按 CB 1146.8—1996 进行倾斜和摇摆试验，结果应符合 4.2.18.7 要求。

5.35 颠震

按 GJB 4.8—1983 进行颠震试验，结果应符合 4.2.18.8 要求。

5.36 振动

按 GB/T 12267—1990 的 14.4 进行振动试验，结果应符合 4.2.18.9 要求。

5.37 静水压力

按 GJB 23A—1999 的 4.7.8.6 进行静水压力试验，结果应符合 4.2.18.10 要求。

5.38 长霉

按 GB/T 12267—1990 的 14.7 进行长霉试验，结果应符合 4.2.18.11 要求。

5.39 盐雾

按 GB/T 12267—1990 的 14.8 进行盐雾试验，结果应符合 4.2.18.12 要求。

6 检验规则

6.1 检验分类

a) 鉴定检验；

b) 质量一致性检验。

6.2 鉴定检验

6.2.1 检验项目

鉴定检验项目按表 2 规定，或由设备技术条件规定。

表 2 检验项目表

序号	检验项目	鉴定检验	质量一致性检验			要求章条号	检验方法章条号
			A 组	C 组	D 组		
1	外观质量	●	●	—	—	4.2.1	5.2
2	电源	●	●	—	—	4.2.2.1	5.3
3	绝缘电阻	●	●	—	—	4.2.2.2	5.4
4	漏电流	●	●	—	—	4.2.3	5.5
5	机械噪声	●	—	—	○	4.2.4	5.6
6	离开罗经安全距离	●	—	—	○	4.2.5	5.7
7	最小可测深度	●	●	—	—	4.2.6.1	5.8
8	最大可测深度	●	—	—	○	4.2.6.2	5.9
9	消耗功率	●	●	—	—	4.2.7a)	5.10
10	发射信号中心频率	●	●	—	—	4.2.7b)	5.11
11	发射脉冲宽度	●	●	—	—	4.2.7c)	5.12
12	发射电功率	●	●	—	—	4.2.7d)	5.13
13	接收带宽	●	●	—	—	4.2.7e)	5.14
14	接收机灵敏度	●	●	—	—	4.2.7f)	5.15
15	最小可检测信噪比	●	—	—	○	4.2.7g)	5.16
16	发射声源级	●	●	—	—	4.2.7h)	5.17
17	接收指向性指数	●	●	—	—	4.2.7i)	5.18
18	可靠性	●	—	—	○	4.2.7j)	5.19
19	摇摆或倾斜时测深的稳定性	●	—	—	○	4.2.8	5.20
20	量程刻度	●	●	—	—	4.2.9	5.21
21	显示	●	●	—	—	4.2.10	5.22
22	脉冲重复率	●	●	—	—	4.2.11	5.23
23	数据存储	●	—	—	○	4.2.12	5.24

表 2（续）

序号	检验项目	鉴定检验	质量一致性检验			要求章条号	检验方法章条号
			A组	C组	D组		
24	精确性	●	●	—	—	4.2.13.5、4.2.13.6	5.25
25	报警和指示	●	●	—	—	4.2.14	5.26
26	人机工程	●	●	—	—	4.2.15	5.27
27	接口	●	●	—	—	4.2.16	5.28
28	电磁兼容性	●	—	—	○	4.2.17	5.29
29	高温	●	—	●	—	4.2.18.3	5.30
30	低温	●	—	●	—	4.2.18.4	5.31
31	低温贮存	●	—	●	—	4.2.18.5	5.32
32	湿热	●	—	●	—	4.2.18.6	5.33
33	倾斜和摇摆	●	—	●	—	4.2.18.7	5.34
34	颠震	●	—	●	—	4.2.18.8	5.35
35	振动	●	—	●	—	4.2.18.9	5.36
36	静水压力	●	—	●	—	4.2.18.10	5.37
37	长霉	●	—	—	○	4.2.18.11	5.38
38	盐雾	●	—	—	○	4.2.18.12	5.39
注：●为必检项目；○为协商检验项目；—为不检项目。							

6.2.2 受检验样品数

设备鉴定检验的受检样品数为一台正样机。

6.2.3 合格判断

所有项目符合表 2 规定要求的，判该设备鉴定检验合格。如有某个项目不符合要求，应停止检验，并将检验结果通知鉴定方和用户，在采取纠正措施后，根据缺陷的严重程度，经协商决定重新进行全项检验或仅对不合格项再次检验，若检验再不合格，则判该设备鉴定检验不合格。

6.3 质量一致性检验

6.3.1 检验项目

质量一致性检验进行 A 组、C 组和 D 组检验。A 组检验作为设备交收检验，C 组检验作为例行检验，D 组检验作为破坏性检验。具体检验项目按表 2 规定，或由设备技术条件规定。

6.3.2 受检验样品数

6.3.2.1 A 组检验

提交检验的每一组检验批设备全数逐套进行 A 组检验。

6.3.2.2 C 组检验

提交检验的样品，应从 A 组检验合格的设备中随机抽取一台。批量大于 100 台时，任抽两台。

6.3.2.3 D 组检验

检验周期和样本数量按合同规定进行。

6.3.3 合格判断

A 组项目检验不合格的设备为不合格设备。

C 组和 D 组项目检验中，如有不合格项，应查明原因，采取纠正措施。对出现不影响设备性能的一般性问题，在现场修复后(设备技术条件规定的时间内)继续进行该项检验。对出现不影响设备性能的非共性故障,修复后重新进行该项试验。对出现不影响设备性能共性故障,应停止试验进行返工。若对故障是否属于共性有异议时,可另行抽样进行检验。检验再不合格,判质量一致性检验不合格。

7 标志、包装运输和贮存

7.1 标志

7.1.1 设备一般应具有下列标志:

a) 设备名称和型号;

b) 制造厂名称;

c) 制造日期和序号;

d) 重量。

7.1.2 包装储运图示标志应符合 GB/T 191 的规定。

7.2 包装运输

7.2.1 包装箱应能防雨、防振,以保证安全运输。

7.2.2 设备的外露金属部分,应采用防锈措施,如涂防锈油脂等。

7.2.3 橡胶件需采取防护措施。

7.2.4 包装箱应进行铅封。

7.2.5 装卸、运输应严格按照储运图示标志进行作业,被装运箱体应按重箱置下、轻箱置上的要求堆放排列,并加以固定。

7.2.6 不允许与易燃、易爆、易腐蚀的物质及强电磁场物体同车厢(船舱)混装运输。

7.3 贮存

设备贮存的库房应保持通风、干燥。

附 录 A
（资料性附录）
本标准章条编号与 ISO 9875:2000 章条编号对照

表 A.1 给出了本标准章条编号与 ISO 9875:2000 章条编号对照一览表。

表 A.1 本标准章条编号与 ISO 9875:2000 章条编号对照

本标准的章条编号	对应的国际标准章条编号
1～3	1～3
—	4
4.1	5.1
4.1.1、4.1.2	5.8
4.1.3	5.10
4.1.4	5.12
4.2.1～4.2.4	—
4.2.5、7.1.1	5.11
4.2.6	5.2.1
4.2.7	—
4.2.8	5.2.6
4.2.9	5.2.2
4.2.10	5.2.3、5.2.4
4.2.11	5.2.5
—	5.3
4.2.12～4.2.15	5.4～5.7
4.2.14.3	5.7.2.2
4.2.16	5.9
4.2.17～4.2.18	—
—	6.1
5.1	6.2～6.3
5.2～5.7	—
5.8	6.4.1.1～6.4.1.2
5.9	6.4.1.3
5.10、5.12	—
—	6.4.3.1
5.11	6.4.3.2.1a)
5.13	、—
—	6.4.3.3
5.14	6.4.1.4.4

表 A.1（续）

本标准的章条编号	对应的国际标准章条编号
5.15	6.4.2
5.16	6.4.1.4.5
5.17	6.4.1.4.1
5.18	6.4.1.4.3
5.19	—
5.20	6.4.1.4.2、6.4.8
5.21	6.4.4
5.22	6.4.5、6.4.6
5.23	6.4.7
—	6.5
5.24～5.27	6.6～6.9
5.28	6.11
5.29	6.10.2
5.30～5.39	6.10.1
—	6.12
—	6.13
—	6.14
6	—
7	—
附录 A	—
附录 B	—
附录 C	6.4.1.3、附录 A
—	附录 B
注：表中的章条以外的本标准其他章条编号与 ISO 9875:2000 其他章条编号均相同且内容相对应。	

附　录　B
（资料性附录）
本标准与 ISO 9875:2000 技术性差异及其原因

表 B.1 给出了本标准与 ISO 9875:2000 的技术性差异及其原因的一览表。

表 B.1　本标准与 ISO 9875:2000 技术性差异及其原因

本标准的章条编号	技术性差异	原　因
1	按我国标准重新编写	这项内容是从国际角度叙述的，我国不适用于这种叙述
2	引用我国标准，而非国际标准	以适合我国国情
3	删除 ISO 9875:2000 中的术语和定义 3.5～3.10	术语和定义 3.5～3.10 已广为人知，在本标准中不再重复
4	删除 ISO 9875:2000 的缩略语	此内容是从国际标准角度出发的
4.1	删除 ISO 9875:2000 的 5.1，增加其中 5.8、5.10 和 5.12 的内容，并根据我国设备实际情况修改提出	这些是不涉及设备的性能指标，但必须考虑的要求，所以归纳在一起
4.2	将 ISO 9875:2000 的 5.2～5.9 内容移至本条中。 增加 4.2.1～4.2.4 和 4.2.17～4.2.18 等内容	适合我国对设备的一般要求，并将所有试验方法对应的要求列出
4.2.6	删除 ISO 9875:2000 的 5.2.1，重新编写	增加可操作性
4.2.7	增加技术参数的要求	适应我国标准习惯，整理增加
4.2.8、4.2.9	增加内河航行设备摇摆或倾斜时测深的稳定性要求和量程刻度要求	从实际考虑
4.2.13	增加精确性要求的内容	适合我国国情
4.2.14.3	将 ISO 9875:2000 的 5.7.2.2 内容移至本条	缺纸信息与报警指示更为接近
4.2.17～4.2.18	增加电磁兼容和环境适应性要求	国家标准需要有专门的检验要求，所以列出要求
5.1	删除 ISO 9875:2000 的 6.2 和 6.3，重新编写	根据国家标准重新规定试验条件
5.2～5.7、5.10、5.12～5.13	增加外观质量、电源、绝缘电阻、漏电流、机械噪声、离开磁罗经安全距离、消耗功率、发射脉冲宽度、发射电功率等的试验方法	因为提出了相应检验要求，故增加其试验方法
5.9	将 ISO 9875:2000 的 6.4.1.3 的优值计算公式移至附录 C	优值的计算涉及到较多内容，将其移至附录中，可以完整地进行描述，同时可以使国标结构更为紧凑
5.18	删除 ISO 9875:2000 的 6.4.1.4.3，根据国家标准重新编写	以适应我国引用标准的规定
5.23、5.25、5.26	根据实际操作方法描述	增加可操作性
5.28	删除 ISO 9875:2000 的 6.7，重新对此试验方法进行描述	此内容是从国际角度表述的，应适应我国国情
5.29～5.39	明确电磁兼容性和环境适应性试验的具体方法	适合我国国情

表 B.1(续)

本标准的章条编号	技术性差异	原　因
6	增加"检验规则"	适应我国标准习惯,整理增加
7	增加"标志、包装运输和贮存"	从实际考虑
附录 C	在 ISO 9875:2000 附录 A 的基础上,删除 A.3～A.11,保留表 A.3 和表 A.4。 增加 ISO 9875:2000 的 6.4.1.3 的优值计算公式和设备使用时遇到的信号损失公式,以及往返传播损失计算公式和淡水声吸收损失系数的计算公式	此内容是从国际角度表述的,应适应我国国情

附　录　C
（规范性附录）
船用回声测深设备优值的计算

C.1　回声测深设备优值的计算公式

$$L_{fom} = S - 2r + D_{ir} - B_r - E \qquad \cdots\cdots(C.1)$$

式中：

L_{fom}——设备的优值，单位为分贝(dB)；

S——声源级，单位为分贝(dB)，见公式(5)；

$2r$——由于船的纵横摇引起的波束损失，单位为分贝(dB)；

D_{ir}——接收指向性指数，单位为分贝(dB)，参见5.18；

B_r——接收带宽，单位为分贝(dB)，见公式(3)；

E——最小可检测信噪比，单位为分贝(dB)，见公式(4)。

对400 m航海设备，在各个工作频率上优值的最小值见表C.1。

表C.1　船用回声设备在不同频率上的优值

工作频率 f_{oe}/kHz	优值 L_{fom}/dB	工作频率 f_{oe}/kHz	优值 L_{fom}/dB
10	156.39	130	158.43
20	152.51	140	159.73
30	150.91	150	160.99
40	150.32	160	162.25
50	150.35	170	163.49
60	150.71	180	164.67
70	151.31	190	165.84
80	152.10	200	166.95
90	153.05	210	168.00
100	154.37	220	169.02
110	155.72	230	170.02
120	157.09	240	170.99

C.2　回声测深设备使用时遇到的信号损失的计算公式

$$L_o = 2L_t + p + L_{no} + x + y + z \qquad \cdots\cdots(C.2)$$

式中：

L_o——信号损失，单位为分贝(dB)。

$2L_t$——往返传播损失，单位为分贝(dB)，见公式(C.3)。

p——垂直入射时的底反射损失，单位为分贝(dB)，对2 m～400 m航海用设备，取p=25 dB。

L_{no}——背景噪声级，单位为分贝(dB)，对航海设备见公式(C.4)。

x——换能器安装引起的声能透过损失，单位为分贝(dB)。船壳内侧安装时，一般取x=3 dB；直接安装时，x=0 dB。

y——为了使设备适应各种实际干扰情况而增加的信号余量，单位为分贝(dB)，一般取y=10 dB。

z——制造公差,单位为分贝(dB),取 $z=3$ dB。

C.3 往返传播损失的计算公式

$$2L_t = 20\lg(2R) + 60 + 2\alpha R \qquad \text{(C.3)}$$

式中:

R——设备的最大可测深度,单位为千米(km);

α——水的吸收损失系数,单位为分贝每千米(dB/km),见公式(C.5)或公式(C.15)。

C.4 航海设备背景噪声级的计算公式

$$L_{no} = 82.5 - \frac{50}{3}\lg f_{oe} \qquad \text{(C.4)}$$

式中:

f_{oe}——设备的工作频率,单位为千赫兹(kHz)。

C.5 海水声吸收损失系数的计算公式

$$\alpha_1 = \frac{E_1 P_1 f_{o1} f_{oe}^2}{f_{oe}^2 + f_{o1}^2} + \frac{E_2 P_2 f_{o2} f_{oe}^2}{f_{oe}^2 + f_{o2}^2} + E_3 P_3 f_{oe}^2 \qquad \text{(C.5)}$$

式中:

α_1——海水声吸收损失系数,单位为分贝每千米(dB/km)。α_1 的三个组成项分别代表了硼酸、硫酸镁和纯水对声吸收的影响,E_1、E_2、E_3、P_1、P_2、P_3、f_{o1}、f_{o2} 是与水温、含盐、pH 值和深度有关的函数,见公式(C.6)~公式(C.14):

$$E_1 = \frac{8.86}{c} \times 10^{(0.78\text{pH}-5)} \qquad \text{(C.6)}$$

$$E_2 = 21.44 \times \frac{s}{c} \times (1 + 0.025T) \qquad \text{(C.7)}$$

对 $T \leqslant 20$ ℃:

$$E_3 = 4.937 \times 10^{-4} - 2.59 \times 10^{-5} T + 9.11 \times 10^{-7} T^2 - 1.50 \times 10^{-8} T^3 \qquad \text{(C.8)}$$

对 $T > 20$ ℃:

$$E_3 = 3.964 \times 10^{-4} - 1.146 \times 10^{-5} T + 1.45 \times 10^{-7} T^2 - 6.50 \times 10^{-10} T^3 \qquad \text{(C.9)}$$

$$P_1 = 1 \qquad \text{(C.10)}$$

$$P_2 = 1 - 1.37 \times 10^{-4} D + 6.2 \times 10^{-9} D^2 \qquad \text{(C.11)}$$

$$P_3 = 1 - 3.83 \times 10^{-5} D + 4.9 \times 10^{-10} D^2 \qquad \text{(C.12)}$$

$$f_{o1} = 2.8 \times \left(\frac{s}{35}\right)^{0.5} \times 10^{[4-1\,245/(T+273)]} \qquad \text{(C.13)}$$

$$f_{o2} = \frac{8.17 \times 10^{[8-1\,990/(T+273)]}}{1 + 0.001\,8 \times (s-35)} \qquad \text{(C.14)}$$

式(C.5)~式(C.14)中:

E_1、E_2——与水温、含盐、pH 值有关的函数,单位为分贝每千米千赫兹(dB · km^{-1} · kHz^{-1});

E_3——与水温有关的函数，单位为分贝每千米平方千赫兹(dB·km^{-1}·kHz^{-2})；

P_1、P_2、P_3——是与深度有关的系数；

f_{o1}、f_{o2}——是与水温、含盐度有关的函数，单位为千赫兹(kHz)；

D——深度，单位为米(m)；

c——声速，单位为米每秒(m/s)，$c=1\,412+3.21T+1.19S+0.016\,7D$；

T——温度，单位为摄氏度(℃)；

s——每毫升含盐度，单位为千分比(‰)。

对 400 m 航海用设备，已按世界各海区的典型参数，计算出各种工作频率上 α_1 的最大值，如表 C.2 所示。

表 C.2　海水声吸收损失系数

工作频率 f_{oe}/kHz	海水声吸收损失系数 α_1/(dB/km)	工作频率 f_{oe}/kHz	海水声吸收损失系数 α_1/(dB/km)
10	1.30	130	52.8
20	4.14	140	57.4
30	7.48	150	61.8
40	11.2	160	66.1
50	15.3	170	70.3
60	19.5	180	74.3
70	23.8	190	78.2
80	28.2	200	81.9
90	32.7	210	85.4
100	37.9	220	88.8
110	43.0	230	92.1
120	48.0	240	95.3

对低频大测深能力的设备，则应根据使用海区计算或实测。

C.6　淡水声吸收损失系数的计算公式

$$\alpha_2 = E_3 P_3 f_{oe} \qquad \cdots\cdots\cdots\cdots(\text{C}.15)$$

式中：

α_2——淡水声吸收损失系数，单位为分贝每千米(dB/km)；

E_3、P_3——系数，见公式(C.8)、公式(C.9)和公式(C.12)。

ICS 71.080.15
G 17

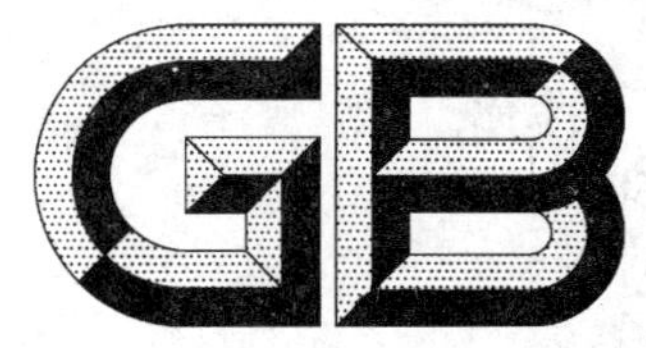

中华人民共和国国家标准

GB/T 8033—2009
代替 GB/T 8033—1987

焦化苯类产品馏程的测定方法

**Benzol products of coal carbonization—
Determination of boiling range**

2009-07-08 发布　　2010-04-01 实施

中华人民共和国国家质量监督检验检疫总局
中国国家标准化管理委员会　发布

前　言

本标准代替GB/T 8033—1987《焦化苯类产品馏程的测定方法》。

本标准与GB/T 8033—1987相比其主要差异如下：

——增加了“规范性引用文件”；

——修改了气压补正公式；

——规范了标准格式和单位表示。

本标准由中国钢铁工业协会提出。

本标准由全国钢标准化技术委员会归口。

本标准起草单位：武汉科技大学、冶金工业信息标准研究院。

本标准主要起草人：何选明、赵敏伦、张少春、胡忠、孙伟。

本标准所代替标准的历次版本发布情况为：

——GB/T 8033—1987。

焦化苯类产品馏程的测定方法

1 范围

本标准规定了焦化苯类产品馏程测定的原理、试验的采样、试剂、仪器、试验步骤和精度。

本标准适用于焦化甲苯、焦化二甲苯馏程的测定。

2 规范性引用文件

下列文件中的条款通过本标准的引用而成为本标准的条款。凡是注日期的引用文件，其随后所有的修改单(不包括勘误的内容)或修订版均不适用于本标准，然而鼓励根据本标准达成协议的各方研究是否可使用这些文件的最新版本。凡是不注日期的引用文件，其最新版本适用于本标准。

GB/T 686 化学试剂 丙酮

GB/T 1294 化学试剂 L(+)-酒石酸

GB/T 1999 焦化油类产品取样方法

GB/T 18589 焦化产品蒸馏试验的气压补正方法

SH/T 0121 石油产品馏程测定装置技术条件

YB/T 2305 焦化产品试验用温度计

3 原理

在常压下，蒸馏 100 mL 试样，观察温度计读数和馏出液的体积，按标准大气压校正，并计算结果。

4 采样

按 GB/T 1999 的规定，从大量的物料中取出不少于 1 000 mL 的代表性试样。

5 试剂

5.1 酒石酸：符合 GB/T 1294 规定，分析纯。

5.2 丙酮：符合 GB/T 686 规定，分析纯。

6 仪器

6.1 蒸馏瓶：容积 200 mL，外径 73 mm± 1 mm，见图 1；新蒸馏瓶使用前，先用少量酒石酸于瓶底加热使其分解，然后分别用水和丙酮予以清洗，干燥后备用。

6.2 温度计：温度范围 100 ℃～120 ℃，分刻度 0.1 ℃(YB/T 2305 中的 COK5C)；温度范围 125 ℃～150 ℃，分刻度 0.1 ℃(YB/T 2305 中的 COK6C)。

6.3 量筒：容积 100 mL。

6.4 冷凝器：水箱式冷凝器(SH/T 0121 馏程测定装置中的冷凝器)，见图 2。

6.5 风屏：280 mm×200 mm×480 mm 的铁皮制方筒，夹层内衬石棉板，各面的底部有 3 个直径 12.5 mm的圆孔，两侧中部各有 2 个直径 25 mm 圆孔，下部有一个小门，上部一窥视方孔，各部尺寸见图 2。

6.6 石棉隔板：铁皮包制，厚 3 mm～6 mm，中心位置有一个直径 32 mm 圆孔。

6.7 陶瓷板：正方形 150 mm×150 mm，厚 3 mm～6 mm，中心位置有一个直径 32 mm 圆孔。

6.8 气压计。

6.9　煤气炉或电炉。

单位为毫米

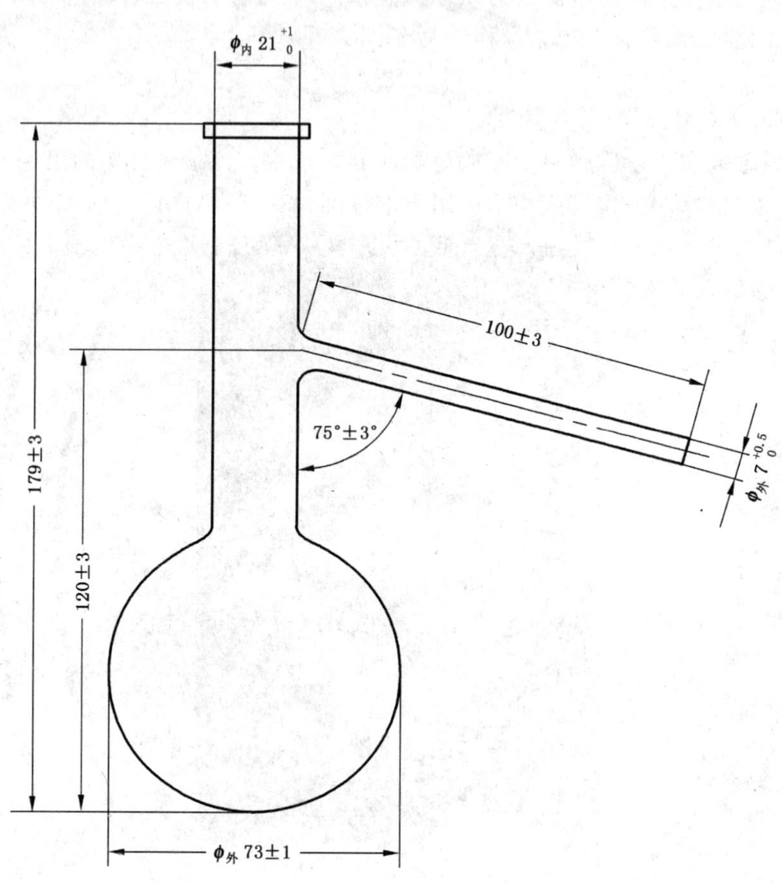

图 1　蒸馏瓶

单位为毫米

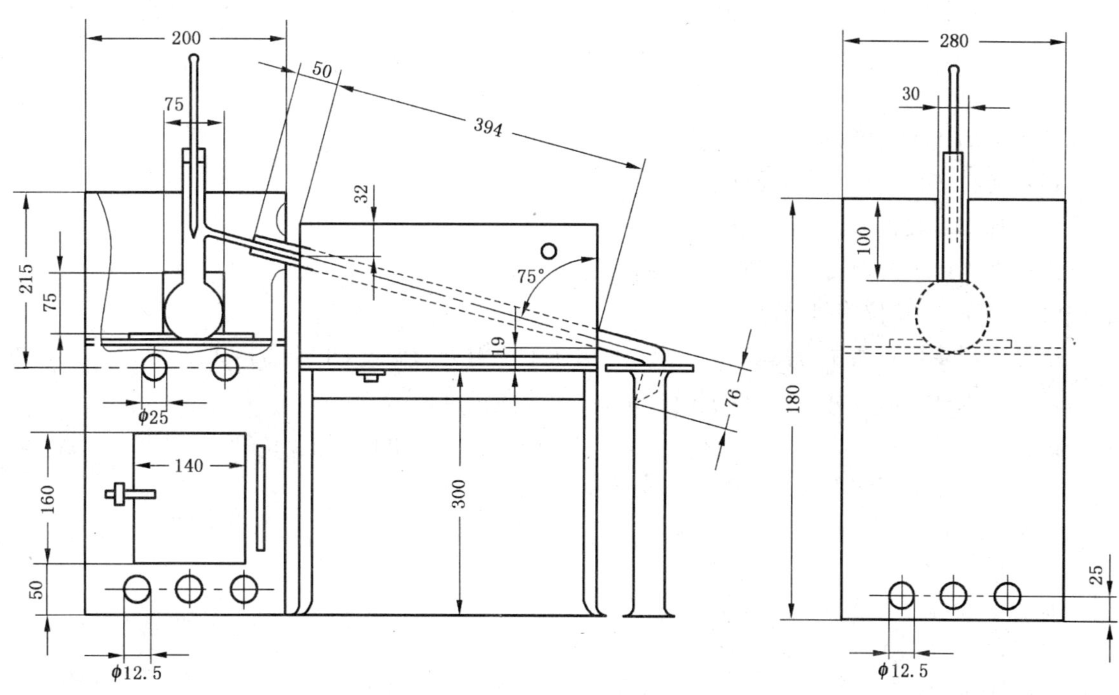

图 2 蒸馏装置图

7 试验步骤

7.1 调整试样温度至 20 ℃～30 ℃和冷凝器水温 25 ℃～30 ℃。

7.2 用洁净、干燥的量筒准确的量取均匀试样(不脱水)100 mL,注入蒸馏瓶中,空干 20 s,将温度计插入蒸馏瓶颈的中心,使温度计的中间泡的上端与支管和瓶颈接合处的下侧位于同一平面。

7.3 将陶瓷板放在风屏内的石棉隔板上,使两圆孔位于同一中心。然后将装有试样的蒸馏瓶置于陶瓷板上,连接蒸馏支管和冷凝管,使其保持在同一轴线上。支管插入深度为 35 mm～40 mm,温度计应保持垂直,蒸馏瓶底与陶瓷板圆孔应保持严密无缝。

7.4 用取过样的量筒作为接收器,置于冷凝管出口下方,冷凝管末端插入量筒内的深度不少于25 mm,但不得插入标线以下,并用滤纸将接收器口盖上。

7.5 打开冷却水,先记录大气压和室温,开始蒸馏,从加热到第一滴冷凝液的时间为 5 min～10 min,蒸汽柱由烧瓶颈底部上升到支管处的时间为 3.0 min±0.5 min,整个蒸馏过程流速应保持在每分钟 4 mL～5 mL。

7.6 冷凝管末端滴下第一滴冷凝液时的瞬间所记录的温度为初馏点,然后移动量筒,使冷凝管的末端与量筒壁接触。

7.7 蒸馏瓶底部最后一滴液体汽化,应立即撤离热源,注意温度上升,记录其瞬间所出现的最高温度为干点。

7.8 撤离热源 3 min 读记量筒内的馏出量,计算蒸馏损失,当馏出量少于 97%或蒸馏损失大于 1%时,应重新试验。

8 结果计算

观察所记的温度按式(1)进行补正:

$$t = t_0 + \Delta t_1 + \Delta t_2 + \Delta t_3$$
$$\Delta t_2 = 0.000\ 16\ H(t_0 - t_B) \quad \cdots\cdots(1)$$
$$\Delta t_3 = K(1\ 013 - P)$$

式中：

t——补正后的正确温度，单位为摄氏度(℃)；

t_0——观察所得读数，单位为摄氏度(℃)；

Δt_1——温度计本身校正值，单位为摄氏度(℃)；

Δt_2——汞柱外露部分的温度校正值，单位为摄氏度(℃)；

Δt_3——气压补正值，单位为摄氏度(℃)；

t_B——由辅助温度计观察所得露在软木塞以上汞柱中段附近的温度，单位为摄氏度(℃)；

H——露在软木塞上的汞柱高度，以度数表示，单位为摄氏度(℃)；

P——试验时所在地点的大气压，换算成标准状况下的大气压，单位为千帕(kPa)；

K——气压校正系数按照 GB/T 18589 规定选取：

甲苯：$K=0.347\ 3+0.001\ 53(101.3-P)$。

间二甲苯：$K=0.367\ 6+0.001\ 64(101.3-P)$。

对二甲苯：$K=0.369\ 1+0.001\ 64(101.3-P)$。

邻二甲苯：$K=0.372\ 8+0.001\ 64(101.3-P)$。

3 ℃、5 ℃、10 ℃二甲苯：$K=0.369\ 8+0.001\ 64(101.3-P)$。

9 精密度

9.1 甲苯重复性 r：

甲苯初馏点的重复性 $r\leqslant 0.1$ ℃，干点的重复性 $r\leqslant 0.1$ ℃；

9.2 二甲苯重复性 r：

二甲苯初馏点的重复性 $r\leqslant 0.2$ ℃，干点的重复性 $r\leqslant 0.3$ ℃。

ICS 71.080.15
G 17

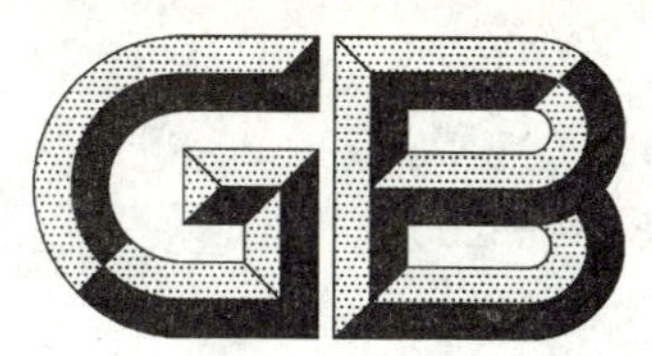

中华人民共和国国家标准

GB/T 8034—2009
代替 GB/T 8034—1987

焦化苯类产品铜片腐蚀的测定方法

Benzol products of coal carbonization—Corrosiveness to copper—Copper strip test

(ISO 2160:1998 Petroleum products—Corrosiveness to copper—Copper strip test,MOD)

2009-07-08 发布　　2010-04-01 实施

中华人民共和国国家质量监督检验检疫总局
中国国家标准化管理委员会　发布

前　言

本标准修改采用 ISO 2160:1998《石油产品的铜片腐蚀试验方法》(英文版)。

本标准根据 ISO 2160:1998 重新起草。为了方便比较,在资料性附录 A 中列出了本国家标准条款和国际标准条款的对照一览表。

本标准在采用国际标准时进行了修改。这些技术性差异用垂直单线标识在它们所涉及的条款的页边空白处。在附录 B 中给出了技术性差异及其原因的一览表以供参考。

为了便于使用,本标准还做了下列编辑性修改:

——“本国际标准”改为“本标准”;

——用小数点“.”代替作为小数点的“,”;

——删除国际标准的前言。

本标准代替 GB/T 8034—1987《焦化苯类产品铜片腐蚀的测定方法》。

本标准与 GB/T 8034—1987 相比主要差异如下:

——增加了“警告”、“范围”、“规范性引用文件”、“铜片准备”的内容;

——规范了部分单位与文本格式。

本标准附录 A 和附录 B 都是资料性附录。

本标准由中国钢铁工业协会提出。

本标准由全国钢标准化技术委员会归口。

本标准起草单位:武汉科技大学、冶金工业信息标准研究院。

本标准主要起草人:何选明、赵敏伦、周清梅、秦林波、孙伟。

本标准所代替标准的历次版本发布情况为:

——GB/T 8034—1987。

焦化苯类产品铜片腐蚀的测定方法

警告——本标准的使用可能涉及危险的原料，操作方法和设备。本标准并不负责解决这些安全问题。本标准的使用者在试验前，有责任建立适当的安全和健康保护规则并检验其适用性。

1 范围

本标准规定了苯类产品铜片腐蚀测定的原理、试剂和材料、仪器、采样与保存、铜片准备、试验步骤、结果分级和检测报告。

本标准适用于焦化甲苯、焦化二甲苯中活性硫化物或游离硫对铜片腐蚀程度的测定。

2 规范性引用文件

下列文件中的条款通过本标准的引用而成为本标准的条款。凡是注日期的引用文件，其随后所有的修改单(不包括勘误的内容)或修订版均不适用于本标准，然而，鼓励根据本标准达成协议的各方研究是否可使用这些文件的最新版本。凡是不注日期的引用文件，其最新版本适用于本标准。

GB/T 1999　焦化油类产品取样方法

YB/T 2305　焦化产品试验用温度计

3 原理

将一抛光的铜片浸泡在一定体积的试样中，按规定的时间和温度进行加热。然后将铜片取出，洗净后与标准比色板相比较，确定腐蚀级别。

4 试剂和材料

4.1 水溶剂

2,2,4-戊烷(异辛烷)，分析纯。

4.2 抛光材料

4.2.1　金刚砂纸或金刚砂布：不同细度的，包括 65 μm 粒级(240 目)。

4.2.2　金刚砂：105 μm(150 目)。

4.2.3　脱脂棉：医药级。

5 仪器

5.1　铜片：纯度＞99.9%的电解铜，表面磨平、硬回火并经冷抛光。

尺寸为：长 75 mm±5 mm，宽 12.5 mm±2 mm，厚 1.5 mm～3.0 mm。

当铜片表面有蚀斑或有较深的擦痕，经过抛光处理也无法消除；或铜片变形，则应弃用。

5.2　试管：直径 25 mm，高 150 mm。

5.3　恒温水浴：温度范围 50 ℃±1 ℃，具有搅拌装置和试管支架。

5.4　温度计：温度范围 0 ℃～100 ℃，分度值 1 ℃，符合 YB/T 2305 中 COK26C。

5.5　夹钳：长约 90 mm，能夹住铜片，不使铜片卷边。

5.6　扁平型试管：高 240 mm～260 mm，壁厚 0.75 mm～1.05 mm，管口径长 15 mm～17 mm，宽 7 mm～9 mm。管口用火焰烤光，表面无擦痕或类似缺陷。

5.7　镊子：不锈钢或聚四氟乙烯镊子。

5.8　腐蚀标准色板：由金属加工复制而成，它是在一块薄铝板上印刷四色加工而成的。它由代表失去光泽表面和腐蚀增加程度的典型试验铜片组成。为了保护起见，将这些腐蚀标准色板嵌在塑料板中，并应避光存放。如有退色，则应废弃换新。

6 采样与保存

6.1 按 GB/T 1999 的规定，从大量物料中随机取出不少于 1 000 mL 的代表试样。

6.2 试样应避光存放在干燥、清洁、容积为 1 000 mL 的玻璃瓶中。如果试样中有水存在，则在试验前在避光罩内用中速滤纸过滤，以彻底脱除试样中的水分。

7 铜片准备

7.1 表面处理

用适当粒级的金刚砂纸或金刚砂布(4.2.1)磨去铜片(5.1)六个面上的表面缺陷，然后用(65 μm)金刚砂纸或金刚砂布磨去铜片上由上一次使用的其他粒级金刚砂纸或金刚砂布产生的所有擦痕及氧化层，使其露出本色的光泽。将铜片浸入 2,2,4-戊烷中(4.1)清洗，然后立即取出进行最后抛光或贮存备用。

7.2 最后抛光

用不锈钢镊子(5.7)将铜片从 2,2,4-戊烷中取出轻轻置于滤纸上，然后隔着滤纸用手拿住铜片，用(异辛烷湿润的)脱脂棉(4.2.3)沾 150 μm 金刚砂粉末(4.2.2)抛光铜片端部和各侧面，再用夹钳夹住铜片(不准与手指直接接触)均匀地将主要表面抛光。并用干净脱脂棉将铜片上的金刚砂全部擦掉，直到干净的脱脂棉薄片擦拭后是干净的，即可进行试验。

8 试验步骤

取无水试样 30 mL 倒入干净和干燥的试管中(5.2)，在铜片完成最后抛光后的 1 min 内，立即将其滑入装有试样的试管中，用软木塞塞上，放入恒温水浴(5.3)中试管支架上，保持在 50 ℃±1 ℃的温度下 3 h±5 min 后，拿出试管，用镊子取出铜片，将其滑入装有 2,2,4-戊烷(4.1)清洗剂的玻璃器皿内清洗，随后马上取出铜片，并用定量滤纸将清洗剂吸干(不准擦)，小心地将铜片滑入扁平型试管(5.6)内，用脱脂棉塞住，与标准比色板在 45°角的光线下观察比较。以检查变色腐蚀痕迹。

9 结果分级

当铜片的观察符合腐蚀标准色板的某块色板时，即为试样的腐蚀程度，按表 1 铜片腐蚀标准分级确定其腐蚀程度，以 1～4 级表示。

表 1 铜片腐蚀标准分级

腐蚀标准级别	腐蚀程度	腐蚀标准分级
1	轻度变色	a 浅橙色，与新抛光铜片颜色相同 b 深橙色
2	中度变色	a 紫红色 b 淡紫色 c 淡紫蓝色或银色并覆盖在紫红色上的多彩色 d 银色 e 黄铜色或金黄色
3	深度变色	a 多种红色 b 有红和绿色显示的多彩色(孔雀绿)，但无灰色
4	腐蚀	a 透明的黑色、深灰色或孔雀绿的棕色 b 无光泽的黑色 c 有光泽发亮的黑色

10 结果判断

10.1 当铜片外观处于任何两级相邻标准色板之间时，则按变色严重的标准色板判定铜片，如果铜片出现比标准1b级稍深的橙色仍判为1级；如果铜片出现红色痕迹，则判为2级。

10.2 在试验过程中，如果铜片主表面出现手指印、污点、水滴，或碎片边缘、棱角的腐蚀呈现比主表面更高一级腐蚀级别等情况时，试验结果应予作废。

11 检测报告

试验报告至少应包含以下内容：

a) 本标准编号；

b) 试样的详细信息；

c) 测试结果(见第10章)；

d) 与规定程序的任何偏差；

e) 测试日期。

附 录 A
（资料性附录）
本标准章条编号与 ISO 2160:1998 章条编号对照

表 A.1 给出了本标准章条编号与 ISO 2160:1998 章条编号对照。

表 A.1 本标准章条编号与 ISO 2160:1998 章条编号对照一览表

本标准编号	对应的国际标准章条编号
1	—
—	1
2	2
3	3
4	4
5	5
6	6
7	7
8	8.3、8.4
9	10
10	9.2、9.5

附　录　B
（资料性附录）
本标准与 ISO 2160:1998 技术性差异及其原因

表 B.1　本标准与 ISO 2160:1998 技术性差异及其原因

本标准编号	技术性差异	原　　因
	"警告"的内容减少。	删除与"汽油"等高蒸气压溶剂的内容。
1	第一句将"液体石油产品和某些溶剂"替换为"焦化苯类产品"。 第二句将"液体石油产品和某些溶剂"替换为"焦化苯、焦化甲苯和焦化二甲苯"。	本标准仅涉及"焦化苯类产品",包括"焦化苯、焦化甲苯和焦化二甲苯"。"焦化苯类产品"属于"溶剂"的范畴。
2	引用了我国标准(包括采用国际标准的我国标准),而非国际标准。	以适合我国国情。
4、5、6	删除"备注"。	均为说明性解释,重要者在条款中直接规定,非重要者删除。
5	删除"仪器"中的"压力容器"。	"压力容器"适用于汽油等溶剂,焦化苯类不需要。
5	"硼硅酸盐玻璃试管"的材质要求。	"硼硅酸盐玻璃试管"是有一定耐压能力,焦化苯类不需要。
6	删除采样国际标准,增加我国相应标准。	取样采用我国标准,规定"1 000 mL"是为了标准更具操作性。
8	简化试验步骤,删除与"压力容器"有关的操作。	焦化苯类不需要"压力容器"。
9	简化结果。	只保留与"焦化苯类产品"有关内容。
10	简化结果判断。	只保留与"焦化苯类产品"有关内容。
	删除附图。	附图主要与压力容器有关,焦化苯类不需要"压力容器"。
	删除"精密度"条款。	本试验不评价"精密度"。
	删除"附件 B"。	必要的内容写入条款正文。

ICS 71.080.15
G 17

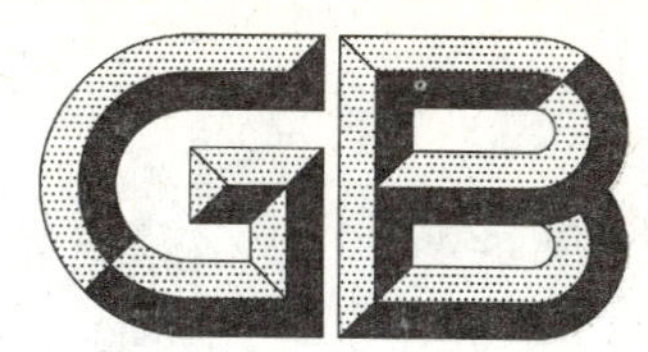

中华人民共和国国家标准

GB/T 8035—2009
代替 GB/T 8035—1987

焦化苯类产品酸洗比色的测定方法

Benzol products of coal carbonization—Determination of acid wash test

2009-07-08 发布　　2010-04-01 实施

中华人民共和国国家质量监督检验检疫总局
中国国家标准化管理委员会　发布

前　言

本标准代替 GB/T 8035—1987《焦化苯类产品酸洗比色的测定方法》。

本标准与 GB/T 8035—1987 相比主要变化如下：

——增加“范围”、“规范性引用文件”和“试验报告”三部分；

——增加了对仪器的规定；

——规范了标准格式和单位表示。

本标准由中国钢铁工业协会提出。

本标准由全国钢标准化技术委员会归口。

本标准起草单位：武汉科技大学、冶金工业信息标准研究院。

本标准主要起草人：何选明、赵敏伦、黄鹂、张华军、孙伟。

本标准所代替标准的历次版本发布情况为：

——GB/T 8035—1987。

焦化苯类产品酸洗比色的测定方法

1 范围

本标准规定了焦化苯类产品酸洗比色测定的原理、采样、试剂、仪器、试验步骤、结果显示和精密度。

本标准适用于焦化苯、焦化甲苯、焦化二甲苯酸洗比色的测定。

2 规范性引用文件

下列文件中的条款通过本标准的引用而成为本标准的条款。凡是注日期的引用文件,其随后所有的修改单(不包括勘误的内容)或修订版均不适用于本标准,然而,鼓励根据本标准达成协议的各方研究是否可使用这些文件的最新版本。凡是不注日期的引用文件,其最新版本适用于本标准。

GB/T 1999 焦化油类产品取样方法

3 原理

试样经浓度为95%硫酸洗涤,比较硫酸层颜色的深度,表示苯类产品的精制程度。

4 采样

按GB/T 1999的规定,从大量的物料中随机取出不少于1 000 mL的代表性试样。

5 试剂

5.1 重铬酸钾:分析纯。

5.2 浓硫酸:分析纯,浓度约为98%或接近18 mol/L。

5.3 硫酸溶液:95%±0.5%。

5.4 高锰酸钾:分析纯。

5.5 高锰酸钾溶液:1 L溶液中含3.2 g高锰酸钾。

5.6 二次蒸馏水或相当纯度的水。

6 仪器

6.1 磨口比色管:带磨口塞,高100 mm,内径为13 mm±0.5 mm的无色透明管,比色管标有两条环行刻线,上刻线距底70 mm±1 mm,下刻线为平分其容积,上下两部分容积差不超过0.1 mL。

6.2 容量瓶:容积1 000 mL。

6.3 移液管或滴定管。

6.4 水浴:能保持20 ℃±1 ℃。

6.5 比色箱:内衬白瓷板并设有日光灯。

6.6 振荡器:平振振距100 mm,频率150次/min±10次/min。

7 试验步骤

7.1 标准比色液的配制

7.1.1 备用硫酸的配制:一份二次蒸馏水和一份浓度约98%的浓硫酸(1∶1)相混合配制而成。

7.1.2 将预先经105 ℃～110 ℃烘干至恒重的重铬酸钾10 g±0.000 2 g溶于1 000 mL备用硫酸中作为配制原液,然后按表1所示,配制成不同浓度的比色液。

表 1 标准比色液配制

标准比色液 $K_2Cr_2O_7$/(g/L)	原液加入量/mL	备用硫酸加入量/mL
0.05	0.5	99.5
0.10	1.0	99.0
0.15	1.5	98.5
0.20	2	98.0
0.25	2.5	97.5
0.30	3.0	97.0
0.35	3.5	96.5
0.40	4.0	96.0
0.50	5.0	95.0
0.60	6.0	94.0
0.70	7.0	93.0
0.80	8.0	92.0
0.90	9.0	91.0
1.00	10	90.0
1.10	11	89.0
1.20	12	88.0
1.30	13	87.0
1.40	14	86.0
1.50	15	85.0
2.00	20	80.0
3.00	30	70.0
4.00	40	60.0
5.00	50	50.0
6.00	60	40.0
7.00	70	30.0
8.00	80	20.0
9.00	90	10.0
10.00	100	0

7.1.3 配制标准比色液时，不得沾染有机物质及其他有色杂质。标准比色液应每月更换一次。

7.1.4 配制标准比色液之前，将 2 滴浓度为 3.2 g/L 的高锰酸钾加入到 100 mL 备用硫酸中，应保持 5 min 不退色，否则不能使用。

7.2 将试样过滤，并弃去最初 10 mL 滤液，倒入比色管至下刻线，与装有 95% 硫酸的试管一起放入 20 ℃±1 ℃的水浴里，达到恒温后将此硫酸倒入比色管至上刻线，塞紧，放入振荡器激烈振荡 2 min，放入水浴内静置 10 min，将酸层颜色与标准比色液在比色箱内的透射光前观察比较，记录相应的颜色深度。

8 结果显示

颜色深度以标准比色液的浓度 $K_2Cr_2O_7$ g/L 表示。介于两颜色深度之间的结果，报告较深的一个。

9 精密度

重复性 r 应小于表 2 中所列之值。

表 2 精密度

标准比色液 $K_2Cr_2O_7$/(g/L)	重复性 r $K_2Cr_2O_7$/(g/L)
0.1～0.4	0.05
0.5	0.1
1.0	0.1
1.5	0.2
2.0	0.4
3.0	0.8
5.0	2.0

10 试验报告

试验报告将至少包含下列信息：

a) 被检测试样的类型和识别信息；

b) 采用标准；

c) 任何偏离规定实验步骤的操作；

d) 测试结果；

e) 测试日期。

ICS 71.080.15
G 17

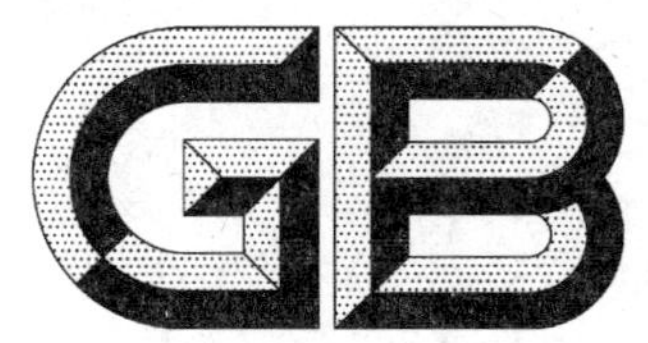

中华人民共和国国家标准

GB/T 8036—2009
代替 GB/T 8036—1987

焦化苯类产品颜色的测定方法

Benzol products of coal carbonization—Determination of color

(ISO 6271-1:2004,Clear liquids—Estimation of colour by the platinum-cobalt scale—Part 1:Visual method,MOD)

2009-10-30 发布　　　　2010-05-01 实施

中华人民共和国国家质量监督检验检疫总局
中国国家标准化管理委员会　发布

前　言

本标准修改采用 ISO 6271-1:2004《透明液体　用铂钴色号评定色度　第 1 部分　视觉法》(英文版)。

本标准根据 ISO 6271-1:2004 重新起草。在附录 A 中列出了本标准条款和国际标准条款的对照一览表。在附录 B 中给出了技术性差异及其原因的一览表以供参考。

本标准在采用国际标准时进行了修改。这些技术性差异用垂直单线标识在它们所涉及的条款的页边空白处。为了便于使用,本标准做了下列编辑性修改:

——“本国际标准”改为“本标准”;

——用小数点“.”代替作为小数点的“,”;

——删除国际标准的前言。

本标准代替 GB/T 8036—1987《焦化苯类产品颜色的测定方法》。

本标准与原标准 GB/T 8036—1987 相比主要差异如下:

——增加“范围”、“规范性引用文件”、“术语和定义”、“检测报告”的内容;

——单位与格式规范化。

本标准的附录 A、附录 B 都是资料性附录。

本标准由中国钢铁工业协会提出。

本标准由全国钢标准化技术委员会归口。

本标准负责起草单位:武汉科技大学、冶金工业信息标准研究院。

本标准主要起草人:何选明、赵敏伦、周清梅、万利坤、孙伟。

本标准所代替标准的历次版本发布情况为:

——GB/T 8036—1987。

焦化苯类产品颜色的测定方法

1 范围

本标准规定了焦化苯类产品颜色测定的术语和定义、原理、仪器、试剂、标准比色液的制备、取样、试验步骤、结果表述和检测报告。

本标准适用于焦化苯、焦化甲苯和焦化二甲苯颜色的测定。

2 规范性引用文件

下列文件中的条款通过本标准的引用而成为本标准的条款。凡是注日期的引用文件，其随后所有的修改单(不包括勘误的内容)或修订版均不适用于本标准，然而，鼓励根据本标准达成协议的各方研究是否可使用这些文件的最新版本。凡是不注日期的引用文件，其最新版本适用于本标准。

GB/T 1999 焦化油类产品取样方法

GB/T 6682 分析实验室用水规格和试验方法(GB/T 6682—2008，ISO 3696:1987，MOD)

3 术语和定义

下列术语和定义适用于本标准。

铂钴色号 platinum-cobalt colour

按指定的浓度用氯铂酸盐和六合水氯化钴配制的混合溶液，按颜色分类。

4 原理

产品试样的颜色与标准比色液目测比较，鉴别出与样品颜色最接近匹配的标准色，并以铂-钴颜色表示结果。

5 试剂

在测定过程中，均使用经过验证的分析纯试剂和蒸馏水或按 GB/T 6682 所指定的至少 3 级纯水。

5.1 氯铂酸钾(K_2PtCl_6)：分析纯。

5.2 六合水氯化钴($CoCl_2 \cdot 6H_2O$)：分析纯。

5.3 盐酸：38%(质量分数)，ρ=1.19 g/mL。

6 仪器

一般实验室仪器、玻璃器具和：

6.1 磨口比色管：容积约 100 mL，高 310 mm～320 mm 平底试管，配有光学透明磨砂玻璃塞。各比色管的颜色和玻璃的厚度应一致，距管底 275 mm～295 mm 处应有一刻度线。挑选试管使其刻度线的高度相近且高差在 3 mm 内。

6.2 比色器：长方箱式，内装日光灯和白色底板，底部也可安有反光镜，允许白光透过或反射，导引光线通过比色管，可以对沿纵轴方向通过比色管(6.1)的光进行视觉比较，并屏蔽从比色管周边进入的光线。

6.3 分光光度计：可测 430 nm、455 nm、480 nm 和 510 nm 波长的透光度，透光度精度等于或高于 0.005。

6.4 比色皿：光程 10 mm，用于分光光度计(6.3)。

7 标准比色液的制备

7.1 标准比色母液的制备(500 铂-钴单位)

向 500 mL 的烧杯中加入 1.245 g 氯铂酸钾(5.1)和 1.000 g 六水合氯化钴(5.2),再加入 100 mL 蒸馏水及 100 mL 盐酸,(必要时可加热以得到透明液体)。待其冷却后转移到 1 000 mL 容量瓶中,用蒸馏水稀释至刻线并混合均匀。

用这种方法制备的标准比色母液可以用分光光度计(6.3)以比色皿(6.4)按 430 nm、455 nm、480 nm和 510 nm 的波长进行检查,其相关允许范围见表 1。

表 1 标准比色母液(500 铂-钴单位)透光率(和吸光度)的允许范围

波长/nm	透光率	吸光度
430	0.759～0.776	0.110～0.120
455	0.716～0.741	0.130～0.145
480	0.759～0.785	0.105～0.120
510	0.861～0.881	0.055～0.065

7.2 铂-钴标准比色液的配制

按表 2 所示。制备一系列所需范围的标准比色液。将规定体积的标准母液分别加入一系列的 100 mL磨口比色管(6.1)中,用蒸馏水稀释至刻线并混合均匀。盖上磨口塞,并用虫胶或防水水泥密封好,在比色管上标上相应颜色铂-钴色号。

7.3 贮存

标准比色母液(7.1)置于带盖的玻璃瓶中置于暗处,在此条件下,可以保存一年。标准比色液(7.2)应每月更换一次,它们应保持清澈无任何沉淀物。当然即用即配更好。

表 2 钴-铂标准比色液

标准比色母液体积 mL	相应颜色钴-铂色号	标准比色母液体积 mL	相应颜色钴-铂色号
0	0	18	90
1	5	20	100
2	10	25	125
3	15	30	150
4	20	35	175
5	25	40	200
6	30	50	250
7	35	60	300
8	40	70	350
10	50	80	400
12	60	90	450
14	70	100	500
16	80		

8 取样

按 GB/T 1999 的规定,从大量的物料中随机取出不少于 1 000 mL 的代表性试样。

9 试验步骤

如果试样看上去呈浑浊状态,可通过静置、加热或任何其他适当的方法消除混浊。如果混浊无法消除,那么测值将不可靠或偏高,因此混浊的试样不能用。

在一支磨口比色管中倒入足够的试样至刻度线。倒入时应避免产生气泡。如果气泡形成并残留在管中，可通过加热、抽真空、超声波处理或任何适当的方法去除。

注意：某些试样预处理可能改变样品颜色。

盖上比色管塞，放入比色器中，与装有标准比色液（7.2）的磨口比色管相比较，从上往下俯视观察，直至获得最接近标准比色液的铂-钴色号。

10 结果表述

试验的颜色用最接近的标准比色液（7.2）的铂-钴颜色单位的号数表示。试样的颜色介于2个标准的比色液中间时，报告其中较深的色号。

试样的颜色色调与标准比色液的颜色色调不同时，得不到一个明确的色号，则报告一个比较接近的铂-钴色号，并描述观察到的颜色，或报告为“偏色调”。

11 检测报告

检测报告应至少包括如下内容：

a） 本标准编号；

b） 识别被检测试样的必要资料；

c） 试样是否进行了必要的预处理；

d） 按第10章给出的检测结果；

e） 对偏离标准的详细说明；

f） 测试的日期。

附 录 A
（资料性附录）
本标准章条编号与 ISO 6271-1:2004 章条编号对照

表 A.1 本标准章条编号与 ISO 6271-1:2004 章条编号对照一览表

本标准编号	对应的国际标准章条编号
1	—
—	1
2	2
3	3、3.1
4	4
5.1	5.1
5.2	5.2
5.3	5.3
6.1	6.1
6.2	6.2
6.3	6.3
6.4	6.4
7.1	7.1
7.2	7.2
7.3	7.3
8	—
—	8
9	9 的第 1～5 段
10	10
—	11
—	12

附　录　B
（资料性附录）
本标准与 ISO 6271-1:2004 技术性差异及其原因的一览表

表 B.1　本标准与 ISO 6271-1:2004 技术性差异及其原因

本标准编号	技术性差异	原　因
1	第一句将“透明液体”替换为“焦化苯类产品”； 第二句将“透明液体”替换为“焦化苯、焦化甲苯和焦化二甲苯”	本标准仅涉及“焦化苯类产品”，包括“焦化苯、焦化甲苯和焦化二甲苯”。“焦化苯类产品”属于“透明液体”的范畴
2	引用了我国标准（包括采用国际标准的我国标准），而非国际标准	以适合我国国情
3	删除 3.1 条款的“3.1”，内容保留	3 条款下只有一项内容，不必列标题编号，以符合我国习惯
5	试验用水标准 ISO 3696:1987 改为 GB/T 6682	GB/T 6682 是采用 ISO 3696:1987 的我国标准
7.1	烧杯容量由“400 mL”改为“500 mL”	便于在我国市场上采购
8	条款 8“按 ISO 15528 的规定，从待测的产品中取出代表性试样。”更改为“按 GB/T 1999 的规定，从大量的物料中取出不少于 1 000 mL 的代表性试样。”	取样采用我国标准，规定“1 000 mL”是为了标准更具操作性
9	保留 1～5 段，不采用第 6 段	第 6 段是对试验方法的另外一种选择，可以不用。而且需要增加条款 6 中没有规定的新仪器
—	ISO 6271-1:2004 中条款 11 给出了“精密度”的一般定义，本标准不采用	一般定义是广为人知的，没有必要重复。而且本标准的结果表述没有用到精密度概念
11	报告引用标准改为本标准	采用本标准进行试验

ICS 71.080.15
G 18

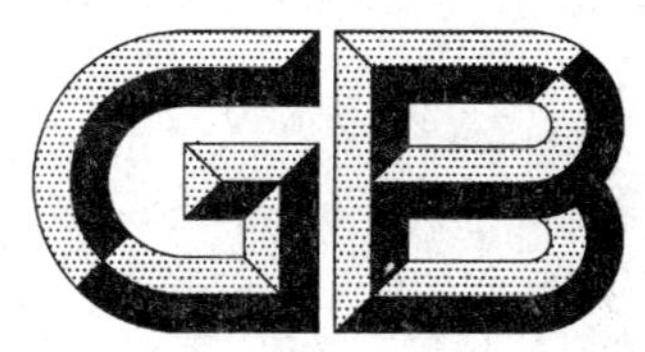

中华人民共和国国家标准

GB/T 8037—2009
代替 GB/T 8037—1987

焦化苯类产品中硫醇的检验方法

**Benzol products of coal carbonization—
Test for presence of mercap tans**

(ISO 5275:2003,Petroleum products and hydrocarbon solvents—
Detection of thiol and other sulfur species—Doctor test,MOD)

2009-10-30 发布　　2010-05-01 实施

中华人民共和国国家质量监督检验检疫总局
中 国 国 家 标 准 化 管 理 委 员 会　发 布

前 言

本标准修改采用ISO 5275:2003《石油产品和芳烃溶剂　硫醇与硫化物的检验方法　博士试验》(英文版)。

本标准根据ISO 5275:2003重新起草。为了方便比较,在资料性附录A中列出了本国家标准条款和国际标准条款的对照一览表。

本标准在采用国际标准时进行了修改。这些技术性差异用垂直单线标识在它们所涉及的条款的页边空白处。在附录B中给出了技术性差异及其原因的一览表以供参考。

为了便于使用,本标准还做了下列编辑性修改:

——"本国际标准"改为"本标准";

——用小数点"."代替作为小数点的",";

——删除国际标准的前言。

本标准代替GB/T 8037—1987《焦化苯类产品中硫醇的检验方法》。

本标准与GB/T 8037—1987相比主要差异如下:

——增加"安全警告"、"范围"、"规范性引用文件"、"结果表述"和"检验报告"的内容;

——规范了部分单位和格式。

本标准的附录A、附录B都是资料性附录。

本标准由中国钢铁工业协会提出。

本标准由全国钢标准化技术委员会归口。

本标准负责起草单位:武汉科技大学、冶金工业信息标准研究院。

本标准主要起草人:何选明、赵敏伦、李耀拉、方红明、孙伟。

本标准所代替标准的历次版本发布情况为:

——GB/T 8037—1987。

焦化苯类产品中硫醇的检验方法

安全警告:本标准在使用中将涉及危险的原料、操作和仪器。本标准不能保证解决所有的与其相关联的安全问题。本标准的使用者在使用前有责任建立健全适当的安全和健康保障制度。

氯化镉有毒,应当作环境有毒废物处理。

1 范围

本标准规定了焦化苯类产品中硫醇检验方法的原理、试剂和材料、仪器、取样和制样、试验步骤和检验报告。

本标准适用于焦化甲苯和焦化二甲苯中硫醇和硫化氢的检验。不适用于含有超过痕量过氧化物或二硫化碳含量超过0.4%(质量分数)的试样。

2 规范性引用文件

下列文件中的条款通过本标准的引用而成为本标准的条款。凡是注日期的引用文件,其随后所有的修改单(不包括勘误的内容)或修订版均不适用于本标准,然而,鼓励根据本标准达成协议的各方研究是否可使用这些文件的最新版本。凡是不注日期的引用文件,其最新版本适用于本标准。

GB/T 1999 焦化油类产品取样方法

GB/T 6682 分析实验室用水规格和试验方法(GB/T 6682—2008,ISO 3696:1987,MOD)

3 原理

试样与亚铅酸钠溶液混合振荡,从混合溶液的外观的变化来判断有无硫醇、硫化氢、单质硫或过氧化物的存在,并在加入升华硫振荡后最终验证有无硫醇。

4 试剂和材料

除非特别说明,4.2～4.11的试剂应达到分析纯,水纯度符合GB/T 6682中三级水要求。

4.1 三水合乙酸铅[$(CH_3COO)_2Pb \cdot 3H_2O$],晶体。

4.2 氢氧化钠($NaOH$),固体。

4.3 亚铅酸钠溶液(博士试剂)

将25 g三水合乙酸铅结晶(4.1)溶解到200 mL蒸馏水中,过滤后再加到100 mL含有60 g氢氧化钠(4.2)的水的溶液中。混合物在沸水浴中加热30 min±5 min,冷却后用水稀释至1 000 mL。

用带有密封塞子瓶存贮溶液,如溶液不透明则在用前过滤。

4.4 氯化镉($CdCl_2$)。

4.5 浓盐酸(HCl),质量分数约为36%(11 mol/L)。

4.6 氯化镉溶液

用水溶解100 g氯化镉(4.4),加入10 mL盐酸,并稀释到1 000 mL。

对于常规分析,50 g/L的$NaHCO_3$溶液可以用作分析,但是因为硫化钠是无色的,要求用醋酸铅试纸来确定硫化氢是否脱除(见7.2)。

4.7 升华硫,干燥(密封容器保存)。

4.8 碘化钾溶液(KI)

碘化钾100 g/L溶液,使用前当天配制。

4.9 乙酸溶液(CH_3COOH)

乙酸 100 g/L 溶液,使用前当天配制。

4.10 淀粉溶液

淀粉 5 g/L 溶液,使用前当天配制。

5 仪器

5.1 混合用带塞磨口量筒:容积 50 mL。

5.2 量筒:容积 5 mL 和 10 mL。

5.3 分液漏斗:容积 50 mL。

6 取样和制样

6.1 按 GB/T 1999 的规定,从大量的物料中取出不少于 1 000 mL 的代表性试样。

6.2 从代表性试样中采取检测样品前,充分振荡以混合试验样品。

7 试验步骤

7.1 初步试验

取试样 10 mL,亚铅酸钠 5 mL(4.3),置于磨口量筒,激烈振荡 15 s。按表 1 所示观察混合物外观变化并继续试验。

表 1 初步试验观察

观 察	结 论	继续试验
黑色沉淀立即形成	有硫化氢	7.3
棕色沉淀缓慢生成	有可能存在有氧化物	7.2
振荡的溶液呈乳白色而后颜色变深	有硫醇或元素硫	7.4
没有变化或生成黄色	可能有硫醇	7.4

7.2 硫化氢

取出新鲜试样 20 mL 到分液漏斗中(5.3),加入 1 mL 氯化镉溶液(4.6)后剧烈振动 15 s。静置分层至澄清,然后取其上层试样 10 mL,重复 7.1 操作。第一次洗涤之后如没有黑色沉淀,则将洗过的试样与亚铅酸钠的混合溶液中继续 7.4 所述的操作。若仍有沉淀生成,则将分液漏斗内的水层倒出,滴加 0.5 mL 新制的氯化镉溶液,重复洗涤和试验。如果用碳酸氢钠,则见 4.6。

经过两次洗涤之后,黑色沉淀可能不会继续生成,但如果确实有,通过连续洗涤后和再测试一定体积溶液,应该可以得到脱除硫化氢的洗涤样品,从而保证 10 mL 的试样经 7.1 和 7.4 试验后得到最终试验结果。

7.3 过氧化物

取试样 10 mL 于磨口量筒中(5.1),加入 2 mL 碘化钾溶液(4.8),滴几滴乙酸溶液(4.9)和几滴淀粉溶液(4.10)。剧烈振荡 15 s,沉淀后观察水层颜色。如果呈蓝色,证明有一定浓度过氧化物存在会使检测失效。

7.4 最终试验

按 7.1 或 7.2 所得试样与亚铅酸钠的混合溶液中加少量的升华硫(不过量,约 0.05 g)(4.7),在量筒内能够盖住层与层的界面。振荡量筒 15 s,静置 60 s±5 s。观察量筒内容物,如果在升华硫上形成棕色或黑色沉淀,则证明有硫醇存在。

8 结果表述

8.1 如果过氧化物存在,与 7.2 判断结果一样,结果报告为“测试无效——过氧化物存在”。

8.2　如按照 7.1 所述，振荡亚铅酸钠过程中，立即形成黑色沉淀，则结论报告为“博士阳性(高硫)——硫化氢存在”。如果除去硫化氢之后，再按 7.4 所述加入硫磺试验，有黑色或者棕色沉淀形成，则结果报告为“博士阳性(高硫)——硫化氢和硫醇存在”。

8.3　如按照 7.1 所述，在摇动的过程中，溶液在颜色上由白色变为黑色，则结论报告为“博士阳性(高硫)——硫醇及(或)硫元素存在”。

8.4　如试样和亚硝酸钠混合振荡，生成乳白色，再加入 7.4 所述的升华硫以后生成棕色或黑色沉淀，试验报告结果为“博士阳性(高硫)——硫醇存在”。

8.5　如按照 7.1 所述，摇动之后，没有变化出现或仅有浅黄色生成，加入 7.4 所述的升华硫以后没有沉淀物生成，试验报告结果为“博士阴性(低硫)”。

9　检验报告

检测报告应至少包括如下内容：

a)　标准编号；

b)　识别被检测试样的必要资料；

c)　检测结果；

d)　对偏离标准的详细说明；

e)　测试的日期。

附　录　A
（资料性附录）
本标准章条编号与ISO 5275:2003章条编号对照

表 A.1　本标准章条编号与ISO 5275:2003章条编号对照一览表

本标准编号	对应的国际标准章条编号
1	—
—	1
2	2 的第 1 段
3	—
—	3
4	4
5	5
6	6
7	7
7.1	7.1.2
7.2	7.3
7.3	7.2
7.4	7.4
8	8 的第 2～6 段
—	9
—	10

附　录　B
（资料性附录）
本标准与 ISO 5275:2003 技术性差异及其原因的一览表

表 B.1　本标准与 ISO 5275:2003 技术性差异及其原因

本标准编号	技术性差异	原　　因
	将“安全警告”的内容全部集中	适合我国标准规范
1	第一句将“石油产品和烃类溶剂”替换为“焦化苯类产品”； 第二句将“石油产品和烃类溶剂”替换为“焦化甲苯和焦化二甲苯”	本标准仅涉及“焦化苯类产品”，包括“焦化甲苯和焦化二甲苯”。“焦化苯类产品”属于“石油产品和烃类溶剂”的范畴
2	引用了我国标准（包括采用国际标准的我国标准），而非国际标准； 删除芳烃和汽油的取样	以适合本标准的范围和便于使用
6	按 GB/T 1999 的规定取样	本标准仅涉及“焦化苯类产品”，且便于标准使用
6.2	删除“如果室温下样品在的蒸气压超过 30 kPa，应避免容器形成内压。如安全需要，需定时释放内压。”	因为焦化苯类产品在室温下的蒸气压不可能超过 30 kPa
7	删除“7.1.1 酚类物质”，保留 7.1.2 条款，并将其改为 7.1 条款	焦化苯类产品一般不使用“作抗氧化剂的酚类物质”
7	7.2 条款与 7.3 条款交换位置	与表 1 内容顺序一致
8	删除因为存在酚类等干扰物质，使测定不能完成的试验结果：“测试无效—物质存在”	焦化苯类产品一般不使用“作抗氧化剂的酚类物质”
	删除“精密度”条款	没有实质内容，不需要

ICS 71.080.15
G 17

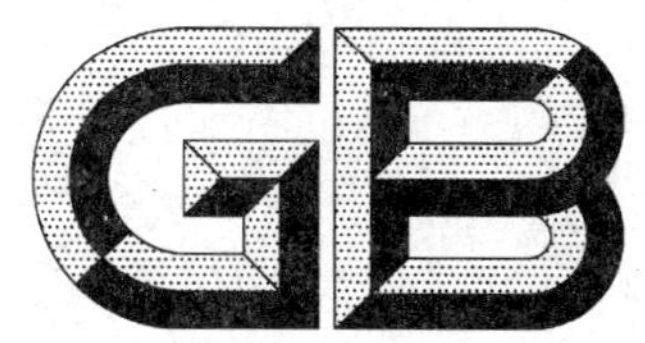

中华人民共和国国家标准

GB/T 8038—2009
代替 GB/T 8038—1987

焦化甲苯中烃类杂质的气相色谱测定方法

Toluene of coal carbonization—Determination of hydrocarbon impurities gas chromatographic method

2009-07-08 发布　　2010-04-01 实施

中华人民共和国国家质量监督检验检疫总局
中国国家标准化管理委员会　发布

前　言

本标准代替 GB/T 8038—1987《焦化甲苯中烃类杂质的气相色谱测定方法》。

本标准与 GB/T 8038—1987 相比主要变化如下：

——增加了“范围”和“规范性引用文件”；

——增加了仪器的内容；

——规范了部分单位表示和文本格式。

本标准由中国钢铁工业协会提出。

本标准由全国钢标准化技术委员会归口。

本标准起草单位：武汉科技大学、冶金工业信息标准研究院。

本标准主要起草人：何选明、赵敏伦、李耀拉、李铁鲁、孙伟。

本标准所代替标准的历次版本发布情况为：

——GB/T 8038—1987。

焦化甲苯中烃类杂质的气相色谱测定方法

1 范围

本标准规定了焦化甲苯中烃类杂质的气相色谱测定的原理、采样、试剂、仪器和材料、准备工作、试验步骤、结果计算、精密度。

本标准适用于焦化甲苯中烃类杂质，包括苯、C8 芳烃直至正壬烷的非芳烃的测定，对每组杂质的测量范围是 0.01%～0.03%(质量分数)。

2 规范性引用文件

下列文件中的条款通过本标准的引用而成为本标准的条款。凡是注日期的引用文件，其随后所有的修改单(不包括勘误的内容)或修订版均不适用于本标准，然而，鼓励根据本标准达成协议的各方研究是否可使用这些文件的最新版本。凡是不注日期的引用文件，其最新版本适用于本标准。

GB/T 1999 焦化油类产品取样方法

3 原理

将已知量的内标物加入试样中，用注射器取一定量的该混合物注入色谱仪气化室，气化的混合物被载气携带进色谱柱层析，由氢火焰离子化检测器检测流出的每个组分，并在记录器上记录色谱图。

用杂质的相对保留时间定性、用杂质相对于内标物的色谱峰面积定量。

计算时要考虑检测器对各组分的相对校正因子。

4 采样

按 GB/T 1999 的规定，从大量的物料中随机取出不少于 1 000 mL 的代表性试样。

5 试剂

5.1 正己烷：色谱纯(不含有苯、正癸烷及乙基苯)。

5.2 内标物：正癸烷，纯度不小于 99%(质量分数)。

5.3 标准物：纯度不低于 99%(质量分数)。

5.3.1 苯：分析纯。

5.3.2 甲苯：分析纯。

5.3.3 乙基苯：分析纯。

5.4 固定相

5.4.1 聚乙二醇 1 540 或 1 500。

5.4.2 经酸洗过后的 6 201 担体(0.177 mm～0.25 mm)。

6 仪器和材料

6.1 仪器

6.1.1 色谱仪：带火焰离子检测器，能满足试验条件要求的任何型号的色谱仪。仪器应有足够的灵敏度，使含有 0.005%(*m*/*m*)乙基苯的混合物，在规定的试验条件下，得到的峰高至少为噪音的两倍。

6.1.2 色谱数据处理机或色谱工作站。

6.1.3 分析天平:感量为 0.000 1 g。

6.1.4 注射器:1 μL,10 μL,50 μL,10 mL。

6.1.5 色谱柱:长 4 m,内径 2 mm。不锈钢管、铜管、铝管或玻璃管制成的色谱柱或具有相同灵敏度的商品毛细管柱。

6.1.6 带塞容量瓶:10 mL、25 mL 和 50 mL。

6.2 材料

6.2.1 氢气:氧含量不高于 0.000 5%(体积分数)。

6.2.2 空气:净化后的压缩空气。

6.2.3 标准筛:筛孔 0.177 mm 和 0.25 mm。

7 准备工作

7.1 固定相的配制:称取 12.5 g 聚乙二醇 1 540 或者 1 500,溶于 50 mL 适当的溶剂中(如甲醇)。把溶液倒入 37.5 g 6 201 担体中,轻轻搅拌,并用红外线灯缓缓烘烤、蒸发溶剂至干。涂好的固定相如果有粉末,可再次过筛以提高柱效。

7.2 色谱柱的填充及老化:将色谱柱一端用多孔金属网或玻璃毛塞住,接在真空泵上,另一端接一个漏斗,把制备好的固定相通过漏斗装进色谱柱。装柱时边抽气边敲打或震动柱子,以保证填充均匀。当柱子填充满后,拔下色谱柱,停泵。倒出少量固定相,然后用多孔金属网或玻璃毛把这端塞住。

把色谱柱安装在色谱仪上,经试漏检查后,在高于使用温度 20 ℃～50 ℃的条件下,通载气老化,直至基线稳定为止。

7.3 色谱柱性能检查

7.3.1 在规定的试验条件下,色谱柱应能将内标物和其他组分完全分离开。

7.3.2 配制含有 0.25%(体积分数)乙基苯的甲苯混合物。取该混合物 1 μL,注入色谱仪,记录色谱图并测量甲苯、乙基苯两峰谷到基线的高。在使用积分仪时,两峰谷的高不应超过乙基苯峰高的 2%;如果手工测量时,两峰谷到基线的高不应超过乙基苯峰高的 10%。

7.4 校正因子的测定

7.4.1 用注射器取出 10 mL 正己烷注入清洁、干燥、带塞的 25 mL 容量瓶内。用 50μL 注射器分别将正癸烷、苯、甲苯和乙基苯各 50 μL 依次注入到容量瓶内,用增量法分别称出各组分的质量,称准至 0.1 mg。然后再加入正己烷至容量瓶的刻度,混合均匀,此液即为测定校正因子的标准样。

7.4.2 按照表 3 规定的试验条件,待仪器稳定后,往色谱仪注入上述标准样,并记录色谱图。

7.4.3 按式(1)计算各组分的相对校正因子:

$$F_i = \frac{A_i}{A_0} \times \frac{0.730}{\rho_i} \qquad \cdots\cdots(1)$$

式中:

F_i——i 组分的相对校正因子;

A_i——i 组分的峰面积,单位为平方毫米(mm^2);

A_0——正癸烷的峰面积,单位为平方毫米(mm^2);

ρ_i——i 组分的密度,单位为克每立方厘米(g/cm^3);

0.730——正癸烷的密度,单位为克每立方厘米(g/cm^3)。

($\rho_{苯} = 0.879\ g/cm^3$,$\rho_{乙基苯} = 0.867\ g/cm^3$)

7.4.4 如果通过上述步骤得到的相对校正因子与表 1 给出的典型校正因子之差超过给定值的 10%,则需重新用第二个标样检查,直至两数之差小于 10%,测定值才可使用。

表 1 典型相对校正因子

标准物质	典型校正因子
正癸烷	1.00
苯	1.17
甲苯	1.10
乙基苯	1.02

7.5 相对保留时间的测定

7.5.1 用注射器取 10 mL 正己烷注入清洁、干燥、带塞的 10 mL 容量瓶内，用 50 μL 注射器分别将苯、正癸烷、甲苯、乙基苯、间二甲苯、对二甲苯和邻二甲苯各 50 μL 依次注入容量瓶内，混合均匀。即为测定组分相对保留时间的标准样。

7.5.2 在表 3 规定的试验条件下，往色谱仪注入上述标样，记录各组分的保留时间。以内标物正癸烷为基准，计算出各组分的相对保留时间。用此相对保留时间进行定性。测定的各组分典型相对保留时间如表 2。

表 2 各组分典型相对保留时间

组 分	固定液 1 540		固定液 1 500	
	保留时间	相对保留时间	保留时间	相对保留时间
苯	4 min 41 s	0.85	4 min 41 s	0.86
正癸烷	5 min 27 s	1.00	5 min 36 s	1.00
甲苯	7 min 42 s	1.41	7 min 50 s	1.41
乙基苯	12 min 12 s	2.24	12 min 30 s	2.24
间-二甲苯	12 min 39 s	2.32	12 min 48 s	2.29
对-二甲苯	12 min 52 s	2.36	13 min 10 s	2.36
邻-二甲苯	16 min 41 s	3.06	16 min 58 s	3.04

8 试验步骤

8.1 按表 3 所规定的试验条件把仪器调整好。

表 3 试验条件

柱 温	100 ℃（允许上下调整 20 ℃）
载气（H_2）流速	调整到甲苯的保留时间在 6 min～15 min
空气流速	载气：空气＝1：10～15 或根据不同的检测器要求调整
气化温度	200 ℃（不低于最终馏分的沸点）
纸速	人工测定峰面积，纸速不小于 20 mm/min
进样量	1 μL（在满足分离的前提下，可加大进样量）

8.2 分别取 80 μL（正癸烷）和 10 μL 试样注入带塞容量瓶中，用增量法称出正癸烷和试样的质量，称准至 0.2 mg，混合均匀，此液即为试样。

8.3 在表3规定的试验条件下，待色谱仪稳定后，注入 1 μL 所配制的(8.2)试样，并记录色谱图。

8.4 测量各杂质和正癸烷的峰面积。用手工测量时，量出峰高和半峰高，峰面积由峰高乘以半峰宽而得。如用数据处理器，则可预先编好分析和计算程序进行自动计算。

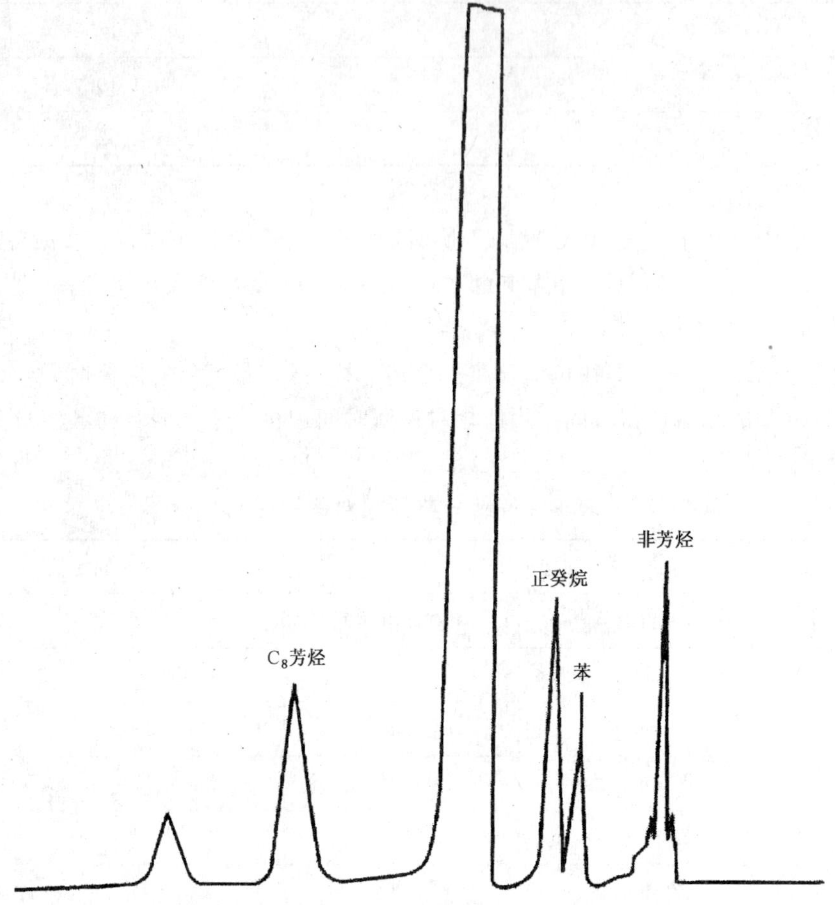

图1 焦化甲苯中烃类杂质典型色谱图

9 结果计算

用质量分数表示苯、非芳烃和 C_8 芳烃各组的含量，计算公式如式(2)：

$$x_i = \frac{100 \times A_i \times m_1 \times F_1}{A_1 \times m_0 \times F_i} \quad \cdots\cdots(2)$$

式中：

x_i——i 组分在试样中的质量分数，%；

A_i——i 组分的峰面积；

A_1——正癸烷(内标物)的峰面积；

F_i——i 组分的相对校正因子；

F_1——正癸烷的相对校正因子；

m_0——试样质量，单位为克(g)；

m_1——正癸烷(内标物)的质量，单位为克(g)。

测定结果取两次平行试验结果的算术平均值，报告结果取到 0.01%(质量分数)。

注：所有非芳烃都采用与正癸烷相同的相对校正因子。所以 C_8 芳烃都采用与乙基苯相同的相对校正因子。

10 精密度

10.1 重复性 *r*

r 不大于算术平均值的 10%。

10.2 再现性 *R*

R 不大于算术平均值的 20%。

ICS 71.080.15
G 17

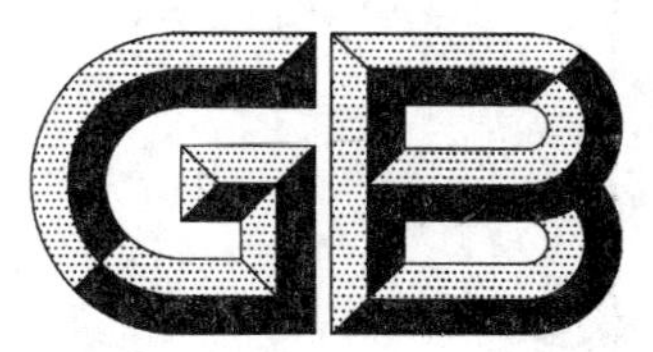

中华人民共和国国家标准

GB/T 8039—2009
代替 GB/T 8039—1987

焦化苯类产品全硫含量的还原分光光度测定方法

Benzol products of coal carbonization—Determination of total sulphur content—Reduction and spectrophotometric method

(ISO 5282:1982 Aromatic hydrocarbons—Determination of sulphur content—Pitt-Ruprecht reduction and spectrophotometric method, MOD)

2009-07-08 发布　　2010-04-01 实施

中华人民共和国国家质量监督检验检疫总局
中国国家标准化管理委员会　发布

前　言

本标准修改采用 ISO 5282:1982《芳烃硫含量的测定——皮特·勒伯切特还原分光光度法》(英文版)。

本标准根据 ISO 5282:1982 重新起草。为了方便比较,在资料性附录 A 中列出了本国家标准条款和国际标准条款的对照一览表。

本标准在采用国际标准时进行了修改。这些技术性差异用垂直单线标识在它们所涉及的条款的页边空白处。在附录 B 中给出了技术性差异及其原因的一览表以供参考。

为了便于使用,本标准还做了下列编辑性修改:

——“本国际标准”一词改为“本标准”;

——用小数点“.”代替作为小数点的“,”;

——删除国际标准的前言。

本标准代替 GB/T 8039—1987《焦化苯类产品全硫含量的还原分光光度测定方法》。

本标准与 GB/T 8039—1987 相比主要差异如下:

——增加“范围”、“规范性引用文件”、“试验报告”的内容;

——单位与格式规范化。

本标准由中国钢铁工业协会提出。

本标准由全国钢标准化技术委员会归口。

本标准起草单位:武汉科技大学、冶金工业信息标准研究院。

本标准主要起草人:何选明、赵敏伦、黄鹂、徐鸿、孙伟。

本标准所代替标准的历次版本发布情况为:

——GB/T 8039—1987。

焦化苯类产品全硫含量的还原分光光度测定方法

1 范围

本标准规定了焦化苯类产品全硫含量的还原分光光度测定的原理、采样、试剂、仪器、试验步骤和结果计算。

本标准适用于焦化苯类产品全硫含量的测定。测量范围：硫含量为 0.1 mg/kg～30 mg/kg。

注：当硫含量较高时可以通过稀释的办法采用本方法测定。

2 规范性引用文件

下列文件中的条款通过本标准的引用而成为本标准的条款。凡是注日期的引用文件，其随后所有的修改单(不包括勘误的内容)或修订版均不适用于本标准，然而，鼓励根据本标准达成协议的各方研究是否可使用这些文件的最新版本。凡是不注日期的引用文件，其最新版本适用于本标准。

GB/T 1999 焦化油类产品取样方法

3 原理

用活性镍将硫化物还原成硫化镍。在酸性溶液中解析出硫化氢，并被碱性醋酸锌吸收。吸收液与N,N-二甲基-对次苯基二胺硫酸盐和硫酸铁(Ⅲ)铵生成亚甲基蓝。

在 667 nm 波长下测定蓝色溶液的消光度。

4 采样

按 GB/T 1999 的规定，从大量的物料中随机取出不少于 1 000 mL 的代表性的试样。

5 试剂

5.1 乙二醇，分析纯。

5.2 氢氧化钾，分析纯。

5.3 氢氧化钠，分析纯。

5.4 盐酸，分析纯。

5.5 醋酸锌，分析纯。

5.6 异丙醇，分析纯。空白试验时，使用不同数量的(例如 25 mL 或 50 mL)，不应产生不同的消光值。

5.7 噻吩，纯度＞99.0%。

5.8 硫酸铁(Ⅲ)铵，分析纯。

5.9 N,N-二甲基-对次苯基二胺硫酸盐，分析纯。

5.10 重铬酸钾，分析纯。

5.11 硝酸，分析纯。

5.12 丙酮，分析纯。

5.13 乙二醇-氢氧化钾溶液，将 4 g 氢氧化钾溶解于在 100 mL 乙二醇中。

5.14 氢氧化钠溶液 2.5 mol。

5.15 盐酸溶液 5 mol。

5.16 醋酸锌溶液 10 g/L。

5.17 硫标准溶液

称取约 320 mg(称准至 1 mg)噻吩定量地转移到盛有 250 mL 异丙醇的 500 mL 容量瓶中,用异丙醇稀释到刻线并混匀。吸取 25 mL 该溶液到第二个干燥的 500 mL 容量瓶中,用异丙醇稀释到刻线并混匀。此时 1 mL 该标准溶液含有 $m\times3.81\times10^{-5}$ mg 的硫。m 是所取噻吩的实际质量,以毫克表示。

5.18 硫酸铁(Ⅲ)铵溶液

将 120.6 g 硫酸铁(Ⅲ)铵十二水合物[$FeNH_4(SO_4)_2\cdot12H_2O$]溶于 750 mL 水中,在冷却并搅拌的同时加入 27 mL 硫酸(ρ=1.84 g/mL)用水稀释到 1 000 mL 并混匀。

5.19 N,N-二甲基-对次苯基二胺硫酸盐溶液

将 930 mg N,N-二甲基-对次苯基二胺硫酸盐溶于 75 mL 水中,在冷却并搅拌的同时加入 187 mL 硫酸(ρ=1.84 g/mL)用水稀释到 1 000 mL 并混匀。

5.20 重铬酸钾-硝酸溶液

将 50 g 重铬酸钾溶于 500 mL 水中,在搅拌的同时加入 500 mL 硝酸(ρ=1.40 g/mL)并混匀。

5.21 镍铝合金:由 50%±5%的镍和 50%±5%的铝的混合物组成。

5.22 氮气:氮含量 99.99%。

6 仪器

6.1 天平,感量 0.001 g。

6.2 焦化苯类产品全硫含量测定仪(见图 1 和图 2)。

单位为毫米

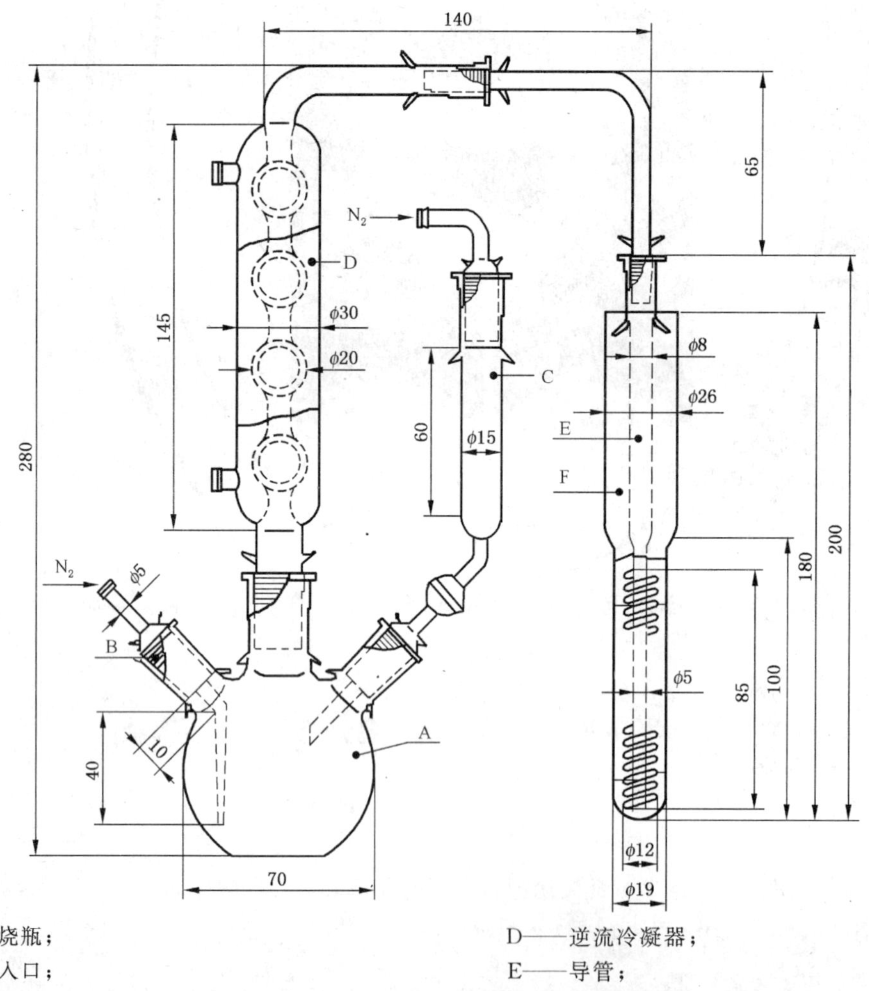

A——还原烧瓶;
B——氮气入口;
C——滴液漏斗;
D——逆流冷凝器;
E——导管;
F——吸收容器。

图 1 还原烧瓶及有关仪器

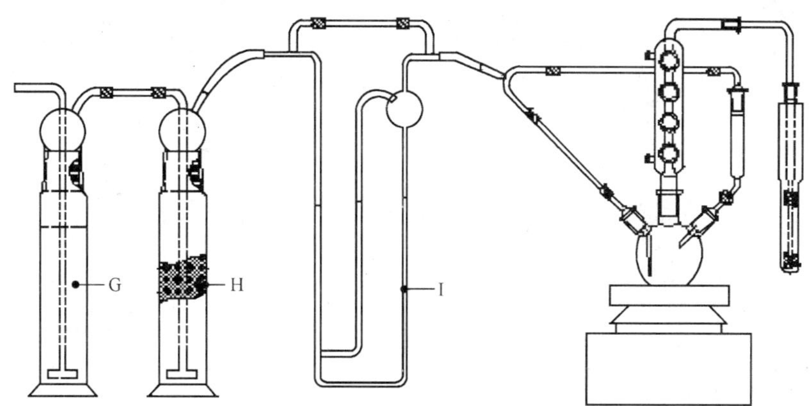

G——带有乙二醇-氢氧化钾溶液的洗涤瓶；

H——带有玻璃毛的洗涤瓶；

I——流量计。

图 2 还原法仪器

用重铬酸钾-硝酸溶液清洗新仪器，然后用水充分的冲洗，并在烘箱中干燥，在测定期间用丙酮和水清洗仪器。

6.3 氮气输送管：聚氯乙烯或其他无硫塑料管。

6.4 分光光度计：适用于在 667 nm 波长下测量，并带有光径长 20 mm 的比色皿。

6.5 容量瓶：容积 50 mL、250 mL、500 mL 和 1 000 mL。

6.6 加热器：具有磁力搅拌装置。

7 试验步骤

7.1 空白试验

用 50 mL 或 25 mL 的异丙醇代替试样，按 7.3 规定的步骤操作。

7.2 绘制标准曲线

按表 1 所示的硫标准溶液的体积取样，分别置于 6 个干燥的 500 mL 容量瓶中，并用异丙醇稀释到刻线。按 7.3.2～7.3.4 所示步骤操作，用不同的标准比色溶液的消光度减去空白溶液的消光度，即 $E—E_0$ 为纵坐标，对应的硫含量 c_0 为横坐标作图，即得标准曲线。

表 1 标准比色溶液

硫标准溶液/mL	对应的硫含量/(mg/L)
0[a]	0
5.0	$m\times0.381\times10^{-3}$
10.0	$2m\times0.381\times10^{-3}$
15.0	$3m\times0.381\times10^{-3}$
20.0	$4m\times0.381\times10^{-3}$
25.0	$5m\times0.381\times10^{-3}$

[a] 校正空白。

7.3 测定

7.3.1 活性镍的制备

将 0.5 g ± 0.05 g 镍铝合金转入还原烧瓶 A(见图 1 和图 2)，加入 10 mL 氢氧化钠溶液，用表面皿盖住烧瓶，直到氢气激烈析出结束为止。

把烧瓶置于沸水浴上，并旋转瓶内液体，加速铝的溶解，并使粘在瓶壁的镍回到瓶底。约 10 min 后，铝全部溶解时把烧瓶从水浴中取出，氮气经由入口管 B 通入烧瓶中，用一个小的吸管吸掉上层清液，用 10 mL～15 mL 水清洗烧瓶颈部。用力旋转烧瓶，搅动镍残余物，使其沉淀，并再次吸掉上层清液，用水重复这样的操作三次。然后加入 10 mL 异丙醇操作一次。最后加入 10 mL 异丙醇。

7.3.2　**还原**

按表 2 所规定的全硫含量吸取试样并置于烧瓶里，然后把烧瓶连接到仪器上，冷凝器通入冷却水。

表 2　试样的体积

预计的硫含量/(mg/kg)	试样的体积/mL
0.1～1	50
1～2	25
2～5	10
5～10	5
10～30	1

取 10 mL 盐酸溶液置于滴液漏斗 C 中，将 5 mL 醋酸锌溶液和 0.5 mL 氢氧化钠溶液置于吸收器 F 中。安装吸收器 F 时，要使得导管 E 几乎达到吸收器 F 的底部。再用氮气清扫仪器。氮气用通过含有乙二醇-氢氧化钾溶液的第一个洗气瓶和通过装有玻璃毛过滤层的第二个洗气瓶净化，流速约为 1.5 L/h～1.7 L/h，在整个还原期间应保持这种流速。

用磁力搅拌器搅拌，搅拌速度为使活性镍尽可能均匀分散在液体内。加热烧瓶，使瓶内液体约在 10 min 左右达到沸腾。继续加热 30 min，使有和缓的回流发生，然后把盐酸溶液缓慢地滴入烧瓶内(在 5 min～10 min 内滴入 10 mL)。放出的硫化氢被氮气带到吸收器 F。一般加酸后继续回流 20 min，完成硫化氢的输送和吸收。

从仪器上卸下吸收器 F 和导管 E，关闭搅拌器、加热器和氮气。

7.3.3　**显色**

加 10 mL 水到吸收器 F 里。螺旋导管应低于液面 10 mm～20 mm。用导管搅拌使溶液均匀。

从导管里加入 5 mL N,N-二甲基-对次苯基二胺硫酸盐溶液(5.19)到吸收器 F 中(该液体因密度较大沉在吸收器的底部)，使白色浮层(厚 5 mm～10 mm)保持在吸收器里液体的上层，可避免硫化氢的损失。立即从导管加入 1 mL 硫酸铁(Ⅲ)铵溶液(5.18)，并用尽可能少的水冲洗下去。

用导管混匀液体，先底部后上部(在整个操作期间，螺旋导管应保持在液面以下)。剧烈搅拌1 min。最后把蓝色溶液转移到 50 mL 容量瓶(6.5)中，用水稀释到刻线并混匀。

7.3.4　**分光光度测定**

7.3.4.1　5 min 后用光径长 20 mm 的比色皿在 667 nm 波长下测其溶液的消光度 E。

7.3.4.2　同样地，测定空白溶液的消光度 E_0。

7.3.4.3　从标准曲线上求出对应于 $E-E_0$ 的硫浓度 c_0(mg/L)。

8　结果计算

全硫含量按式(1)计算：

$$c_S = \frac{c_0 \times 50}{V \times \rho} \quad \cdots\cdots(1)$$

式中：

c_S——试样的全硫含量，单位为毫克每千克(mg/kg)；

c_0——试样溶液中对应于 $E-E_0$ 的硫的校正浓度，单位为毫克每升(mg/L)；

V——试样的体积，单位为毫升(mL)；

50——比色用容量瓶的体积；

ρ——试样的视密度，单位为克每毫升(g/mL)。

9 精密度

重复性 r 和再现性 R 见表 3。

表 3 精密度

硫含量/(mg/kg)	重复性 r	再现性 R
0.5	0.05	0.15
1.5	0.15	0.30
5	0.62	0.97

10 试验报告

试验报告将至少包含下列内容：

a) 被检测试样的类型和识别信息；

b) 采用标准；

c) 任何偏离规定实验步骤的操作；

d) 测试结果；

e) 测试日期。

附 录 A
（资料性附录）
本标准章条编号与 ISO 5282:1982 章条编号对照

表 A.1 本标准章条编号与 ISO 5282:1982 章条编号对照一览表

本标准编号	对应的国际标准章条编号
1	1 的前二段
2	2
3	3
4	6
5	4
6	5
7	7
8	8
9	9
—	附录
—	参考文献

附　录　B
（资料性附录）
本标准与 ISO 5282:1982 技术性差异及其原因

表 B.1　本标准与 ISO 5282:1982 技术性差异及其原因

本标准编号	技术性差异	原　　因
1	删除“沸点 200 ℃以下芳烃”。 删除“烷基硫酸、芳香硫酸和芳香硫酸盐的存在都能引起不能完全回收硫磺”	本标准仅涉及“焦化苯类产品”，沸点 200 ℃以下，不需另加说明。“烷基硫酸、芳香硫酸和芳香硫酸盐的存在都能引起不能完全回收硫磺”属于常识，不必说明
2	引用了我国标准，而非国际标准	以适合我国国情
4	删除“蒸馏水或相等纯度的水”的规定。 增加了“氢氧化钾”等单质化学试剂，共 10 项	化学分析使用“蒸馏水或相等纯度的水”属于试验分析一般要求。 “氢氧化钾”等单质化学试剂对溶液配制和分析准确性影响显著，必须有严格的要求
5	增加了“氮气输送管：聚氯乙烯或其他无硫塑料管”	使试验更严格
8	删除“重复性”和“再现性”的定义性描述	“重复性”和“再现性”的定义属于一般常识
9	保留 1～5 段，不采用第 6 段	第 6 段是对试验方法的另外一种选择，可以不用。而且需要增加条款 6 中没有规定的新仪器
	删除“附录：无硫甲苯的制备”	原标准实践表明，无须专门制备无硫甲苯
	删除“参考文献”	符合我国标准规范

ICS 03.120.30
A 41

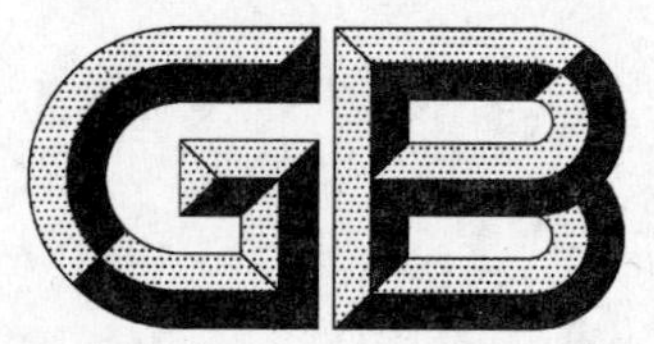

中华人民共和国国家标准

GB/T 8055—2009
代替 GB/T 8055—1987

数据的统计处理和解释 Γ分布(皮尔逊Ⅲ型分布)的参数估计

Statistical interpretation of data—Parameter estimation for gamma distribution (Pearson Ⅲ distribution)

2009-10-15 发布　　2009-12-01 实施

中华人民共和国国家质量监督检验检疫总局
中国国家标准化管理委员会　发布

前　言

“数据的统计处理和解释”包括以下国家标准：

——GB/T 3359　数据的统计处理和解释　统计容忍区间的确定

——GB/T 3361　数据的统计处理和解释　在成对观测值情形下两个均值的比较

——GB/T 4087　数据的统计处理和解释　二项分布可靠度单侧置信下限

——GB/T 4088　数据的统计处理和解释　二项分布参数的估计与检验

——GB/T 4089　数据的统计处理和解释　泊松分布参数的估计和检验

——GB/T 4882　数据的统计处理和解释　正态性检验

——GB/T 4883　数据的统计处理和解释　正态样本离群值的判断和处理

——GB/T 4885　正态分布完全样本可靠度置信下限

——GB/T 4889　数据的统计处理和解释　正态分布均值和方差的估计与检验

——GB/T 4890　数据的统计处理和解释　正态分布均值和方差检验的功效

——GB/T 8055　数据的统计处理和解释　Γ分布(皮尔逊Ⅲ型分布)的参数估计

——GB/T 8056　数据的统计处理和解释　指数分布样本离群值的判断和处理

——GB/T 6380　数据的统计处理和解释　Ⅰ型极值分布样本离群值的判断和处理

——GB/T 10092　数据的统计处理和解释　测试结果的多重比较

——GB/T 10094　正态分布分位数与变异系数的置信限

本标准代替GB/T 8055—1987《数据的统计处理和解释 Γ分布（皮尔逊Ⅲ型分布）的参数估计》。

本标准与GB/T 8055—1987相比主要变化如下：

——按GB/T 1.1—2000《标准化工作导则　第1部分：标准的结构和编写规则》的要求对标准格式进行了修订；

——在新修订的标准中删除了原标准中附录B程序与框图；

——在新修订的标准中删除了原标准中附录C三参数Γ分布不完全样本的点估计(适线法)；

——在新修订的标准中删除了原标准中附录D应用实例。

本标准的附录A为规范性附录。

本标准由全国统计方法应用标准化技术委员会(SAC/TC 21)提出并归口。

本标准起草单位：北京工业大学、中国标准化研究院、北京大学。

本标准主要起草人：薛留根、丁文兴、于振凡、马月红、谢田法、房祥忠。

本标准所代替标准的历次版本发布情况为：

——GB/T 8055—1987。

引　言

0.1　本标准适用于观测值服从 Γ 分布的情况。在使用本标准之前，需要判断或检验观测值是否服从 Γ 分布。传统的经验判断方法是直方图法；常用的统计检验方法是 χ^2 拟合优度检验。这两种方法可以在数理统计教科书中查到。

0.2　本标准规定了根据观测值估计 Γ 分布参数的方法。对于二参数 Γ 分布的点估计，采用的估计方法有矩估计法和极大似然估计法。矩估计法是求参数点估计的常用方法之一。因该方法简便易行，且估计量有很好的小样本和大样本性质，故使用普遍。极大似然估计法是求参数点估计的另一常用方法，它能充分利用分布的信息，估计更为精确。本标准中给出了极大似然估计的两种求解方法：近似公式法和牛顿迭代法。

0.3　对三参数 Γ 分布，本标准采用适线法给出了其参数的点估计。

0.4　为了得到参数的估计精度，人们往往还需要计算参数的置信区间。本标准给出了二参数 Γ 分布中有关参数的置信区间。

数据的统计处理和解释 Γ分布(皮尔逊Ⅲ型分布)的参数估计

1 范围

本标准规定了根据观测值估计Γ分布参数的方法。

本标准适用于Γ分布总体的参数估计;对测量、测试、调查得到的数据,若经理论分析、经验判断或统计检验后,可合理地认为其来自Γ分布总体,才可按本标准确定Γ分布参数的点估计和区间估计。

2 规范性引用文件

下列文件中的条款通过本标准的引用而成为本标准的条款。凡是注日期的引用文件,其随后所有的修改单(不包括勘误的内容)或修订版均不适用于本标准,然而,鼓励根据本标准达成协议的各方研究是否可使用这些文件的最新版本。凡是不注日期的引用文件,其最新版本适用于本标准。

GB/T 3358.1 统计学词汇及符号 第1部分:一般统计术语与用于概率的术语(GB/T 3358.1—2009,ISO 3534-1:2006,IDT)

GB/T 3358.2 统计学词汇及符号 第2部分:应用统计(GB/T 3358.2—2009,ISO 3534-2:2006,IDT)

GB/T 4086.1 统计分布数值表 正态分布

GB/T 4086.2 统计分布数值表 χ^2分布

3 术语、定义和符号

3.1 术语和定义

GB/T 3358.1和GB/T 3358.2确立的以及下列术语和定义适用于本标准。

3.1.1

偏度系数 coefficient of skewness

总体的三阶中心矩与标准差的立方之比。

$$C_S = E[X-E(X)]^3 / \left(\sqrt{E[X-E(X)]^2}\right)^3$$

3.1.2

样本几何均值 geometric mean of sample

n个观测值乘积的$\frac{1}{n}$次幂。

$$\tilde{x} = \left(\prod_{i=1}^{n} x_i\right)^{\frac{1}{n}}$$

3.1.3

ψ函数 ψ-function

Γ函数的导数与Γ函数之比。

$$\Psi(m) = \Gamma'(m)/\Gamma(m)\left(\text{或}\frac{\mathrm{d}\Gamma(m)}{\mathrm{d}m}/\Gamma(m)\right)$$

3.1.4

置信区间 confidence interval

参数θ的区间估计(T_0, T_1),其中作为区间限的统计量T_0, T_1,满足$P[T_0 < \theta < T_1] \geqslant 1-\alpha$。

注1:置信度反映了在同一条件下长序列重复随机抽样中,置信区间包含参数真值的比例。置信区间并不能反映观

测到的区间包含参数真值的概率(观测到的区间只能或是包含或是不包含)。

注2：一个与置信区间相关的特性是$100(1-\alpha)\%$,其中α是一个小的数。这个特性称为置信系数或置信水平,通常取为5%或99%。对任意确定但未知的总体θ值,$P[T_0<\theta<T_1]\geqslant 1-\alpha$。

3.2 符号

本标准所用符号见附录A。

4 Γ分布参数的点估计

4.1 二参数Γ分布参数的点估计

4.1.1 二参数Γ分布的密度函数

二参数Γ分布的密度函数是：

$$f(x;m,b)=\begin{cases}\dfrac{x^{m-1}}{b^m\Gamma(m)}e^{-\frac{x}{b}}, & x>0\\ 0, & x\leqslant 0\end{cases}$$

其中形状参数$m>0$,尺度参数$b>0$。

4.1.2 矩估计($n>10$)

实施步骤：

a) 计算样本均值

$$\bar{x}=\frac{1}{n}\sum_{i=1}^{n}x_i \qquad \cdots\cdots(1)$$

b) 计算样本方差

$$s^2=\frac{1}{n-1}\sum_{i=1}^{n}(x_i-\bar{x})^2 \qquad \cdots\cdots(2)$$

c) 计算m的矩估计

$$\hat{m}=\bar{x}^2/s^2 \qquad \cdots\cdots(3)$$

d) 计算b的矩估计

$$\hat{b}=s^2/\bar{x} \qquad \cdots\cdots(4)$$

4.1.3 极大似然估计($n>0$)

求极大似然估计的常用方法有两种:近似公式法和牛顿迭代法,其中近似公式法给出的极大似然估计计算误差可达10^{-4};牛顿迭代法可给出更高的计算精度。实际工作中可根据需要选用其中之一。

4.1.3.1 近似公式法

实施步骤：

a) 计算统计量

$$H=\ln\bar{x}-\ln\tilde{x} \qquad \cdots\cdots(5)$$

其中$\tilde{x}$是样本几何均值。

b) 计算m的极大似然估计

当$0<H\leqslant 0.5772$时,

$$\hat{m}=\frac{0.5000876+0.1648852H-0.0544274H^2}{H} \qquad \cdots\cdots(6)$$

当$0.5772<H\leqslant 17$时,

$$\hat{m}=\frac{8.898919+9.059950H+0.9775373H^2}{H(17.79728+11.968477H+H^2)} \qquad \cdots\cdots(7)$$

c) 计算b的极大似然估计

$$\hat{b}=\bar{x}/\hat{m} \qquad \cdots\cdots(8)$$

4.1.3.2 牛顿迭代法

实施步骤：

a) 计算统计量

$$H = \ln\bar{x} - \ln\tilde{x} \qquad \cdots\cdots(9)$$

b) 计算 m 的初值

$$m_0 = 1/(2H) \qquad \cdots\cdots(10)$$

c) 计算 m 的第一步近似值

$$m_1 = m_0 - \frac{\ln m_0 - \Psi(m_0) - H}{1/m_0 - \Psi'(m_0)} \qquad \cdots\cdots(11)$$

类似地可以计算 $m_2, m_3, \cdots, m_k$

$$m_{k+1} = m_k - \frac{\ln m_k - \Psi(m_k) - H}{1/m_k - \Psi'(m_k)} \qquad \cdots\cdots(12)$$

d) 若 $|m_{k+1} - m_k| \leqslant \epsilon$ 时，停止迭代，并取 m 的极大似然估计为

$$\hat{m} = m_{k+1} \qquad \cdots\cdots(13)$$

若 $|m_{k+1} - m_k| > \epsilon$ 时返回式(12)继续迭代；

e) 计算 b 的极大似然估计

$$\hat{b} = \bar{x}/\hat{m} \qquad \cdots\cdots(14)$$

4.2 三参数Γ分布参数的点估计

4.2.1 三参数Γ分布的密度函数

三参数Γ分布的密度函数是：

$$f(x;m,b,a) = \begin{cases} \dfrac{(x-a)^{m-1}}{b^m \Gamma(m)} e^{-\frac{x-a}{b}}, & x > a \\ 0, & x \leqslant a \end{cases}$$

其中形状参数 $m>0$，尺度参数 $b>0$，a 是位置参数。

4.2.2 三参数Γ分布中参数 m、b、a 与期望 μ、变异系数 C_v 及偏度系数 C_s 的关系

m、b、a 与 μ、C_v 及 C_s 的关系如下：

$$\begin{cases} \mu = mb + a & \cdots\cdots(15) \\ C_v = \sqrt{m}/(m + a/b) & \cdots\cdots(16) \\ C_s = 2/\sqrt{m} & \cdots\cdots(17) \end{cases}$$

即

$$\begin{cases} m = 4/C_s^2 & \cdots\cdots(18) \\ b = \mu C_v C_s/2 & \cdots\cdots(19) \\ a = \mu(1 - 2C_v/C_s) & \cdots\cdots(20) \end{cases}$$

4.2.3 适线法($n \geqslant 20$)

实施步骤：

a) 样本从小到大排列成

$$x_{(1)} \leqslant x_{(2)} \leqslant \cdots \leqslant x_{(n)}$$

b) 计算 p_i

$$p_i = \frac{i}{n+1}(i = 1,2,\cdots,n) \qquad \cdots\cdots(21)$$

c) 计算

$$\bar{x} = \frac{1}{n}\sum_{i=1}^{n} x_{(i)} \qquad \cdots\cdots(22)$$

d) 计算 C_v 和 C_s 的初始值 C_{v0} 和 C_{s0}

$$C_{v0} = s/\bar{x} \qquad \cdots\cdots(23)$$

$$C_{s0}=2\bar{x}C_{v0}/(\bar{x}-x_{(1)}) \qquad (24)$$

e) 查附录 A 的表 A.1,由 C_{s0},p_i 查得对应的 $\phi_i(i=1,2,\cdots,n)$。

f) 计算 $x(p_i)$

$$x(p_i)=\bar{x}(C_{v0}\phi_i+1) \qquad (25)$$

g) 计算目标函数值

$$Q=\sum_{i=1}^{n}|x_{(n-i+1)}-x(p_i)| \qquad (26)$$

h) 用模型搜索法逐步求出使 Q 达到最小的 C_v^*。

i) 取 $\hat{\mu}=\bar{x}$,$\hat{C}_v=C_v^*$,$\hat{C}_s=2\bar{x}C_v^*/(\bar{x}-x_{(1)})$,将 $\hat{\mu}$、$\hat{C}_v$ 和 $\hat{C}_s$ 代入式(18)~式(20)即可求得参数 m、b、a 的估计。

5 二参数 Γ 分布参数的区间估计

对观测值 $x_1,x_2,\cdots,x_n$ 和给定的置信水平 $1-\alpha$,本章给出二参数 Γ 分布参数 m 和 b 的双侧置信区间。

5.1 参数 *m* 的置信区间($m>1$)

实施步骤:

a) 计算统计量

$$H=\ln\bar{x}-\ln\tilde{x} \qquad (27)$$

b) 据 GB/T 4086.2 中的 χ^2 分布分位数表,查得 $\chi^2_{1-\frac{\alpha}{2}}(n-1)$ 和 $\chi^2_{\frac{\alpha}{2}}(n-1)$,记

$$g_1=\chi^2_{1-\frac{\alpha}{2}}(n-1),g_2=\chi^2_{\frac{\alpha}{2}}(n-1)$$

c) 计算 m 的置信下限

$$m_{\mathrm{L}}=(3g_2+\sqrt{9g_2^2+12(n+1)g_2H})/(12nH) \qquad (28)$$

d) 计算 m 的置信上限

$$m_{\mathrm{U}}=(3g_1+\sqrt{9g_1^2+12(n+1)g_1H})/(12nH) \qquad (29)$$

5.2 参数 *b* 的置信区间

5.2.1 *m* 已知,且 $2nm\leqslant 250$ 的情形

实施步骤:

a) 查 GB/T 4086.2 中的 χ^2 分布分位数表:

若 $2nm$ 为整数,则直接查 $\chi^2_{1-\frac{\alpha}{2}}(2nm)$ 和 $\chi^2_{\frac{\alpha}{2}}(2nm)$;

否则,查

$$\chi^2_{1-\frac{\alpha}{2}}(2nm)=\chi^2_{1-\frac{\alpha}{2}}([2nm])+(2nm-[2nm])\cdot[\chi^2_{1-\frac{\alpha}{2}}([2nm]+1)-\chi^2_{1-\frac{\alpha}{2}}([2nm])]$$

$$\chi^2_{\frac{\alpha}{2}}(2nm)=\chi^2_{\frac{\alpha}{2}}([2nm])+(2nm-[2nm])\cdot[\chi^2_{\frac{\alpha}{2}}([2nm]+1)-\chi^2_{\frac{\alpha}{2}}([2nm])]$$

注:$[2nm]$ 表示 $2nm$ 的整数部分。

b) 计算 b 的置信下限

$$b_{\mathrm{L}}=2n\bar{x}/\chi^2_{1-\frac{\alpha}{2}}(2nm) \qquad (30)$$

c) 计算 b 的置信上限

$$b_{\mathrm{U}}=2n\bar{x}/\chi^2_{\frac{\alpha}{2}}(2nm) \qquad (31)$$

5.2.2 *m* 已知,且 $2nm>250$ 的情形

实施步骤:

a) 查 GB/T 4086.1 中的正态分布分位数表,得 $u_{1-\frac{\alpha}{2}}$,$u_{\frac{\alpha}{2}}$。

计算:

$$Z_{1-\frac{\alpha}{2}}=\sqrt{4nm}\times u_{1-\frac{\alpha}{2}}+2nm \qquad (32)$$

$$Z_{\frac{\alpha}{2}} = \sqrt{4nm} \times u_{\frac{\alpha}{2}} + 2nm \qquad \cdots\cdots(33)$$

b） 计算 b 的置信下限

$$b_L = 2n\overline{x} / Z_{1-\frac{\alpha}{2}} \qquad \cdots\cdots(34)$$

c） 计算 b 的置信上限

$$b_U = 2n\overline{x} / Z_{\frac{\alpha}{2}} \qquad \cdots\cdots(35)$$

5.2.3 m 未知的情形

当 m 未知时，可先求得 m 的点估计值，再利用 5.2.1 或 5.2.2 求得 b 的区间估计。

附 录 A
（规范性附录）
密度函数图

A.1 三参数Γ分布密度函数图(见图 A.1)

若随机变量 X 的密度函数形如

$$f(x;m,b,a)=\begin{cases}\dfrac{(x-a)^{m-1}}{b^m\Gamma(m)}e^{-\frac{x-a}{b}}, & x>a\\ 0, & x\leqslant a\end{cases}$$

其中 $m>0$，$b>0$，$-\infty<a<+\infty$，则称 X 服从三参数 Γ 分布，也称皮尔逊Ⅲ型分布。

当 $a=0$ 时，即为二参数 Γ 分布；

当 $m=1$ 时，即为指数分布；

当 $m=\dfrac{n}{2}$，$b=2$，n 为整数时，即自由度为 n 的 $\chi^2(n)$ 分布。

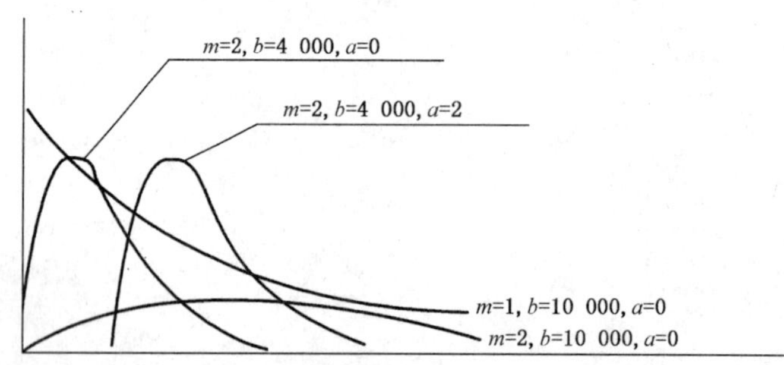

图 A.1 三参数Γ分布密度函数图

A.2 符号

$f(x)$	Γ分布的概率密度函数
$\Gamma(m)$	Γ函数
a	Γ分布的位置参数
b	Γ分布的尺度参数
m	Γ分布的形状参数
μ	总体期望
σ^2	总体方差
σ	总体标准差
C_v	总体变异系数
C_s	总体偏度系数
n	样本量
x_i	随机变量的观测值
$\bar{x}$	样本均值
$\tilde{x}$	样本几何均值
s^2	样本方差
s	样本标准差
H	样本的算术平均值与几何平均值之比的对数

$\Psi(m)$	Ψ 函数
$\Psi'(m)$	Ψ 函数的导数
$\hat{m}$	形状参数 m 的估计量
$\hat{b}$	尺度参数 b 的估计量
$\hat{a}$	位置参数 a 的估计量
$\hat{\mu}$	总体均值 μ 的估计量
$\hat{C}_v$	总体变异系数 C_v 的估计量
$\hat{C}_s$	总体偏度系数 C_s 的估计量
$1-\alpha$	置信水平
$\chi^2_\alpha(n)$	自由度为 n 的 χ^2 分布的 α 分位数
m_U	参数 m 的置信上限
m_L	参数 m 的置信下限
b_U	参数 b 的置信上限
b_L	参数 b 的置信下限

A.3　三参数 Γ 分布 Φ 值表(见表 A.1)

表 A.1

C_s \ p	0.000 01	0.000 02	0.000 05	0.000 1	0.000 2	0.000 3	0.000 5	0.001	0.002	0.003 3	0.005	0.01	0.02	0.03	0.033 3	0.04	0.05	0.1	0.15
0.00	4.265	4.208	3.891	3.719	3.540	3.403	3.291	3.090	2.878	2.713	2.576	2.326	2.054	1.881	1.834	1.751	1.645	1.282	1.036
0.5	5.762	5.485	5.111	4.821	4.526	4.304	4.124	3.811	3.487	3.241	3.041	2.686	2.311	2.080	2.019	1.910	1.774	1.323	1.032
1.0	7.333	6.923	6.375	5.957	5.534	5.219	4.967	4.531	4.088	3.756	3.489	3.023	2.542	2.253	2.176	2.043	1.877	1.340	1.007
1.5	8.906	8.376	7.647	7.093	6.536	6.125	5.797	5.234	4.667	4.246	3.910	3.330	2.743	2.395	2.304	2.146	1.951	1.333	0.961
2.0	10.51	9.820	8.903	8.210	7.517	7.006	6.601	5.908	5.215	4.704	4.298	3.605	2.912	2.507	2.401	2.219	1.996	1.303	0.897
2.5	12.08	11.24	10.13	9.299	8.468	7.856	7.372	6.548	5.728	5.127	4.652	3.845	3.048	2.587	2.468	2.262	2.012	1.250	0.817
3.0	13.61	12.63	11.33	10.35	9.383	8.671	8.108	7.152	6.205	5.514	4.970	4.051	3.152	2.637	2.505	2.278	2.003	1.180	0.726
3.5	15.11	15.98	12.49	11.37	10.26	9.449	8.808	7.720	6.646	5.865	5.253	4.225	3.227	2.660	2.516	2.269	1.972	1.096	0.627
4.0	16.58	15.30	13.62	12.36	11.11	10.19	9.471	8.253	7.053	6.183	5.504	4.368	3.274	2.659	2.504	2.238	1.920	1.001	0.525
4.5	18.01	16.58	14.71	13.30	11.91	10.90	10.10	8.752	7.427	6.470	5.724	4.483	3.298	2.638	2.471	2.189	1.853	0.900	0.425
5.0	19.41	17.83	15.77	14.22	12.69	11.58	10.70	9.220	7.771	6.727	5.917	4.573	3.300	2.598	2.422	2.124	1.773	0.795	0.328
5.5	20.77	19.05	16.79	15.10	13.43	12.22	11.27	9.658	8.087	6.958	6.083	4.640	3.284	2.543	2.358	2.047	1.683	0.691	0.238
6.0	22.11	20.24	17.79	15.96	14.15	12.83	11.80	10.07	8.376	7.164	6.226	4.687	3.251	2.475	2.283	1.960	1.585	0.589	0.157
6.5	23.41	21.39	18.75	16.78	14.84	13.42	12.31	10.45	8.642	7.347	6.348	4.715	3.205	2.396	2.198	1.866	1.483	0.492	0.085 6
7.0	24.69	22.52	19.69	17.58	15.50	13.99	12.80	10.81	8.884	7.508	6.449	4.726	3.146	2.300	2.105	1.765	1.377	0.400	0.024 5
7.5	25.94	23.63	20.61	18.35	16.13	14.52	13.26	11.15	9.105	7.650	6.533	4.722	3.076	2.215	2.006	1.661	1.270	0.316	−0.026 2
8.0	27.16	24.71	21.49	19.10	16.75	15.04	13.70	11.47	9.307	7.773	6.599	4.705	2.998	2.116	1.903	1.555	1.163	0.239	−0.067 1
8.5	28.37	25.76	22.36	19.83	17.34	15.53	14.12	11.77	9.491	7.880	6.650	4.676	2.912	2.012	1.797	1.447	1.058	0.171	−0.098 8
9.0	29.54	26.79	23.21	20.53	17.91	16.01	14.52	12.04	9.657	7.971	6.688	4.635	2.820	1.906	1.689	1.339	0.954	0.111	−0.122
10.0	31.84	28.80	24.83	21.88	18.99	16.90	15.27	12.55	9.943	8.111	6.724	4.526	2.622	1.689	1.474	1.129	0.760	0.016 9	−0.150
11.0	34.05	30.72	26.38	23.16	20.00	17.72	15.94	12.99	10.17	8.200	6.715	4.386	2.412	1.475	1.263	0.930	0.584	−0.047 8	−0.158
12.0	36.20	32.58	27.86	24.37	20.95	18.48	16.56	13.38	10.35	8.245	6.668	4.221	2.195	1.267	1.063	0.748	0.431	−0.088 0	−0.157
13.0	38.27	34.36	29.28	25.52	21.83	19.18	17.12	13.72	10.49	8.251	6.589	4.037	1.978	1.071	0.878	0.585	0.302	−0.110	−0.150

表 A.1（续）

C_s \ p	0.000 01	0.000 02	0.000 05	0.000 1	0.000 2	0.000 3	0.000 5	0.001	0.002	0.003 3	0.005	0.01	0.02	0.03	0.033 3	0.04	0.05	0.1	0.15
14.0	40.29	36.09	30.64	26.61	22.67	19.83	17.64	14.01	10.58	8.225	6.482	3.839	1.765	0.890	0.709	0.443	0.196	−0.120	−0.141
15.0	42.24	37.76	31.95	27.65	23.45	20.43	18.10	14.26	10.64	8.168	6.351	3.631	1.558	0.726	0.560	0.323	0.113	−0.122	−0.132 9
16.0	44.15	39.38	33.20	28.63	24.18	20.99	18.52	14.47	10.67	8.086	6.201	3.417	1.362	0.580	0.431	0.223	0.049 4	−0.120	−0.124 9
17.0	46.00	40.95	34.41	29.58	24.87	21.51	18.91	14.64	10.67	7.981	6.035	3.200	1.179	0.453	0.321	0.143	0.002 6	−0.115	−0.117 6
18.0	47.80	42.47	35.57	30.48	25.53	21.99	19.26	14.79	10.64	7.857	5.853	2.981	1.008	0.344	0.229	0.079 8	−0.030 3	−0.110	−0.111 1
19.0	49.56	43.95	36.69	31.34	26.14	22.43	19.57	14.90	10.59	7.714	5.661	2.764	0.853	0.252	0.154	0.031 9	−0.052 4	−0.104 9	−0.105 2
20.0	51.28	45.39	37.77	32.16	26.72	22.84	19.85	14.99	10.52	7.557	5.461	2.551	0.712	0.177	0.094 5	−0.003 6	−0.066 3	−0.099 8	−0.999 6

C_s \ p	0.2	0.25	0.3	0.333 3	0.4	0.5	0.6	0.7	0.75	0.8	0.85	0.9	0.95	0.97	0.98	0.99	0.995	0.999	0.999 9
0.00	0.842	0.674	0.524	0.430	0.253	0.000	−0.253	−0.524	−0.674	−0.842	−1.036	−1.282	−1.645	−1.881	−2.054	−2.326	−2.576	−3.090	−3.719
0.5	0.808	0.622	0.458	0.358	0.173	−0.083 0	−0.328	−0.578	−0.712	−0.857	−1.019	−1.216	−1.491	−1.659	−1.777	−1.955	−2.108	−2.399	−2.708
1.0	0.757	0.555	0.38	0.277	0.087 7	−0.164	−0.394	−0.618	−0.732	−0.852	−0.980	−1.128	−1.317	−1.422	−1.492	−1.588	−1.664	−1.786	−1.884
1.5	0.691	0.475	0.295	0.189	0.001 0	−0.240	−0.449	−0.641	−0.733	−0.825	−0.919	−1.018	−1.131	−1.185	−1.217	−1.256	−1.282	−1.313	−1.328
2.0	0.609	0.386	0.204	0.098 7	−0.083 7	−0.307	−0.489	−0.643	−0.712	−0.777	−0.837	−0.895	−0.949	−0.970	−0.980	−0.990	−0.995	−0.999	−0.999 9
2.5	0.518	0.292	0.111	0.009 7	−0.161	−0.360	−0.510	−0.625	−0.671	−0.711	−0.744	−0.771	−0.790	−0.796	−0.798	−0.799 2	−0.799 7	0.800 0	0.800 0
3.0	0.420	0.196	0.022 8	−0.072 5	−0.227	−0.396	−0.511	−0.588	−0.615	−0.636	−0.651	−0.660	−0.665	−0.666 2	−0.666 5	−0.666 6	−0.666 7	−0.666 7	−0.666 7
3.5	0.322	0.105	−0.057 3	−0.143	−0.278	−0.413	−0.494	−0.540	−0.554	−0.562	−0.568	−0.570	−0.571 3	−0.571 4	−0.571 4	−0.571 4	−0.571 4	−0.571 4	−0.571 4
4.0	0.226	0.021 2	−0.125	−0.200	−0.312	−0.413	−0.465	−0.489	−0.495	−0.498	−0.499 3	−0.499 9	−0.500 0	−0.500 0	−0.500 9	−0.500 0	−0.500 0	−0.500 0	−0.500 0
4.5	0.137	−0.051 0	−0.179	−0.242	−0.329	−0.400	−0.430	−0.441	−0.443	−0.444 0	−0.444 3	−0.444 4	−0.444 4	−0.444 4	−0.444 4	−0.444 4	−0.444 4	−0.444 4	−0.444 4
5.0	0.057 9	−0.110	−0.218	−0.268	−0.333	−0.379	−0.395	−0.399 1	−0.399 7	−0.399 9	−0.400 0	−0.400 0	−0.400 0	−0.400 0	−0.400 0	−0.400 0	−0.400 0	−0.400 0	−0.400 0
5.5	−0.010 3	−0.156	−0.244	−0.282	−0.327	−0.355	−0.362	−0.363 4	−0.363 6	−0.363 6	−0.363 6	−0.363 6	−0.363 6	−0.363 6	−0.363 6	−0.363 6	−0.363 6	−0.363 6	−0.363 6
6.0	−0.066 7	−0.189	−0.258	−0.258	−0.315	−0.330	−0.332 8	−0.333 3	−0.333 3	−0.333 3	−0.333 3	−0.333 3	−0.333 3	−0.333 3	−0.333 3	−0.333 3	−0.333 3	−0.333 3	−0.333 3
6.5	−0.111	−0.211	−0.262	−0.280	−0.299	−0.306	−0.307 6	−0.307 7	−0.307 7	−0.307 7	−0.307 7	−0.307 7	−0.307 7	−0.307 7	−0.307 7	−0.307 7	−0.307 7	−0.307 7	−0.307 7

表 A.1（续）

C_s \ p	0.2	0.25	0.3	0.333 3	0.4	0.5	0.6	0.7	0.75	0.8	0.85	0.9	0.95	0.97	0.98	0.99	0.995	0.999	0.999 9
7.0	−0.144	−0.223	−0.259	−0.271	−0.282	−0.285 3	−0.285 7	−0.285 7	−0.285 7	−0.285 7	−0.285 7	−0.285 7	−0.285 7	−0.285 7	−0.285 7	−0.285 7	−0.285 7	−0.285 7	−0.285 7
7.5	−0.168	−0.227	−0.252	−0.259	−0.265	−0.266 5	−0.266 7	−0.266 7	−0.266 7	−0.266 7	−0.266 7	−0.266 7	−0.266 7	−0.266 7	−0.266 7	−0.266 7	−0.266 7	−0.266 7	−0.266 7
8.0	−0.182	−0.226	−0.242	−0.246	−0.249 3	−0.250 0	−0.250 0	−0.250 0	−0.250 0	−0.250 0	−0.250 0	−0.250 0	−0.250 0	−0.250 0	−0.250 0	−0.250 0	−0.250 0	−0.250 0	−0.250 0
8.5	−0.191	−0.221	−0.231	−0.234	−0.235 0	−0.235 3	−0.235 3	−0.235 3	−0.235 3	−0.235 3	−0.235 3	−0.235 3	−0.235 3	−0.235 3	−0.235 3	−0.235 3	−0.235 3	−0.235 3	−0.235 3
9.0	−0.193	−0.214	−0.220	−0.221 5	−0.222 2	−0.222 2	−0.222 2	−0.222 2	−0.222 2	−0.222 2	−0.222 2	−0.222 2	−0.222 2	−0.222 2	−0.222 2	−0.222 2	−0.222 2	−0.222 2	−0.222 2
10.0	−0.189	−0.198	−0.199 6	−0.199 9	−0.200 0	−0.200 0	−0.200 0	−0.200 0	−0.200 0	−0.200 0	−0.200 0	−0.200 0	−0.200 0	−0.200 0	−0.200 0	−0.200 0	−0.200 0	−0.200 0	−0.200 0
11.0	−0.178	−0.181 3	−0.181 8	−0.181 8	−0.181 8	−0.181 8	−0.181 8	−0.181 8	−0.181 8	−0.181 8	−0.181 8	−0.181 8	−0.181 8	−0.181 8	−0.181 8	−0.181 8	−0.181 8	−0.181 8	−0.181 8
12.0	−0.165 6	−0.166 5	−0.166 7	−0.166 7	−0.166 7	−0.166 7	−0.166 7	−0.166 7	−0.166 7	−0.166 7	−0.166 7	−0.166 7	−0.166 7	−0.166 7	−0.166 7	−0.166 7	−0.166 7	−0.166 7	−0.166 7
13.0	−0.153 6	−0.153 8	−0.153 8	−0.153 8	−0.153 8	−0.153 8	−0.153 8	−0.153 8	−0.153 8	−0.153 8	−0.153 8	−0.153 8	−0.153 8	−0.153 8	−0.153 8	−0.153 8	−0.153 8	−0.153 8	−0.153 8
14.0	−0.142 8	−0.142 8	−0.142 8	−0.142 8	−0.142 9	−0.142 9	−0.142 9	−0.142 9	−0.142 9	−0.142 9	−0.142 9	−0.142 9	−0.142 9	−0.142 9	−0.142 9	−0.142 9	−0.142 9	−0.142 9	−0.142 9
15.0	−0.133 3	−0.133 3	−0.133 3	−0.133 3	−0.133 3	−0.133 3	−0.133 3	−0.133 3	−0.133 3	−0.133 3	−0.133 3	−0.133 3	−0.133 3	−0.133 3	−0.133 3	−0.133 3	−0.133 3	−0.133 3	−0.133 3
16.0	−0.125 0	−0.125 0	−0.125 0	−0.125 0	−0.125 0	−0.125 0	−0.125 0	−0.125 0	−0.125 0	−0.125 0	−0.125 0	−0.125 0	−0.125 0	−0.125 0	−0.125 0	−0.125 0	−0.125 0	−0.125 0	−0.125 0
17.0	−0.117 6	−0.117 6	−0.117 6	−0.117 6	−0.117 6	−0.117 6	−0.117 6	−0.117 6	−0.117 6	−0.117 6	−0.117 6	−0.117 6	−0.117 6	−0.117 6	−0.117 6	−0.117 6	−0.117 6	−0.117 6	−0.117 6
18.0	−0.111 1	−0.111 1	−0.111 1	−0.111 1	−0.111 1	−0.111 1	−0.111 1	−0.111 1	−0.111 1	−0.111 1	−0.111 1	−0.111 1	−0.111 1	−0.111 1	−0.111 1	−0.111 1	−0.111 1	−0.111 1	−0.111 1
19.0	−0.105 3	−0.105 3	−0.105 3	−0.105 3	−0.105 3	−0.105 3	−0.105 3	−0.105 3	−0.105 3	−0.105 3	−0.105 3	−0.105 3	−0.105 3	−0.105 3	−0.105 3	−0.105 3	−0.105 3	−0.105 3	−0.105 3
20.0	−0.099 98	−0.099 99	−0.099 99	−0.100 00	−0.100 00	−0.100 00	−0.100 00	−0.100 00	−0.100 00	−0.100 00	−0.100 00	−0.100 00	−0.100 00	−0.100 00	−0.100 00	−0.100 00	−0.100 00	−0.100 00	−0.100 00

ICS 59.140.20
B 45

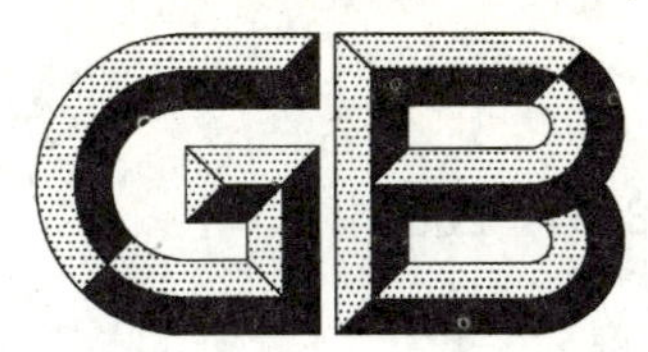

中华人民共和国国家标准

GB/T 8131—2009
代替 GB/T 8131—1987

生旱獭皮检验方法

Method for inspection of raw marmot skins

2009-05-26 发布　　2009-10-01 实施

中华人民共和国国家质量监督检验检疫总局
中国国家标准化管理委员会　发布

前　言

本标准代替了 GB/T 8131—1987《出口生旱獭皮检验方法》。

本标准与 GB/T 8131—1987 相比，主要变化如下：

——增加了等级判定、检验结果判定等内容；

——对标准名称进行了修改。

本标准由国家认证认可监督管理委员会提出并归口。

本标准起草单位：中华人民共和国青海出入境检验检疫局。

本标准主要起草人：杨宏、赵青、侯保宁、张西宁、朱为民。

本标准所代替标准的历次版本发布情况为：

——GB/T 8131—1987。

生旱獭皮检验方法

1 范围

本标准规定了生旱獭皮的抽样、检验及检验结果的判定。

本标准适用于生旱獭皮的检验。

2 术语和定义

下列术语和定义适用于本标准。

2.1

检验批 inspecting lot

以同一条件下，同一品种或同一报检批为一检验批。

2.2

旋毛 rosette

因冬眠期久卧不动，颈部或背部的毛绒挤压成旋形者称为旋毛。

3 抽样

在完好的包装内 1 000 张以下按 10%抽取。1 000 张以上，超过部分每增加 20 张，抽 1 张，不足 20 张，以 20 张计。抽样应具有代表性。

4 检验

4.1 工具

工作台、钢卷尺或木尺。

4.2 场地

检验场地光线适宜，避免阳光直射和光线过暗。

4.3 程序

先看毛面，再看板面，然后测量长度，结合伤残与面积，综合评定。

4.4 方法

4.4.1 毛面

毛面朝上，头部朝里平放在工作台上，用一手按压后臀部，用一手握住头部，利用腕力用力上下抖动皮板数次，使毛绒全部松散起来，恢复到自然状态，便于观察毛面。

4.4.1.1 在抖动毛皮的同时，随之观察针毛的齐全、平顺、灵活和光润程度。查看毛绒颜色，有无旋毛和伤残。

4.4.1.2 一手手指伸直，逆毛向推毛绒，顺毛向压毛绒，判断毛绒的长短和疏密度；感觉底绒中有无暗伤等，同时查看毛绒底部的伤残、缺陷和有无落绒等。

4.4.2 板面

翻转皮板，使板面朝上，看皮型是否完整清洁，有无肉屑、油脂块和发黑、腐烂；板质油性大小和细韧程度，伤残轻重及所在部位。双手同时轻捏皮板后臀部和颈部判断皮板弹性强弱和均匀程度。

4.5 面积

4.5.1 面积测量

板面朝上，自然平放在工作台上。长度从颈部中间至尾根量出；宽度选腰间适当部位量出。

4.5.2 面积计算

应采用长乘宽抵补法，面积按式(1)计算：

$$S = A \times B \qquad \cdots\cdots(1)$$

式中：

S——面积，单位为平方厘米(cm^2)；

A——长度，单位为厘米(cm)；

B——宽度，单位为厘米(cm)。

4.6 等级判定

一级：毛绒丰厚、色泽光润，皮形完整。皮板细致，颈部上有小旋毛，伤残不超过2处，每处面积不超过1.5 cm^2。

二级：毛绒较丰厚，有光泽，皮形欠完整。皮板较足壮，伤残不过4处，每处面积不超过2 cm^2。

三级：毛绒空疏带夏毛，皮板次劣；或毛色不匀，皮型不完整。呈现花斑或伤残聚集一处，其面积不超过总面积的五分之一。

4.7 检验结果的判定

有下列情况之一者判为不合格批：

a) 利用率低于规定(合同)超过5%；

b) 品质不合格率超过5%；

c) 降级率超过5%。

ICS 59.140.20
B 45

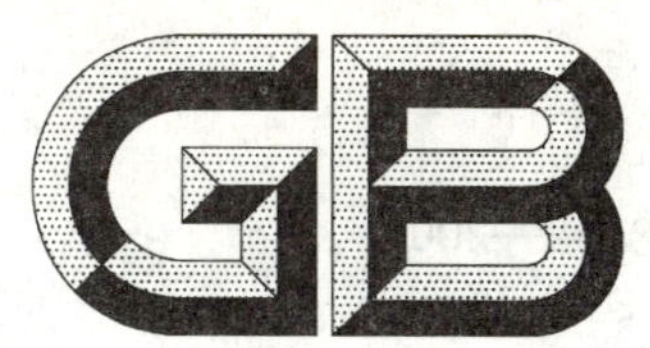

中华人民共和国国家标准

GB/T 8132—2009
代替 GB/T 8132—1987

山羊板皮检验方法

Inspection method of raw goat skin

2009-05-26 发布　　2009-10-01 实施

中华人民共和国国家质量监督检验检疫总局
中国国家标准化管理委员会　发布

前　言

本标准代替 GB/T 8132—1987《出口山羊板皮检验方法》。

本标准与 GB/T 8132—1987 相比，主要变化如下：

——在修订中规定了“术语和定义”；

——增加了“规范性引用文件”、“检疫卫生要求”、“检验结果的判定”、“包装、标记、贮存、运输”、“检验有效期”的内容；

——修改了“主要内容与适用范围”、“抽样方案”、“检验”；

——对标准名称进行了修改。

本标准的附录 A 为资料性附录。

本标准由国家认证认可监督管理委员会提出并归口。

本标准起草单位：中华人民共和国河北出入境检验检疫局。

本标准主要起草人：郑新民、孙静、苏荣海、王春良、刘力军、刘锁凯。

本标准所代替标准的历次版本发布情况为：

——GB/T 8132—1987。

山羊板皮检验方法

1 范围

本标准规定了山羊板皮的术语和定义、抽样、检验和检验结果判定及包装、标记等的要求及检疫卫生要求。

本标准适用于山羊板皮的检验。

2 规范性引用文件

下列文件中的条款通过本标准的引用而成为本标准的条款。凡是注日期的引用文件，其随后所有的修改单(不包括勘误的内容)或修订版均不适用于本标准，然而，鼓励根据本标准达成协议的各方研究是否可使用这些文件的最新版本。凡是不注日期的引用文件，其最新版本适用于本标准。

GB/T 2828.1 计数抽样检验程序 第1部分：接受质量限(AQL)检索的逐批检验抽样计划(GB/T 2828.1—2003，ISO 2859-1：1999，IDT)

GB 16548 病害动物和病害动物产品生物安全处理规程

GB/T 16569 畜禽产品消毒规范

3 术语和定义

下列术语和定义适用于本标准。

3.1

疔伤 boil injury

有红、白疔之分，面积似绿豆粒大小。红疔指伤处带痂皮，板面透明发红，甚至溃烂成洞。白疔指伤处，痂皮已脱落，板面透明发亮显暗白色。

3.2

痘伤 pox injury

板面上呈现大小不一的鼓泡，泡内有淡黄色的粉末，对应的皮表处凹陷或带小疙瘩。

3.3

疥癣板 skin of scabies and ringworm

被毛枯燥粘乱，皮表处带痂皮，板面粗糙，光泽暗淡。

3.4

伤痕 wounds

各种创伤愈合以后留下的痕迹。

3.5

老公羊皮 old male goat skinr

皮板厚硬，颈部尤为突出，厚薄不匀，板面发粗，骚味大，被毛粗长，光泽差。

3.6

陈板 stale skin

被毛枯燥光泽差，板面干枯发黄，弹性差。

3.7

烟熏板 smoked skin

板面呈黄肉色，油性差，常带烟熏味。

3.8

冻糠板　spongy leather caused by freezing

皮板显厚或局部皮板略显厚、发糠，呈浅乳白色，油性差。

3.9

淤血板　blood-extravasated skin

板面呈暗红色，枯燥、无光泽，弹性差。

3.10

描刀　knife-cutted wound

在板面上深度不超过皮板厚度三分之一的刀痕。

3.11

回水板　re-soaked skin

干皮水湿以后又重新晾成的干板。板面发暗无光，被毛常带水绺。

3.12

漏裆皮　skin with incomplete opening at crotch

宰剥不当，伤及皮的主要部位。

3.13

灼伤板　burn wound

晾晒时经过太阳曝晒，皮纤维焦化，变硬。

3.14

霉烂板　mildewed and rotted skin

晾晒不干或存放不当受潮，皮板霉烂，失去制革价值。

3.15

钉板　nailed skin

晾晒时，皮上钉板，撑开过度，皮纤维受损，影响皮革质量。

3.16

A 类不合格品　not qualitied product A

单位产品在主要部位出现较严重或较明显疔伤、痘伤、疥癣板、伤痕、老公羊皮、陈板、烟熏板、冻糠板、淤血板、描刀、回水板、漏裆板、灼伤板、霉烂板、钉板、残缺至主要部位等。

3.17

B 类不合格品　not qualitied product B

单位产品在主要部位不易明显看出的上述已愈外观伤残及轻微冻糠板、回水板、钉板、淤血板、三分之一厚度的描刀、皮板边缘部位的残缺。

4　抽样

4.1　抽样方案

按照 GB/T 2828.1 正常检查一次抽样方案。

4.2　抽检水平

按照 GB/T 2828.1 规定，采用一般检查水平Ⅱ。

4.3　合格质量水平 AQL

A 类不合格品：AQL＝1.0；

B 类不合格品：AQL＝4.0。

4.4　方案实施

4.4.1　抽样表

抽样数量见表 1。

表 1 一次正常抽样表

批量,N/件(张)	抽验数	A 类不合格品 AQL=1.0		B类不合格品 AQL=4.0	
		合格 Ac	不合格 Re	合格 Ac	不合格 Re
1～90	13	0	1	1	2
91～150	20	0	1	2	3
151～280	32	1	2	3	4
281～500	50	1	2	5	6
501～1 200	80	2	3	7	8
1 201～3 200	125	3	4	10	11
3 201～10 000	200	5	6	14	15
10 001～35 000	315	7	8	21	22

4.4.2 抽样数量

根据包装情况及所需抽样数量,以抽样张数为准。

4.4.3 检验批

以同一合同在同一条件下加工的同一品种为一检验批或报检批为一检验批。

5 检验仪器与条件

5.1 工具

工作台、量尺(精确到 0.01 m)、磅秤(精确到 0.1 kg)。

5.2 条件

5.2.1 检验场地自然光线适宜,避免阳光直射或光线太暗的场地,工作台选择能看清的视距,以感官进行检验。

5.2.2 皮张应平展、干燥和洁净。

6 检验方法

6.1 皮板

检验皮型加工是否完整、洁净、皮板纤维粗细、光泽油润程度,根据皮板颜色确定季节,双手持皮抖弹几次皮张,测试其弹性、厚薄、均匀程度以及重量与面积是否相适应。而后,视力集中于皮的主要部位,由下至头、颈部,转向次要部位(参见附录 A)。检验全皮之伤残,同时检验皮的伤残部位、处数、面积及其影响程度。对可疑伤残,用左手持皮腹部边缘提起,右手将可疑处毛分开,对准光源透看伤残程度。

6.2 毛面

检验毛面结合手模验看疏密、毛绒长短、粗细、颜色、毛的光泽及洁净程度等。

6.3 面积测量

皮板向上,长度从颈部中间至尾根测量,宽度在腰间选择适当部位测量(采取互抵法)。

6.3.1 面积计算

面积按式(1)计算:

$$S = A \times B \quad \cdots\cdots(1)$$

式中:

S——面积,单位为平方厘米(cm^2);

A——长度,单位为厘米(cm);

B——宽度,单位为厘米(cm)。

6.4 数量

按照 GB/T 2828.1 规定抽检，逐件进行数量核对，实际数量要与包装码单及外包装的数量相符。

6.5 衡重

6.5.1 实衡毛重

将货物逐件(包、盘、捆)稳放在磅盘上实衡毛重，记录每件毛重，求得全批货物毛重(m_1)。

6.5.2 实衡皮重

将货物所有的包装物、杂物等堆放在磅盘上，衡取皮重，记录全批皮重(m_2)。

6.5.3 结果计算

净重按式(2)计算：

$$m_3 = m_1 - m_2 \qquad (2)$$

式中：

m_3——净重，单位为千克(kg)；

m_1——毛重，单位为千克(kg)；

m_2——皮重，单位为千克(kg)。

7 检疫卫生要求

7.1 山羊板皮来自安全非疫区，炭疽检测阴性。

7.2 检验出炭疽阳性的山羊板皮按照 GB 16548、GB/T 16569 的要求进行无害化处理。

8 检验结果的判定

8.1 品质判定

8.1.1 A 类、B 类不合格张数同时小于等于 Ac，则判定为全批合格。

8.1.2 A 类、B 类不合格张数同时大于等于 Re，则判断为全批不合格。

8.1.3 当 A 类不合格张数大于等于 Re，不管 B 类不合格品张数是否超出 Re，应判断为全批不合格。

8.1.4 当 B 类不合格品数大于等于 Re，A 类不合格品数小于 Ac，两类不合格品数相加，如小于两类不合格品 Re 总数，则判定为全批合格，如大于或等于两类不合格 Re 总数，则判定全批不合格。

8.2 数量判定

抽检包装件数张数的总合与实际数量的总合不符，评定为数量不符。

8.3 面积判定

平均面积与合同规定平均面积不符，判定该批货物平均面积不符合同要求。

8.4 重量判定

低于合同规定重量，短重率超过 5% 的，判定为全批不合格。

8.5 其他判定

安全、卫生项目不符和有关强制性规定的判定为全批不合格。

9 包装、标记、贮存、运输

9.1 包装

机扎包，麻布或塑编布，铁腰扎紧，包装整洁，无破损。

9.2 标记

标识清晰。

9.3 贮存

9.3.1 库房条件

专库专用，定期消毒，保持库内清洁、通风、散热、阴凉。

9.3.2 存放方法

货物应离地面 30 cm 以上，墙距、垛距 50 cm 以上。不同品种、规格应分别放置。

9.4 运输

运输箱体要经消毒处理，途中要防日晒雨淋，勿与其他货物混装。

10 检验有效期

检验有效期为 60 天。

附　录　A
（资料性附录）
山羊板皮检验程序图和主次部位图

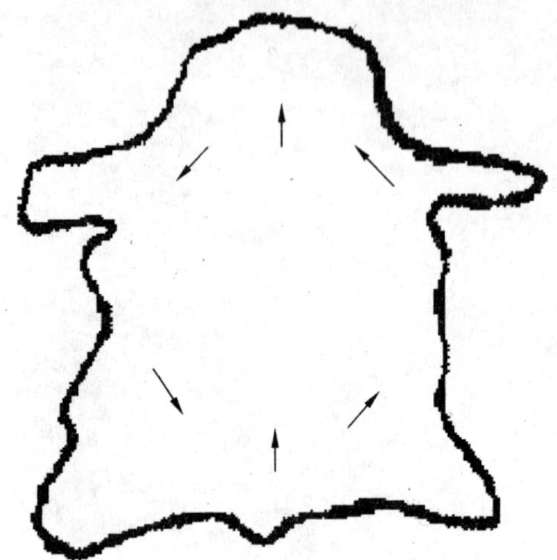

图 A.1　山羊板皮检验程序

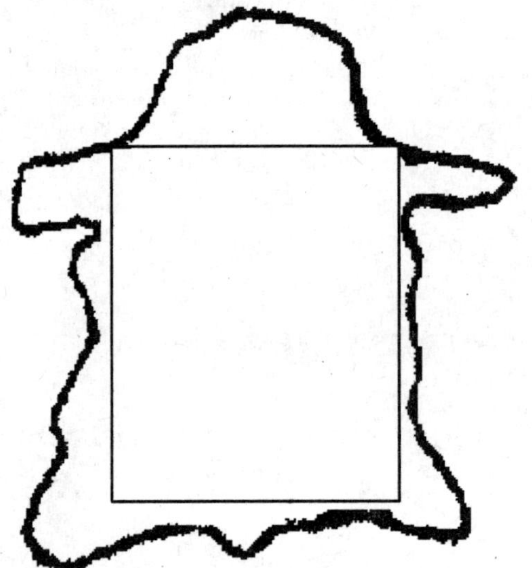

图 A.2　山羊板皮的主次部位

ICS 59.140.20
B 45

中华人民共和国国家标准

GB/T 8133—2009
代替 GB/T 8133—1987

生猾皮检验方法

Inspection method for raw kid skin

2009-05-26 发布　　　　2009-10-01 实施

中华人民共和国国家质量监督检验检疫总局
中国国家标准化管理委员会 发布

前　言

本标准代替 GB/T 8133—1987《进出口生猾皮检验方法》。

本标准与 GB/T 8133—1987 相比，主要变化如下：

——在修订中规定了“术语和定义”；

——增加了“规范性引用文件”、“检验结果的判定”、“检疫”、“检验有效期”，增加并细化了“范围”，同时对“抽样”内容进行了修改；

——对标准名称进行了修改。

本标准由国家认证认可监督管理委员会提出并归口。

本标准起草单位：中华人民共和国山东出入境检验检疫局。

本标准主要起草人：孙明钊、王喆。

本标准所代替标准的历次版本发布情况为：

——GB/T 8133—1987。

生猾皮检验方法

1 范围

本标准规定了生猾皮检验的抽样、检验方法及检验结果的判定。

本标准适用于各等级生猾皮的检验。

2 规范性引用文件

下列文件中的条款通过本标准的引用而成为本标准的条款。凡是注日期的引用文件，其随后所有的修改单(不包括勘误的内容)或修订版均不适用于本标准，然而，鼓励根据本标准达成协议的各方研究是否可使用这些文件的最新版本。凡是不注日期的引用文件，其最新版本适用于本标准。

GB/T 2828.1 计数抽样检验程序 第1部分 接受质量限(AQL)检索的逐批检验抽样计划(GB/T 2828.1—2003,ISO 2859-1:1999,IDT)

SN 0331 出口畜产品中炭疽杆菌检验方法

3 术语和定义

下列术语和定义适用于本标准。

3.1

检验批 inspecting lot

以在同一条件下加工的同一品种或同一报检批为一检验批。

3.2

光板 baldness

毛被局部脱落裸露板皮。

3.3

虫蚀 wormed

毛皮被虫蛀成小洞或弯曲沟道，使毛绒成片脱落或出现断毛者称为虫蚀。

3.4

折痕 fibre rupture

皮板纤维呈线型断裂。

4 抽样

4.1 抽样方案

按照 GB/T 2828.1 正常检查一次抽样方案。

4.2 检查水平

按照 GB/T 2828.1 规定，采用一般检查水平Ⅱ。

4.3 合格质量水平 AQL

A类不合格品：AQL=1.0；

B类不合格品：AQL=4.0。

4.4 方案实施

4.4.1 抽样表

抽样数量见表1。

表 1　一次正常抽样表

批量/N/件(张)	抽验数	A类不合格品 AQL=1.0		B类不合格品 AQL=4.0	
		合格 Ac	不合格 Re	合格 Ac	不合格 Re
1～90	13	0	1	1	2
91～150	20	0	1	2	3
151～280	32	1	2	3	4
281～500	50	1	2	5	6
501～1 200	80	2	3	7	8
1 201～3 200	125	3	4	10	11
3 201～10 000	200	5	6	14	15
10 001～35 000	315	7	8	21	22

4.5　方法

4.5.1　对成箱或成包的皮张，按(箱、包数)$^{1/2}$确定开箱数，从堆放不同部位的箱或包内，随机抽取样品。

4.5.2　对不成箱或不成包的皮张，按上中下、左中右或四角和中间的部位抽取样品。

5　检验

5.1　工具

工作台、直尺或钢卷尺。

5.2　条件

检验场地的光线要适宜，避免阳光直射和光线过暗。

5.3　程序

先看毛面，后看板面，测量面积，结合颜色、花纹和缺陷，综合评定。

5.4　方法

5.4.1　毛面

将抽取的样品，平铺于工作台上，毛面向上，臀部朝前。右手拿头部，视力集中于主要部位，然后转入次要部位，全面目测毛面花纹类型、清晰、坚实、颜色深浅和光泽度、毛的长短、粗细及密度等，验看有无光板、虫蚀。必要时用手的食指或中指摸试局部，大毛皮可抖动几次判断质量情况。

5.4.2　板面

验看板面有无折痕、破洞、霉变及其他缺陷，然后用手摸试皮板判断其弹性和厚薄。

5.5　面积测量与计算

长度从尾根量至颈部中间，宽度在腰间适当部位衡量。面积按式(1)计算；

$$S = A \times B \qquad \cdots\cdots(1)$$

式中：

S——面积，单位为平方厘米(cm^2)；

A——长度，单位为厘米(cm)；

B——宽度，单位为厘米(cm)。

5.6　结果判定

5.6.1　等级规定

5.6.1.1　一级皮：利用率≥90%。

5.6.1.2　二级皮：利用率≥80%。

5.6.1.3 三级皮：利用率≥70%。

5.6.2 有下列情况之一者判为不合格批：

5.6.2.1 利用率低于6.1规定的皮张数量超过5%。

5.6.2.2 等级升降互相抵补后，降级率超过5%。

5.6.2.3 平均面积短少超过5%。

6 检疫

6.1 检疫卫生要求

6.1.1 生猸皮应产自安全非疫区，企业生产、加工、存放应符合兽医卫生要求。

6.1.2 生猸皮应来自无传染病、寄生虫病等的健康貉子。

6.1.3 炭疽杆菌检按SN 0331进行实验室炭疽杆菌检测。炭疽杆菌呈阳性的生猸皮，应立即采取紧急防疫措施。

6.2 结果判定

检疫卫生项目不符合有关强制性规定的判定为全批不合格。

7 检验有效期

检验有效期为60天。

ICS 59.140.20
B 45

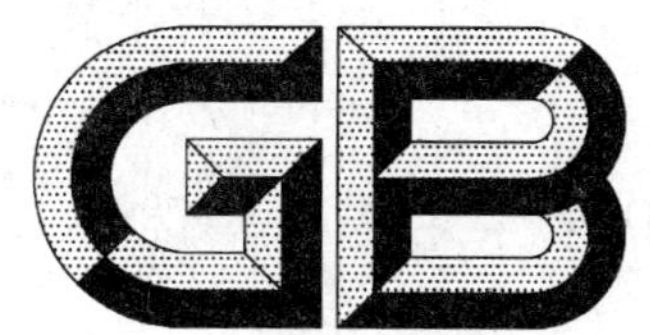

中华人民共和国国家标准

GB/T 8134—2009
代替 GB/T 8134—1987

生水貂皮检验方法

Inspection method for raw mink skin

2009-05-26 发布　　2009-10-01 实施

中华人民共和国国家质量监督检验检疫总局
中国国家标准化管理委员会　发布

前言

本标准代替 GB/T 8134—1987《进出口生水貂皮检验方法》。

本标准与 GB/T 8134—1987 相比，主要变化如下：

——在修订中规定了“术语和定义”；

——增加了“规范性引用文件”、“检验结果的判定”、“检疫”、“检验有效期”，增加并细化了“范围”，同时对“抽样”内容进行了修改；

——对标准名称进行了修改。

本标准由国家认证认可监督管理委员会提出并归口。

本标准起草单位：中华人民共和国山东出入境检验检疫局。

本标准主要起草人：孙明钊、王喆。

本标准所代替标准的历次版本发布情况为：

——GB/T 8134—1987。

生水貂皮检验方法

1 范围

本标准规定了生水貂皮检验的抽样、检验方法及检验结果的判定。

本标准适用于生水貂皮的检验。

2 规范性引用文件

下列文件中的条款通过本标准的引用而成为本标准的条款。凡是注日期的引用文件，其随后所有的修改单(不包括勘误的内容)或修订版均不适用于本标准，然而，鼓励根据本标准达成协议的各方研究是否可使用这些文件的最新版本。凡是不注日期的引用文件，其最新版本适用于本标准。

GB/T 2828.1 计数抽样检验程序 第1部分 接受质量限(AQL)检索的逐批检验抽样计划(GB/T 2828.1—2003,ISO 2859-1:1999,IDT)

SN 0331 出口畜产品中炭疽杆菌检验方法

3 术语和定义

下列术语和定义适用于本标准。

3.1

检验批 inspecting lot

以在同一条件下加工的同一品种或同一报检批为一检验批。

3.2

光板 baldness

毛被局部脱落裸露板皮。

3.3

虫蚀 wormed

毛皮被虫蛀成小洞或弯曲沟道，使毛绒成片脱落或出现断毛者称为虫蚀。

3.4

灰白绒 Grey White Down

针毛棕褐色，毛绒灰白色。

3.5

交叉毛 Cross Hair

毛绒交叉零乱。

3.6

缠结毛 Entwisted Hair

加工不良绒毛缠结。

4 抽样

4.1 抽样方案

按照 GB/T 2828.1 正常检查一次抽样方案。

4.2 检查水平

按照 GB/T 2828.1 规定，采用一般检查水平Ⅱ。

4.3　合格质量水平 AQL

A 类不合格品:AQL=1.0;

B 类不合格品:AQL=4.0。

4.4　方案实施

4.4.1　抽样表

抽样数量见表 1。

表 1　一次正常抽样表

批量,*N*/件(张)	抽验数	A 类不合格品 AQL=1.0		B 类不合格品 AQL=4.0	
		合格 Ac	不合格 Re	合格 Ac	不合格 Re
1~90	13	0	1	1	2
91~150	20	0	1	2	3
151~280	32	1	2	3	4
281~500	50	1	2	5	6
501~1 200	80	2	3	7	8
1 201~3 200	125	3	4	10	11
3 201~10 000	200	5	6	14	15
10 001~35 000	315	7	8	21	22

4.5　方法

4.5.1　对成箱或成包的皮张，按(箱、包数)$^{1/2}$确定开箱数,从堆放不同部位的箱或包内,随机抽取样品。

4.5.2　对不成箱或不成包的皮张,按上中下、左中右或四角和中间的部位抽取样品。

5　检验

5.1　工具

检验台、量皮板木尺或卷尺。

5.2　条件

5.2.1　检验台:高度为 60 cm~70 cm;检验台颜色应与水貂皮毛色接近。

5.2.2　灯光:由 40 W 白色日光灯管四支为一组,灯源与检验台面距离为 70 cm。

5.2.3　水貂皮应避免阳光,在灯光下检验。

5.3　程序

5.3.1　区分公母皮,测量长度,分清色号和色头。

5.3.2　一摸,二抖,三目测,结合毛绒、皮板颜色、伤残程度,综合评定。

5.4　方法

5.4.1　公母皮鉴定

一手拿鼻部提起水貂皮,一手拿水貂皮臀部,目测毛绒特征,区分公母皮。

5.4.2　尺码测量

将皮平放于检验台上,自鼻尖至尾根量出长度,确定尺码档次。

5.4.3　毛色鉴定

被抽取的样品,以 10 张为一组,按头、背部各朝向同一方向摆好,侧立于检验台上,一手握住头部,利用腕力左右摆动几次,使针、绒毛恢复自然状态,一手手指自然伸直,逆毛向轻轻拂动毛梢 2 次~3 次,使针、绒毛垂直于皮面,裸露针绒面,鉴别各档色号。

5.4.4 品质鉴别

5.4.4.1 毛绒

一手捏住鼻部，一手自颈部摸试至尾根，托在手中，也可压在检验台上，利用腕力自然抖动，使毛绒恢复自然状态，目测背部、颈部和臀部及两侧毛绒发育程度。如毛绒密度，针绒毛比例，针毛覆盖能力，光泽度，无交叉毛，毛绒平齐、灵活等。再验看嘴、眼、耳的边缘部位，夏毛脱换状况和头部皮板的颜色，判断剥皮季节。然后翻转皮身，目测腹部毛绒的发育状况，比较背、腹部毛绒有无差异和伤残处数及部位。

对不明显的伤针毛、灰白绒、轻微缠结毛，小破洞，小脱毛可用手摸试或用手指拨动局部毛绒(必要时可用嘴吹)，协助目测判断各种伤残程度。

5.4.4.2 皮板

双手将两后腿向外拨开，目测露出皮板部分的颜色深浅，有无霉变和虫蚀等。

5.4.5 色头

以底绒颜色为主分色头。

5.5 结果判定

5.5.1 等级规定

5.5.1.1 一级皮：皮型完整、毛长绒足、细密灵活、色泽光润、皮板柔韧、无伤残，利用率≥90%。

5.5.1.2 二级皮：皮型完整、毛绒略显空疏、色泽欠光润，利用率≥80%。

5.5.1.3 三级皮：毛绒空疏、色泽灰暗、或有严重伤残，利用率≥70%。

5.5.2 有下列情况之一者判为不合格批：

a) 利用率低于6.1规定的皮张数量超过5%；

b) 等级升降互相抵补后，降级率超过5%；

c) 平均面积短少超过5%。

6 检疫

6.1 检疫卫生要求

6.1.1 水貂皮应产自安全非疫区，由经过非食用性动物产品注册登记的企业生产、加工、存放应符合兽医卫生要求。

6.1.2 水貂皮应来自无传染病、寄生虫病等的健康貂子。

6.1.3 炭疽杆菌检按SN 0331进行实验室炭疽杆菌检测。炭疽杆菌呈阳性的水貂皮，应立即采取紧急防疫措施。

6.2 结果判定

检疫卫生项目不符合有关强制性规定的判定为全批不合格。

7 检验有效期

检验有效期为60天。

ICS 59.140.20
B 45

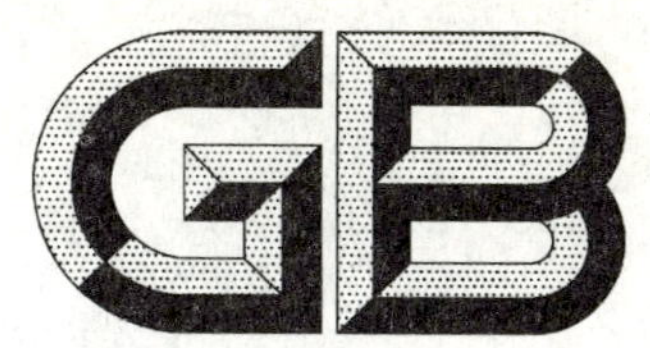

中华人民共和国国家标准

GB/T 8135—2009
代替 GB/T 8135—1987

生黄鼠狼皮检验方法

Inspection method of raw weasel skin

2009-05-26 发布　　　　2009-10-01 实施

中华人民共和国国家质量监督检验检疫总局
中国国家标准化管理委员会　发布

前　言

本标准代替 GB/T 8135—1987《出口生黄鼠狼皮检验方法》。

本标准与 GB/T 8135—1987 相比，主要变化如下：

a) 增加了“规范性引用文件”、“定义和术语”、“结果判定”、“检验有效期”内容；

b) 增加并细化了“范围”；

c) 修改了“抽样”内容；

d) 修改了标准名称。

本标准由国家认证认可监督管理委员会提出并归口。

本标准起草单位：中华人民共和国上海出入境检验检疫局。

本标准主要起草人：陆解旗、竺燕娟。

本标准所代替标准的历次版本发布情况为：

——GB/T 8135—1987。

生黄鼠狼皮检验方法

1 范围

本标准规定了生黄鼠狼皮检验的抽样、检验方法及检验结果的判定。

本标准适用于各等级生黄鼠狼皮的检验。

2 规范性引用文件

下列文件中的条款通过本标准的引用而成为本标准的条款。凡是注日期的引用文件，其随后所有的修改单(不包括勘误的内容)或修订版均不适用于本标准，然而，鼓励根据本标准达成协议的各方研究是否可使用这些文件的最新版本。凡是不注日期的引用文件，其最新版本适用于本标准。

GB/T 2828.1 计数抽样检验程序 第1部分 接受质量限(AQL)检索的逐批检验抽样计划(GB/T 2828.1—2003,ISO 2859-1:1999,IDT)

3 术语和定义

下列术语和定义适用于本标准。

3.1

检验批 inspecting lot

以在同一条件下加工的同一品种、或报检批为一检验批。

3.2

勾针 bending hair on tops

针毛发育不良形成毛峰勾曲，影响制裘价值。

3.3

缠结毛 entwister hair

毛绒缠结，难以梳通或梳通后而伤毛绒者称为缠结毛。

3.4

光板 baldness

毛被局部脱落裸露板皮。

3.5

虫蚀 wormed

毛皮被虫蛀成小洞或弯曲沟道，使毛绒成片脱落或出现断毛者称为虫蚀。

3.6

硬针毛 hard guard hair

针毛发育不良，或季节关系，导致针毛短小。

3.7

抽缺毛 drawed hair

尾部部分针毛被人为拔掉，显得空疏。

4 抽样

4.1 数量

4.1.1 抽样方案

按GB 2828.1中一般检查水平Ⅱ，一次抽样方案确定抽样数。

4.1.2 抽样表

抽样数量见表1。

表1

批量,N/张	抽验数
51～90	13
91～150	20
151～280	32
281～500	50
501～1 200	80
1 201～3 200	125
3 201～10 000	200
10 001～35 000	315

4.2 方法

4.2.1 对成箱或成包的皮张，按(箱、包数)$^{1/2}$确定开箱数，从堆放不同部位的箱或包内，随机抽取样品。

4.2.2 对不成箱或不成包的皮张，按上中下、左中右或四角和中间的部位随机抽取样品。

5 检验

5.1 工具

工作台、直尺或钢卷尺。

5.2 条件

检验场地的光线要适宜，避免阳光直射和光线过暗。

5.3 程序

先看毛面和尾毛，后看板面，然后测量长度，结合伤残情况综合评定。

5.4 方法

5.4.1 毛面

5.4.1.1 将皮张平放在工作台面上，毛面向上。用左手压住皮张的后臀部，右手捏住皮张的头部，利用右手腕力上下抖动，使毛绒松散挺立，便于检验。

5.4.1.2 目测周身毛绒是否高毛或平毛，颈部毛绒有无缺陷，背部和腹部的毛绒是否平顺。同时察看毛绒疏密、灵活程度，针毛是否齐全、光润、挺直。并吹开毛绒，验看底绒中有无夹杂硬针毛。

5.4.1.3 验看毛绒有无伤残，如勾针、断针、异色针毛、缠结毛和光板等。用手顺毛推摸毛绒，看毛绒是否脱落，并感觉底绒中有无暗伤等，对可疑之处可吹开或将皮拿起对准光源进行验看。根据伤残大小、处数和所在部位确定伤残程度。

5.4.2 尾毛

验看尾毛松散和挺直程度。用手轻捋尾毛，看有无脱毛或调换尾巴、抽缺尾等。

5.4.3 板面

5.4.3.1 验看板面形状是否完整，脚爪、残肉及脂肪是否去净，有无霉变、虫蛀和鼠咬等现象，并目测皮张长度与宽度的比例是否适当。

5.4.3.2 从头至尾查看板面颜色，结合色素在板面上分布情况，毛绒特征，确定所产季节。验看皮张有无伤残，特别注意腹部有无受闷现象，并根据伤残大小、处数和所在部位确定伤残程度。

5.5 长度测量

将皮张平放在工作台上，从鼻尖量至尾根。

6 结果判定

6.1 等级规定

6.1.1 一级皮：

a) 毛长绒足，细密灵活，色泽光润，皮板柔韧；

b) 毛稍短平，色泽光润，或颈部毛绒略疏；

c) 具有6.1.1a)或6.1.1b)品质，而有轻微伤残者。

6.1.2 二级皮：毛短平，色泽欠光润，尾毛平伏或与一级品质相仿而有显著之伤残者；或毛长而稍显空疏，颈部毛绒及毛针稍乱。

6.1.3 三级皮：毛过短小，色泽灰暗；或毛针勾曲，毛乱而空疏；或与一二级品质相仿而有严重之伤残。

6.2 有下列情况之一者判为不合格批：

a) 等级低于6.1规定的皮张数量超过5%；

b) 等级升降互相抵补后，降级率超过5%；

c) 平均长度短少超过5%。

7 检验有效期

检验有效期为60天。

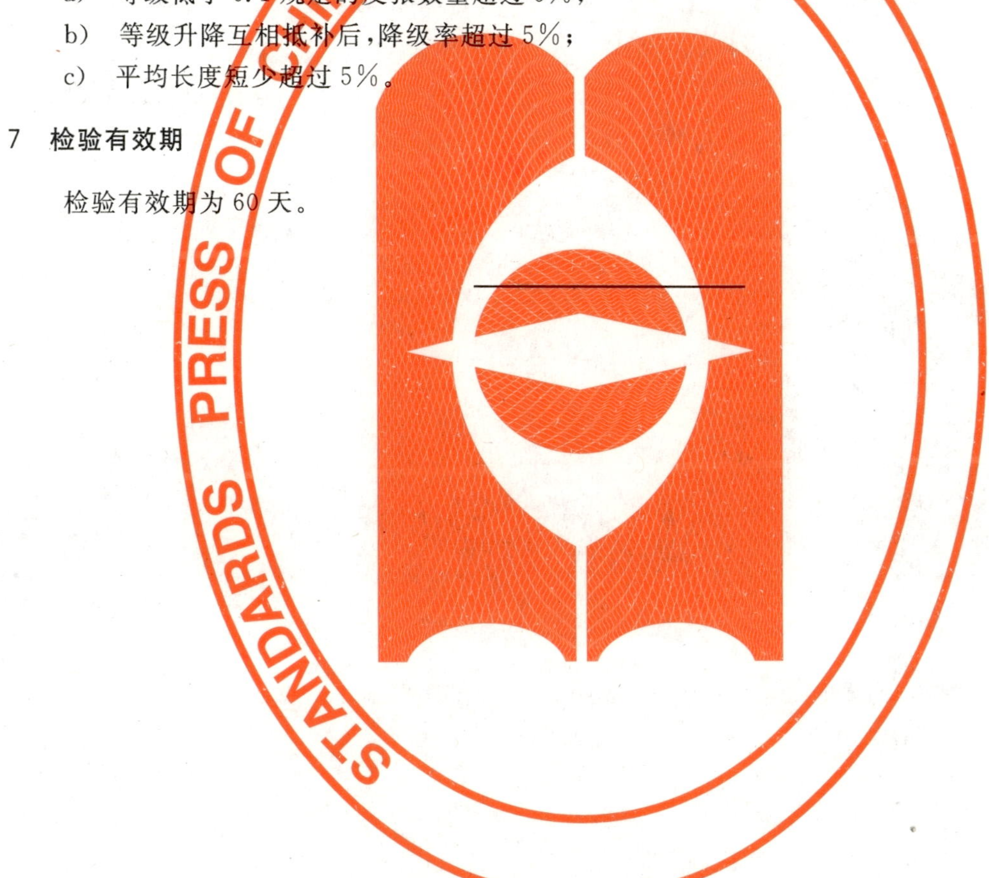

ICS 65.020
B 72

中华人民共和国国家标准

GB/T 8137—2009
代替 GB/T 8137—1987

颗 粒 紫 胶

Seed lac

2009-05-12 发布

2009-11-01 实施

中华人民共和国国家质量监督检验检疫总局
中 国 国 家 标 准 化 管 理 委 员 会
发 布

前　言

本标准代替 GB/T 8137—1987《颗粒紫胶》。

本标准与 GB/T 8137—1987 相比，主要变化如下：

——增加了规范性引用文件；

——修改等级标识为：1 级、2 级、3 级、4 级、5 级；

——删除了技术要求中必测的要求；

——增加了技术要求中“热硬化时间(热寿命)”指标和要求；

——增加了第 5 章“取样”；

——增加了检验规则中检验分类和检验项目的规定；

——增加了贮存和运输的环境温度的要求。

本标准由国家林业局提出。

本标准由中国林业科学研究院林产化学工业研究所归口。

本标准由中国林业科学研究院资源昆虫研究所负责起草。

本标准主要起草人：石雷、赵虹、陈晓鸣、甘瑾。

本标准所代替标准的历次版本发布情况为：

——GB/T 8137—1987。

颗　粒　紫　胶

1　范围

本标准规定了颗粒紫胶的技术要求、取样、试验方法、检验规则以及标志、包装、贮存和运输。

本标准适用于紫胶原胶经破碎、筛选、洗色、干燥加工后的颗粒状紫胶。

2　规范性引用文件

下列文件中的条款通过本标准的引用而成为本标准的条款。凡是注日期的引用文件，其随后所有的修改单（不包括勘误的内容）或修订版均不适用于本标准，然而，鼓励根据本标准达成协议的各方研究是否可使用这些文件的最新版本。凡是不注日期的引用文件，其最新版本适用于本标准。

GB/T 8142—2008　紫胶产品取样方法

GB/T 8143—2008　紫胶产品检验方法

3　术语和定义

下列术语和定义适用于本标准。

3.1

颗粒紫胶　seed lac

由紫胶原胶经破碎、筛选、洗色、干燥加工后的颗粒状紫胶。

4　技术要求

各级颗粒紫胶的技术指标，应符合表1给出的技术要求。

表1　颗粒紫胶技术要求

指　标　名　称		等　级				
		1级	2级	3级	4级	5级
颜色指数/号	≤	8.0	10.0	12.0	18.0	24.0
热硬化时间(170 ℃±0.5 ℃)/min	≥	7	7	6	5	5
热乙醇不溶物/%	≤	3.0	3.5	4.0	5.0	7.0
挥发物(水分)/%	≤	2.5	2.5	2.5	2.5	2.5
水溶物/%	≤	1.0	1.0	1.0	1.0	1.0
蜡质/%	≤	5.5	5.5	5.5	5.5	5.5
灰分/%		—				
粒度/mm		—				

5　取样

按GB/T 8142—2008的规定进行取样和样品制备。

6　试验方法

6.1　颜色指数的测定

按GB/T 8143—2008中第5章方法二的规定进行。

6.2 热硬化时间的测定

按 GB/T 8143—2008 中第 11 章的规定进行。

6.3 热乙醇不溶物的测定

按 GB/T 8143—2008 中第 4 章的规定进行。

6.4 挥发物(水分)的测定

按 GB/T 8143—2008 中第 3 章的规定进行。

6.5 水溶物的测定

按 GB/T 8143—2008 中第 10 章的规定进行。

6.6 蜡质的测定

按 GB/T 8143—2008 中第 6 章的规定进行。

6.7 灰分的测定

按 GB/T 8143—2008 中第 9 章的规定进行。

6.8 粒度的测定

用游标卡尺测量颗粒紫胶颗粒的最大直径(单位:mm)。

7 检验规则

7.1 检验分类

产品检验分出厂检验和型式检验。

7.2 检验项目

7.2.1 出厂检验:颜色指数、热硬化时间、热乙醇不溶物、挥发物(水分)。

7.2.2 型式检验:表 1 所列的全部项目。

7.2.3 有下列情况之一时,应进行型式检验:

a) 正常生产时,每月至少进行一次型式检验;

b) 当原、辅材料及生产工艺发生较大变动时;

c) 长期停产后恢复生产时;

d) 质量监督机构提出型式检验要求时。

7.3 组批规则

同一生产批的产品组成 1 批。

7.4 判定规则和复检规则

7.4.1 应由生产厂的质量部门检验。每批出厂的颗粒紫胶应符合本标准要求,并附有一定格式的质量证明书。

7.4.2 检验结果中,如有指标不符合本标准要求时,应重新在两倍样件中取样,重新检验不合格指标。如仍不符合要求时,则产品为不合格。

7.4.3 供需双方对检验结果如有争议,应在到货后三个月内提出。可由双方按本标准引用的取样方法共同取样三份,各保存一份,另一份委托具有相应资质的检验部门进行仲裁分析。

8 标志、包装、贮存和运输

8.1 标志

标签上应标明产品名称(颗粒紫胶)及商标,本标准编号,生产日期或生产批号,质量等级,净质量,企业名称、详细地址、电话等。

8.2 包装

8.2.1 颗粒紫胶用麻袋或其他包装物包装,内衬一层细棉布。

8.2.2 每袋净质量 50 kg,或者根据客户要求。

8.3 贮存

产品应放在干燥、通风、环境温度低于 25 ℃的房间内,以免结块。

8.4 运输

产品在运输过程中,严禁日晒、雨淋和靠近热源及潮湿的地方,运输车内温度应低于 25 ℃。

ICS 87.040
B 72

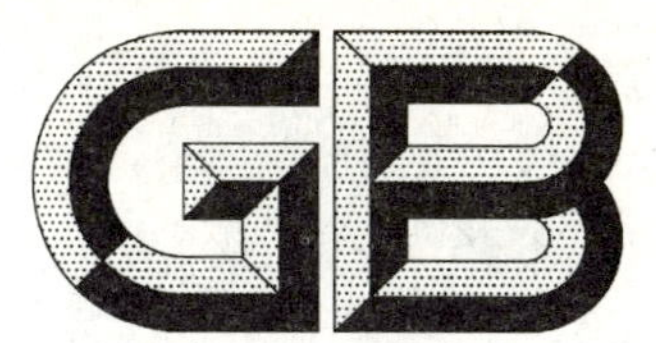

中华人民共和国国家标准

GB/T 8138—2009
代替 GB/T 8138—1987

紫胶片

Shellac

2009-05-12 发布　　　　2009-11-01 实施

中华人民共和国国家质量监督检验检疫总局
中国国家标准化管理委员会　发布

前　言

本标准代替 GB/T 8138—1987《紫胶片》。

本标准与 GB/T 8138—1987 相比，主要变化如下：

——增加了规范性引用文件；

——调整了技术要求中热硬化时间(热寿命)指标的数值；

——删除了技术要求中必测、选测、注的要求；

——增加了技术要求中“雌黄”指标和要求；

——增加了第 5 章“取样”，删除了检验规则中取样的内容；

——增加了检验规则中检验分类和检验项目的规定；

——增加了贮存和运输的环境温度的要求。

本标准由国家林业局提出。

本标准由中国林业科学研究院林产化学工业研究所归口。

本标准负责起草单位：中国林业科学研究院林产化学工业研究所。

本标准参加起草单位：云南云县忙怀林化厂、昆明林产化工有限责任公司、昆明苏化生物科技有限公司等。

本标准主要起草人：汪咏梅、陈箊鸿、吴冬梅、吴在嵩。

本标准所代替标准的历次版本发布情况为：

——GB/T 8138—1987。

紫　　胶　　片

1　范围

本标准规定了紫胶片的技术要求、取样、试验方法、检验规则以及标志、包装、贮存和运输。

本标准适用于颗粒紫胶和紫胶原胶用热滤法、溶剂法加工的紫胶片。

2　规范性引用文件

下列文件中的条款通过本标准的引用而成为本标准的条款。凡是注日期的引用文件，其随后所有的修改单(不包括勘误的内容)或修订版均不适用于本标准，然而，鼓励根据本标准达成协议的各方研究是否可使用这些文件的最新版本。凡是不注日期的引用文件，其最新版本适用于本标准。

GB/T 8142—2008　紫胶产品取样方法

GB/T 8143—2008　紫胶产品检验方法

3　术语和定义

下列术语和定义适用于本标准。

3.1

紫胶片　shellac

由紫胶原胶或颗粒紫胶用热滤法或溶剂法加工的未经脱色脱蜡的紫胶片。

4　技术要求

各级紫胶片应符合表1给出的技术指标。

表1　紫胶片技术指标

指标名称		等级				
		特一	特二	甲级	乙级	丙级
水分/%	≤	2.0	2.0	2.0	2.0	2.0
热乙醇不溶物/%	≤	0.50	0.75	1.00	1.20	1.50
颜色指数/号	≤	10	14	18	22	35
热硬化时间(170 ℃±0.5 ℃)/min	≥	3.0	3.0	3.0	3.0	3.0
软化点/℃	≥	72	72	72	72	72
酸值/(mg/g)	≤	73	73	73	73	73
松香		无	无	无	无	无
水溶物/%	≤	0.5	0.5	0.5	0.5	0.5
灰分/%	≤	0.3	0.3	0.4	0.5	0.8
蜡质/%	≤	5.5	5.5	5.5	5.5	5.5
碘值/(g/100 g)	≤	20	20	20	20	20
雌黄		无	无	无	无	无

5 取样

按 GB/T 8142—2008 的规定进行取样和样品制备。

6 试验方法

6.1 水分的测定

按 GB/T 8143—2008 中第 3 章的规定进行。

6.2 热乙醇不溶物的测定

按 GB/T 8143—2008 中第 4 章的规定进行。

6.3 颜色指数的测定

按 GB/T 8143—2008 中第 5 章方法二的规定进行。

6.4 热硬化时间的测定

按 GB/T 8143—2008 中第 11 章的规定进行。

6.5 软化点的测定

按 GB/T 8143—2008 中第 16 章的规定进行。

6.6 酸值的测定

按 GB/T 8143—2008 中第 12 章的规定进行。

6.7 松香的检验

按 GB/T 8143—2008 中第 7 章的规定进行。

6.8 水溶物的测定

按 GB/T 8143—2008 中第 10 章的规定进行。

6.9 灰分的测定

按 GB/T 8143—2008 中第 9 章的规定进行。

6.10 蜡质的测定

按 GB/T 8143—2008 中第 6 章的规定进行。

6.11 碘值的测定

按 GB/T 8143—2008 中第 13 章的规定进行。

6.12 雌黄的检验

按 GB/T 8143—2008 中第 8 章的规定进行。

7 检验规则

7.1 检验分类

产品检验分出厂检验和型式检验。

7.2 检验项目

7.2.1 出厂检验项目包括水分，热乙醇不溶物，颜色指数，热硬化时间，软化点。

7.2.2 型式检验项目包括表 1 所列的全部项目。

7.2.3 有下列情况之一时，应进行型式检验：

a) 正常生产时，每月至少进行一次型式检验；

b) 当原、辅材料及生产工艺发生较大变动时；

c) 长期停产后恢复生产时；

d) 质量监督机构或客户提出型式检验要求时。

7.3 组批规则

同一生产批的产品组成 1 批。

7.4 判定规则和复验规则

7.4.1 应由生产厂的质量检验部门检验，每批出厂的紫胶片均应符合本标准要求，并附有一定格式的质量证明书。

7.4.2 试验结果如有指标不符合要求时，应重新在两倍样件中取样，重新检验不合格指标。如仍不符合要求时，则产品为不合格。

7.4.3 供需双方对紫胶片的检验结果如有争议，应在到货后三个月内提出，可由双方按本标准取样方法共同取样三份，各保存一份，另一份委托具有相应资质的检验部门进行仲裁分析。

8 标志、包装、贮存和运输

8.1 产品标志

包装上应标明产品名称(紫胶片)及商标，本标准编号，生产日期或生产批号，质量等级，净重，企业名称、详细地址、电话等。

8.2 包装

8.2.1 紫胶片用木箱或其他包装物包装，内衬一层牛皮纸。

8.2.2 每箱紫胶片规定净重为 25 kg。

8.3 贮存

8.3.1 产品应放在干燥、通风、环境温度低于 25 ℃的房间内，以免结块。

8.3.2 产品自出厂日期起一年内颜色指数的增加不得超过 6 号。

8.4 运输

产品在运输中，严禁日晒、雨淋和靠近热源及潮湿的地方，运输车内温度应低于 25 ℃。

ICS 87.040
B 72

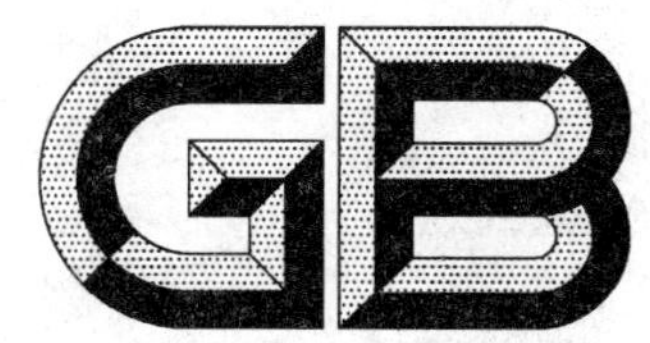

中华人民共和国国家标准

GB/T 8139—2009
代替 GB/T 8139—1987

脱蜡紫胶片、脱色紫胶片和脱色脱蜡紫胶片

Dewaxed shellac, decolorized shellac, decolorized and dewaxed shellac

2009-05-12 发布　　2009-11-01 实施

中华人民共和国国家质量监督检验检疫总局
中国国家标准化管理委员会　发布

前　言

本标准代替GB/T 8139—1987《脱蜡紫胶片、脱色紫胶片和脱色脱蜡紫胶片》。

本标准与GB/T 8139—1987相比，主要变化如下：

——增加了规范性引用文件；

——修改了术语和定义的内容；

——删除了技术要求中必测、选测、注的要求；

——修改了技术要求中热乙醇不溶物和蜡质指标的数值；

——修改了检验规则的规定；

——增加了贮存和运输的温度的要求。

本标准由国家林业局提出。

本标准由中国林业科学研究院林产化学工业研究所归口。

本标准负责起草单位：中国林业科学研究院林产化学工业研究所。

本标准参加起草单位：昆明苏化生物科技有限公司、云南云县忙怀林化厂、昆明林产化工有限责任公司。

本标准主要起草人：汪咏梅、陈箱鸿、吴冬梅、吴在嵩。

本标准所代替标准的历次版本发布情况为：

——GB/T 8139—1987。

脱蜡紫胶片、脱色紫胶片和脱色脱蜡紫胶片

1 范围

本标准规定了脱蜡紫胶片、脱色紫胶片和脱色脱蜡紫胶片的技术要求、取样、试验方法、检验规则以及标志、包装、贮存和运输。

本标准适用于溶剂法脱蜡，用活性炭脱色加工的紫胶片。

2 规范性引用文件

下列文件中的条款通过本标准的引用而成为本标准的条款。凡是注日期的引用文件，其随后所有的修改单(不包括勘误的内容)或修订版均不适用于本标准，然而，鼓励根据本标准达成协议的各方研究是否可使用这些文件的最新版本。凡是不注日期的引用文件，其最新版本适用于本标准。

GB/T 8142—2008 紫胶产品取样方法

GB/T 8143—2008 紫胶产品检验方法

3 术语和定义

下列术语和定义适用于本标准。

3.1

脱蜡紫胶片 dewaxed shellac

由紫胶原胶或颗粒紫胶用溶剂法精制脱去蜡质加工的紫胶片。

3.2

脱色紫胶片 decolorized shellac

由紫胶原胶或颗粒紫胶用活性炭脱色加工的含蜡浅色紫胶片。

3.3

脱色脱蜡紫胶片 decolorized and dewaxed shellac

由紫胶原胶或颗粒紫胶经脱蜡后再用活性炭脱色加工的基本不含蜡的浅色紫胶片。

4 技术要求

各级紫胶片应符合表1给出的技术指标。

5 取样

按 GB/T 8142—2008 的规定进行取样和实验室样品制备。

表1 技术指标

指标名称		脱蜡紫胶片		脱色紫胶片		脱色脱蜡紫胶片	
		一级	二级	一级	二级	一级	二级
颜色指数	≤	18	—	2	5	2	5
热乙醇不溶物/%	≤	0.2	0.4	0.5	0.5	0.2	0.4

表 1（续）

指标名称		脱蜡紫胶片		脱色紫胶片		脱色脱蜡紫胶片	
		一级	二级	一级	二级	一级	二级
蜡质/%	≤	0.2	0.2	5.5	5.5	0.2	0.2
热硬化时间(170 ℃±0.5 ℃)/min	≥	—		2.0		2.0	
软化点/℃	≥	—		72		—	
水分/%	≤	2.0		2.0		2.0	
水溶物/%	≤	0.5		0.5		0.5	
灰分/%	≤	0.3		0.3		0.3	
松香		无		无		无	

6 试验方法

6.1 颜色指数的测定

按 GB/T 8143—2008 第 5 章中方法二的规定进行。

6.2 热乙醇不溶物的测定

按 GB/T 8143—2008 第 4 章的规定进行。

6.3 蜡质的测定

按 GB/T 8143—2008 第 6 章的规定进行。

6.4 热硬化时间的测定

按 GB/T 8143—2008 第 11 章的规定进行。

6.5 软化点的测定

按 GB/T 8143—2008 第 16 章的规定进行。

6.6 水分的测定

按 GB/T 8143—2008 第 3 章的规定进行。

6.7 水溶物的测定

按 GB/T 8143—2008 第 10 章的规定进行。

6.8 灰分的测定

按 GB/T 8143—2008 第 9 章的规定进行。

6.9 松香的检验

按 GB/T 8143—2008 第 7 章的规定进行。

7 检验规则

7.1 检验分类

产品检验分出厂检验和型式检验。

7.2 检验项目

7.2.1 出厂检验项目包括水分，颜色指数，热乙醇不溶物，热硬化时间，软化点，蜡质。

7.2.2 型式检验项目包括表 1 所列的全部项目。

7.2.3 有下列情况之一时，应进行型式检验：

a) 正常生产时，每月至少进行一次型式检验；

b) 当原、辅材料及生产工艺发生较大变动时；

c) 长期停产后恢复生产时；

d） 质量监督机构提出型式检验要求时。

7.3 组批规则

同一生产批的产品组成1批。

7.4 判定规则和复验规则

7.4.1 应由生产厂的质量检验部门检验，每批出厂的产品均应符合本标准要求，并附有一定格式的质量证明书。

7.4.2 试验结果如有指标不符合要求时，应重新在两倍样件中取样，重新检验不合格指标。如仍不符合要求时，则产品为不合格。

7.4.3 供需双方对紫胶片的检验结果如有争议，应在到货后三个月内提出，可由双方按本标准取样方法共同取样三份，各保存一份，另一份委托具有相应资质的检验部门进行仲裁分析。

8 标志、包装、贮存和运输

8.1 标志

包装上应标明产品名称及商标，本标准编号，生产日期或生产批号，质量等级，净重，企业名称、详细地址、电话，“避晒”、“防潮”字样。

8.2 包装

8.2.1 用木箱或其他包装物包装，内衬一层牛皮纸。

8.2.2 每箱规定净重为25 kg。

8.3 贮存

8.3.1 脱蜡紫胶片和脱色脱蜡紫胶片的贮放应置于0 ℃～10 ℃的环境中，以防结块。

8.3.2 脱色紫胶片贮放在干燥、通风、环境温度低于25 ℃的房间内，以免结块。

8.3.3 脱蜡紫胶片产品自出厂日期起一年内颜色指数的增加不得超过6号。

8.4 运输

8.4.1 脱蜡紫胶片和脱色脱蜡紫胶片的运输应使用0 ℃～10 ℃的冷藏运输车，运输过程中应有遮盖物，严禁日晒雨淋。

8.4.2 脱色紫胶片在运输中，严禁日晒、雨淋和靠近热源及潮湿的地方，运输车内温度应低于25 ℃。

ICS 65.020
B 72

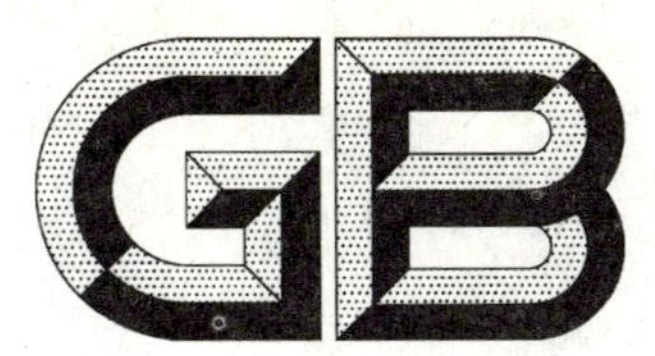

中华人民共和国国家标准

GB/T 8140—2009
代替 GB/T 8140—1987

漂 白 紫 胶

Bleached shellac

2009-05-12 发布　　2009-11-01 实施

中华人民共和国国家质量监督检验检疫总局
中国国家标准化管理委员会　发布

前　言

本标准代替 GB/T 8140—1987《漂白紫胶》。

本标准与 GB/T 8140—1987 相比，主要变化如下：

——增加了规范性引用文件；

——删除了技术要求中必测、选测、注的要求；

——增加了热硬化时间(热寿命)、铅、砷、松香四项指标及要求；

——删除了无机酸、游离氯和过氧化物两项指标；

——调整了颜色指数、热乙醇不溶物、挥发物(水分)、氯含量、酸值等指标的要求；

——增加了第 5 章“取样”；

——增加了检验规则中检验分类和检验项目的规定；

——增加了贮存和运输的环境温度的要求。

本标准由国家林业局提出。

本标准由中国林业科学研究院林产化学工业研究所归口。

本标准由中国林业科学研究院资源昆虫研究所负责起草。

本标准主要起草人：石雷、赵虹、陈晓鸣、甘瑾。

本标准所代替标准的历次版本发布情况为：

——GB/T 8140—1987。

漂 白 紫 胶

1 范围

本标准规定了漂白紫胶的技术要求、取样、试验方法、检验规则以及标志、包装、贮存和运输。

本标准适用于紫胶树脂通过化学漂白而得到的浅色紫胶产品。

2 规范性引用文件

下列文件中的条款通过本标准的引用而成为本标准的条款。凡是注日期的引用文件，其随后所有的修改单(不包括勘误的内容)或修订版均不适用于本标准，然而，鼓励根据本标准达成协议的各方研究是否可使用这些文件的最新版本。凡是不注日期的引用文件，其最新版本适用于本标准。

GB/T 5009.11 食品中总砷及无机砷的测定

GB/T 5009.12 食品中铅的测定

GB/T 8142—2008 紫胶产品取样方法

GB/T 8143—2008 紫胶产品检验方法

3 术语和定义

下列术语和定义适用于本标准。

3.1

漂白紫胶 bleached shellac

用紫胶原胶或颗粒紫胶为原料，溶于碳酸钠溶液或其他弱碱性溶液后，除去所含杂质或紫胶蜡，用漂白剂漂白净制的浅色紫胶。

3.2

普通漂白紫胶 bleached lac

含蜡的漂白紫胶。

3.3

精制漂白紫胶 bleached and dewaxed shellac

脱蜡的漂白紫胶。

4 技术要求

漂白紫胶产品的技术指标，应符合表1给出的技术要求。

表1 漂白紫胶技术指标及规格要求

指标名称		普通漂白紫胶		精制漂白紫胶	
		1级	2级	1级	2级
颜色指数/号	≤	1.5	2.0	1.0	1.5
热乙醇不溶物/%	≤	1.0	2.0	0.1	0.2
挥发物(水分)/%	≤	3	3	3	3
蜡质/%	≤	5.5	5.5	0.1	0.2
氯含量/%	≤	2.0	3.0	1.5	2

表 1（续）

指 标 名 称		普通漂白紫胶		精制漂白紫胶	
		1 级	2 级	1 级	2 级
热硬化时间(170 ℃±0.5 ℃)/s	≥	60	30	120	90
灰分/%	≤	1.0	1.5	0.5	1.0
水溶物/%	≤	1.0	1.0	0.5	0.5
酸值/(mg/g)		75～90	75～90	75～90	75～90
铅(Pb)/(mg/kg)	≤	—	—	5	5
砷(As)/(mg/kg)	≤	—	—	1	1
松香		无			

5 取样

按 GB/T 8142—2008 的规定进行取样和样品制备。

6 试验方法

6.1 颜色指数的测定

按 GB/T 8143—2008 中第 5 章方法的规定进行。

6.2 热乙醇不溶物的测定

按 GB/T 8143—2008 中第 4 章的规定进行。

6.3 挥发物(水分)的测定

按 GB/T 8143—2008 中第 3 章的规定进行。

6.4 蜡质的测定

按 GB/T 8143—2008 中第 6 章的规定进行。

6.5 氯含量的测定

按 GB/T 8143—2008 中第 14 章的规定进行。

6.6 热硬化时间的测定

按 GB/T 8143—2008 中第 11 章的规定进行。

6.7 灰分的测定

按 GB/T 8143—2008 中第 9 章的规定进行。

6.8 水溶物的测定

按 GB/T 8143—2008 中第 10 章的规定进行。

6.9 酸值的测定

按 GB/T 8143—2008 中第 12 章的规定进行。

6.10 铅(Pb)的测定

按 GB/T 5009.12 规定的方法进行。试样处理采用湿法消解。

6.11 砷(As)的测定

按 GB/T 5009.11 规定的方法进行。试样处理采用湿法消解。

6.12 松香的测定

按 GB/T 8143—2008 中第 7 章的规定进行。

7 检验规则

7.1 检验分类

产品检验分出厂检验和型式检验。

7.2 检验项目

7.2.1 出厂检验：颜色指数、热乙醇不溶物、挥发物（水分）、蜡质、氯含量。

7.2.2 型式检验：表1所列的全部项目。

7.2.3 有下列情况之一时，应进行型式检验：

a) 正常生产时，每月至少进行一次型式检验；

b) 当原、辅材料及生产工艺发生较大变动时；

c) 长期停产后恢复生产时；

d) 质量监督机构提出型式检验要求时。

7.3 组批规则

同一生产批的产品组成1批。

7.4 判定规则和复检规则

7.4.1 应由生产厂的质量部门检验。每批出厂的漂白紫胶应符合本标准要求。2个月内应进行一次必测指标的检验，并附有一定格式的质量证明书。

7.4.2 检验结果中如有指标不符合本标准要求时，应重新在两倍样件中取样，重新检验不合格指标。如仍不符合要求时，则产品为不合格。

7.4.3 供需双方对检验结果如有争议，应在到货后三个月内提出，可由双方按本标准引用的取样方法共同取样三份，各保存一份，另一份委托具有相应资质的检验部门进行仲裁分析。

8 标志、包装、贮存和运输

8.1 标志

标签上应标明产品名称（漂白紫胶）及商标，本标准编号，生产日期或生产批号，质量等级，净质量，企业名称、详细地址、电话等。

8.2 包装

8.2.1 漂白紫胶用木箱或其他包装物包装，内衬一层牛皮纸。

8.2.2 每箱净质量20 kg，或根据客户要求。

8.3 贮存

产品应贮存在0 ℃～10 ℃的环境中，1级产品不超过1年，2级产品不超过8个月。

8.4 运输

运输过程应保持0 ℃～10 ℃的环境。

ICS 87.040
B 72

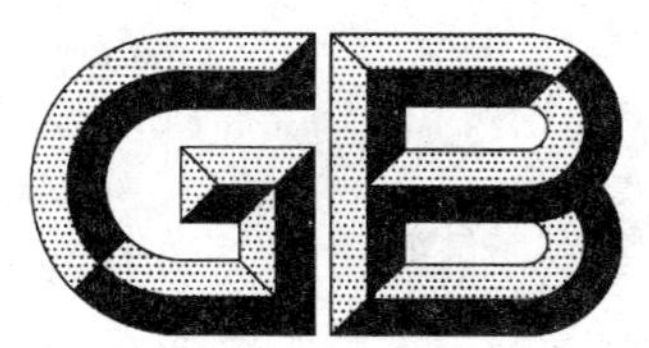

中华人民共和国国家标准

GB/T 8141—2009
代替 GB/T 8141—1987

军用紫胶片

Shellac for use in arms

2009-03-28 发布　　2009-10-01 实施

中华人民共和国国家质量监督检验检疫总局
中国国家标准化管理委员会　发布

前言

本标准代替 GB/T 8141—1987《军用紫胶片》。

本标准与 GB/T 8141—1987 相比主要变化如下：

——第 1 章“定义”修改为“范围”；

——增加了规范性引用文件；

——删除了技术要求中必测、选测的要求；

——增加了技术要求中“灰分”、“松香”、“雌黄”指标和要求；

——调整了技术要求中“颜色指数”指标要求的数值；

——增加了第 4 章“取样”，删除了检验规则中取样的内容；

——增加了检验规则中检验分类和检验项目的规定；

——增加了贮存和运输的环境温度的要求；

——增加了贮存时间的规定。

本标准由国家林业局提出。

本标准由中国林业科学研究院林产化学工业研究所归口。

本标准负责起草单位：中国林业科学研究院林产化学工业研究所。

本标准主要起草人：汪咏梅、陈箫鸿、吴冬梅、吴在嵩、徐曼。

本标准所代替标准的历次版本发布情况为：

——GB/T 8141—1987。

军 用 紫 胶 片

1 范围

本标准规定了军用紫胶片的技术要求、取样、试验方法、检验规则以及标志、包装、贮存和运输。

本标准适用于以优质天然紫胶原胶为原料，用热滤法、溶剂法加工的供军工生产部门专用的紫胶片。

2 规范性引用文件

下列文件中的条款通过本标准的引用而成为本标准的条款。凡是注日期的引用文件，其随后所有的修改单(不包括勘误的内容)或修订版均不适用于本标准，然而，鼓励根据本标准达成协议的各方研究是否可使用这些文件的最新版本。凡是不注日期的引用文件，其最新版本适用于本标准。

GB/T 8142—2008 紫胶产品取样方法

GB/T 8143—2008 紫胶产品检验方法

3 技术要求

军用紫胶片应符合表1给出的技术要求。

表1 军用紫胶片技术要求

指标名称		要求
水分/%	≤	2.0
颜色指数/号	≤	18
热乙醇不溶物/%	≤	1.0
热硬化时间(170 ℃±0.5 ℃)/min		3～5
软化点/℃	≥	75
水萃取物酸碱性(pH)		4.8～7.0
蜡质/%		1.5～4.0
水溶物/%	≤	0.5
酸值/(mg/g)	≤	73
碘值/(g/100 g)	≤	20
灰分	≤	0.4
松香		不得检出
雌黄		不得检出
注：军用紫胶片不应含其他添加物，若有特殊要求另行协商。		

4 取样

按 GB/T 8142—2008 的规定进行取样和样品制备。

5 试验方法

5.1 水分的测定

按 GB/T 8143—2008 中第 3 章的规定进行。其中方法一为快速测定法，方法二为仲裁法。

5.2 颜色指数的测定

按 GB/T 8143—2008 中第 5 章方法二的规定进行。

5.3 热乙醇不溶物的测定

按 GB/T 8143—2008 中第 4 章的规定进行。其中方法一为快速测定法，方法二为仲裁法。

5.4 热硬化时间的测定

按 GB/T 8143—2008 中第 11 章的规定进行。

5.5 软化点的测定

按 GB/T 8143—2008 中第 16 章的规定进行。

5.6 水萃取物酸碱性的测定

按 GB/T 8143—2008 中第 10 章的规定进行。

5.7 蜡质的测定

按 GB/T 8143—2008 中第 6 章的规定进行。

5.8 水溶物的测定

按 GB/T 8143—2008 中第 10 章的规定进行。

5.9 酸值的测定

按 GB/T 8143—2008 中第 12 章的规定进行。

5.10 碘值的测定

按 GB/T 8143—2008 中第 13 章的规定进行。

5.11 灰分的测定

按 GB/T 8143—2008 中第 9 章的规定进行。

5.12 松香的检验

按 GB/T 8143—2008 中第 7 章的规定进行。

5.13 雌黄的检验

按 GB/T 8143—2008 中第 8 章的规定进行。

6 检验规则

6.1 检验分类

产品检验分出厂检验和型式检验。

6.2 检验项目

6.2.1 出厂检验项目包括水分、颜色指数、热乙醇不溶物、热硬化时间、软化点、水萃取物酸碱性、灰分。

6.2.2 型式检验项目包括表 1 所列的全部项目。

6.2.3 有下列情况之一时，应进行型式检验：

a) 正常生产时，每月至少进行一次型式检验；

b) 当原、辅材料及生产工艺发生较大变动时；

c) 长期停产后恢复生产时；

d) 国家质量监督检验机构或客户提出型式检验要求时。

6.3 组批规则

同一生产批的产品组成一批。

6.4 判定规则和复验规则

6.4.1 应由生产厂的质量检验部门检验，每批出厂的军用紫胶片均应符合本标准要求，并附有一定格式的质量证明书。

6.4.2 检验结果如有指标不符合要求时，应重新在两倍样件中取样，重新检验不合格指标。如仍不符合要求时，则本批产品为不合格。

6.4.3 供需双方对军用紫胶片的检验结果如有争议，应在到货后两个月内提出，可由双方按本标准取样方法共同取样三份，各保存一份，另一份委托具有相应资质的检验部门进行仲裁分析。

7 标志、包装、贮存和运输

7.1 标志

包装上应标明产品名称(军用紫胶片)及商标，本标准编号，生产日期或生产批号，净重，生产企业名称及其详细地址、电话等，并醒目标注“避晒”、“防潮”字样和标识。

7.2 包装

7.2.1 军用紫胶片用木箱或纸箱(桶)包装，内衬一层牛皮纸。

7.2.2 每箱军用紫胶片规定净重为 25 kg。

7.3 贮存

7.3.1 产品应贮存在干燥、通风、环境温度低于 25 ℃的库房内，以免结块。

7.3.2 产品贮存时间不应超过 3 年。贮存 3 年以上的产品，应重新检验确认达标后，方能使用。

7.4 运输

产品在运输中，严禁日晒、雨淋和靠近热源及潮湿环境，运输车内温度应低于 25 ℃。

ICS 27.020
J 90

中华人民共和国国家标准

GB/T 8190.11—2009/ISO 8178-11:2006

往复式内燃机　排放测量
第11部分:非道路移动机械用发动机瞬态工况下气体和颗粒排放物的试验台测量

Reciprocating internal combustion engines—Exhaust emission measurement—Part 11: Test-bed measurement of gaseous and particulate exhaust emissions from engines used in nonroad mobile machinery under transient test conditions

(ISO 8178-11:2006,IDT)

2009-03-19 发布　　2009-11-01 实施

中华人民共和国国家质量监督检验检疫总局
中国国家标准化管理委员会　发布

前　言

GB/T 8190《往复式内燃机　排放测量》分为十一个部分:

——第1部分:气体和颗粒排放物的试验台测量;

——第2部分:气体和颗粒排放物的现场测量;

——第3部分:稳态工况排气烟度的定义和测量方法;

——第4部分:不同用途发动机的试验循环;

——第5部分:试验燃料;

——第6部分:测量结果和试验报告;

——第7部分:发动机系族的确定;

——第8部分:发动机系组的确定;

——第9部分:压燃式发动机瞬态工况下排气烟度的试验台测量用试验循环和测试规程;

——第10部分:压燃式发动机瞬态工况下排气烟度的现场测量用试验循环和测试规程;

——第11部分:非道路移动机械用发动机瞬态工况下气体和颗粒排放物的试验台测量。

本部分为GB/T 8190的第11部分。

本部分等同采用ISO 8178-11:2006《往复式内燃机　排放测量　第11部分:非道路移动机械用发动机瞬态工况下气体和颗粒排放物的试验台测量》(英文版)。

本部分等同翻译ISO 8178-11:2006。

为便于使用,本部分做了下列编辑性修改:

——"本国际标准"、"ISO 8178的本部分"等词改为"本部分"或"GB/T 8190的本部分";

——用小数点"."代替作为小数点的逗号",";

——删除了国际标准的前言;

——对ISO 8178-11:2006中引用的其他国际标准,有被采用为我国标准的用我国标准代替,未被采用为我国标准的直接采用国际标准。

本部分的附录A、附录B、附录C、附录D和附录G为规范性附录,附录E和附录F为资料性附录。

本部分由中国机械工业联合会提出。

本部分由全国内燃机标准化技术委员会(SAC/TC 177)归口。

本部分起草单位:中国船舶工业综合技术经济研究院、上海内燃机研究所、广西玉柴机器股份有限公司。

本部分主要起草人:李军、陈云清、崔华标、邹强。

引　言

测量体系取决于试验循环的类型、稳态或瞬态，以及被测污染物的种类。在稳态循环条件下，废气排放的总量可以根据易测定的发动机原始排气浓度和排气流量，或根据被稀释排气的浓度和全流稀释系统的CVS(定容取样)流量计算出来。这两种类似的体系在GB/T 8190.1里有所叙述。对于颗粒物而言，仅在稀释部分排放气体时可使用全流稀释系统或部分流稀释系统。

在GB/T 8190的本部分规定的瞬态循环条件下，实时排气流量的测定比较困难。因此，由于在全流稀释系统中不需要排气总流量的测定，CVS原理已经被应用了多年。将总的排气进行稀释，使总流量(稀释空气和排气流量的和)保持恒定，气体和颗粒物的排放便在稀释状态下得以测定。这一系统对空间和费用的需求要比稳态循环条件下的部分流稀释系统高得多。另一方面，如果使用复杂的控制系统和计算方法，原始排气的测量和部分流稀释系统也能用于瞬态条件。

对大多数非道路使用和重型发动机来说，CVS系统显得庞大和浪费。因此，ISO 16183已由ISO/TC 22/SC 5进行改进，并在标准中详细说明了在瞬态试验条件下重型发动机的原始排气测定方法和部分流稀释系统。既然许多非道路用发动机在发动机体积、排量以及功率上与重型发动机类似，ISO 16183的内容也能用于非道路用发动机。

在本部分中，全流稀释和部分流稀释/原始排气方法被认为是等同的，因此两种方法在这里都已包括。

往复式内燃机　排放测量 第11部分:非道路移动机械用发动机瞬态工况下气体和颗粒排放物的试验台测量

1　范围

GB/T 8190的本部分规定了往复式内燃机瞬态工况下气体和颗粒排放物的试验台测量和评定方法,以测定每种排放污染物的排放值。

本部分所涵盖的特定瞬态测试循环适用于输出功率从37 kW～560 kW的压燃式发动机,主要为道路车辆设计的发动机除外。本部分适用于GB/T 8190.4中8.3.1.3所规定的非道路车辆和由柴油机驱动的非道路工业设备用发动机,包括如建筑机械在内的各种用途发动机,这些用途包括:轮式装载机、推土机、履带式拖拉机、履带式装载机、卡车式装载机、越野式卡车、液压挖掘机、农业设备、自行式农用车辆(包括拖拉机)、林业机械、叉车、道路维护设备和移动式起重机。

由于测定一个排放值需要进行一系列复杂的单独测量,而不仅仅是得到单个的测量值,因此下面所述的许多规程都对实验室方法作了详细的叙述,致使测试结果不仅取决于发动机和试验方法,还取决于进行测量的过程。

2　规范性引用文件

下列文件中的条款通过GB/T 8190的本部分的引用而成为本部分的条款。凡是注日期的引用文件,其随后所有的修改单(不包括勘误的内容)或修订版均不适用于本部分,然而,鼓励根据本部分达成协议的各方研究是否可使用这些文件的最新版本。凡是不注日期的引用文件,其最新版本适用于本部分。

GB/T 8190.5　往复式内燃机　排放测量　第5部分:试验燃料(GB/T 8190.5—2005,ISO 8178-5:1997,IDT)

GB/T 21404—2008　内燃机　发动机功率的确定和测量方法　一般要求(ISO 15550:2002,IDT)

GB/T 21405—2008　往复式内燃机　发动机功率的确定和测量方法　排气污染物排放试验的附加要求(ISO 14396:2002,IDT)

ISO 5167-1　对圆截面满管流用差压装置测量流体流量　第1部分:一般原理和要求

ISO 5725-2:1994　测试方法与结果的准确度(正确度与精密度)　第2部分:确定标准测试方法重复性和可再现性的基本方法

ISO 8178-1:2006　往复式内燃机　排放测量　第1部分:气体和颗粒排放物的试验台测量

ISO 16183:2002　重型发动机　直接排放测量和瞬态试验条件下用部分流稀释系统的颗粒排放测量

SAE J 1937:1995　在测功试验间的低温进气空气冷却系统的发动机测试

3　术语和定义

下列术语和定义适用于GB/T 8190的本部分。

3.1

颗粒物　particulate matter

用干净的过滤空气稀释排气后,使在紧靠主滤纸上游处测得的气体温度高于315 K(42 ℃)和不高于 325 K(52 ℃)时,在规定的过滤介质上所采集到的所有物质。

注:其主要组分是碳、凝结的碳氢化合物、带有缔合水的硫酸盐。

3.2

气体污染物 gaseous pollutants

一氧化碳、碳氢化合物(或非甲烷碳氢化合物)、氮氧化物[表示二氧化氮(NO_2)当量]、甲醛和甲醇。

3.3

部分流稀释法 partial flow dilution method

从总排气流中分离出部分原始排气与适量稀释空气混合后,进入颗粒取样滤纸的过程。

3.4

全流稀释法 full flow dilution method

用稀释空气与所有排气流混合后,分离出部分稀释排气进行分析的过程。

注:在许多全流稀释系统中通常都对这部分预稀释排气进行二次稀释使在颗粒过滤纸处达到合适的温度。

3.5

比排放 specific emissions

用[g/(kW·h)]表示的排放量。

3.6

稳态试验循环 steady-state test cycle

一系列发动机试验模式的试验循环,且在每一种试验模式下,发动机都能在足够的时间内达到要求的转速、扭矩和稳定状态。

3.7

瞬态试验循环 transient test cycle

用一系列转速规范值和扭矩规范值进行的试验循环,且这些转速值和扭矩值随时间进行相应的快速变化。

3.8

额定转速 rated speed

按照发动机制造厂家的说明,发动机达到额定或最佳功率时的转速。

注:详见 GB/T 21405。

3.9

低速 low speed

达到额定或最佳功率 50%时的发动机最低转速。

3.10

高速 high speed

达到额定或最佳功率 70%时的发动机最高转速。

3.11

参考转速 reference speed

用来对非道路瞬态循环(NRTC)试验相对转速值进行规范化的 100%转速值,见 6.4.2。

3.12

响应时间 response time

被测组分在参考点的快速变化与测试系统相应变化的时间差,由此被测组分的变化至少为满量程的 60%且不超过 0.1 s。

注 1:系统响应时间(t_{90})包括系统延迟时间和系统上升时间。

注 2:响应时间会随着由被测组分变化所引起的参考点位置的变化而变化,这些参考点可设在取样探头处或直接设在分析仪进口处。在本部分中,参考点规定在取样探头处。

3.13

延迟时间　delay time

被测组分在参考点的变化与系统响应最终读数值 10%(t_{10})的时间。

注 1：对于排气组分，延迟时间主要指被测组分从取样探头到检测器间的传递时间。

注 2：对于延迟时间，参考点规定为取样探头处。

3.14

上升时间　rise time

最终读数从 10%～90%(t_{90}—t_{10})的响应时间。

注 1：这是指被测组分到达仪器后仪器的响应时间。

注 2：对于上升时间，参考点规定在取样探头处。

3.15

转换时间　transformation time

在参考点处被测组分的变化与系统响应最终读数 50%(t_{50})的时间。

注 1：对于转换时间，参考点规定在取样探头处。

注 2：转换时间用于对不同测试仪器的信号排列。

注 3：3.12～3.15 不适用于第 10 章所指的全流稀释系统。

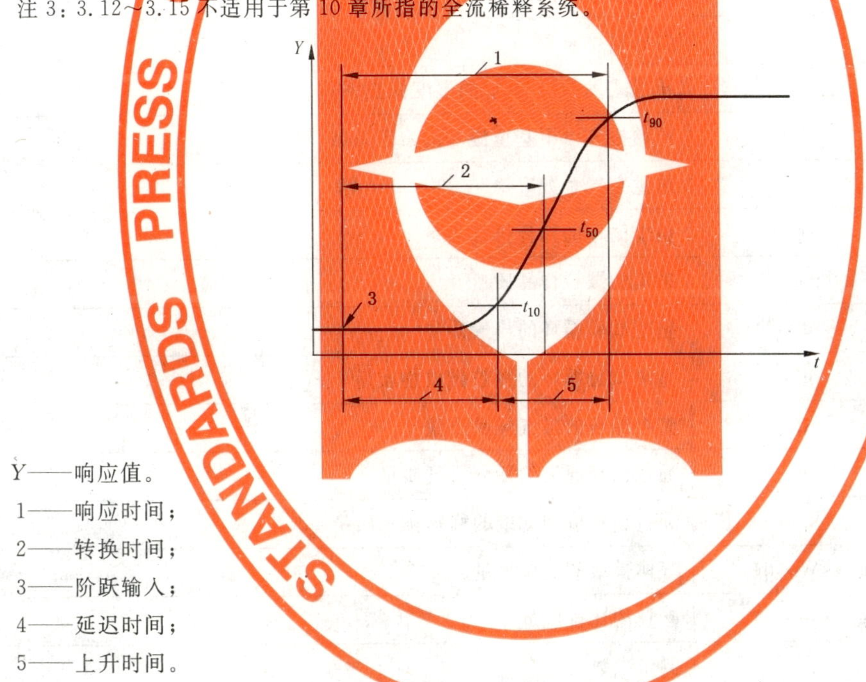

Y——响应值。

1——响应时间；

2——转换时间；

3——阶跃输入；

4——延迟时间；

5——上升时间。

图 1　系统响应的定义

4　符号和缩略语

4.1　通用符号

表 1　通用符号列表

符　号	单　位	术　语
A/F_{st}	—	理论空燃比
c	ppm/%(V/V)	浓度
C_c	—	滑动系数
d_e	m	排气管直径

表 1（续）

符号	单位	术语
d_p	m	取样探头直径
d_{PM}	m	颗粒直径
f	Hz	数据取样率
f_a	—	实验室大气系数
E_{CO_2}	%	NO_x 分析仪的 CO_2 熄光
E_E	%	乙烷效率
E_{H_2O}	%	NO_x 分析仪中的水熄光
E_M	%	甲烷效率
E_{NO_x}	%	NO_x 转化器效率
η	Pa·s	排气的动力黏度
H_a	g/kg	进气的绝对湿度
i	—	某单个瞬时测量的下标(如:1 Hz)
k_f	—	燃料特定系数
$k_{h,D}$	—	压燃式发动机 NO_x 的湿度修正系数
k_W	—	原始排气由干基至湿基的修正系数
λ	—	过量空气系数
m_{edf}	kg	整个循环的稀释排气当量
m_f	mg	采集的颗粒样品质量
m_{gas}	g	整个试验循环的排气质量
m_{PM}	g	整个试验循环的颗粒排放物质量
m_{se}	kg	整个循环的排气样品质量
m_{sed}	kg	通过稀释通道的稀释排气质量
m_{sep}	kg	通过颗粒取样滤纸的稀释排气质量
M_{gas}^{*}	g/(kW·h)	气体排放的比排放量
M_{PM}	g/(kW·h)	颗粒的比排放量
n	—	测量次数
p_a	kPa	发动机进气空气的饱和蒸气压力
p_b	kPa	总气压
p_r	kPa	冷却后水蒸气分压
p_s	kPa	干空气压力
P	—	颗粒渗透
q_{mad}	kg/s	干基进气质量流量
q_{maw}	kg/s	湿基进气质量流量
q_{mCe}	kg/s	原始排气碳的质量流量
q_{mCf}	kg/s	进入发动机碳的质量流量

表 1（续）

符　号	单　位	术　　语
q_{mCp}	kg/s	部分流稀释系统碳的质量流量
q_{mdew}	kg/s	湿基稀释排气质量流量
q_{mdw}	kg/s	湿基稀释空气质量流量
q_{medf}	kg/s	湿基当量稀释排气质量流量
q_{mew}	kg/s	湿基排气质量流量
q_{mex}	kg/s	从稀释通道中采集的样品质量流量
q_{mf}	kg/s	燃料质量流量
q_{vs}	L/min	排气分析系统的系统流量
q_{vt}	cm^3/min	示踪气体流量
r_d	—	稀释比
r_h	—	FID 的碳氢化合物响应系数
r_m	—	FID 的甲醇响应系数
r_s	—	平均取样比
ρ	kg/m^3	密度
ρ_e	kg/m^3	排气密度
ρ_{PM}	kg/m^3	颗粒密度
σ	—	标准偏差
T	K	绝对温度
T_a	K	进气空气的绝对温度
t_{10}	s	阶跃输入与 10%最终读数的时间差
t_{50}	s	阶跃输入与 50%最终读数的时间差
t_{90}	s	阶跃输入与 90%最终读数的时间差
τ	s	颗粒弛缓时间
u	—	气体组分与排气的密度比
V_s	L	排气分析系统的总体积
W_{act}	kW·h	每个试验循环的实际循环功
v_e	m/s	排气管中的气流速度
v_p	m/s	取样探头中的气流速度
注：ppm 表示 10^{-6}。		

4.2 燃料组分的符号与缩略语

w_{ALF}　燃料中的氢含量，质量百分比%

w_{BET}　燃料中的碳含量，质量百分比%

w_{GAM}　燃料中的硫含量，质量百分比%

w_{DEL}　燃料中的氮含量，质量百分比%

w_{EPS}　燃料中的氧含量，质量百分比%

α　氢的摩尔比(H/C)

β	碳的摩尔比(C/C)
γ	硫的摩尔比(S/C)
δ	氮的摩尔比(N/C)
ε	氧的摩尔比(O/C)

假定燃料的化学式为 $C_\beta H_\alpha O_\varepsilon N_\delta S_\gamma$。

4.3 化学组分的符号与缩略语

ACN	乙腈
C1	碳 1 当量碳氢化合物
CH_4	甲烷
CH_3OH	甲醇
C_2H_6	乙烷
C_3H_8	丙烷
CO	一氧化碳
CO_2	二氧化碳
DNPH	二硝基苯肼
DOP	邻苯二甲酸二辛酯
HC	碳氢化合物
HCHO	甲醛
H_2O	水
NMHC	非甲烷碳氢化合物
NO_x	氮氧化物
NO	一氧化氮
NO_2	二氧化氮
PM	颗粒物
RME	植物油甲脂

4.4 缩略语

CLD	化学发光检测器
FID	火焰离子化检测器
FTIR	傅里叶变换式红外分析仪
GC	气相色谱
HCLD	加热式化学发光检测器
HFID	加热式火焰离子化检测器
HPLC	高压液相色谱
MW	分子质量
NDIR	不分光红外线分析仪
NMC	非甲烷截断器
NTRC	非道路瞬态循环
%FS	满量程百分比
SIMS	二次离子质谱仪
Stk	斯托克司数

5 试验条件

5.1 发动机试验条件

5.1.1 试验条件参数

发动机进气绝对温度(T_a)用 K 表示,干气压(p_s)以 kPa 表示,需要进行测定,参数 f_a 应按下列规定确定。对于具有不同组多进气岐管的多缸发动机，如“V”型发动机，则应取各不同组的平均温度。

自然吸气和机械增压发动机：

$$f_a = \left(\frac{99}{p_s}\right) \times \left(\frac{T_a}{298}\right)^{0.7} \quad \cdots\cdots(1)$$

带或不带进气中冷的涡轮增压发动机：

$$f_a = \left(\frac{99}{p_s}\right)^{0.7} \times \left(\frac{T_a}{298}\right)^{1.5} \quad \cdots\cdots(2)$$

注：公式(1)和公式(2)与联合国欧洲经济委员会(ECE)、欧洲经济共同体(EEC)和美国环保局(EPA)中的排放法规等同，但与国际标准化组织(ISO)的功率修正公式不同。

5.1.2 试验有效性

参数 f_a 应在如下范围内方可认为试验有效：$0.93 \leqslant f_a \leqslant 1.07$。

注：建议试验中将参数 f_a 控制在 0.96～1.06 之间。

5.2 增压中冷发动机

应记录增压空气温度。发动机在额定功率和全负荷条件下运行时，最高增压空气温度应不超过制造厂规定值的±5 K。冷却介质温度至少应达到 293 K(20 ℃)。

如果使用了试验间系统或额外的通风机，则当发动机在标明的最大功率和全负荷条件下运行时，增压空气温度应调整在制造厂规定的最高增压空气温度值的±5 K 之内。增压中冷器的冷却剂温度和冷却剂流速一旦按此设定，在整个试验循环中不应改变。增压中冷器的体积应基于好的工程实践和典型的机车或机械的应用实际。

增压中冷器的调整也可按照 SAE J 1937:1995 的规定进行。

5.3 功率

比排放测量以 GB/T 21405 规定的不修正的有效功率为基础。发动机应与运转发动机所需的附件一同进行试验。

如果在试验台架上不可能或不合适安装这些附件，那么则应该对这些附件所消耗的功率进行测定，则被它们消耗的功率应从整个试验循环工作区域所测得的发动机功率中减去。

试验时，应拆除某些安装在发动机上、仅用于操纵配套机械所需的辅助设备。诸如：

——制动用空气压缩机；

——动力转向用压缩泵；

——空调压缩机；

——液压驱动泵。

详见 GB/T 21404—2008 和 GB/T 21405—2008 的表 1。

如未拆除辅助设备，则应确定出这些辅助设备在整个试验循环工作区域运行时所消耗并增加到被测发动机功率中的功率，但当辅助设备是发动机整体的一部分时除外(如风冷式发动机的冷却风扇)。

对于被测功率或被测循环功转换为不修正的有效功或不修正的循环功，发动机制造厂应按照6.6.2的要求，针对整个循环工作区域给出修正公式，并应得到有关各方同意。

5.4 发动机的进气系统

发动机的进气系统或试验间系统，在发动机使用清洁空气滤清器和按额定功率和全负荷工况运行时，其进气阻力应在制造厂规定的上限值的±300 Pa 以内。

如果发动机安装了整体式进气系统，也应进行试验。

5.5 发动机的排气系统

发动机的排气系统或试验间系统，在发动机按额定功率和全负荷工况运行时其排气背压应在制造厂规定的上限值的±650 Pa 以内。排气系统应符合 9.4.2 和 ISO 8178-1:2006 中 16.2 规定的排气取样要求。

如果发动机安装有排气后处理装置，排气管直径应与使用时相同，至少是包含后处理装置的膨胀段开始的进口上游直径的 4 倍。从排气歧管法兰或涡轮增压器出口到排气后处理装置的距离应与安装在车辆上相同或在制造厂规定的距离范围内。排气背压或阻力应符合上述标准要求，可用阀门加以调节。在模拟试验和发动机性能试验期间可以拆除后处理器，替换为等效的含有惰性催化剂的容器。

5.6 冷却系统

发动机所使用的冷却系统应具有足够能力使发动机维持在制造厂规定的正常运行温度范围内。

5.7 润滑油

润滑油应由制造厂指定。应记录试验用润滑油的规格并随试验结果一起写入报告。

5.8 试验用燃料

燃料特性会影响发动机的排放。因此应对试验用燃料的特性进行测定记录并随试验结果一起提交。若使用 GB/T 8190.5 指定的燃油作为基准燃油，则应提供基准燃油的代号和分析结果。对于所有其他燃料，则要记录 GB/T 8190.5 中相应通用数据表上列出的那些特性。

燃油温度应按制造厂的推荐。燃油温度应在喷油泵入口处或按制造厂的规定位置测量，并记录测量位置。

试验用燃料根据试验目的选择。除非经有关各方同意，燃料应按表 2 选定。当没有合适的基准燃料时，可使用性能非常接近于基准燃料的燃料。燃料特性应予说明。

表 2 燃料选择

试验目的	有 关 方	燃料选择
定型试验 （认证）	1. 认证机构 2. 制造厂或供应商	基准燃料，如已指定； 商用燃料，如未指定基准燃料
验收试验	1. 制造厂或供应商 2. 用户或检验员	按制造厂规定的商用燃料[a]
研究/开发	一个或几个制造厂、研究机构、燃料和润滑油供应商等	要适合试验目的
[a] 用户和检验员应注意：使用商用燃料进行排放试验不一定符合使用基准燃料时规定的限值。		

6 试验循环

6.1 一般要求

逐秒表示的非道路瞬态循环（NRTC）的转速规范值和扭矩规范值都列于附录 A 中，适用于 GB/T 8190的本部分所覆盖的所有发动机。为了在试验台架上进行试验，这些规范值应转换为参考值，以满足发动机在功率曲线的基础上试验。这种转换通常为非规范化的转换，其试验循环可视为被测发动机的参考循环。发动机在试验台架上按照参考转速值和扭矩值进行试验，并记录下实测的转速值、扭矩值和功率值。试验完成后应对转速、扭矩和功率的参考值和实测值进行回归分析，以验证试验循环进行过程的有效性。为了计算有效比排放量，应对整个循环的实测发动机功率进行积分来计算实际的循环功。为了确保循环的有效性，实际的循环功必须在参考循环的循环功规定的范围内。

6.2 一般试验顺序

试验应按下列流程图规定的一般原则进行，每一步的详细要求在相关章节中都有所说明。对一般要求允许存在一定的偏差，但对于相关章节的特殊要求则必须强制执行。

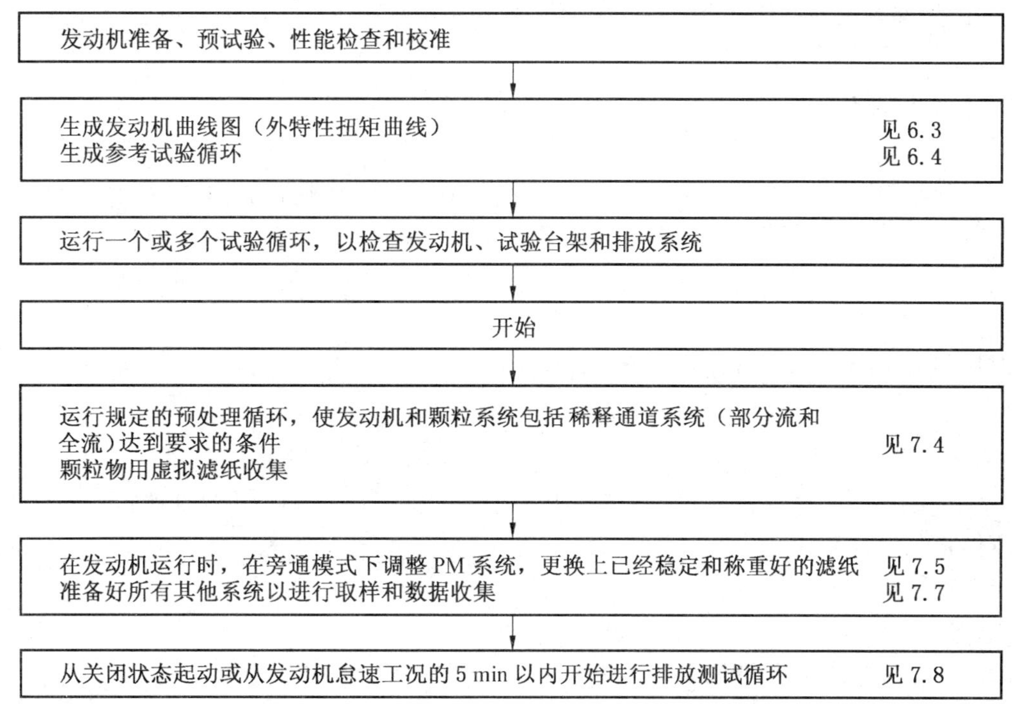

在测试循环开始前，有必要进行一个或多个实际循环，以检查发动机、试验台和排放系统。

6.3 获取发动机性能曲线的步骤

6.3.1 一般要求

如在试验台架上运行非道路瞬态循环(NRTC)，应在进行试验循环前获取发动机性能曲线以确定转速-扭矩曲线。

6.3.2 发动机转速范围的确定

最小和最大转速按如下规定：

最小转速＝怠速转速；

最大转速＝$n_{hi}\times1.02$，或在全负荷扭矩降至零时的转速，取其中的较小者。

6.3.3 发动机功率曲线

应对发动机进行暖机，使发动机的参数保持稳定并符合制造厂的推荐和好的工程实践经验。当发动机稳定后，应按照下列两种程序之一来获得发动机性能曲线。

6.3.3.1 瞬态性能曲线

a) 发动机运行在无负荷的怠速工况。

b) 发动机在全负荷工况下运行，喷射泵工作在最低转速状态。

c) 应使发动机的转速以(8±1)(r/min)/s的速率从最低转速上升到最大转速。发动机的转速和扭矩点应以至少每秒一点的取样速率进行记录。

6.3.3.2 按步试验

a) 发动机运行在无负荷的怠速工况。

b) 发动机在全负荷工况下运行，喷射泵工作在最低转速状态。

c) 维持全负荷工况运行时，应在最低转速处维持至少15 s，记录下最后5 s的平均扭矩。应以不大于(100±20)r/min的转速增幅方式从最低转速增加到最高转速，以确定最大扭矩曲线。每个测试点应保持至少15 s，并记录下最后5 s的平均扭矩。

6.3.4 生成功率曲线

6.3.3所记录的所有数据点应通过两点间线性差值法连接起来，所得的扭矩曲线就是外特性曲线，并按照6.4.3的要求用这个曲线将附录A发动机测功表中扭矩规范值转换为用于试验循环的参考扭矩值。

6.3.5 可选择的外特性试验方法

如果制造厂认为上述试验对给定发动机而言不安全或者不具代表性，可以选用其他试验法。可选择的试验方法必须满足特定试验程序的要求，以确定在试验循环中所能得到的在所有发动机转速下的最大可用扭矩。基于安全性和代表性考虑而使用了本条规定的试验方法所带来的偏差，应当被所使用的有关各方认可。对于可调或增压发动机，扭矩曲线决不能以降低发动机转速的方式获得。

6.3.6 重复试验

发动机不必在每一试验循环前都进行外特性测量。如果出现下列情况，发动机应在试验循环前进行外特性测量：

——从工程评价方面确定，距上一次外特性试验已有相当长的时间；

——发动机发生了物理变化或进行了重新标定，有可能影响发动机的工作性能。

6.4 参考试验循环的生成

6.4.1 参考转速

参考转速(n_{ref})对应于附录A发动机测功表中列出的100%的参考转速值。对参考转速进行非规范化而得到的实际发动机循环取决于参考转速的选择。参考转速按下列公式定义：

$$n_{ref} = \text{低速} + 0.95 \times (\text{高速} - \text{低速})$$

式中：

高速——输出70%额定功率时的最高发动机转速；

低速——输出50%额定功率时的最低发动机转速。

如果测得的参考转速与制造厂规定的参考转速差值在±3%以内，则使用制造厂规定的参考转速进行排放试验。如果超出了允许范围，则以测得的参考转速进行排放试验。

6.4.2 发动机转速的非规范化

按公式(3)进行转速的非规范化：

$$\text{实际转速} = \frac{\text{转速百分数} \times (\text{参考转速} - \text{怠速转速})}{100} + \text{怠速转速} \quad \cdots\cdots(3)$$

6.4.3 发动机扭矩的非规范化

附录A发动机测功表中的扭矩值都对相应转速下的最大扭矩进行规范化，参考循环的扭矩值应使用按照6.3.3的要求测定的功率曲线进行非规范化，按公式(4)进行：

$$\text{实际扭矩} = \frac{\text{转速百分数} \times \text{最大扭矩}}{100} \quad \cdots\cdots(4)$$

相应的参考转速按6.4.2进行确定。

6.4.4 非规范化步骤实例

如例所示，下列试验点应进行非规范化：

%转速=43%

%扭矩=82%

下列给定值：

参考转速=2 200 r/min

空转转速=600 r/min

则：

$$\text{实际转速} = \frac{43 \times (2\,200 - 600)}{100} + 600 = 1\,288\ \text{r/min}$$

从功率曲线上读到，在 1 288 r/min 时有最大扭矩值为 700 N·m。

因此：

$$实际扭矩 = \frac{82 \times 700}{100} = 574\ \mathrm{N \cdot m}$$

6.5 测功机

6.5.1 一般要求

如果使用拉压传感器，应将扭矩信号转换到发动机输出轴，并需要考虑测功机的惯量。实际的发动机扭矩是拉压传感器的扭矩读数加上测功机的转动惯量再乘以角速度。控制系统必须实时做这样的计算。

6.5.2 电涡流测功机

如果使用电涡流测功机进行发动机试验，则测功机惯量必须与发动机相匹配。因此，在 $T_{sp} - 2 \cdot \pi \cdot \dot{n}_{sp} \cdot \Theta_D$ 的差值小于发动机最大负扭矩的 5%时，推荐测点数量不超过 30 个。

其中：

T_{sp}——所要求的扭矩；

$\dot{n}_{sp}$——发动机转速的微分；

Θ_D——电涡流测功机的转动惯量。

6.6 试验运行的确认

6.6.1 数据漂移

为了减少实际和参考循环值之间时间延迟所引起的偏差影响，在整个试验期间发动机转速和扭矩的反馈信号时间序列与参考转速和扭矩相比可能提前或延迟。如果实际信号发生了漂移，必须在转速和扭矩曲线相同方向上进行相同量的漂移修正。

6.6.2 循环功的计算

实际循环功 W_{act}(kW·h)应对所记录的每对发动机反馈转速值和扭矩值进行计算。如果选择进行计算，则应在出现实际数据漂移后进行。实际循环功 W_{act} 用于与参考循环功 W_{ref} 进行比较，计算有效比排放(见 9.3.7、9.4.7、10.3.7、10.4.5)。对参考发动机功率和实际发动机功率的积分都应使用同样的方法。如果待测数据是相邻的参考值或者相邻的测量值，可以使用线性差值法。

在对实际循环功进行积分时，应包括所有负扭矩值，并将其设为零。如果积分是在低于 5 Hz 的频率下进行的，且在给定时间段内扭矩值由正变负或由负变正，负值的部分也应进行计算并且设为零，正的部分应包含在积分值内。

W_{act} 应在 W_{ref} 值的 −15%～+5%之间。

6.6.3 试验循环的有效性统计

应进行转速、扭矩和功率的实测值对参考值的线性回归。如果选择了这项计算，则应在出现任一反馈数据漂移后进行。应按照附录 G 给出的公式，使用最小二乘法计算：

$$y = a_1 \times x + a_0 \qquad \cdots\cdots(5)$$

式中：

y——指转速(r/min)、扭矩(N·m)、功率(kW)的实测值；

a_1——指回归线的斜率；

x——指转速(r/min)、扭矩(N·m)、功率(kW)的参考值；

a_0——回归线在 y 轴上的截距。

应计算每一条回归线中 y 对 x 标准偏差($S_{y.x}$)和相关系数(r^2)。

推荐在 1 Hz 时进行分析。对有效的试验，则应满足表 3 的要求。

表 3 回归线允差

	转 速	扭 矩	功 率
y 对 x 标准偏差的估计($S_{y.x}$)	最大:100 r/min	最大:发动机最大扭矩的 13%	最大:发动机最大功率的 8%
回归线的斜率 a_1	0.95～1.03	0.83～1.03	0.83～1.03
相关系数 r^2	最小:0.970 0	最小:0.880 0	最小:0.910 0
回归线在 y 轴上的截距 a_0	±50 r/min	±20 N·m 或最大扭矩的 ±2%,取大者	±4 kW 或最大功率的 ±2%,取大者

如果仅仅是为了回归分析的目的,则允许在回归计算前按表 4 进行点删除。然而,这些点在用于计算循环功和排放时不能删去。定义一个怠速点,以作为 0% 的参考扭矩规范值和 0.1% 的参考转速规范值。可以将点删除应用到整个循环或循环的任何部分。

表 4 回归分析允许的删除点

条 件	删除的点
开始(24±1)s 和最后(25±1)s	转速、扭矩、功率
全负荷要求和扭矩反馈<95%扭矩参考	扭矩和/或功率
全负荷要求和转速反馈<95%转速参考	转速和/或功率
无负荷,转速反馈>怠速转速+50 r/min,扭矩反馈>105%扭矩参考	扭矩和/或功率
无负荷,转速反馈≤怠速转速+50 r/min,扭矩反馈=制造厂规定/测量的空转扭矩±2%最大扭矩	转速和/或功率
无负荷和转速反馈>105%转速参考	转速和/或功率

7 进行排放试验

7.1 一般要求

待测发动机排气的排放物包括气体组分(一氧化碳、所有的碳氢化合物或非甲烷碳氢化合物、氮氧化物)和颗粒物。另外,二氧化碳通常作为示踪气体用来测定部分流和全流稀释系统的稀释比。好的工程经验推荐使用二氧化碳作为普通测试中的良好工具,以检测试验过程中出现的问题。

上述污染物应在暖机运行条件下进行规定的非道路瞬态循环(NRTC)时检测。用测功机上的发动机扭矩和转速信号作为反馈信号,对功率按循环时间进行积分可得到发动机在整个循环的功。整个循环中气体组分的浓度,可以按照 9.3.4 对原始排气测量的分析仪信号进行积分得到,或者按照 10.3.4 在 CVS 全流稀释系统中对稀释排气进行积分或用气袋取样进行测定。对于颗粒物,可以在部分流稀释(见 9.4.2)或全流稀释(见 10.4.3)条件下,从规定的稀释排气中将一定比例的样品收集到滤纸上。使用这种方法,应测定整个循环中稀释的或未稀释的排气流量,以计算污染物的质量排放值。质量排放值与发动机做功相关,以获得每千瓦时内每种污染物的排放质量。

在测试循环前,有必要进行一个或多个实际循环,以检查发动机、试验台和排放系统。

7.2 取样滤纸的准备

应在试验前至少 1 h 将每对滤纸放在一个盖住但不密封的培替氏培养皿里,送入称量室进行稳定。在稳定过程结束时,称取每对滤纸的质量并记录。然后把该对滤纸存放在盖住的培替氏培养皿或过滤器座中,直至试验需用时。如将该对滤纸在从称量室取出,则应在 8 h 内使用。

7.3 测试设备的安装

仪器和取样探头应按要求安装。若采用全流稀释系统,应将排气管连接在系统上。

7.4 起动和预处理稀释系统和发动机

起动并预热稀释系统和发动机。使发动机在额定转速、100%扭矩条件下至少运行 20 min，且部分流稀释系统或带有二级稀释系统的全流稀释系统同时进行工作，然后对取样系统进行预处理。可能收集到虚假颗粒排放样品，这些样品滤纸不需要进行稳定或称重，可以扔掉。只要过滤器和取样系统的整个取样时间超过 20 min，就可以更换滤纸。流速应调到适于瞬态试验的流速。如果使用全流稀释系统，应在维持额定转速的条件下将扭矩从 100%扭矩降下来，以免超过规定的样品区域最高温度 464 K(191 ℃)。

7.5 起动颗粒取样系统

起动颗粒取样系统，并按旁通方式运行。稀释空气的颗粒本底值可通过排气进入稀释通道入口前的稀释空气取样来测定。若使用已经过滤的稀释空气，则可在试验前或试验后测定一次。若稀释空气未经过滤，则可在循环开始和结束时测定，并取其平均值。如果使用不同的取样系统测量本底，则应在整个试验进行过程中测量。

7.6 稀释比的调整

应调整全流稀释系统中的全部稀释排气流量或通过部分流稀释系统的稀释排气流量，以消除水蒸气在系统中的凝结，并使滤纸的表面温度控制在 315 K(42 ℃)～325 K(52 ℃)之间。

7.7 分析仪的检查

排放分析仪应调整好零位和量距。如果使用取样袋，则应被排空。

7.8 发动机起动程序

按照制造厂的手册推荐的起动程序，在发动机完全暖机后 5 min 内，用起动马达或测功机起动发动机并使其稳定。另一种方法就是，不使发动机停机，在发动机进入怠速工况后 5 min 内，从发动机预处理阶段直接开始试验。

7.9 运行循环

7.9.1 试验程序

试验程序从发动机起动时开始，若直接从预处理阶段进行，则应在发动机达到怠速转速后 5 min 内开始。试验应按照 6.4 提出的参考循环进行。发动机转速和扭矩要求的设定点应当以 5 Hz(推荐 10 Hz)或更高的频率发出。应在参考循环的每赫兹设定点之间用线性插值法计算设定点。在试验循环过程中，应至少每秒记录一次反馈的发动机转速和扭矩，对信号应进行电子过滤。

7.9.2 分析仪的响应

在发动机起动或测试程序开始(如果从预处理阶段直接进入循环)时，应同时起动测试仪器：

——如使用全流稀释系统，则开始收集或分析稀释空气；

——根据所使用的分析方法，开始收集或分析原始排气或稀释排气；

——开始测量稀释排气总量及必需的温度和压力；

——如果使用原始排气分析法，则开始记录排气质量流量；

——开始记录测功机的转速和扭矩反馈数据。

如果使用原始排气测量法，应连续测量 HC、CO 和 NO_x 的排放浓度和排气质量流量，并以至少 2 Hz的频率存储到计算机系统中。其他数据可以至少 1 Hz 的取样速率进行记录。为了进行模拟分析，应对响应进行记录，并在数据评估过程中在线或不在线进行数据校准。

如果使用全流稀释系统，应以至少 2 Hz 的速率对稀释通道里的 HC 和 NO_x 进行连续测量。应对整个试验循环的分析仪信号进行积分，以得到平均浓度。系统响应时间不应超过 20 s，必要时应与 CVS 的流量波动和取样时间/试验循环的偏移量相一致。CO、CO_2 和 NMHC 的浓度可通过对整个循环过程中收集的取样袋中的气体浓度进行积分或分析得到。稀释空气中的气体污染物浓度应通过积分或通过收集到背景袋来测得。所有其他需测定的参数则应以至少每秒一次(1 Hz)的速率进行记录。

7.9.3 颗粒物取样

在发动机起动或测试程序开始(如果从预处理阶段直接进入循环)时,颗粒取样系统应从旁路状态切换到收集颗粒物状态。

如果使用部分流稀释系统,应调节取样泵,使通过颗粒取样探头或输送管的流量与排气质量流量成正比。

如果使用全流稀释系统,应调节取样泵,使通过颗粒取样探头或输送管的流量在设定流量的±5%范围内。如果使用了流量补偿(也就是取样流量的比例控制),那么主管流量与颗粒取样流量的比值变化应不超过设定值的±5%(在取样的最初 10 s 除外)。应当记录在仪器进口或气流计的平均温度和压力。如果因滤纸的颗粒荷重高而不能使设定流量在整个循环中(±5%范围内)得以维持,则试验无效。应使用较低的流量和较大直径的滤纸重新试验。

7.9.4 发动机停转

不管发动机在循环过程中何时停转,都应对发动机进行预处理和重新起动,并重新进行试验。如果在试验循环过程中必需的设备出现故障,则试验无效。

7.9.5 试验后的操作

试验完成后,对排气质量流量、稀释排气体积和进入收集袋气流的测量工作以及颗粒取样泵都应停止。对积分式分析仪系统,取样应延续到系统响应时间消失。

如果使用气袋,则应对收集袋中的污染物浓度尽快分析,分析应在试验循环结束后 20 min 内进行。

排放试验结束后,应使用零气和同一量距气来重验分析仪。若试验前与试验后的测量结果之差小于量距气值的 2%,则可认为试验合格。

试验完全结束后,应在 1 h 内将颗粒物过滤纸放回称重室内。将其放入能防止灰尘污染并不密封的培替氏培养皿中至少调温处理 1 h,然后称重,应记录滤纸总质量。

8 排放测量原理

8.1 一般要求

GB/T 8190 的本部分规定了两种等效的测量原理,但其排放结果会有细微差别。

——气体组分是对原始排气进行的实时测量,而颗粒物是使用部分流稀释系统进行测定;

——气体组分和颗粒组分用全流稀释系统(CVS 系统)进行测定。

允许将两种原理进行结合使用,如进行原始排气测量和全流颗粒物测量。

8.2 等效性

送检发动机排放的气体和颗粒物组分应按第 11 章和第 12 章所述方法测量。这两章叙述了推荐的气体排放分析系统(见第 11 章)和推荐的颗粒稀释及取样系统(见第 12 章)。

如能得到等效结果,也可采用其他系统或分析仪。系统的等效性应根据所考虑的系统于本部分已认可的系统用 7 组(或更多)气样对作对应关系研究后确定。"结果"是指特定循环的加权排放值。试验应在同一实验室的同一试验台架和同一台发动机上,并且最好在同一时间内进行。所用试验循环应与发动机将要运行的循环相适应。气样对平均值的等效性由 t-试验统计(见附录 B)确定,这些统计数据在如上所述的实验室、试验台架和发动机状况下测得。离域值要按照 ISO 5725-2 的规定进行确定并从数据中排除。对应关系试验所用的系统应在试验前说明,并经有关各方同意。

在本部分中引入新系统时,应按 ISO 5752-2 所述,根据再现性和重复性的计算结果确定等效性。

8.3 准确度

发动机排放试验应使用本部分规定的设备。本部分不包括对流量、压力和温度测量设备的详细要求,只是给出进行排放试验的设备的准确度要求。应按内部校准程序或仪器制造厂的要求对这些仪器进行校正。

所有测量仪器的校正应可溯源到国家标准或国际标准,相关要求见表 5。

表 5 仪器的校正精确度

编 号	测量仪器	准 确 度
1	发动机转速	读数的±2%或发动机最高转速值的±1%,取大者
2	发动机扭矩	读数的±2%或发动机最大扭矩值的±1%,取大者
3	燃料消耗量	发动机最大燃料消耗值的±2%
4	空气消耗量	读数的±2%或发动机最大空气消耗量的±1%,取大者
5	排气流量	读数的±2.5%或发动机最大排气流量的±1.5%,取大者
6	温度≤600 K	±2 K 绝对值
7	温度>600 K	读数的±1%
8	排气压力	±0.2 kPa 绝对值
9	进气空气负压	±0.05 kPa 绝对值
10	大气压力	±0.1 kPa 绝对值
11	其他压力	±0.1 kPa 绝对值
12	绝对湿度	读数的±5%
13	稀释空气流量	读数的±2%
14	稀释排气流量	读数的±2%

9 原始排气气体组分和部分流稀释系统颗粒物的测定

9.1 一般要求

通过排气组分瞬时浓度信号乘以瞬时排气质量流量可以计算得到排气质量流量。排气质量流量可以直接测量,也可按 9.2.4(空气和燃料测量法)、9.2.5(示踪测量法)、9.2.6(空气流量和空-燃比测量法)规定的方法进行计算。应特别注意不同仪器的响应时间,这些差别应按 9.3.3 规定按照信号的时间顺序进行累加。

对颗粒物,排气质量流量信号用于控制部分流稀释系统,以保证所抽取的气样与排气质量流量成正比。应按照 9.4.3 的规定对气样和排气流量进行回归分析,以检查取样是否成比例。

整个试验装置如图 2 所示。

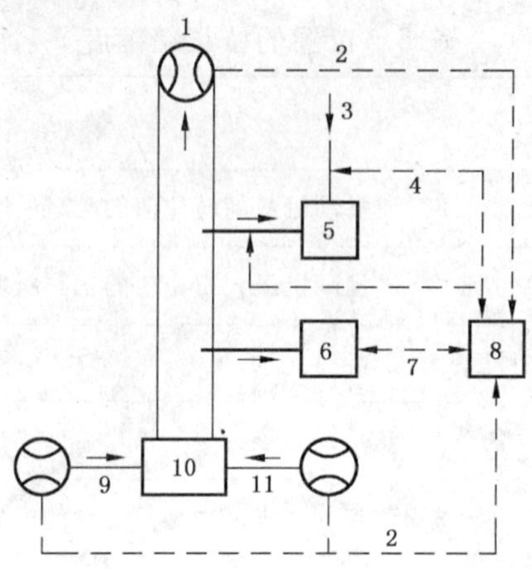

———— 排气取样；
———— 流速测定；
– – – – – – 系统控制和计算信号。

1——排气流；
2——流量阀；
3——稀释空气；
4——流量控制；
5——部分流稀释系统；
6——排气分析仪；
7——计算；
8——控制单元；
9——燃料流量；
10——发动机；
11——进气流。

图 2 原始排气/部分流测量系统示意图

9.2 排气质量流量的确定

9.2.1 一般要求

要计算原始排气中的排放和控制部分流稀释系统，需要知道排气质量流量。排气质量流量可按 9.2.3～9.2.6所述方法中的一种进行测定。

9.2.2 响应时间

为了计算排放，按照 11.3.2 的规定，下述任一种方法的响应时间都应不大于对分析仪的响应时间要求。

需快速响应以控制部分流稀释系统。对于在线控制式部分流稀释系统，响应时间应不大于 0.3 s。对基于预先记录测试进程的先行控制部分流稀释系统，排气流量测量系统的响应时间应小于 5 s 且上升时间应小于 1 s。系统响应时间应由仪器制造厂规定。对于排气流量和部分流稀释系统的组合响应时间要求见 9.4.3。

9.2.3 直接测量法

瞬时排气流量可采用下列设备直接测量：

——压差设备，如流量喷嘴(详见 ISO 5167-1)；

——超声波流量计；

——涡旋流量计。

应避免产生对排放测量有影响的测量误差。这些注意事项包括：应根据仪器制造厂的建议和好的工程实践经验将仪器安装到发动机排气系统中。特别应注意的是，发动机性能和排放不应受到仪器安装的影响。

流量计应满足 8.3 规定的精度要求。

9.2.4 空气和燃料测量法

这种方法涉及到对配有合适流量计的空气流量和燃料流量测量系统。瞬时排气流量计算可通过公式(6)进行：

$$q_{\mathrm{mew},i} = q_{\mathrm{maw},i} + q_{\mathrm{mf},i}\text{(对湿基排气质量)} \quad\cdots\cdots(6)$$

流量计应满足 8.3 规定的精度要求，但还应满足对排气流量的测量精度要求。

9.2.5 示踪测量法

这种方法涉及排气中示踪气浓度的测量。

将已知量的惰性气体(如：纯氦气)作为示踪气注入排气流中。该示踪气与排气混合并被排气所稀释，但不会在排气管中发生反应。气体浓度从排气样气中测得。

为了保证示踪气能完全混合，排气取样探头应位于示踪气注入处下游至少 1 m 或排气管直径的 30 倍处，以其中较大者为准。当示踪气在发动机上游注入时，如果通过比较示踪气浓度确认已完全混合，则取样探头可位于接近示踪气注入处的位置。

示踪气流量应设定为示踪气浓度在混合后发动机怠速时小于示踪气分析仪的满量程。

排气流量计算如公式(7)：

$$q_{\mathrm{mew},i} = \frac{q_{\mathrm{vt}} \times \rho_{\mathrm{e}}}{60 \times (c_{\mathrm{mix},i} - c_{\mathrm{a}})} \quad\cdots\cdots(7)$$

式中：

$q_{\mathrm{mew},i}$——瞬时排气质量流量，单位为千克每秒(kg/s)；

q_{vt}——示踪气流量，单位为立方厘米每分($\mathrm{cm^3/min}$)；

$c_{\mathrm{mix},i}$——混合后示踪气的瞬时浓度，ppm；

ρ_{e}——排气密度，单位为千克每立方米($\mathrm{kg/m^3}$)(见表 1)；

c_{a}——示踪气在进气空气中的本底浓度，ppm。

示踪气本底浓度 c_{a} 可在试验运行开始前和结束后马上进行测量，所测得的本底浓度平均值作为示踪气本底浓度。

若本底浓度低于在最大排气流量时混合后($c_{\mathrm{mix},i}$)示踪气浓度的 1%，该本底浓度可以忽略不计。

所有用于测量排气流量的系统都应满足精度规范要求，并按 11.3.4 进行校正。

9.2.6 空气流量和空-燃比测量法

这种方法是利用空气流量和空-燃比来计算排气质量。瞬时排气质量流量的计算如公式(8)：

$$q_{\mathrm{mew},i} = q_{\mathrm{maw},i} \times \left(1 + \frac{1}{A/F_{\mathrm{st}} \times \lambda_i}\right) \quad\cdots\cdots(8)$$

其中：

$$A/F_{\mathrm{st}} = \frac{138.0 \times \left(\beta + \frac{\alpha}{4} - \frac{\varepsilon}{2} + \gamma\right)}{12.011 \times \beta + 1.00794 \times \alpha + 15.999 \times \varepsilon + 14.006 \times \delta + 32.065 \times \gamma} \quad\cdots\cdots(9)$$

$$\lambda_i = \frac{\beta \times \left(100 - \frac{c_{\mathrm{CO}} \times 10^{-4}}{2} - c_{\mathrm{HC}} \times 10^{-4}\right) + \left(\frac{\alpha}{4} \times \frac{1 - \frac{2 \times c_{\mathrm{CO}} \times 10^{-4}}{3.5 \times c_{\mathrm{CO_2}}}}{1 + \frac{c_{\mathrm{CO}} \times 10^{-4}}{3.5 \times c_{\mathrm{CO_2}}}} - \frac{\varepsilon}{2} - \frac{\delta}{2}\right) \times (c_{\mathrm{CO_2}} + c_{\mathrm{CO}} \times 10^{-4})}{4.764 \times \left(\beta + \frac{\alpha}{2} - \frac{\varepsilon}{2} + \gamma\right) \times (c_{\mathrm{CO_2}} + c_{\mathrm{CO}} \times 10^{-4} + c_{\mathrm{HC}} \times 10^{-4})} \quad\cdots\cdots(10)$$

式中：

A/F_{st}——理论空-燃比，单位为千克每千克(kg/kg)；

λ——过量空气系数；

c_{CO_2}——干 CO_2 浓度，%；

c_{CO}——干 CO 浓度，ppm；

c_{HC}——HC 浓度，ppm。

注：对于含碳燃料，$\beta=1$；对于氢燃料，$\beta=0$。

空气流量计应满足 8.3 中规定的精度要求，所用 CO_2 分析仪应满足 11.1 中规定的技术要求，所有系统都应满足排气流量测量用精度要求。

可任选能满足 11.2.9 规定的空-燃比测量设备，如氧化锆型传感器，用于测量过量空气系数。

9.3 气体组分的测定

9.3.1 一般要求

送检发动机排放的气体组分应按第 11 章规定的方法进行测量。应确定所测排气为原始排气。数据评估和计算程序按 9.3.3 和 9.3.4 的规定。

9.3.2 气体排放物的取样

气体排放物取样探头应安装在距排气系统出口至少 0.5 m 或 3 倍排气管直径(取较长者)的上游处，并足够靠近发动机，以保证取样探头处的排气温度至少为 343 K(70 ℃)。

在装有分岔式排气歧管的多缸机的情况下，探头进口应位于足够远的下游处，以保证气样能代表所有气缸的平均排放。对于装有分组排气歧管的多缸机，诸如"V"型发动机布置的情况，建议在取样探头的歧管上游进行组合。如无经验可循，允许从 CO_2 排放最高的那组进行取样。也可使用业已证明与上述方法有对应关系的其他方法。在计算排放时应使用总排气质量流量。

如果发动机装有排放后处理系统，排气取样应在排放后处理系统的下游处。

9.3.3 数据评定

为了评定气体排放物，HC、CO 和 NO_x 的原始排放浓度以及排气质量流量应以至少 2 Hz 的速率在计算机系统中记录并存储，其他数据应以至少 1 Hz 的速率进行记录。对于类似的分析仪，其响应也应记录，且校正数据在数据评定过程中可以被在线或脱机使用。

为计算排气组分的质量排放，浓度记录和排气质量流量的记录应按第 3 章定义的转换时间进行排列。因此，每一气体排放分析仪的响应时间和排气质量流量系统都应按照 11.3.2 和 9.2.2 的规定分别进行测定并记录。

9.3.4 质量排放的确定

9.3.4.1 一般要求

最好根据污染物原始浓度、表 6 中的 u 值和排气质量流量，按照 9.3.3 确定的转换时间排列，并按照 9.3.4.2 对整个循环瞬时值进行的积分来计算瞬时质量排放，从而确定污染物的质量(g/试验)。所测得的浓度最好为湿基浓度。如果为干基浓度，应在下一步计算前按 9.3.5 对瞬时浓度值进行干/湿基修正。

经有关各方同意，也可使用 9.3.4.3 中的精确公式计算质量排放。若试验燃料不是表 6 所规定的燃料，在使用多种燃料或存在争议时必须采用精确公式。

计算过程实例见附录 E。

9.3.4.2 基于列表值的计算方法

应采用公式(11)进行计算：

$$m_{gas}=\sum_{i=1}^{i=n}u_{gas}\times c_{gas,i}\times q_{mew,i}\times\frac{1}{f}(\text{g/ 试验}) \qquad (11)$$

式中：

u_{gas}——排气组分密度与排气密度之比；

$c_{gas,i}$——原始排气中各组分的瞬时浓度，ppm；

$q_{mew,i}$——瞬时排气质量流量，单位为千克每秒(kg/s)；

f——数据取样频率，单位为赫兹(Hz)；

n——测量次数。

为计算 NO_x，如适用应使用按 9.3.6 确定的湿度修正系数 $k_{h,D}$。

如果所测浓度不是湿基浓度，则应按 9.3.5 将瞬时测量浓度转换为湿基浓度。

表 6 所示为所选组分在理想气体性质和燃料范围情况下的 u 值。

表 6　原始排气的 u 值和各气体组分的密度

气　体		NO_x	CO	HC	CO_2	O_2	CH_4	HCHO	CH_3OH
$\rho_{gas}/(kg/m^3)$		2.053	1.250	—[a]	1.963 6	1.427 7	0.716	1.340	1.430
燃料	ρ_e	相关系数 u_{gas}[b]							
柴油	1.294 3	0.001 586	0.000 966	0.000 479	0.001 517	0.001 103	0.000 553	0.001 035	0.001 104
植物油甲脂	1.295 0	0.001 585	0.000 965	0.000 536	0.001 516	0.001 102	0.000 553	0.001 035	0.001 104
甲醇	1.261 0	0.001 628	0.000 991	0.001 133	0.001 557	0.001 132	0.000 568	0.001 062	0.001 134
乙醇	1.275 7	0.001 609	0.000 980	0.000 805	0.001 539	0.001 119	0.000 561	0.001 050	0.001 121
天然气[c]	1.266 1	0.001 621	0.000 987	0.000 558[d]	0.001 551	0.001 128	0.000 565	0.001 058	0.001 129
丙烷	1.280 5	0.001 603	0.000 976	0.000 512	0.001 533	0.001 115	0.000 559	0.001 046	0.001 116
丁烷	1.283 2	0.001 600	0.000 974	0.000 505	0.001 530	0.001 113	0.000 558	0.001 044	0.001 114
汽油	1.297 7	0.001 582	0.000 963	0.000 481	0.001 513	0.001 100	0.000 552	0.001 032	0.001 102

[a] 与燃料有关。

[b] 当 $\lambda=2$，干空气，273 K，101.3 kPa。

[c] 对于质量成分：C=(66～76)%，H=(22～25)%，N=(0～12)%，其精确度 u 在 0.2%以内。

[d] 基于 $CH_{2.93}$ 的 NMHC 值(对于总碳氢，应使用 CH_4 相关系数 u_{gas})。

9.3.4.3　基于精确公式的计算方法

应使用公式(11)计算质量排放。使用下列公式代替列表值来计算 u_{gas}。假定下列公式中，公式(11)的浓度 c_{gas} 测量单位为 ppm 或已转换为 ppm。

$$u_{gas,i}=\mathrm{GAS}/(M_{r,e,i}\times 1\,000) \qquad (12)$$

或

$$u_{gas,i}=\rho_{gas}/(\rho_{e,i}\times 1\,000) \qquad (13)$$

式中：

$$\rho_{gas}=\mathrm{GAS}/22.41\text{(该值也可从表 6 选取)} \qquad (14)$$

表 6 给出了许多排气组分的密度 ρ_{gas} 值。应在假定条件为完全燃烧的情况下按下式推导出常用燃料成分为 $C_\beta H_\alpha O_\varepsilon N_\delta S_\gamma$ 所对应的排气分子质量。

$$M_{r,e,i}=\frac{1+\dfrac{q_{mf,i}}{q_{maw,i}}}{\dfrac{q_{mf,i}}{q_{maw,i}}\times\dfrac{\dfrac{\alpha}{4}+\dfrac{\varepsilon}{2}+\dfrac{\delta}{2}}{12.011\times\beta+1.007\,94\times\alpha+15.999\,4\times\varepsilon+14.006\,7\times\gamma}+\dfrac{\dfrac{H_a\times10^{-3}}{2\times1.007\,94+15.999\,4}+\dfrac{1}{M_{r,air}}}{1+H_a\times10^{-3}}} \qquad (15)$$

排气密度 ρ_e 由下式推导出来：

$$\rho_{e,i}=\frac{1\,000+H_a+1\,000\times(q_{mf,i}/q_{mad,i})}{773.4+1.243\,4\times H_a+k_f\times1\,000\times(q_{mf,i}/q_{mad,i})}\quad\cdots\cdots(16)$$

式中：

$$k_f=0.055\,584\times w_{ALF}-0.000\,108\,3\times w_{BET}-0.000\,156\,2\times w_{GAM}+0.007\,993\,6\times w_{DEL}+0.006\,997\,8\times w_{EPS}\quad\cdots\cdots(17)$$

9.3.4.4 **带非甲烷截断器的 NMHC 和 CH_4 的计算**

应按下式计算 NMHC 和 CH_4 的浓度：

$$c_{NMHC}=\frac{c_{HC(w/o截断器)}\times(1-E_M)-c_{HC(w/截断器)}}{E_E-E_M}\quad\cdots\cdots(18)$$

$$c_{CH4}=\frac{c_{HC(w/截断器)}-c_{HC(w/o截断器)}\times(1-E_E)}{E_E-E_M}\quad\cdots\cdots(19)$$

式中：

$c_{HC(w/截断器)}$——取样气体流过 NMC 时的 HC 浓度；

$c_{HC(w/o截断器)}$——取样气体从 NMC 旁通时的 HC 浓度；

E_M——由 ISO 8178-1:2006 的 8.8.4.2 确定的甲烷效率；

E_E——由 ISO 8178-1:2006 的 8.8.4.3 确定的乙烷效率。

注：如果使用非甲烷截断器，系统响应时间可超过 10 s。

9.3.5 **干/湿基修正**

若瞬时测量浓度是在干基条件下测得的，则应按下列公式将干基条件转换为湿基条件。

$$c_{wet}=k_W\times c_{dry}\quad\cdots\cdots(20)$$

$$k_W=\left(1-\frac{1.243\,4\times H_a+111.12\times w_{ALF}\times\frac{q_{mf,i}}{q_{mad,i}}}{773.4+1.243\,4\times H_a+\frac{q_{mf,i}}{q_{mad,i}}\times k_f\times1\,000}\right)\times1.008\quad\cdots\cdots(21)$$

或

$$k_W=\left(1-\frac{1.243\,4\times H_a+111.12\times w_{ALF}\times\frac{q_{mf,i}}{q_{mad,i}}}{773.4+1.243\,4\times H_a+\frac{q_{mf,i}}{q_{mad,i}}\times k_f\times1\,000}\right)/\left(1-\frac{p_r}{p_b}\right)\quad\cdots\cdots(22)$$

或

$$k_W=\frac{1}{1+\alpha\times0.005\times(c_{CO_2}+c_{CO})}-k_{W2}\quad\cdots\cdots(23)$$

$$k_{W2}=\frac{1.608\times H_a}{1\,000+(1.608\times H_a)}\quad\cdots\cdots(24)$$

式中：

p_r——冷却后水蒸气压力，单位为千帕(kPa)；

p_b——总气压，单位为千帕(kPa)；

α——燃料中氢的摩尔比；

c_{CO_2}——干基 CO_2 浓度，%；

c_{CO}——干基 CO 浓度，%；

H_a——进气空气湿度，单位为克(水)每千克(干空气)(g/kg)；

k_f——$k_f=0.055\,584\times w_{ALF}-0.000\,108\,3\times w_{BET}-0.000\,156\,2\times w_{GAM}+0.007\,993\,6\times w_{DEL}+0.006\,997\,8\times w_{EPS}$。

注：如果公式(21)中系数 1.008 与公式(22)中的分母非常近似，则两式基本相同。

9.3.6 NO_x 的湿度和温度修正

因 NO_x 排放与环境空气状况有关,应采用下列公式中给出的系数对 NO_x 浓度进行湿度和环境空气温度的修正。

a) 对压燃式发动机:

$$k_{h,D}=\frac{1}{1-0.0182\times(H_a-10.71)+0.0045\times(T_a-298)} \qquad (25)$$

式中:

T_a——进气温度,单位为开尔文(K);

H_a——进气湿度,单位为克(水)每千克(干空气)(g/kg)。

H_a 可使用普遍接受的公式,通过相对湿度测量、露点测量、蒸气压测量或干/湿球测量得到。

b) 对带有中冷器的压燃式发动机,可使用下列替代公式:

$$k_{h,D}=\frac{1}{1-0.012\times(H_a-10.71)-0.00275\times(T_a-298)+0.00285\times(T_{SC}-T_{SCRef})} \qquad (26)$$

式中:

T_{SC}——中冷后空气温度;

T_{SCRef}——制造厂规定的中冷后空气参考温度。

注:其他参数的解释见 a)。

H_a 可使用普遍接受的公式,通过相对湿度测量、露点测量、蒸气压测量或干/湿球测量得到。

9.3.7 比排放计算

应按下列方法计算各种组分的排放[g/(kW·h)]:

$$M_{gas}=m_{gas}/W_{act} \qquad (27)$$

式中:

W_{act}——按 6.6.2 确定的实际循环功,单位为千瓦时(kW·h)。

9.4 颗粒物的测定

9.4.1 一般要求

测定颗粒物需要采用稀释系统。本节规定采用部分流稀释系统进行稀释。稀释系统的流量应足够大以便能完全消除水蒸气在稀释和取样系统中的凝结,并使在紧靠滤纸座上游处的稀释排气温度控制在 315 K(42 ℃)~325 K(52 ℃)范围内。稀释空气在进入稀释系统前允许除湿,这对稀释空气湿度较高时特别有用。稀释空气在稀释通道进口附近的温度应高于 288 K(15 ℃)。

部分流稀释系统应设计成从发动机排气流中抽取一定比例的原始排气气样,从而对排气流流量的偏移作出响应,然后将稀释空气引入气样中,使测试滤纸的温度在 315 K(42 ℃)~325 K(52 ℃)。这样做实质上是要确定稀释比 r_{dil} 或取样比 r_s 以达到完成 9.4.2 规定所需的精度限值。可以采用不同的取样方法,所用取样类型要求采用一定的硬件和程序。

为了测定颗粒物质量,要求有颗粒物取样系统、颗粒物取样滤纸、微克级天平以及具有温度和湿度控制的称重室。第 12 章规定了该系统的详细要求。

9.4.2 颗粒物取样

通常,颗粒物取样探头应安装在紧靠气体排放取样探头处,但应留有足够距离以防止干扰。因此,9.3.2 规定的安装要求也适用于颗粒取样。取样管应符合 ISO 8178-1:2006 中 16.2 的要求。

在装有分岔式排气歧管的多缸机的情况下,探头进口应位于足够远的下游处,以保证气样能代表所有气缸的平均排放量。对于装有分组排气歧管的多缸机,诸如"V"型发动机布置的情况,建议对取样探头的歧管上游进行组合。如无经验可循,允许从颗粒排放最高的那组进行取样。也可使用业已证明与上述方法有对应关系的其他方法。在计算排放时应使用总排气质量流量。

9.4.3 系统响应时间

需快速系统响应以控制部分流稀释系统。系统的转换时间应按照12.3.3规定的程序进行确定。如果排气流测量(见9.2.2)和部分流系统的组合转换时间小于0.3 s,应使用在线控制。如果转换时间超过0.3 s,则应使用基于预先记录测试进程的预控制。在这种情况下,上升时间应小于等于1 s且组合延迟时间应小于等于10 s。

整个系统响应的设计应确保有代表性的颗粒样品($q_{mp,i}$)与排气质量流量成正比。为确定这一比例,应在最低5 Hz的数据获取频率下进行$q_{mp,i}$和$q_{mew,i}$间的回归分析,并应符合下列标准:

——$q_{mp,i}$和$q_{mew,i}$间的线性回归相关系数r^2应不小于0.95;

——$q_{mp,i}$对$q_{mew,i}$估计值的标准偏差应不超过q_{mp}最大值的5%;

——q_{mp}在回归线上的截距应不超过q_{mp}最大值的±2%。

也可以进行预试验,先行试验的排气质量流量信号用于控制颗粒系统的取样流(“预控制”)。若颗粒物系统的转换时间($t_{50,P}$)或排气质量流速量信号的转换时间($t_{50,F}$)大于0.3 s,则需要进行这样的过程。如果控制q_{mp}预试验的$q_{mew,pre}$时间记录在($t_{50,P}+t_{50,F}$)先行时间条件下有所移动,则部分流稀释系统得到了正确控制。

为了建立$q_{mp,i}$和q_{mew}之间的相关性,应使用实际试验中收集的数据,并用与$q_{mp,i}$相关的$t_{50,F}$进行$q_{mew,i}$的时间排列($t_{50,P}$对时间排列没有作用)。也就是说,q_{mew}和q_{mp}间的时间漂移与按照12.3.3确定的转换时间是不同的。

9.4.4 数据评定

应从滤纸总重(按7.9.5测得)中减去滤纸自重(按照7.2测得),以得到颗粒物样品质量m_f。为了评定颗粒物浓度,应记录在整个试验循环中通过滤纸的总样品质量。

经有关各方同意,可将颗粒物质量修正到稀释空气的颗粒水平(见7.3的规定),并符合所用的颗粒物测量系统、好的工程实践经验和特定的设计特征。

9.4.5 质量排放的计算

颗粒物质量应按下列任一方法进行计算,计算过程实例见附录B。

a)

$$m_{PM}=\frac{m_f}{m_{sep}}\times\frac{m_{edf}}{1\ 000} \qquad (28)$$

式中:

m_f——整个循环中颗粒样品质量,单位为毫克(mg);

m_{sep}——通过颗粒收集滤纸的稀释排气质量,单位为千克(kg);

m_{edf}——整个循环的稀释排气当量,单位为千克(kg)。

应按下式确定整个循环的稀释排气总当量:

$$m_{edf}=\sum_{i=1}^{i=n}q_{medf,i}\times\frac{1}{f} \qquad (29)$$

$$q_{medf,i}=q_{mew,i}\times r_{dil,i} \qquad (30)$$

$$r_{dil,i}=\frac{q_{mdew,i}}{q_{mdew,i}-q_{mdw,i}} \qquad (31)$$

式中:

$q_{medf,i}$——瞬时当量稀释排气质量流量,单位为千克每秒(kg/s);

$q_{mew,i}$——瞬时排气质量流量,单位为千克每秒(kg/s);

$r_{dil,i}$——瞬时稀释比;

$q_{mdew,i}$——通过稀释通道的瞬时稀释排气质量流量,单位为千克每秒(kg/s);

$q_{mdw,i}$——瞬时稀释空气质量流量,单位为千克每秒(kg/s);

f——数据取样频率，单位为赫兹(Hz)；

n——测量次数。

b)

$$m_{PM} = m_f/(r_s \times 1\,000) \qquad (32)$$

式中：

m_f——整个循环中的颗粒样品质量，单位为毫克(mg)；

r_s——整个试验循环的平均取样比。

$$r_s = \frac{m_{se}}{m_{ew}} \times \frac{m_{sep}}{m_{sed}} \qquad (33)$$

式中：

m_{se}——整个循环的样品质量，单位为千克(kg)；

m_{ew}——整个循环的总排气质量流量，单位为千克(kg)；

m_{sep}——通过颗粒收集滤纸的稀释排气质量，单位为千克(kg)；

m_{sed}——通过稀释通道的稀释排气质量，单位为千克(kg)。

注：如果是总量取样型系统，则 m_{sep} 和 m_{sed} 是相同的。

9.4.6 颗粒物湿度修正系数

由于柴油机的颗粒物排放与环境空气状况有关，因此颗粒物浓度应使用下式给出的系数 k_p 对环境湿度进行修正。

若经有关各方同意，也可用湿度基准值代替 10.71 g/kg，但应随计算结果一起写入报告。

若能证明其正确或有效，也可使用其他修正公式。

$$k_p = \frac{1}{1 + 0.013\,3 \times (H_a - 10.71)} \qquad (34)$$

式中：

H_a——进气湿度，单位为克(水)每千克(干空气)(g/kg)。

9.4.7 比排放的计算

颗粒物的排放[g/(kW·h)]应按下列方法计算：

$$M_{PM} = m_{PM} \times k_p/W_{act} \qquad (35)$$

式中：

W_{act}——按 6.6.2 测定的实际循环功，单位为千瓦时(kW·h)。

10 用全流稀释系统测定气体组分和颗粒物质量

10.1 一般要求

通过整个循环积分或通过取样袋取样所得到的气体组分浓度可在乘以稀释排气流量后计算得到质量排放。排气质量流量可通过定容取样测得，如使用容积泵(PDP)、临界流量文丘里管(CFV)或亚音速文丘里管(SSV)。

对于颗粒物，通常是从 CVS 系统的稀释排气中提取一定比例的样品。

整个试验装置如图 3 所示。

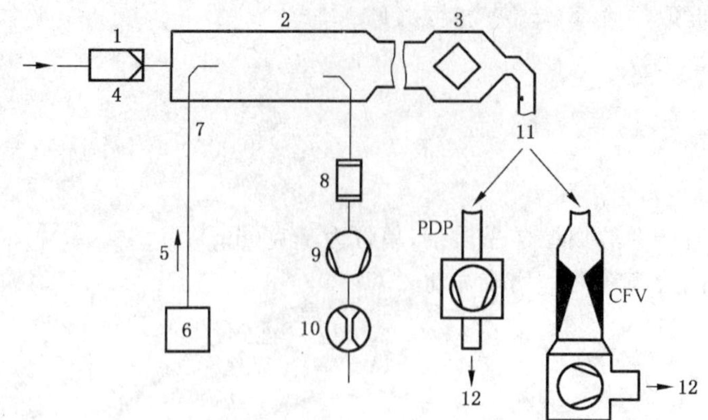

1——过滤器；
2——稀释通道；
3——热交换器；
4——稀释空气；
5——排气；
6——发动机；
7——排气管；
8——颗粒滤纸；
9——取样泵；
10——流量计；
11——可选项；
12——排气口。

图3 CVS全流稀释系统示意图

10.2 稀释排气流量的测定

10.2.1 一般要求

要计算稀释排气的排放，需要知道稀释排气质量流量。可按照10.2.2～10.2.4规定的任一种方法，利用流量测量仪器的整个循环测量值和相应的校正数据（PDP的V_0、CFV的K_V、SSV的C_d和Y）来计算整个循环(kg/试验)的总稀释排气流量。若颗粒物总样品质量(m_{sep})和排气污染物超过总CVS流量(m_{ed})的0.5%，应对m_{sep}的CVS流量进行修正，或将颗粒样品流量返回到流量测量设备前的CVS系统。

10.2.2 PDP-CVS系统

若使用热交换器使稀释气体的温度在整个循环过程中维持在±6 K范围内，则整个循环的质量流量计算如下：

$$m_{ed} = 1.293 \times V_0 \times N_P \times (p_B - p_1) \times 273/(101.3 \times T) \quad (36)$$

式中：

V_0——在试验条件下每转的泵流量，单位为立方米每转(m^3/r)；

N_P——每个试验的泵的总转数；

p_B——试验间的大气压，单位为千帕(kPa)；

p_1——泵进口处的负压，单位为千帕(kPa)；

T——整个循环中泵进口处稀释排气的平均温度，单位为开尔文(K)。

如果使用带流量补偿的系统（即不带热交换器），则应对瞬时质量流量在整个循环内积分。此时，稀释排气的瞬时质量可按如下计算：

$$m_{ed,i} = 1.293 \times V_0 \times N_{P,i} \times (p_B - p_1) \times 273/(101.3 \times T) \quad (37)$$

式中：

$N_{P,i}$——给定时间间隔泵的总转数。

10.2.3 CFV-CVS系统

若使用热交换器使稀释气体的温度在整个循环过程中维持在±11 K范围内，则整个循环的质量流量计算如下：

$$m_{ed} = 1.293 \times t \times K_V \times p_A / T^{0.5} \quad (38)$$

式中：

t——循环时间，单位为秒(s)；

K_V——标准条件下临界流量文丘里管校正系数；

p_A——文丘里管进口处绝对压力，单位为千帕(kPa)；

T——文丘里管进口处绝对温度，单位为开尔文(K)。

如果使用带流量补偿的系统(即不带热交换器)，则应对瞬时质量流量在整个循环内积分。此时，稀释排气的瞬时质量可按如下计算：

$$m_{ed,i} = 1.293 \times \Delta t_i \times K_V \times p_A / T^{0.5} \qquad (39)$$

式中：

Δt_i——时间间隔，单位为秒(s)。

10.2.4 **SSV-CVS 系统**

若使用热交换器使稀释气体的温度在整个循环过程中维持在±11 K 范围内，则整个循环的质量流量计算如下：

$$m_{ed} = 1.293 \times Q_{SSV} \qquad (40)$$

式中：

$$Q_{SSV} = A_0 d^2 C_d P_A \sqrt{\left[\frac{1}{T}(r^{1.4286} - r^{1.7143}) \times \left(\frac{1}{1-\beta^4 r^{1.4286}}\right)\right]} \qquad (41)$$

A_0——常数和单位转换的集合，$A_0=0.006\ 111$，SI 单位：$\left(\frac{m^3}{min}\right)\left(\frac{K^{\frac{1}{2}}}{kPa}\right)\frac{1}{mm^2}$；

d——SSV 喉口的直径，单位为米(m)；

C_d——SSV 的流量系数；

P_A——文丘里管进口处的绝对压力，单位为千帕(kPa)；

T——文丘里管进口处的绝对温度，单位为开尔文(K)；

r_x——SSV 喉口与进口绝对静压之比，$r_x=1-(\Delta p/P_A)$；

r_y——SSV 喉口直径 d 与进口管内径之比，$r_y=d/D$。

如果使用带流量补偿的系统(即不带热交换器)，则应对瞬时质量流量在整个循环内积分。此时，稀释排气的瞬时质量可按如下计算：

$$m_{ed} = 1.293 \times Q_{SSV} \times \Delta t_i \qquad (42)$$

式中：

$$Q_{SSV} = A_0 d^2 C_d P_A \times \sqrt{\left[\frac{1}{T}(r^{1.4286} - r^{1.7143})\left(\frac{1}{1-\beta^4 r^{1.4286}}\right)\right]} \qquad (43)$$

Δt_i——时间间隔，单位为秒(s)。

实时计算时应采用一个合理的 C_d 值或一个合理的 Q_{SSV} 值进行初始化，如取 C_d 为 0.98。如果用 Q_{SSV} 进行初始化，则 Q_{SSV} 的值应用于评估雷诺数(Re)。

在排放试验中，SSV 喉口处的雷诺数必须在 GB/T 8190 的本部分规定的用于推导校正曲线的雷诺数范围内。

10.3 **气体组分的测定**

10.3.1 **一般要求**

送检发动机排放的气体组分应按照 10.3.2 规定的方法进行测量，且在稀释排气中进行测定。10.3.3和 10.3.4 规定了相应的数据评定和计算程序。

10.3.2 **气体排放取样**

发动机和全流稀释系统之间的排气管应符合 ISO 8178-1 的要求。排气取样探头应安装在稀释通道中稀释空气与排气混合较好的地方，且紧靠颗粒取样探头。

通常可按下列两种方法进行取样：

——在整个循环中将排气样品送入取样袋，并在试验完成后进行测量。对于HC，取样袋必须加热到464 K±11 K(191 ℃±11 ℃)；对于NO_x，取样袋温度必须高于露点温度。

——对污染物在整个循环中进行连续取样并积分。在满足上述条件的情况下才能对HC和NO_x采用这种方法。

应通过从稀释通道上游到取样袋的气样来测定本底浓度，并按10.3.4.2规定将其从排气浓度中减去。

10.3.3 数据评定

为了评定气体排放物，HC、CO和NO_x的排放浓度以及排气质量流量应以至少1 Hz的速率在计算机系统中记录并存储，其他数据应以至少1 Hz的速率进行记录。对于类似的分析仪，其响应也应记录，且校正数据在数据评定过程中可以被在线或脱机使用。

10.3.4 质量排放的计算

10.3.4.1 带恒定质量流量的系统

带热交换器的系统，污染物质量可按下式确定：

$$m_{gas} = u_{gas} \times c_{gas} \times m_{ed} \qquad (44)$$

式中：

u_{gas}——排气组分密度与空气密度之比；

c_{gas}——各组分的平均本底修正浓度，ppm；

m_{ed}——整个循环的总稀释排气质量，单位为千克(kg)。

为了计算NO_x，若适用则应使用按10.3.6确定的湿度修正系数$k_{h,D}$或$k_{h,G}$。

如果所测浓度不是湿基浓度，则应按10.3.5将所测浓度转换成湿基浓度。

表7所示为所选组分的u值。

表7 稀释排气的u值

气 体	NO_x	CO	HC	CO_2	O_2	CH_4	HCHO	CH_3OH
ρ_{gas}/(kg/m³)	2.053	1.250	—[a]	1.963 6	1.427 7	0.716	1.340	1.430
燃料	ρ_{air}=1.293 kg/m³			相关系数 u_{gas}[b]				
柴油	0.001 588	0.000 967	0.000 480	0.001 519	0.001 104	0.000 553	0.001 036	0.001 106
植物油甲脂	0.001 588	0.000 967	0.000 537	0.001 519	0.001 104	0.000 553	0.001 036	0.001 106
甲醇	0.001 588	0.000 967	0.001 105	0.001 519	0.001 104	0.000 553	0.001 036	0.001 106
乙醇	0.001 588	0.000 967	0.000 795	0.001 519	0.001 104	0.000 553	0.001 036	0.001 106
天然气[c]	0.001 588	0.000 967	0.000 584[d]	0.001 519	0.001 104	0.000 553	0.001 036	0.001 106
丙烷	0.001 588	0.000 967	0.000 507	0.001 519	0.001 104	0.000 553	0.001 036	0.001 106
丁烷	0.001 588	0.000 967	0.000 501	0.001 519	0.001 104	0.000 553	0.001 036	0.001 106
汽油	0.001 588	0.000 967	0.000 483	0.001 519	0.001 104	0.000 553	0.001 036	0.001 106

[a] 与燃料有关。

[b] 当λ=2，干空气，273 K，101.3 kPa。

[c] 对于质量成分：C=(66～76)%，H=(22～25)%，N=(0～12)%，其精确度u在0.2%以内。

[d] 基于$CH_{2.93}$的NMHC值(对于总碳氢，应使用CH_4相关系数u_{gas})。

注：为了计算u_{gas}值，稀释排气的密度假定与空气密度相等。因此，除HC的u_{gas}不同外，其他单气体组分的u_{gas}值均相等。对于原始排气的测量，在循环过程中因稀释比变化会引起稀释排气密度的变化，不推荐采用这种计算方法。

10.3.4.2 **本底修正浓度的确定**

稀释空气中排气污染物平均本底浓度应从所测浓度中减去，以得到污染物的净浓度。本底浓度的平均值可用取样袋法或带积分的连续测量法进行测定。应使用下列公式：

$$c = c_e - c_d \times [1 - (1/DF)] \qquad (45)$$

式中：

c_e——稀释排气中测得的各污染物浓度，ppm；

c_d——稀释空气中测得的各污染物浓度，ppm；

DF——稀释系数。

稀释系数应按下式计算：

a) 对柴油机或LPG燃料气体发动机：

$$DF = \frac{F_S}{CO_{2,conce} + (HC_{conce} + CO_{conce}) \times 10^{-4}} \qquad (46)$$

b) 对NG燃料发动机：

$$DF = \frac{F_S}{CO_{2,conce} + (NMHC_{conce} + CO_{conce}) \times 10^{-4}} \qquad (47)$$

式中：

$CO_{2,conce}$——稀释排气中CO_2浓度，%体积；

HC_{conce}——稀释排气中HC浓度，ppm C1；

$NMHC_{conce}$——稀释排气中NMHC浓度，ppm C1；

CO_{conce}——稀释排气中CO浓度，ppm；

F_S——理论系数。

测得的干基浓度应按10.3.5转换成湿基浓度。

理论系数应按下式计算：

$$F_S = 100 \times \frac{x}{x + \frac{y}{2} + 3.76 \times \left(x + \frac{y}{4}\right)} \qquad (48)$$

式中：

x, y为燃料组分C_xH_y。

若不知道燃料组分，可使用下列理论系数：

F_S(柴油机)=13.4；

F_S(LPG发动机)=11.6；

F_S(NG发动机)=9.5。

10.3.4.3 **带流量补偿的系统**

对不带热交换器的系统，污染物质量(g/试验)应通过计算瞬时质量排放并对瞬时值在整个循环内积分来确定。瞬时浓度值应直接进行本底修正。可按下式计算：

$$m_{gas} = \sum_{i=1}^{n} [(m_{ed,i} \times c_e \times u_{gas})] - \{[m_{ed} \times c_d \times (1 - 1/DF) \times u_{gas}]\} \qquad (49)$$

式中：

c_e——稀释排气中测得的各污染物浓度，ppm；

c_d——稀释空气中测得的各污染物浓度，ppm；

$m_{ed,i}$——稀释排气的瞬时质量，单位为千克(kg)；

m_{ed}——整个循环中稀释排气的总质量，单位为千克(kg)；

u_{gas}——表7中的数值；

DF——稀释系数。

10.3.4.4 带非甲烷截断器的 NMHC 和 CH_4 的计算

NMHC 和 CH_4 的浓度应按下式计算：

$$c_{NMHC}=\frac{c_{HC(w/o截断器)}\times(1-E_M)-c_{HC(w/截断器)}}{E_E-E_M} \qquad (50)$$

$$c_{CH_4}=\frac{c_{HC(w/截断器)}-c_{HC(w/o截断器)}\times(1-E_E)}{E_E-E_M} \qquad (51)$$

式中：

$c_{HC(w/截断器)}$——取样气体流过 NMC 时的 HC 浓度；

$c_{HC(w/o截断器)}$——取样气体从 NMC 旁通时的 HC 浓度；

E_M——由 ISO 8178-1:2006 的 8.8.4.2 确定的甲烷效率；

E_E——由 ISO 8178-1:2006 的 8.8.4.3 确定的乙烷效率。

10.3.5 干/湿基修正

若所测浓度是在干基条件下测得的，则应按下列公式将其转换为湿基条件。

公式(20)：

$$c_{wet}=k_W\times c_{dry}$$

$$k_W=\left[1-\frac{\alpha\times\%conc_{CO_2}(湿基)}{200}\right]-k_{W,1} \qquad (52)$$

式中：

$$k_{W,1}=\frac{1.608\times H_a}{1\,000+(1.608\times H_a)} \qquad (53)$$

10.3.6 NO_x 的湿度和温度修正

因 NO_x 排放与环境空气状况有关，应采用下列公式中给出的系数对 NO_x 浓度进行湿度和环境空气温度的修正。

a) 对压燃式发动机：

$$k_{h,D}=\frac{1}{1-0.018\,2\times(H_a-10.71)+0.004\,5\times(T_a-298)} \qquad (54)$$

式中：

T_a——进气温度，单位为开尔文(K)；

H_a——进气湿度，单位为克(水)每千克(干空气)(g/kg)。

H_a 可使用普遍接受的公式，通过相对湿度测量、露点测量、蒸气压测量或干/湿球测量得到。

b) 对带有增压中冷器的压燃式发动机，可使用下列替代公式：

$$k_{h,D}=\frac{1}{1-0.012\times(H_a-10.71)-0.002\,75\times(T_a-298)+0.002\,85\times(T_{SC}-T_{SCRef})} \qquad (55)$$

式中：

T_{SC}——中冷后空气温度；

T_{SCRef}——制造厂规定的中冷后空气参考温度。

注：其他参数的解释见 a)。

H_a 是进气湿度，单位为克(水)每千克(干空气)(g/kg)。H_a 可使用普遍接受的公式，通过相对湿度测量、露点测量、蒸气压测量或干/湿球测量得到。

10.3.7 比排放的计算

应按下列方法计算各种组分(NO_x 除外)的排放[g/(kW·h)]：

$$M_{gas}=m_{gas}/W_{act} \qquad (56)$$

对 NO_x：

$$M_{gas}=m_{gas}\times k_h/W_{act} \qquad (57)$$

式中：

W_{act}——按 6.6.2 确定的实际循环功，单位为千瓦时(kW·h)。

10.4 颗粒物的测定

10.4.1 一般要求

测定颗粒物需要采用稀释系统。本节规定采用全流稀释系统进行稀释。稀释系统的流量应足够大以便能完全消除水蒸气在稀释和取样系统中的凝结，并使紧靠滤纸座上游处的稀释排气温度控制在 315 K(42 ℃)～325 K(52 ℃)范围内。稀释空气在进入稀释系统前允许除湿，这对稀释空气湿度较高时特别有用。稀释空气在稀释通道进口附近的温度应高于 288 K(15 ℃)。

为了测定颗粒物质量，要求有颗粒物取样系统、颗粒物取样滤纸、微克级天平以及具有温度和湿度控制的称重室。第 12 章规定了该系统的详细要求。

10.4.2 颗粒物取样

颗粒物取样探头应安装在紧靠气体排放取样探头处，但应留有足够距离以防止在稀释通道中产生干扰。因此，9.3.2 规定的安装要求也适用于颗粒取样。取样管应符合 ISO 8178-1 的要求。

10.4.3 质量排放的计算

颗粒物质量(g/试验)应按下式计算：

$$m_{PM}=\frac{m_f}{m_{sep}}\times\frac{m_{ed}}{1\ 000} \qquad \cdots\cdots(58)$$

式中：

m_f——整个循环中颗粒样品质量，单位为毫克(mg)；

m_{sep}——通过颗粒收集滤纸的稀释排气质量，单位为千克(kg)；

m_{ed}——整个循环的稀释排气质量，单位为千克(kg)。

如果采用二级稀释系统，则第二级稀释空气质量应从通过颗粒滤纸的总的二级稀释排气样品质量中减去：

$$m_{sep}=m_{set}-m_{ssd} \qquad \cdots\cdots(59)$$

式中：

m_{set}——通过颗粒滤纸的二级稀释排气质量，单位为千克(kg)；

m_{ssd}——第二级稀释空气质量，单位为千克(kg)。

如果是按照 7.5 的要求确定的颗粒本底值，则颗粒质量可进行本底修正。此时，颗粒质量(g/试验)应按下式计算：

$$m_{PM}=\left\{\frac{m_f}{m_{sep}}-\left[\frac{m_b}{m_{sd}}\times\left(1-\frac{1}{DF}\right)\right]\right\}\times\frac{m_{ed}}{1\ 000} \qquad \cdots\cdots(60)$$

式中：

m_{PM}，m_{sep}，m_{ed}——见上面；

m_{sd}——本底颗粒样品的第一级稀释空气取样质量，单位为千克(kg)；

m_b——第一级稀释空气中收集的本底颗粒质量，单位为毫克(mg)；

DF——按 10.3.4.2 确定的流量系数。

10.4.4 颗粒物湿度修正系数

由于柴油机的颗粒物排放与环境空气状况有关，因此颗粒物浓度应使用下式给出的系数 k_p 对环境湿度进行修正。

若经有关各方同意，也可用湿度基准值代替 10.71 g/kg，但应随计算结果一起写入报告。

若能证明其正确或有效，也可使用其他修正公式。

$$k_p=\frac{1}{1+0.013\ 3\times(H_a-10.71)} \qquad \cdots\cdots(61)$$

式中：

H_a——进气湿度，单位为克(水)每千克(干空气)(g/kg)。

10.4.5 比排放的计算

颗粒物的排放[g/(kW·h)]应按下列方法计算：

$$M_{PM} = m_{PM} \times k_p / W_{act} \qquad \cdots\cdots(62)$$

式中：

W_{act}——按6.6.2测定的实际循环功，单位为千瓦时(kW·h)。

11 气体组分的测量设备

11.1 通用分析仪技术要求

11.1.1 一般要求

分析仪的量程和响应时间应适合在瞬态条件下测量各种排气组分浓度时所要求的精度。分析仪在使用时测量的浓度应在满量程的15%～100%，但分析仪精度不超过平均浓度读数的±2%者除外。

如果读数装置(计算机、数据记录仪)在低于满量程15%的情况下具有足够的精度和分辨率，则低于满量程15%的测量值也可以认可。在这种情况下，应按照ISO 8178-1:2006中8.5.5的规定进行至少4个非零名义校正点的附加校正，以确保校正曲线的精度。

设备的电磁兼容性应保证使附加误差最小化。

11.1.2 精确度

分析仪在名义校正点的偏差不应大于读数的±2%或满量程的±0.3%，以其中较大者为准。精确度根据ISO 8178-1:2006中8.5所列校正要求确定。

注：GB/T 8190的本部分中，精确度被定义为分析仪读数与用校正气(真值)校正所得名义校正值的偏差。

11.1.3 精度

精度被定义为对于给定的校正气或量距气、2.5倍于10个重复响应标准偏差的精度，用于155 ppm(或ppmC)以上时，应小于每个量程满量程浓度的1%，或用于小于155 ppm(或ppmC)时，应小于每个量程的2%。

11.1.4 噪声

在整个使用范围内，分析仪在任何10 s时间内对零气和校正气或量距气的峰-峰响应值应不超过满量程的2%。

11.1.5 零点漂移

零点漂移被定义为，在30 s时间间隔内对零气包括噪声在内的平均响应。1 h内的零点响应漂移在使用的最低量程上应小于满刻度的2%。

11.1.6 量距漂移

量距相应被定义为，在30 s时间间隔内对量距气包括噪声在内的平均响应。1 h内的量距响应漂移在使用的最低量程上应小于满刻度的2%。

11.1.7 上升时间

安装在测量系统上的分析仪上升时间不应超过2.5 s。

注：对瞬态试验而言，仅单独评定分析仪的响应时间对整个系统的适用性还没有明确规定。整个系统的容积(特别是死容积)，不仅影响从探头到分析仪的转换时间，而且还影响上升时间。另外，分析仪内部的传递时间也应被定义为分析仪的响应时间，就象NO_x分析仪中的转换器或水阀。确定整个系统的响应时间在11.3.2中有所规定。

11.1.8 气体干燥

排气组分可能在湿的或干的状态下测量。如果使用气体干燥装置，则该装置对所测气体成分的影响应为最小。不能采用化学干燥剂除去气样中的水分。

11.2 分析仪

11.2.1 一般要求

11.2.2～11.2.9规定了所使用的测量原理。测量系统的详细规定见ISO 8178-1:2006的第15章。

应使用下列仪器来分析待测气体。对于非线性分析仪允许使用线性化电路。

11.2.2 一氧化碳(CO)分析

一氧化碳分析仪应是不分光红外线(NDIR)吸收型。

11.2.3 二氧化碳(CO_2)分析

二氧化碳分析仪应是不分光红外线(NDIR)吸收型。

11.2.4 碳氢化合物(HC)分析

碳氢化合物分析仪应是加热式火焰离子化检测器(HFID)型,检测器、阀、管路系统等都需要加热,以保持气体温度在463 K±10 K(190 ℃±10 ℃)。

11.2.5 非甲烷碳氢化合物(NMHC)分析

非甲烷碳氢化合物组分的测定,应按ISO 8178-1:2006中16.4.2的要求用一个连接火焰离子化检测器(FID)的加热式非甲烷截断器(NMC)进行,并从碳氢化合物中减去甲烷含量。

11.2.6 氮氧化物(NO_x)分析

如果是干基测量,氮氧化物分析仪应是带NO_2/NO转换器的化学发光检测器(CLD)或加热式化学发光检测器(HCLD)型。如果是湿基测量,若能满足水熄光检查(见ISO 8178-1:2006的8.9.3.2),则应使用带有转换器的HCLD,且该转换器能使温度保持在328 K(55 ℃)以上。对于CLD和HCLD,取样通道应能使壁温度保持在328 K～473 K(55 ℃～200 ℃),且能在干基测量时至转换器,在湿基测量时至分析仪。

11.2.7 甲醛(HCHO)分析

对于原始排气的连续测量,应按照仪器供应商的说明,使用FTIR(傅立叶变换式红外线)或SIMS(软离子化质量度谱)分析仪。

FTIR分析仪应装有一套能从红外光谱中产生无干扰浓度值的法则。FTIR分析仪还装有每一种仪器的详细频谱数据库,以避免仪器间不同频谱的相互干扰。

SIMS分析仪应装有能产生甲醛浓度干扰退耦值的控制库。电离离子的内能应在11.6 eV以上(如:Xe^+具有12.2 eV内能)。如果对质量30进行测量,则应能利用质量46与质量30的NO_2已知离子化效率比对NO_2进行干扰退耦。干扰的退耦应在最多300 ms的循环时间进行。如果由于高价醛引起的附加信号是希望得到的、可接受的或可得到补偿的,则质量29的甲醛测量是可以认可的(质量29的测量是对甲醛浓度测量的上限)。

如果是在部分流稀释系统的稀释排气中测量,则应将恒流的稀释排气气样通过一装有乙腈(ACN)溶液和二硝基苯肼试剂(DNPH)的冲击器或通过涂有2,4-DNPH的二氧化硅过滤小柱来测定。采集的样品应使用高压液相色谱(HPLC)法用紫外线在365 nm波段检测分析(详见ISO 8178-1:2006的16.6)。如果稀释排气是从总取样型部分流稀释系统抽取的,则12.1.4.3规定的程序必须满足12.1.4规定的流量测量精度要求。

11.2.8 甲醇(CH_3OH)分析

对于原始排气的连续测量,应按照仪器供应商的说明,使用FTIR(傅立叶变换式红外线)或SIMS(软离子化质量度谱)分析仪。

FTIR分析仪应装有一套能从红外光谱中产生无干扰浓度值的法则。FTIR分析仪还装有每一种仪器的详细频谱数据库,以避免仪器间不同频谱的相互干扰。

SIMS分析仪应装有能产生甲醇浓度干扰退耦值的控制库。电离离子的内能应在11.2 eV以上(如:Xe^+具有12.2 eV内能)。这就能对质量31的甲醇进行测量。对这一质量有干扰的物质尽可能是乙醇或甲醇,但这两种物质通常在排气中不会出现。对于甲醇的精确测量,仍应利用已知的这些物质在未分开前的质量和质量31的离子化效率比来进行干扰退耦。

也可用HFID测定甲醇。此时,HFID应在385 K±10 K(112 ℃±10 ℃)时用丙烷进行校正。甲醇响应系数应按ISO 8178-1:2006中8.8.5的规定在气样浓度范围内按几种浓度确定。

如果是在部分流稀释系统的稀释排气中测量，则应将恒流的稀释排气气样通过一装有去离子水的冲击器来测定。气样应采用气相色谱(GC)法用火焰离子化检测器(FID)进行分析(详见 ISO 8178-1:2006 的 16.5)。如果稀释排气是从总取样型部分流稀释系统抽取的，则 12.1.4.3 规定的程序必须满足 12.1.4 规定的流量测量精度要求。

11.2.9 空-燃比测量

用于确定 9.2.6 规定的排气流量的空-燃比测量设备应是宽量程的空-燃比传感器或氧化锆型 λ 传感器。

传感器应直接安装在排气温度高到足以消除水蒸气凝结的排气管位置上。

带有内装电子元器件的传感器精确度应符合下列要求:

读数的±3%　　$\lambda<2$

读数的±5%　　$2\leqslant\lambda<5$

读数的±10%　　$5\leqslant\lambda$

为了达到上述规定的精确度，应按仪器制造厂的规定对传感器进行校正。

11.3 校正

11.3.1 一般要求

每种分析仪应根据需要经常校正，以满足 GB/T 8190 的本部分的精确度要求。使用的校正方法在 ISO 8178-1:2006 中第 8 章有详细的规定。本部分仅对瞬态试验的校正程序要求作一规定。

11.3.2 分析系统的响应时间检查

响应时间评定的系统设置应在试验测量过程中保持完全一致(如:压力、流量、分析仪的过滤器设置和所有其他的响应时间影响)。响应时间应通过在取样探头直接进行气体切换来测定。气体切换应在 0.1 s 内完成。试验用气体应能使浓度改变至少为满刻度的 60%。

应记录每一单气体组分的浓度。响应时间被定义为气体切换与所记录浓度的相应变化在时间上的差别。系统响应时间(t_{90})由测量探测器的延迟时间和上升时间构成。延迟时间被定义为从开始变化(t_0)到最终读数的 10% 响应的时间。上升时间被定义为从最终读数的 10%～90% 响应的时间($t_{90}-t_{10}$)。

对于原始测量条件下分析仪和排气流量信号的时间排列，转换时间被定义为从开始变化(t_0)到最终读数的 50%响应(t_{50})的时间。

对于限制的排气组分(CO，NO_x，HC 或 NMHC)和所用的量程范围，按照 11.1.7 的规定，系统响应时间应不大于 10 s，且上升时间不大于 2.5 s。

11.3.3 校正曲线的确认

在每台发动机试验前，都应按照下列程序对每个常用的工作范围进行检验。

应使用零气或标称值大于 80%满刻度测量范围的量距气来检验校正。

如所考虑两点的实测值与标定基准值之差不大于满刻度的±4%，可修改调整参数。如若不然，量距气将被确认或按照 ISO 8178-1:2006 中 8.5 的要求确定新的校正曲线。

11.3.4 排气流量测量用示踪气分析仪的校正

示踪气浓度测量用分析仪应用标准气进行校正。

校正曲线至少应由 10 个校正点(零除外)来确定，且应有一半的校正点分布在分析仪满刻度的 4%～20%，其余的点分布在满刻度的 20%～100%。校正曲线用最小二乘法计算得到。

校正曲线与范围在满刻度 4%～20%的每一校正点标称值之差应不大于满刻度的±1%，与满刻度 4%～20%的标称值之差应不超过读数的±2%。

试运行前，应用零气和标称值大于分析仪 80%满刻度值的量距气对分析仪进行调零和量距。

11.3.5 校正间隔期

分析仪应按 ISO 8178-1:2006 中 8.5 的规定至少每 3 个月，或当系统经检修或更换后可能影响到校正时就必须进行校正。

11.4 分析系统

在 ISO 8178-1:2006 的第 16 章中有分析系统的详细描述。

12 颗粒物测量设备

12.1 通用技术要求

12.1.1 一般要求

为了测定颗粒物质量,要求有颗粒物取样系统、颗粒物取样滤纸、微克级天平以及具有温度和湿度控制的称重室。颗粒取样系统的设计应确保有代表性的颗粒样品与原始排气或稀释排气流量成正比。颗粒取样系统应按照 9.4.2 的规定,设计成在发动机瞬态运行条件下能保证进行与原始或稀释的废气流成比例。

12.1.2 颗粒物取样滤纸

在试验过程中,稀释排气应使用能满足 12.1.2.1 和 12.1.2.2 要求的滤纸进行取样。

12.1.2.1 滤纸技术要求

应使用碳氟化合物涂层的玻璃纤维滤纸或者碳氟化合物薄膜滤纸。所有各类滤纸在气体迎面速度为 35 cm/s 和 100 cm/s 时,对 0.3 μm 的 DOP(邻二甲酸二辛酯)的采集效率至少为 99%。

12.1.2.2 滤纸尺寸

推荐使用直径为 47 mm 的颗粒物滤纸。可使用较大直径的滤纸(见 12.1.2.4),但不允许使用较小直径的滤纸。

12.1.2.3 滤纸迎面速度

通过滤纸的气体迎面速度应达到 35 cm/s~100 cm/s,从试验开始至结束,压力降的增加应不大于 25 kPa。

12.1.2.4 滤纸荷重

对于大多数一般滤纸尺寸的最小滤纸荷重要求见表 8。对于较大滤纸尺寸,其最小滤纸荷重应为 0.065 mg/1 000 mm^2 滤纸面积。

表 8 滤纸最小荷重

滤纸直径/mm	最小荷重/mg
47	0.11
70	0.25
90	0.41
110	0.62

如果基于以前的试验,在对流量和稀释比进行优化之后仍达不到试验循环所要求的最小滤纸荷重,则经有关各方同意,可以选用能满足 12.1.3.2 精度要求(如 0.1 μg 级天平)的较低滤纸荷重。

12.1.3 称重室和分析天平的技术要求

12.1.3.1 称重室条件

颗粒物滤纸进行调温和称重的称重室(房)的温度应保持在 295 K±3 K(22 ℃±3 ℃),湿度应保持在露点 282.5 K±3 K(9.5 ℃±3 ℃)和相对湿度为 45%±8%。

12.1.3.2 参考滤纸称重

在颗粒物滤纸稳定化过程中,室(房)内环境应无任何环境污染物(如灰尘)沉积在滤纸上。但允许称重室偏离 12.1.3.1 所列技术要求,只要偏离持续时间不超过 30 min 即可。称重室在达到所需技术要求后,才能让工作人员进入称重室。在取样滤纸称重的 4 h 内(最好同时),至少对两个未经使用的参考滤纸进行称重。参考滤纸的尺寸和材料应与取样滤纸相同。

如果参考滤纸的平均质量在取样滤纸两次称重之间的变化超过 10 μg，则所有取样滤纸应作废，并重做排放试验。

如果称重室不符合 12.1.3.1 提出的稳定性准则，但参考滤纸称重符合上述要求，则发动机制造厂可选择认可取样滤纸的质量，或否定该试验，调整称重室控制系统后并重做试验。

12.1.3.3 分析天平

用来测定滤纸质量的分析天平应具有至少 2 μg 的精度（标准偏差）和至少 1 μg（1 指＝1 μg）的分辨率。这些要求由天平制造厂规定。

12.1.3.4 静电作用的消除

若观察到因静电作用而引起滤纸称重不稳定或不可再现，则应在称重前对滤纸进行中和处理，如使用钋中和器或类似作用的装置。

12.1.4 流量测量的技术要求

12.1.4.1 一般要求

流量计或流量测量仪器的绝对精确度要求应符合 8.3 的要求。

12.1.4.2 部分流稀释系统的特殊规定

对部分流稀释系统，如果不是直接测量而是用差压流量测量法测定，则样品流量 q_{mp} 的精确度要求应特殊规定如下：

$$q_{mp} = q_{mdew} - q_{mdw} \qquad (63)$$

在这种情况下，使 q_{mdew} 和 q_{mdw} 达到±2%的精确度要求仍不能有效保证 q_{mp} 达到认可精确度。若气体流量采用压差流量测量法测定，在稀释比低于 15 时，最大差值误差应使 q_{mp} 的精确度在±5%以内。该值可用各仪器误差的均方根进行计算。

a) q_{mdew} 和 q_{mdw} 的精确度为±2%时保证在稀释比为 15 时 q_{mp} 的精确度不大于 5%，但较高的稀释比会产生较大的误差；

b) q_{mdew} 相对于 q_{mdw} 的校准可通过 a) 中得到的 q_{mp} 相同精确度来执行；

c) q_{mp} 的精确度可通过由示踪气测定的稀释比的精确度直接确定，如 CO_2，且精确度与 a) 方法中 q_{mp} 的精确度等效；

d) q_{mdew} 和 q_{mdw} 的绝对精确度为满刻度±2%以内，q_{mdew} 和 q_{mdw} 差值的最大误差为 0.2%以内，线性误差为试验时观察到的最大 q_{mdew} 的±0.2%。

12.1.4.3 气样流量修正（仅对部分流稀释系统）

如果使用总取样型部分流稀释系统对甲醇或甲醛进行测试，有必要从稀释通道（也就是 q_{mdew} 流量测量装置前）提取气样流量 q_{mex}。q_{mex} 应使用流量测量装置进行测量且通常稍小于 q_{mdew}，但不可忽视（$q_{mex} > 0.01 \times q_{mdew}$）。

为保证如 12.1.4.2 和 12.3.2.1 规定的 q_{mp} 精确度要求，本条规定的任一种均可使用。但 q_{mdew} 可用（$q_{mdew} + q_{mex}$）来替换。

为计算 PM 的质量排放（见 9.4.5），从稀释通道中抽取的 q_{mex} 的质量应通过修正颗粒质量 m_f 按下式进行计算：

$$m_{f,corrected} = m_f \times \frac{q_{mdew}}{q_{mdew} - q_{mex}} \qquad (64)$$

12.1.5 附加要求

在稀释系统和从排气管到滤纸座之间的取样系统中，所有与原始排气或稀释排气接触的部件应设计成使颗粒物沉积和变异最少。所有零件应使用与排气成分不起反应的导电材料制成并接地，以防止静电作用。

12.2 稀释和取样系统

稀释和取样系统在 ISO 8178-1:2006 的第 17 章中有详细规定。

12.3 校正

12.3.1 一般要求

对颗粒物测量的校正仅限于测量气样流量和稀释比的流量计。对颗粒物测试的标定只限定于用于测定样品流速和稀释比的流量计。每一流量计都应根据需要经常校正，以满足 GB/T 8190 的本部分的精确度要求。12.3.2 规定了应使用的校正方法。

12.3.2 流量测量

12.3.2.1 周期性校正

为了达到 8.3 规定的流量测量绝对准确度要求，所使用的精确流量计对流量计或流量测量仪进行的校正应可溯源到国家标准和/或国际标准。

如果气样流量用差压流量测量法测定，流量计或流量测量仪应用下列程序之一进行校正，以使稀释通道中的探头流量 q_{mp} 能满足 12.1.4 所要求的精确度。

a) 用于测定 q_{mdw} 的流量计与测定 q_{mdew} 的流量计依次连接，两流量计之差至少用 5 个设定点进行校正，且这 5 个点的流量值在试验中所用的最小 q_{mdw} 值和试验中所用的最大 q_{mdew} 值之间均匀分布。稀释通道可以是旁通连接。

b) 校正后的质量流量装置与测量 q_{mdew} 的流量计依次连接，且精确度按试验所用值进行检查。然后，校正后的质量流量装置与测量 q_{mdw} 的流量计依次连接，精确度按与试验所用的 q_{mdew} 相关且与稀释比在 3～50 所对应的至少 5 个设定点进行检查。

c) 将输送管 TT 从排气系统拆下，将具有合适量程测量 q_{mp} 且校正后的流量测量装置与输送管连接。然后，将 q_{mdew} 设定在试验所用值，继而将 q_{mdw} 设定在与稀释比 q 在 3～50 所对应的至少 5 个值。作为选择，可提供一个特殊的校正流量通道，且管路为旁通连接，但通过相应流量计的总空气流量和稀释空气流量与实际试验一致。

d) 将示踪气输入输送管 TT。示踪气可以是一种排气组分，与 CO_2 和 NO_x 一样。在经过稀释通道稀释后对示踪气组分进行测量，并应对 3～50 的 5 个稀释比进行计算。气样流量的精确度由 r_{dil} 测定：

$$q_{mp} = q_{mdew}/r_{dil} \qquad (65)$$

应考虑气体分析仪的精确度以保证 q_{mp} 的精确度。

12.3.2.2 碳流量检验

为了探测测量和控制问题并核实部分流稀释系统是否处于正常的工作状态，极力推荐用实际排气进行碳流量检验。至少在每次安装新的发动机或试验台架结构发生重大变化时都应进行碳流量检验。

发动机应在最大扭矩和转速工况或任何能产生 5%或更多 CO_2 的稳态工况下运行。部分流取样系统应在稀释系数大约为 15：1 的状况下进行。

若要进行碳流量检验，则应按附录 D 中规定的程序进行。碳流量应根据公式(D.1)、公式(D.2)和公式(D.3)进行计算。所有的碳流量应在误差为 6%范围内保持一致。

12.3.2.3 试验前检验

试验前检验应在试验前 2 h 内按下列方法进行：

使用与校正相同的方法(见 12.3.2.1)检验流量计的精确度，至少检查 2 个点，包括在试验中用到的 q_{mdew} 值在稀释比为 5～15 时对应的流量值 q_{mdw}。

如果 12.3.2.1 的校正程序记录证明流量计在更长一段时间内是稳定的，则可不必进行试验前检验。

12.3.3 转换时间的测定(仅对部分流稀释系统)

转换时间评定的系统设定应与试验中的测量完全一致。转换时间应使用下列方法确定。

独立的参考流量计应与探头依次并紧密连接，该流量计应具有合适的测量范围且用于探头流量测定。流量计对响应时间测量的流量阶跃信号的转换时间应小于 100 ms，其流量限制足够低以不致于影响部分流稀释系统的动力性能,且具有好的工程实践经验。

部分流稀释系统的排气流量(或计算排气流量时的空气流量)输入应能引起从低流量到至少满刻度90%的阶跃变化。该阶跃变化应能引起对实际试验中起动预控制所使用的相同的阶跃变化。应以至少10 Hz的取样速率记录下排气流阶跃信号和流量计响应。

从这些数据中,应测定出部分流稀释系统的转换时间,该转换时间是指从阶跃信号初始到流量计响应50%的时间。同样,也应测定部分流稀释系统的 q_{mp} 信号转换时间和排气流量计的 $q_{mew,i}$ 信号转换时间。这些信号在每次试验后进行回归检验时使用。

应对至少5个上升和下降信号进行重复计算,并将结果进行平均。参考流量计的间隔转换时间(<100 ms)应从这些值中减去。这是部分流稀释系统中的预设值,如果转换时间大于0.3 s,则可按照9.4.3的规定得以应用。

12.3.4 CVS系统的校正(仅对全流稀释系统)

12.3.4.1 概述

CVS系统应用一精确的流量计和一阻力装置来进行校正。在不同的阻力设定状况下测量流过系统的流量,测量该系统的控制参数并使这些控制参数与流量相关。

可使用各种类型的流量计,例如校正过的文丘里管、校正过的薄片式流量计、校正过的涡轮式流量计。

CVS的校正在ISO 8178-1:2006的第9章有详细规定。

12.3.4.2 总系统的检验

12.3.4.2.1 一般要求

CVS取样系统和分析系统的总精确度通过向系统中通入已知质量的污染气体来测定。此时,系统须处于正常工作状态。对污染物进行分析,按10.3.4.1计算质量,但丙烷的系数要用0.000 472来代替HC的0.000 479。应使用下列两种技术中的任何一种。

12.3.4.2.2 用临界流量孔板流量计进行测量

将已知量的纯气(一氧化碳或丙烷)通过已校正过的临界流量孔板流量计输入CVS系统。如果进口压力足够大,则可通过临界流量孔板流量计进行调节的流量与孔板流量计出口压力(临界流量)无关。CVS系统应在正常的排气排放试验状况下运行约5 min~10 min。用常用设备(取样袋或积分法)分析样气,并计算气体质量。实测质量应为注入气体已知质量的±3%以内。

12.3.4.2.3 用质量测量技术进行测量

对装有一氧化碳或丙烷的小型气瓶的质量进行测量,精度在±0.01 g以内。使CVS系统在正常的排气排放试验状况下运行约5 min~10 min,同时将一氧化碳或丙烷注入系统。用微分称重法测定放出的纯气量。用常用设备(取样袋或积分法)分析样气,并计算气体质量。实测质量应为注入气体已知质量的±3%以内。

12.3.5 校正间隔

应按照内部审核程序或仪器制造厂的要求对仪器进行校正。

附　录　A
（规范性附录）
NRTC 发动机测功机程序

时间/s	转速规范值/%	扭矩规范值/%	时间/s	转速规范值/%	扭矩规范值/%	时间/s	转速规范值/%	扭矩规范值/%
1	0	0	34	7	18	67	1	4
2	0	0	35	9	21	68	9	21
3	0	0	36	17	20	69	25	56
4	0	0	37	33	42	70	64	26
5	0	0	38	57	46	71	60	31
6	0	0	39	44	33	72	63	20
7	0	0	40	31	0	73	62	24
8	0	0	41	22	27	74	64	8
9	0	0	42	33	43	75	58	44
10	0	0	43	80	49	76	65	10
11	0	0	44	105	47	77	65	12
12	0	0	45	98	70	78	68	23
13	0	0	46	104	36	79	69	30
14	0	0	47	104	65	80	71	30
15	0	0	48	96	71	81	74	15
16	0	0	49	101	62	82	71	23
17	0	0	50	102	51	83	73	20
18	0	0	51	102	50	84	73	21
19	0	0	52	102	46	85	73	19
20	0	0	53	102	41	86	70	33
21	0	0	54	102	31	87	70	34
22	0	0	55	89	2	88	65	47
23	0	0	56	82	0	89	66	47
24	1	3	57	47	1	90	64	53
25	1	3	58	23	1	91	65	45
26	1	3	59	1	3	92	66	38
27	1	3	60	1	8	93	67	49
28	1	3	61	1	3	94	69	39
29	1	3	62	1	5	95	69	39
30	1	6	63	1	6	96	66	42
31	1	6	64	1	4	97	71	29
32	2	1	65	1	4	98	75	29
33	4	13	66	0	6	99	72	23

时间/s	转速规范值/%	扭矩规范值/%	时间/s	转速规范值/%	扭矩规范值/%	时间/s	转速规范值/%	扭矩规范值/%
100	74	22	140	104	44	180	1	3
101	75	24	141	103	44	181	1	4
102	73	30	142	104	33	182	1	5
103	74	24	143	102	27	183	1	6
104	77	6	144	103	26	184	1	5
105	76	12	145	79	53	185	1	3
106	74	39	146	51	37	186	1	4
107	72	30	147	24	23	187	1	4
108	75	22	148	13	33	188	1	6
109	78	64	149	19	55	189	8	18
110	102	34	150	45	30	190	20	51
111	103	28	151	34	7	191	49	19
112	103	28	152	14	4	192	41	13
113	103	19	153	8	16	193	31	16
114	103	32	154	15	6	194	28	21
115	104	25	155	39	47	195	21	17
116	103	38	156	39	4	196	31	21
117	103	39	157	35	26	197	21	8
118	103	34	158	27	38	198	0	14
119	102	44	159	43	40	199	0	12
120	103	38	160	14	23	200	3	8
121	102	43	161	10	10	201	3	22
122	103	34	162	15	33	202	12	20
123	102	41	163	35	72	203	14	20
124	103	44	164	60	39	204	16	17
125	103	37	165	55	31	205	20	18
126	103	27	166	47	30	206	27	34
127	104	13	167	16	7	207	32	33
128	104	30	168	0	6	208	41	31
129	104	19	169	0	8	209	43	31
130	103	28	170	0	8	210	37	33
131	104	40	171	0	2	211	26	18
132	104	32	172	2	17	212	18	29
133	101	63	173	10	28	213	14	51
134	102	54	174	28	31	214	13	11
135	102	52	175	33	30	215	12	9
136	102	51	176	36	0	216	15	33
137	103	40	177	19	10	217	20	25
138	104	34	178	1	18	218	25	17
139	102	36	179	0	16	219	31	29

时间/ s	转速规范值/ %	扭矩规范值/ %	时间/ s	转速规范值/ %	扭矩规范值/ %	时间/ s	转速规范值/ %	扭矩规范值/ %
220	36	66	260	51	67	300	48	40
221	66	40	261	52	96	301	39	0
222	50	13	262	63	62	302	35	18
223	16	24	263	71	6	303	36	16
224	26	50	264	33	16	304	29	17
225	64	23	265	47	45	305	28	21
226	81	20	266	43	56	306	31	15
227	83	11	267	42	27	307	31	10
228	79	23	268	42	64	308	43	19
229	76	31	269	75	74	309	49	63
230	68	24	270	68	96	310	78	61
231	59	33	271	86	61	311	78	46
232	59	3	272	66	0	312	66	65
233	25	7	273	37	0	313	78	97
234	21	10	274	45	37	314	84	63
235	20	19	275	68	96	315	57	26
236	4	10	276	80	97	316	36	22
237	5	7	277	92	96	317	20	34
238	4	5	278	90	97	318	19	8
239	4	6	279	82	96	319	9	10
240	4	6	280	94	81	320	5	5
241	4	5	281	90	85	321	7	11
242	7	5	282	96	65	322	15	15
243	16	28	283	70	96	323	12	9
244	28	25	284	55	95	324	13	27
245	52	53	285	70	96	325	15	28
246	50	8	286	79	96	326	16	28
247	26	40	287	81	71	327	16	31
248	48	29	288	71	60	328	15	20
249	54	39	289	92	65	329	17	0
250	60	42	290	82	63	330	20	34
251	48	18	291	61	47	331	21	25
252	54	51	292	52	37	332	20	0
253	88	90	293	24	0	333	23	25
254	103	84	294	20	7	334	30	58
255	103	85	295	39	48	335	63	96
256	102	84	296	39	54	336	83	60
257	58	66	297	63	58	337	61	0
258	64	97	298	53	31	338	26	0
259	56	80	299	51	24	339	29	44

时间/s	转速规范值/%	扭矩规范值/%	时间/s	转速规范值/%	扭矩规范值/%	时间/s	转速规范值/%	扭矩规范值/%
340	68	97	380	26	28	420	98	39
341	80	97	381	13	9	421	64	61
342	88	97	382	16	21	422	90	34
343	99	88	383	24	4	423	88	38
344	102	86	384	36	43	424	97	62
345	100	82	385	65	85	425	100	53
346	74	79	386	78	66	426	81	58
347	57	79	387	63	39	427	74	51
348	76	97	388	32	34	428	76	57
349	84	97	389	46	55	429	76	72
350	86	97	390	47	42	430	85	72
351	81	98	391	42	39	431	84	60
352	83	83	392	27	0	432	83	72
353	65	96	393	14	5	433	83	72
354	93	72	394	14	14	434	86	72
355	63	60	395	24	54	435	89	72
356	72	49	396	60	90	436	86	72
357	56	27	397	53	66	437	87	72
358	29	0	398	70	48	438	88	72
359	18	13	399	77	93	439	88	71
360	25	11	400	79	67	440	87	72
361	28	24	401	46	65	441	85	71
362	34	53	402	69	98	442	88	72
363	65	83	403	80	97	443	88	72
364	80	44	404	74	97	444	84	72
365	77	46	405	75	98	445	83	73
366	76	50	406	56	61	446	77	73
367	45	52	407	42	0	447	74	73
368	61	98	408	36	32	448	76	72
369	61	69	409	34	43	449	46	77
370	63	49	410	68	83	450	78	62
371	32	0	411	102	48	451	79	35
372	10	8	412	62	0	452	82	38
373	17	7	413	41	39	453	81	41
374	16	13	414	71	86	454	79	37
375	11	6	415	91	52	455	78	35
376	9	5	416	89	55	456	78	38
377	9	12	417	89	56	457	78	46
378	12	46	418	88	58	458	75	49
379	15	30	419	78	69	459	73	50

时间/s	转速规范值/%	扭矩规范值/%	时间/s	转速规范值/%	扭矩规范值/%	时间/s	转速规范值/%	扭矩规范值/%
460	79	58	500	90	71	540	71	18
461	79	71	501	100	61	541	71	14
462	83	44	502	94	73	542	71	11
463	53	48	503	84	73	543	65	2
464	40	48	504	79	73	544	31	26
465	51	75	505	75	72	545	24	72
466	75	72	506	78	73	546	64	70
467	89	67	507	80	73	547	77	62
468	93	60	508	81	73	548	80	68
469	89	73	509	81	73	549	83	53
470	86	73	510	83	73	550	83	50
471	81	73	511	85	73	551	83	50
472	78	73	512	84	73	552	85	43
473	78	73	513	85	73	553	86	45
474	76	73	514	86	73	554	89	35
475	79	73	515	85	73	555	82	61
476	82	73	516	85	73	556	87	50
477	86	73	517	85	72	557	85	55
478	88	72	518	85	73	558	89	49
479	92	71	519	83	73	559	87	70
480	97	54	520	79	73	560	91	39
481	73	43	521	78	73	561	72	3
482	36	64	522	81	73	562	43	25
483	63	31	523	82	72	563	30	60
484	78	1	524	94	56	564	40	45
485	69	27	525	66	48	565	37	32
486	67	28	526	35	71	566	37	32
487	72	9	527	51	44	567	43	70
488	71	9	528	60	23	568	70	54
489	78	36	529	64	10	569	77	47
490	81	56	530	63	14	570	79	66
491	75	53	531	70	37	571	85	53
492	60	45	532	76	45	572	83	57
493	50	37	533	78	18	573	86	52
494	66	41	534	76	51	574	85	51
495	51	61	535	75	33	575	70	39
496	68	47	536	81	17	576	50	5
497	29	42	537	76	45	577	38	36
498	24	73	538	76	30	578	30	71
499	64	71	539	80	14	579	75	53

时间/s	转速规范值/%	扭矩规范值/%	时间/s	转速规范值/%	扭矩规范值/%	时间/s	转速规范值/%	扭矩规范值/%
580	84	40	620	67	73	660	83	72
581	85	42	621	65	73	661	84	71
582	86	49	622	68	73	662	86	71
583	86	57	623	65	49	663	87	71
584	89	68	624	81	0	664	92	72
585	99	61	625	37	25	665	91	72
586	77	29	626	24	69	666	90	71
587	81	72	627	68	71	667	90	71
588	89	69	628	70	71	668	91	71
589	49	56	629	76	70	669	90	70
590	79	70	630	71	72	670	90	72
591	104	59	631	73	69	671	91	71
592	103	54	632	76	70	672	90	71
593	102	56	633	77	72	673	90	71
594	102	56	634	77	72	674	92	72
595	103	61	635	77	72	675	93	69
596	102	64	636	77	70	676	90	70
597	103	60	637	76	71	677	93	72
598	93	72	638	76	71	678	91	70
599	86	73	639	77	71	679	89	71
600	76	73	640	77	71	680	91	71
601	59	49	641	78	70	681	90	71
602	46	22	642	77	70	682	90	71
603	40	65	643	77	71	683	92	71
604	72	31	644	79	72	684	91	71
605	72	27	645	78	70	685	93	71
606	67	44	646	80	70	686	93	68
607	68	37	647	82	71	687	98	68
608	67	42	648	84	71	688	98	67
609	68	50	649	83	71	689	100	69
610	77	43	650	83	73	690	99	68
611	58	4	651	81	70	691	100	71
612	22	37	652	80	71	692	99	68
613	57	69	653	78	71	693	100	69
614	68	38	654	76	70	694	102	72
615	73	2	655	76	70	695	101	69
616	40	14	656	76	71	696	100	69
617	42	38	657	79	71	697	102	71
618	64	69	658	78	71	698	102	71
619	64	74	659	81	70	699	102	69

时间/ s	转速规范值/ %	扭矩规范值/ %	时间/ s	转速规范值/ %	扭矩规范值/ %	时间/ s	转速规范值/ %	扭矩规范值/ %
700	102	71	740	103	41	780	48	6
701	102	68	741	102	38	781	48	7
702	100	69	742	103	39	782	48	6
703	102	70	743	102	46	783	48	7
704	102	68	744	104	46	784	67	21
705	102	70	745	103	49	785	105	59
706	102	72	746	102	45	786	105	96
707	102	68	747	103	42	787	105	74
708	102	69	748	103	46	788	105	66
709	100	68	749	103	38	789	105	62
710	102	71	750	102	48	790	105	66
711	101	64	751	103	35	791	89	41
712	102	69	752	102	48	792	52	5
713	102	69	753	103	49	793	48	5
714	101	69	754	102	48	794	48	7
715	102	64	755	102	46	795	48	5
716	102	69	756	103	47	796	48	6
717	102	68	757	102	49	797	48	4
718	102	70	758	102	42	798	52	6
719	102	69	759	102	52	799	51	5
720	102	70	760	102	57	800	51	6
721	102	70	761	102	55	801	51	6
722	102	62	762	102	61	802	52	5
723	104	38	763	102	61	803	52	5
724	104	15	764	102	58	804	57	44
725	102	24	765	103	58	805	98	90
726	102	45	766	102	59	806	105	94
727	102	47	767	102	54	807	105	100
728	104	40	768	102	63	808	105	98
729	101	52	769	102	61	809	105	95
730	103	32	770	103	55	810	105	96
731	102	50	771	102	60	811	105	92
732	103	30	772	102	72	812	104	97
733	103	44	773	103	56	813	100	85
734	102	40	774	102	55	814	94	74
735	103	43	775	102	67	815	87	62
736	103	41	776	103	56	816	81	50
737	102	46	777	84	42	817	81	46
738	103	39	778	48	7	818	80	39
739	102	41	779	48	6	819	80	32

时间/s	转速规范值/%	扭矩规范值/%	时间/s	转速规范值/%	扭矩规范值/%	时间/s	转速规范值/%	扭矩规范值/%
820	81	28	860	49	8	900	81	22
821	80	26	861	51	7	901	81	19
822	80	23	862	51	20	902	81	17
823	80	23	863	78	52	903	81	17
824	80	20	864	80	38	904	81	17
825	81	19	865	81	33	905	81	15
826	80	18	866	83	29	906	80	15
827	81	17	867	83	22	907	80	28
828	80	20	868	83	16	908	81	22
829	81	24	869	83	12	909	81	24
830	81	21	870	83	9	910	81	19
831	80	26	871	83	8	911	81	21
832	80	24	872	83	7	912	81	20
833	80	23	873	83	6	913	83	26
834	80	22	874	83	6	914	80	63
835	81	21	875	83	6	915	80	59
836	81	24	876	83	6	916	83	100
837	81	24	877	83	6	917	81	73
838	81	22	878	59	4	918	83	53
839	81	22	879	50	5	919	80	76
840	81	21	880	51	5	920	81	61
841	81	31	881	51	5	921	80	50
842	81	27	882	51	5	922	81	37
843	80	26	883	50	5	923	82	49
844	80	26	884	50	5	924	83	37
845	81	25	885	50	5	925	83	25
846	80	21	886	50	5	926	83	17
847	81	20	887	50	5	927	83	13
848	83	21	888	51	5	928	83	10
849	83	15	889	51	5	929	83	8
850	83	12	890	51	5	930	83	7
851	83	9	891	63	50	931	83	7
852	83	8	892	81	34	932	83	6
853	83	7	893	81	25	933	83	6
854	83	6	894	81	29	934	83	6
855	83	6	895	81	23	935	71	5
856	83	6	896	80	24	936	49	24
857	83	6	897	81	24	937	69	64
858	83	6	898	81	28	938	81	50
859	76	5	899	81	27	939	81	43

时间/s	转速规范值/%	扭矩规范值/%	时间/s	转速规范值/%	扭矩规范值/%	时间/s	转速规范值/%	扭矩规范值/%
940	81	42	980	81	75	1 020	86	18
941	81	31	981	80	60	1 021	82	35
942	81	30	982	81	48	1 022	79	53
943	81	35	983	81	41	1 023	82	30
944	81	28	984	81	30	1 024	83	29
945	81	27	985	80	24	1 025	83	32
946	80	27	986	81	20	1 026	83	28
947	81	31	987	81	21	1 027	76	60
948	81	41	988	81	29	1 028	79	51
949	81	41	989	81	29	1 029	86	26
950	81	37	990	81	27	1 030	82	34
951	81	43	991	81	23	1 031	84	25
952	81	34	992	81	25	1 032	86	23
953	81	31	993	81	26	1 033	85	22
954	81	26	994	81	22	1 034	83	26
955	81	23	995	81	20	1 035	83	25
956	81	27	996	81	17	1 036	83	37
957	81	38	997	81	23	1 037	84	14
958	81	40	998	83	65	1 038	83	39
959	81	39	999	81	54	1 039	76	70
960	81	27	1 000	81	50	1 040	78	81
961	81	33	1 001	81	41	1 041	75	71
962	80	28	1 002	81	35	1 042	86	47
963	81	34	1 003	81	37	1 043	83	35
964	83	72	1 004	81	29	1 044	81	43
965	81	49	1 005	81	28	1 045	81	41
966	81	51	1 006	81	24	1 046	79	46
967	80	55	1 007	81	19	1 047	80	44
968	81	48	1 008	81	16	1 048	84	20
969	81	36	1 009	80	16	1 049	79	31
970	81	39	1 010	83	23	1 050	87	29
971	81	38	1 011	83	17	1 051	82	49
972	80	41	1 012	83	13	1 052	84	21
973	81	30	1 013	83	27	1 053	82	56
974	81	23	1 014	81	58	1 054	81	30
975	81	19	1 015	81	60	1 055	85	21
976	81	25	1 016	81	46	1 056	86	16
977	81	29	1 017	80	41	1 057	79	52
978	83	47	1 018	80	36	1 058	78	60
979	81	90	1 019	81	26	1 059	74	55

时间/s	转速规范值/%	扭矩规范值/%	时间/s	转速规范值/%	扭矩规范值/%	时间/s	转速规范值/%	扭矩规范值/%
1 060	78	84	1 100	94	59	1 140	70	67
1 061	80	54	1 101	97	37	1 141	53	70
1 062	80	35	1 102	97	60	1 142	72	65
1 063	82	24	1 103	93	98	1 143	60	57
1 064	83	43	1 104	98	53	1 144	74	29
1 065	79	49	1 105	103	13	1 145	69	31
1 066	83	50	1 106	103	11	1 146	76	1
1 067	86	12	1 107	103	11	1 147	74	22
1 068	64	14	1 108	103	13	1 148	72	52
1 069	24	14	1 109	103	10	1 149	62	96
1 070	49	21	1 110	103	10	1 150	54	72
1 071	73	48	1 111	103	11	1 151	72	28
1 072	103	11	1 112	103	10	1 152	72	35
1 073	98	48	1 113	103	10	1 153	64	68
1 074	101	34	1 114	102	18	1 154	74	27
1 075	99	39	1 115	102	31	1 155	76	14
1 076	103	11	1 116	101	24	1 156	69	38
1 077	103	19	1 117	102	19	1 157	66	59
1 078	103	7	1 118	103	10	1 158	64	99
1 079	103	13	1 119	102	12	1 159	51	86
1 080	103	10	1 120	99	56	1 160	70	53
1 081	102	13	1 121	96	59	1 161	72	36
1 082	101	29	1 122	74	28	1 162	71	47
1 083	102	25	1 123	66	62	1 163	70	42
1 084	102	20	1 124	74	29	1 164	67	34
1 085	96	60	1 125	64	74	1 165	74	2
1 086	99	38	1 126	69	40	1 166	75	21
1 087	102	24	1 127	76	2	1 167	74	15
1 088	100	31	1 128	72	29	1 168	75	13
1 089	100	28	1 129	66	65	1 169	76	10
1 090	98	3	1 130	54	69	1 170	75	13
1 091	102	26	1 131	69	56	1 171	75	10
1 092	95	64	1 132	69	40	1 172	75	7
1 093	102	23	1 133	73	54	1 173	75	13
1 094	102	25	1 134	63	92	1 174	76	8
1 095	98	42	1 135	61	67	1 175	76	7
1 096	93	68	1 136	72	42	1 176	67	45
1 097	101	25	1 137	78	2	1 177	75	13
1 098	95	64	1 138	76	34	1 178	75	12
1 099	101	35	1 139	67	80	1 179	73	21

时间/s	转速规范值/%	扭矩规范值/%	时间/s	转速规范值/%	扭矩规范值/%	时间/s	转速规范值/%	扭矩规范值/%
1 180	68	46	1 200	66	47	1 220	0	0
1 181	74	8	1 201	76	14	1 221	0	0
1 182	76	11	1 202	74	18	1 222	0	0
1 183	76	14	1 203	69	46	1 223	0	0
1 184	74	11	1 204	68	62	1 224	0	0
1 185	74	18	1 205	68	62	1 225	0	0
1 186	73	22	1 206	68	62	1 226	0	0
1 187	74	20	1 207	68	62	1 227	0	0
1 188	74	19	1 208	68	62	1 228	0	0
1 189	70	22	1 209	68	62	1 229	0	0
1 190	71	23	1 210	54	50	1 230	0	0
1 191	73	19	1 211	41	37	1 231	0	0
1 192	73	19	1 212	27	25	1 232	0	0
1 193	72	20	1 213	14	12	1 233	0	0
1 194	64	60	1 214	0	0	1 234	0	0
1 195	70	39	1 215	0	0	1 235	0	0
1 196	66	56	1 216	0	0	1 236	0	0
1 197	68	64	1 217	0	0	1 237	0	0
1 198	30	68	1 218	0	0	1 238	0	0
1 199	70	38	1 219	0	0			

附 录 B
（规范性附录）
系统等效性的确定

根据8.2，其他系统或分析仪（候选系统）如果能产生相同的结果则也能作为认可的测试设备。系统等效性的确定应基于候选系统与GB/T 8190的本部分认可的参考系统之间用合适的试验循环对7对气样（或更多）进行的关联性研究。应用的等效性标准应是F-试验和双边学生t-试验。

这一统计方法对如下假设进行检验，即用参考系统测得的排放总体平均值与用候选系统测得的排放总体平均值没有差别。应以F值和t值的5%显著水平为基础对假设进行试验。表B.1给出了7～10个气样对的临界F值和t值。如果根据下面的公式计算出的F值和t值大于临界F值和t值，则候选系统是不等效的。

接着要进行下列过程。下标R和C分别指参考系统和候选系统。

a） 至少要进行7次试验，且最好候选系统与参考系统同时进行试验。试验数用 n_R 和 n_C 表示。

b） 计算平均值 $\bar{x}_R$ 和 $\bar{x}_C$ 以及标准偏差 s_R 和 s_C。

c） 按如下公式计算F值：

$$F=\frac{s_{主要}^2}{s_{次要}^2} \qquad \text{(B.1)}$$

（两标准偏差 s_R 和 s_C 中的较大者作为分子）

d） 按如下公式计算t值：

$$t=\frac{|\bar{x}_C-\bar{x}_R|}{\sqrt{(n_C-1)\times s_C^2+(n_R-1)\times s_R^2}}\times\sqrt{\frac{n_C\times n_R\times(n_C+n_R-2)}{n_C+n_R}} \qquad \text{(B.2)}$$

e） 将计算出的F值和t值与表B.1中相应试验数所对应的临界F值和t值进行比较。如果选择了较大的样气号，则参考5%显著水平（95%置信度）的统计表。

f） 按如下公式确定自由度（df）：

对于F-试验：$df=n_R-1/n_C-1$；

对于t-试验：$df=n_C+n_R-2$。

g） 等效性按如下规则确定：

如果 $F<F_{crit}$ 且 $t<t_{crit}$，则候选系统与本部分所述参考系统等效；

如果 $F\geqslant F_{crit}$ 且 $t\geqslant t_{crit}$，则候选系统与本部分所述参考系统不等效。

表B.1 所选样气号的F和t值

样气号	F-试验		t-试验	
	df	F_{crit}	df	t_{crit}
7	6/6	4.284	12	2.179
8	7/7	3.787	14	2.145
9	8/8	3.438	16	2.120
10	9/9	3.179	18	2.101

附 录 C
(规范性附录)
系统取样误差的测定

Belyaev 和 Levin(1974)提出了一个用于评定颗粒物取样误差的经验公式,并由 W. Hinds 发表在《气溶胶力学(Aerosol Mechanics)》杂志上。

在采用同轴取样探头从较大气流中取样时,颗粒 P 的渗透可用下列公式计算:

$$P = 1 + \left(\frac{v_e}{v_p} - 1\right)\left[1 - \frac{1}{1 + \left(2 + 0.62\,\frac{v_e}{v_p}\right) \cdot Stk}\right] \quad \cdots\cdots (C.1)$$

式中:

v_e——排气管中的气体流速,单位为米每秒(m/s);

v_p——取样探头中的气体流速,单位为米每秒(m/s);

Stk——目标颗粒的斯托克司数。

公式 C.1 中的参数应按如下公式计算:

$$v_e = \frac{q_{mew} \times 4}{\rho_e \times \pi \times d_e^2}\text{(排气管气流速度)} \quad \cdots\cdots (C.2)$$

$$v_p = \frac{q_{mp} \times 4}{\rho_e \times \pi \times d_p^2}\text{(取样探头气流速度)} \quad \cdots\cdots (C.3)$$

$$Stk = \frac{\tau \cdot v_e}{d_p}\text{(斯托克司数)} \quad \cdots\cdots (C.4)$$

$$\tau = \frac{\rho_{PM} \cdot d_{PM}^2 \cdot C_c}{18 \cdot \eta}\text{(颗粒松弛时间)} \quad \cdots\cdots (C.5)$$

式中:

q_{mew}——排气质量流量,单位为千克每秒(kg/s);

ρ_e——排气密度,单位为千克每立方米(kg/m^3);

d_e——排气管直径,单位为米(m);

q_{mp}——样品质量流量,单位为千克每秒(kg/s);

d_p——取探头直径,单位为米(m);

ρ_{PM}——颗粒物密度,单位为千克每立方米(kg/m^3);

d_{PM}——颗粒直径,单位为米(m);

C_c——滑动系数;

η——排气的动力黏度,单位为帕秒(Pa·s)。

GB/T 8190 的本部分给出以下常数:

$\rho_{PM} = 1\,000\ kg/m^3$;

$d_{PM} = 1.7 \times 10^{-7}\ m$;

$C_c = 4.35$。

这些参数的更多信息将在下列参考文献中找到:

Belyaev,S. P. 和 Levin,L. M. ,《典型的气溶胶样品收集技术》,J. Aerosol Sci. ;
5325-338(1974)W. C. Hinds,《气溶胶技术》,John Wiley。

附 录 D
(规范性附录)
碳流量检查

D.1 一般要求

排气中几乎所有细小部分的碳都来自燃料,而且几乎极少部分在排气中以 CO_2 形式出现。基于 CO_2 测量的方法可作为系统确认检查的基础。

从燃料流量可确定进入排气测量系统中的碳流量。排放和颗粒取样系统中各取样点处的碳流量根据那些点处 CO_2 浓度和气体流量确定。

就这一意义上来说,发动机提供了一个已知的碳流量源,观测排气管中和部分流 PM 颗粒取样系统出口处的同一碳流量,可以查验安全性及流量测量精确度。这种检查具有使部件在发动机实际试验温度和流量条件下运行的优点。

图 D.1 所示为应进行碳流量检查的取样点。下面还给出了各个取样点碳流量的特殊公式。

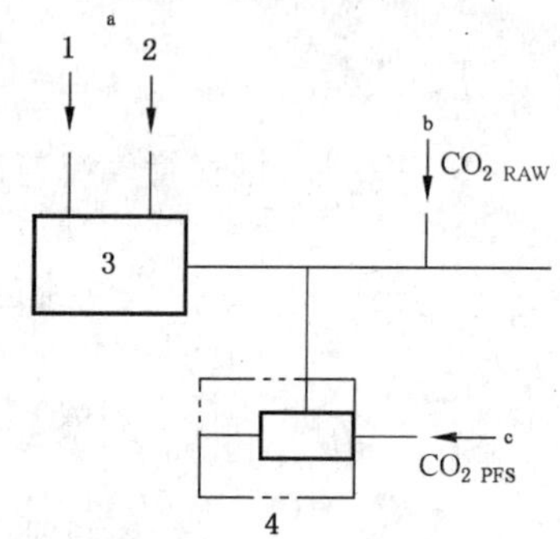

1——空气;
2——燃料;
3——发动机;
4——部分流系统。
[a] 位置 1。
[b] 位置 2。
[c] 位置 3。

图 D.1 碳流量检查测量点

D.2 进入发动机的碳流量(位置 1)

对于分子式为 $C_\beta H_\alpha O_\varepsilon$ 形式的燃料,进入发动机的碳质量流量由如下公式确定:

$$q_{mCf} = \frac{12\beta}{12\beta + \alpha + 16\varepsilon} \times q_{mf} \qquad \text{(D.1)}$$

式中:

q_{mf}——燃料质量流量,单位为千克每秒(kg/s)。

D.3 原始排气中的碳流量(位置 2)

发动机排气管中碳质量流量应由原始排气中 CO_2 浓度和排气质量流量确定:

$$q_{mCe} = \left(\frac{c_{CO_2,r} - c_{CO_2,a}12\beta}{100}\right) \times q_{mew} \times \frac{12}{M_{r,e}} \qquad \text{(D.2)}$$

式中：

$c_{CO_2,r}$——原始排气中湿 CO_2 浓度,%;

$c_{CO_2,a}$——环境空气中湿 CO_2 浓度,%(约为 0.04%);

q_{mew}——湿基排气质量流量,单位为千克每秒(kg/s);

$M_{r,e}$——排气摩尔质量。

D.4 部分流稀释系统中的碳流量(位置 3)

对于部分流稀释系统,必须考虑分流比。碳流量由稀释 CO_2 浓度、排气质量流量和样气流量确定：

$$q_{mCp} = \left(\frac{c_{CO_2,d} - c_{CO_2,a}}{100}\right) \times q_{mdew} \times \frac{12}{M_{r,e}} \times \frac{q_{mew}}{q_{mp}} \qquad \text{(D.3)}$$

式中：

$c_{CO_2,d}$——稀释通道出口处稀释排气中湿 CO_2 浓度,%;

$c_{CO_2,a}$——环境空气中湿 CO_2 浓度,%(约为 0.04%);

q_{mew}——湿基排气质量流量,单位为千克每秒(kg/s);

q_{mp}——进入部分流稀释系统的排气样气流量,单位为千克每秒(kg/s);

$M_{r,e}$——排气摩尔质量。

如果测得的 CO_2 浓度为干基浓度,则应按 9.3.5 将其转化为湿基浓度。

附 录 E
（资料性附录）
气样的计算程序（原始排气/部分流）示例

E.1 理论计算的基础数据

氢原子质量	1.007 94 g/atom
碳原子质量	12.011
硫原子质量	32.065
氮原子质量	14.006 7
氧原子质量	15.999 4
水的摩尔质量	18.015 34 g/mol
二氧化碳的摩尔质量	44.01 g/mol
一氧化碳的摩尔质量	28.011 g/mol
氧的摩尔质量	31.998 8 g/mol
氮的摩尔质量	28.011 g/mol
氮氧化物的摩尔质量	30.008 g/mol
二氧化氮的摩尔质量	46.01 g/mol
二氧化硫的摩尔质量	64.066 g/mol
水的摩尔体积	22.414 L/mol
二氧化碳的摩尔体积	22.414 L/mol
氧的摩尔体积	22.414 L/mol
氮的摩尔体积	22.414 L/mol
氮氧化物的摩尔体积	22.414 L/mol
二氧化氮的摩尔体积	22.414 L/mol
二氧化硫的摩尔体积	22.414 L/mol

注：如果上面的基础组分值用于 9.3.4.3 的排放计算，则最终结果与 9.3.4.2 中以列表值 u 为基础的计算结果有点差别。

E.2 气体排放（柴油燃料）

下面是循环中用于瞬时质量排放计算的单点测量数据（以 1 Hz 的数据采集速率）。在此例中，CO 和 NO_x 以干基测量，HC 以湿基测量。HC 浓度用丙烷等价值（C3）给出，且需乘以 3 以得到与 C1 等价的结果。循环中其他点的计算程序一样。

$T_{a,i}$/ K	$H_{a,i}$/ (g/kg)	W_{act}/ (kW·h)	$q_{mew,i}$/ (kg/s)	$q_{maw,i}$/ (kg/s)	$q_{mf,i}$/ (kg/s)	$c_{HC,i}$/ ppm	$c_{CO,i}$/ ppm	$c_{NO_x,i}$/ ppm
295	8.0	40	0.155	0.150	0.005	30	100	500

应考虑下列燃料组分：

组　分	摩尔比	质量百分数
H	$\alpha=1.8529$	$w_{ALF}=13.45$
C	$\beta=1.0000$	$w_{BET}=86.5$
S	$\gamma=0.0002$	$w_{GAM}=0.050$
N	$\delta=0.0000$	$w_{DEL}=0.000$
O	$\varepsilon=0.0000$	$w_{EPS}=0.000$

步骤 1：干/湿基修正（见 9.3.5）

公式(17)：$k_f=0.055584\times13.45-0.0001083\times86.5-0.0001562\times0.05=0.7382$

公式(21)：$k_W=\left(1-\dfrac{1.2434\times8+111.12\times13.45\times\dfrac{0.005}{0.148}}{773.4+1.2434\times8+\dfrac{0.005}{0.148}\times0.7382\times1000}\right)\times1.0085=0.9331$

公式(20)：$c_{CO,i}$(湿基)$=100\times0.9331=93.3$ ppm

$c_{NO_x,i}$(湿基)$=500\times0.9331=466.6$ ppm

步骤 2：NO_x 的温度和湿度修正（见 9.3.6）

公式(25)：$k_{h,D}=\dfrac{1}{1-0.0182\times(8.00-1071)+0.0045\times(295-298)}=0.9654$

步骤 3：用表 6 中的 *u* 值计算瞬时质量排放（见 9.3.4.2）

公式(11)：$m_{HC,i}=0.000478\times30\times3\times0.155=0.00667$ g/s；

$m_{CO,i}=0.000966\times93.3\times0.155=0.01397$ g/s；

$m_{NO_x,i}=0.001587\times466.6\times0.9654\times0.155=0.1108$ g/s。

步骤 4：整个循环瞬时质量排放积分（见 9.3.4.2）

假定循环中各点排放相同，则 NRTC(1 238 s)的计算如下：

公式(11)：$m_{HC}=\sum_{i=1}^{1238}0.00667=8.26$ g/test

$m_{CO}=\sum_{i=1}^{1238}0.01397=17.29$ g/test

$m_{NO_x}=\sum_{i=1}^{1238}0.1108=137.17$ g/test

步骤 5：比排放的计算（见 9.3.7）

公式(27)：HC=8.26/40=0.207 g/(kW·h)；

CO=17.29/40=0.432 g/(kW·h)；

NO_x=137.17/40=3.43 g/(kW·h)。

E.3　颗粒排放（柴油燃料）

颗粒测量是基于整个循环中颗粒取样的方法，但也基于循环中单点气样和流量($q_{mew,i}$和$q_{medf,i}$)的测定。$q_{medf,i}$的计算依赖于所使用的系统。在下例中，使用的是 9.4.5 方法 a)规定的带流量测量的系统。

下面是在本例中假定的测量数据：

W_{act}/(kW·h)	$q_{mew,i}$/(kg/s)	$q_{mf,i}$/(kg/s)	$q_{mdw,i}$/(kg/s)	$q_{mdew,i}$/(kg/s)	m_f/mg	m_{sep}/kg
40	0.155	0.005	0.0015	0.0020	2.500	1.515

步骤 1：m_{edf}的计算（见 9.4.5）

公式(30)：$r_{dil,i}=\frac{0.002}{(0.002-0.0015)}=4$

公式(29)：$q_{medf,i}=0.155\times4=0.62\ \text{kg/s}$

公式(28)：$m_{edf}=\sum_{i=1}^{1238}0.62=767.6\ \text{kg/test}$

步骤 2：颗粒质量排放的计算（见 9.4.5）

公式(27)：$m_{PM}=\frac{2.5}{1.515}\times\frac{767.6}{1000}=1.267\ \text{g/test}$

步骤 3：比排放的计算（见 9.4.7）

公式(34)：$PM=1.267/40=0.032\ \text{g/(kW}\cdot\text{h)}$

附　录　F
（资料性附录）
阶跃工况循环（RMC）

表 F.1　阶跃工况循环

工　况	转　速	扭矩/%	30 min 循环时间/s
1	怠速	无负荷	126
2	中间转速	100	159
3	中间转速	50	160
4	中间转速	75	162
5	额定转速	100	246
6	额定转速	10	164
7	额定转速	75	248
8	额定转速	50	247
9	怠速	无负荷	128

附 录 G
（规范性附录）
统 计 公 式

本附录包含了在GB/T 8190的本部分所用到的统计公式。

a） 算术平均值。算术平均值 $\bar{x}$ 按下式计算：

$$\bar{x} = \frac{\sum_{i=1}^{n} x_i}{n} \quad \cdots\cdots(G.1)$$

b） 标准偏差。标准偏差 s 按下式计算：

$$s = \sqrt{\frac{\sum_{i=1}^{n} (x_i - \bar{x})^2}{n-1}} \quad \cdots\cdots(G.2)$$

c） 斜率。最小二乘法回归斜率 a_1 按下式计算：

$$a_1 = \frac{\sum_{i=1}^{n} (y_i - \bar{y}) \times (x_i - \bar{x})}{\sum_{i=1}^{n} (x_i - \bar{x})} \quad \cdots\cdots(G.3)$$

d） 截距。最小二乘法回归截距 a_0 按下式计算：

$$a_0 = \bar{y} - (a_1 \times \bar{x}) \quad \cdots\cdots(G.4)$$

e） 标准估算误差。标准估算误差 $S_{y,x}$ 按下式计算：

$$S_{y,x} = \sqrt{\frac{\sum_{i=1}^{n} [y_i - a_0 - (a_1 - x_i)]^2}{n-2}} \quad \cdots\cdots(G.5)$$

f） 决定系数。决定系数 r^2 按下式计算：

$$r^2 = \sqrt{\frac{\sum_{i=1}^{n} [y_i - a_0 - (a_1 - x_i)]^2}{\sum_{i=1}^{n} (y_i - \bar{y})^2}} \quad \cdots\cdots(G.6)$$

ICS 67.120.01
B 45

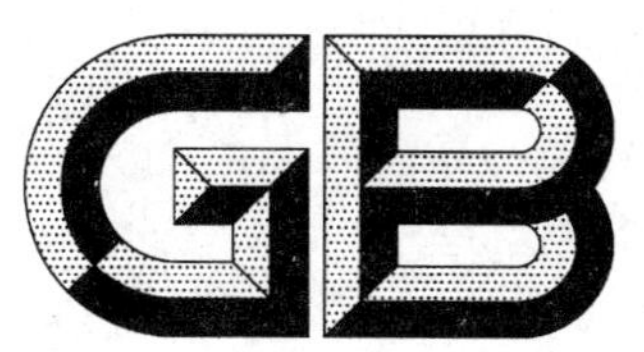

中华人民共和国国家标准

GB/T 8211—2009
代替 GB/T 8211—1987,GB/T 8212—1987,GB/T 8213—1987,GB/T 8214—1987

猪　　　鬃

Bristles

2009-07-08 发布　　　　2009-12-01 实施

中华人民共和国国家质量监督检验检疫总局
中国国家标准化管理委员会 发布

前　言

本标准代替 GB/T 8211—1987《出口猪鬃》、GB/T 8212—1987《出口染色猪鬃》、GB/T 8213—1987《出口漂白猪鬃》、GB/T 8214—1987《出口水煮猪鬃》。

本标准与 GB/T 8211～8214—1987 相比，主要变化如下：

——标准名称统称为"猪鬃"；

——增加了"3　术语和定义"；

——对 GB/T 8211～8214—1987"3　规格"进行修改，形成本标准"4.2　规格"；

——对 GB/T 8211～8214—1987"5　卫生条件"进行扩充，增加了原料来源防疫和产品霉斑、血渍、粪污等内容，形成本标准"5.1　安全卫生要求"；

——对 GB/T 8211～8214—1987"2　品质条件"和"4　杂质"进行合并、修改和扩充，形成本标准"5.2　品质要求"；

——增加了"6.5　结果评定"、"7.3　贮存"、"7.4　运输"。

本标准的附录 A、附录 B 和附录 C 均为规范性附录。

本标准由国家认证认可监督管理委员会提出并归口。

本标准主要起草单位：中华人民共和国湖南出入境检验检疫局。

本标准主要起草人：甘邵林、黄志强、刘铭孝、万向阳、吴愈柏、颜小平、王可丹、冯汉利、储海辉、申志波、徐共和。

本标准所代替标准的历次版本发布情况为：

——GB/T 8211—1987；

——GB/T 8212—1987；

——GB/T 8213—1987；

——GB/T 8214—1987。

猪　　鬃

1　范围

本标准规定了猪鬃的产品规格，质量要求、检验以及包装、标识、贮存、运输。

本标准适用于包括水煮或未经水煮、染色、漂白的各类猪鬃。

2　规范性引用文件

下列文件中的条款通过本标准的引用而成为本标准的条款。凡是注日期的引用文件，其随后所有的修改单(不包括勘误的内容)或修订版均不适用于本标准，然而，鼓励根据本标准达成协议的各方研究是否可使用这些文件的最新版本。凡是不注日期的引用文件，其最新版本适用于本标准。

GB/T 8215—2009　猪鬃检验方法

GB/T 18088　出入境动物检疫采样

SN 0331　出口畜产品中炭疽杆菌检验方法

3　术语和定义

下列术语和定义适用于本标准。

3.1

猪鬃　bristles

主要能适于制刷用途的猪的鬃毛的统称。

3.2

染色猪鬃　dyed brist les

猪鬃经染色加工后成为另外一种颜色的猪鬃产品。

3.3

漂白猪鬃　bleached white bristles

原白猪鬃经漂白加工后之全白色猪鬃产品。

3.4

水煮猪鬃　boiled bristles

经高温水煮加工后之猪鬃产品。

3.5

长度　length;size

成品鬃把基部至顶部的距离，又称尺码。

3.6

足尺成分　tops-percentage

从规定之冲尺部分起至缩尺部分止的鬃所占的比率，又称足尺率。

3.7

冲尺　over length

本尺码正线以上部分的鬃。

3.8

缩尺　less length

本尺码正线以下部分的鬃。

3.9

足尺　sufficient length

从规定之冲尺部分起至缩尺部分止的鬃，又称分头。

3.10

不足尺　insufficient length

从规定之缩尺界限起到再下缩(二档)或到再下缩(三档)之规定范围止的鬃，又称软尺。

3.11

平线　fit length

把鬃梢与规定线平齐者，又称平尺。

3.12

盖线　top-percentage reach length

鬃梢盖没规定尺码线者。

3.13

底盘　roots

成品鬃把的底部，又称鬃兜。

3.14

顺鬃　root-sorted bristles

已分清根梢，捆绳或箍圈扎于根部的成品鬃把，又称顺货或一头根。

3.15

倒根　reversed hair

成品鬃把内鬃身颠倒了鬃毛，又称倒毛。

注：成撮倒根(Tufted reversed hair)系指成品鬃把内鬃身颠倒了的鬃毛有三根聚集在一处。

3.16

色泽　lustre

成品猪鬃应具有本品种的本色光泽。

3.17

异色鬃条　abnormal hair

本色鬃以外的其他颜色的鬃毛。

3.18

短鬃；顺鬃下脚　shorts

顺鬃从规定之不足尺界限以下的鬃毛。

3.19

扎子　rifling

用短猪鬃做成的成品鬃把，该鬃把两端均有平齐的鬃根，其梢交叉朝向中间，渝、汉鬃扎子，捆绳是逢中腰扎，青鬃扎子，捆绳是上、中、下扎三道。

3.20

挺直鬃　rigid bristles

水煮猪鬃条挺直或有弯曲，但弯曲不得超出 2 mm 间距的两平行线。

3.21

弯鬃　curve bristles

弯度超过 2 mm 间距的两平行线或有两个以上弯曲之鬃。

3.22

卷梢鬃　tip-curved bristles

不分鬃条挺直，凡鬃梢卷曲者均称卷梢鬃。

4 产品规格

4.1 商品名称

4.1.1 地域分类

我国猪鬃经加工整理成品后，根据产地及当地加工整理方法和成分搭配商品名称分为六大类，并在贸易市场上流通使用。六大类分别如下：

a) 天津猪鬃(TIENTSIN Bristles)：俗称津鬃，包括天津黑、白、花猪鬃；

b) 东北猪鬃(NORTHEAST Bristles)：俗称东北鬃，包括东北黑、白、花猪鬃；

c) 青岛猪鬃(TSINGTAO Bristles)：俗称青鬃；包括青岛黑、白、花猪鬃；

d) 汉口猪鬃(HANKOW Bristles)：俗称汉鬃，包括汉口黑、白、花猪鬃；

e) 上海猪鬃(SHANGHAI Bristles)：俗称申鬃，包括上海黑、白、花猪鬃；

f) 重庆猪鬃(CHUNGKING Bristles)：俗称渝鬃，包括重庆黑、白、花猪鬃。

4.1.2 加工方式分类

4.1.2.1 染色猪鬃

染色猪鬃则在地域类别后加“染 X(色)”字样；如：“青岛染黄猪鬃”、“天津染黑猪鬃”等。

4.1.2.2 漂白猪鬃

漂白猪鬃则在地域类别后加“漂白”字样；如：“汉口漂白猪鬃”、“重庆漂白猪鬃”等。

4.1.2.3 水煮猪鬃

如经水煮的猪鬃则在花色品种后加“水煮”；如：“汉口白水煮猪鬃”、“重庆花水煮猪鬃”等。

4.2 规格

4.2.1 足尺成分

4.2.1.1 水煮或未经水煮的猪鬃足尺成分

水煮或未经水煮的猪鬃足尺成分见附录 A 中表 A.1。

4.2.1.2 染色或漂白猪鬃足尺成分

染色或漂白猪鬃足尺成分见附录 A 中表 A.2。

4.2.2 冲尺

4.2.2.1 水煮或未经水煮的猪鬃冲尺

38 mm～146 mm$\left(1\frac{1}{2}\ \text{in}\sim5\frac{3}{4}\ \text{in}\right)$规格长度冲尺为 1.6 mm$\left(\frac{1}{16}\ \text{in}\right)$，152 mm(6 in)及以上规格冲尺 4.8 mm$\left(\frac{3}{4}\ \text{in}\right)$。

4.2.2.2 染色猪鬃冲尺

51 mm～95 mm$\left(2\ \text{in}\sim3\frac{3}{4}\ \text{in}\right)$各规格在本尺码正线以上冲尺 1.6 mm$\left(\frac{1}{16}\ \text{in}\right)$。

4.2.2.3 漂白猪鬃冲尺

38 mm～152 mm$\left(1\frac{1}{2}\ \text{in}\sim6\ \text{in}\right)$各规格在本尺码正线以上冲尺 1.6 mm$\left(\frac{1}{16}\ \text{in}\right)$。

4.2.3 缩尺

各种品名及规格的猪鬃 38 mm～152 mm$\left(1\frac{1}{2}\ \text{in}\sim6\ \text{in}\right)$以上缩尺均为 6.4 mm$\left(\frac{1}{4}\ \text{in}\right)$。

4.2.4 鬃把及底盘规定

4.2.4.1 未经水煮猪鬃鬃把及底盘规定

未经水煮猪鬃底盘直径为 51 mm(2 in)，公差±2 mm。扎子鬃把周长为 229 mm，公差＋1.6 mm$\left(\frac{1}{16}\ \text{in}\right)$。鬃把捆扎的松紧度要适宜。

4.2.4.2 水煮猪鬃鬃把及底盘规定

水煮猪鬃底盘直径为76 mm(3 in),公差±2 mm。鬃把捆扎松紧度适宜。

4.2.4.3 染色猪鬃鬃把及底盘规定

染色猪鬃底盘直径为76 mm(3 in),公差±2 mm。鬃把捆扎松紧度适宜。

4.2.4.4 漂白猪鬃鬃把及底盘规定

漂白猪鬃底盘直径为38 mm$\left(1\frac{1}{2}\text{ in}\right)$,公差±2 mm。鬃把捆扎松紧度适宜。

5 质量要求

5.1 安全卫生要求

a) 猪鬃产品的原料应来自安全非疫区的健康猪只,原料及产品流通交易过程中应有国家相关部门的检疫证明;

b) 猪鬃产品不得检出炭疽杆菌;

c) 猪鬃产品上不得附(带)有寄生虫;

d) 猪鬃产品不得有霉斑、血渍、粪污。

5.2 品质要求

5.2.1 外观品质

a) 手感光滑,色泽纯正(漂白鬃色泽洁白),梢部平整,搓揉均匀,无绒毛、勾毛、浮鬃,根部干净;

b) 鬃把内不得有人造鬃;

c) 应拣净兽禽毛、草棍及其他杂物,鬃根部残脂除净,鬃条上不得带有泥沙、污物;

d) 水煮或未经水煮猪鬃短鬃、倒根及纯色鬃内异色鬃条应符合附录B中表B.1的规定;染色及漂白猪鬃短鬃、倒根应符合附录A中表A.2的规定,漂白鬃异色鬃条应尽量拣尽。

5.2.2 气味

具有该品种猪鬃的正常气味,无异味。

5.2.3 水分

成品猪鬃中含水率不得高于15%。

5.2.4 含尘率

成品水煮或未经水煮猪鬃中含尘率不得大于0.5%;成品染色及漂白猪鬃含尘率不得大于0.2%。

5.2.5 色牢度(仅染色猪鬃适用)

实验室检测后滤纸上不得附着猪鬃所染之颜色。

5.2.6 挺直率及卷梢率(仅经水煮猪鬃适用)

水煮猪鬃挺直度及卷梢率应符合附录C中表C.1的规定。

6 检验

6.1 检验批

以同一生产要求、同一生产条件或同一报检批为一检验批。

6.2 抽样

6.2.1 品质抽样

规格、外观品质、气味鉴定、含尘率检验抽样,按GB/T 8215—2009中的5.1.1进行。

6.2.2 水分检测抽样

按GB/T 8215—2009中的5.1.2进行。

6.2.3 炭疽杆菌抽样(经水煮猪鬃除外)

炭疽杆菌按GB/T 18088的规定进行。

6.3 检验项目

包括：

a) 炭疽杆菌检验(经水煮猪鬃除外)；
b) 鬃条上寄生虫、血渍、粪污及霉斑检测；
c) 规格、外观鉴定；
d) 气味鉴定；
e) 水分测定；
f) 含尘率测定；
g) 色牢度检测(适用于染色猪鬃)；
h) 挺直度及卷梢率测定(适用于经水煮猪鬃)。

6.4 检验方法

6.4.1 炭疽杆菌检测

按 SN 0331 进行。

6.4.2 鬃条上寄生虫、血渍、粪污及霉斑检测

按 GB/T 8215—2009 中的 6.2 操作。

6.4.3 规格、外观鉴定

规格(长度、足尺、短鬃)及外观(包括外观品质、色泽、倒根、异色鬃)的检验，按 GB/T 8215—2009 中的 6.1.1、6.2、6.4、6.5、6.6、6.7 操作。

6.4.4 气味鉴定

按 GB/T 8215—2009 中的 6.3 操作。

6.4.5 水分测定

按 GB/T 8215—2009 中的 6.9 操作。

6.4.6 含尘率测定

按 GB/T 8215—2009 中的 6.10 操作。

6.4.7 色牢度检验

按 GB/T 8215—2009 中 6.11 操作。

6.4.8 挺直度及卷梢率(仅水煮染色鬃适用)

按 GB/T 8215—2009 中 6.8 操作。

6.5 结果评定

6.5.1 安全卫生

不符合 5.1 中任何一项规定时，则判该批产品不合格，且应在国家有关部门监督下进行处理。

6.5.2 规格、外观

涉及 4.2 和 5.2.1 的检验结果，按 GB/T 8215—2009 中表 1 进行合格判定。

6.5.3 气味、水分、含尘率、色牢度、挺直度及卷梢率

产品检验结果中气味不符合 5.2.2 要求，或水分、含尘率、色牢度、挺直度及卷梢率中任意一项超过 5.2.3、5.2.4、5.2.5、5.2.6 规定时，则判定该批产品为不合格。

7 包装、标识、贮存、运输

7.1 包装

产品应采用坚固耐用的纸箱包装，箱内衬垫防潮纸，以保证产品在正常的贮存和运输中不受潮、不受污染。

7.2 标识

内外包装标识应清晰，商标、品质、规格、数(重)量、出厂日期及批次号等应与内在货物相符。

7.3 **贮存**

产品贮存于专用库房内，库房应清洁、阴凉、干燥，通风良好，防鼠、防虫、防霉，定期对库房进行防疫消毒。

产品贮存时应垫放码架，距顶不小于 1 m，墙距、垛距不小于 0.5 m，不同品种规格分别堆放。

7.4 **运输**

运输工具应清洁卫生、干燥，不得来自疫区，不得与其他影响安全及卫生的物品混装，装载前进行防疫消毒。

附 录 A
（规范性附录）
猪鬃规格中长度、足尺成分及公差表（包括染色及漂白猪鬃短鬃、倒根）

表 A.1 水煮或未经水煮猪鬃规格中长度、足尺成分及公差

品名	色泽	长度/mm(in)	尺寸成分/%	公差/mm
天津（水煮）猪鬃	黑、白、花	$51\sim57\left(2\sim2\frac{1}{4}\right)$ $64\left(2\frac{1}{2}\right)$ 70～152 及以上$\left(2\frac{3}{4}\right.$～6 及以上)	40、60 70 80	44～57 及扎子为±4；64 及以上为±3。
东北（水煮）猪鬃	黑、白、花	$51\sim57\left(2\sim2\frac{1}{2}\right)$ $64\left(2\frac{1}{2}\right)$ 70～152 及以上$\left(2\frac{3}{4}\right.$～6 及以上)	40 70 80	
青岛（水煮）猪鬃	黑、白、花	扎子（黑、白）$44\left(1\frac{3}{4}\right)$ $44\left(1\frac{3}{4}\right)$ $51\sim64\left(2\sim2\frac{1}{2}\right)$ 70～152 及以上$\left(2\frac{3}{4}\right.$～6 及以上)	40 55 70 80	
汉口（水煮）猪鬃	黑、白、花	扎子 51(2) $44\sim51\left(1\frac{3}{4}\sim2\right)$ $57\sim70\left(2\frac{1}{4}\sim2\frac{3}{4}\right)$ 76～152 及以上（3～6 及以上）	40 55 60 70	
上海（水煮）猪鬃	黑、花	51～152(2～6)	40、70、80	
	白	$44\left(1\frac{3}{4}\right)$ 51～152 及以上（2～6 及以上）	55 90	
重庆（水煮）猪鬃	黑	51 $57\sim108\left(2\sim4\frac{1}{4}\right)$	55 60	
	黑、白、花	扎子（黑、白、花）51(2) $44\left(1\frac{3}{4}\right)$ 51～152 及以上（2～6 及以上）	40 55 90	

表 A.2 染色及漂白猪鬃长度足尺成分及公差、短鬃、倒根规定

品名	长度/mm	足尺成分		短鬃/%	倒根/根
		足尺/%	公差/mm		
染色猪鬃	51～95 51～64 70～95	60 70 80	±3	≤8	≤150
漂白猪鬃	38 44～152 及以上	60 90	±4 ±3	≤5 ≤2	≤150 ≤50
注：鬃把内不得含有成撮倒根。					

附　录　B
（规范性附录）
猪鬃外观品质中短鬃、倒根及纯色鬃内异色鬃条指标表

表 B.1　水煮或未经水煮猪鬃外观品质中短鬃、倒根及纯色鬃内异色鬃条指标

品　名	色　泽	长度/mm	短鬃/%	倒根/根	异色鬃条(花鬃除外)
东北、青岛、天津(水煮)猪鬃	扎子(青岛)	44	≤12	—	≤1%
	黑白花	44	≤14	≤500	≤250 根
		51	≤14	≤500	≤200 根
		57	≤10	≤500	≤150 根
		64	≤8	≤350	≤100 根
		70～76	≤5	≤200	≤50 根
		83～102	≤5	≤100	≤40 根
		108～152 及以上	≤5	≤50	≤20 根
重庆(水煮)猪鬃成分 60%	扎子	51	≤12	—	1%
	黑白花	44(成分 55%)	≤14	—	≤120 根
		51	≤14	≤300	≤100 根
		57	≤10	≤250	≤80 根
		64	≤8	≤150	≤50 根
		70	≤8	≤70	≤40 根
		76	≤6	≤70	≤30 根
		83～108	≤6	≤30	≤20 根
		114～152 及以上	≤6	≤20	≤10 根
重庆(水煮)猪鬃成分 90%	黑白花	44(成分 55%)	—	≤300	≤120 根
		51	≤2	≤250	≤100 根
		57	≤2	≤150	≤80 根
		64	≤2	≤100	≤50 根
		70	≤2	≤60	≤30 根
		76	≤2	≤60	≤30 根
		83～108	≤1.5	≤30	≤20 根
		114～152 及以上	≤1.5	≤20	≤10 根
汉口(水煮)猪鬃	扎子	51	≤12	—	1%
	黑白花	44	≤14	≤300	≤120 根
		51	≤14	≤300	≤100 根
		57	≤10	≤250	≤80 根
		64	≤8	≤150	≤50 根

表 B.1（续）

品　名	色　泽	长度/mm	短鬃/%	倒根/根	异色鬃条(花鬃除外)
汉口(水煮)猪鬃	黑白花	70	≤8	≤70	≤40 根
		76	≤5	≤70	≤30 根
		83～102	≤5	≤30	≤20 根
		108～152 及以上	≤5	≤20	≤10 根
上海(水煮)猪鬃	黑花	44	—	≤300	≤120 根
		51	≤7	≤300	≤100 根
		57	≤5	≤250	≤80 根
		64	≤5	≤150	≤50 根
		70～76	≤3	≤70	≤30 根
		83～102	≤3	≤30	≤20 根
		108～152 及以上	≤3	≤20	≤10 根
上海(水煮)猪鬃	白	44	≤14	≤300	≤120 根
		51	≤2	≤300	≤100 根
		57	≤2	≤250	≤80 根
		64	≤2	≤150	≤50 根
		70～76	≤2	≤70	≤30 根
		83～102	≤1.5	≤30	≤20 根
		108～152 及以上	≤1.5	≤20	≤10 根

注 1：鬃把内不得含有成撮倒根。

注 2：纯色鬃把外围不得存在异色鬃条，把内不得含有成撮异色鬃条。

附　录　C
（规范性附录）
水煮猪鬃挺直度及卷梢率指标

表 C.1　水煮猪鬃挺直度及卷梢率指标

品名	挺直猪鬃比例/%		卷稍鬃比例/%	
	44 mm～70 mm	76 mm～152 mm 及以上	44 mm～70 mm	76 mm～152 mm 及以上
上海水煮猪鬃	≥55	≥50	≤1	≤1.5
汉口水煮猪鬃	≥55	≥50	≤1	≤1.5
重庆水煮猪鬃	≥55	≥50	≤1	≤1.5
青岛水煮猪鬃	≥55	≥50	≤1	≤1.5
东北水煮猪鬃	≥40	≥35	≤1	≤1.5
天津水煮猪鬃	≥45	≥40	≤1	≤1.5

ICS 67.120.01
B 45

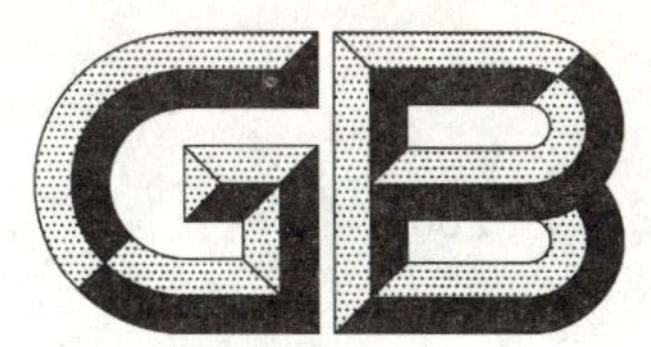

中华人民共和国国家标准

GB/T 8215—2009
代替 GB/T 8215—1987

猪鬃检验方法

Methods of inspection for bristles

2009-07-08 发布 2009-12-01 实施

中华人民共和国国家质量监督检验检疫总局
中国国家标准化管理委员会 发布

前　言

本标准代替 GB/T 8215—1987《出口猪鬃检验方法》。

本标准与 GB/T 8215—1987 相比，主要变化如下：

——去掉“出口”二字，定名为《猪鬃检验方法》；

——除采用 GB/T 8215—1987《出口猪鬃检验方法》中的术语和定义外，还增加部分术语和定义，如抽样批、试样等；

——增加了含尘率和色牢度测定方法；

——增加了挺直鬃检验方法。

本标准由中国国家认证认可监督管理委员会提出并归口。

本标准主要起草单位：中华人民共和国四川出入境检验检疫局。

本标准主要起草人：胡小宁、石坚、方晶。

本标准所代替标准的历次版本发布情况为：

——GB/T 8215—1987。

猪鬃检验方法

1 范围

本标准规定了猪鬃的术语和定义、检验抽样方案、检验项目和方法。

本标准适用于各种品种规格的猪鬃的检验。

2 规范性引用文件

下列文件中的条款通过本标准的引用而成为本标准的条款。凡是注日期的引用文件，其随后所有的修改单(不包括勘误的内容)或修订版均不适用于本标准，然而，鼓励根据本标准达成协议的各方研究是否可使用这些文件的最新版本。凡是不注日期的引用文件，其最新版本适用于本标准。

GB/T 2828.1 计数抽样检验程序 第1部分：按接收质量限(AQL)检索的逐批检验抽样计划

3 术语和定义

下列术语和定义适用于本标准。

3.1

猪鬃 bristles

主要能适于制刷用途的猪的鬃毛的统称。

3.2

抽样批 lot

一批出自同一个供货商同一的品种和规格的猪鬃。

3.3

试样 test sample

从实验室样品中抽取的、满足单个检测项目所需的样品。

3.4

长度 length；size

成品鬃把基部至顶部的距离，又称尺码。

3.5

冲尺 over length

本尺码正线以上部分的鬃。

3.6

缩尺 less length

本尺码正线以下部分的鬃。

3.7

足尺成分 tops-percentage

从规定之冲尺部分起至缩尺部分止的鬃所占的比率，又称足尺率。

3.8

不足尺 insufficient length

从规定之缩尺界限起到再下缩(二档)或到再下缩(三档)之规定范围止的鬃，又称软尺。

3.9

平线 tops fit length

把鬃梢与尺码正线平齐者，又称平尺。

3.10

盖线 tops over length

鬃梢超过规定尺码线者。

3.11

底盘 roots

成品鬃把的底部,又称鬃兜。

3.12

倒根 reversed hair

成品鬃把内鬃身颠倒的鬃毛,又称倒毛。

3.13

成撮倒根 tufted reversed hairs

成品鬃把内鬃身颠倒了的鬃毛有三根及以上聚集在一处者就叫成撮倒根。

3.14

顺鬃 root-sorted bristles

已分清根梢,捆绳或箍圈扎于根部的成品鬃把,又称一头根或顺货。

3.15

扎子 rifling

用短鬃做成的成品鬃把,该鬃把两端均有平齐的鬃根,其梢交叉朝向中间,渝、汉鬃扎子的捆绳是逢中腰扎,青鬃扎子的捆绳是上、中、下扎三道。

3.16

短鬃(顺鬃短鬃) shorts(shorts leftover hairs)

顺鬃从规定之不足尺界限以下的鬃毛。

3.17

异色毛 bnormal hair

本色鬃以外的其他颜色的鬃毛。

3.18

散把 dispersed bundie

成品鬃把散了,又称垮把。

3.19

亮线 tops less length

鬃梢亮出规定尺码线者,又称漏线。

3.20

挺直鬃 rigid bristles

水煮猪鬃条挺直或有弯曲,但弯曲不得超出 2 mm 间距的两平行线。

3.21

弯鬃 curve bristles

弯度超过 2 mm 间距的两平行线或有两个以上弯曲之鬃。

3.22

卷梢鬃 tip-curved bristles

不分鬃条挺直,凡鬃梢卷曲者均称卷梢鬃。

4 仪器和设备

4.1 检验台。

4.2 直角座尺（90°直角，精度 1 mm）。

4.3 天平，感量 0.01 g。

4.4 手尺（精度 1 mm）。

4.5 镊子。

4.6 密封式盛样筒（铝罐内径约 13 cm，高约 17 cm）。

4.7 电热恒温箱。

4.8 干燥器。

4.9 102 中速过滤纸。

4.10 烧杯 150 mL、250 mL、500 mL、1 000 mL。

4.11 直径 5 mm 玻璃棒。

4.12 规格约 40 cm×30 cm 的蓝、白色有机玻璃板，有间距约 2 mm 的两平行线。

5 抽样

5.1 抽样数量

5.1.1 品质检验样

品质检验抽样按 GB/T 2828.1 进行，采用一般检查水平为 I，正常检查一次抽样方案，抽样数量见表 1。大于 1 000 箱按表 1 做二次抽样。

表 1 一次正常抽样数量表

箱/(25 kg/箱)	批量范围/把	样本大小/把	合格判定数 Ac	不合格判定数 Re
1～8	150～1 200	32	5	6
9～22	1 201～3 200	50	7	8
23～67	3 201～10 000	80	10	11
68～234	10 001～35 000	125	14	15
235～1 000	35 001～150 000	200	21	22

5.1.2 水分检验样

5.1.2.1 开取箱数：100 箱以下，抽开 2 箱；100 箱以上者，每增加 100 箱，增开 1 箱，不足 100 箱者，以 100 箱计。

5.1.2.2 抽取把数：在被开之箱内，每箱取样 1 把。

5.2 抽样方法

在每批堆垛之上、中、下或四角任取出该批应开的箱数，带上医用橡皮手套，然后在被开箱内之任何一部位抽取鬃把，迅速装入密封式盛样筒内，并标明批箱号、鬃别与长度。品质、水分抽样同时进行，其开箱数量可互相结合，以两者最高开箱数量为限，同时分别取样和标明。

6 检验

6.1 规格测定

6.1.1 长度

将所取之成把样品，分批次、品种、鬃别、长度、整齐地排立于检验台上，目测比较其长度的高低，取出其中一般和较高或较低的鬃把，逐把分别置于直角座尺上，两眼平视，手卡鬃把的捆绳或箍圈，对准尺寸，测量高度。

6.1.2 底盘

在鬃把底盘用手尺测量其直径。

6.2 外观

将已测长度之鬃把样品,逐把在自然光源的顺光下,一手握住鬃把底盘,另一手从鬃把梢部掰开其中心,徐徐拨动,仔细观察,检验色泽外观,手感光滑,梢部平整,搓揉均匀,无绒毛、勾毛、无浮鬃现象,根部平整干净,鬃条上无寄生虫,鬃条上无霉斑,鬃把内不得有人造鬃。

6.3 气味

将鬃把样品,逐把嗅辨其气味。

6.4 足尺

6.4.1 试样制备:将所取之成把样品,任取其约四分之一水洗鬃或约六分之一水煮鬃试样,制样时应防止短鬃失落,备作足尺检验用。

6.4.2 手拔:将所取试样,就根部整理平齐,用细绳捆住,拔其尖梢部,随拔随整理,随时用尺测量,防止短鬃失落和带入,以拔至所规定之缩尺为止,将所拔鬃条分别放置,分别衡其质量再按式(1)计算其足尺百分率。

$$T = \frac{m_1}{m} \times 100 \qquad \cdots\cdots(1)$$

式中:

T——足尺率,%;

m_1——足尺质量,单位为克(g);

m——试样质量,单位为克(g)。

6.5 短鬃

6.5.1 顺鬃的短鬃检验

6.5.1.1 试样制备:将所抽取之成把样品,任取其约四分之一或六分之一试样(取时防止短鬃失落),备作短鬃检验用。

6.5.1.2 手拔:按6.4.2操作,但应拔至所规定之不足尺界限为止,将所拔鬃条分别放置,分别衡其质量,再按式(2)计算其短鬃百分率。

$$S = \frac{m_2}{m} \times 100 \qquad \cdots\cdots(2)$$

式中:

S——短鬃率,%;

m_2——短鬃质量,单位为克(g);

m——试样质量,单位为克(g)。

6.5.2 扎子的短鬃检验

6.5.2.1 试样制备:将所取之成把样品,任意在边缘约2 cm处及其中部共取约2 g试样,制样时应防止短鬃失落,备作扎子的短鬃检验用。

6.5.2.2 测量操作:将所取试样,放在与本鬃色别有显著区别之纸板或木板上,再逐根放置于相距31.75 mm($1\frac{1}{4}$ in)的两平行线内测量,将超出平行线以上的和与平行线平齐及其以下的鬃条分别放置。分别衡其质量,再按式(2)计算其短鬃百分率。

6.6 倒根

6.6.1 成撮倒根

目测,将所取之成把试样,在光线充足之处,按根与梢各自不同的特点,目测鬃把的梢部,清点成撮倒根数目。

6.6.2 分散倒根

手揉,将所取之成把试样,解其扎绳或箍圈后,再将鬃把的梢部墩平,轻轻倒转过来,用双手揉动,倒根会自然现出,再用捆绳捆住其鬃把的根部,清点分散倒根数目。

6.7 异色毛

将所取之试样，放在显著区别之纸板或木板上，逐根选择出异色鬃条。

6.8 挺直度

6.8.1 混取试样

在待检样品中，将所取的鬃把用直径 5 mm 玻璃棒在猪鬃底盘均匀布点，捅出约 500 根作为一个试样并用细棉绳松散地缠住，分别编号登记，备作挺直度检测试验用。

6.8.2 方法

取 500 mL 温度不低于 90 ℃蒸馏水于烧杯中，将所备试样平放在烧杯内，淹没浸烫 5 min，取出甩干水，平摊在玻璃板上，再放入 40 ℃恒温箱内烘 2 h 取出，然后放入干燥器，冷却 2 h 后备用。

6.8.3 检验

将上述干燥器内的试样，逐根放在底面衬有间距约 2 mm 平行线的检测板上；按根条顺序任意检测 200 根，将已检测的挺直鬃、弯鬃、卷梢鬃分别放置计数，并计算各种鬃的百分率。

6.9 水分

取干净的空铝罐放在烘箱内，在 105 ℃下烘至恒重。

将抽取的样品鬃把，取下捆鬃绳或纸圈，置于已烘至恒重之铝罐内，每罐一把，称其质量(精确至 0.01 g)，总质量减去空铝罐质量，即为试样质量。

将样鬃及铝罐放入烘箱中，将罐盖置于罐身旁，在 105℃温度下烘至恒重，记录数值，结果按式(3)计算：

$$H = \frac{m_3 - m_4}{m_3} \times 100 \qquad \cdots\cdots(3)$$

式中：

H——含水率，%；

m_3——烘前试样重，单位为克(g)；

m_4——烘干后试样重，单位为克(g)。

6.10 含尘率

取试样约 120 g，同滤纸一道放入 100 ℃恒温干燥箱内，烘 2 h 后取烘干的试样 100 g，再称量烘干后的滤纸，并记录数值。

将试样 100 g 放入盛有 1 000 mL 常温蒸馏水的烧杯中，浸泡 10 min 后，搅拌 5 min，捞出并淋水，把滤纸放在漏斗上过滤洗涤后的污水，然后将滤纸放入 100 ℃的恒温干燥箱内，烘 2.5 h 后，取出滤纸，挑出碎毛，称量滤纸，记录数值，结果按式(4)计算：

$$R = \frac{m_5 - m_6}{m_5} \times 100 \qquad \cdots\cdots(4)$$

式中：

R——含尘率，%；

m_5——未过滤烘干后的滤纸质量，单位为克(g)；

m_6——已过滤烘干后的滤纸质量，单位为克(g)。

6.11 色牢度

取染色鬃试样 50 g，置于 500 mL 的 97 号汽油中浸泡 10 min 后取出，将白色中性滤纸放入浸泡过染色鬃的汽油中，取出查看滤纸颜色。

ICS 01.120
A 00

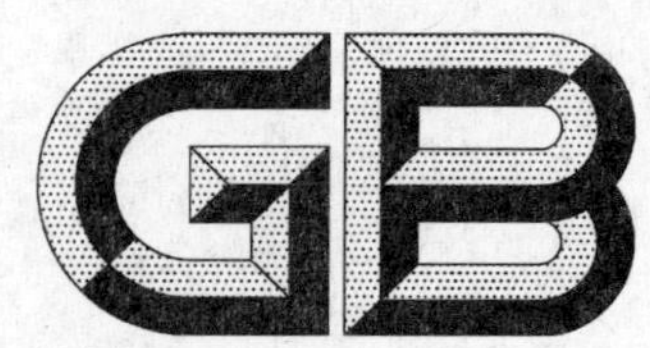

中华人民共和国国家标准

GB/T 8223.1—2009
部分代替 GB/T 8223—1987

价值工程 第1部分:基本术语

Value engineering—Part 1:General terms

2009-05-06 发布　　2009-11-01 实施

中华人民共和国国家质量监督检验检疫总局
中国国家标准化管理委员会　发布

前　　言

GB/T 8223《价值工程》分为以下两个部分：

——第1部分：基本术语；

——第2部分：一般工作程序。

本部分为GB/T 8223的第1部分。

本部分代替GB/T 8223—1987《价值工程　基本术语和一般工作程序》的“基本术语”部分内容，有关“一般工作程序”的内容将被本文件的第2部分代替。本部分与GB/T 8223—1987的“基本术语”部分内容相比主要变化如下：

——增加了“方案创新”、“价值替代方案”、“功能分析”、“功能定义”、“功能整理”、“功能计量”、“价值工程工作程序”、“价值工程师”、“价值工程工作组”九个术语及其定义；

——删除了“功能系统图”、“上位功能和下位功能”、“同位功能”、“总功能”、“末位功能”、“功能区域”六个术语及其定义；

——修改了“不足功能”、“过剩功能”、“功能目前成本”的定义；

——将“价值工程对象”作为术语加以定义；

——将“基本功能”、“品位功能”的定义中适合做注的内容，调整为它们的注；

——增加了对术语“寿命周期成本”的注。

本部分由中国标准化研究院提出并归口。

本部分起草单位：中国标准化研究院、中国高等教育学会价值工程分会、北京价值工程学会。

本部分主要起草人：逄征虎、白殿一、邱菀华、沈明、赵文慧、赵朝义、刘慎斋。

本部分于1987年首次发布，本次为第一次修订。

引　言

在价值工程(value engineering;VE)的发展历程以及在不同领域的应用中,还有几个不同的称谓,如价值分析(value analysis;VA)、价值管理(value management;VM)。这些术语之间没有本质的差别,在实际应用当中,它们有时可以互相替代。

价值工程 第1部分:基本术语

1 范围

GB/T 8223 的本部分规定了价值工程的基本术语及其定义。

本部分适用于价值工程活动。

2 一般术语

2.1

价值工程 value engineering

通过各相关领域的协作,对研究对象的功能和费用进行系统分析,持续创新,旨在提高研究对象价值的一种管理思想和管理技术。

2.2

价值工程对象 value engineering subject

为获取功能而发生费用的事物。

注:价值工程对象可以是产品、过程、服务等或它们的组成部分。以下简称“对象”。

2.3

价值 value

对象所具有的功能与获得该功能所发生费用之比。

2.4

方案创新 proposal innovation

〈价值工程〉为满足已明确的或潜在的功能需求而开发新构想或新方案的活动。

注:方案创新包括提出客观环境中尚未存在的创新方案或采用客观环境中已经存在的方案。

2.5

替代方案 value alternatives

〈价值工程〉用其他的途径或方法满足对象所需功能并提升对象价值的方案。

3 “功能”术语

3.1

功能 function

对象能满足某种需求的效用或属性。

3.2

基本功能 basic function

与对象的主要目的直接有关的功能。

注:基本功能是对象存在的主要理由。

3.3

辅助功能 supporting function

为更好实现基本功能服务的功能。

3.4

使用功能 use function

对象具有的与技术经济用途直接有关的功能。

3.5

品位功能　esteem function

与使用者的精神感觉、主观意识有关的功能。

注：品位功能包括贵重功能、美学功能、外观功能、欣赏功能等。

3.6

必要功能　necessary function

为满足使用者的需求而必须具备的功能。

3.7

不必要功能　unnecessary function

对象具有的与满足使用者需求无关的功能。

3.8

不足功能　insufficient function

对象尚未足量满足使用者需求的必要功能。

3.9

过剩功能　plethoric function

对象具有的超量满足使用者需求的必要功能。

3.10

功能分析　function analysis

为完整描述各功能及其相互关系而对各功能进行定性和定量的系统分析过程。

注：功能分析包括功能的定义、整理和计量。

3.10.1

功能定义　function definition

就对象功能的内容和本质属性进行准确而简洁的表述。

3.10.2

功能整理　function reorganization

从功能系统的角度，将对象含有的各项功能按照特定的逻辑关系进行整理和排列。

注：功能整理通常用功能系统图(FAST 图)直观地描述对象功能得以实现的各项细分功能的逻辑关系。

3.10.3

功能计量　function measurement

在功能定性分析基础上对各项功能的定量分析。

4 "成本"术语

4.1

寿命周期成本　life cycle cost

从对象的研究、形成到退出使用所需的全部费用。

注：对于一个产品，寿命周期成本指有关这个产品的包括策划、设计、采购、生产、经营、维护、使用和处置等所发生费用的总和。

4.2

功能成本　function cost

按功能计算的全部费用。

4.2.1

功能目前成本　present cost of function

功能现有的实际成本。

4.2.2

功能目标成本　target cost of function

为功能设定的成本目标值。

5　价值工程组织管理的术语

5.1

价值工程工作程序　value engineering work program

开展价值工程活动的系统步骤。

5.2

价值工程师　value engineer

应用价值工程提升对象价值的专业工程师。

5.3

价值工程工作组　value team

价值工程项目活动的参与者组成的团队。

注：团队是根据价值工程活动目标的需要，由技术、经济、管理方面的有关专业人员组成。

参 考 文 献

［1］ EN 1325 Vocabulary for value management, value analysis and functional analysis

［2］ SAVE Value Standard and Body of Knowledge

［3］ Robert B. Stewart . Fundamentals of Value Methodology. Value Management Strategies, Inc. 2005.

汉语拼音索引

英文对应词索引

B

E

F

I

L

N

P

S

T

U

V

STANDARDS PRESS OF CHINA

ICS 67.200.10
X 14

中华人民共和国国家标准

GB/T 8234—2009
代替 GB/T 8234—1987

蓖麻籽油

Castor oil

2009-09-30 发布　　2010-01-01 实施

中华人民共和国国家质量监督检验检疫总局
中国国家标准化管理委员会　发布

前　言

本标准是对GB/T 8234—1987《蓖麻籽油》的修订。

本标准与GB/T 8234—1987的主要技术差异如下：

——修改了标准的范围；

——增加了规范性引用文件；

——增加了术语和定义；

——规范了技术要求的格式；

——增加了检验规则；

——增加了有关标签标识的规定；

——修改了包装、储存和运输。

本标准自实施之日起代替GB/T 8234—1987《蓖麻籽油》。

本标准的附录A为规范性附录。

本标准由国家粮食局提出。

本标准由全国粮油标准化技术委员会归口。

本标准起草单位：国家粮食储备局西安油脂科学研究设计院、武汉工业学院。

本标准主要起草人：孟橘、何东平、倪芳妍。

本标准所代替标准的历次版本发布情况为：

——GB/T 8234—1987。

蓖 麻 籽 油

1 范围

本标准规定了蓖麻籽油的术语和定义、质量要求、检验方法、检验规则、标签以及包装、储存和运输的要求。

本标准适用于以蓖麻籽为原料加工的工业用商品蓖麻籽油。

2 规范性引用文件

下列文件中的条款通过本标准的引用而成为本标准的条款。凡是注日期的引用文件，其随后所有的修改单(不包括勘误的内容)或修订版均不适用于本标准，然而，鼓励根据本标准达成协议的各方研究是否可使用这些文件的最新版本。凡是不注日期的引用文件，其最新版本适用于本标准。

GB/T 5524 动植物油脂 扦样(GB/T 5524—2008,ISO 5555:2001,IDT)

GB/T 5525 植物油脂 透明度、气味、滋味鉴定法

GB/T 5526 植物油脂检验 比重测定法

GB/T 5527 植物油脂检验 折光指数测定法

GB/T 5528 动植物油脂 水分及挥发物含量测定(GB/T 5528—2008,ISO 662:1998,IDT)

GB/T 5529 植物油脂检验 杂质测定法

GB/T 5530 动植物油脂 酸值和酸度测定(GB/T 5530—2005,ISO 660:1996,IDT)

GB/T 5532 动植物油脂 碘值的测定(GB/T 5532—2008,ISO 3961:1996,MOD)

GB/T 5534 动植物油脂 皂化值的测定(GB/T 5534—2008,ISO 3657:2002,MOD)

GB/T 6682 分析实验室用水规格和试验方法(GB/T 6682—2008,ISO 3696:1987,MOD)

GB/T 22460 动植物油脂 罗维朋色泽的测定(GB/T 22460—2008,ISO 15305:1998,IDT)

3 术语和定义

下列术语和定义适用于本标准。

3.1

蓖麻籽油 castor oil

蓖麻籽经压榨或浸出等工艺制取的油脂。

3.2

折光指数 refractive index

光线从空气中射入油脂时，入射角与折射角的正弦之比值。

3.3

相对密度 relative density

规定温度下的植物油的质量与同体积 20 ℃蒸馏水的质量之比值。

3.4

碘值 iodine value

在规定条件下与 100 g 油脂发生加成反应所需碘的克数。

3.5

皂化值 saponification value

皂化 1 g 油脂所需的氢氧化钾毫克数。

3.6

乙酰值 acetyl value

中和皂化 1 g 乙酰化油脂产生的乙酸所需氢氧化钾的毫克数。

3.7

色泽 colour

油脂本身带有的颜色和光泽，主要来自于油料中的油溶性色素。

3.8

透明度 transparency

油脂可透过光线的程度。

3.9

水分及挥发物含量 moisture and volatile matter content

在规定的试验条件下，油脂试样中失去物质占试样的质量分数。

3.10

不溶性杂质含量 insoluble impurity content

油脂中不溶于醇类等有机溶剂的物质占试样的质量分数。

3.11

酸值 acid value

中和 1 g 油脂中所含游离脂肪酸需要的氢氧化钾毫克数。

4 质量要求

4.1 特征指标

特征指标见表 1。

表 1 蓖麻籽油特征指标

项目		指标
折光指数 n^{20}		1.476 5～1.481 0
相对密度 d_4^{20}		0.951 5～0.967 5
碘值(I_2)/(g/100 g)		80～88
皂化值(KOH)/(mg/g)		177～187
乙酰值(KOH)/(mg/g)	≥	140

4.2 质量指标

质量指标见表 2。

表 2 蓖麻籽油质量指标

项　目		质量指标	
		一级	二级
色泽(罗维朋比色槽 25.4 mm)	≤	黄 20，红 1.5	黄 20，红 3.5
气味		具有蓖麻籽油固有的气味	
透明度		透明	允许微浊
水分及挥发物含量/%	≤	0.10	0.20
不溶性杂质含量/%	≤	0.05	0.10
酸值(KOH)/(mg/g)	≤	2.0	4.0

5 检验方法

5.1 透明度、气味检验:按 GB/T 5525 执行。

5.2 色泽检验:按 GB/T 22460 执行。

5.3 相对密度检验:按 GB/T 5526 执行。

5.4 折光指数检验:按 GB/T 5527 执行。

5.5 水分及挥发物检验:按 GB/T 5528 执行。

5.6 不溶性杂质检验:按 GB/T 5529 执行。

5.7 酸值检验:按 GB/T 5530 执行。

5.8 碘值检验:按 GB/T 5532 执行。

5.9 皂化值检验:按 GB/T 5534 执行。

5.10 乙酰值检验:按本标准附录 A 执行。

6 检验规则

6.1 扦样

按照 GB/T 5524 执行。

6.2 出厂检验

6.2.1 应逐批检验,并出具检验报告。

6.2.2 出厂检验项目按本标准 4.2 执行。

6.3 型式检验

6.3.1 原料、设备、工艺有较大变化或质量监督部门提出要求时,均应进行型式检验。

6.3.2 型式检验项目按本标准第 4 章执行。

6.4 判定规则

6.4.1 产品未标注质量等级时,按不合格判定。

6.4.2 各等级产品的指标中有一项不合格时,即判定为不合格产品。

7 标签标识

7.1 凡标识“蓖麻籽油”的产品均应符合本标准。

7.2 应注明产品原料原产国。

7.3 应醒目标识如下文字:本品为工业用油,不得供人食用及饲喂动物。

8 包装、储存和运输

8.1 包装

应符合国家有关规定和要求。

8.2 储存

应储存于阴凉、干燥及避光处,不得与食用油脂混存。

8.3 运输

运输中应注意安全,防止日晒、雨淋、渗漏、污染和标签脱落。散装产品应用专车运输,保持车辆清洁。

附 录 A
（规范性附录）
乙酰值的测定方法

A.1 仪器和用具

A.1.1 锥形瓶：250 mL。
A.1.2 球形冷凝器。
A.1.3 天平：感量 0.01 g。
A.1.4 电热板：500 W。或磁力搅拌加热器。
A.1.5 水浴锅。
A.1.6 电热恒温干燥箱。
A.1.7 分液漏斗（梨形）：250 mL。
A.1.8 漏斗：直径 9 cm～11 cm。
A.1.9 烧杯：400 mL。
A.1.10 量筒：100 mL。
A.1.11 酸式滴定管：25 mL 或 50 mL。
A.1.12 定时钟。
A.1.13 沸石及定性滤纸。

A.2 试剂

除非另有说明，所用试剂均为分析纯。
A.2.1 水：应符合 GB/T 6682 中三级水的要求。
A.2.2 乙酸酐。
A.2.3 氢氧化钾乙醇溶液：0.5 mol/L。
A.2.4 盐酸标准溶液：0.5 mol/L。
A.2.5 酚酞指示剂：体积分数为 0.1%。
A.2.6 中性乙醇溶液：体积分数为 95%。
A.2.7 无水硫酸钠。
A.2.8 石蕊试纸。

A.3 操作方法

A.3.1 称取试样 10 g 于 250 mL 锥形瓶中，加乙酸酐（A.2.2）20 mL，加沸石数片，以防暴沸。接上冷凝器，加热煮沸 30 min。然后移入分液漏斗，澄清分层后分出下层水液，再以热水（60 ℃～70 ℃）冲洗乙酰化物质，直到水溶液不呈酸性为止（以石蕊试纸试验），再以热水洗涤两次，并尽可能放出下层水。加入 5 g 无水硫酸钠（A.2.7）予以干燥，不断振荡，1 h 后再用干燥滤纸滤去硫酸钠，将乙酰化油脂在 100 ℃的恒温干燥箱内干燥（乙酰化油脂应澄清透明）。
A.3.2 取烘干的乙酰化油脂 2 g 于锥形瓶中，加 0.5 mol/L 氢氧化钾乙醇溶液（A.2.3）50 mL。接上冷凝器皂化 1 h 后，加 10 mL 中性乙醇（A.2.6）洗涤冷凝管壁。取下锥形瓶，加 2 滴酚酞指示剂（A.2.5），趁热以 0.5 mol/L 盐酸标准溶液（A.2.4）滴定，同时作空白试验，计算出乙酰化油脂的皂化值（S'）。皂化值的计算方法按 GB/T 5534 执行。
A.3.3 同时按 GB/T 5534 测定未乙酰化油脂的皂化值（S）。

A.4 结果计算

乙酰值按式 A.1 计算：

$$X = \frac{S' - S}{1.000 - 0.000\,75\,S'} \quad \cdots\cdots\cdots(A.1)$$

式中：

X——试样的乙酰值，单位为毫克每克(mg/g)；

S'——乙酰化油脂的皂化值，单位为毫克每克(mg/g)；

S——未乙酰化油脂的皂化值，单位为毫克每克(mg/g)。

取平行测定结果的算术平均值为测定结果。计算结果保留到小数点后一位。

A.5 精密度

在重复性条件下获得的两次独立测试结果的允许误差不超过 0.2 mg/g。

ICS 67.220.20
X 41

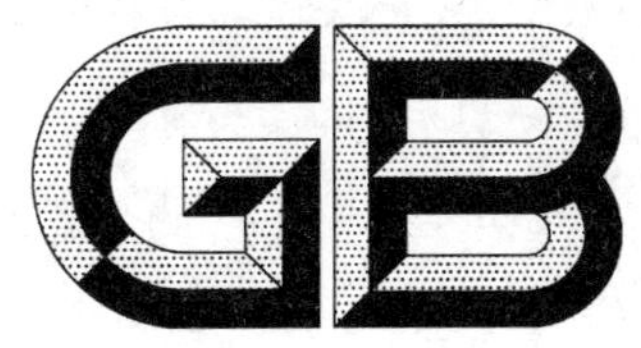

中华人民共和国国家标准

GB 8272—2009
代替 GB 8272—1987

食品添加剂　蔗糖脂肪酸酯

Food additive—Sucrose esters of fatty acid

2009-01-19 发布　　2009-08-01 实施

中华人民共和国国家质量监督检验检疫总局
中国国家标准化管理委员会　发布

前　言

本标准的第4章技术要求为强制性的，其余为推荐性的。

本标准代替GB 8272—1987《食品添加剂　蔗糖脂肪酸酯》。

本标准与GB 8272—1987相比主要变化如下：

——在理化指标中，对酸值和灰分指标进行了修改；

——在理化指标中，取消了重金属指标，增加了铅指标。

本标准由全国食品添加剂标准化技术委员会提出。

本标准由全国食品添加剂标准化技术委员会归口。

本标准主要起草单位：杭州瑞霖化工有限公司、中国食品发酵工业研究院、柳州齐志达食品添加剂股份有限公司、浙江迪耳化工有限公司、柳州高通食品化工有限公司。

本标准主要起草人：袁长贵、李惠宜、吴国勇、姜国平、柴秋儿、覃仲尧。

本标准所代替标准的历次版本发布情况为：

——GB 8272—1987。

食品添加剂　蔗糖脂肪酸酯

1　范围

本标准规定了蔗糖脂肪酸酯的技术要求、试验方法、检验规则及标志、包装、运输、贮存、保质期。

本标准适用于以蔗糖和食用油脂或脂肪酸为主要原料经酯化并精制而成的蔗糖脂肪酸酯产品。

2　规范性引用文件

下列文件中的条款通过本标准的引用而成为本标准的条款。凡是注日期的引用文件，其随后所有的修改单(不包括勘误的内容)或修订版均不适用于本标准，然而，鼓励根据本标准达成协议的各方研究是否可使用这些文件的最新版本。凡是不注日期的引用文件，其最新版本适用于本标准。

GB/T 601　化学试剂　标准滴定溶液的制备

GB/T 602　化学试剂　杂质测定用标准溶液的制备(GB/T 602—2002,ISO 6353-1:1982,NEQ)

GB/T 603　化学试剂　试验方法中所用制剂及制品的制备(GB/T 603—2002,ISO 6353-1:1982,NEQ)

GB/T 5009.11　食品中总砷及无机砷的测定

GB/T 5009.12　食品中铅的测定

GB/T 6283　化工产品中水分含量的测定　卡尔·费休法(通用方法)(GB/T 6283—2008,ISO 760:1978,NEQ)

GB/T 6682　分析实验室用水规格和试验方法(GB/T 6682—2008,ISO 3696:1987,MOD)

GB/T 7531　有机化工产品灼烧残渣的测定(GB/T 7531—2008,ISO 6353-1:1982,NEQ)

3　分子式

$(RCOO)_n C_{12}H_{12}O_3(OH)_{8-n}$

式中：

R——脂肪酸的烃基；

n——蔗糖的羟基酯化数。

4　技术要求

4.1　感官要求

白色至黄褐色粉末状、块状或无色至黄褐色的粘稠树脂状或油状物质，无味或略带油脂味。

4.2　理化指标

理化指标应符合表1的规定。

表1

项　　目		指　　标
酸值(以 KOH 计)/(mg/g)	≤	6.0
游离糖(以蔗糖计)/%	≤	10.0
水分/%	≤	4.0
灰分/%	≤	4.0
砷(以 As 计)/(mg/kg)	≤	1.0
铅(以 Pb 计)/(mg/kg)	≤	2.0

5 试验方法

除非另有说明，在分析中仅使用确认为分析纯的试剂和 GB/T 6682 中规定的水。分析中所用标准滴定溶液、杂质测定用标准溶液、制剂及制品，在没有注明其他要求时，均按 GB/T 601、GB/T 602、GB/T 603的规定制备。本标准所用溶液在未注明用何种溶剂配制时，均指水溶液。

5.1 感官检验

取适量样品置于清洁、干燥的白瓷盘中，在自然光线下，观察外观，并嗅其味。

5.2 鉴别试验

5.2.1 试剂

a) 乙醚；

b) 氯化钠；

c) 无水硫酸钠；

d) 盐酸溶液：盐酸：水＝1：3(体积比)；

e) 氢氧化钾-乙醇溶液；

f) 蒽酮硫酸溶液：2 g/L。

5.2.2 样品处理

称取 1 g 样品于 250 mL 锥形瓶中，加 25 mL 氢氧化钾-乙醇溶液，装上回流冷凝管，在水浴上加热微沸 1 h，取下稍冷后加 50 mL 水，加热浓缩至约 30 mL，加 10 mL 盐酸溶液，充分振摇，加入氯化钠使之成为饱和溶液，摇匀，移入分液漏斗中，每次用 30 mL 乙醚，萃取两次，将醚层与水层分离，待测。

5.2.3 分析步骤

醚层用 20 mL 氯化钠饱和溶液洗涤后，加 2 g 无水硫酸钠脱水，再将醚层置于通风橱内的热水浴上蒸干，得白色柔软晶片。

取 2 mL 水层于试管中，在水浴上加热赶尽乙醚，冷却后沿管壁加 1 mL 蒽酮硫酸溶液，应呈蓝-绿色，即证明为蔗糖酯。

5.3 酸值

5.3.1 方法提要

中和 1 g 试样中游离的脂肪酸所需要的氢氧化钾的质量(mg)。

5.3.2 试剂与溶液

a) 氢氧化钠标准滴定溶液：$c(\mathrm{NaOH})=0.5$ mol/L；

b) 酚酞指示液：10 g/L；

c) 中性热乙醇：取适量乙醇(体积分数 95%)，加热后加入 1 滴酚酞指示液，用 0.5 mol/L 氢氧化钠标准滴定溶液滴定至微红色，并保持 30 s 不褪色。

5.3.3 分析步骤

称取约 5 g 样品(准确至 0.001 g)，置于 500 mL 锥形瓶中，加入 75 mL～100 mL 中性热乙醇使样品溶解，加 0.5 mL 酚酞指示液，趁热边摇晃边用 0.5 mol/L 氢氧化钠标准滴定溶液滴定至呈微红色，并维持 30 s 不褪色为终点。

5.3.4 结果计算

酸值按式(1)计算：

$$X_1=\frac{V_1\times c_1\times 56.1}{m_1} \qquad \cdots\cdots(1)$$

式中：

X_1——酸值(以氢氧化钾计)，单位为毫克每克(mg/g)；

V_1——滴定时消耗的氢氧化钠标准滴定溶液体积，单位为毫升(mL)；

c_1——氢氧化钠标准滴定溶液的浓度，单位为摩尔每升(mol/L)；

56.1——氢氧化钾的摩尔质量，单位为克每摩尔(g/mol)；

m_1——样品质量，单位为克(g)。

5.3.5 允许差

实验结果以两次平行测定结果的算术平均值为准(保留一位小数)。在重复性条件下获得的两次独立测定结果的绝对差值不得超过算术平均值的5%。

5.4 游离糖(以蔗糖计)

5.4.1 试剂与溶液

a) 正丁醇；

b) 氯化钠溶液：质量分数5%；

c) 盐酸溶液：6 mol/L；

d) 斐林试液甲液：称取34.639 g硫酸铜，加适量水溶解，再加0.5 mL浓硫酸，然后加水稀释至500 mL，静置两天后过滤备用；

e) 斐林试液乙液：称取173 g酒石酸钾钠与50 g氢氧化钠，加适量水溶解，并稀释至500 mL，静置两天后过滤，贮存于具橡胶塞玻璃瓶内备用；

f) 葡萄糖标准溶液：精密称取1.000 g经在98 ℃～100 ℃干燥至恒重的纯葡萄糖，加水溶解后，加入5 mL盐酸，用水稀释至200 mL；

g) 氢氧化钠溶液：质量分数20%；

h) 甲基红指示液：0.1%乙醇溶液。

5.4.2 分析步骤

5.4.2.1 样品处理

准确称取约2 g样品(精确至0.01 g)，置于三角瓶中，加入40 mL正丁醇，在水浴上加热溶解。转入125 mL分液漏斗中，然后以60 ℃～70 ℃的氯化钠溶液每次10 mL萃取两次，分离(必要时离心)，合并萃取液。加6 mol/ L盐酸溶液2.0 mL，在68 ℃～70 ℃水浴中加热15 min，冷却后滴加甲基红指示液，用20%氢氧化钠溶液中和至中性，加水定容至50 mL，用干燥滤纸过滤，收集滤液供测定。

5.4.2.2 斐林试液的标定

精密吸取斐林试液甲、乙液各5 mL，加10 mL水，置于250 mL三角瓶中，从滴定管中滴加葡萄糖标准溶液约9.5 mL，煮沸2 min，加亚甲基蓝指示液两滴，继续滴加葡萄糖标准溶液至蓝色完全消失为终点。根据葡萄糖溶液消耗量计算斐林试液10 mL相当的葡萄糖质量(m)。

5.4.2.3 测定

精确吸取斐林试液甲、乙液各5 mL，准确加入样品滤液(含糖量应在0.2%～0.5%)15 mL，煮沸2 min，加亚甲基蓝指示液，用葡萄糖标准溶液滴定至终点。用量为V(不得超过0.5 mL～1.0 mL，超过量应先在煮沸前加入)。

5.4.3 结果计算

游离糖(以蔗糖计)含量的质量分数按式(2)计算：

$$X_2 = \frac{m - V_2 \times c_2}{m_2 \times 15/50} \times 0.95 \times 100 \quad \cdots\cdots(2)$$

式中：

X_2——样品中游离糖(以蔗糖计)含量的质量分数，%；

m——斐林试液10 mL相当的还原糖(以葡萄糖计)质量，单位为克(g)；

V_2——滴定用葡萄糖溶液的体积，单位为毫升(mL)；

c_2——每毫升葡萄糖标准溶液含葡萄糖的质量；

m_2——样品质量，单位为克(g)；

0.95——还原糖(以葡萄糖计)换算为蔗糖的系数。

5.4.4 允许差

试验结果以两次平行测定结果的算术平均值为准(保留一位小数)。在重复性条件下获得的两次独立测定结果的绝对差值不得超过算术平均值的5%。

5.5 水分

按 GB/T 6283 规定的方法测定。

5.6 灰分

按 GB/T 7531 规定的方法测定,称取约 2 g 样品,精确至 0.000 1 g,灼烧温度为 850 ℃±25 ℃。

5.7 砷

按 GB/T 5009.11 规定的方法测定。

5.8 铅

按 GB/T 5009.12 规定的方法测定。

6 检验规则

6.1 批次的确定

由生产单位的质量检验部门按照其相应的规则确定产品的批号,经最后混合且有均一性质量的产品为一批。

6.2 取样方法和取样量

在每批产品中随机抽取样品,每批按包装件数的3%抽取小样,每批不得少于三个包装,每个包装抽取样品不得少于100 g,将抽取试样迅速混合均匀,分装入两个洁净、干燥的容器或包装袋中,注明生产厂、产品名称、批号、数量及取样日期,一份作检验,一份密封留存备查。

6.3 出厂检验

6.3.1 出厂检验项目包括酸值、游离糖、水分和灰分。

6.3.2 每批产品须经生产厂检验部门按本标准规定的方法检验,并出具产品合格证后方可出厂。

6.4 型式检验

第4章中规定的所有项目均为型式检验项目。型式检验每一年进行一次,或当出现下列情况之一时进行检验:

——原料、工艺发生较大变化时;

——停产后重新恢复生产时;

——出厂检验结果与正常生产有较大差别时;

——国家质量监管检验机构提出要求时。

6.5 判定规则

对全部技术要求进行检验,检验结果中若有一项指标不符合本标准要求时,应重新双倍取样进行复检。复检结果即使有一项不符合本标准,则整批产品判为不合格。

如供需双方对产品质量发生异议时,可由双方协商选定仲裁机构,按本标准规定的检验方法进行仲裁。

7 标志、包装、运输、贮存、保质期

7.1 标志

食品添加剂必须有包装标志和产品说明书,标志内容可包括:品名、产地、厂名、卫生许可证号、生产许可证号、规格、生产日期、批号或者代号、保质期限等,并在标志上明确标示“食品添加剂”字样。

7.2 包装

产品包装应采用国家批准并符合相应的食品包装用卫生标准的材料。

7.3 运输

产品在运输过程中不得与有毒、有害及污染物质混合载运，避免雨淋日晒等。

7.4 贮存

产品应贮存在通风、清洁、干燥的地方，不得与有毒、有害及有腐蚀性等物质混存。

7.5 保质期

产品自生产之日起，在符合上述储运条件、原包装完好的情况下，保质期应不少于12个月。

ICS 67.220.20
X 41

中华人民共和国国家标准

GB 8275—2009
代替 GB 8275—1987

食品添加剂 α-淀粉酶制剂

Food additive—Alpha-amylase preparation

2009-01-19 发布 2009-08-01 实施

中华人民共和国国家质量监督检验检疫总局
中国国家标准化管理委员会 发布

前言

本标准的5.2、5.3为强制性的，其余条款为推荐性的。

本标准中A类产品卫生要求参考了联合国粮农组织/世界卫生组织食品添加剂联合专家委员会的《食品添加剂标准纲要》第一卷[Compendium of Food Additive Specifications，Volume 1，Joint FAO/WHO Expert Committee on Food Additive(JECFA)]中《食品工业用酶制剂通则》中的"卫生指标"和美国《食品化学品法典》第五版(FOOD CHEMICALS CODEX FCC Ⅴ)酶制剂"附加要求"部分(additional requirements)。

本标准代替GB 8275—1987《食品添加剂 α-淀粉酶制剂》。

本标准与GB 8275—1987相比主要变化如下：

——增加液体产品类型和耐高温产品类型并规定相应指标；

——取消细度、酶活力保存率、重金属、黄曲霉毒素B_1指标；

——增加菌落总数、致泻大肠埃希氏菌指标要求。

本标准的附录A为规范性附录，附录B、附录C为资料性附录。

本标准由全国食品添加剂标准化技术委员会提出。

本标准由全国食品添加剂标准化技术委员会归口。

本标准起草单位：中国食品发酵工业研究院、山东隆大生物工程有限公司、无锡赛德生物工程有限公司、诺维信(中国)生物技术有限公司、邢台新欣翔宇生物工程有限责任公司、江阴市百圣龙生物工程有限公司、丹尼斯克(中国)有限公司负责起草。

本标准主要起草人：张蔚、郭庆文、吴炳炎、翟文景、余波、顾建龙、文焱、郭新光、杨西江、胡洪清、康忆隆、魏坤、陆志冲、李德强。

本标准所代替标准的历次版本发布情况为：

——GB 8275—1987。

食品添加剂 α-淀粉酶制剂

1 范围

本标准规定了α-淀粉酶制剂的术语和定义、产品分类、要求、试验方法、检验规则及标志、包装、运输、贮存、保质期。

本标准适用于以符合 GB 2760—2007 中表 C.2 批准的菌种，经淀粉质(或糖质)原料发酵、提纯制得的α-淀粉酶制剂产品。

2 规范性引用文件

下列文件中的条款通过本标准的引用而成为本标准的条款。凡是注日期的引用文件，其随后所有的修改单(不包括勘误的内容)或修订版均不适用于本标准，然而，鼓励根据本标准达成协议的各方研究是否可使用这些文件的最新版本。凡是不注日期的引用文件，其最新版本适用于本标准。

GB 2760—2007 食品添加剂使用卫生标准

GB/T 4789.2 食品卫生微生物学检验 菌落总数测定

GB/T 4789.3 食品卫生微生物学检验 大肠菌群测定

GB/T 4789.4 食品卫生微生物学检验 沙门氏菌检验

GB/T 4789.6 食品卫生微生物学检验 致泻大肠埃希氏菌检验

GB/T 5009.11 食品中总砷及无机砷的测定

GB/T 5009.12 食品中铅的测定

GB/T 6682 分析实验室用水规格和试验方法(GB/T 6682—2008,ISO 3696:1987,MOD)

QB/T 1803—1993 工业酶制剂通用试验方法

3 术语和定义

下列术语和定义适用于本标准。

3.1

α-淀粉酶 alpha-amylase

能水解淀粉分子链中的α-1,4-葡萄糖苷键，将淀粉链切断成为短链糊精和少量麦芽糖和葡萄糖，使淀粉粘度迅速下降的酶制剂。

3.2

中温α-淀粉酶活力 activity of medium temperature alpha-amylase

1 g 固体酶粉(或 1 mL 液体酶)，于 60 ℃、pH=6.0 条件下，1 h 液化 1 g 可溶性淀粉，即为 1 个酶活力单位，以 u/g(u/mL)表示。

3.3

耐高温α-淀粉酶活力 activity of heat-tolerant alpha-amylase

1 g 固体酶粉(或 1 mL 液体酶)，于 70 ℃、pH=6.0 条件下，1 min 液化 1 mg 可溶性淀粉所需的酶量，即为 1 个酶活力单位，以 u/g(u/mL)表示。

4 产品分类

4.1 按产品的适用温度分为：中温α-淀粉酶制剂和耐高温α-淀粉酶制剂。

4.2 按产品形态分为：液体剂型酶制剂和固体剂型酶制剂。

5 要求

5.1 外观

固体剂型:白色至黄褐色固体粉末。无霉变、潮解、结块现象,无异味。易溶于水。

液体剂型:黄褐色至深褐色液体,无异味,允许有少量凝聚物。

5.2 理化要求

应符合表1的规定。

表1 α-淀粉酶制剂的理化要求

项目	液体剂型		固体剂型	
	中温 α-淀粉酶制剂	耐高温 α-淀粉酶制剂	中温 α-淀粉酶制剂	耐高温 α-淀粉酶制剂
酶活力[a]/(u/mL 或 u/g) ≥	2 000	20 000	2 000	20 000
pH(25 ℃)	5.5~7.0	5.8~6.8	—	
容重/(g/mL)	1.10~1.25	1.10~1.25	—	
干燥失重/% ≤	—		8.0	
耐热性存活率/% ≥	—	90	—	90

[a] 具体规格可按供需双方合同规定的酶活力规格执行。

5.3 卫生要求

应符合表2的规定。

表2 α-淀粉酶制剂的卫生要求

项目	指标
铅/(mg/kg) ≤	5
砷/(mg/kg) ≤	3
菌落总数/(CFU/g) ≤	5×10^4
大肠菌群/(MPN/100 g) ≤	3×10^3
沙门氏菌(25 g样)	不得检出
致泻大肠埃希氏菌(25 g样)	不得检出

注:使用于蒸馏酒类的产品可不执行表2的规定。

6 试验方法

本标准中所用的水,在未注明其他要求时,均指符合GB/T 6682中要求的水。

本标准中所用的试剂,在未注明规格时,均指分析纯(AR)。若有特殊要求另作明确规定。

本标准中所用溶液在未注明用何种溶剂配制时,均指水溶液。

6.1 外观

称取样品10 g(mL),观察、嗅闻作出判断。

6.2 酶活力

6.2.1 原理

α-淀粉酶制剂能将淀粉分子链中的α-1,4-葡萄糖苷键随机切断成长短不一的短链糊精、少量麦芽糖和葡萄糖,而使淀粉对碘呈篮紫色的特性反应逐渐消失,呈现棕红色,其颜色消失的速度与酶活性有关,据此可通过反应后的吸光度计算酶活力。

6.2.2 试剂和溶液

6.2.2.1 碘。

6.2.2.2 碘化钾。

6.2.2.3 原碘液:称取 11.0 g 碘和 22.0 g 碘化钾,用少量水使碘完全溶解,定容至 500 mL,贮存于棕色瓶中。

6.2.2.4 稀碘液:吸取原碘液 2.00 mL,加 20.0 g 碘化钾用水溶解并定容至 500 mL,贮存于棕色瓶中。

6.2.2.5 可溶性淀粉溶液(20 g/L):称取 2.000 g(精确至 0.001 g)可溶性淀粉(以绝干计)于烧杯中,用少量水调成浆状物,边搅拌边缓缓加入 70 mL 沸水中,然后用水分次冲洗装淀粉的烧杯,洗液倒入其中,搅拌加热至完全透明,冷却定容至 100 mL。溶液现配现用。

注:可溶性淀粉应采用湖州展望化学药业有限公司生产的酶制剂专用可溶性淀粉。

6.2.2.6 磷酸缓冲液(pH=6.0):称取 45.23 g 磷酸氢二钠($Na_2HPO_4 \cdot 12H_2O$)和 8.07 g 柠檬酸($C_6H_8O_7 \cdot H_2O$),用水溶解并定容至 1 000 mL。用 pH 计校正后使用。

6.2.2.7 盐酸溶液[c(HCl)=0.1 mol/L]:按 GB/T 601 配制。

6.2.3 仪器

6.2.3.1 分光光度计。

6.2.3.2 恒温水浴:控温精度±0.1 ℃。

6.2.3.3 自动移液器。

6.2.3.4 试管:25 mm×200 mm。

6.2.3.5 秒表。

6.2.4 分析步骤

6.2.4.1 待测酶液的制备

称取 1 g~2 g 酶粉(精确至 0.000 1 g)或准确吸取酶液 1.00 mL,用少量磷酸缓冲液(6.2.2.6)充分溶解,将上清液小心倾入容量瓶中,若有剩余残渣,再加少量磷酸缓冲液(6.2.2.6)充分研磨,最终样品全部移入容量瓶中,用磷酸缓冲液(6.2.2.6)定容至刻度,摇匀。用四层纱布过滤,滤液待用。

注:待测中温 α-淀粉酶酶液酶活力控制酶浓度在 3.4 u/mL~4.5 u/mL 范围内,待测耐高温 α-淀粉酶活力控制酶浓度在 60 u/mL~65 u/mL 范围内。

6.2.4.2 测定

——吸取 20.0 mL 可溶性淀粉溶液(6.2.2.5)于试管中,加入磷酸缓冲液(6.2.2.6)5.00 mL,摇匀后,置于 60 ℃±0.2 ℃(耐高温 α-淀粉酶制剂置于 70 ℃±0.2 ℃)恒温水浴中预热 8 min;

——加入 1.00 mL 稀释好的待测酶液(6.2.4.1),立即计时,摇匀,准确反应 5 min;

——立即用自动移液器吸取 1.00 mL 反应液,加到预先盛有 0.5 mL 盐酸溶液(6.2.2.7)和 5.00 mL 稀碘液(6.2.2.4)的试管中,摇匀,并以 0.5 mL 盐酸溶液和 5.00 mL 稀碘液为空白,于 660 nm 波长下,用 10 mm 比色皿迅速测定其吸光度(A)。根据吸光度查表 A.1,求得测试酶液的浓度。

6.2.4.3 计算

6.2.4.3.1 中温 α-淀粉酶制剂的酶活力按式(1)计算:

$$X_1 = c \times n \qquad \cdots\cdots(1)$$

式中:

X_1——样品的酶活力,u/mL 或 u/g;

c——测试酶样浓度,u/mL 或 u/g;

n——样品的稀释倍数。

所得结果表示至整数。

6.2.4.3.2 耐高温 α-淀粉酶制剂的酶活力按式(2)计算：

$$X_2 = c \times n \times 16.67 \quad \cdots\cdots(2)$$

式中：

X_2——样品的酶活力，u/mL 或 u/g；

c——测试酶样的浓度，u/mL 或 u/g；

n——样品的稀释倍数；

16.67——根据酶活力定义计算的换算系数。

所得结果表示至整数。

6.2.5 允许差

平行试验相对误差不得超过 5%。

6.3 pH

按 QB/T 1803—1993 中第 9 章执行。

6.4 耐高温 α-淀粉酶制剂耐热性存活率

6.4.1 试剂和溶液

6.4.1.1 氢氧化钠溶液[c(NaOH)=0.1 mol/L]

按 GB/T 601 配制。

6.4.1.2 糊精溶液

称取糊精 100.0 g 于烧杯中，加水 300 mL，搅匀，加入耐高温 α-淀粉酶制剂(按每克糊精 13 u 酶活力加入)，置于电炉上加热至沸腾，冷却，用氢氧化钠溶液(6.4.1.1)调 pH 至 6.0～7.0，移入 500 mL 容量瓶，稀释，定容，摇匀备用。

6.4.2 仪器

恒温水浴：控温精度±0.1 ℃。

6.4.3 分析步骤

6.4.3.1 待测酶液的制备

除用糊精溶液(6.4.1.2)代替磷酸缓冲溶液(6.2.2.6)外，其余同 6.2.4.1。

6.4.3.2 热处理

吸取 25 mL 待测酶液于 50 mL 比色管中，置于 95 ℃恒温水浴中热处理 60 min，冷却，补水至原酶液体积，摇匀，备用。

6.4.3.3 酶活力测定

a) 按 6.2.4.2 测定制备 6.4.3.1 时所用酶制剂的酶活力；

b) 按 6.2.4.2 测定热处理后的待测酶液(6.4.3.2)的酶活力。

6.4.4 计算

耐热性存活率按式(3)计算：

$$X_3 = E_1/E \times 100 \quad \cdots\cdots(3)$$

式中：

X_3——样品酶耐热性存活率，%；

E_1——样品热处理后实测的酶活力，u/mL 或 u/g；

E——样品热处理前实测的酶活力，u/mL 或 u/g。

所得结果表示至整数。

6.5 容重

按 QB/T 1803—1993 中第 8 章的方法检验。

6.6 干燥失重

按 QB/T 1803—1993 中第 6 章的方法检验。

6.7 铅

按 GB/T 5009.12 的方法检验。

6.8 砷

按 GB/T 5009.11 的方法检验。

6.9 菌落总数

按 GB/T 4789.2 的方法检验。

6.10 大肠菌群

按 GB/T 4789.3 的方法检验。

6.11 沙门氏菌

按 GB/T 4789.4 的方法检验。

6.12 致泻大肠埃希氏菌

按 GB/T 4789.6 的方法检验。

7 检验规则

7.1 批次的确定

由生产单位按照其相应的规则负责确定产品的批号，批内产品的品质应均一。

7.2 取样规则和样本量

取样应均匀分布在整个灌装过程中，或均匀分布于灌装后的成品中。

取样时应采用适宜的方法保证取样具有代表性，保证取样部位和取样瓶的清洁。对用于微生物检验的取样，应使用无菌操作。

成品抽样的样本量见表 3。取样的样本量可按照估计的批量参照表 3 执行，或由生产企业和（或）相关方确定。批量是指批中所包含的单位商品数，单位为桶或箱。样本量是指样本中所包含的样本单位数，单位为桶或袋。批取样量不得少于 300 mL（或 300 g），不足者应按比例适当加取。

表 3　成品抽样的样本量

批量/桶（或箱）	样本量/桶（或袋）
≤50	2
51～500	3
≥500	4

7.3 出厂检验

每批产品出厂时，应对外观、酶活力、pH、容重、干燥失重（固体），菌落总数及包装、标签等逐项进行检验。

7.4 型式检验

产品遇有下列情况之一时按本标准全部要求进行检验：

——正常生产时，至少每年对产品检验一次；

——正常生产时，如原料、配方或工艺有较大改变，可能影响产品质量时；

——更换设备，或产品长期停产又恢复生产时；

——出厂检验结果与正常生产有较大差别时；

——国家质量监督检验机构提出要求时。

7.5 判定规则

出厂检验和（或）型式检验合格时，由质量检验部门出具产品合格证。

出厂检验和（或）型式检验不合格时，在原批次基础上加倍取样分析。如仍不合格，判定该产品为不合格品，不得出厂。

8 标志、包装、运输、贮存、保质期

8.1 标志

食品添加剂应有包装标志和产品说明书，标志内容可包括：品名、产地、厂名、卫生许可证号、生产许可证号、规格、生产日期、批号或者代号、保质期限等，并在标志上明确标示“食品添加剂”字样。

8.2 包装

产品的包装应采用国家批准的、并符合相应的食品包装用卫生标准的材料。

8.3 运输

产品在运输过程中应轻拿轻放，严防雨淋和曝晒。运输工具应清洁、无毒、无污染。严禁与有毒、有害、有腐蚀性的物质混装混运。

8.4 贮存

产品应贮存在阴凉干燥的环境下。严禁与有毒、有害、有腐蚀性的物质混存。

8.5 保质期

8.5.1 在 25 ℃以下，液体酶制剂保质期不少于 90 天；固体酶制剂保质期不少于 180 天，企业应按上述要求具体标示。

8.5.2 在保质期内，实测酶活力不应低于标示酶活力。

附　录　A
（规范性附录）
吸光度与测试 α-淀粉酶酶浓度对照表

表 A.1　吸光度与测试 α-淀粉酶酶浓度对照表

吸光度(A)	酶浓度(c)/(u/mL)	吸光度(A)	酶浓度(c)/(u/mL)	吸光度(A)	酶浓度(c)/(u/mL)
0.100	4.694	0.131	4.539	0.162	4.385
0.101	4.689	0.132	4.534	0.163	4.380
0.102	4.684	0.133	4.529	0.164	4.375
0.103	4.679	0.134	4.524	0.165	4.370
0.104	4.674	0.135	4.518	0.166	4.366
0.105	4.669	0.136	4.513	0.167	4.361
0.106	4.664	0.137	4.507	0.168	4.356
0.107	4.659	0.138	4.502	0.169	4.352
0.108	4.654	0.139	4.497	0.170	4.347
0.109	4.649	0.140	4.492	0.171	4.342
0.110	4.644	0.141	4.487	0.172	4.338
0.111	4.639	0.142	4.482	0.173	4.333
0.112	4.634	0.143	4.477	0.174	4.329
0.113	4.629	0.144	4.472	0.175	4.324
0.114	4.624	0.145	4.467	0.176	4.319
0.115	4.619	0.146	4.462	0.177	4.315
0.116	4.614	0.147	4.457	0.178	4.310
0.117	4.609	0.148	4.452	0.179	4.306
0.118	4.604	0.149	4.447	0.180	4.301
0.119	4.599	0.150	4.442	0.181	4.297
0.120	4.594	0.151	4.438	0.182	4.292
0.121	4.589	0.152	4.433	0.183	4.288
0.122	4.584	0.153	4.428	0.184	4.283
0.123	4.579	0.154	4.423	0.185	4.279
0.124	4.574	0.155	4.418	0.186	4.275
0.125	4.569	0.156	4.413	0.187	4.270
0.126	4.564	0.157	4.408	0.188	4.266
0.127	4.559	0.158	4.404	0.189	4.261
0.128	4.554	0.159	4.399	0.190	4.257
0.129	4.549	0.160	4.394	0.191	4.253
0.130	4.544	0.161	4.389	0.192	4.248

表 A.1（续）

吸光度(A)	酶浓度(c)/(u/mL)	吸光度(A)	酶浓度(c)/(u/mL)	吸光度(A)	酶浓度(c)/(u/mL)
0.193	4.244	0.228	4.101	0.263	3.974
0.194	4.240	0.229	4.097	0.264	3.971
0.195	4.235	0.230	4.093	0.265	3.968
0.196	4.231	0.231	4.089	0.266	3.964
0.197	4.227	0.232	4.085	0.267	3.961
0.198	4.222	0.233	4.082	0.268	3.958
0.199	4.218	0.234	4.078	0.269	3.954
0.200	4.214	0.235	4.074	0.270	3.951
0.201	4.210	0.236	4.070	0.271	3.948
0.202	4.205	0.237	4.067	0.272	3.944
0.203	4.201	0.238	4.063	0.273	3.941
0.204	4.197	0.239	4.059	0.274	3.938
0.205	4.193	0.240	4.056	0.275	3.935
0.206	4.189	0.241	4.052	0.276	3.932
0.207	4.185	0.242	4.048	0.277	3.928
0.208	4.181	0.243	4.045	0.278	3.925
0.209	4.176	0.244	4.041	0.279	3.922
0.210	4.172	0.245	4.037	0.280	3.919
0.211	4.168	0.246	4.034	0.281	3.916
0.212	4.164	0.247	4.03	0.282	3.913
0.213	4.160	0.248	4.026	0.283	3.922
0.214	4.156	0.249	4.023	0.284	3.919
0.215	4.152	0.250	4.019	0.285	3.915
0.216	4.148	0.251	4.016	0.286	3.912
0.217	4.144	0.252	4.012	0.287	3.909
0.218	4.140	0.253	4.009	0.288	3.906
0.219	4.136	0.254	4.005	0.289	3.903
0.220	4.132	0.255	4.002	0.290	3.900
0.221	4.128	0.256	3.998	0.291	3.897
0.222	4.124	0.257	3.995	0.292	3.894
0.223	4.120	0.258	3.991	0.293	3.891
0.224	4.116	0.259	3.988	0.294	3.888
0.225	4.112	0.260	3.984	0.295	3.885
0.226	4.108	0.261	3.981	0.296	3.881
0.227	4.105	0.262	3.978	0.297	3.878

表 A.1（续）

吸光度(A)	酶浓度(c)/(u/mL)	吸光度(A)	酶浓度(c)/(u/mL)	吸光度(A)	酶浓度(c)/(u/mL)
0.298	3.875	0.333	3.771	0.368	3.670
0.299	3.872	0.334	3.768	0.369	3.668
0.300	3.869	0.335	3.765	0.370	3.665
0.301	3.866	0.336	3.762	0.371	3.662
0.302	3.863	0.337	3.759	0.372	3.659
0.303	3.860	0.338	3.756	0.373	3.656
0.304	3.857	0.339	3.753	0.374	3.654
0.305	3.854	0.340	3.750	0.375	3.651
0.306	3.851	0.341	3.747	0.376	3.648
0.307	3.848	0.342	3.744	0.377	3.645
0.308	3.845	0.343	3.741	0.378	3.643
0.309	3.842	0.344	3.739	0.379	3.640
0.310	3.839	0.345	3.736	0.380	3.637
0.311	3.836	0.346	3.733	0.381	3.634
0.312	3.833	0.347	3.730	0.382	3.632
0.313	3.830	0.348	3.727	0.383	3.629
0.314	3.827	0.349	3.724	0.384	3.626
0.315	3.824	0.350	3.721	0.385	3.623
0.316	3.821	0.351	3.718	0.386	3.621
0.317	3.818	0.352	3.716	0.387	3.618
0.318	3.815	0.353	3.713	0.388	3.615
0.319	3.812	0.354	3.710	0.389	3.612
0.320	3.809	0.355	3.707	0.390	3.610
0.321	3.806	0.356	3.704	0.391	3.607
0.322	3.803	0.357	3.701	0.392	3.604
0.323	3.800	0.358	3.699	0.393	3.602
0.324	3.797	0.359	3.696	0.394	3.599
0.325	3.794	0.360	3.693	0.395	3.596
0.326	3.791	0.361	3.690	0.396	3.594
0.327	3.788	0.362	3.687	0.397	3.591
0.328	3.785	0.363	3.684	0.398	3.588
0.329	3.782	0.364	3.682	0.399	3.585
0.330	3.779	0.365	3.679	0.400	3.583
0.331	3.776	0.366	3.676	0.401	3.580
0.332	3.774	0.367	3.673	0.402	3.577

表 A.1（续）

吸光度(*A*)	酶浓度(*c*)/(u/mL)	吸光度(*A*)	酶浓度(*c*)/(u/mL)	吸光度(*A*)	酶浓度(*c*)/(u/mL)
0.403	3.575	0.438	3.482	0.473	3.397
0.404	3.572	0.439	3.479	0.474	3.394
0.405	3.569	0.440	3.477	0.475	3.392
0.406	3.567	0.441	3.474	0.476	3.389
0.407	3.564	0.442	3.472	0.477	3.387
0.408	3.559	0.443	3.469	0.478	3.385
0.409	3.556	0.444	3.467	0.479	3.383
0.410	3.554	0.445	3.464	0.480	3.380
0.411	3.551	0.446	3.462	0.481	3.378
0.412	3.548	0.447	3.459	0.482	3.376
0.413	3.546	0.448	3.457	0.483	3.373
0.414	3.543	0.449	3.454	0.484	3.371
0.415	3.541	0.450	3.452	0.485	3.369
0.416	3.538	0.451	3.449	0.486	3.366
0.417	3.535	0.452	3.447	0.487	3.364
0.418	3.533	0.453	3.444	0.488	3.362
0.419	3.530	0.454	3.442	0.489	3.359
0.420	3.528	0.455	3.440	0.490	3.357
0.421	3.525	0.456	3.437	0.491	3.355
0.422	3.522	0.457	3.435	0.492	3.353
0.423	3.520	0.458	3.432	0.493	3.350
0.424	3.517	0.459	3.430	0.494	3.348
0.425	3.515	0.460	3.427	0.495	3.346
0.426	3.512	0.461	3.425	0.496	3.344
0.427	3.509	0.462	3.423	0.497	3.341
0.428	3.507	0.463	3.420	0.498	3.339
0.429	3.504	0.464	3.418	0.499	3.337
0.430	3.502	0.465	3.415	0.500	3.335
0.431	3.499	0.466	3.413	0.501	3.333
0.432	3.497	0.467	3.411	0.502	3.330
0.433	3.494	0.468	3.408	0.503	3.328
0.434	3.492	0.469	3.406	0.504	3.326
0.435	3.489	0.470	3.404	0.505	3.324
0.436	3.487	0.471	3.401	0.506	3.321
0.437	3.484	0.472	3.399	0.507	3.319

表 A.1（续）

吸光度(A)	酶浓度(c)/(u/mL)	吸光度(A)	酶浓度(c)/(u/mL)	吸光度(A)	酶浓度(c)/(u/mL)
0.508	3.317	0.543	3.243	0.578	3.175
0.509	3.315	0.544	3.241	0.579	3.173
0.510	3.313	0.545	3.239	0.580	3.171
0.511	3.311	0.546	3.237	0.581	3.169
0.512	3.308	0.547	3.235	0.582	3.168
0.513	3.306	0.548	3.233	0.583	3.166
0.514	3.304	0.549	3.231	0.584	3.164
0.515	3.302	0.550	3.229	0.585	3.162
0.516	3.300	0.551	3.227	0.586	3.160
0.517	3.298	0.552	3.225	0.587	3.158
0.518	3.295	0.553	3.223	0.588	3.157
0.519	3.293	0.554	3.221	0.589	3.155
0.520	3.291	0.555	3.219	0.590	3.153
0.521	3.289	0.556	3.217	0.591	3.151
0.522	3.287	0.557	3.215	0.592	3.149
0.523	3.285	0.558	3.213	0.593	3.147
0.524	3.283	0.559	3.211	0.594	3.146
0.525	3.280	0.560	3.209	0.595	3.144
0.526	3.278	0.561	3.207	0.596	3.142
0.527	3.276	0.562	3.205	0.597	3.140
0.528	3.274	0.563	3.204	0.598	3.139
0.529	3.272	0.564	3.202	0.599	3.137
0.530	3.270	0.565	3.200	0.600	3.135
0.531	3.268	0.566	3.198	0.601	3.133
0.532	3.266	0.567	3.196	0.602	3.131
0.533	3.264	0.568	3.194	0.603	3.130
0.534	3.262	0.569	3.192	0.604	3.128
0.535	3.260	0.570	3.190	0.605	3.126
0.536	3.258	0.571	3.188	0.606	3.124
0.537	3.255	0.572	3.186	0.607	3.123
0.538	3.253	0.573	3.184	0.608	3.121
0.539	3.251	0.574	3.183	0.609	3.119
0.540	3.249	0.575	3.181	0.610	3.118
0.541	3.247	0.576	3.179	0.611	3.116
0.542	3.245	0.577	3.177	0.612	3.114

表 A.1（续）

吸光度(A)	酶浓度(c)/(u/mL)	吸光度(A)	酶浓度(c)/(u/mL)	吸光度(A)	酶浓度(c)/(u/mL)
0.613	3.112	0.648	3.055	0.683	3.004
0.614	3.111	0.649	3.054	0.684	3.003
0.615	3.109	0.650	3.052	0.685	3.001
0.616	3.107	0.651	3.051	0.686	3.000
0.617	3.106	0.652	3.049	0.687	2.998
0.618	3.104	0.653	3.048	0.688	2.997
0.619	3.102	0.654	3.046	0.689	2.996
0.620	3.101	0.655	3.045	0.690	2.994
0.621	3.099	0.656	3.043	0.691	2.993
0.622	3.097	0.657	3.042	0.692	2.992
0.623	3.096	0.658	3.040	0.693	2.990
0.624	3.095	0.659	3.039	0.694	2.989
0.625	3.094	0.660	3.037	0.695	2.988
0.626	3.092	0.661	3.036	0.696	2.986
0.627	3.089	0.662	3.034	0.697	2.985
0.628	3.087	0.663	3.033	0.698	2.984
0.629	3.086	0.664	3.031	0.699	2.982
0.630	3.084	0.665	3.030	0.700	2.981
0.631	3.082	0.666	3.028	0.701	2.980
0.632	3.081	0.667	3.027	0.702	2.978
0.633	3.079	0.668	3.025	0.703	2.977
0.634	3.078	0.669	3.024	0.704	2.976
0.635	3.076	0.670	3.022	0.705	2.975
0.636	3.074	0.671	3.021	0.706	2.973
0.637	3.073	0.672	3.020	0.707	2.972
0.638	3.071	0.673	3.018	0.708	2.971
0.639	3.070	0.674	3.017	0.709	2.969
0.640	3.068	0.675	3.015	0.710	2.968
0.641	3.066	0.676	3.014	0.711	2.967
0.642	3.065	0.677	3.012	0.712	2.966
0.643	3.063	0.678	3.011	0.713	2.964
0.644	3.062	0.679	3.010	0.714	2.963
0.645	3.060	0.680	3.008	0.715	2.962
0.646	3.058	0.681	3.007	0.716	2.961
0.647	3.057	0.682	3.005	0.717	2.959

表 A.1(续)

吸光度(A)	酶浓度(c)/(u/mL)	吸光度(A)	酶浓度(c)/(u/mL)	吸光度(A)	酶浓度(c)/(u/mL)
0.718	2.958	0.735	2.938	0.752	2.919
0.719	2.957	0.736	2.937	0.753	2.918
0.720	2.956	0.737	2.936	0.754	2.917
0.721	2.955	0.738	2.935	0.755	2.916
0.722	2.953	0.739	2.933	0.756	2.915
0.723	2.952	0.740	2.932	0.757	2.914
0.724	2.951	0.741	2.931	0.758	2.913
0.725	2.950	0.742	2.930	0.759	2.912
0.726	2.949	0.743	2.929	0.760	2.911
0.727	2.947	0.744	2.928	0.761	2.910
0.728	2.946	0.745	2.927	0.762	2.909
0.729	2.945	0.746	2.926	0.763	2.908
0.730	2.944	0.747	2.925	0.764	2.907
0.731	2.943	0.748	2.923	0.765	2.906
0.732	2.941	0.749	2.922	0.766	2.905
0.733	2.940	0.750	2.921	—	—
0.734	2.939	0.751	2.920	—	—

附 录 B
（资料性附录）
中温 α-淀粉酶活力的测定 目视比色法

B.1 术语和定义

B.1.1

α-淀粉酶活力 activity of alpha-amylase

1 g 固体酶粉(或 1 mL 液体酶),于 60 ℃、pH6.0 条件下,1 h 液化可溶性淀粉的克数来表示[g 可溶性淀粉/(g·h)或 g 可溶性淀粉/(mL·h)]。

B.2 原理

α-淀粉酶制剂能将淀粉分子链中的 α-1,4-葡萄糖苷键随机切断成长短不一的短链糊精、少量麦芽糖和葡萄糖,而使淀粉对碘呈蓝紫色的特性反应逐渐消失,呈现棕红色,其颜色消失的速度与酶活性有关,据此计算酶活力。

B.3 试剂

本附录中所用的水,在未注明其他要求时,均指符合 GB/T 6682 中要求的水。

本附录中所用的试剂,在未注明规格时,均指分析纯(AR)。若有特殊要求另作明确规定。

本附录中所用溶液在未注明用何种溶剂配制时,均指水溶液。

B.3.1 原碘液

称取结晶碘 11.0 g,碘化钾 22.0 g,先用少量蒸馏水使碘完全溶解后,再加蒸馏水定容至 500 mL,贮于棕色瓶内。

本溶液在冷藏(4 ℃ ～8 ℃)条件下的保存期为 2 个月。

B.3.2 稀碘液

取原碘液 2.00 mL,加碘化钾 20.0 g,加蒸馏水溶解定容至 500 mL,贮于棕色瓶内。

B.3.3 2%可溶性淀粉(HG-3-3095,质量浓度 2%)

称取 2.00 g 可溶性淀粉(以绝干计),用少量水调成浆状物,边搅拌边缓缓加入 70 mL 沸水中,然后用水分次冲洗装淀粉的烧杯,洗液倒入其中,搅拌加热至完全透明,冷却定容至 100 mL。此溶液当天配制当天使用。

B.3.4 0.02 mol/L 磷酸氢二钠-柠檬酸缓冲溶液(pH＝6.0)

称取磷酸氢二钠($Na_2HPO_4 \cdot 12H_2O$)45.23 g 和柠檬酸($C_6H_8O_7 \cdot H_2O$)8.07 g,用蒸馏水溶解定容至 1 000 mL,配好后应以酸度计校正 pH 值为 6.0。

B.4 待测酶液的制备

称取酶粉 1 g～2 g(精确至 0.1 mg)或量取酶液 1.00 mL,先用少量 40 ℃,磷酸氢二钠-柠檬酸缓冲溶液(B.3.4)溶解,并用玻璃棒捣碎,将上层清液小心倾入适当的容量瓶中,沉渣部分再加入少量上述缓冲溶液,如此反复研捣 3 次～4 次,最后全部移入容量瓶中,用缓冲溶液定容至刻度,摇匀,通过四层纱布过滤,再用滤纸滤清,滤液供测定用。

B.5 分析步骤

于白瓷板空穴内滴入 1.5 mL 稀碘液(B.3.2)。取 2%可溶性淀粉 20 mL(B.3.3)和磷酸氢二钠-柠檬酸缓冲溶液(B.3.4)5 mL 于 25 mm×200 mm 试管中，于 60 ℃恒温水浴中预热 4 min～5 min。随后加入预先稀释好的酶液(B.4)0.5 mL，立即计时，充分摇匀，定时用吸管取出反应液 0.5 mL，滴于预先滴有稀碘液的瓷板穴内，当穴内颜色由紫色逐渐变为红棕色，即为反应终点，记录时间。

注 1：酶反应全部时间控制在 2 min～2.5 min 内。

注 2：测定时照明采用日光灯。

B.6 结果计算

酶活力按(B.1)式计算：

$$X = \left(\frac{60}{t} \times 20 \times 2\% \times n\right)/0.5 \quad \cdots\cdots\cdots\cdots (B.1)$$

式中：

X——酶活力单位，u/g 或 u/mL；

60——分钟数；

t——测定时间，min；

20——吸取可溶性淀粉的毫升数，mL；

2%——可溶性淀粉溶液浓度；

n——稀释倍数；

0.5——测定时稀酶液吸取量，mL。

结果保留至整数位。

B.7 允许差

平行试验相对误差不得超过 5%。

附　录　C
（资料性附录）
α-淀粉酶活力的测定　全自动生化分析仪法

C.1　范围

本附录规定了 α-淀粉酶活力的测定方法。

本附录适用于用全自动生化分析仪测定 α-淀粉酶制剂中 α-淀粉酶的活力。本附录不适用于洗涤剂等产品中 α-淀粉酶活力的测定。

样品中所有能够分解底物的淀粉酶在本试验中均会被测定，导致结果偏大。

试样中蛋白酶的存在会使试验结果偏小。但若遵循配置步骤中所述的措施去预防，本附录仍可使用。

C.2　原理

样品中的 α-淀粉酶和反应试剂中的 α-葡糖苷酶能水解底物［4,6-亚乙基（G_7）-*p*-硝基苯基（G_1）-α，D-麦芽庚糖苷（亚乙基- G_7PNP）］形成葡萄糖，并同时产生黄色的 *p*-硝基苯酚。

p-硝基苯酚的生成速度可以通过全自动生化分析仪进行检测。反应速度和酶活力成比例。反应过程见图 C.1。

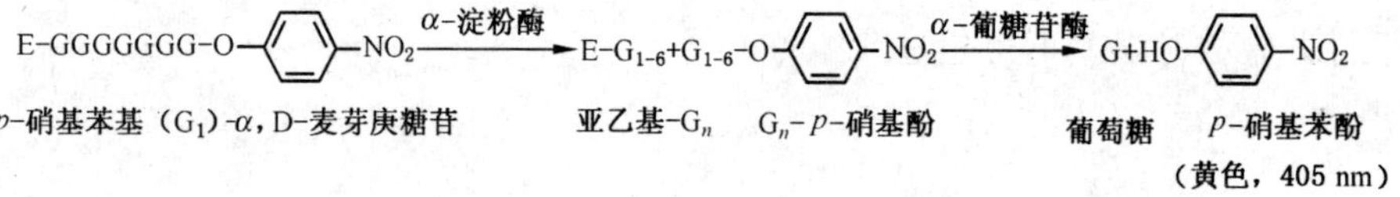

E-GGGGGGG-O-⟨苯环⟩-NO_2 —α-淀粉酶→ E-G_{1-6}+G_{1-6}-O-⟨苯环⟩-NO_2 —α-葡糖苷酶→ G+HO-⟨苯环⟩-NO_2

4,6-亚乙基（G_7）-*p*-硝基苯基（G_1）-α，D-麦芽庚糖苷　　亚乙基-G_n　　G_n-*p*-硝基酚　　葡萄糖　　*p*-硝基苯酚（黄色，405 nm）

图 C.1　反应过程

C.3　试剂

本附录中所用的水，在未注明其他要求时，均指符合 GB/T 6682 中要求的水。

本附录中所用的试剂，在未注明规格时，均指分析纯（AR）。若有特殊要求另作明确规定。

本附录中所用溶液在未注明用何种溶剂配制时，均指水溶液。

C.3.1　氯化钙溶液

称取 441.0 g 二水合氯化钙到烧杯中。用一定量的水溶解后加入质量分数为 15% 的聚氧化乙烯十二烷基醚溶液 16.5 mL，搅拌均匀。最后用水定容至 1 000 mL。

本溶液在冷藏（4 ℃ ～8 ℃）条件下的保存期为 2 个月。

C.3.2　稳定剂

取上述配制好的氯化钙溶液 2.5 mL，用水定容至 250 mL。

本溶液使用前配制。

C.3.3　苯基甲基黄酰氟（PMSF）溶液

称取 5.0 g 的苯基甲基黄酰氟，用无水乙醇溶解并定容到 250 mL。

本溶液在冷藏（4 ℃ ～8 ℃）条件下的保质期为 1 年。

C.3.4　α-葡糖苷酶试剂和底物

α-葡糖苷酶试剂（R-1）和底物（R-2）为市售试剂，如 AMYL Roche/Hitachi，118-76473 Roche Diagnostics[1)]。使用时参照生产厂家的说明。

C.4 仪器

C.4.1 全自动生化分析仪：要求带有进样/搅拌系统、温度控制系统(37 ℃±0.3 ℃)和检测系统。检测系统要求在405 nm下连续检测吸光度的变化。

C.4.2 分析天平：精度为0.000 1 g。

C.4.3 酸度计：精度为0.01pH单位。

C.5 分析

C.5.1 标准曲线的制备

称取一定量的已知活力α-淀粉酶标准品，精确到0.000 5 g。用稳定剂(C.3.2)溶解并定容在100 mL的容量瓶中得到标准储备液。标准品称取的量要使标准储备液中α-淀粉酶的活力为60.345 u/mL。

标准曲线的范围宜在2.01 u/mL～6.03 u/mL。在此范围之内方法的使用者可以选择5个不同的浓度配制标准曲线工作溶液。标准曲线的线性相关系数需≥0.995。

根据产品特性的不同，方法的使用者可以选择其他的标准曲线范围，但必须满足以上的标准曲线线性相关系数的要求。

标准储备液和标准曲线使用前配制。

C.5.2 标准对照品的制备

如可能称取另一个批次已知活力的α-淀粉酶作为标准对照。

标准对照溶液的配制方法同标准储备液。稀释液中的酶活力约为25.0 mu/mL。

标准对照溶液使用前配制。

C.5.3 空白

使用稳定剂(C.3.2)为空白。

C.5.4 样品溶液的制备

C.5.4.1 α-淀粉酶试样

称取一定量的酶样品，用稳定剂(C.3.2)溶解和稀释。稀释的倍数要使得最终稀释液的酶活力在标准曲线的范围之内。

样品的最小稀释倍数为20。

C.5.4.2 含有蛋白酶的α-淀粉酶试样

对于含有蛋白酶的样品，分析中应加入苯基甲基黄酰氟溶液(C.3.3)，以避免蛋白酶的干扰。

在制备含有蛋白酶的α-淀粉酶试样时，应按照所使用的容量瓶体积的0.1%体积分数加入苯基甲基黄酰氟溶液。其他配制过程同C.5.4.1。

C.5.5 自动分析步骤和参数

C.5.5.1 步骤

——将200 μL的α-葡糖苷酶R-1(C.3.4)转移到比色皿中；

——分别将16 μL的空白、标准、标准对照或样品转移到比色皿中；

——上述两种溶液的混合物在37 ℃保温300 s；

——分别在每个比色皿中加入20 μL的底物-R2(C.3.4)，混合保温180 s后开始测定；

——每隔18 s测定一次吸光度，每个样品共测7次。

1) 给出这一信息是为了方便本标准的使用者，并不是表示对该产品的认可。如果其他等效产品具有相同的效果，则可使用这些等效产品。

C.5.5.2　参数

C.5.5.2.1　保温周期

温度:37 ℃;

时间:300 s;

α-葡糖苷酶 R-1 和试样:200 μL+16 μL;

C.5.5.2.2　酶反应周期

温度:37 ℃;

时间:180 s;

底物-R2:20 μL;

C.5.5.2.3　测定周期

测定模式:动力学法;

波长:405 nm;

曲线类型:非线性;

时间:120 s;

读数:7 次;

间隔:18 s。

C.6　结果的计算和表示

C.6.1　标准曲线的计算

标准曲线应为直线。其中 Y 轴单位为 OD/min,X 轴单位为标准点的酶活力 mu/mL。

C.6.2　样品酶活力的计算

从标准曲线上读出样品最终稀释液的酶活力,单位为 mu/mL。

然后,按照式(C.1)计算样品的酶活力:

$$u = \frac{u_1 \times V \times D}{m \times 1\,000} \quad \cdots\cdots (C.1)$$

式中:

u——样品的酶活力,u/g;

u_1——由标准曲线得出的样品最终稀释液的酶活力,mu/mL;

V——溶解样品用的容量瓶体积,mL;

D——稀释倍数;

m——试料的质量的数值,g;

1 000——mu 到 u 的单位转换因子。

C.6.3　结果的确认

当标准对照的试验值在可接受的范围之内,且标准曲线为稳定上升的直线时,样品的试验结果有效,可计算平均值。

C.6.4　结果的表示

样品的测定结果用算术平均值表示。

C.7　准确度和精密度

本方法的准确度为 99.1%,中间精密度为 1.9%(对于最终产品)。